KB250820

LE GRAND MANUEL DU PÂTISSIER

파티시에 그랜드 매뉴얼

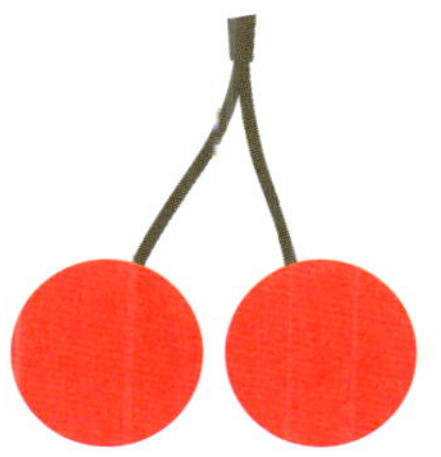

LE GRAND MANUEL DU PÂTISSIER

파티시에 그랜드 매뉴얼

멜라니 뒤피MÉLANIE DUPUIS 지음

안 카조르ANNE CAZOR 자문

피에르 자벨PIERRE JAVELLE 사진

야니스 바루치코스YANNIS VAROUTSIKOS 일러스트

오라테 수크시자반ORATHAY SOUKSISAVANH 스타일링

강지숙 옮김 | 김대현(디저트카페 르쁘띠푸) 감수

파티스리 pâtisserie

케이크, 과자 등의 디저트나 간식을 통칭하는 말로 쓰이며 이러한 제품을 판매하는 곳을 의미하기도 한다. 식사용 빵과 그것을 파는 가게를 가리키는 불랑주리boulangerie와 구분한다. 프랑스에서는 불랑주리와 파티스리를 겸업하는 곳도 많다. 한국어의 '제과'는 파티스리, '제빵'은 불랑주리에 가깝다.

파티시에 pâtissier

파티스리 셰프를 가리키며, 여성 셰프는 파티시에르pâtissière라고 한다. 참고로 불랑주리 셰프는 불랑제boulanger, 불랑제르boulangère라고 부른다.

일러두기

- 프랑스 음식명은 프랑스어 표기법에 따랐으나 일반적으로 굳어진 경우 관용적인 명칭으로 표기했다.
- 붙임표로 연결된 음식명(예: 파리브레스트paris-brest)은 한 단어로 표기했다.
- 연음의 경우 한 단어로 굳어진 음식명(예: 생토노레saint-honoré)은 프랑스어 표기법에 따랐으나 의미 파악하는 데 필요하면 끊어 읽었다(예: 파트 아 슈pâte à choux).
- 본문의 프랑스어 단어 뜻풀이는 한국어판 편집자가 넣은 것으로, 사전적인 의미를 알면 이해하기 쉬워지는 단어들의 뜻을 달았다.

한국의 독자들에게

파티스리에 대한 나의 지칠 줄 모르는 열정은 어디서 오는 걸까. 눈을 감으면 우리 할머니의 오븐에서 막 나온 크림 타르트의 모습이 선하다. 거품 낸 부드러운 달걀 냄새, 바닐라 냄새가 느껴질 때면, 나는 어릴 시절의 디저트 냄새를 한껏 들이마신다. 나만의 마들렌, 하나밖에 없는 진짜 마들렌이야말로 잊을 수 없는데 내 가슴 깊은 곳에 간직해두어서 마르셀 프루스트조차 맛볼 수 없다!

시간이 지나 나는 오븐 앞에 디딤돌을 딛고 서 있게 되었다. 책을 펼쳐두고 레시피를 외우는데, 학생 때 시를 외우던 것보다 나은 것 같았다. 나는 크렘 앙글레즈를 만들어보았다. 음식에 대한 호기심과 자부심으로 숟가락을 냄비에 넣고 오믈렛 맛이 나는 뭉글뭉글한 크림을 가득 퍼 올렸다. 그때 아마 실망해서 울었던 것 같다. 나의 운명은 그렇게 시작되었고, 그때부터 나는 파티시에가 되고 싶었다. 음식들이 어떻게 연결되어 있는지, 원재료들은 어떻게 상호작용을 하는지, 어떻게 요리를 만들어내는지 알고 싶었다.

12년 후, 나는 결국 같은 곳에 있다. 나는 계속 공부했고 계속 파티시에로 일해왔다. 그리고 크렘 앙글레즈를 만드는 데 성공했고, 예전에는 왜 망쳤는지 알게 되었다. 내 레시피에서는 끓이는 온도가 정확하지 않았다. 왜 나는 진정한 레시피에, 제대로 된 설명을 구하지 못했을까?

이 책 《파티시에 그랜드 매뉴얼》 프로젝트를 진행하면서 이 모든 것이 다시 수면 위로 떠올랐다. 나는 한 권을 다 읽으면 요리를 배울 수 있고, 이해할 수 있고, 직접 만들어낼 수 있는 책을 만들고 싶었다. 나는 주방에서 만들 수 있는 레시피 전체를 만드는 것을 무척 중요하게 여겼다. 하지만 사실, 주방은 파티스리 실험실이 아니다. 그래서 냉동고 안에, 가정용 오븐 안에 빈자리는 거의 없고, 냉장고는 매주 장본 것으로 가득 차 있다… 정말로 나는 당신의 입장에서, 그리고 내 입장에서 생각했다.

도전은 시작되었다. 셰프이자 교육자로서의 내 경험 덕분에 아주 즐겁게 프로의 비법을 전수할 수 있었다. 나는 처음 시작했을 때부터 지금까지 끊임없이 다른 방법을 실험해보고 있다. 파티스리는 매일매일 나를 놀라게 하는 살아 있는 예술이다. 부디 오래가길.

나는 이 서문을 매혹적인 한국 요리의 세계로 나를 이끌어준 유진에게 바치고 싶다.

이 책이 여러분에게 내가 직접 만들면서 느꼈던 즐거움을 전해줄 수 있길 바란다.

2017년 4월

멜라니 뒤퓌

이 책의 활용법
COMMENT UTILISER CE LIVRE

베이스 LES BASES

반죽, 크림, 글라사주, 장식과 소스를 기준으로 나눈
파티스리 기본 레시피를 먼저 알아본다.
각각의 베이스에는 인포그래픽과 함께 준비 과정별 설명이 실려 있다.

파티스리 LES PÂTISSERIES

베이스 레시피를 실행해보고 그 레시피들을 조합해 실제 케이크를 만든다.
각각의 레시피는 케이크의 구성에 대한 인포그래픽,
그리고 기본 레시피 준비 과정을 차근차근 따라할 수 있도록 해주는 사진들로 구성되어 있다.

그림으로 보는 용어 사전 LE GLOSSAIRE ILLUSTRÉ

도구 사용법의 이해도를 높이고 주요 동작과 기술을 그림으로 표현했다.

차례
SOMMAIRE

제1부

베이스

파트 쉬크레
브리제

PÂTE SUCRÉE BRISÉE

설탕이 약간 들어간 바삭하고 부서지기 쉬운
파트 아 퐁세.

 **시간**

준비 시간: 15분
휴지 시간: 최소 2시간

활용

타르트tarte(사과 타르트), 플랑 파티시에flan pâtis-
sier
충전물 채워서 굽거나 초벌구이한다. 포크로 찍어
바닥에 구멍을 낸 뒤 누름돌을 올리고 굽는다(피케,
레스테→285쪽).

 **응용**

바닐라 파트 브리제: 바닐라 향신료 10g 첨가
시트러스 파트 브리제: 오렌지나 레몬 제스트 첨가

 **주의**

반죽을 고루 섞으려고 과하게 치대면 신축성이 너무
많이 생길 수 있다.

 **연습**

사블레(→284쪽)
프레제(→284쪽)

 **팁**

반죽이 균일하지 않으면 손바닥으로 여러 번 치댄
다. 버터가 섞이지 않고 반죽에 남아 있으면 굽는 동
안 녹아서 빈틈이 생긴다.
반죽을 휴지시킬 시간이 충분하지 않을 경우, 냉동
실에 10분 넣었다가 꺼내 납작하게 밀어 자른 뒤 틀
에 깔아준다. 굽기 전에 냉동실에 30분 더 둔다.

 **보관**

반죽은 2-24시간 미리 준비
냉장고에서 3일, 냉동실에서 3개월까지 보관 가능

지름 24cm 타르트 1개
또는 8cm 타르트 8개

박력분 200g
버터 100g
소금 1g
설탕 25g
물 50g
달걀노른자 15g

1 작게 깍둑썰기 한 차가운 버터를 밀가루 위에 놓는다.
2 손가락 끝으로 사블레(→284쪽)한다.
3 물, 소금, 설탕과 달걀노른자를 더해 손가락 끝으로 섞는다.
4 반죽을 손바닥으로 두 번 프레제(→284쪽)한다. 반죽이 잘 섞였는지 확인한다. 버터 조각이 그대로 남아 있지 않도록 한다.
5 랩으로 싸서 평평하게 눠어 냉장고에 최소 2시간, 가능하면 하루 정도 넣어둔다.

파트 브리제는 어떻게 점성이 좋으면서도 잘 부서지는가?

파트 브리제를 만드는 데 점성이 있는 달걀흰자는 들어가지 않지만, 프레제 과정에서 생기는 유지방이 밀가루를 감싸면서 구울 때 서로 들러붙지 않고 익은 후에도 이어져 굳어버런 층이 생기지 않는다. 또한 굽는 과정에서 밀가루 안에 포함된 녹말 입자가 부풀면서 늑은 버터와 결합해 바삭한 식감이 생긴다.

파트pâte 반죽. 파스타라는 뜻도 있다. 영어의 페이스트paste와 이탈리아어의 파스타pasta의 뜻을 동시에 지닌다.
쉬크레sucré 쉬크르sucre는 설탕을 뜻하며, 그 단어에서 파생된 동사 쉬크레sucrer는 '설탕을 넣다' '단맛을 내다'라는 의미다. 쉬크레sucré는 과거분사형 형용사로 '달콤한' '설탕을 넣은'. 여기서는 파트pâte가 여성명사라서 여성형인 sucrée가 쓰였다.
브리제brisé '부수다' '산산조각내다'라는 뜻의 동사 브리제briser의 과거분사로, 여기서는 파트pâte가 여성명사라서 여성형인 brisée가 쓰였다.
파트 아 퐁세pâte à foncer foncer는 '바닥에 깐다'라는 뜻으로, 파트 아 퐁세는 틀에 넣어 바닥에 까는 반죽.

파트
사블레

PÂTE SABLÉE

아주 부서지기 쉬운 파트 아 퐁세.

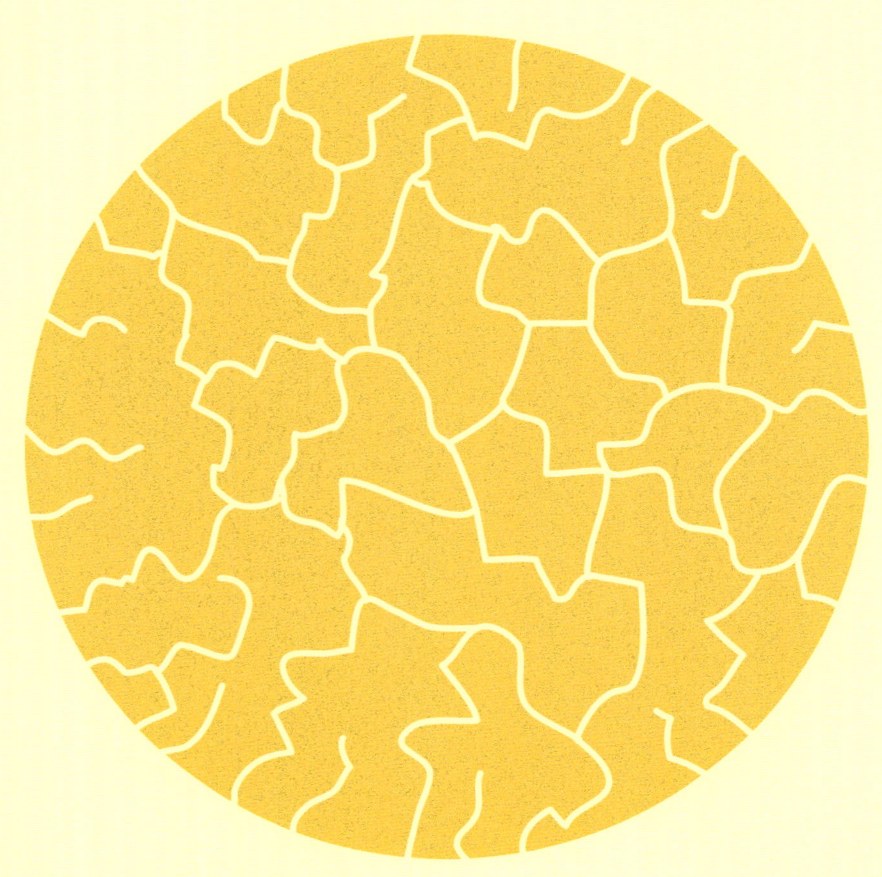

시간
준비 시간: 10분
휴지 시간: 최소 2시간

활용
타르트, 사블레 과자, 앙트르메

 주의
부서지기 쉽다.

 연습
사블레(→284쪽)

보관
반죽은 2-24시간 미리 준비

**지름 24cm 타르트 1개
또는 지름 8cm 타르트 8개**

박력분 200g
버터 70g
소금 1g
슈거파우더 70g
달걀 50g(1개)

1 밀가루와 소금을 섞는다. 작게 깍둑썰기 한 차가운 버터를 넣는다. 으깨지 말고 비비듯 두 손으로 사블레한다.

2 슈거파우더와 달걀을 넣는다. 균일한 점도를 위해 주걱으로 섞는다.

3 랩으로 싸서 평평하게 뉘어 냉장고에 최소 2시간, 가능하면 하루 정드 넣어둔다.

파트 사블레는 왜 부서지기 쉽고 바삭한가?

손가락 끝으로 재료를 섞어 반죽혀는 사블레 기법은 재료들이 서로 완벽하게 결합되지 않기 때문에 잘 부서지는 성질을 띤다. 이 반죽법을 사용하면 반죽에 글루텐 층이 생기지 않고 신축성도 없다. 또한 설탕이 유지방에 용해되지 않고 일정량이 결정 상태로 남기 때문에 그 역시 이 반죽 특유의 질감에 한몫한다.

사블레sablé 일차적인 의미로 사블sable은 모래, 사블레sabler는 '모래를 뿌리다'. 이 동사의 과거분사가 사블레sablé, 또한 사블레sablé는 사블레 과자를 일컫기도 하는데, 여기서는 이 단어의 형용사로서 '사블레처럼 거칠거칠하고 바삭바삭한'이라는 뜻. 파트pâte가 여성명사라서 여성형인 sablée가 쓰였다.
앙트르메entremets 예전에는 치즈와 과일 사이에 나오는 요리를 지칭했으나 요즘에는 단맛이 나는 각종 디저트 요리를 의미한다. 이 책 2부에서는 무스 케이크를 앙트르메로 분류하여 소개했다.
포마드pommade 크림 상태를 뜻하며, 포마드 버터는 말랑말랑해진 버터를 가리킨다.

파트
쉬크레

PÂTE SUCRÉE

파트 사블레와 비슷하지만 덜 부서지는 파트 아 퐁세.

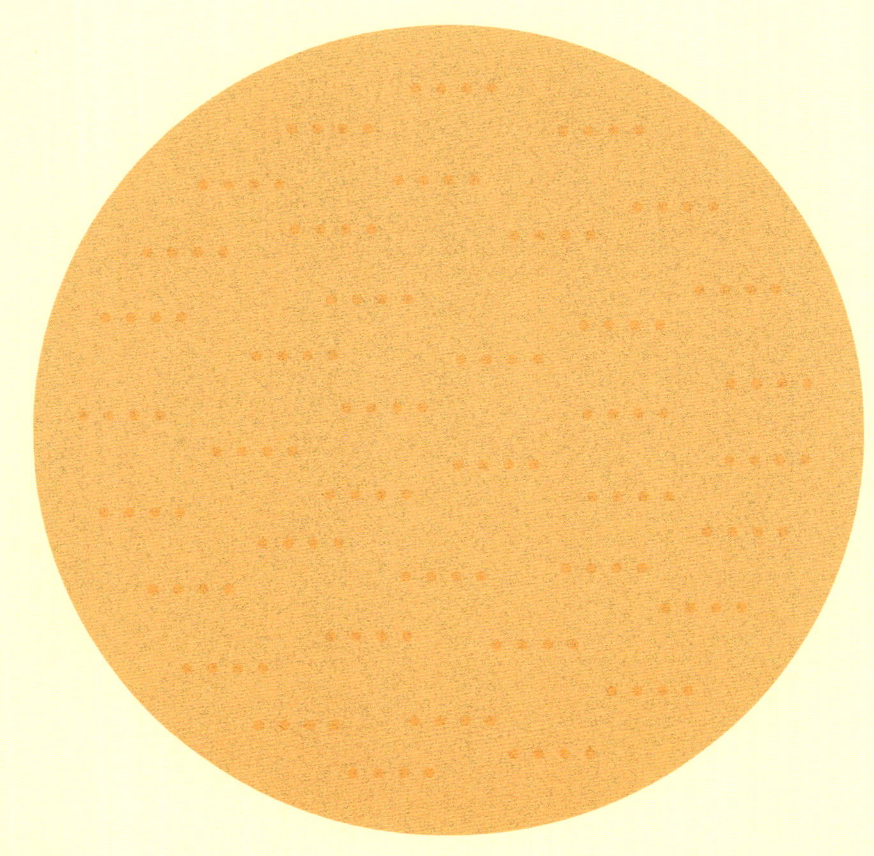

🕐 **시간**

준비 시간: 15분
휴지 시간: 최소 1시간

◗ **활용**

타르트(레몬 타르트), 앙트르메

➕ **응용**

초콜릿 파트 쉬크레: 밀가루
30g 대신 카카오가루 30g

❗ **주의**

반죽의 균일함
타르트 틀에 맞춰 반죽 깔기

✋ **연습**

포마드 버터 만들기(→276쪽)
크레메(→276쪽)
프레제(→284쪽)

⭐ **팁**

반죽이 충분히 균일하게 섞이지 않았을 경우 프레제
동작을 여러 번 반복한다. 버터가 섞이지 않고 남아
있는 상태로 구우면 버터가 녹으면서 반죽에 구멍이
생긴다.

🗄 **보관**

반죽은 1-24시간 미리 준비

**지름 24-30cm의 타르트 1개
또는 지름 8cm의 타르트 8개**

파트 쉬크레

박력분 250g
아몬드가루 25g
포마드 버터 140g
슈거파우더 100g
달걀 50g(1개)
가는소금 1g

1 포마드 버터와 슈거파우더를 주걱으로 크레메(→276 쪽)한다.
2 달걀과 소금을 더해 섞는다.
3 밀가루와 아몬드가루를 넣고 주걱으로 섞는다.
4 반죽을 한두 번 프레제(→284쪽)한 후 랩에 싸서 가 지런히 뉘어 냉장고에서 휴지시킨다. 최소 1시간, 가 능하면 하루 정도 넣어두면 좋다.

다른 반죽들보다 덜 부서지는 이 유는 무엇인가?

버터를 슈거파우더와 달걀에 먼저 섞은 후 밀가루와 아몬드가루를 넣기 대문에 파트 브리제나 사블레에 비해 덜 부서진다. 굽 는 동안 달걀이 응고되면서 반죽을 어느 정도 결합시킨다.

파트
푀이테

PÂTE FEUILLETÉE

유지방이 풍부한 얇고 바삭거리는 반죽. 데트랑프détrempe라는 파트에 버터를 삽입해 만들며
치대는 과정에서 여러 번 접기 때문에 구울 때 얇은 층이 무수히 생긴다.

 **시간**

준비 시간: 1시간 10분
(데트랑프, 10분—접기 2회, 20분—접기 2회, 20분
—접기 2회, 20분)
굽는 시간: 20-40분
냉각 시간: 2-3일

활용

타르트, 쇼송chausson, 갈레트 데 루아galette des
rois, 밀푀유millefeuille, 피티비에pithiviers, 설탕 팔
미에palmier au sucre.
충전물을 넣거나 반죽 그대로 구울 수 있다.

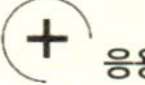 **응용**

푀이타주 앵베르세feuilletage inversé: 18℃ 상온에
서 층을 뒤집는 방식. 버터 사이사이에 데트랑프를
넣는다. 반죽 층보다 버터 층이 더 많아서 한층 더
바삭바삭하다.
파트 르베 푀이테pâte levée feuilltée: 파트 푀이테와
같은 방법으로 버터를 섞는 발효 반죽

 **주의**

접기tours를 할 때 극도로 조심해야 한다. 버터가 빠
져나와서는 안 되며 모든 부분이 동일하게 접힐 수 있
도록 반드시 사각형으로 접기를 한다.

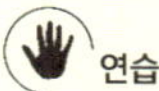 **연습**

정확하게 접기

 **도구**

밀대

 **팁**

반죽을 지나치게 치대지 않는다. 재료들이 골고루
다 섞이는 즉시 반죽을 멈춘다. 반죽의 신축성이 지
나치면 밀 때 수축될 수도 있다. 반죽을 항상 깔끔하
게 자르고 공 모양으로 뭉치지 않는다.
접기는 최대 6번까지만. 그 이상이 되면 반죽 층과 버
터 층이 섞여 파트 브리제에 가까워진다. 몇 번 접었
는지 기억하기 위해 반죽에 손가락 끝으로 표시한다.

 **순서**

데트랑프—버터 넣기+접기 2회—접기 2회—접기 2회

 **보관**

분량을 나누어서 랩을 씌워 냉동실에서 3개월까지

반죽 1kg

데트랑프

박력분 500g
물 230g
식초 20g
소금 10g
녹인 버터 60g

푀이타주

버터 300g

푀이테feuilleté 나뭇잎을 뜻하는 푀유feuille
는 종이처럼 얇은 것을 셀 때 쓰이는 단위이기
도 한데, 푀이테feuilleter는 얇은 것을 '접어올
리다'라는 동사이다. 이 단어의 과거분사가 푀
이테feuilleté(여성형 feuilletée), 명사가 푀이
타주feuilletage.

데트랑프는 왜 휴지시켜야 하는가?

물과 밀가루를 섞으면 물이 전분 입자를 부풀게 한
다. 반죽에 삽입한 버터는 부푼 전분 입자 사이사이
에 자리를 잡고 밀가루의 단백질 성분은 글루텐 층을
형성한다. 밀가루가 물이나 우유, 달걀 등을 만나 형
성된 반죽 상태를 데트랑프라고 한다. 반죽 과정에서
크게 늘어났던 글루텐 층이 휴지시키는 동안 수축해
서 반죽의 질감이 덜 딱딱해진다.

푀이타주(얇은 층)는 어떻게 생기는가?

버터를 밀가루 층에 가두면 굽는 동안 반죽 내에서
증발하는 수분이 버터 층에 갇혀 이 증기가 밀가루
반죽을 부풀게 한다.

식초를 넣는 이유는 무엇인가?

반죽의 색이 변하는 것을 막는 산화 방지제 역할을
한다.

1 밀가루를 오목하게 파서 우물 모양으로 만들고 그 가운데에 데트랑프 나머지 재료를 넣는다. 밀가루와 재료들을 손끝으로 골고루 섞는다. 데트랑프를 랩으로 싸서 냉장고에 최소 2시간 둔다. 이 과정을 거치면 반죽에 유연성이 생긴다.

2 버터 300g을 유산지 2장 사이에 놓고 밀대로 밀어 두께 1mm, 길이 15cm의 정사각형으로 만든다. 정사각형 버터는 차가운 곳에 둔다.

3 2시간 후에 데트랑프와 버터를 꺼내 상온에 30분 둔다. 다시 반죽 작업을 시작한다. 데트랑프는 밀가루를 흩뿌린 작업대 위에 놓고 한 변 길이 35cm 정사각형이 되도록 밀대로 민다. 사각형 중앙의 두께를 살짝 더 두껍게 언덕처럼 만든다. 이는 버터가 아래로 빠져나오지 않게 하기 위함이다.

4 버터를 데트랑프 가운데에 45°로 비스듬하게 놓는다. 데트랑프의 네 가장자리를 가운데 방향으로 접어준다. 이렇게 접었을 때 반죽 전체의 두께가 동일해야 한다.

5 첫번째 접기를 시작한다. 데트랑프를 직사각형으로 만들 때 팔을 곧게 뻗어 밀대를 평평하고 규칙적으로 민다.

6 이렇게 민 반죽 덩어리를 3분해서 지갑을 접듯이 접어준다. 제일 아래쪽 1/3을 위로 향하게 접고 상부 1/3로 덮는다. 반시계방향으로 90° 돌리면 첫번째 접기 완성.

7 버터가 데트랑프 사이로 녹아들지 않았으면 바로 두번째 접기가 가능하다. 버터가 녹았다면 차가운 곳에 2-3시간 두었다가 다시 작업한다. 5와 마찬가지로 팔을 가슴에서 일직선으로 뻗어 밀대를 평평하게 규칙적으로 밀어 반죽을 편다. 6처럼 3분해서 접고 반시계방향으로 90° 돌린다. 두번째 접기가 끝나면 냉장고에 넣어 차게 둔다. 최소 6시간 동안, 이상적으로는 다음 날까지 두는 것이 좋다.

8 접기 2회를 반복하고 다시 냉장고에 3-4시간 둔다. 반죽을 사용하기 전에 접기 1-2회를 더 할 수 있지만 그 이상은 안 된다.

9 오븐은 180℃로 예열하고 빵판에 유산지를 깐다. 밀대로 반죽을 2mm 두께로 펴고 빵판 위에 얹는다. 유산지로 덮고 그 위에 빵판을 얹으면 푀이타주가 평평한 상태를 유지하기 쉽다. 오븐에 넣어 20-40분간 굽는다. 15분이 지난 후부터는 5분마다 굽기 정도를 확인한다. 푀이타주의 색이 골고루 황금색으로 변하면 다 구워진 것으로 오븐에서 꺼내 식힘망 위에서 식힌다.

파트 르베 아
브리오슈

PÂTE LEVÉE À BRIOCHE

빵 속살이 풍부하고 끈적한 발효 반죽.

 **시간**

준비 시간: 1시간
냉장 휴지 시간: 1시간 30분 – 2시간

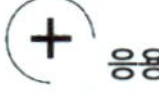 **활용**

여러 가지 모양과 향의 브리오슈, 시누아chinois, 생주니 케이크gâteau de Saint-Genix, 파네토네panettone, 타르트 트로페지엔tarte tropézienne, 쿠글로프 kouglof

＋ 응용

바닐라 브리오슈: 액상 바닐라 15g 첨가
가향 브리오슈: 오렌지 1개 분량 제스트 첨가

 **주의**

반죽하기

 **연습**

롱프르(→284쪽)

 **도구**

거품반죽기, 후크

 **팁**

반죽이 너무 들러붙으면 덧가루를 살짝 뿌리거나 냉장고에 넣는다. 섞을 때 버터가 녹거나 반죽 온도가 올라가면 차가운 곳에 2시간 두었다가 꺼내 남아 있는 버터를 섞어주는 것이 좋다.

반죽 900g

파트 르베 브리오슈

생이스트 20g
강력분 400g
소금 10g
설탕 40g
달걀 250g(5개)
버터 200g

1 모든 재료는 최소 1시간 전에 냉장고에 넣어둔다. 볼에 부스러뜨린 이스트, 달걀, 밀가루, 소금, 설탕을 순서대로 넣고 후크를 끼우고 거품반죽기를 작동시킨다. 반죽이 볼에 붙지 않을 때까지, 최대 강도에서 1/4 정도로 세기를 줄여 돌린다. 반죽에 신축성은 생기게 하되 반죽의 온도가 올라가서는 안 된다.
2 완전히 섞일 때까지 계속 거품반죽기로 반죽하면서 깍둑썰기 한 버터를 조금씩 넣는다.
3 거품반죽기를 멈추고 완성된 브리오슈 반죽을 꺼낸다. 밀가루를 뿌려놓은 우묵한 스테인리스 볼에 반죽을 넣고 겉면이 마르지 않도록 위에도 밀가루를 살짝 뿌린다. 볼을 행주나 랩으로 덮되 반죽에 닿지 않도록 한다. 90분~2시간 정도 냉장고에 넣어둔다.

빵 속살이 질겨지는 이유는?

반죽을 과하게 치대면 글루텐 층이 지나치게 형성되어 브리으슈에 적합하지 않은 신축성이 생긴다.

반죽의 가스를 빼야 하는 이유는?

효모균이 주변의 설탕과 수분을 자양분으로 삼아 증식하는 동안 1차 발효가 이루어진다. 이때 생긴 가스를 빼는 과정에서 효모균이 분산되고 재배치된다. 이로써 효모균은 계속 새로 영양분을 빨아들이고 다시 증식한다.

1차 발효는 왜 낮은 온도에서 해야 하는가?

냉기가 발효의 속도를 늦춰서 반죽이 너무 강하게 부풀어오르는 것을 막는다. 반죽이 너무 많이 부풀어오르면 동시에 진행되는 글루텐 층의 형성에 지장을 줄 수 있기 때문이다.

반죽이 지나치게 발효되면 어떻게 되는가?

브리오슈 반죽에 열을 가하면 탄산가스 기포가 부풀어오르면서, 반죽에 갇혀 있던 공기를 팽창시켜 수분을 수증기로 증발시킨다. 이 세 가지 현상으로 벌집 모양과 같은 반죽의 구멍 수가 늘어난다. 열을 가하기 전에 이미 반죽이 지나치게 발효되어 있으면 벌집 구조를 이루는 글루텐이 팽창 효과를 견디지 못해 굽는 동안 가스가 반죽에서 빠져나가게 된다. 브리오슈가 충분히 모양을 갖추지 못하고 푹 꺼져버릴 수 있다.

파트 아pâte à 전치사 아à 다음에 오는 명사가 목적을 나타내서, '~을 만들기 위한 반죽'을 뜻한다.
르베levé '부풀다' '발효하다'라는 뜻의 동사 르베lever의 과거분사. 파트pâte가 여성명사라서 여성형인 levée가 쓰였다.

파트 아 바바

PÂTE À BABA

시간

준비 시간: 45분
휴지 시간: 1시간

활용

바바 오 럼baba au rhum, 사바랭savarin, 부숑bouchon

+ 응용

과일이 들어간 파트 아 바바: 반죽 마지막 단계에서 물에 불린 건포도 50g을 넣는다.

! 주의

긴 반죽 시간(30~45분)

 도구

거품반죽기, 후크

 팁

반죽을 만들기 최소 1시간 전에는 모든 재료를 냉장고에 넣어둔다. 반죽이 따뜻해지는 것을 막으려면 재료들이 충분히 차가운 상태에서 반죽을 시작하는 것이 좋다.

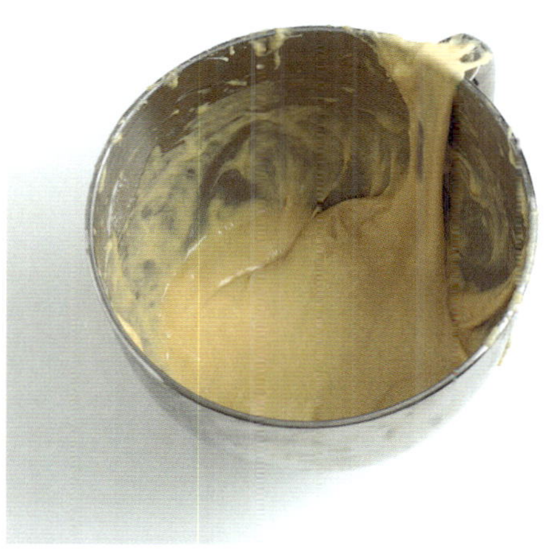

**50g짜리 바바 오 럼 10개
또는 대형 바바 오 럼 1개**

생이스트 15g
강력분 250g
달걀 100g(2-3개)
소금 5g
설탕 15g
우유 130g
버터 75g

1 재료는 반죽 시작 1시간 전에 냉장고에 넣어둔다. 볼에 재료를 잘게 부스러뜨린 이스트, 우유, 달걀, 밀가루, 소금, 설탕 순으로 넣는다.

2 후크를 끼우고 거품반죽기를 작동시킨다. 반죽이 볼 벽면에 붙지 않고 부딪히는 소리가 날 때까지, 최대 시기의 1/4 강도로 35-40분 정도 반죽한다. 반죽에 탄력이 생겨 거미줄처럼 얇게 늘어나면서도 찢어지지 않는 상태가 된다. 이때 반죽이 따뜻해지면 안 된다.

3 큐브 모양으로 잘라놓은 버터를 조금씩 넣어 완전히 섞은 후에 거품반죽기를 끄고 완성된 반죽을 바로 사용한다.

반죽을 어떻게 '거미줄' 모양으로 늘이는가?

밀가루는 녹말 입자와 단백질 입자(글루텐)로 구성되어 있다. 우유와 같은 재료와 함께 밀가루를 반죽하면 단백질이 신축성 있는 층을 형성해서 반죽이 거미줄처럼 늘어날 수 있는 성질을 띠게 된다.

왜 모든 재료를 냉장고에 넣어두는가?

반죽에 신축성이 생기게 하려면 충분히 오랜 시간 재료들을 치대야 하지만 그 과정에서 반죽이 따뜻해져서는 안 된다. 온도가 올라가면 효모균이 영향을 받아 기능을 제대로 하지 못하게 된다. 차가운 상태의 재료로 반죽을 시작하면 반죽이 지나치게 따뜻해지는 것을 막을 수 있다.

파트 아
크루아상

PÂTE À CROISSANTS

파트 푀이테와 같은 방식으로 버터를 섞어 만드는 발효 반죽.

 시간

준비 시간: 2시간
휴지 시간: 이틀 밤

 활용

크루아상, 팽 오 쇼콜라pain au chocolat, 팽 오 레쟁 pain aux raisins

(!) 주의

반듯하게 접기

 연습

롱프르(→284쪽)
정확하게 접기(→18쪽)

 도구

밀대

(★) 팁

데트랑프는 거품반죽기의 후크를 사용하면 수월하다.

(123) 순서

데트랑프—발효—접기—성형—휴지

파트 아 크루아상 550g

데트랑프

강력분 250g
이스트 8g
물 60g
우유 60g
달걀 푼 것 25g
소금 5g
설탕 30g

푀이타주

드라이 버터(→276쪽) 또는 버터 125g

크루아상 반죽의 특이한 점은?

크루아상은 발효 반죽과 푀이타주라는 접기형 파이 반죽, 이 두 가지 기술의 혼합물이다. 발효 반죽은 가벼움을, 푀이타주는 바삭함을 선사한다

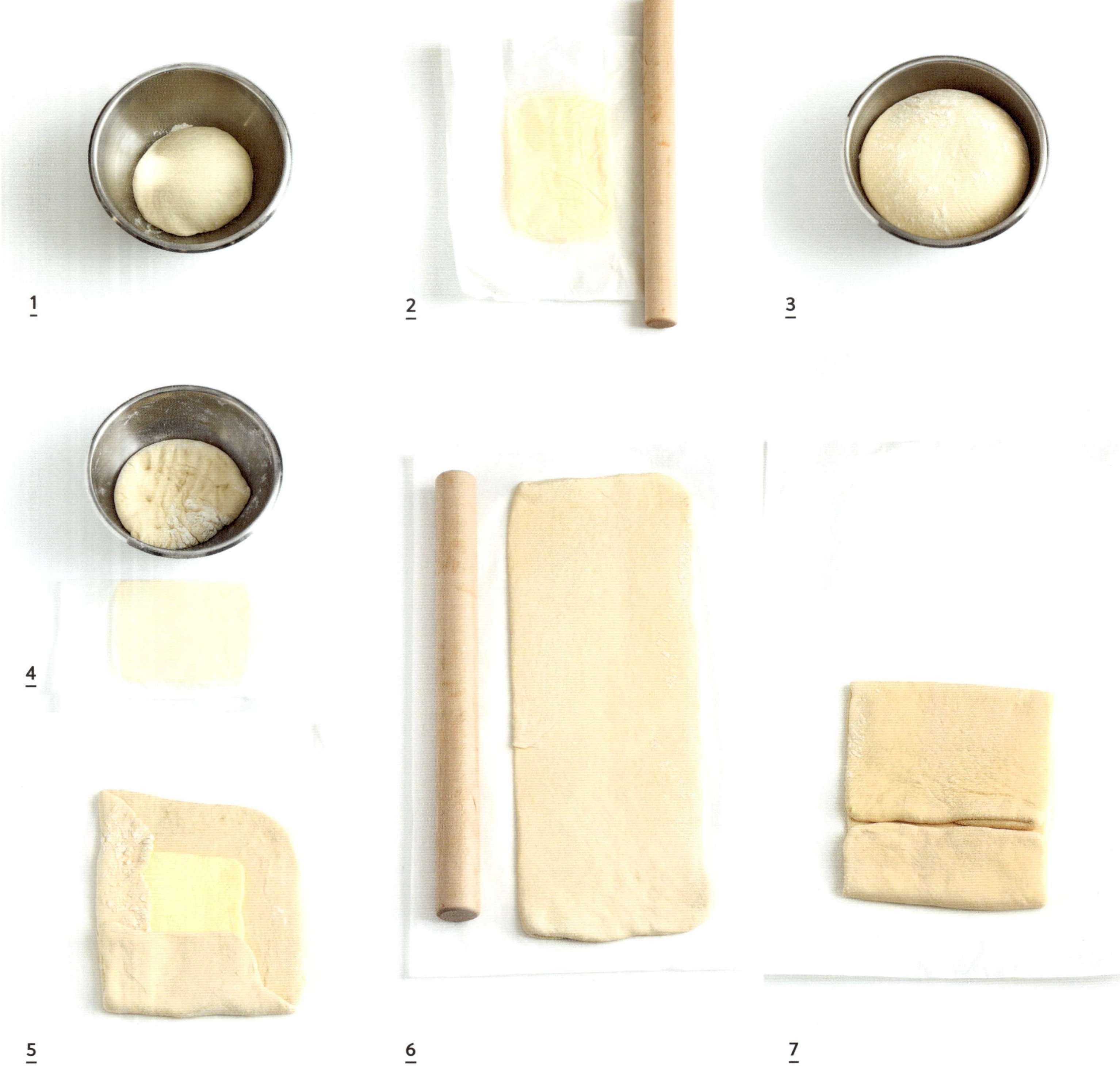

1 이스트를 물과 우유에 녹인다. 밀가루를 오목하게 파서 우물 모양으로 만들고 그 가운데에 이스트를 녹인 우유와 물, 달걀, 소금, 설탕을 넣는다. 밀가루와 다른 재료들을 손끝으로 골고루 섞는다. 반죽할 때 지나치게 치대지 않도록 주의한다. 반죽을 커다란 볼에 담고 랩을 반죽 표면에 닿도록 느슨하게 씌워 냉장고에 넣고 다음날까지 발효시킨다.

2 버터 125g을 유산지 2장 사이에 넣고 밀대로 밀어 가로 25cm 직사각형을 만든다. 냉장고에 다음날까지 넣어둔다.

3 2배로 부푼 데트랑프 반죽을 냉장고에서 꺼낸다.

4 데트랑프 반죽을 롱프르한다(→284쪽). 2번의 버터를 냉장고에서 꺼내 30분쯤 상온에 둔다.

5 밀가루를 뿌린 조리대 위에 데트랑프 반죽을 놓는다. 가로 40cm 직사각형이 될 때까지 밀대로 민다. 버터를 반죽 가운데에 놓고 데트랑프 반죽의 4면을 가운데 방향으로 접어 버터를 덮는다. 접힌 반죽의 두께는 균일해야 한다.

6 직사각형 모양의 데트랑프 반죽의 두께가 7mm 정도가 될 때까지 밀대로 밀어준다. 항상 팔을 곧게 뻗어 밀대를 평평하게 민다.

7 접고 밀기를 3번 반복한 후 반죽을 냉장고에 보관했다가 사용한다.

파트 아

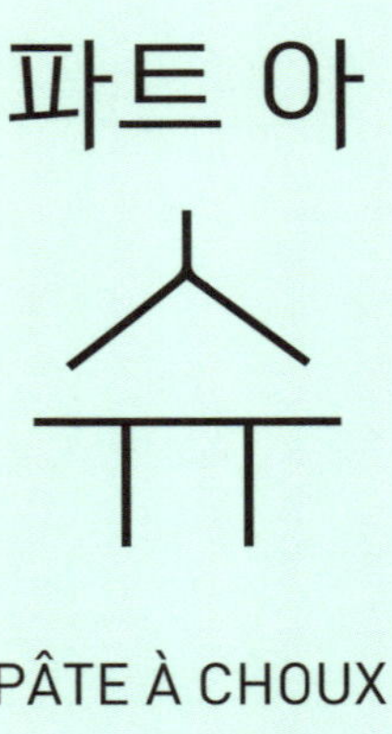

PÂTE À CHOUX

달걀, 버터, 밀가루, 우유를 기본으로 한 반죽으로
반죽 자체를 가열하여 호화(풀처럼 끈적해짐)시킨 다음 짜서 구우면 부풀어오른다.

 **시간**

준비 시간: 20분

 **활용**

슈chou, 에클레르éclair, 파리브레스트paris-brest, 생토노레saint-honoré, 페드논
pet-de-nonne

! **주의**

물+우유의 양과 달걀의 양이 같도록 잘 조절해야 한다. 200g의 물과 우유를 사용했다면 달걀 역시 200g을 사용한다. 달걀을 풀었을 때 물+우유보다 양이 많으면 여분을 따로 뒀다가 굽기 전에 색을 내는 용도로 사용한다.

 **연습**

파나드 만들기(→282쪽)
호화시키기(→282쪽)

 **도구**

냄비
주걱

 **팁**

슈 반죽을 구울 때는 실패드(실리콘)를 사용하지 않는다. 공기가 충분히 순환되지 않아서 아래쪽에 구멍이 생길 수도 있다.
달걀이 잘 흡수되고 반죽이 제대로 부풀 수 있도록 슈 반죽을 호화시킨다.
파나드가 아직 뜨거울 때 달걀을 넣어야 굽는 동안 슈의 모양이 잘 유지된다.

왜 반죽을 익히면서 수증기를 빼야 하는가?

반죽 안의 수분이 빠져 건조한 상태여야 잘 구워지고 일정 온도 이상으로 올라가 색이 예쁘게 나온다.

무엇이 슈 반죽을 부풀게 하는가?

반죽을 굽는 동안 반죽 안의 수분이 기화되는데 이 수증기가 변죽을 부풀게 한다. 또한 반죽 과정에서 형성된 글루텐 층이 서로 엉기며 양배추처럼 부풀어 오른 슈의 모양을 유지시킨다.

파나드panade 파트 아 슈가 발효될 때의 첫번째 단계.

1 냄비에 우유, 물, 소금, 설탕과 버터를 넣고 버터가 잘 녹을 때까지 끓인다.

2 끓어오르기 시작하면 냄비를 불에서 내리고 밀가루를 한꺼번에 넣고 주걱으로 섞는다. 이 밀가루 반죽 상태를 파나드(→282쪽)라고 부른다.

3 파나드가 균일하게 잘 섞이면 반죽을 냄비 바닥에 평평하게 잘 편 다음 냄비를 불에 올린다. 이때 따로 저을 필요는 없다. 타닥타닥 소리가 들리기 시작하면 냄비를 흔들어 안쪽 바닥을 관찰한다. 냄비 바닥에 얇은 막이 균일하게 생겼다면 반죽이 충분히 잘 말랐다는 신호이다.

4 냄비를 불에서 내리고 김이 거의 다 빠져나갈 때까지 주걱으로 반죽을 잘 섞는다. 첫번째 달걀이 반죽에 완전히 다 섞이면 다음 달걀을 넣고 계속 같은 과정을 반복한다. 달걀이 반죽에 균일하게 잘 섞이면 바로 구워내거나 차가운 곳에 보관한다. 보관 기간은 최대 3일을 넘기지 않는다.

제누아즈

GÉNOISE

주로 시럽에 적셔 쓰는 지극히 가볍고 부드러운 케이크 반죽.

 **시간**

준비 시간: 30분
굽는 시간: 15-25분

 **활용**

프레지에fraisier, 모카moka, 포레누아르forêt-noire,
뷔슈bûche와 같은 롤케이크, 웨딩 케이크

 **응용**

초콜릿 제누아즈: 밀가루 대신 카카오가루 30g
가향 제누아즈: 1개 분량 레몬 제스트 첨가
바닐라 제누아즈: 바닐라빈 1개 긁어서 첨가

 **주의**

리본 확인하기(→279쪽)
굽기

 **연습**

중탕하기(→270쪽)

 **도구**

지름 24cm, 높이 5cm 원형틀 또는 30×40cm 판

 **팁**

익음 정도를 손으로 판별한다. 손가락으로 눌렀을
때 모양이 그대로 남아 있으면 제누아즈가 아직 익
지 않은 것이다. 누른 부분이 올라오면 굽기를 중단
하고 오븐에서 바로 꺼낸다.

제누아즈 1개
(지름 24cm, 높이 5cm 원형
또는 30×40cm 사각형)

달걀 200g(4개)
설탕 125g
박력분 125g

1 오븐은 180℃로 예열한다. 준비한 둥근 틀에 버터를
  바르고 틀 안쪽과 바닥에 유산지를 덧댄다.
2 중탕(→270쪽) 준비를 한다. 반죽 볼이 물에 닿지 않
  도록 한다. 달걀과 설탕을 볼에 넣는다.
3 물이 끓어오르기 시작하면 볼을 냄비 위에 올린다.
  50℃가 될 때까지 최대한 공기가 섞이도록 달걀과
  설탕을 휘저어 섞는다.
4 반죽 그릇을 중탕냄비에서 내리고 식을 때까지 다시
  저어가며 섞는다. 제대로 잘된 제누아즈 반죽은 긴
  리본처럼 접혀야 한다(→279쪽). 체에 친 밀가루를
  넣어 주걱으로 섞는다.
5 준비한 틀에 반죽을 붓고 필요할 경우 주걱으로 잘
  펴준다. 제누아즈의 두께에 따라 15-25분 정도 예열
  해둔 오븐에서 구워낸다.

**달걀과 설탕을 왜 중탕으로 끓여
야 하는가?**

중탕을 통해 은근한 온도로 조리하면 달걀
의 단백질이 지나치게 응고되어 덩어리가
생기는 것을 방지할 수 있다.

**중탕할 때 왜 반죽 볼이 물에 닿
으면 안 되는가?**

가열온도가 지나치게 올라가는 것을 막기
위함이다. 물에 직접 닿지 않고 수증기를
통해 전달되는 대류열이 적절한 온도를 유
지해준다.

바튀battu 기구 등을 이용해 힘껏 저어 뒤섞는 것을 의미하는 바트르battre의 과거분사. pâte가 여성명사라서 여성형인 battue가
쓰였다.

비스퀴
조콩드

BISCUIT JOCONDE

아몬드가 가미된 비스퀴biscuit로,
머랭이 들어가 조직이 성글고 쓰임이 다양함.

 **시간**

준비 시간: 30분
굽는 시간: 7–10분

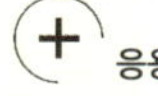 **활용**

오페라opéra, 뷔슈, 티라미수tiramisu

+ **응용**

피스타치오 비스퀴: 반죽의 첫 단계에서 피스타치오
페이스트 15–30g 첨가
시트러스 비스퀴: 감귤류 제스트 2개 분량 첨가
초콜릿 비스퀴: 카카오가루 30g 첨가

 **주의**

프렌치 머랭 섞기

 **연습**

달걀흰자 거품내기(→279쪽)
2단계로 재료 섞기(→270쪽)

 **도구**

30×40cm 빵판 3개

 **팁**

비스퀴가 지나치게 구워졌을 경우 젖은 행주로 몇
분 정도 감싸두면 폭신해진다.

123 **순서**

베이스—머랭—비스퀴—반죽 짜기—굽기

30×40cm 사각형 3개

비스퀴 베이스

아몬드가루 200g
슈거파우더 200g
달걀 300g(6개)
박력분 30g

머랭 베이스

달걀흰자 200g
가는설탕 30g

1 오븐은 190℃로 예열해둔다. 슈거파우더, 아몬드가루, 달걀 200g을 볼에 넣고 거품반죽기를 돌린다. 부피가 2배로 늘어나면 달걀을 마저 넣고 5분 정도 더 휘젓는다.

2 상온의 달걀흰자를 부드럽게 저어 거품을 만든다. 설탕 1/4을 넣으면서 거품반죽기의 강도를 높인다. 농도가 진해지면 설탕 1/4을 더해준다. 머랭에 물결 모양이 잡히면 남은 설탕을 모두 넣고 거품을 안정화(→279쪽)시키기 위해 2분 정도 더 휘저은 후 멈춘다.

3 머랭 1/3에 체로 친 밀가루와 1을 넣고 주걱으로 섞는다. 골고루 섞이면 나머지 머랭도 합하고 조심스럽게 섞는다.

4 유산지를 깐 빵판 각각에 3등분한 반죽을 하나씩 올리고 (판마다 반죽 300g씩) 재빠르게 오븐에 넣는다. 7-10분 굽는데, 굽고 나서 비스퀴가 마르지 않도록 주의를 기울인다.

비스퀴는 어떻게 계속 부드러운 상태로 유지되는가?

비스퀴가 지나치게 마르지 않으면 부드러운 상태로 유지될 수 있다. 설탕과 가열 방식이 부드러움이 유지하는 더 중요한 요소다 설탕은 수분을 흡수하는 성질이 있어 물을 가두고 급속한 가열은 수분의 과도한 증발을 막아 부드러운 상태가 유지될 수 있도록 해준다.

왜 섞을수록 반죽의 부피가 커지는가?

달걀을 휘저으면 달걀에 들어 있는 단백질 성분이 거품을 이루는데 이 거품이 반죽에 부피를 더한다.

비스퀴
아 라 퀴이예르

BISCUIT À LA CUILLÈRE

프렌치 머랭, 달걀노른자, 밀가루로 만들고
샤를로트charlotte에 주로 사용되는 부드러운 비스퀴.

🕐 시간

준비 시간: 30분
굽는 시간: 8–15분

◻ 활용

샤를로트, 각종 비스퀴, 트라이플trifle, 티라미수

! 주의

연속적으로 짠 반죽 굽기

 **연습**

프렌치 머랭 만들기(→42쪽)
2단계로 재료 섞기(→270쪽)
짤주머니 사용하기(→272쪽)

✎ 도구

짤주머니
10번 깍지
체

123 순서

프렌치 머랭—반죽—짜기—굽기

🗄 보관

구운 상태로 냉장고에서 1일, 냉동실에서 3개월까지

비스퀴 30개
또는 지름 24cm 원형 2개
또는 길이 40cm 띠 2개

베이스

박력분 100g
감자전분 25g
달걀노른자 80g

프렌치 머랭

달걀흰자 150g
설탕 125g

페를라주perlage

슈거파우더 30g

1 밀가루와 전분은 체나 고운 여과기에 거른다.
2 프렌치 머랭(→42쪽)을 만든다. 미리 풀어둔 달걀노른자를 주걱을 이용해 살살 섞고 전분과 밀가루를 더해 마저 섞는다.
3 유산지를 깐 빵판 위에 반죽을 얹는다. 비스퀴를 낱개로 구우려면 6cm 길이의 소시지 모양으로 간격을 두고 짠다. 띠 형태로 구우려면 6cm 길이의 소시지 모양을 서로 붙여서 짜준다. 원형은 가운데에서 바깥쪽으로 원을 그려가며 나선으로 반죽을 짠다. 슈거파우더를 체로 쳐서 5분 간격으로 두 차례 반죽에 뿌린다(페를라주→278쪽). 비스퀴의 모양에 따라 8–15분 굽는다. 유산지를 들어내면 비스퀴가 판에서 저절로 떨어져야 한다.

준비 과정에서 일어나는 화학 반응으로는 어떤 것들이 있는가?

프렌치 머랭을 만드는 동안 공기가 발생한다. 머랭에 밀가루 다량이 더해지면 전분이 젤라틴화(팽창)되고 또 반죽을 굽는 과정에서 달걀에 함유된 단백질 성분이 응고되면서 기포들이 비스퀴 안에 갇혀지게 된다.

비스퀴
쉭세

BISCUIT SUCCÈS

머랭과 견과류의 가루로 만든 비스퀴,
각종 앙트르메의 베이스로 사용.

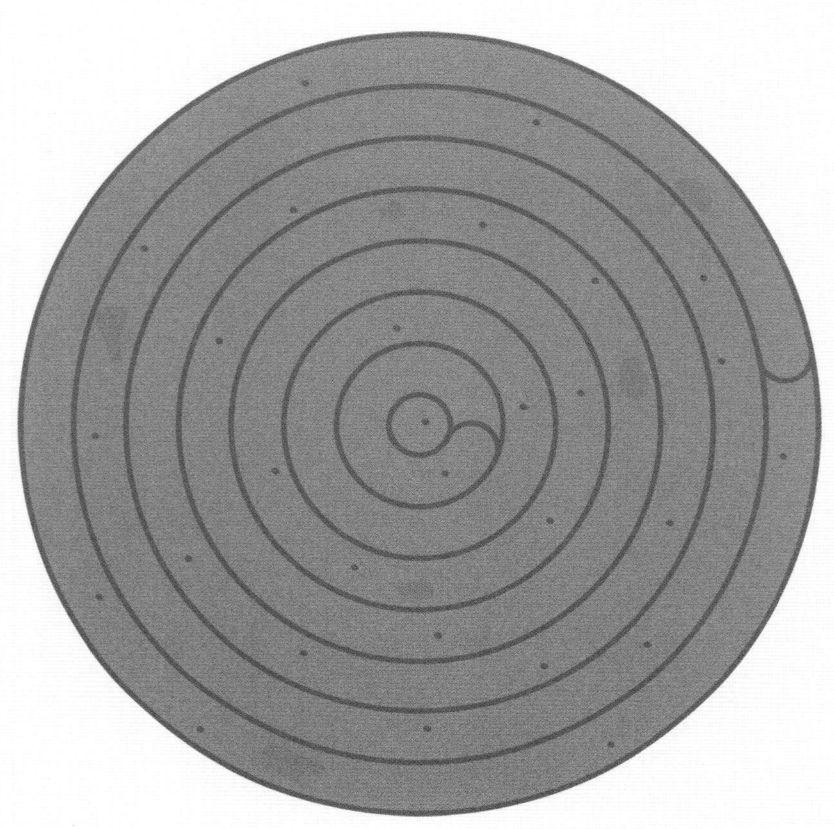

 **시간**

준비 시간: 30분
굽는 시간: 15~25분

 **활용**

쉭세

+ 응용

호두가루 대신 같은 양의 헤이즐넛가루나 아몬드가루로 대체가 가능하다.

 **연습**

2단계로 재로 섞기(→270쪽)
짤주머니 사용하기(→272쪽)

 **도구**

30×40cm 빵판
(또는 지름 20cm 원형 빵판)
짤주머니
10번 깍지

 **123 순서**

프렌치 머랭—비스퀴—반죽 짜기—굽기

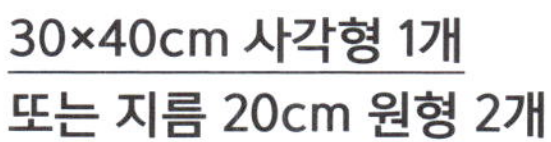

**30×40cm 사각형 1개
또는 지름 20cm 원형 2개**

비스퀴 베이스

박력분 40g
호두가루 115g
설탕 130g

프렌치 머랭

달걀흰자 190g
설탕 70g

1 오븐은 180℃로 예열해둔다. 비스퀴 베이스의 재료 들을 한꺼번에 체로 친다.

2 프렌치 머랭(→42쪽)을 만든다. 1을 주걱으로 가볍 게 섞는다.

3 원형 만들기: 유산지 위에 지름 20cm 원 2개를 그 린다. 10번 깍지를 끼운 짤주머니에 반죽을 채운다. 중심에서부터 바깥쪽으로 나선을 그리며 달팽이껍 데기 모양으로 짠다.

사각형 만들기: 유산지를 깐 빵판 위에 반죽을 너르 게 펴서 깐다(→273쪽).

4 15-25분 굽는다. 비스퀴가 토기 좋은 색으로 구워지 면 오븐에서 꺼내고 유산지를 뺀다.

이 비스퀴가 부서지기 쉬운 이유 는 무엇인가?

달걀이 들어가지 않은 데다가 베이스에 딜 가루 함량이 적기 대문이다. 머랭에 들어 가는 달걀흰자의 단백질 성분이 이 비스퀴 의 내구성을 지탱하는 역할을 하는 유일한 요소다.

초콜릿 비스퀴
글루텐 프리

BISCUIT AU CHOCOLAT SANS FARINE

파트 다망드가 들어간 부드럽고 촉촉한 비스퀴로,
다양한 앙트르메와 타르트의 베이스.

 **시간**

준비 시간: 30분
굽는 시간: 약 15분

 **활용**

앙트르메의 베이스, 때로 여러 층으로 쌓아 사용.
사블레와 크레뫼 중간의 식감을 내기 위해 타르트의 충전물로 사용.

도구

30×40cm 빵판
거품반죽기, 비터

 **주의**

프렌치 머랭 섞기

 **연습**

중탕하기(→270쪽)
프렌치 머랭 만들기(→42쪽)
2단계로 재료 섞기(→270쪽)

123 순서

초콜릿 녹이기—베이스 반죽—프렌치 머랭—굽기

30×40cm 사각형 1개

초콜릿 비스퀴 베이스

버터 40g
초콜릿(카카오 함유율 66%) 140g
파트 다망드 70g
달걀노른자 30g

프렌치 머랭

달걀흰자 160g
설탕 60g

1 오븐은 180℃로 예열해둔다. 중탕 그릇을 준비해 초콜릿과 버터를 천천히 녹인다.

2 파트 다망드는 비터를 끼운 거품반죽기의 볼에 넣는다. 중간 정도의 세기로 거품반죽기를 작동시키고 달걀노른자를 조금씩 넣어준다. 주걱을 이용해 볼의 벽을 가끔씩 긁어준다.

3 파트 다망드와 노른자가 골고루 다 섞이면 1을 더하고 약한 강도로 거품반죽기를 돌려 섞은 후 다른 볼에 옮겨 담는다.

4 프렌치 머랭(→42쪽)을 만든 후 머랭 1/3 분량을 3에 넣고 빨리 휘저어 섞는다.

5 나머지 머랭도 다 넣고 주걱으로 조심스럽게 섞는다.

6 반죽이 골고루 다 섞이면 유산지를 깐 빵판 위에 반죽을 고르게 편다. 12분간 오븐에서 굽는다. 오븐에서 꺼낸 후 빵판에서 유산지를 분리한 후 완성된 비스퀴를 마르지 않도록 조리대에 둔다.

밀가루 없이 초콜릿 비스퀴를 어떻게 만드는가?

케이크를 굽는 과정에서 밀가루 속 전분이 팽창하기 때문에 케이크의 형태가 유지된다. 밀가루 대신 파트 다망드를 사용하면 모양은 제대로 유지되면서 더 가벼운 케이크를 만들 수 있다. 파트 다망드가 밀가루처럼 팽창 효과를 낼 수 있기 때문이다. 게다가 글루텐이 들어가지 않으니 알레르기가 있는 이들에겐 더욱 좋다.

아망드amande 아몬드라는 뜻. 파트 다망드에서는 명사 두 개를 연결하는 전치사 드de가 축약되어 다망드d'amande가 되었다.

므랭그
프랑세즈

MERINGUE FRANÇAISE 프렌치 머랭

설탕과 달걀흰자를 가열하지 않고 만드는 머랭으로
반죽이나 무스의 구성 요소로 사용.

 시간

준비 시간: 15분

활용

비스퀴 베이스(비스퀴 아 라 퀴이예르, 글루텐 프리 초콜릿 비스퀴)

(!) 주의

달걀흰자가 뭉치지 않도록 한다.

 연습

달걀흰자 거품 내기(→279쪽)

 도구

거품반죽기

 보관

가열 과정 없이 준비하므로 만들자마자 사용해야 한다. 머랭의 거품이 쉽게 무너
진다.

머랭 275g

달걀흰자 150g
설탕 125g

1 휘퍼를 단 거품반죽기를 준비하고, 볼에 달걀흰자와 설탕 1/4을 넣는다.
2 1/4 강도로 거품반죽기를 돌리면 달걀흰자에 기포가 올라오기 시작한다.
3 거품반죽기 강도를 2배로 올린다. 흰자 표면에 잔물결이 지기 시작하면 설탕 1/4을 더 넣는다.
4 거품반죽기 강도를 3/4으로 조절하고 휘퍼 주변에 흰자가 들러붙기 시작하면 나머지 설탕을 다 넣고 거품반죽기 강도를 최대로 올리고 2분 더 휘젓는다. 휘퍼를 분리했을 때 머랭이 새의 부리 모양으로 붙어 있으면 완성.

머랭의 거품 같은 질감은 어떻게 생겨나는가?

거품은 액체가 기포를 머금고 부풀어서 생겨난 것이다. 달걀흰자를 휘젓는 거품기의 동작으로 흰자의 단백질 성분이 풀어져서 공기와 수분 사이에 자리를 잡는다. 거품기로 쳐올린 머랭에 설탕을 더하면 수분의 배출을 억제하고 기포의 크기를 줄여 점도가 상승하는 효과가 있다.

왜 달걀흰자는 뭉칠 위험이 있는가?

흰자를 거품기로 저으면 단백질 성분이 풀어져서 기포의 흡수와 안정화를 돕는다. 하지만 거품기로 지나치게 휘젓게 되면 단백질 성분끼리 다시 합쳐 뭉치게 되고 이 경우 거품이 덩어리지게 된다.

왜 갓 나온 달걀보다 며칠 지난 것을 또 상온에서 사용하는가?

꼭 그래야만 하는 것은 아니지만 이 경우에 흰자의 거품을 내기가 더 쉽다. 단백질 성분이 더 잘 풀어져서 기포가 더 빨리 안정되기 때문이다.

므랭그
이탈리엔

MERINGUE ITALIENNE 이탤리언 머랭

달걀흰자와 시럽(열을 가한 설탕)으로 만들며
프렌치 머랭보다 더 밀도가 높고 잘 무너지지 않는 머랭.

 시간

준비 시간: 30분

 활용

레몬 머랭 타르트, 각종 앙트르메 토핑, 마카롱 코크coque

(!) 주의

설탕 가열하기(→278쪽)
설탕과 달걀흰자 섞기(→279쪽)

 연습

시럽 만들기(→278쪽)
달걀흰자 거품 내기(→279쪽)

 도구

거품반죽기
온도계

123 순서

시럽→달걀흰자 거품 내기→거품에 시럽 섞기→식을 때까지 휘젓기

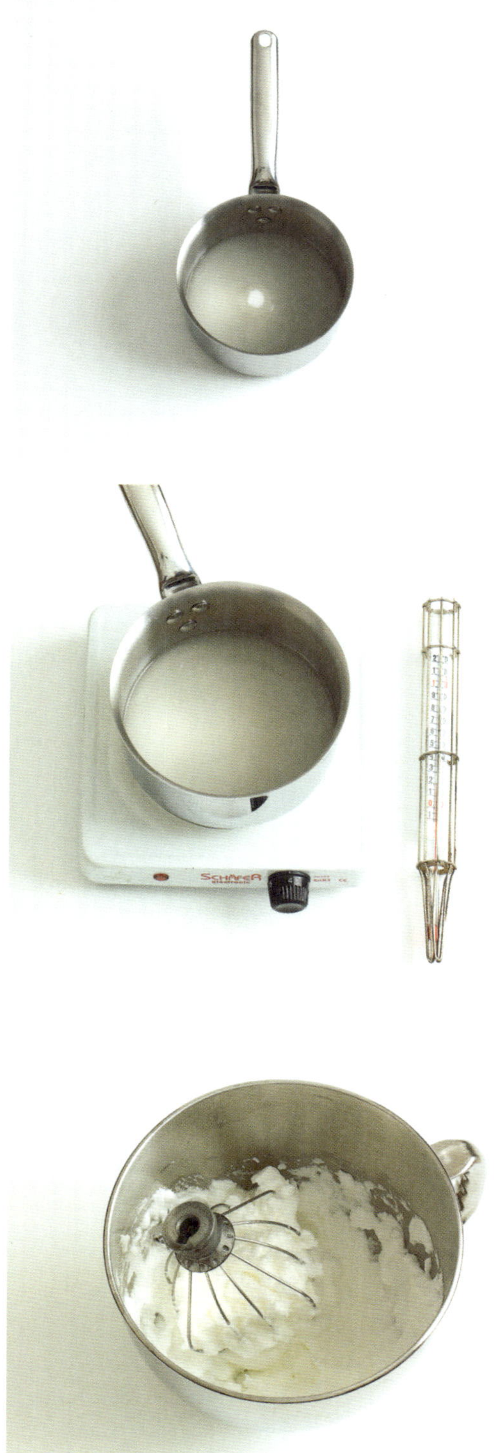

머랭 400g

달걀흰자 100g
물 80g
설탕 150g

1 깨끗하게 닦은 냄비에 물을 붓고 튀지 않게 조심하며 설탕을 넣는다.
2 설탕과 물이 든 냄비를 가열한다. 온도계로 가열 온도를 잘 체크한다. 온도계가 냄비 바닥이나 벽면에 닿지 않도록 유의한다.
3 시럽 온도가 114℃가 되면 최대 강도로 올린 거품반죽기로 달걀흰자의 거품을 낸다.
4 시럽 온도가 121℃가 되면 냄비를 불에서 내린다. 시럽의 기포가 다 가라앉으면 시럽을 소량씩 달걀흰자의 거품에 더해준다. 식을 때까지 거품반죽기로 계속 젓는다.

시럽은 왜 121℃로 가열하는가?

121℃ 시럽은 흰자 거품 사이로 잘 흩어진다. 또한 가열 효과로 시럽에 함유된 수분 일부가 증발해 흰자 거품을 잘 부풀게 하고 응집된 거품을 유지할 만큼의 점성을 띠게 된다. 이처럼 가열하지 않은 설탕보다는 설탕을 가열한 시럽이 더 나은 결과물을 만든다.

이탤리언 머랭의 특성은 무엇인가?

가열 과정을 거친 머랭으로 타르트나 케이크의 장식용에 더 적합하다. 구운 파티스리에 바로 올려낼 수 있기 때문이다. 케이크와 머랭을 함께 구우면 종종 머랭이 너무 익게 되는데 이탤리언 머랭을 사용하면 이를 피할 수 있다.

므랭그
스위스

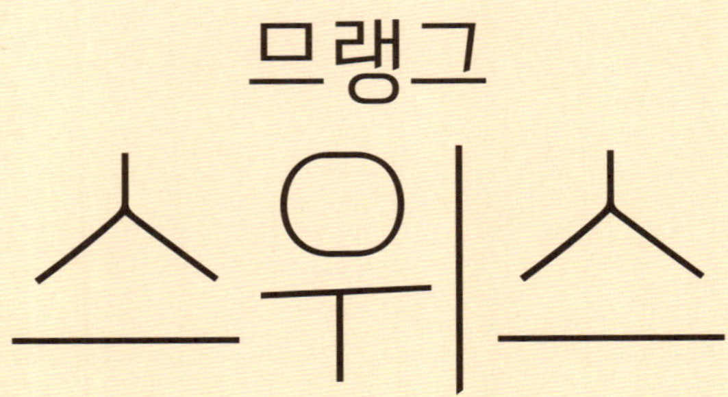

MERINGUE SUISSE 스위스 머랭

달걀흰자와 설탕에 열을 가해 따뜻한 상태에서 만들어
프렌치 머랭이나 이탤리언 머랭보다 밀도가 높고 단단한 머랭.

 **시간**

준비 시간: 15분

 **활용**

굽거나 모양을 낸 머랭 과자, 파블로바pavlova, 머랭을 기본으로 하는 각종 앙트르메

응용

오렌지 플라워 머랭: 반죽에 오렌지 플라워 워터 15g 첨가
초콜릿 머랭: 녹인 다크초콜릿에 구운 머랭을 담갔다가 식힘망에 올려 식혀 완성

 **주의**

가열하면서 머랭 만들기

 **연습**

중탕하기(→270쪽)
달걀흰자 거품 내기(→279쪽)

 **도구**

거품반죽기
온도계

머랭 300g

달걀흰자 100g
설탕 100g
슈거파우더 100g

1 중탕(→270쪽)을 준비하고 달걀흰자와 설탕을 넣은
 볼을 막 끓기 시작하는 중탕 그릇에 올린다. 공기가
 최대한 많이 들어가도록 거품을 낸다. 온도를 계속
 확인하다가 50℃가 되면 거품 내기를 멈춘다.
2 중탕 그릇을 불에서 내리고 머랭이 단단해질 때까지
 계속 거품을 휘젓는다.
3 체에 친 슈거파우더를 주걱으로 섞는다.

중탕하면서 머랭을 휘젓는 이유 는 무엇인가?

50℃ 중탕에서 머랭을 휘저으면 달걀흰자
의 단백질 성분이 덜 풀어져서 더 작은 기
포를 형성하고 더 많은 공기를 가둔다. 이
로 인해 스위스 머랭이 다른 머랭들보다
더 단단하고 밀도가 높은 것이다.

카라멜

CARAMEL 캐러멜

설탕 결정의 용해와 수분 증발로 완성.

 응용

물 없이 완성하는 드라이 캐러멜

 주의

적정 순간에 가열을 멈춰야 결정이 생기지 않는다.

 도구

냄비
붓
온도계

 보관

캐러멜은 빨리 굳는 성질이 있으므로 만든 후 빨리 사용한다. 여러 번 재가열할 수는 있지만 그때마다 색이 진해진다.

캐러멜 700g

물 125g
설탕 500g
물엿 100g

카라멜caramel 공식 한국어 표기는 영어 발음을 따라 캐러멜이나, 프랑스어 발음은 카라멜. 이 책에서는 일반적으로 지칭할 때는 표준어인 캐러멜로, 프랑스 음식명 중에 쓰였을 때는 카라멜로 표기한다.

1 냄비를 잘 씻는다. 구리냄비는 굵은 소금과 식초를 섞어 철수세미로 닦는다. 불 옆에 찬물을 담은 큰 그릇을 준비한다. 물과 설탕의 양을 잘 측정한다. 이때 냄비 안쪽 벽면에 들러붙는 설탕이 없도록 한다.

2 한번 끓어오르면 물엿을 넣는다. 깨끗한 붓으로 냄비 옆면을 닦아내면서 165℃가 될 때까지 끓인다. 단, 시럽을 저어서는 안 된다. 165℃가 되면 더 이상 온도가 올라가지 않도록 냄비 바닥을 찬물에 담그고 흔든다.

드라이 캐러멜

설탕을 냄비에 넣는다. 3/4의 화력으로 가열한다. 설탕이 녹기 시작하면 거품기로 저어가며 캐러멜로 변할 때까지 계속 끓인다.

클래식 캐러멜과 드라이 캐러멜의 차이는 무엇인가?

물과 설탕으로 만드는 클래식 캐러멜은 설탕 장식이나 수의 글레이징 등에 사용된다. 물 없이 만드는 드라이 캐러멜은 향을 더하는 용도(무스 등)로 쓰이며 맛도 더 진하다.

온도 확인이 캐러멜을 만드는 데 중요한 이유는?

설탕을 가열하면 수분은 증발하고 온도가 올라간다. 너무 천천히 가열하면 시럽의 색이 짙어져도 캐러멜을 만드는 데 필요한 160℃까지 오르지 않는다. 따라서 온도로 시럽의 농도를 확인할 수 있다.

설탕은 왜 뭉치는가?

결정 작용이 일어나면 설탕이 뭉친다. 설탕을 가열할 때 설탕이 잘 녹지 않았거나, 냄비 벽면에 생긴 결정이 떨어지면 시럽에 결정이 생기고 시럽 전체가 덩어리지게 된다.

누가틴

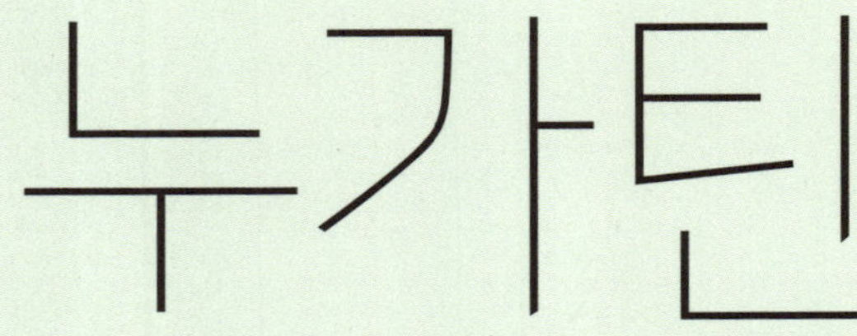

NOUGATINE

잘게 다진 아몬드를 넣어 만든 매우 바삭한 캐러멜.

 **시간**

준비 시간: 30분
가열 시간: 25분

 **활용**

피에스몽테pièce-montée, 작은 케이크,
초콜릿 봉봉bonbon au chocolat

＋ 응용

클래식 누가틴: 아몬드 사용
견과류 누가틴: 아몬드 대신 깨, 헤이즐넛, 캐슈넛
(땅콩) 사용

 **주의**

캐러멜을 만들 때 색이 너무 진해지지 않도록 한다.

 **연습**

견과류 굽기(→281쪽)
캐러멜 만들기(→48쪽, 278쪽)

 **도구**

(누가틴용) 밀대
베이킹용 스크레이퍼

 **팁**

누가틴을 만든 직후 바로 사용하지 않거나 너무 딱
딱해져서 모양을 만들기가 어려울 때는 누가틴을
140℃의 오븐에 몇 분간 둔다. 이때 타지 않도록 잘
주시하고 있어야 한다. 누가틴이 들러붙지 않도록
하려면 도구나 조리대에 가볍게 기름을 발라주는 것
이 좋다.

123 순서

견과류 굽기→캐러멜→펼치기→오븐에 굽기→자르기

 **보관**

건조하고 서늘한 곳에서 보관

누가틴 800g

잘게 다진 아몬드 250g
퐁당(→80쪽) 300g
물엿 250g

1 오븐을 180℃로 예열한다. 빵판에 유산지나 실패드를 깐다. 다진 아몬드를 얹고 15-20분간 황금색을 띨 때까지 굽는다.

2 깨끗한 냄비에 퐁당과 물엿을 붓고 주걱으로 가끔씩 저어가며 가열한다. 투명한 캐러멜로 완성되면 1의 아몬드를 넣고 섞는다.

3 2-5분간 더 가열해서 원하는 색이 나오면 빵판에 붓는다. 전체 온도를 균일하게 만들기 위해 스크레이퍼로 누가틴의 모서리를 가운데 쪽으로 접는다. 만든 즉시 사용한다면 기름을 가볍게 칠한 조리대 위로 옮기고, 그렇지 않을 경우에는 140℃의 오븐에 넣어두고 타지 않는지 잘 살핀다.

왜 설탕이 아니라 물엿을 사용하는가?

물엿은 설탕과 달리 결정화 작용이 일어나지 않기 때문에 당과 제조에 광범위하게 사용되고 특히 누가틴을 만드는 데 반드시 들어간다.

크렘
파티시에르

CRÈME PÂTISSIÈRE 커스터드 크림

우유와 달걀노른자를 넣어 가열하며
주로 바닐라 향을 첨가해 만드는 밀도가 진한 크림.

 **시간**

준비 시간: 15분
가열 시간: 우유 1리터당 3분
식히는 시간: 1시간

활용

슈크림chou à la crème, 에클레르, 를리지외즈religieuse, 밀푀유, 크렘 무슬린 crème mousseline, 크렘 디플로마트crème diplomate, 크렘 프랑지판crème fran- gipane, 크렘 시부스트crème chiboust

 **주의**

가열 정도

 **연습**

달걀노른자 블랑시르(→279쪽)

 **도구**

냄비

 **팁**

밀가루나 크림가루를 사용하는 것보다 옥수수전분을 사용하는 쪽이 더 가벼운 크림을 만들 수 있다. 보관하던 크림을 사용할 때는 세게 다시 저어주어야 한다. 그래야 크림이 부드러워지고 유화된다.

 **보관**

냉장고에서 3일까지

크림 800g

크림

우유 500g
달걀노른자 100g
설탕 120g
옥수수전분 50g
버터 50g
(바닐라빈 1개)

1 볼에 달걀노른자와 설탕을 넣고 블랑시르한(→279쪽) 후 옥수수전분을 더한다.
2 냄비에 우유를 담고 원하는 경우 바닐라빈의 씨를 긁어 넣는다. 끓인 다음 바늘라를 제거한 뒤 우유의 반을 1에 붓고 휘젓는다. 그것을 다시 냄비에 담아 센 불로 가열하면서 세게 젓는다.
3 금방 되직해지기 때문에 계속 저어주고, 끓어오른 시점부터 우유 1리터당 3분씩 더 끓인다.
4 냄비를 불에서 내린 후 버터를 넣고 섞는다.
5 빠르게 식히기 위해 넓은 빵판에 부은 다음 크림 표면에 닿도록 랩을 씌운다. 완전히 식으면 크림을 사용한다. 사용하기 전에는 항상 세게 저어 유화시킨다.

달걀노른자와 설탕을 왜 블랑시르하는가?

달걀노른자에 설탕을 넣고 블랑시르하면 (→279쪽) 반죽이 균일하게 더 잘 섞인다. 설탕은 이후 가열 과정에서 단백질 성분을 '보호하는' 역할을 한다. 설탕이 달걀노른자의 단백질에 잘 섞일수록 달걀노른자가 덩어리지지 않는다.

완성된 크림을 식힐 때 왜 표면에 막이 생기는가?

가열하는 과정에서 수분이 증발하고 단백질이 응고되어서 (우유를 가열할 때처럼) 표면에 막이 생길 수 있다.

밀가루를 넣고 만든 크림 파티시에르가 옥수수전분을 넣고 만든 것과 다른 점은?

점성을 담당하는 재료가 바뀌면 크림의 질감이 달라진다. 모든 전분은 각기 다른 특성을 지닌다. 동일한 농도의 크림을 만든다면 밀가루보다 더 적은 양의 옥수수전분으로 가능하다. 동일한 양일 경우 옥수수전분으로 만든 크림이 밀가루로 만든 크림보다 더 가볍다.

크림crème 크림.

크렘
오 뵈르

CRÈME AU BEURRE 버터크림

아파레유 아 봉브(→58쪽)에 설탕과 버터를 넣고 만든 부드러우면서도 잘 녹는 크림.
크렘 파티시에르처럼 다양하게 사용.

 시간

준비 시간: 30분
가열 시간: 10분

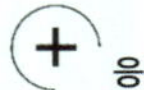 활용

뷔슈, 오페라, 모카, 를리지외즈 등 케이크, 컵케이크

응용

이탈리언 머랭을 베이스로 삼으면 가벼운 느낌이 덜하다.
바닐라 버터크림: 마지막 과정에서 바닐라 농축액 5g 첨가

커피 버터크림: 마지막 과정에서 커피 농축액 30g 첨가
초콜릿 버터크림: 마지막 과정에서 카카오가루 80g 첨가

 주의

시럽 만들기
버터 섞기

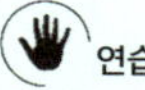 연습

포마드 버터 만들기(→276쪽)
설탕 시럽 만들기(→278쪽)

 도구

거품반죽기
온도계

 팁

버터는 3시간(여름철에는 1시간) 전에 미리 꺼내두어야 포마드 상태가 된다(→276쪽). 섞을 때 버터와 달걀의 온도가 같아야 한다. 크림이 뭉쳤을 경우엔 반죽통을 냉동실에 잠시 넣었다가 가장자리의 크림이 굳어질 때 꺼내서 토치 등으로 온도를 올려가며 거품반죽기로 다시 섞으면 된다.

 순서

버터 꺼내기—달걀 휘젓기—시럽 만들기—버터 섞기

 보관

만든 즉시 바로 쓰는 것이 이상적이지만 냉장실에서 3일, 냉동실에서 3개월 정도 보관할 수 있다. 이때 꼭 랩으로 밀봉한 용기에 담아 보관한다.

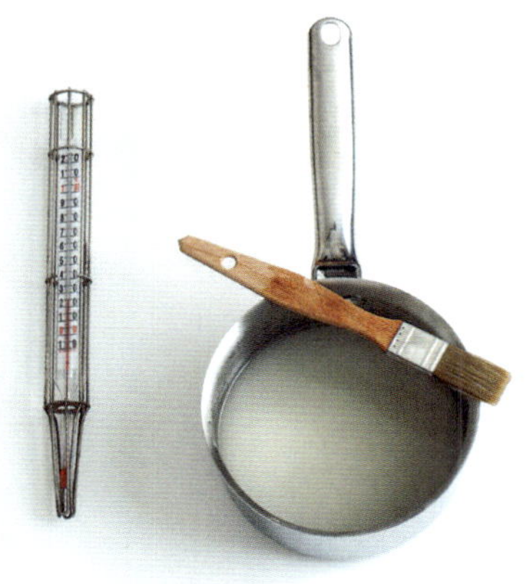

크림 450g

크림

달걀 100g(2개)
물 40g
설탕 130g
포마드 버터 200g

1 거품반죽기로 달걀이 3배 정도로 부풀 때까지 휘젓는다.
2 작은 냄비에 물을 붓고 설탕을 더한다. 115℃ 시럽(→278쪽)이 만들어지면 불을 끈다.
3 1에 2를 넣으면서 되직한 크림 상태가 될 때까지 계속 젓는다.
4 완전히 식으면 버터를 조금씩 넣어가며 계속 저어서 섞는다. 원하는 향을 가미해도 좋다.

115℃ 시럽이 달걀에 어떤 작용을 하는가?

115℃로 가열된 설탕 시럽은 수분 일부가 증발하는데, 달걀의 단백질 성분이 이 과뜻한 시럽과 접촉하면 변형된다. 이 작용의 결과로 되직한 달걀-설탕 혼합물이 형성된다.

뵈르beurre 버터.
아파레유appareil 혼합물로 구성된 재료라는 뜻. 아파레유 아 봉브는 58쪽 참조.

크렘
무슬린

CRÈME MOUSSELINE

크렘 파티시에르에 버터나 버터크림을 많이 넣은 것.

 시간

준비 시간: 35분
가열 시간: 우유 1리터당 3분
휴지 시간: 3-24시간

 활용

각종 케이크나 앙트르메

! 주의

포마드 버터 섞기

 연습

달걀노른자 블랑시르(→279쪽)
포마드 버터 만들기(→276쪽)

 도구

거품반죽기

123 순서

크렘 파티시에르—버터 섞기

 보관

냉장고에서 3일까지

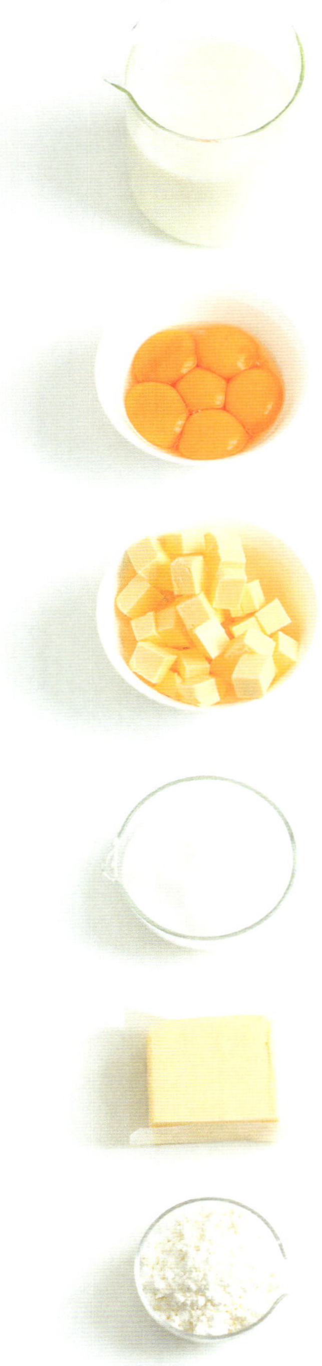

크림 1kg

크렘 파티시에르

우유 500g
달걀노른자 100g
설탕 120g
옥수수전분 50g
버터 50g

버터

버터 200g

1 크렘 파티시에르(→52쪽)를 만든다.
2 불을 끈 상태에서 크렘 파티시에르의 버터를 넣는다.
  빵판에 담은 후 랩을 표면에 닿게 씌워 미지근해지면
  3-24시간 동안 냉장고에 넣어둔다.
3 크림이 완전히 식으면 3-5분 휘저어준다. 포마드
  버터를 넣으면서 완전히 섞일 때까지 계속 젓는다.
  만든 후 바로 사용한다.

크림 상태를 유지해주는 요소는?

크렘 무슬린은 크렘 파티시에르가 식고 난
후에 포마드 버터를 넣어 만드는데, 이 버
터가 크림의 질감을 굳히는 역할을 한다.

아파레유 아 봉브

APPAREIL À BOMBE

달걀과 시럽을 베이스로 한 뻑뻑하지 않고 가벼운 질감의 혼합물.

 **시간**

준비 시간: 20분

 **활용**

봉브 글라세bombe glacée, 초콜릿 무스, 과일 무스

! **주의**

설탕 가열하기
시럽 섞기

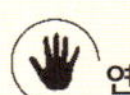 **연습**

시럽 만들기(→278쪽)

 **도구**

온도계
거품반죽기

123 **순서**

달걀 휘젓기—시럽 만들기—섞기

 **보관**

만든 즉시 사용

250g

달걀 100g(2개)
물 40g
설탕 130g

1 볼에 달걀을 넣고 3배로 부풀 때까지 거품반죽기를
  최대 강도로 돌린다.
2 작은 냄비에 설탕과 물을 넣고 시럽(→278쪽)을 만
  든다. 115℃까지 계속 가열한다.
3 시럽 냄비의 불을 끈다. 시럽의 기포가 사라지면 1에
  시럽을 조금씩 부어가며 휘젓는다. 완전히 식으면
  완성된 것. 만든 즉시 사용한다.

이 아파레유의 특징은?

부풀어오른 달걀에 뜨거운 시럽을 부으면
달걀의 단백질 성분 알브가 응고되는데
이 때문에 달걀 거품이 안정적으로 유지
된다.

크렘 앙글레즈

CRÈME ANGLAISE

달걀노른자를 적당히 응고시켜 만드는 되직한 크림으로
바닐라 향을 더하는 레시피가 전통적이다.

 **시간**

준비 시간: 30분

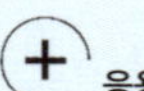 **활용**

일 플로탕트Île flottante, 곁들임 소스, 아이스크림,
크렘 바바루아즈crème bavaroise, 가나슈 크레뫼즈
ganache crèmeuse

 **응용**

크렘 앙글레즈 오 카라멜crème anglaise au caramel:
설탕 60g으로 드라이 캐러멜을 만든 후 (20g은 달
걀노른자와 섞는 용도로 남겨두고) 우유에 녹인다.
그 이후는 기본 레시피와 동일하다.
향이 진한 크렘 앙글레즈: 스타아니스(팔각) 1개, 카
르다몸 10알, 계피 1대를 우유에 넣어준다. 그 이후
는 기본 레시피와 동일하다.

 **주의**

가열하기

 **연습**

달걀노른자 블랑시르(→279쪽)
시누아제(→270쪽)

 **도구**

온도계

 **팁**

크림이 응고되기 시작하면 깨끗한 볼에 담아 젓고
체에 거른다.

보관

냉장고에서 3일

<u>**크림 650g**</u>

우유 500g
달걀노른자 100g
설탕 80g
바닐라빈 1개

1 달걀노른자를 설탕과 함께 휘저어가며 섞는다(→279쪽).

2 바닐라빈은 반으로 갈라 씨만 긁어 우유에 섞고 한 번 끓인다.

3 우유 절반을 1에 붓고 천천히 젓는다. 완전히 다 섞이면 다시 냄비에 붓는다.

4 냄비를 다시 중간 불에서 주걱으로 저어가며 가열하는데 크림이 주걱에 묻을 정도가 되면 완성된 것. 온도가 85℃가 넘지 않도록 유의한다. 완성된 크림은 체에 거른(시누아제→270쪽) 뒤 차갑게 보관한다.

이 크림을 만들 때 온도에 특별히 신경 써야 하는 이유는?

달걀 혼합물을 가결할 때 달걀의 단백질이 응고되면서 혼합물의 농도가 짙어진다. 85℃ 이상으로 온도가 오르면 단백질이 지나치게 응고되어서 사용하기 어려울 정도로 뻑뻑해질 수 있다.

앙글레anglais '영국의'라는 형용사. 크렘crème이 여성명사라서 여성형인 앙글레즈anglaise가 쓰였다.

샹티이

CHANGTILLY

설탕을 넣은 크렘 푸에테. 유지방이 30% 이상 함유된 생크림을 사용하고,
향을 더하는 경우는 많지만 그 외 다른 첨가물은 넣지 않는다.

 **시간**

냉장 시간: 2시간
준비 시간: 15분

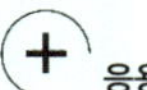 **활용**

앙트르메 충전물, 곁들임 크림

+ 응용

프랄리네 샹티이: 프랄리네 30g 첨가
피스타치오 샹티이: 피스타치오 페이스트 10g 첨가
마스카르포네 샹티이: 마스카르포네 치즈 1TS(테이블 스푼, 약 15ml) 첨가(일반
샹티이보다 더 뻑뻑하고 모양 잘 유지)

 **도구**

거품반죽기, 휘퍼

 **팁**

생크림과 도구 모두 냉각시켜 사용해야 유지방이 잘 유지된다.

123 순서

도구 냉각하기—생크림 휘젓기

 **보관**

냉장고에서 3일까지. 크림이 무너지기 시작하면 살짝 다시 휘젓는다.

샹티이 550g

생크림(유지방 함유율 30% 이상) 500g
슈거파우더 80g
바닐라빈 1개

1. 사용할 용기와 생크림을 냉장고에 넣어둔다. 용기는 30분, 생크림은 2시간 정도. 냉장고에서 꺼낸 생크림을 설탕, 바닐라빈 씨와 함께 볼에 넣는다.
2. 설탕과 생크림을 천천히 휘저어가며 섞는다.
3. 생크림을 단단히 만들기 위해 거품반죽기의 속도를 최대로 올려 휘젓는다. 생크림에 광택이 없어야 한다. 만들자마자 바로 쓰거나 냉장고에 바로 보관한다.

유지방 함유율은 왜 30% 이상이어야 하는가?

생크림 속 유지방은 크림을 휘젓는 과정에서 발생한 기포와 결합해 (기포 주위에서) 결정화된다. 이때 유지방의 양이 충분하지 못하면 기포를 충분히 안정화시킬 수 없고 크림의 형태도 잘 유지되지 않는다.

생크림은 왜 차가운 온도에서 더 잘 휘핑되는가?

차가운 온도는 유지방이 결정화하는 데 필수적인 요소다. 온도가 차갑지 않으면 샹티이가 안정적으로 만들어지지 않는다.

왜 차갑게 한 스테인리스 볼을 사용하는 것이 더 좋은가?

스테인리스는 열교환을 용이하게 한다. 차가운 스테인리스 볼을 사용하면 유지방의 결정화가 더 잘 유도되고 샹티이 모양도 더 잘 잡힌다. 상온이 높을 경우 큰 그릇에 얼음을 담고 그 위에 볼을 올려서 사용하는 것이 좋다.

생크림을 너무 많이 휘저으면 어떻게 되는가?

버터가 만들어진다. 유화가 풀어지고 물과 지방층이 분리된다

설탕은 언제 넣어야 하며 그 이유는 무엇인가?

설탕을 넣으면 샹티이 모양이 망가질 수 있기 대문에 처음에 넣는 것이 좋다. 처음에 넣어야 크림에 더 잘 흡수되기도 한다.

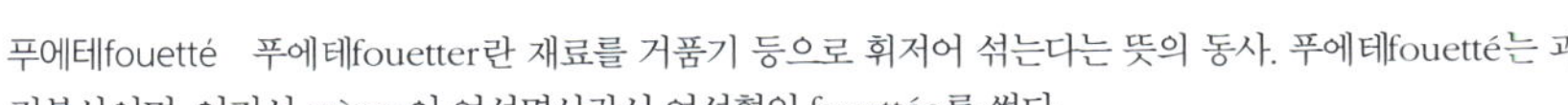

푸에테fouetté 푸에테fouetter란 재료를 거품기 등으로 휘저어 섞는다는 뜻의 동사. 푸에테fouetté는 과거분사이며, 여기서 crème이 여성명사라서 여성형인 fouettée를 썼다.
프랄리네praliné 견과류에 캐러멜을 입힌 것을 뜻한다. 가루로 갈아서 파트 상태로 만든 것도 프랄리네라고 부른다.

크렘 다망드

CRÈME D'AMANDE

날달걀에 아몬드가루를 유화시킨 아몬드 크림.

 **시간**

준비 시간: 20분

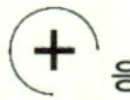 **활용**

타르트, 피티비에

+ 응용

프랑지판frangipane

 **주의**

잘 섞어야 한다.

 **연습**

크레메(→276쪽)

 **도구**

볼
주걱

 **팁**

크림을 냉장고에 보관할 경우 사용하기 전에 미리 꺼내 두어야 크림이 다시 포마드 상태로 돌아올 수 있다.

 **보관**

냉장고에서 2일까지

크림 400g

버터 100g
설탕 100g
아몬드가루 100g
달걀 100g(2개)
박력분 20g

1 미리 꺼내두어 버터를 포마드시킨다. 볼에 버터와 설탕을 넣고 주걱으로 섞어 크레메한다. 이 혼합물을 크레마주crémage라고 한다.

2 아몬드가루, 달걀과 밀가루를 더한다. 공기가 너무 들어가지 않도록 유의하면서 주걱으로 계속 섞는다. 만든 즉시 사용하거나 차가운 곳에 보관한다.

크렘 다망드는 왜 가열하면 부풀어오르는가?

가열하면 여러 혼합 과정에서 발생한 기포가 팽창하면서 크림을 부풀게 해서 무스같이 된다.

크렘 시부스트

CRÈME CHIBOUST

이탤리언 머랭을 넣고 젤리처럼 가볍게 만든 크렘 파티시에르로
크렘 아 생토노레crème à saint-honoré라고도 불린다.

 **시간**

준비 시간: 40분

 **활용**

타르트 시부스트, 슈, 생토노레

 **주의**

크렘 파티시에르 끓이기

연습

젤라틴 불리기(→270쪽)
2단계로 재료 섞기(→270쪽)

 **도구**

온도계

 **순서**

크렘 파티시에르—식히기—이탤리언 머랭—섞기

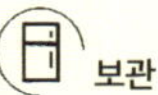 **보관**

냉장고에서 3일

크렘 시부스트 600g

1. 크렘 파티시에르

우유 250g
달걀노른자 50g
설탕 60g
옥수수전분 25g
버터 25g
젤라틴 8g

2. 이탤리언 머랭

달걀흰자 50g
물 40g
설탕 125g

1 크렘 파티시에르(→52쪽)를 완성하고 불에서 내린다. 미리 물에 불려놓은 젤라틴의 물기를 제거한 뒤 넣어 녹인다. 크림을 식힌다.

2 이탤리언 머랭(→44쪽)을 만든다. 크렘 파티시에르가 30℃가 될 때까지 저어서 식힌다. 머랭 1/3을 더해 거품기로 다시 젓는다.

3 나머지 머랭을 모두 더한 후 주걱으로 살살 섞는다. 완성된 후 바로 사용한다.

머랭을 섞으면 어떤 효과가 있는가?

크렘 파티시에르데 머랭을 섞으면 농드가 확연히 옅어진다.

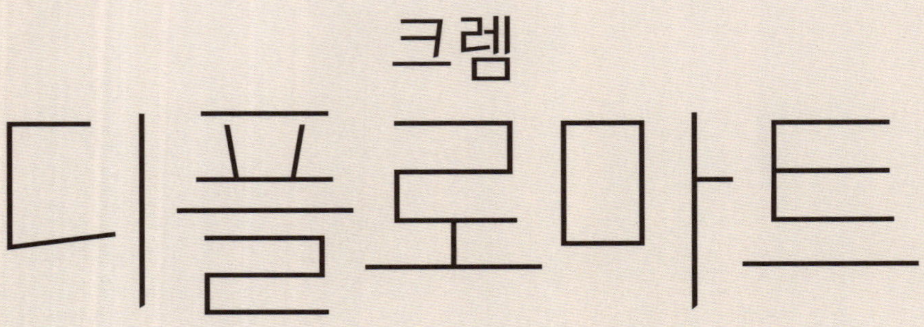

크렘
디플로마트

CRÈME DIPLOMATE

크렘 푸에테를 넣어 젤리처럼 가볍게 만든 크렘 파티시에르.

 **시간**

준비 시간: 30분

 **활용**

디플로마트, 각종 앙트르메, 작은 케이크

 **주의**

크렘 파티시에르 만들기

연습

젤라틴 불리기(→270쪽)
2단계로 재료 섞기(→270쪽)

 **도구**

거품기
주걱

 **순서**

크렘 파티시에르—식히기—크렘 푸에테—섞기

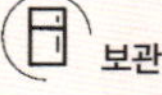 **보관**

냉장고에서 3일

크림 1kg

1. 크렘 파티시에르

우유 500g
달걀노른자 100g
설탕 120g
옥수수전분 50g
버터 50g
젤라틴 8g
바닐라빈 1개

2. 크렘 푸에테

생크림(유지방 함유율 30% 이상) 200g

---

1 젤라틴을 찬물에 불린다(→27C쪽).
2 바닐라 크렘 파티시에르(→53쪽)를 만든다. 물기를 제거한 젤라틴을 넣고 섞고 나서 식힌다.
3 크렘 샹티이(→63쪽)처럼 크렘 푸에테를 만든다. 크렘 파티시에르가 다 식으면 크렘 푸에테 1/3을 넣고 섞는다. 완전히 섞이면 나머지 크렘 푸에테를 다 넣고 주걱으로 조심스레 섞는다. 바로 사용한다.

왜 크림을 만들자마자 바로 쓰는 것이 더 좋은가?

크렘 디플로마트는 크렘 파티시에르가 젤라틴에 '접착'되기 때문에 휘저어 만들어서 질감이 가벼운 크렘 푸에테가 섞인 후에도 그 상태가 잘 유지될 수 있다. 이 조직 구성 때문에 크렘 디플로마트가 차가워지기 전에 바로 사용해야 작업이 수월하다. 크렘 디플로마트는 각종 앙트르메를 만들 때 결정적인 질감을 준다.

크렘
바바루아즈

CRÈME BAVAROISE

크렘 앙글레즈를 베이스로 크렘 몽테를 더해 만든 고운 질감의 크림.

시간
준비 시간: 15분
휴지 시간: 약 30분

주의
크렘 앙글레즈 가열하기
크림 섞기

연습
젤라틴 불리기(→270쪽)
2단계로 재료 섞기(→270쪽)

도구
온도계
베이킹용 스크레이퍼

크림 1kg

1. 크렘 앙글레즈

우유 250g
생크림(유지방 함유율 30% 이상) 250g
달걀노른자 100g
설탕 80g
바닐라빈 1개

2. 크렘 몽테

생크림(유지방 함유율 30% 이상) 400g
젤라틴 8g

1 젤라틴을 물에 불린다(→270쪽). 크렘 앙글레즈(→60쪽)를 만든다. 젤라틴의 물기를 제거한 후 크렘 앙글레즈에 넣고 거품기로 휘저어 섞는다. 30-40℃가 될 때까지 상온에서 식힌다.

2 크렘 샹티이(→63쪽)처럼 생크림에 거품을 낸 뒤 1/3을 1에 넣고 거품기로 휘젓는다. 두 크림이 완전히 섞이면 나머지 크렘 몽테를 다 넣고 주걱으로 부드럽게 저어 섞는다. 크림이 젤리처럼 굳기 전에 바로 사용한다.

젤라틴은 어떤 역할을 하는가?

미지근한 상태의 크렘 앙글레즈에 젤라틴을 넣어 녹인다. 휘저어서 만든 크렘 몽테를 넣고 차갑게 식히던 젤라틴이 젤리처럼 변하면서 크렘 바바투아즈에 부드러운 질감을 더해준다.

몽테|monté   몽테monter란 재료를 거품기로 쳐서, 또는 열을 가해서 부피를 크게 만든다는 뜻의 동사. 몽테monté는 과거분사이며, 여기서 crème이 여성명사라서 여성형인 몽테montée를 썼다.

가나슈
크레뫼즈

GANACHE CRÉMEUSE

크렘 앙글레즈를 베이스로 초콜릿을 넣어 만든
되직하면서도 살살 녹는 듯한 질감의 크림.

 **시간**

준비 시간: 30분

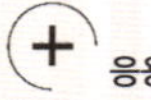 **활용**

앙트르메, 마카롱macaron, 봉봉 오 쇼콜라bonbon au chocolat의 충전물

 **응용**

클래식 가나슈: 생크림과 초콜릿을 섞은 것

! **주의**

크렘 앙글레즈 가열하기

 **연습**

시누아제(→270쪽)
달걀노른자 블랑시르하기(→279쪽)

 **도구**

온도계
체

 **팁**

용도에 따라 초콜릿의 양을 아주 약간 더하면 질감이 더 잘 유지된다.

가나슈 900g

우유 500g
달걀노른자 100g
설탕 100g
다크초콜릿 250g

1 달걀노른자와 설탕을 거품기로 잘 섞는다(→279쪽).
2 우유를 끓인다. 우유가 다 끓으면 절반을 1번에 섞은 후 다시 우유 냄비에 넣는다.
3 냄비를 중간 불에 올리고 주걱으로 계속 저어준다. 크림이 주걱에 묻어나기 시작할 때(83-85℃)까지 끓인다.
4 3을 체에 거르면서 초콜릿 위에 부어 섞는다. 사용할 때까지 차갑게 보관한다.

가나슈의 질감은 어디서 비롯되는가?

크렘 앙글레즈와 초콜릿을 섞은 후에 식히는 과정에서 초콜릿 속 카카오버터가 결정화되기 때문에 원하는 농도가 될 때까지 굳힐 수 있다. 다만 초콜릿을 너무 많이 섞으면 가나슈를 자르기가 어렵다.

이 가나슈가 크레뫼한 이유는 무엇인가?

질감이 부드러운 크렘 앙글레즈가 더해져서 특히 크레뫼하다.

크레뫼crémeux   크렘crème이 많이 함유되어 있거나 그런 모습을 띤다는 뜻의 형용사. 여성형은 크레뫼즈crémeuse. 특히 살살 녹는 듯하면서도 묽지 않고 몽글몽글한 크림 상태를 가리킨다.

크렘 오 시트롱

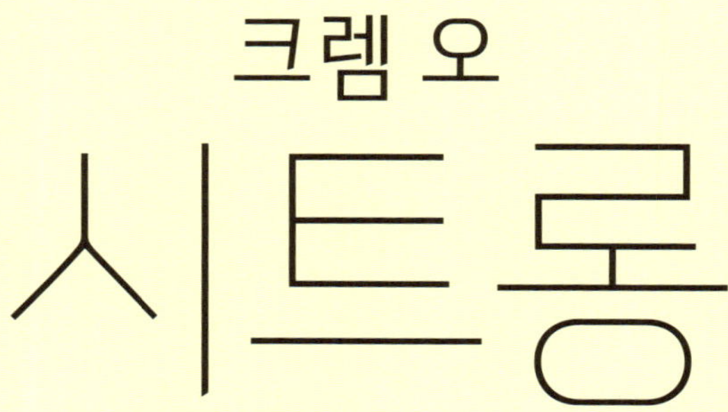

CRÈME AU CITRON 레몬 크림

설탕, 달걀, 버터, 레몬즙, 레몬 제스트를 넣고 끓여 만드는 부드러운 크림으로
한번 끓어오르면 식혀서 다시 가열하지 않고 사용.

 **시간**

준비 시간: 30분
가열 시간: 5분

 **활용**

레몬 타르트, 레몬 마카롱

＋ 응용

오렌지 크림, 자몽 크림: 레몬즙 대신 오렌지 과즙, 자몽 과즙
레몬 돔 타르트dômes de crème au citron: 젤라틴을 2배로 넣고 크림을 실리콘
틀에 담아 냉동시킨 후 틀에서 꺼낸다. 타르트 위에 크림을 돔 모양으로 얹은 후
냉장실에서 해동시킨다.

 **주의**

가열하기
버터 섞기

 **연습**

제스트 만들기(→281쪽)
젤라틴 불리기(→270쪽)

 **도구**

과일 압착기
강판
핸드블렌더

크림 550g

레몬즙 140g(약 3-4개 분량)
설탕 160g
달걀 200g(4개)
젤라틴 2g
버터 80g

1 젤라틴을 찬물에 불린다. 레몬 껍질을 강판으로 갈아 제스트를 미리 만든다.
2 레몬을 누르며 굴리면 즙을 내기가 더 쉽다. 140g 정도의 레몬즙을 준비한다.
3 볼에 달걀을 깨 넣고 가볍게 휘젓는다.
4 레몬 제스트, 레몬즙, 설탕을 냄비에 담고 약간 녹인 다음 끓인다.
5 한번 끓어오르면 불에서 내리고 3에 부어 세게 휘젓는다. 레몬즙 온도에 달걀이 익지 않도록 빠르게 휘젓는다.
6 5를 다시 냄비에 붓고 불에 올린다. 끓어오르면 바로 불을 끈 후 버터와 젤라틴을 넣고 젓다가 2-3분 핸드블렌더로 섞는다.

즙을 짜기 전에 왜 레몬을 굴리고 주무르는가?

레몬즙을 담고 있는 알갱이가 터지면서 즙을 짜기가 쉬워진다.

크렘 오 시트롱을 크레미하게 만들어 주는 요소는 무엇인가?

달걀은 유화를 도와주는 성질이 있어 달걀을 넣으면 부드러워진다. 달걀은 또 크림을 만들면서 들어간 버터 속의 지방 성분이 잘 유지될 수 있도록 해준다. 그리고 가열하는 과정에서 달걀의 단백질 성분이 굳어지면서 크림의 점도를 높여준다.

시트롱citron 레몬.

글라사주
누아르 브리양

GLAÇAGE NOIR BRILLANT 다크초콜릿 글라사주

카카오가루를 베이스로 만드는 광택이 나는 글라사주로
각종 앙트르메나 케이크를 씌우는 데 사용.

 **시간**

준비 시간: 15분

 **활용**

앙트르메 마무리 과정

! **주의**

충분히 섞기

 **연습**

시누아제(→270쪽)
젤라틴 불리기(→270쪽)

 **도구**

체
핸드블렌더

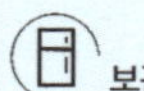 **보관**

중탕으로 재가열하여 재사용할 수 있다.
냉장고에서 1주일, 냉동실에서 3개월까지 보관할 수 있다.

글라사주 500g

물 120g
생크림 100g
설탕 220g
카카오가루 80g
젤라틴 8g

1 젤라틴을 물에 불린다(→270쪽). 물, 생크림, 설탕을 냄비에 담아 끓이며 섞는다.
2 냄비를 불에서 내리고 젤라틴과 카카오가루를 더한다. 거품기로 휘저어 섞는다.
3 응어리와 기포가 생기지 않도록 핸드블렌더로 섞은 후 체로 내린다(시누아제→270쪽). 미지근할 때 바로 사용한다.

글라사주가 케이크에 닿으면 어떻게 굳는가?

식히는 과정에서 글라사주 안에 들어간 젤라틴이 굳는다. 10℃까지 내려가면 젤리처럼 된다.

글라사주를 체에 거르는 이유는 무엇인가?

체에 거르면 글라사주가 굉장히 매끈해지고 광택이 더해진다.

글라사주glaçage   글라세glacer란 '윤이 나게 하다' '설탕을 입히다'라는 뜻의 동사. 글라사주는 글라세의 명사형.
누아르noir   검은색을 뜻하는 형용사. 여성형은 누아르noire.
브리양brillant   반짝반짝 빛난다는 뜻의 형용사. 여성형은 브리양트brillante.

글라사주
블랑

GLAÇAGE BLANC 화이트초콜릿 글라사주

화이트초콜릿을 베이스로 한 흰색 글라사주.

 **시간**

준비 시간: 15분

 **활용**

앙트르메, 케이크

 **응용**

컬러 글라사주: 색소를 소량 더해 잘 섞어 사용

 **연습**

젤라틴 불리기(→270쪽)
시누아제(→270쪽)
중탕하기(→270쪽)

 **도구**

거품기
볼
체

글라사주 250g

우유 60g
물엿 25g
젤라틴 3g
화이트초콜릿 150g
물 15g
이산화타이타늄(흰색 색소) 4g

1 젤라틴을 물에 불린다(→270쪽). 화이트초콜릿은 중탕(→270쪽)으로 녹인다.
2 우유, 물, 물엿을 냄비에 담아 끓인다. 한번 끓어 오르면 불을 끈다. 물기를 제거한 젤라틴을 냄비에 넣고 휘저어준다.
3 녹인 화이트초콜릿에 **2**를 붓고 거품기로 저어 섞는다. 이산화타이타늄을 더하고 볼을 중탕 그릇에서 내린 후 몇 분 정도 믹서로 섞는다. 체로 거르고(시누아제→270쪽) 나서 차갑게 보관하거나 즉시 사용한다.

글라사주의 흰색은 어떻게 내는가?

이산화타이타늄을 사용한다.

블랑blanc 흰색을 뜻하는 형용사. 여성형은 블랑슈blanche.

글라사주
쇼코레

GLAÇAGE CHOCO-LAIT 밀크초콜릿 글라사주

밀크초콜릿을 베이스로 만든 글라사주.

 **시간**

준비 시간: 15분

 **활용**

앙트르메, 케이크

 **연습**

시누아제(→270쪽)
중탕하기(→270쪽)

 **도구**

거품기
체

 **팁**

트리몰린 대신 아카시아꿀을 사용할 수 있다.

보관

냉장실에서 1주일, 냉동실에서 3개월까지

레lait 우유.

글라사주 550g

밀크초콜릿 250g
다크초콜릿 90g
생크림(유지방 함유율 30% 이상) 225g
트리몰린 40g

1 다크초콜릿과 밀크초콜릿을 중탕(→270쪽)으로
  녹인다.
2 냄비에 생크림과 트리몰린을 담아 가열하면서 휘
  저어 섞는다.
3 2가 끓어오르면 1을 더하고 저어서 섞는다. 체에
  거른다(시누아제→270쪽).

왜 트리몰린을 사용하는가?

트리몰린은 전화당으로 포도당과 과당의 결합
물이다. 수분을 잡아두는 속성이 있기 때문에
글라사주의 건조를 막고 촉촉함을 유지시킨다.
구성 성분이 비슷해서 트리몰린과 같은 역할을
하는 꿀도 있다. 일반 설탕을 사용하는 것보다
수분을 유지하는 데 더 효율적이다.

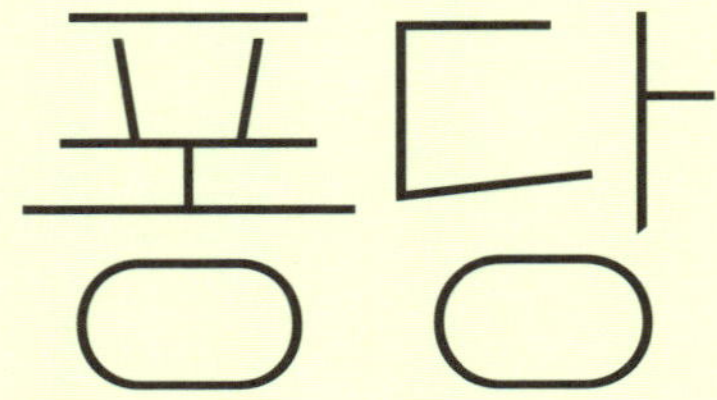

퐁당

FONDANT

설탕, 물엿, 물을 베이스로 만드는 파티스리 재료로
가열해서 사용하는 흰색 페이스트 형태로 구입 가능.

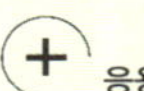 **시간**

슈와 밀푀유의 글라사주

 **응용**

컬러 글라사주

(!) 주의

온도 조절
퐁당의 온도가 너무 올라가면 글라사주의 광택이 사
라진다.

 **도구**

온도계

 **팁**

퐁당 500g마다 물엿 30g을 더해주면 만들기가 더
쉬워진다. 물엿의 양이 늘어나면 가열이 지나치게
되었다고 해도 글라사주의 광택을 유지할 수 있다.

준비

냄비에 퐁당을 (이때 필요하면 물엿과 함께) 넣고
천천히 가열하며 섞는다. 온도가 32-34℃ 이상으로
올라가지 않도록 한다. 색을 내고 싶다면 시작할 때
색소를 넣어준다.

슈 글라사주 바르기

담그기: 퐁당에 슈의 윗부분을 담근 후 여분의 퐁당
을 떨어내고 손가락으로 골고루 펴바른다.

코크 씌우기: 반구형 실리콘틀에 퐁당을 담고 슈를
그 위에 놓은 후 가볍게 눌러준다. 30분 정도 냉동
실에 두었다가 틀에서 떼어낸다.

에클레르 글라사주 바르기

주걱으로 퐁당을 떠서 리본을 그리도록 떨어뜨리다
가 규칙적으로 흐르기 시작하면 그 아래에 에클레르
를 댄다.
빗살 깍지로 짜기: 퐁당을 짤주머니에 담아 깍지의
매끄러운 쪽이나 톱니 모양 쪽으로 짜준다.

밀푀유 글라사주 바르기

파트 푀이테에 캐러멜을 입히지 않았다면 붓으로
얇게 한 겹 발라준다. 중탕으로 녹인 초콜릿 40g을
짤주머니에 넣고 작게 구멍을 낸다. 푀이타주 위에
스패튤러로 퐁당을 펴 바른다. 짤주머니의 초콜릿
으로 (가로든 세로든) 평행선을 그려 채우고 칼을
이용해 직각 교차되게 긋는다.

퐁당fondant '녹다' '녹이다'라는 뜻의 동사 퐁드르fondre에서 나온 명사이자 형용사.
코크coque 사전적인 의미는 달팽이, 달걀, 호두 등 딱딱한 껍데기. 마카롱의 바삭한 부분을 일컫는다. 여기서는 슈 위에 씌
운 퐁당 껍데기를 뜻한다.

글라스
루아얄

GLACE ROYALE

달걀흰자, 슈거파우더, 레몬즙으로 만드는
매끌매끌하고 광택 있는 흰색 글라사주.

 **시간**

준비 시간: 15분

 **활용**

앙트르메와 케이크의 마무리, 유산지 코르네를 이용
한 장식(→273쪽)

 **응용**

컬러 글라스 루아얄: 가루색소를
조금씩 섞는다(→284쪽)

 **주의**

슈거파우더가 뭉치지 않게 체로 잘 걸러준다.
통풍이 잘되는 곳에 두지 말 것. 글라사주가 딱딱해
질 우려가 있다.

 **도구**

체
거품기

 **팁**

원하는 사용법에 따라 글라사주의 농도를 조절할
수 있다. 슈거파우더의 양에 따라 묽은 농도(코르네
를 이용한 장식, 표면 씌우기 등)부터 걸쭉한 농도
(짤주머니로 짜기)까지 조절 가능하다.

 **보관**

표면에 닿게 랩을 씌운 채로 냉장실에서 1주일, 냉
동실에서 3개월까지

글라사주 340g

슈거파우더 300g
달걀흰자 30g
레몬즙 10g

1 슈거파우더를 체게 거른다.
2 달걀흰자를 거품반죽기의 제일 약한 강도로 돌
   리면서 슈거파우더를 조금씩 더해준다. 재료들이
   완전히 균일하게 다 섞일 때까지 계속 휘젓는다.
3 레몬즙을 더하고 랩을 표면에 닿게 씌운다.

글라사주는 어떻게 단단해지는가?

설탕과 전분의 혼합물인 슈거파우더를 재료들
과 섞으면 전분이 먼저 수분을 흡수한다. 수분
을 흡수하지 못한 설탕이 결정화되면서 글라사
주가 단단해진다.

파트
다망드

PÂTE D'AMANDE 아몬드 페이스트, 마지팬

아몬드와 설탕을 베이스로 만든 무른 반죽.

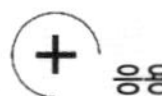 **응용**

장식용 설탕 페이스트: 풍미가 덜하고 매우 달다.

 **도구**

밀대
지름 3cm 쿠키커터
작은 칼
토치

 **보관**

습기는 파트 다망드를 망가뜨리므로 냉장고에 보관해서는 안 된다.

파트 다망드 색 입히기

가루색소를 뿌리고 골고루 색이 입혀질 때까지 반죽을 치대며 색소의 양을 가늠한다.

파트 다망드 밀기

작업대에 반죽이 들러붙지 않게 하려면 슈거파우더보다 감자전분을 이용하는 것이 낫다. 작업대에 전분을 뿌리고 밀대로 반죽을 민다.

앙트르메에 씌우기

파트 다망드를 2mm 두께로 얇게 민다. 밀대에 감아 앙트르메 위를 조심스럽게 덮는
다. 그런 다음 파트 다망드를 누르지 말고 펼쳐야 한다. 앙트르메 윗부분부터 손으로
반듯하게 펴고 측면을 따라 조금씩 내려오며 매만진다. 반죽이 겹쳐 접히지 않도록
다른 한 손으로는 앙트르메를 가볍게 들어준다. 물기가 있는 붓을 이용해 여분의 전
분을 털어낸다. 작은 칼로 남은 반죽을 잘라낸다.

장식용 판 만들기

파트 다망드를 2mm 두께로 밀어 편다. 12×8cm 사각형으로 재단해 자른다. 가장자
리를 3–4 군데 1cm 길이로 잘라 홈을 낸다. 모서리와 이렇게 자른 홈을 안쪽으로 굴
린다. 토치로 그을려(→275쪽) 색을 낸다.

장미 만들기

파트 다망드를 2mm 두께로 민 후 쿠키커터를 기용해 지름 3cm 작은 원 7개를 잘라
낸다. 숟가락으로 원 모양을 다듬는다. 원을 잘라내고 남은 자투리 반죽으로 꽃봉오
리를 만든다. 공 모양으로 빚은 후 한쪽을 뾰족하게 간든다. 반다 편은 두 손가락으로
눌러 잘록하게 만들되 끊어지지 않도록 주의한다. 갈라진 부분을 작업대에 꽂아 세우
면 꽃잎을 붙이기가 쉽다. 원 7개로 꽃잎을 만드는데, 처음 꽃잎 2장은 콩오리를 완
전히 덮을 정도로 붙인다. 아래쪽을 눌러서 잘 쿨도록 한다. 남은 꽃잎도 사이에 끼워
가며 빙 둘러 붙이고 잘 붙도록 눌러준다. 완성되고 나면 아래 부분은 작은 칼을 이용
해 자른다.

설탕 장식

DÉCORS EN SUCRE

———

물이 섞인 클래식 캐러멜로 만든 단단한 장식,
드라이 캐러멜은 주로 향을 낼 때 사용.

보관

캐러멜은 금방 수분을 흡수하므로 만든 즉시 사용하는 것이 좋다.

캐러멜 새장

1 기름을 묻힌 키친타월로 국자의 겉면을 문질러 극소량의 기름을 바른다.

2 클래식 캐러멜(→48쪽)을 만든다. 살짝 농도가 진해지면 스푼을 사용해 조금씩 흘려보다가 기름을 바른 국자의 겉면 위로 빠르게 흔든다. 원하는 결과를 얻을 때까지 계속 반복한다.

3 몇 분간 기다렸다가 살짝 돌려서 국자 위의 캐러멜을 빼낸다.

튀일

1 클래식 캐러멜(→48쪽)을 만든다.

2 유산지 위에 스푼으로 캐러멜을 가늘게 흘려준다. 같은 위치에 계속 왔다 갔다 반복하며 튀일 모양이 나올 때까지 계속한다. 온전히 굳을 때까지 기다린다.

헤이즐넛 필레

1 클래식 캐러멜(→48쪽)을 만든다. 이쑤시개에 헤이즐넛을 꽂아둔다.

2 캐러멜 농도가 살짝 진해지면 이쑤시개 헤이즐넛을 캐러멜에 담근다.

3 캐러멜에서 꺼낸 이쑤시개 헤이즐넛을 스티로폼 위에 꽂고 굳을 때까지 기다린다. 캐러멜이 굳으면 이쑤시개를 뺀다.

튀일tuile   기와.
필레filé   '실로 만들다' '실을 뽑다'라는 뜻의 동사 filer의 과거분사.

초콜릿 장식

DÉCORS EN CHOCOLAT

커버처couverture 초콜릿을 사용해 만드는 장식으로
매끄러우면서도 윤기 나는 장식을 손쉽게 만들려면 템퍼링tempering이 필요함.

 도구

온도계
전통적인 작업대 재질: 대리석
대안적인 작업대 재질: 뒤집은 빵판, 실패드, 초콜릿
용 비닐(유산지를 사용하면 윤기가 덜함)
스패튤러
칼
자
타르트 원형틀

 보관

초콜릿 장식은 만들어서 즉시 사용하거나 습기와 열
기를 피해 보관해야 한다. 습기가 많은 냉장고는 피
한다.

초콜릿 템퍼링

템퍼링한 초콜릿은 입에서 살살 녹고 윤기가 나며 바
삭한 식감을 갖는 동시에 초콜릿이 금방 녹지 않는
다. 템퍼링하지 않으면 식으면서 오돌토돌해지고 희
게 변한다. 틀에 부으면 틀에서 떨어지지 않게 된다.
초콜릿 템퍼링은 정확하게 가열-냉각-가열의 순서
를 거쳐 이루어져야 안정적인 결과물을 얻을 수 있
다. 초콜릿은 볼에 담는다.

다크초콜릿

초콜릿은 중탕해서 50-55℃로 녹인다. 초콜릿을 담
은 볼보다 더 큰 볼을 준비한 후 찬물을 담고 고정
을 위해 바닥에 타르트링을 놓는다. 초콜릿을 담은
볼을 찬물을 담은 볼 안의 타르트링 위에 올려놓는
다. 찬물의 높이와 초콜릿의 높이가 같아야 한다. 주
걱으로 초콜릿을 잘 섞어가며 27-28℃까지 식힌다.
10초마다 더운 물 중탕 그릇으로 옮겨 10초 동안 둔
다. 초콜릿은 계속 저어준다. 초콜릿의 온도가 32℃
를 넘어서는 안 된다. 이렇게 템퍼링한 초콜릿은 가
능한 한 빨리 사용한다. 온도를 유지하기 위해 규칙
적으로 따뜻한 물 중탕 그릇에 넣어주고 올바른 템
퍼링 방법을 준수하기 위해 초콜릿의 온도 역시 규
칙적으로 확인한다.

밀크초콜릿

중탕해서 45-50℃로 녹인 후 26-27℃로 식혔다가
29-30℃로 다시 데운다.

화이트초콜릿

중탕해서 40-45℃로 녹이고 25-26℃로 식혔다가 28-29℃로 데운다.

코포 장식

초콜릿을 템퍼링한다. 빵판을 뒤집고 그 위에 스패튤러로 초콜릿을 얇게 편다. 30분 정도 지나 초콜릿이 결정화되면 필레팅나이프filleting knife나 끝이 뾰족한 작은 칼을 이용해 빵판을 긁어 코포를 만든다. 시가 모양을 만들려면 삼각형 팔레트나이프를 사용하면 된다.

구트 장식

초콜릿을 템퍼링한다. 초콜릿용 비닐이나 유산지를 깔고 1/2숟가락씩 초콜릿을 얹은 다음 스푼의 뒷면을 초콜릿에 대고 당겨 구트를 만든다.

코포copeau 대팻밥이라는 뜻. 복수형이 코포copeaux.
구트goutte 물방울.

판 장식

템퍼링한 초콜릿을 초콜릿용 비닐에 붓고 스패튤러로 2mm 두께로 편다. 뻑뻑하지만 딱딱하지는 않은 상태가 되면 칼로 원하는 크기와 모양으로 자른다. 유산지를 덮고 그 위에 빵판을 얹은 다음 굳힌다. 초콜릿에서 유산지를 떼고 초콜릿이 녹기 전에 바로 사용한다.

가장자리 장식

빵판을 냉동실에 30분 넣어둔다. 초콜릿은 중탕해서 40℃로 녹인다. 냉동실에서 빵판을 꺼내 뒤집고 스패튤러로 초콜릿을 빠르게 편다. 칼과 자를 사용해 원하는 크기의 띠로 자른다. 빵판에서 조심스럽게 떼어 재빠르게 앙트르메의 가장자리에 붙인다.

광택 없는 초콜릿은 잘못된 초콜릿인가?

올바른 템퍼링 방법을 따르지 않은 것으로, 잘못된 것은 아니지만 손에서 훨씬 더 잘 녹고 보관 과정에서 희게 변하는 경향이 있다.

전자레인지를 사용하면 초콜릿의 품질이 변하는가?

녹이는 과정에서 지나치게 높은 온도로 열을 가하지 않는 한 전자레인지 때문에 초콜릿의 품질이 변하지는 않는다.

소스
프로피트롤

SAUCE PROFITEROLE

다크초콜릿과 카카오가루로 만든,
따뜻한 상태로 곁들이는 소스.

 **시간**

준비 시간: 20분
가열 시간: 5분

 **활용**

프로피트롤에 곁들임 앙트르메용 소스

연습

시누아제(→270쪽)

 **도구**

체
거품기

소스 350g

물 150g
설탕 50g
카카오가루 15g
다크초콜릿 130g

물과 설탕을 냄비에 담은 후 가열한다. 끓어오르면 카카오가루를 넣고 거품기로 젓는다. 초콜릿을 더해 주걱으로 저어가며 2분 끓인다. 체에 걸러 뜨거울 때 사용한다.

소스 오
쇼콜라 오 레

SAUCE AU CHOCOLAT AU LAIT 밀크초콜릿 소스

밀크초콜릿으로 만든,
따뜻한 상태로 곁들이는 소스.

 **시간**

준비 시간: 20분
가열 시간: 5분

 **활용**

케이크용 소스

연습

시누아제(→270쪽)

도구

체
거품기

 **보관**

표면에 닿게 랩을 씌워 보관한다.
냉장실에서는 1주일, 냉동실에서는 3개월까지 보관
할 수 있다.

소스 330g

우유 150g
물엿 30g
밀크초콜릿 150g

냄비에 우유와 물엿을 넣고 가열한다. 한번 끓어오
르면 초콜릿을 더해 섞어가며 2분간 더 가열한다.
초콜릿이 완전히 녹을 때까지 거품기로 저어가며 섞
는다. 체로 내려 뜨거운 상태에서 사용한다.

쿨리 드
프랑부아즈

COULIS DE FRAMBOISES 산딸기 쿨리

시럽에 넣어 익힌 과일을 체로 걸러 식혀서 만든
달고 상큼한 소스.

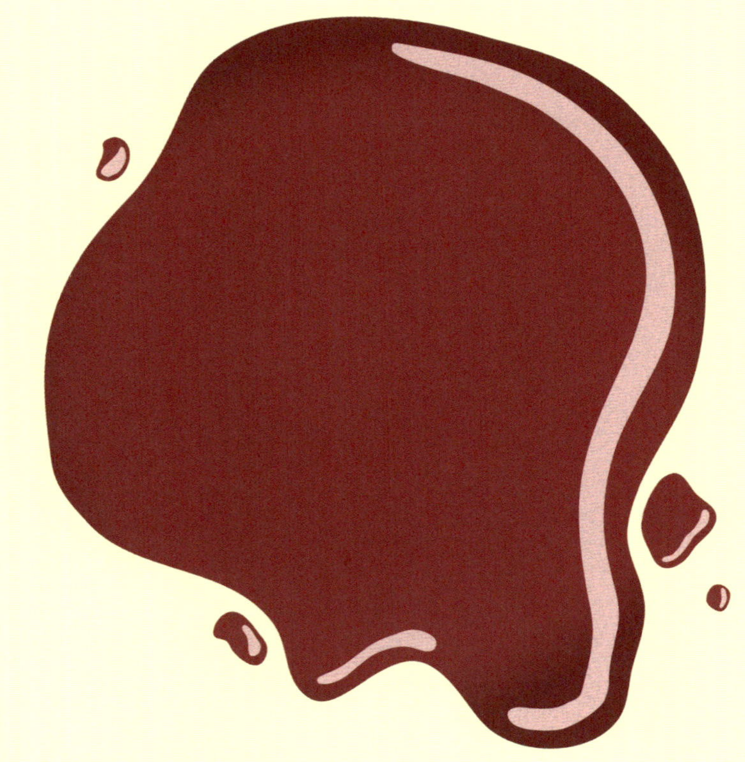

 시간

준비 시간: 10분
가열 시간: 1–5분

 연습

시누아제(→270쪽)

도구

체
거품기
핸드 믹서

보관

냉동 보관

쿨리 700g

산딸기 750g
설탕 120g
물 100g

1 냄비에 물과 설탕을 넣어 끓이다가 산딸기를 넣
고 1분 정도 익히며 거품기로 휘저어 섞는다.
2 핸드블렌더로 섞은 후 체에 거른다(시누아제
→270쪽).

프랑부아즈framboise 산딸기.

소스 오
카라멜

SAUCE AU CARAMEL 캐러멜 소스

크림이 들어간 캐러멜로 만든,
토핑에 적합한 소스.

 **시간**

준비 시간: 20분
가열 시간: 5분

 **활용**

케이크에 곁들임

 **주의**

캐러멜에 크림 넣기

 **연습**

드라이 캐러멜 만들기(→49쪽)
시누아제(→270쪽)

캐러멜 170g

물 100g
생크림 100g (유지방 함유율 30% 이상)
꽃소금 2g

1 드라이 캐러멜(→49쪽)을 만든다. 캐러멜의 색이
  진해지면 냄비를 불에서 내리고 크림을 조금씩
  더해 섞는다. 튀지 않도록 주의한다.
2 꽃소금을 더하고 끓어오른 후부터 30초 정도 더
  가열한다. 체에 거른다(시누아제→270쪽).

왜 드라이 캐러멜을 만드는가?

물을 섞어 만든 클래식 캐러멜보다 드라이 캐러
멜이 훨씬 더 가향성이 좋아 소스로 사용하기에
더 적합하다.

제2부

파티스리

포레누아르

FORÊT-NOIRE

초콜릿 제누아즈, 가나슈, 크렘 샹티이,
그리오트 체리 또는 아마레나 체리(또는 둘 다)를 넣어 만든 앙트르메.

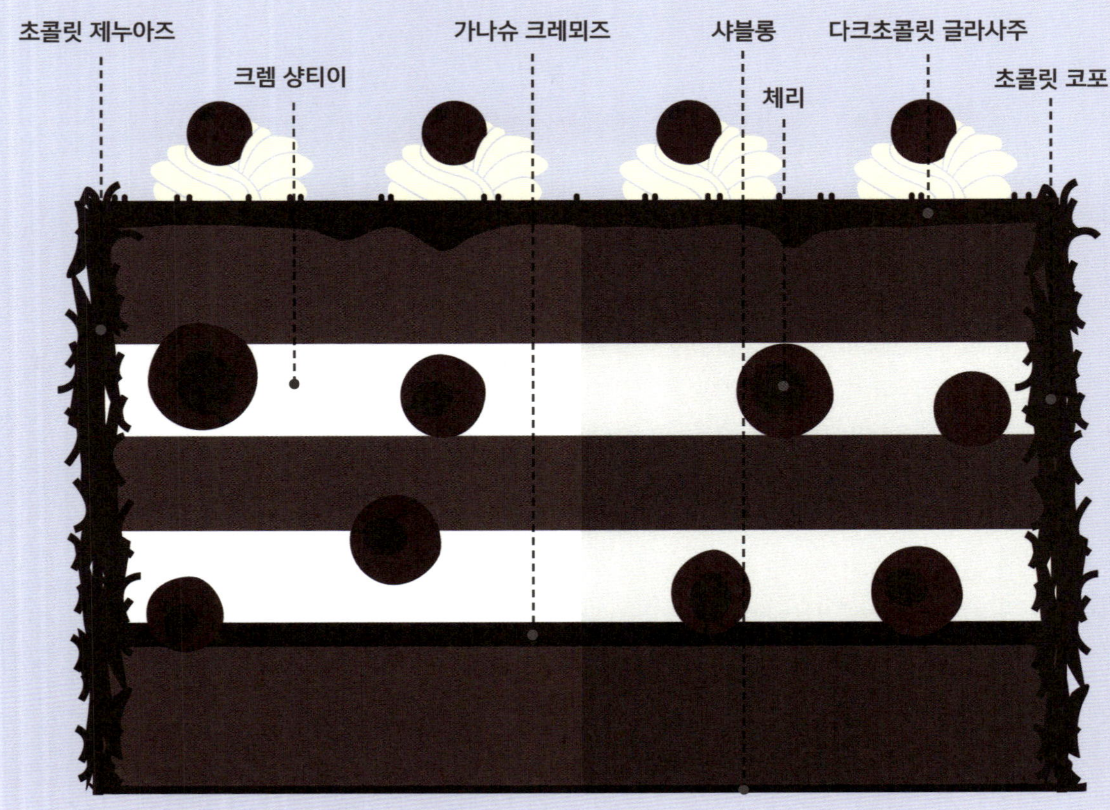

 **시간**

준비 시간: 2시간
굽는 시간: 15–25분
냉장 시간: 30분
냉동 시간: 1시간 10분

 **도구**

지름 24cm×높이 5cm 원형틀
무스 띠
빵칼
스크레이퍼–스패튤러
짤주머니

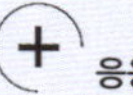 **응용**

클래식 레시피에 따르면 크렘 샹티이를 도포하고 초
콜릿 코포(→274쪽)를 뿌려서 완성한다.

 **주의**

제누아즈 굽기
글라사주

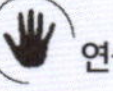 **연습**

샤블롱(→280쪽)
펀치하기(→278쪽)
짤주머니 사용하기(→272쪽)
코포 뿌리기(→274쪽)

 **순서**

시럽—제누아즈—가나슈—샹티이—몽타주—글라사
주—코포

1

2 & 6

3

4

5, 7 & 8

10조각

1 초콜릿 제누아즈

달걀 300g(6개)
설탕 190g
박력분 140g
카카오가루 45g

2 크렘 샹티이

생크림(유지방 함유율 30%) 400g
슈거파우더 60g
바닐라빈 1개

3 가나슈 크레뫼즈

우유 250g
달걀노른자 50g
설탕 50g
다크초콜릿 125g

4 다크초콜릿 글라사주

물 120g
생크림 100g
설탕 220g
다크 카카오가루 80g
젤라틴 8g

5 가르니튀르

시럽에 절인 그리오트 체리 250g
또는 아마레나 체리, 또는 둘 다 섞어서

6 체리 펀치

통조림 체리 시럽 250g
물 40g

7 샤블롱

디저트용 초콜릿 30g

8 장식 재료

금가루
초콜릿 코포(→274쪽)

포레forêt   숲.
몽타주montage   다른 재료들을 하나의 결과물로 합치는 것을 뜻한다.
가르니튀르garniture   곁들인 요리, 고명, 충전물(소) 등을 가리키며, 영어의 가니시garnish에 해당한다.

1 체리 펀치를 만들기 위해 체리 시럽과 물을 냄비에 담고 끓인다. 한번 끓어오르면 불에서 내린다. 체리 10개는 장식용으로 따로 둔다. 제누아즈(→33쪽)를 만든다. 유산지를 깐 빵판 위에 원형틀을 올린다. 무스 띠를 틀 안쪽 벽에 붙인다.

2 빵칼을 이용하여 제누아즈를 3등분한다. 첫번째 제누아즈 조각을 샤블롱(→280쪽)한 후 그 면을 아래로 향하게 해서 틀 안에 넣는다.

3 틀 안에 넣은 제누아즈 위에 시럽을 바른다(펀치하기→278쪽).

4 가나슈 크레뫼즈(→72쪽)를 만든다. 가나슈 250g을 스패튤러로 틀 안의 제누아즈 위에 펴 바르고 준비한 체리 절반을 가지런하게 눌러 얹는다. 냉장고에 30분간 넣는다.

5 샹티이(→63쪽)를 만든다. 짤주머니(→272쪽)에 샹티이 200g을 채우고 **4** 위에 짠다. 두번째 제누아즈 조각을 얹고 시럽을 바른 뒤 남은 샹티이를 짜고 나머지 체리를 가지런하게 눌러 얹는다.

6 **5** 위에 마지막 제누아즈 조각을 얹고 시럽을 적셔 바른 후 가나슈를 100g정도만 남기고 모두 바른 다음 스패튤러로 매끈하게 표면을 정돈한다(→274쪽). 냉동실에 30분간 넣는다.

7 다크초콜릿 글라사주(→76쪽)를 만든다. 포레누아르를 냉동실에서 꺼내고 틀과 무스 띠를 뗀다. 틀을 떼어낸 옆면에 스패튤러를 이용해 가나슈 100g을 매끈하게 바른 후 냉동실에 30분간 넣었다가 꺼낸다. 빵판 위에 식힘망을 깔고 포레누아르를 올려놓는다. 글라사주를 바르고 스패튤러로 다듬은 다음 냉동실에 10분간 둔다.

8 식힘망 아래로 흘러 글라사주를 모아 중탕이나 전자레인지로 녹여 짤주머니에 담는다. 포레누아르를 냉동실에서 꺼내고 짤주머니에 작은 구멍을 뚫어 케이크 표면에 가는 선을 여러 번 그린다. 옆면엔 초콜릿 코포(→274쪽)를 덧입히고 케이크 표면 가장자리를 따라 샹티이로 동글한 무늬를 짜 올리고 체리를 하나씩 얹는다. 완성된 포레누아르 위에 금가루를 뿌린다.

프레지에

FRAISIER

제누아즈, 크렘 디플로마트, 생딸기로 만든 앙트르메.

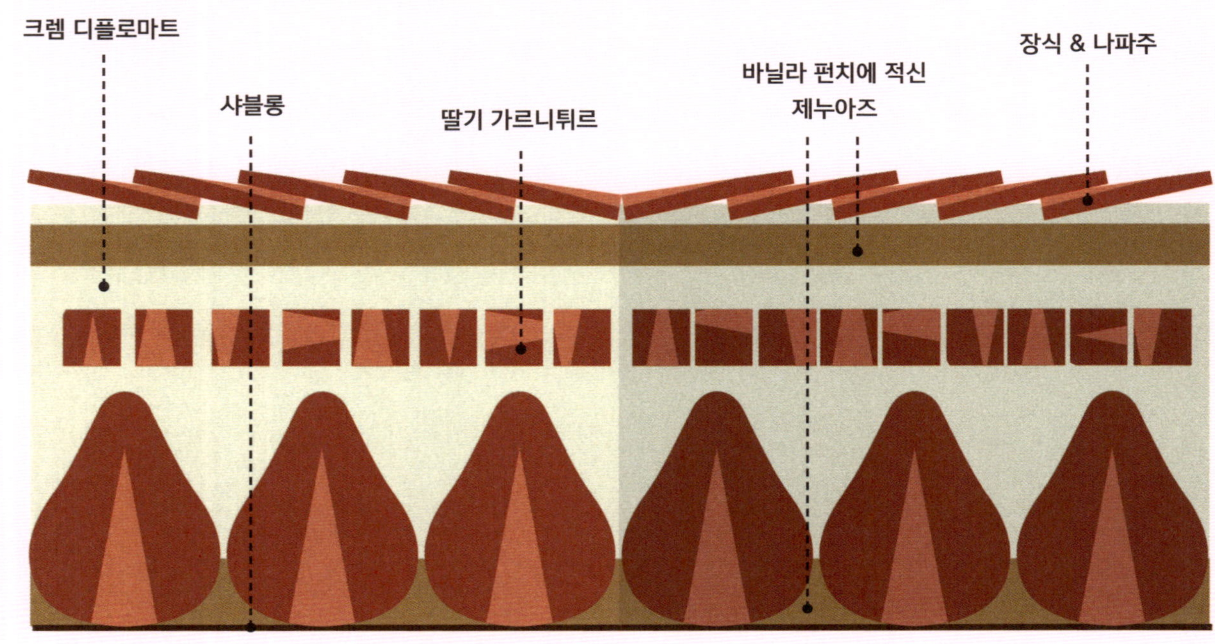

🕐 **시간**

준비 시간: 1시간 30분
굽는 시간: 20-30분
냉장 시간: 2시간

 **도구**

지름 24cm 원형틀
무스 띠
짤주머니
12번 깍지
스패튤러

➕ **응용**

클래식 프레지에: 크렘 무슬린과 파트 다망드로 장식한다.

❗ **주의**

몽타주

✋ **연습**

샤블롱(→280쪽)
펀치하기(→278쪽)
짤주머니 사용하기(→272쪽)

123 **순서**

시럽—크렘 파티시에르—제누아즈—크렘 디플로마트—몽타주—장식

10조각

1 제누아즈

달걀 200g(4개)
설탕 125g
박력분 125g

2 크렘 디플로마트

크렘 파티시에르
우유 500g
달걀노른자 100g
설탕 120g
옥수수전분 50g
버터 50g
바닐라빈 1개
젤라틴 8g

크렘 푸에테
생크림(유지방 함유율 30%) 200g

3 바닐라 펀치

물 320g
설탕 150g
바닐라빈 2개

4 샤블롱

초콜릿 30g

5 가르니튀르

딸기 1kg

6 나파주

살구젤리 또는 나파주 100g
들 1TS

프레즈fraise 딸기. 프레지에fraisier는 이 단어에서 나온 말로 딸기나무라는 뜻도 있다.
나파주nappage 요리의 표면에 소스나 크림 등을 바른다는 뜻의 동사napper의 명사형. 바르는 행위 또는 바른 소스나 크림을 뜻한다.

2

3

4

5

6

8

7

1 펀치를 만들려면 바닐라빈을 길이대로 반을 가르고 씨를 긁어낸 후 물, 설탕과 함께 끓인다. 한번 끓어오르면 불을 끈다.

2 크렘 디플로마트에 들어갈 바닐라 크렘 파티시에르(→52쪽)를 만든다. 지름 24cm 크기의 제누아즈를 만든다. 크렘 디플로마트(→68쪽)를 만든다. 딸기는 꼭지를 떼어내고 프레지에 옆면에 세울 수 있도록 세로로 자른다.

3 제누아즈는 2등분한다. 초콜릿을 녹이고 첫번째 제누아즈 조각의 단면에 샤블롱(→280쪽)한다.

4 유산지를 깐 빵판 위에 원형틀을 놓고 안쪽에 무스띠를 붙인다. 샤블롱한 면을 바닥으로 향하게 해서 제누아즈 조각을 틀에 넣는다. 12번 깍지를 끼운 짤주머니에 크렘 디플로마트를 채운다. 끈을 두르듯 원형틀과 제누아즈 사이에 크림을 짜 넣는다. 세로로 잘라놓은 딸기의 절반 정도를 가장자리에 세운다. 이때 잘린 단면이 틀을 향하게 한다.

5 제누아즈에 시럽을 바른다(펀치하기→278쪽).

6 딸기를 크렘 디플로마트로 덮는다. 스패튤러를 이용해 틀 가장자리를 따라 딸기 위의 크림을 정돈한다.

7 가르니튀르로 넣을 딸기를 깍둑썰기 한다. 제누아즈 위에 짤주머니로 크렘 디플로마트를 짜 덮고 딸기 조각을 올린 뒤 가볍게 눌러준다. 마무리를 위해 3TS만 남기고 크림 나머지를 바른다.

8 두번째 제누아즈 조각에 시럽을 바르고 그 면을 7을 향하게 하여 올린다. 윗면에도 시럽을 바른 후 스패튤러를 이용해 남아 있는 크림을 매끈하게 바른다. 2시간 냉장 보관한다.

장식

나파주나 살구젤리를 물 1TS과 함께 데운다. 나파주가 얇은 층을 이루도록 프레지에 표면에 펴 바른다. 프레지에의 원형틀을 뗀다. 딸기의 산화를 막기 위해 무스띠는 먹기 직전에 뗀다. 남아 있는 딸기를 얇게 저며 프레지에 위에 꽃 모양으로 올린 후 딸기를 보호하기 위해 붓으로 나파주를 한 번 더 얇게 바른다.

오페라

OPÉRA

비스퀴 조콩드, 가나슈 크레뫼즈, 커피 버터크림 위에
바삭한 판 초콜릿을 올린 앙트르메.

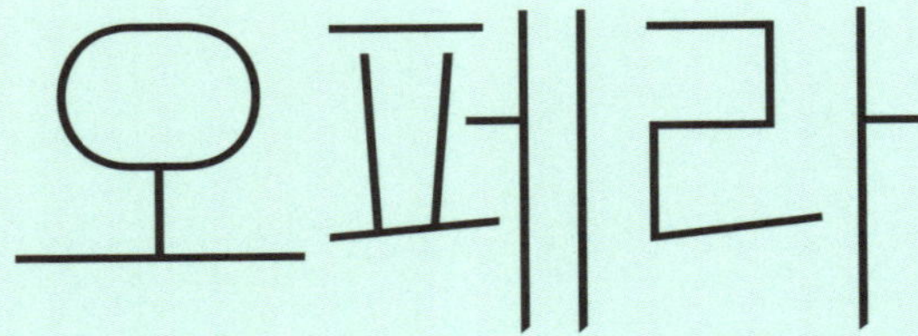

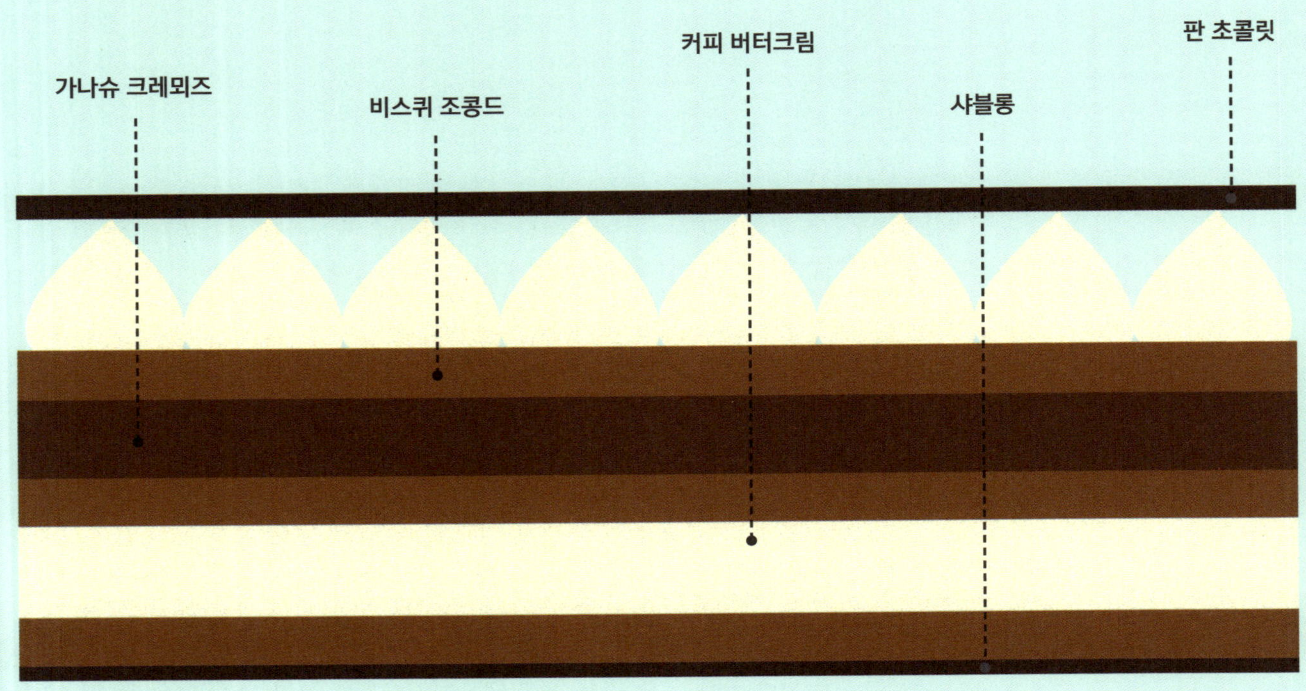

 시간

준비 시간: 2시간
굽는 시간: 8-15분
냉장 시간: 2시간

 도구

24×24cm 사각틀
칼
짤주머니
8번 깍지

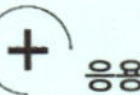 응용

바닐라 오페라: 바닐라빈 1개의 씨를 긁어 시럽에 넣고, 버터크림에도 바닐라 농축액 20g과 바닐라빈 씨 1개 분량을 넣는다.

 주의

몽타주
짤주머니 짜기

 연습

샤블롱(→280쪽)
중탕하기(→270쪽)
짤주머니 사용하기(→272쪽)
펀치하기(→278쪽)

 순서

시럽—비스퀴 조콩드—가나슈—커피 버터크림—판 초콜릿

<u>**16조각**</u>

1 비스퀴 조콩드

베이스
아몬드가루 200g
슈거파우더 200g
달걀 300g(6개)
박력분 30g

머랭
달걀흰자 200g
설탕 30g

2 가나슈 크레뫼즈

우유 200g
달걀노른자 50g
설탕 40g
다크초콜릿 100g

3 커피 버터크림

달걀 200g(4개)
물 80g
설탕 260g
포마드 버터 400g
커피 농축액 60g

4 커피 펀치

물 320g
설탕 150g
커피 농축액 30g

5 판 초콜릿

다크초콜릿 200g

6 샤블롱

디저트용 다크초콜릿 30g

1 물과 설탕을 냄비에 끓인다. 한번 끓어오르면 불을 끄고 커피 농축액을 더한 후 따로 둔다. 비스퀴 조콩드 (→35쪽) 3판을 만든다. 커피 버터크림(→54쪽)을 만든다. 가나슈(→72쪽)를 만든다. 빵판 위에 유산지를 깔고 그 위에 케이크틀을 놓는다. 샤블롱용 초콜릿을 녹인다

2 첫번째 비스퀴를 틀에 맞게 잘라 샤블롱(→280쪽)하고, 초콜릿이 묻은 쪽이 아래로 가도록 틀 안에 놓는다.

3 미지근하게 식은 펀치 시럽을 바른다(펀치하기 →278쪽). 바르자마자 시럽의 색이 드러나야 한다.

4 커피 버터크림 450g을 스패튤러를 이용해 틀 안의 비스퀴 위에 펴 바른다.

5 틀에 맞춰 자른 두번째 비스퀴를 크림 위에 얹고 시럽을 바른 뒤 다시 가나슈 크레믜즈를 스패튤러로 펴 바른다.

6 틀에 맞게 자른 마지막 비스퀴를 얹고 시럽을 발라 (펀치하기→278쪽) 냉장고에 2시간 넣는다. 냉장고에서 꺼내 가장자리를 말끔하게 정리한다. 남은 커피 버터크림을 짤주머니에 담고 케이크 윗면에 작은 돔 모양으로 촘촘하게 크림을 짠다.

7 초콜릿을 중탕(→270쪽)으로 녹이고 초콜릿용 비닐을 깐 대리석 조리대 위에 붓고 편다(→86쪽).

8 초콜릿이 굳으면 11×2.5cm 크기로 자른다(→86쪽).

마무리하기

따뜻한 물에 담갔던 칼로 오페라를 11×2.5cm 크기로 자른다. 각 오페라 조각 위에 **8**을 얹어 완성한다.

모카 케이크

MOKA

제누아즈와 버터크림을 바삭한 크루스티양 위에 쌓고
캐러멜을 입힌 아몬드를 겉면에 묻혀 완성하는 커피 맛 케이크.

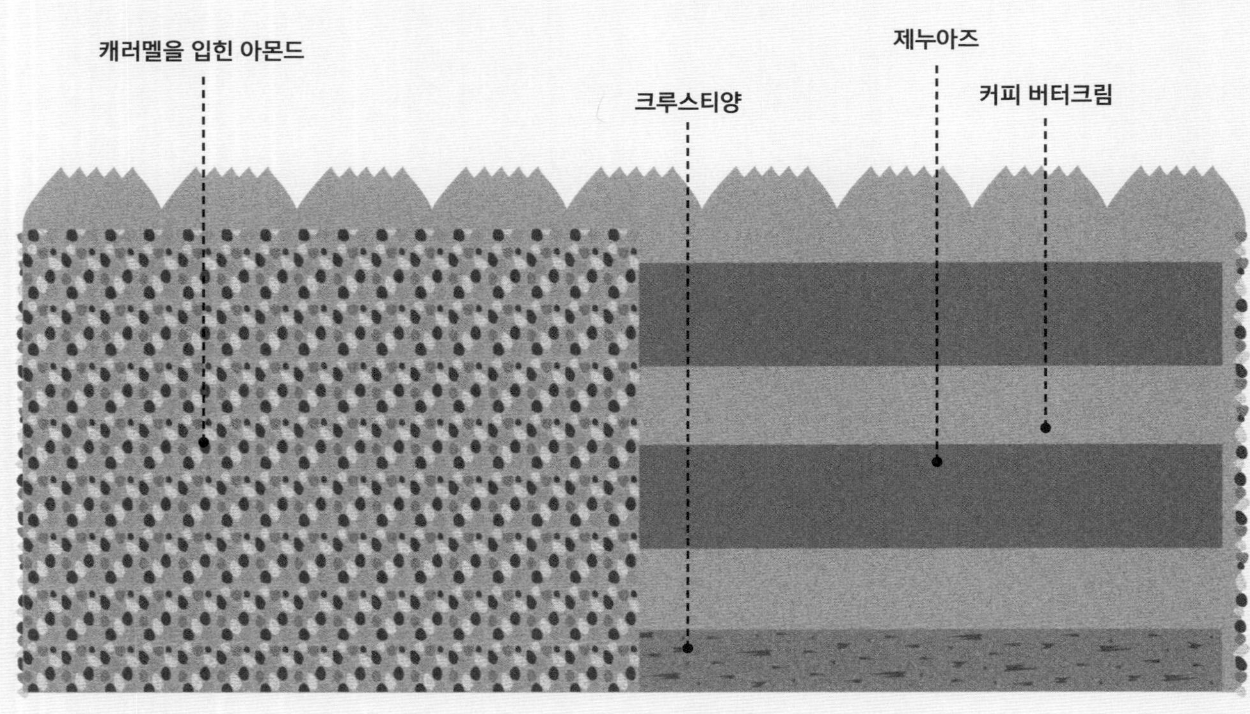

 **시간**

준비 시간: 1시간 30분
굽는 시간: 35분 – 1시간
휴지 시간: 4시간

 **도구**

지름 24cm 원형틀 2개
무스 띠
짤주머니
톱니 모양 빗살 깍지
빵칼

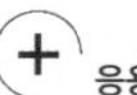 **응용**

클래식 모카 케이크: 크루스티양 대신 제누아즈
초콜릿 모카 케이크: 제누아즈를 만들 때 커피 대신
카카오가루 30g, 버터크림에도 커피 대신 녹인 초
콜릿 150g

 **주의**

버터크림의 온도
제누아즈에 시럽 바르기

 **연습**

시럽 만들기(→278쪽)
견과류 굽기(→281쪽)
중탕하기(→270쪽)
펀치하기(→278쪽)

 **순서**

크루스티양—제누아즈—커피 버터크림—몽타주

1

2

3

4 & 5

10조각

1 제누아즈

달걀 200g(4개)
설탕 125g
박력분 125g

2 커피 버터크림

달걀 300g(6개)
물 120g
설탕 420g
포마드 버터 600g
커피 농축액 30g

3 커피 시럽

물 320g
설탕 150g
커피 농축액 30g

4 크루스티양

아몬드가루 50g
버터 50g
박력분 50g
설탕 50g
파이테 푀이틴 30g
(레이스 무늬 크레프를 잘게 부순 것)
화이트초콜릿 60g
헤이즐넛가루 20g
프랄리네 30g

5 캐러멜을 입힌 아몬드

잘게 부순 아몬드 20g
물 20g
설탕 20g

크루스티양croustillant   바삭바삭하다는 뜻의 형용사 또는 그런 식감을 주기 위해 사용하는 케이크 등의 베이스.

1 물과 설탕을 끓여 시럽을 만든다. 한번 끓어오르면 불을 끄고 커피 농축액을 더한 후 따로 둔다.
캐러멜을 입힌 아몬드를 만들려면 먼저 오븐을 160℃로 예열하고 물과 설탕을 끓인다. 한번 끓어오르면 불을 끄고 미지근해질 때까지 기다렸다가 잘게 자른 아몬드를 시럽 냄비에 넣는다. 유산지를 깐 빵판에 냄비의 내용물을 붓고 오븐에 넣어 15-25분간 가열한다. 이때 규칙적으로 섞어주는 것이 좋다. 색이 고르게 변하면 오븐에서 꺼낸 후 식힌다.
크루스티양을 만들기 위해 오븐을 160℃로 예열한다. 아몬드가루, 설탕, 밀가루와 버터를 손끝으로 가볍게 섞는다(사블레). 유산지를 깐 빵판 위에 얇게 깔고 오븐에서 15-20분 가열한다. 이때 주걱으로 이따금 섞는다. 크루스티양이 갈색으로 변하면 오븐에서 꺼내 식힌다.

2 헤이즐넛가루도 160℃의 오븐에서 15분간 굽는다 (→281쪽). 화이트초콜릿은 중탕으로 녹여 프랄리네와 구워둔 헤이즐넛가루, 파이테 푀이틴, 크루스티양을 한데 넣고 주걱으로 섞는다.

3 유산지를 깐 식힘망을 준비한다. 지름 24cm 원형틀 안쪽 벽면에 무스 띠를 붙인다. 2를 틀 안에 쏟고 스패튤러로 평평하게 펴서 냉장고에 넣는다

4 지름 24cm 제누아즈(→32쪽)를 만든다. 버터크림 (→54쪽)을 만들되 마지막에 커피 농축액을 추가한다. 큰 빵칼을 이용해 제누아즈의 윗부분을 얇게 깎아내듯이 자른다. 이렇게 하면 시럽을 발랐을 때 더 잘 스민다. 제누아즈를 2등분한다.

5 크루스티양 위에 커피 버터크림 400g을 얹고 스패튤러로 펴 바른다. 2등분한 제누아즈 첫번째 조각을 얹고 윗면에 붓으로 시럽을 펀치한다(→278쪽). 마찬가지로 첫번째 제누아즈 위에 커피 버터크림 400g을 펴 바른 후 두번째 제누아즈 조각을 얹고 붓으로 시럽을 바른다.

6 남겨두었던 커피 버터크림 중 절반은 빗살 깍지를 끼운 짤주머니에 담고 나머지 절반은 스패튤러를 이용해 케이크 표면에 바른다. 먼저 윗면에 펴 바른 후 무스 띠를 제거하고 옆면에도 바른다(→274쪽). 짤주머니에 든 버터크림은 케이크 윗면에 물결 모양으로 촘촘히 짜서 장식한다(→272쪽).

7 케이크의 옆면은 캐러멜을 입힌 아몬드를 초콜릿 코포처럼 발라 붙인다(→274쪽).

3가지
초콜릿 무스 케이크

ENTREMETS 3 CHOCOLATS

피낭시에financier를 베이스로 깔고 바삭한 판 초콜릿 사이에
다크, 밀크, 화이트 3가지 초콜릿 무스가 들어간 케이크.

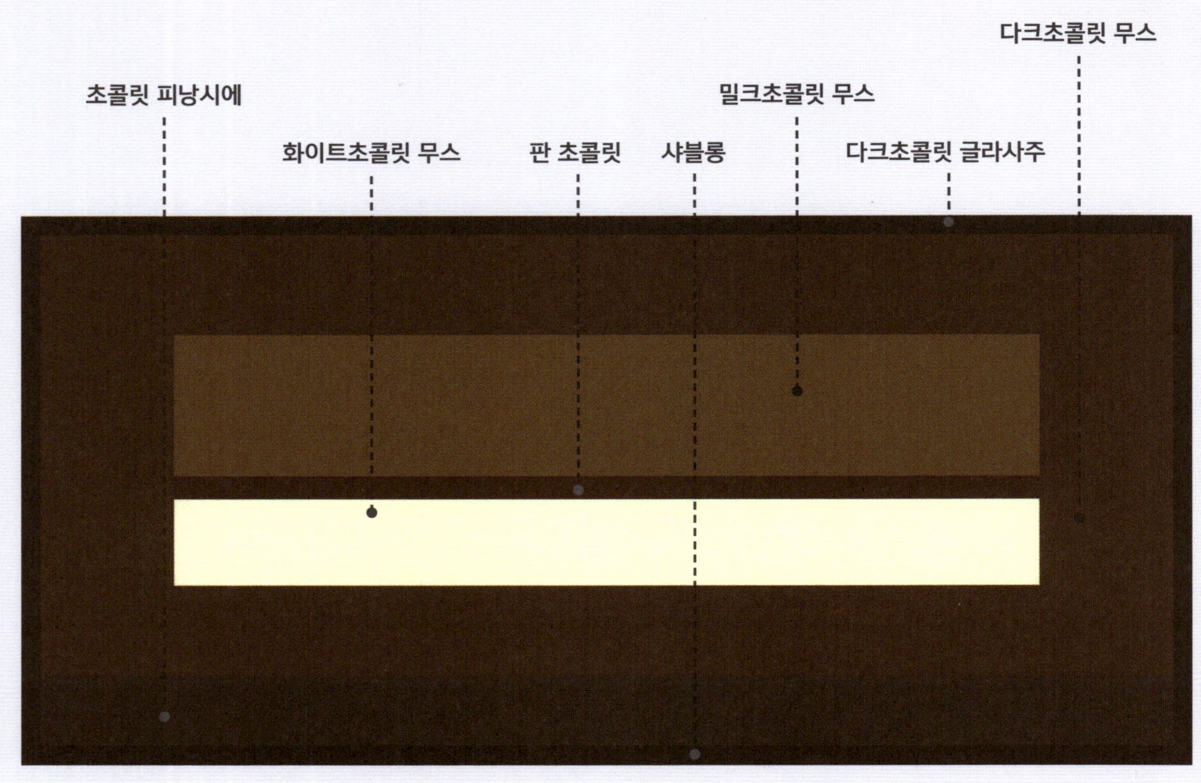

 시간

준비 시간: 2시간
굽는 시간: 15분
냉동 시간: 최소 6시간

도구

12×24cm 사각틀
8×22cm 케이크 틀
식힘망
스패튤러

주의

크렘 앙글레즈 만들기
케이크 속에 잘 삽입할 수 있도록 무스 얼리기
판 초콜릿 장식

연습

중탕하기(→270쪽)
젤라틴 불리기(→270쪽)
판 초콜릿 장식(→87쪽)

 순서

피낭시에─밀크초콜릿 무스, 화이트초콜릿 무스, 판
초콜릿─다크초콜릿 무스─글라사주

8-10조각

1 초콜릿 피낭시에

아몬드가루 75g
슈거파우더 60g
달걀흰자 110g
생크림 30g
옥수수전분 6g
다크초콜릿 30g

2 샤블롱

다크초콜릿 30g

3 크렘 앙글레즈

생크림 105g
우유 105g
달걀노른자 40g
설탕 25g

4 초콜릿 무스

베이스

다크초콜릿 175g
밀크초콜릿 90g
화이트초콜릿 80g
젤라틴 1g

크렘 몽테

생크림(유지방 함유율 30%) 375g

5 다크초콜릿 글라사주

물 240g
생크림(유지방 함우율 30%) 200g
설탕 440g
카카오가루 160g
젤라틴 16g

6 판 초콜릿

다크초콜릿 150g

1 오븐은 180℃로 예열한다. 피낭시에를 만들기 위해 초콜릿을 중탕으로 녹인다. 다른 볼에 아몬드가루, 슈거파우더, 옥수수전분을 넣는다. 여기에 달걀흰자와 생크림을 넣고 주걱으로 잘 저어 완전히 섞는다. 중탕으로 녹인 초콜릿을 더해 섞는다. 빵판에 유산지를 깐다. 12×24cm 크기의 틀 안에 반죽을 붓고 오븐에서 14분 정도 구워 꺼낸 후 식혀서 틀을 뗀다.

2 샤블롱 재료인 초콜릿을 중탕으로 녹인다. 유산지를 깔고 **1**의 피낭시에를 뒤집어놓는다. 유산지를 제거하고 바닥에 초콜릿을 한 층 바른다. 초콜릿이 굳으면 유산지를 깐 빵판의 틀 안에 피낭시에를 넣는다. 이때 초콜릿을 바른 쪽이 아래를 향하도록 한다.

3 케이크틀 안쪽을 랩으로 감싼다. 무스에 들어갈 크렘 앙글레즈(→60쪽)를 크림과 우유를 더해 만든다. 밀크초콜릿을 중탕으로 녹인다. 초콜릿이 녹으면 크렘 앙글레즈 55g을 넣어 섞는다. 생크림을 휘저어 샹티이(→63쪽) 상태로 만든다. 녹은 밀크초콜릿에 샹티이 30g을 넣고 거품기로 젓다가 45g을 더 넣고 주걱으로 섞는다. 초콜릿과 크림이 모두 완전히 섞이고 나면 랩을 두른 케이크틀에 부어 30분간 냉동실에 둔다.

4 길이 20cm, 너비 7cm, 두께 9mm 크기의 판 초콜릿(→87쪽)을 만들고 역시 냉동실에 30분간 넣는다.

5 젤라틴을 물에 불린다(→270쪽). 화이트초콜릿을 중탕으로 녹인다. 젤라틴의 물기를 제거한 후 녹인 화이트초콜릿에 더해 거품기로 섞는다. 밀크초콜릿과 마찬가지 방식으로 화이트초콜릿 무스를 만든다. 냉동실의 케이크틀을 꺼내 **4**를 밀크초콜릿 무스 위에 올리고 그 위에 화이트초콜릿 무스를 붓는다. 최소 2시간 이상 냉동실에 둔다. 다음날까지 두는 것이 가장 좋다.

6 남은 크렘 앙글레즈 150g으로 다크초콜릿 무스를 만든다. 남은 샹티이 225g을 두 번 나눠서 거품기로 섞는다. 다크초콜릿 무스 1/3을 피낭시에가 들어 있는 사각틀 안에 부어준 다음 30분 정도 냉동실에 둔다.

7 다크초콜릿 무스를 얹은 피낭시에와 나머지 초콜릿 무스도 모두 냉동실에서 꺼낸다. 필요하다면 케이크 속에 들어갈 초콜릿 무스는 8×22cm의 크기가 되게 잘라 다크초콜릿 무스를 바른 피낭시에 위에 얹는다.

8 남은 다크초콜릿 무스를 틀 안의 피낭시에 위에 모두 뿌린다. 냉동실에 넣어 2시간 정도 둔다.

9 다크초콜릿 글라사주(→76쪽)를 만들어 식힌다. 냉동실에 넣어두었던 **8**을 꺼내 틀을 벗긴다. 빵판을 받친 식힘망 위에 케이크를 얹은 다음 글라사주를 위에서 붓고 스패튤러로 평평하게 편다(→280쪽).

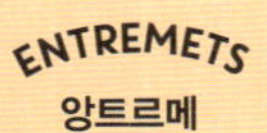

앙트르메 오
카라멜

ENTREMETS AU CARAMEL 캐러멜 무스 케이크

비스퀴 조콩드를 베이스로 깔고 소프트 땅콩 캐러멜, 캐러멜 무스를 올린 후
캐러멜 글라사주와 땅콩 누가틴으로 장식한 케이크.

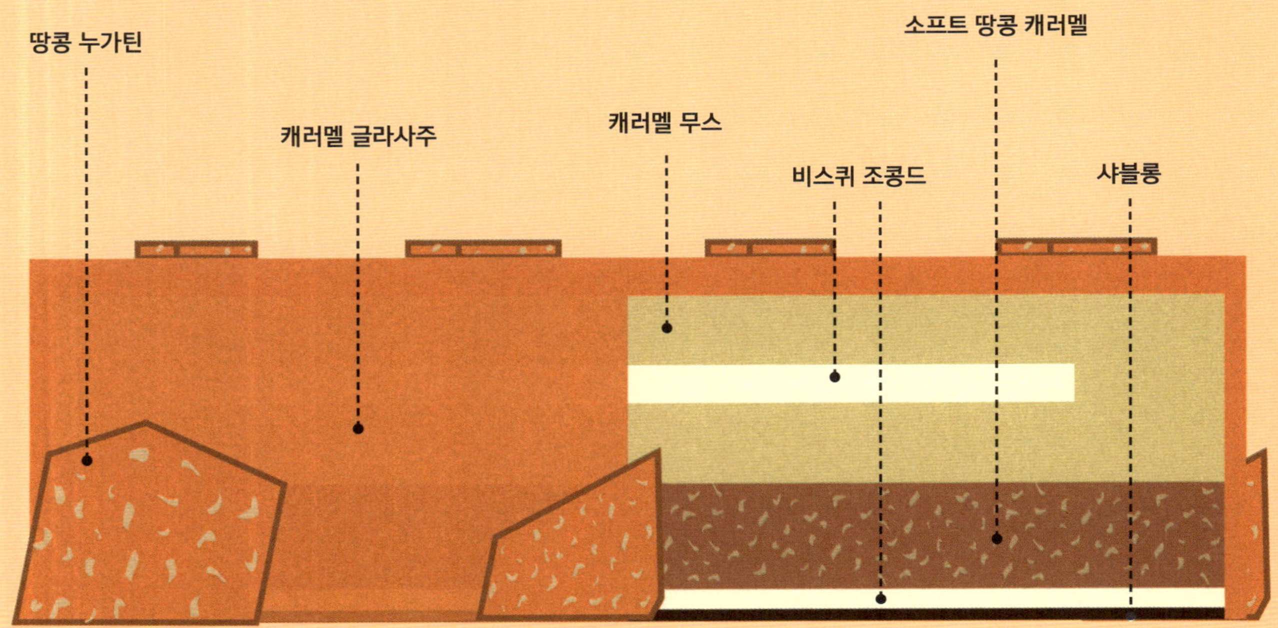

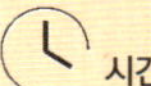 시간

준비 시간: 2시간
굽는 시간: 15분
냉동 시간: 최소 4시간

 도구

지름 18cm 원형틀
지름 24cm 원형틀
무스 띠
온도계
식힘망
스패튤러

 도구

캐러멜 만들기

 연습

드라이 캐러멜 만들기(→49쪽)
짤주머니 사용하기(→272쪽)
젤라틴 불리기(→270쪽)
시누아제(→270쪽)

 순서

소프트 캐러멜―비스퀴 조콩드―무스―글라사주―누가틴

6-8조각

1 비스퀴 조콩드

베이스
달걀 100g(2개)
아몬드가루 70g
슈거파우더 70g
박력분 10g

머랭
달걀흰자 70g
설탕 10g

2 소프트 땅콩 캐러멜

설탕 100g
물엿 50g
생크림(유지방 함유율 30%) 130g
버터 70g
소금 뿌려 구운 땅콩 130g

3 캐러멜 무스

아파레유 아 봉브
설탕 130g
물 40g
달걀노른자 100g

캐러멜
설탕 100g
생크림(유지방 함유율 30%) 130g
꽃소금 5g
젤라틴 10g

크렘 몽테
생크림(유지방 함유율 30%) 250g

4 카러멜 글라사주

물엿 90g
설탕 175g
젤라틴 10g
버터 40g
살구 나파주 250g

5 누가틴

잘게 잘라 소금 뿌려 그운 땅콩 65g
화이트 퐁당 75g
물엿 65g

6 샤블롱

다크초콜릿 30g

1 소프트 땅콩 캐러멜은 우선 땅콩을 거품반죽기에 넣고 큼직하게 으깬다. 드라이 캐러멜(→49쪽)을 만들고, 캐러멜이 진한 색을 띠기 시작하면 불에서 내려 크림을 약간 붓고 잘 섞는다. 다시 크림을 좀 더 넣고 섞는다. 크림이 다 섞일 때까지 같은 과정을 반복하고 버터와 으깬 땅콩을 더한다. 유산지를 깐 빵판 위에 지름 24cm 틀을 놓고 그 안에 완성된 소프트 땅콩 캐러멜을 부은 후 냉동실에 2시간 이상 둔다.

2 비스퀴 조콩드(→34쪽)를 만든다. 소프트 땅콩 캐러멜은 틀을 뗀 뒤 다시 냉동실에 넣고 틀은 씻어둔다. 비스퀴 조콩드가 식으면 지름 18cm와 24cm 원으로 각각 자른다. 샤블롱을 위해 초콜릿을 녹이고 큰 원에 바른다.

3 지름 24cm 원형틀 안에 무스 띠를 붙인 후 유산지를 깐 빵판 위에 놓는다. 초콜릿을 바른 면이 아래로 향하게 해서 비스퀴 조콩드를 틀에 넣고 그 위에 소프트 땅콩 캐러멜을 얹는다.

4 캐러멜 무스를 만들기 위해 우선 젤라틴을 물에 불린다(→270쪽). 드라이 캐러멜(→49쪽)을 만든다. 캐러멜이 진한 색을 띠기 시작하면 불에서 내리고 크림을 넣어 거품기로 섞는다. 젤라틴을 물에서 건져 물기를 떨어낸 후 캐러멜에 넣고 섞어 체로 거른다. 꽃소금을 더해 상온이 될 때까지 식힌다.

5 샹티이(→63쪽)를 250g 만든다. 달걀노른자만을 이용해 아파레유 아 봉브(→58쪽)를 만든다. 샹티이 1/3을 캐러멜에 넣고 거품기로 섞는다. 아파레유 아 봉브를 더해 주걱으로 살살 섞는다. 남은 샹티이를 모두 더하고 완전히 섞일 때까지 조심스럽게 주걱으로 섞는다.

6 소프트 땅콩 캐러멜 위에 무스를 한 층 바른다. 그 위에 작은 비스퀴 조콩드를 올리고 남은 무스를 모두 발라 냉동실에 최소 2시간 정도 넣어둔다. 다음날까지 두는 것이 가장 좋다.

7 캐러멜 글라사주를 만들려면 우선 젤라틴을 물에 불린다(→270쪽). 설탕과 물엿을 사용해 드라이 캐러멜(→49쪽)을 만든다. 캐러멜의 색이 진해지면 불에서 내리고 살구 나파주를 넣어 거품기로 섞고 버터를 더한다. 젤라틴은 물에서 꺼내 물기를 제거한 후 캐러멜에 넣어 섞고 체로 내려서 40℃가 될 때까지 식힌다. 냉동실에 넣어두었던 케이크를 꺼내 원형틀과 무스 띠를 뗀다. 바닥에 빵판을 댄 식힘망 위에 케이크를 올린 후 글라사주를 골고루 붓고 스패튤러로 평평하게 펴 바른다(→274쪽).

8 누가틴(→50쪽)을 만들고 밀대로 부순 후에 케이크 겉면에 붙여 장식한다.

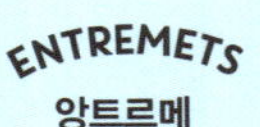

티라미수

TIRAMISU

아몬드 커피 비스퀴, 티라미수 무스와 배 콩포트compote로 만든 앙트르메.

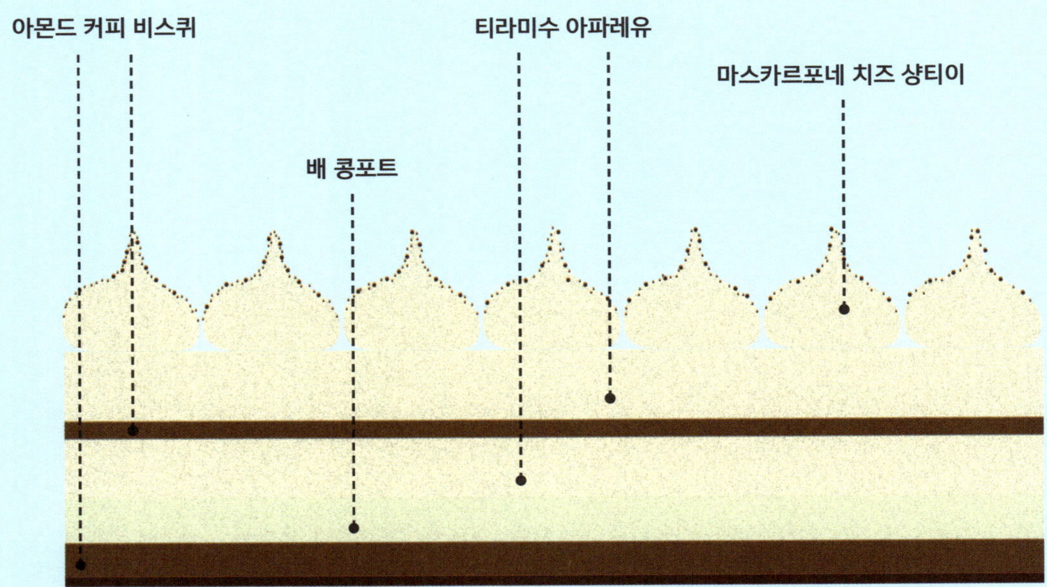

 **시간**

준비 시간: 2시간
굽는 시간: 15–25분
냉동 시간: 4시간 30분

 **도구**

12×24cm 사각틀
거품반죽기, 휘퍼
(또는 핸드블렌더)
짤주머니
생토노레 깍지(시폰 깍지)

 **주의**

몽타주

 **연습**

젤라틴 불리기(→270쪽)
생토노레 깍지 사용하기(→273쪽)
펀치하기(→278쪽)

 **팁**

티라미수를 빨리 만들어야 하면 배 콩포트 층 없이 가능

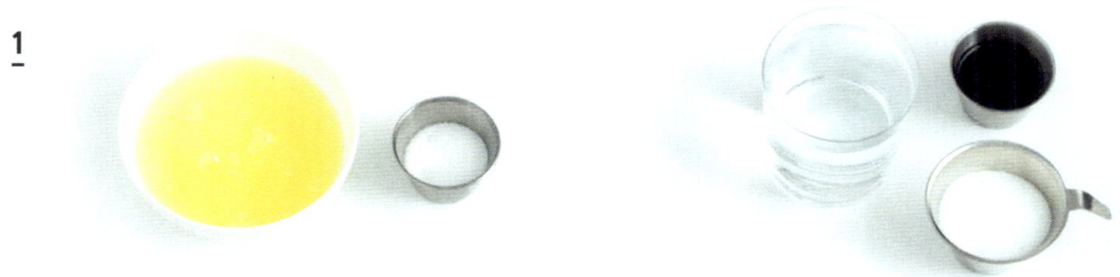

6-8조각

1 아몬드 커피 비스퀴

파트 다망드(견과류 함유율 50%) 75g
슈거파우더 45g
달걀노른자 40g
달걀 50g(1개)
옥수수전분 30g
박력분 15g
커피 농축액 10g

프렌치 머랭

달걀흰자 125g
설탕 20g

2 커피 펀치

물 320g
설탕 150g
커피 농축액 30g

3 티라미수 아파레유

마스카르포네 치즈 375g
젤라틴 6g
생크림(유지방 함유율 30%) 255g
마르살라 와인 30g
슈거파우더 20g

아파레유 아 봉브

물 30g
설탕 110g
달걀노른자 70g

4 배 콩포트

배 400g
물 30g
설탕 60g
젤라틴 6g

5 샤블롱

다크초콜릿 30g

6 장식

카카오 가루 30g

콩포트compote 과일 설탕 조림.

1 아몬드 커피 비스퀴를 만들려면 우선 오븐을 180℃로 예열한다. 거품반죽기로 파트 다망드, 달걀노른자, 달걀을 섞는다. 슈거파우더를 더한 후 가벼운 질감으로 골고루 섞일 때까지 거품반죽기에 휘퍼를 장착하고 수분간 돌린다. 커피 농축액을 넣고 완전히 섞일 때까지 약하게 거품반죽기를 돌린다. 큰 볼에 옮긴다.

2 프렌치 머랭(→42쪽)을 만든다. 완성된 머랭의 1/3은 **1**에 넣고 주걱으로 살살 섞는다. 체로 친 밀가루와 옥수수전분을 더한 후 주걱으로 다시 섞는다. 남은 머랭도 모두 넣고 섞는다.

3 유산지를 깐 빵판에 **2**를 붓고 평평하게 편다. 15~25분 구운 후 식힌다.

4 젤라틴을 물에 불린다(→270쪽). 배는 껍질을 벗겨 2cm 크기로 깍둑썰기 하고 물, 설탕과 함께 냄비에 담는다. 센 불에서 가열해 수분이 거의 없는 잼 상태로 만든다. 이때 주걱으로 규칙적으로 젓는다. 젤라틴은 물에서 건져 물기를 제거한 뒤 잼에 넣어 녹인다.

5 아몬드 커피 비스퀴를 준비한 틀 크기대로 2장 자른다. 샤블롱을 만들 초콜릿은 중탕으로 녹인다. 커피 펀치를 위해 물과 설탕을 냄비에 담고 끓인다. 한번 끓어오르면 불을 끄고 커피 농축액을 더한다. 유산지를 깐 빵판 위에 12×24cm 틀을 올린다. 잘라 놓은 아몬드 비스퀴 중 한 장에 녹인 초콜릿을 바른다.

6 초콜릿을 바른 면이 아래로 가도록 해서 아몬트 비스퀴 한 장을 틀에 넣는다. 커피 시럽을 그 위에 골고루 바른다. 준비한 배 콩포트를 모두 비스퀴 위에 얹고 평평하게 편다. 냉동실에 3시간 정도 둔다.

7 티라미수 아파레유를 만들려면 먼저 젤라틴을 찬물에 불린다. 거품반죽기를 이용해 생크림과 마스카르포네 치즈를 함께 휘저어 차가운 곳에 보관한다. 210g은 장식용으로 따로 두되 슈거파우더를 추가한다. 아파레유 아 봉브(→58쪽)를 만든다. 마르살라 와인을 데우고 물에서 건진 젤라틴을 넣고 녹인다. 마스카르포네 치즈를 넣은 크림을 마르살라 와인에 넣고 거품기로 조심스럽게 젓다가, 아파레유 아 봉브 1/3을 넣고 거품기로 다시 섞는다. 남은 아파레유를 다 더한 후 살살 섞는다.

8 **7**에서 완성된 티라미수 아파레유 250g을 배 콩포트 층 위에 올리고 평평하게 편다. 30분 정도 냉동실에 넣어두었다가 그 위에 두번째 비스퀴를 올리고 커피 펀치(→278쪽)를 바른다. 남은 티라미수 아파레유를 모두 올려준 다음 냉동실에 1시간 정도 넣는다.

9 냉동실에서 꺼내 틀을 제거하고 짤주머니를 이용해 크렘 샹티이(→273쪽)를 올리고 카카오가루를 뿌린다.

잔두야 케이크

ENTREMETS AU GIANDUJA

바삭한 푀양틴feuillantine을 베이스로 깔고 밀크초콜릿 샹티이를 올린,
프랄리네와 레몬이 들어간 앙트르메.

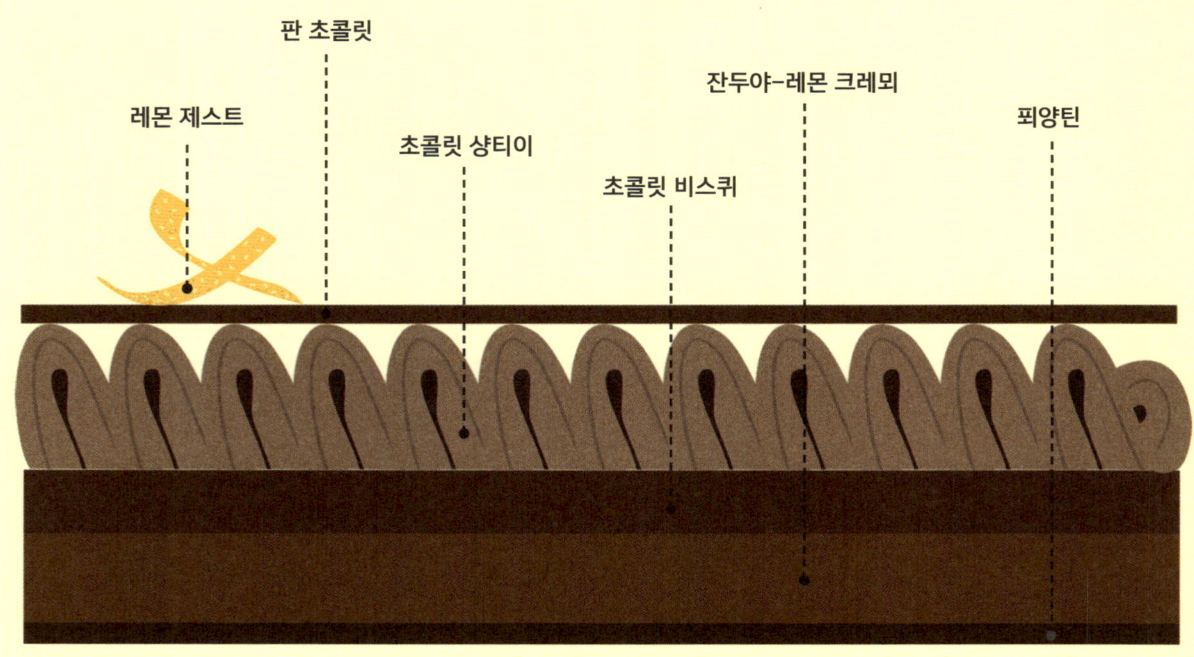

 **시간**

준비 시간: 2시간
굽는 시간: 15분
휴지 시간: 24시간

 **도구**

24×24cm 사각틀
짤주머니
8번 빗살 깍지
이쑤시개
스티로폼 조각
L자 스패튤러
칼

 **주의**

초콜릿 샹티이

 **연습**

짤주머니 사용하기(→272쪽)
중탕하기(→270쪽)
캐러멜 만들기(→278쪽)

 **순서**

글루텐 프리 초콜릿 비스퀴—푀양틴—잔두야-레몬
크레뫼—몽타주—판 초콜릿—레몬 제스트—샹티이
베이스—캐러멜을 입힌 헤이즐넛

초콜릿 샹티이는 왜 일반 샹티이보다 덩어리가 잘 생기는가?

냉각 과정에서 초콜릿이 결정화되면 덩어리가
생길 수 있다. 이를 막기 위해서는 초콜릿 크림
을 만드는 과정에서 재료들을 덩어리 없이 골고
루 잘 섞는 것이 중요하다.

3

1

2

4

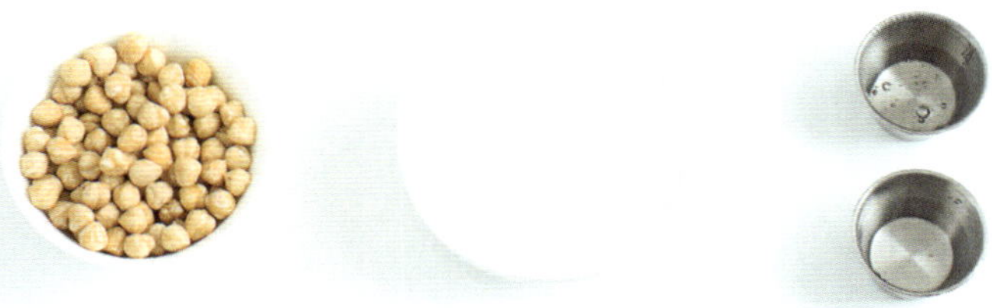
7

5

12×2cm 12조각

1 퐈양틴

파이테 푀이틴 215g
프랄리네 370g
다크초콜릿 150g

2 잔두야-레몬 크레뫼

헤이즐넛 페이스트 120g
다크초콜릿 120g
레몬즙 100g(레몬 6개)
생크림(유지방 함유율 30%) 50g

3 글루텐 프리 초콜릿 비스퀴

베이스
버터 40g
초콜릿(카카오 함유율 66%) 140g
프로방스 파트 다망드(견과류 함유율 50%) 70g
달걀노른자 30g

프렌치 머랭
달걀흰자 160g
설탕 60g

4 초콜릿 샹티이

생크림(유지방 함유율 30%) 500g
밀크초콜릿 200g

5 판 초콜릿

다크초콜릿 200g

6 레몬 제스트 콩피confit

물 100g
설탕 130g
레몬 2개

7 헤이즐넛 필레

껍질 깐 헤이즐넛 150g
물 50g
설탕 200g
물엿 40g

잔두야gianduja 헤이즐넛을 넣은 이탈리아산 초콜릿.

1

2

3

5-1

5-2

6

8

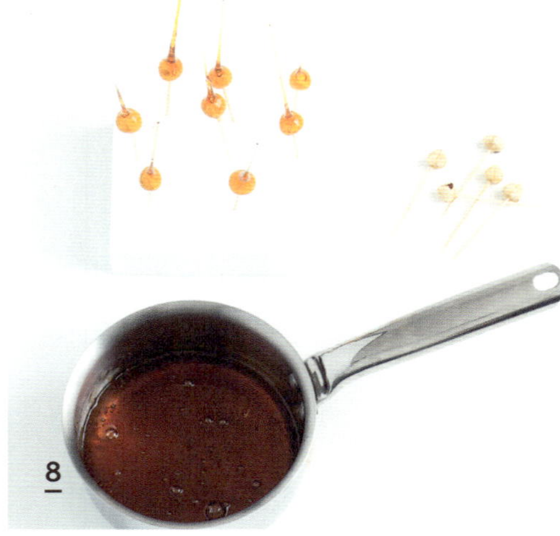

7

1 전날, 글루텐 프리 초콜릿 비스퀴(→40쪽)를 만든다. 식으면 틀에 맞춰 자른다. 중탕(→270쪽)으로 초콜릿을 녹인다. 푀양틴과 프랄리네를 볼에 넣고 거품반죽기에 비터를 장착해 약한 강도로 돌린다. 골고루 잘 섞이면 초콜릿 녹인 것도 마저 붓고 잘 섞는다. 이렇게 푀양틴이 만들어지면, 유산지를 깐 판 위에 틀을 놓고 그 안에 푀양틴을 흘려넣는다.

2 잔두야-레몬 크레뫼는 먼저 다크초콜릿을 중탕으로 녹이는 것으로 시작한다. 레몬을 주무르듯 굴려준 다음 즙을 낸다. 볼에 헤이즐넛 페이스트와 초콜릿 녹인 것을 넣어 섞는다. 가열한 생크림을 더해 섞고 나서 레몬즙을 넣고 잘 섞는다.

3 2를 푀양틴 위에 얹는다.

4 3을 냉장고에 하룻밤 동안 둔다. 초콜릿 샹티이를 만들기 위해 크림을 끓인다. 초콜릿을 볼에 담고 그 위에 가열한 크림을 더한 후 거품기로 저어 섞는다. 별도의 볼에 옮긴 후 표면에 닿도록 랩을 씌워 다음 날까지 냉장고에 보관해 아주 차가운 상태로 만든다. 12x2cm 크기의 판 초콜릿 12개를 만든다(→87쪽). 레몬 제스트 콩피를 만든다(→281쪽).

5 다음 날, 냉장고에 두었던 케이크를 꺼내 틀에서 빼낸다. 칼로 케이크를 반으로 자른 다음 12x2cm 크기로 자른다. 자른 조각들은 간격을 둔다.

6 초콜릿 크림을 냉장고에서 꺼내 샹티이(→63쪽)처럼 휘젓는다. 빗살 깍지를 끼운 짤주머니에 크림을 담고 잘라놓은 케이크 조각들 위에 장식처럼 얹는다(→272쪽).

7 레몬 제스트 콩피의 물기를 완전히 제거한 다음 매듭 모양을 만든다. 케이크 조각마다 판 초콜릿을 얹고 그 위에 레몬 제스트 콩피 매듭을 하나씩 얹는다.

8 헤이즐넛 필레(→85쪽)를 만들기 위해 우선 캐러멜(→49쪽)을 만든다. 이쑤시개에 껍질 깐 헤이즐넛을 하나씩 끼운다. 캐러멜의 농도가 진해지면 헤이즐넛을 그 안에 담갔다가 건져 스티로폼 조각에 꽂아둔다. 캐러멜이 굳으면 이쑤시개를 빼고 헤이즐넛을 케이크 조각 위에 얹어 완성한다.

돔 쾨르 그리오트

DÔME CŒUR GRIOTTE 체리 돔 케이크

피스타치오가 들어간 부드러운 비스퀴 조콩드를 베이스로 깔고
바닐라 무스에 피스타치오-그리오트 체리 필링을 넣어 돔 모양으로 만든 앙트르메.

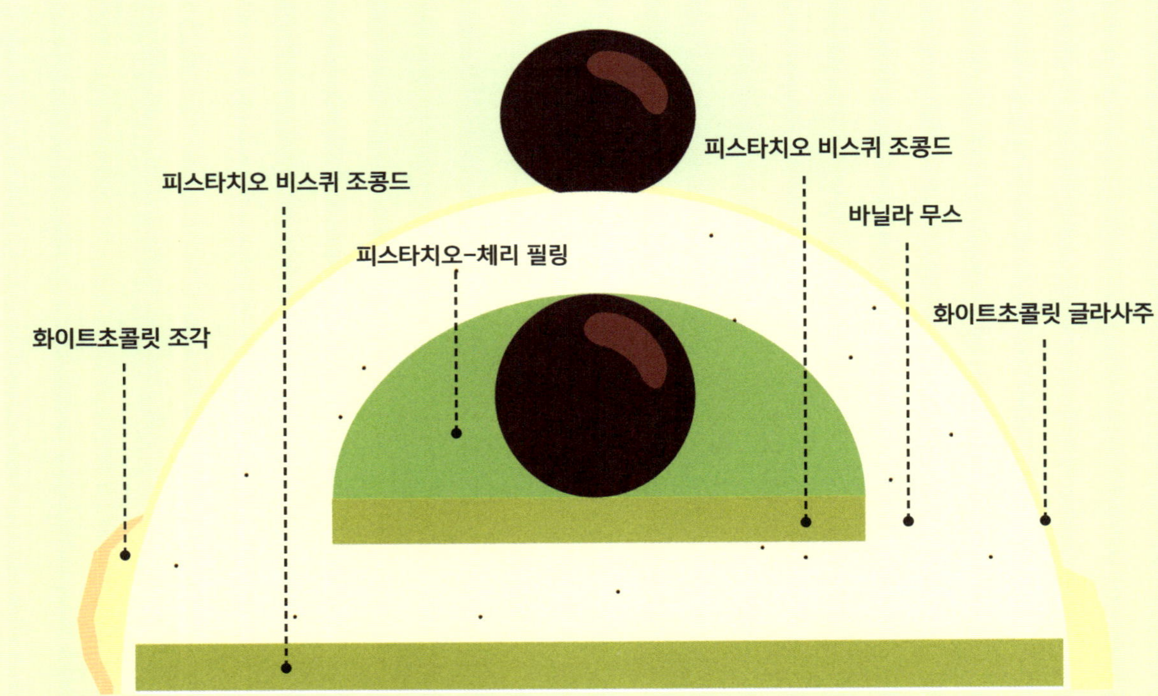

 **시간**

준비 시간: 2시간
굽는 시간: 1시간
냉동 시간: 최소 6시간

 **도구**

지름 8cm 반구형 실리콘틀
지름 3cm 반구형 실리콘틀
지름 7cm 원형 쿠키커터
지름 3cm 원형 쿠키커터
짤주머니
식힘망

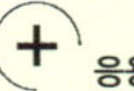 **응용**

클래식 돔 케이크: 초콜릿 무스, 바닐라 필링(피스타치오 페이스트 대신 바닐라빈 1개의 씨를 긁어 넣음)

 **주의**

몽타주

 **연습**

달걀노른자 블랑시르(→279쪽)
젤라틴 불리기(→270쪽)
샤블롱(→280쪽)
짤주머니 사용하기(→272쪽)

 **순서**

필링—비스퀴—무스—몽타주—글라사주—초콜릿 장식

6개

1 필링

생크림(유지방 함유율 30%) 60g
우유 20g
설탕 8g
옥수수전분 3g
달걀노른자 20g
피스타치오 페이스트 10g
시럽에 절인 그리오트 체리 또는 아마레나 체리 6알

2 피스타치오 비스퀴 조콩드

아몬드가루 70g
슈거파우더 70g
달걀 100g(2개)
박력분 10g
피스타치오 페이스트 10g
장식용 슈거파우더 30g

3 머랭

달걀흰자 70g
설탕 10g

4 샤블롱

화이트초콜릿 30g

5 바닐라 무스

크렘 앙글레즈

생크림 180g
바닐라빈 2개
달걀노른자 60g
설탕 30g
젤라틴 5g

크렘 몽테

생크림(유지방 함유율 30%) 180g

6 화이트초콜릿 글라사주

우유 60g
물엿 25g
젤라틴 3g
화이트초콜릿 150g
물 5g
이산화티-이타늄 4g

7 장식

시럽에 절인 아마레나 체리 6알
화이트초콜릿 5g

1 피스타치오-체리 필링을 만들 때는 우선 오븐을 90℃로 예열한다. 볼에 설탕과 옥수수전분, 달걀노른 자를 한데 넣고 거품을 낸다(블랑시르→279쪽). 우유, 생크림, 피스타치오 페이스트를 냄비에 담고 거품기로 저으면서 가열한다. 한번 끓어오르면 블랑시르한 달걀 노른자를 넣고 거품기로 다시 섞는다.

2 지름 3cm 실리콘틀에 준비한 체리를 1알씩 담는다. 1을 틀 안에 붓고 오븐에 넣어 20-30분 가열한다. 필 링이 흔들리지 않는 상태가 되면 오븐에서 꺼낸다. 상 온에서 식힌 다음 냉동실에 넣고 3시간 이상 얼려야 틀 에서 꺼낼 수 있다.

3 오븐을 190℃로 예열한다. 비스퀴 조콩드(→35쪽) 를 만든다. 반죽을 30g 떼어낸 후 피스타치오 페이스 트와 섞고 남은 반죽에 다시 합해 주걱으로 잘 섞는다. 유산지를 깐 빵판에 반죽을 얹고 스패튤러로 잘 편 후 오븐에서 10분 굽는다. 비스퀴는 식힘망에 얹어 식힌 다. 유산지 위에 슈거파우더를 골고루 뿌린 후 그 위에 식힌 비스퀴를 올리고 붙어있던 유산지는 뗀다. 원형 쿠키커터를 이용해 지름 7cm 원 6개와 지름 3cm 원 6 개로 비스퀴를 자른다. 샤블롱(→280쪽)에 쓸 화이트 초콜릿은 중탕으로 녹인다. 붓을 이용해 큰 원 6개에 바른다.

4 바닐라 무스는 먼저 젤라틴을 물에 불린다(→270 쪽). 크렘 앙글레즈(→60쪽)를 만들고 젤라틴을 물에 서 건져 물기를 떨어내고 거품기를 이용해 크렘 앙글 레즈와 잘 섞는다. 체에 거른 다음 표면에 닿게 랩을 씌 워 상온이 될 때까지 식힌다. 샹티이(→63쪽)를 만들고 1/3을 크렘 앙글레즈에 부어 거품기로 섞는다. 남은 크 림도 더해서 주걱으로 살살 섞는다.

5 깍지 없는 짤주머니에 바닐라 무스를 채운다. 짤주 머니 끝을 가위로 잘라 사용하면 틀 하나를 채우고 다 른 하나로 넘어갈 때 떨어지는 잔여물 없이 깔끔하게 쓸 수 있다. 지름 8cm 실리콘틀을 준비한다. 구멍마다 바닐라 무스를 반 정도 채운다.

6 냉동실에서 꺼낸 피스타치오-체리 필링을 바닐라 무스 위에 얹고 3cm 비스퀴 조콩드를 올린다. 그 위를 다시 바닐라 무스로 채운다. 위에서 2mm 정도 남기고 채운다. 지금 7cm 비스퀴로 덮되 화이트초콜릿을 바른 면이 보이게 놓는다. 냉동실에 넣고 최소 3시간, 이상 적으로는 다음날까지 둔다.

7 화이트초콜릿 글라사주(→78쪽)를 만든다. 빵판 위 에 식힘망을 얹고 틀에서 뗀 돔을 식힘망 위에 올린 후 국자를 이용해 글라사주를 붓는다. 화이트초콜릿 조각 을 돔 옆면에 붙이고(→274쪽) 체리를 한가운데에 하 나씩 올린다.

열대과일 타르트

TARTE EXOTIQUE

파트 사블레를 베이스로 깔고 코코넛 크림을 바른 후
세 가지 열대 과일 무스 돔과 생과일 조각을 올린 앙트르메.

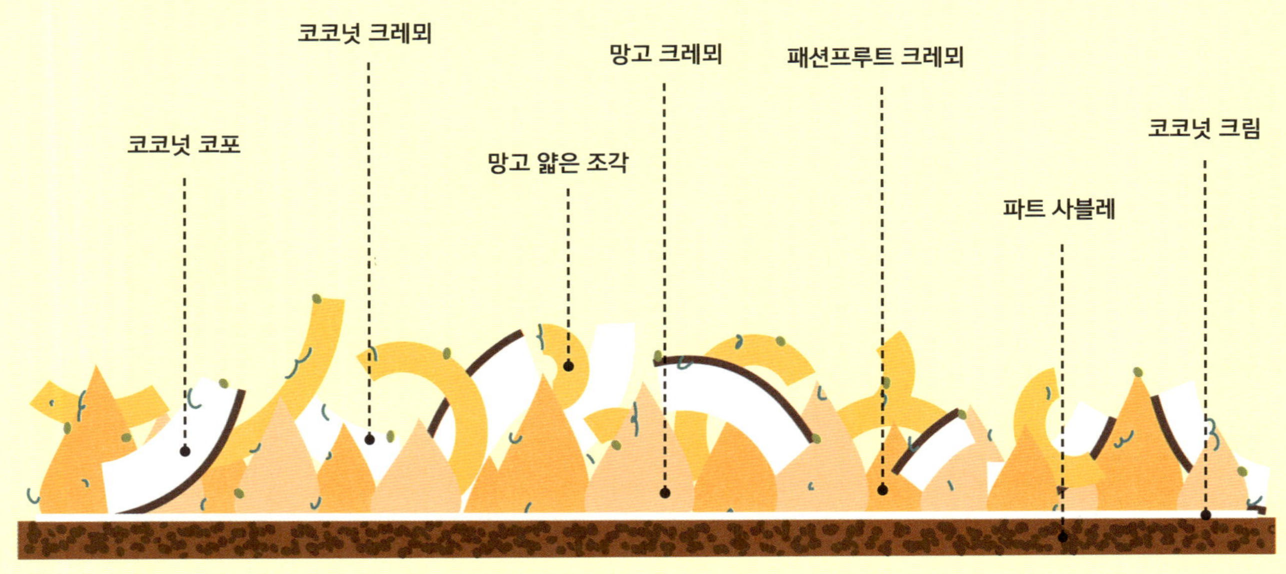

시간

준비 시간: 2시간
굽는 시간: 30분
냉장 시간: 4시간

도구

짤주머니 3개
8번 깍지 3개
지름 22cm 원형틀
강판
핸드블렌더

주의

파트 굽기
돔 모양 짜기

연습

젤라틴 불리기(→270쪽)
달걀노른자 블랑시르(→279쪽)
짤주머니 사용하기(→272쪽)
제스트 만들기(→281쪽)

123 순서

파트 사블레—코코넛 크림—코코넛 크레뫼—패션프
루트 크레뫼 – 망고 크레뫼—가르니튀르

1
4
5
3
2
6

8조각

1 파트 사블레

박력분 200g
버터 70g
소금 1g
슈거파우더 70g
달걀 50g(1개)

2 코코넛 크림

버터 60g
설탕 40g
코코넛가루 60g
달걀 50g(1개)
박력분 10g

3 코코넛 크레뫼

코코넛 퓌레 100g
달걀노른자 25g
달걀 30g
설탕 20g
젤라틴 1g
버터 30g
코코넛가루 30g

4 패션프루트 크레뫼

패션프루트 퓌레 125g
달걀노른자 35g
달걀 50g(1개)
설탕 35g
젤라틴 1g
버터 50g

5 망고 크레뫼

망고 퓌레 125g
달걀노른자 35g
달걀 50g(1개)
설탕 35g
젤라틴 1g
버터 50g

6 가르니튀르

망고 1개
코코넛 1개
패션프루트 2개
라임 1개

1 파트 사블레(→12쪽)를 만든다. 휴지 후에 2mm 두께로 민다. 원형틀에 버터를 발라 파트를 지름 22cm 원으로 자르고 틀을 그대로 둔다.

2 오븐은 160℃로 예열한다. 크렘 다망드 레시피(→64쪽)를 참조하여 코코넛 크림을 만든다. 아몬드가루 대신 코코넛가루를 넣으면 된다.

3 2를 1에 바르고 오븐에서 20-30분 굽는다. 스패튤러를 이용해 파트를 꺼낸다. 파트의 색이 고르면 잘 구워진 것이다. 틀을 떼고 파트를 식힘망에 올려 식힌다.

4 패션프루트 크레뫼는 먼저 젤라틴을 물에 불린다(→270쪽). 달걀노른자, 설탕, 달걀을 휘저어 섞고(블랑시르→279쪽) 동시에 패션프루트 퓌레를 가열한다. 한번 끓어오르면 절반을 달걀이 담긴 볼에 넣고 거품기로 섞는다.

5 4를 퓌레 냄비에 붓고 거품기로 저으며 가열한다. 끓어오르면 불을 끄고 물기를 제거한 젤라틴과 버터를 넣고 거품기로 휘저은 후 핸드블렌더로 2-3분 섞는다. 준비한 그릇에 담아 냉장고에 넣고 최소 2시간 식힌다.

6 냉장고에서 꺼낸 패션프루트 크레뫼는 다시 거품기로 저어 부드럽게 만든다. 8번 깍지를 끼운 짤주머니에 담고 파트 사블레 위에 작은 돔 모양으로 여러 개를 가볍게 짜 올린다. 파트 표면 1/3을 덮을 정도면 된다.

7 망고 크레뫼도 같은 방식으로 만들어 파트 사블레 위에 돔 모양으로 짠다.

8 코코넛 크레뫼도 같은 방식으로 만든다. 버터와 젤라틴을 넣을 때 코코넛가루도 함께 넣는다. 파트 사블레 위에 작은 돔 모양으로 짜 올린다.
망고는 껍질을 벗기고 얇게 저민 후 적당한 크기로 자른다. 코코넛은 껍데기를 깨고 칼을 이용해 큼직한 대팻밥 모양(코포)으로 자른다. 패션프루트도 과육만 자른다. 이렇게 준비한 과일 조각을 타르트 위에 얹는다.

장식하기

강판으로 라임 제스트를 갈고 타르트 위에 뿌린다.

피스타치오-붉은 과일
샤를로트

PITSTACHE-FRUITS ROUGES CHARLOTTE

탄피벨트 모양 비스퀴 아 라 퀴이예르로 틀을 잡고
산딸기 필링을 넣은 피스타치오 바바루아즈와 피스타치오 필링을 넣은 붉은 과일 바바루아즈,
두 층을 쌓아 만든 앙트르메.

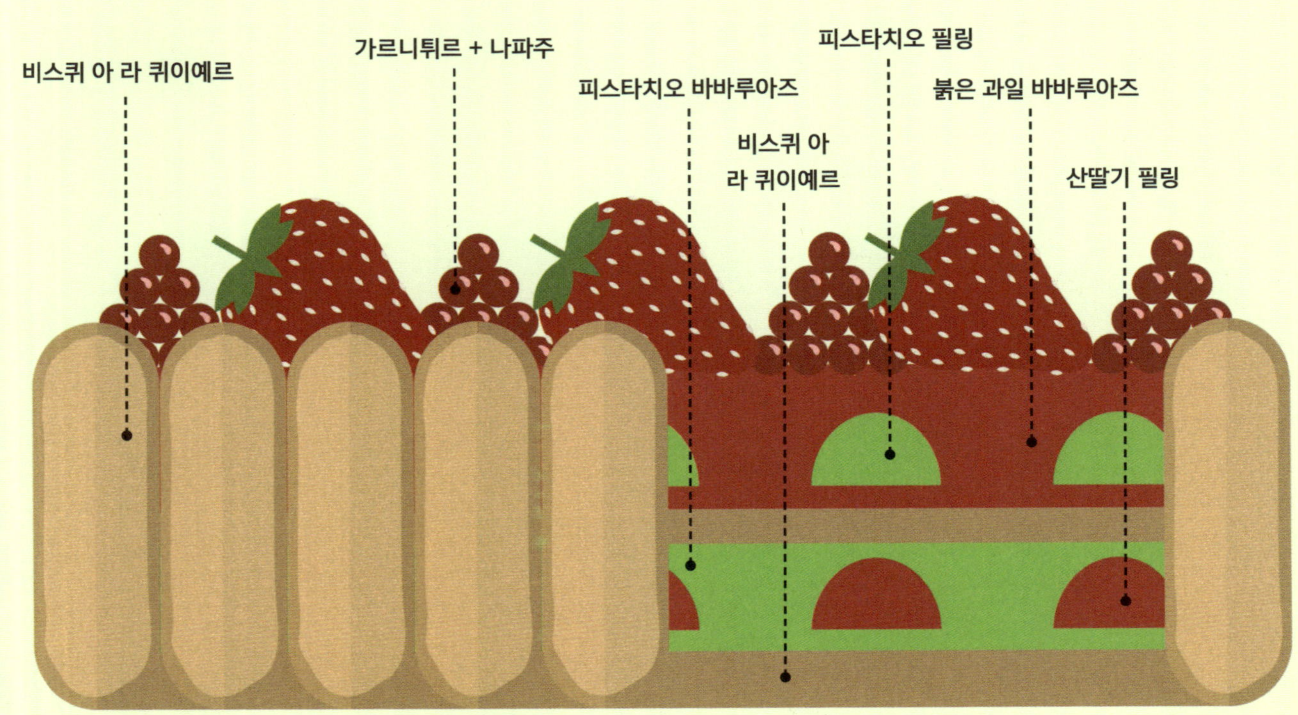

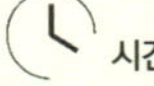 **시간**

준비 시간: 2시간
굽는 시간: 30분
냉동 시간: 4시간
냉장 시간: 4시간

 **도구**

지름 22cm 원형틀
무스 띠
짤주머니
10번 깍지
지름 3cm 반구형 24구 실리콘틀

 **연습**

짤주머니 사용하기(→272쪽)

 **순서**

필링—비스퀴 아 라 퀴이예르—바바루아즈—몽타
주—휴지—장식

8조각

1 피스타치오 바바루아즈

크렘 앙글레즈
우유 125g
생크림(유지방 함유율 30%) 125g
달걀노른자 50g
설탕 40g
피스타치오 페이스트 30g

크렘 몽테
젤라틴 4g
생크림(유지방 함유율 30%) 200g

2 붉은 과일 바바루아즈

크렘 앙글레즈
붉은 과일 퓌레 250g
달걀노른자 50g
설탕 40g

크렘 몽테
젤라틴 4g
생크림(유지방 함유율 30%) 200g

3 산딸기 필링

산딸기 퓌레 200g
설탕 20g
젤라틴 2g

4 피스타치오 필링

크렘 앙글레즈
우유 60g
생크림(유지방 함우율 30%) 60g
달걀노른자 25g
설탕 15g

가향
피스타치오 페이스트 10g
젤라틴 2g

5 비스퀴 아 라 퀴이예르

프렌치 머랭
달걀흰자 150g
설탕 125g

비스퀴
박력분 100g
감자전분 25g
달걀노른자 80g

페를라주
슈거파우더 30g

6 가르니튀르

산딸기 100g
딸기 100g
레드커런트 100g
무염 홀 피스타치오 50g
나파주 50g

1 비스퀴 아 라 퀴이예르(→37쪽)를 만든다. 높이 5cm, 둘레 40cm의 탄피벨트 모양 2개와 지름 22cm 원 2개를 짜서 굽는다. 오븐에서 꺼낸 후 식힘망에 놓고 식힌다.

2 피스타치오 필링을 만들기 위해 우선 젤라틴을 찬물에 불린다. 크림과 우유를 더해 크렘 앙글레즈(→60쪽)를 만든다. 가열 마지막 단계에서 피스타치오 페이스트와 물에서 건진 젤라틴을 더하고 거품기로 잘 섞는다. 반구형 실리콘틀의 12구를 채우고 냉동실에 2시간 둔다. 산딸기 필링을 만들 때도 젤라틴을 먼저 찬물에 불린다. 퓌레를 설탕과 함께 가열한다. 한번 끓어오르면 불을 끄고 물기를 제거한 젤라틴을 더해 거품기로 잘 섞는다. 실리콘틀의 나머지 12구에 채워 냉동실에 2시간 둔다.

3 바바루아즈는 우선 생크림 400g을 샹티이(→62쪽)로 만든 후 바바루아즈 각각에 반씩 사용할 수 있도록 차게 보관한다. 피스타치오 바바루아즈(→70쪽)를 만든다. 크렘 앙글레즈를 만드는 가열 마지막 단계에서 피스타치오 페이스트를 더해 섞는다.

4 붉은 과일 바바루아즈(→70쪽)를 만든다. 우유와 크림 대신 붉은 과일 퓌레를 넣으면 된다.

5 무스 띠를 두른 원형틀을 유산지를 깐 빵판 위에 놓는다. 탄피벨트 비스퀴를 원형틀 안쪽 옆면에 두르고 원형 비스퀴 1개를 바닥에 깐다.

6 피스타치오 바바루아즈를 비스퀴 위에 붓고 주걱으로 편다. 산딸기로 만든 필링을 실리콘틀에서 꺼내 피스타치오 바바루아즈 사이사이에 박는다.

7 나머지 원형 비스퀴를 피스타치오 바바루아즈 위에 얹고 붉은 과일 바바루아즈를 부은 후 주걱으로 편다. 피스타치오 필링을 실리콘틀에서 꺼내 붉은 과일 바바루아즈 층에 박는다. 냉장고에 3시간 이상 넣어둔다.

8 나파주는 커다란 냄비에 넣고 미지근하게 가열한다. 불을 끄고 산딸기, 4등분한 딸기, 블루베리와 피스타치오를 더해 숟가락으로 조심스레 저으며 섞는다.

9 8을 샤를로트 위에 골고루 얹고 레드커런트 송이를 올려 완성한다.

뷔슈 쇼코레

BÛCHE CHOCO-LAIT 밀크초콜릿 뷔슈

프랄리네가 들어간 견과류 크루스티양과 밀크초콜릿 무스,
가나슈가 들어간 롤케이크 필링으로 구성된 뷔슈.
밀크초콜릿 글라사주를 바르고 초콜릿 장식으로 마무리한다.

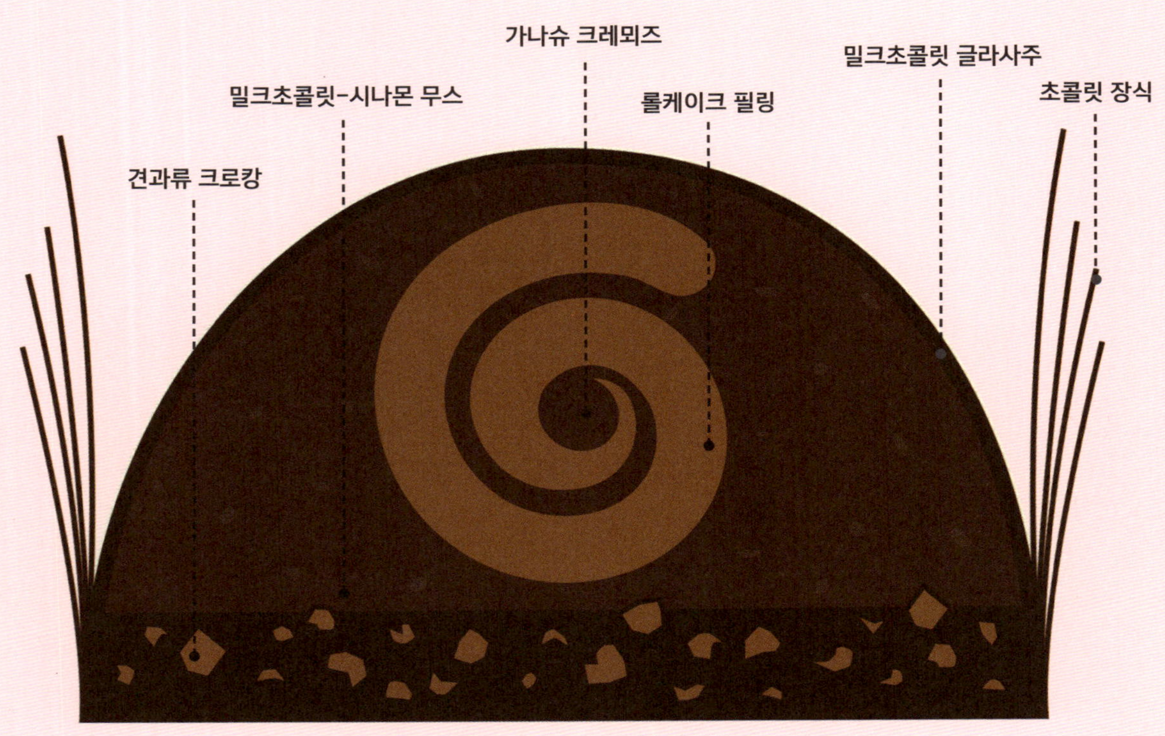

 **시간**

준비 시간: 2시간
굽는 시간: 10-20분
냉동 시간: 최소 7시간

도구

10×30cm 뷔슈 틀
10×30cm 틀 또는 케이크 틀
도마
짤주머니

 **응용**

밀크초콜릿-시나몬 무스 대신 화이트초콜릿 무스
(→112쪽) 사용

주의

글라사주

 **연습**

견과류 굽기(→281쪽)
생크림 휘젓기(→277쪽)
판 초콜릿 장식(→87쪽)

 **팁**

뜨거운 물에 몇 초 담갔다가 꺼내면 틀에서 케이크
를 쉽게 뗄 수 있다.

123 순서

가나슈—제누아즈—크로캉—무스—몽타주—글라사
주—장식

1

3

4

5

10조각

1 견과류 크로캉

잘게 부순 헤이즐넛 60g
밀크초콜릿 80g
프랄리네 150g
잘게 부순 호두 60g

2 샤블롱

다크초콜릿 30g
화이트초콜릿 30g

3 제누아즈

달걀 100g(2개)
박력분 65g
설탕 65g

4 밀크초콜릿-시나몬 무스

크렘 앙글레즈

생크림(유지방 함유율 30%) 90g
우유 90g
달걀노른자 40g
설탕 20g
밀크초콜릿 410g
시나몬가루 10g

크렘 몽테

생크림(유지방 함유율 30%) 340g

5 가나슈 크레뫼즈

우유 100g
달걀노른자 20g
설탕 20g
다크초콜릿 50g

6 밀크초콜릿 글라사주

밀크초콜릿 125g
다크초콜릿 45g
생크림(유지방 함유율 30%) 110g
트리몰린(전화당) 20g

7 화이트초콜릿 글라사주

우유 30g
둘엿 12g
질라틴 2g
화이트초콜릿 75g
물 8g
디산화타이타늄 2g

8 장식

다크초콜릿 100g

뷔슈bûche   장작.
크로캉croquant   바삭바삭하다는 뜻의 형용사 또는 그런 식감을 주기 위해 사용하는 케이크 등의 베이스.

1 초콜릿 구트 장식(→87쪽)을 만든다. 오븐은 170℃로 예열한다. 유산지를 깐 빵판 위에 견과류를 펴 얹고 15-20분 정도 굽는다(→281쪽).

2 초콜릿은 중탕으로 녹인다. 볼에 프랄리네와 견과류를 넣고 주걱으로 섞는다. 중탕으로 녹인 밀크초콜릿을 더한다. 10×30cm 틀에 채우고 냉장고에 넣어 굳힌다.

3 가나슈 크레뫼즈(→72쪽)를 만들어 차갑게 보관한다. 제누아즈(→32쪽)를 만든다. 10×30cm 크기로 자른 후 가나슈 크레뫼즈를 고루 펴 바르고 둥글게 만 다음 랩에 싸서 냉동실에 1시간 동안 둔다.

4 밀크초콜릿-시나몬 무스는 우선 밀크초콜릿을 중탕으로 녹인다. 우유, 달걀, 설탕으로 크렘 앙글레즈(→60쪽)를 만들되 시나몬가루를 처음부터 우유에 섞는다. 중탕을 끝낸 밀크초콜릿에 크렘 앙글레즈를 합해 섞는다. 생크림은 샹티이(→62쪽) 상태로 만든다.

5 샹티이 중 100g을 밀크초콜릿 크렘 앙글레즈에 더해 거품기로 섞는다. 남은 크렘 샹티이도 더한 다음 주걱으로 살살 섞는다(→270쪽). 골고루 잘 섞이면 만들어진 무스의 절반을 뷔슈 케이크 틀에 붓는다.

6 냉동실에 넣어두었던 롤케이크 필링을 꺼내 무스 가운데에 넣고 그 위에 남은 무스를 모두 붓는다.

7 견과류 크로캉을 위에 올리고 화이트초콜릿으로 샤블롱한다. 냉동실에 최소한 6시간 정도 넣어둔다.

8 밀크초콜릿 글라사주(→79쪽)와 화이트초콜릿 글라사주(→78쪽)를 만들고 온도를 45℃로 유지시킨다. 뷔슈 케이크를 틀에서 떼어내 식힘망에 올리고 밀크초콜릿 글라사주를 부어 표면에 씌운다(→280쪽). 화이트초콜릿 글라사주를 짤주머니에 넣고 끝을 살짝 잘라 밀크초콜릿 글라사주 위에 가는 선을 규칙적으로 그린다. 초콜릿 구트를 뷔슈 케이크의 옆면에 붙인다.

레몬 머랭 타르트

TARTE AU CITRON MERINGUÉE

파트 쉬크레 안에 차갑게 굳힌 레몬 크림을 채우고
토치로 끝을 그을린 이탈리언 머랭을 얹어 만드는 타르트.

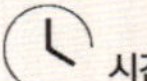 **시간**

준비 시간: 1시간
굽는 시간: 30분
휴지 시간: 1시간
냉장 시간: 30분

 **도구**

지름 24cm 원형 타르트 틀
짤주머니
생토노레 깍지(쉬퐁 깍지)
토치

 **응용**

기본 머랭 바르기: 별 깍지로 머랭을 짜 올린다.
쉬운 머랭 바르기: 주걱으로 머랭을 펴 바른다.
라임 타르트: 레몬즙 대신 같은 양의 라임즙
유자 타르트: 레몬즙 대신 같은 양의 유자즙

 **주의**

파트 굽기
머랭 바르기와 그을리기

 **연습**

플뢰레(→284쪽)
수플레(→284쪽)
퐁세(→284쪽)
토치로 색 입히기(→275쪽)
짤주머니 사용하기(→272쪽)
제스트 만들기(→281쪽)

123 순서

파트 쉬크레—크림—머랭—몽타주—굽기

8조각

1 시럽

물 100g
설탕 50g

2 파트 쉬크레

버터 110g
슈거파우더 80g
아몬드가루 20g
달걀 50g(1개)
가는소금 1g
박력분 200g

3 레몬 크림

레몬즙 140g(레몬 4개 분량)
설탕 160g
달걀 200g(4개)
젤라틴 4g
버터 80g

4 이탤리언 머랭

달걀흰자 50g
물 40g
설탕 125g

1 파트 쉬크레(→15쪽)를 만들어 30분 전에 꺼내놓는다. 작업대에 밀가루를 뿌리고(플뢰레→284쪽) 밀대를 이용해 2mm 두께로 반죽을 민 다음 들어올린다(수플레→284쪽). 빵판에 유산지를 깔고 버터를 바른 원형 타르트 틀을 놓는다. 반죽을 틀에 맞춰 넣는다(퐁세→284쪽).

2 여분의 반죽은 칼로 자르거나 밀대를 굴려 떼어낸다(데쿠페→285쪽). 반죽의 바닥에 칼이나 꼬치를 이용해 작은 구멍들을 낸다(피케→285쪽).

3 170℃의 오븐에서 30분간 굽는다. 잘 익었는지 확인하기 위해 파트의 밑면을 살짝 들어본다. 골고루 색이 변해 있어야 제대로 구워진 것.

4 작은 냄비에 물을 담고 끓인다. 제스터로 레몬 제스트를 만든다. 껍질의 흰 부분은 제거해도 된다(→281쪽). 칼을 이용할 경우 벗겨낸 껍질을 2mm 너비로 채친다. 끓는 물에 껍질을 넣고 30초 정도 끓인다. 물을 따라낸다.

5 냄비에 물과 설탕을 넣고 저으며 시럽을 만든다. 한번 끓어오르면 불을 끈다. 레몬 제스트를 시럽에 담아 최소 1시간 정도 재운 다음 물을 따라낸다.

6 레몬 크림(→74쪽)을 만든다. 아직 뜨거운 상태일 때 구워놓은 타르트의 가장자리까지 채워 바르고 냉장고에 30분 넣어둔다.

7 레몬 제스트를 레몬 크림 위에 흩뿌린다.

8 이탈리언 머랭(→44쪽)을 만든다. 생토노레 깍지를 끼운 짤주머니를 이용해 타르트 위에 원을 그려가며 바깥에서 안쪽으로 머랭을 올린다. 숟가락을 이용해도 무방하다.

9 토치를 이용해 머랭의 색을 그을리거나(→275쪽) 오븐에 넣어 잘 관찰하면서 30초 정도 굽는다.

라임 타르틀레트

TARTELETTE AU CITRON VERT

파트 사블레 안에 코코넛 로셰, 코코넛 젤리와 라임 크림을 채워 얹은 앙트르메.

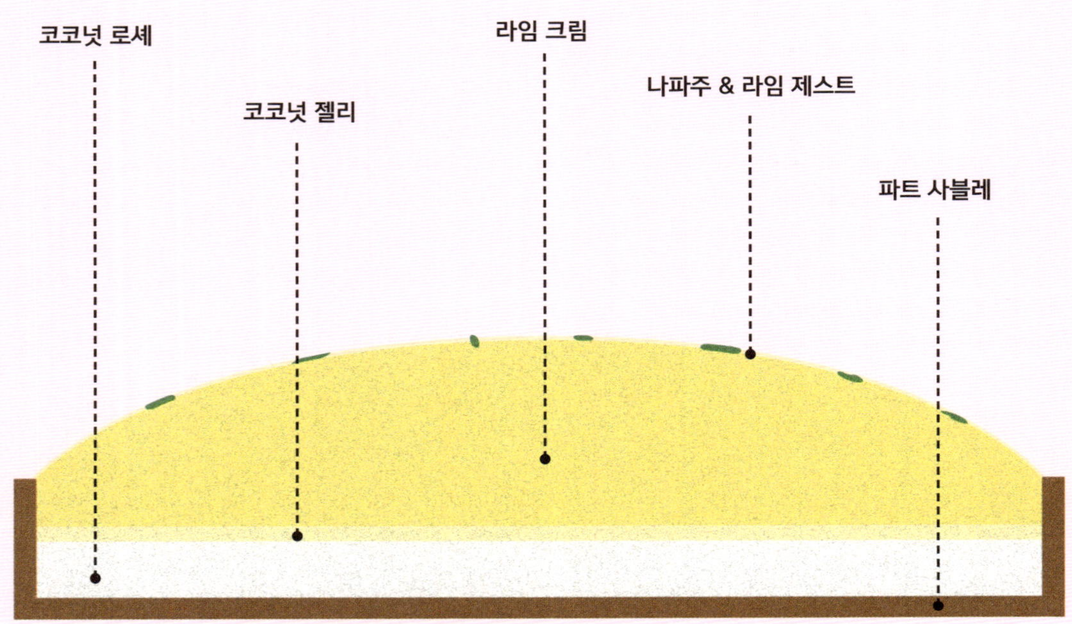

 **시간**

준비 시간: 1시간 30분
굽는 시간: 30분
휴지 시간: 4시간
냉동 시간: 2시간

 **도구**

지름 10cm 원형 타르트 틀 6개
지름 12cm 원형 쿠키커터
짤주머니
10번 깍지
스패튤러
강판

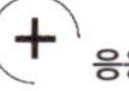 **응용**

레몬 타르틀레트: 같은 양의 레몬즙으로 대체

 **주의**

파트 굽기
스패튤러로 펴기

 **연습**

플뢰레(→284쪽)
수플레(→284쪽)
퐁세(→284쪽)
제스트 만들기(→281쪽)
스패튤러로 돔 만들기(→275쪽)

 **팁**

타르트 밑바닥의 색이 고르게 나면 잘 구워진 것이다.
코코넛 로셰는 파트 사블레와 크림 사이에서 질감의
균형을 잡는 역할을 한다.

123 **순서**

파트 사블레—라임 크림—코코넛 로셰—코코넛 젤
리—장식

6개

1 코코넛 로셰

코코넛가루 75g
설탕 75g
달걀흰자 30g
코코넛 퓌레 50g

2 파트 사블레

박력분 200g
버터 70g
소금 1g
슈거파우더 70g
달걀 50g(1개)

3 코코넛 젤리

코코넛 퓌레 100g
설탕 20g
젤라틴 2g

4 라임 크림

라임즙 120g(라임 8개)
설탕 150g
달걀 150g(2~3개)
버터 200g
젤라틴 4g

5 장식

나파주 250g
라임 1개

타르틀레트tartelette 사물 이름 뒤에 접미사 ~에트ette가 붙으면 그 사물 중 크기가 작은 것을 가리킨다. 타르틀레트는 타르트 중 작은 것을 의미한다.
시트롱 베르citron vert 직역하면 녹색 레몬이라는 뜻인데, 라임을 가리킨다.
로셰rocher 바위, 돌멩이. 그런 모양의 단 과자.

1 파트 사블레(→12쪽)를 만든다. 반죽은 냉장고에서 30분 먼저 꺼내놓는다. 오븐은 170℃로 예열한다. 조리대 위에 덧가루를 고루 뿌리고(플뢰레→284쪽) 반죽을 2mm 두께로 밀어 들어올린다(수플레→284쪽). 지름 12cm 원형 쿠키커터로 원 6개를 자른다.

2 빵판에 유산지를 깐다. 버터를 바른 타르트 틀을 올린다. 잘라낸 반죽을 하나씩 틀에 잘 맞춰 담는다(퐁세 →284쪽). 여분의 반죽은 잘라낸다. 170℃에서 12분간 구워 식힌 다음 틀을 뗀다.

3 코코넛 로셰는 해당 재료를 모두 볼에 넣고 잘 섞어서 만든다.

4 타르트 각각에 **3**을 35g씩 얹고 숟가락을 이용해 편다. 오븐에 넣어 15분 정도 더 굽고 꺼낸다. 식힘망 위에 얹어 식힌다.

5 코코넛 젤리는 우선 젤라틴을 물에 불린다(→270쪽). 냄비에 코코넛 퓌레 50g을 담아 가열한다. 한번 끓어오르면 불을 끄고 물기를 제거한 젤라틴을 넣어 섞는다. 이렇게 만들어진 젤리도 30g씩 타르트 위에 얹어 냉장고에 넣는다.

6 라임 크림(→74쪽)을 만든다. 볼에 따로 담아 표면에 닿도록 랩을 씌우고 냉장고에 2시간 이상 둔다. 냉장고에서 꺼내 거품기로 저어 부드럽게 풀어준다. 10번 깍지를 끼운 짤주머니에 담고 타르트 각각에 크림을 가운데가 불룩하게 짜 올린다(→275쪽).

7 스패튤러를 이용해 둥그스름한 돔 모양이 되도록 크림을 정리한다(→275쪽). 냉동실에 2시간 이상 둔다.

8 강판으로 라임 제스트를 만든다. 나파주를 미지근하게 만들고 라임 제스트를 넣는다. 냉동실에서 타르트를 꺼내고 라임 크림 부분을 담가 나파주를 입힌다.

타르틀레트
산딸기 시부스트

TARTELETTE CHIBOUST FRAMBOISE

파트 사블레 안에 산딸기 크레뫼를 채우고
카라멜리제 크렘 시부스트, 산딸기를 올린 타르트.

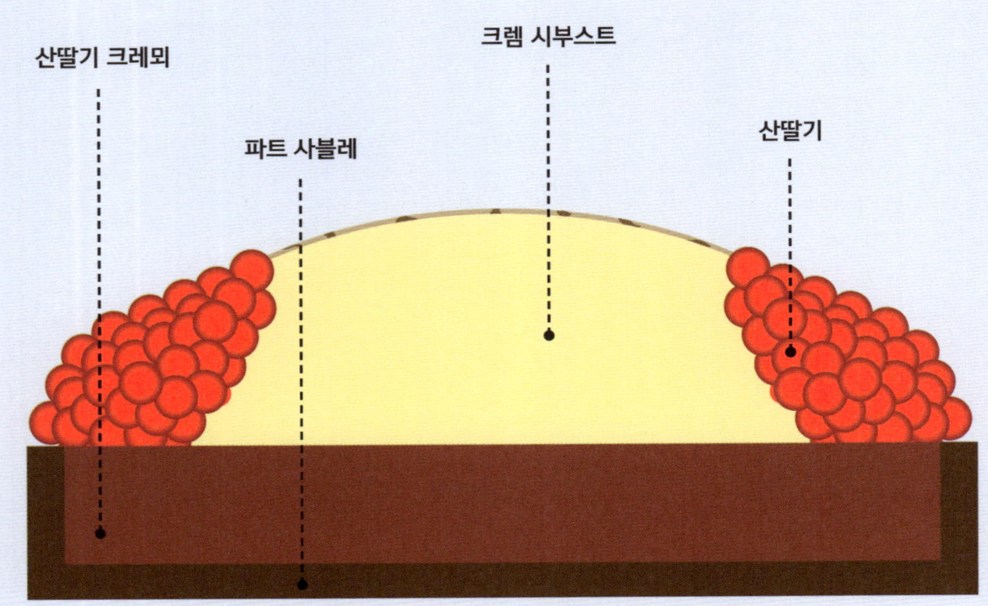

 **시간**

준비 시간: 1시간 30분
굽는 시간: 15-25분
냉장 시간: 30분
냉동 시간: 4시간 30분

도구

지름 8cm 타르트 틀 6개
지름 6cm 반구형 실리콘틀 1개
핸드블렌더
토치
붓

 **주의**

파트 굽기

 **연습**

플뢰레(→284쪽)
수플레(→284쪽)
퐁세(→284쪽)
젤라틴 불리기(→270쪽)

 **팁**

반구형 실리콘틀이 없을 경우 크렘 시부스트를 짤주
머니에 담아 돔 모양으로 짤 수도 있다(→275쪽).

 **순서**

파트 사블레—산딸기 크레뫼—크렘 시부스트—몽타주

타르틀레트 6개 또는
지름 24cm 타르트 1개

1 파트 사블레

박력분 200g
버터 70g
소금 1g
슈거파우더 70g
달걀 50g(1개)

2 크렘 시부스트

크렘 파E 시에르
우유 250g
달걀노른자 50g
설탕 60g
옥수수전분 25g
버터 25g
젤라틴 8g

이탤리언 머랭
달걀흰자 50g
물 40g
설탕 125g

3 산딸기 크레뫼

산딸기 퓌레 200g
(또는 산딸기 쿨리 40g)
달걀노른자 60g
달걀 80g
설탕 60g
젤라틴 2g
포마드 버터 80g

4 가르니튀르

산딸기 250g
나파주 200g

1 파트 사블레(→12쪽)를 만든다. 반죽은 30분 전에 냉장고에서 미리 꺼내둔다. 오븐은 170℃로 예열하고 조리대 위에 덧가루를 골고루 뿌린다(플뢰레→284쪽). 반죽을 2mm 두께로 밀고 들어올린다(수플레→284쪽). 쿠키버터를 이용해 원 6개를 자른다.

2 유산지를 깐 빵판 위에 버터를 바른 타르트 틀을 올린다. 반죽을 원형틀에 넣은(퐁세→284쪽) 뒤 바닥에 잘 눌러 맞추고 가장자리에 넘치는 반죽은 칼이나 밀대로 자른다(데쿠페→285쪽). 반죽 아래 부분에 작은 구멍을 내거나, 반죽 위에 누름돌을 깐다.

3 170℃에서 15분간 굽는다. 타르트 밑면을 살짝 들어봤을 때 색이 고르면 잘 구워진 것. 식힌 후에 틀을 제거한다.

4 산딸기 크레뫼를 만든다. 달걀노른자에 달걀과 설탕을 넣고 휘저어 섞는다(블랑시르→279쪽). 젤라틴은 물에 불린다(→270쪽).

5 산딸기 퓌레를 가열한다. 끓어오르면 절반을 **4**의 달걀과 설탕 혼합물에 붓는다. 거품기로 섞은 다음 산딸기 퓌레 냄비에 다시 넣는다. 저어가며 더 끓인다.

6 한번 끓어오르면 불에서 내리고 깍둑썰기 한 버터와 물기를 짠 젤라틴을 넣어 거품기로 섞는다. 핸드블렌더로 2–3분 더 섞는다.

7 타르트 틀에 **6**을 넘치지 않게 골고루 나눠 붓는다. 냉장고에 30분 정도 넣어둔다.

8 크렘 시부스트(→66쪽)를 만든다. 반구형 실리콘틀에 크림을 나눠 담고 냉동실에 4시간 이상 넣어둔다. 이상적으로는 다음날까지 두는 것이 좋다.

9 틀에서 크림을 떼어내 타르트 각각에 얹는다. 토치로 색을 낸다(→275쪽). 20분 정도 냉동실에 다시 넣어두었다가 붓으로 글라사주를 바르고 돔 주위에 동그랗게 산딸기를 얹으면 완성.

딸기 타르트

TARTE AUX FRAISES

파트 쉬크레에 프랑지판, 딸기잼, 딸기를 곁들인 타르트.

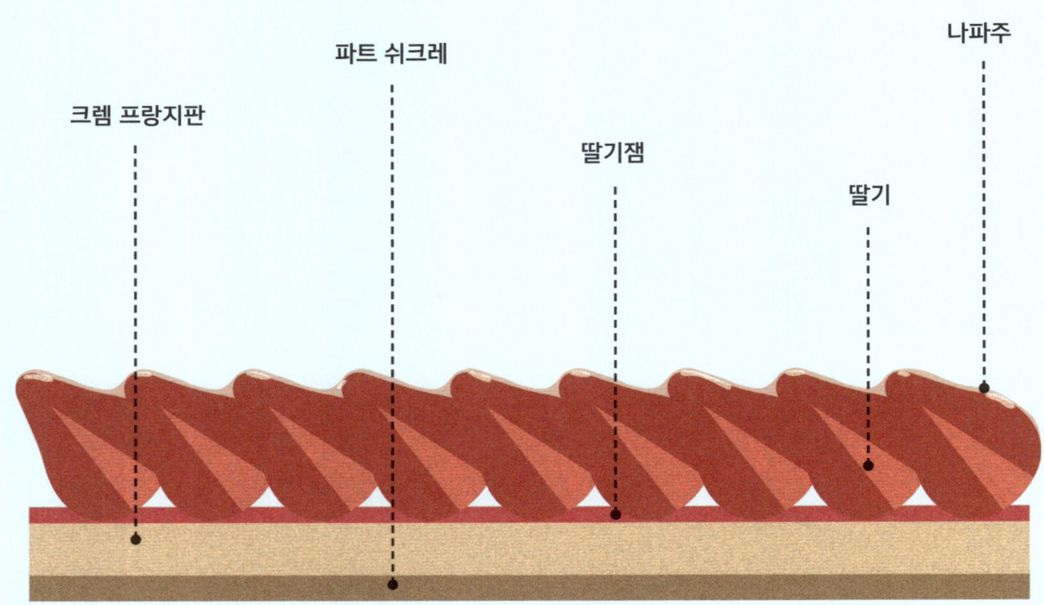

 **시간**

준비 시간: 1시간
굽는 시간: 30분
냉장 시간: 1시간

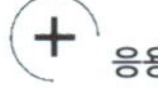 **도구**

지름 24cm 원형 타르트 틀
짤주머니+8번 깍지
붓

＋ 응용

크렘 파티시에르나 샹티이를 곁들인다.
딸기는 반으로 잘라서 또는 통째로 얹는다.

 **연습**

플뢰레(→284쪽)
수플레(→284쪽)
퐁세(→284쪽)
짤주머니 사용하기(→272쪽)

 **순서**

파트 쉬크레—크렘 파티시에르—몽타주

8조각

1 파트 쉬크레

버터 140g
슈거파우더 100g
아몬드가루 25g
달걀 50g(1개)
가는소금 1g
박력분 250g

2 크렘 프랑지판

크렘 다망드

버터 50g
설탕 50g
아몬드가루 50g
달걀 50g(1개)
박력분 10g

크렘 파티시에르

우유 30g
달걀노른자 8g
설탕 8g
옥수수전분 4g
버터 4g

3 가르니튀르

딸기 750g
딸기잼 100g
나파주 50g

1 파트 쉬크레(→15쪽)를 만들고 30분 전에 미리 꺼내놓는다. 작업대 위에 덧가루를 뿌리고 밀대로 2mm 두께로 밀어 반죽을 들어올린다(수플레→284쪽).

2 유산지를 깐 빵판에 버터를 바른 타르트 틀을 올린다. 1을 틀 안에 넣는다(퐁세→284쪽). 여분의 반죽은 밀대나 칼로 자른다. 냉장고에 30분 넣어둔다. 오븐은 160℃로 예열한다.

3 크렘 파티시에르(→53쪽)를 만들어 냉장고에서 식힌다. 크렘 다망드(→64쪽)를 만들어 크렘 파티시에르와 섞는다. 1C번 깍지를 끼운 짤주머니에 담아 타르트에 달팽이껍데기 모양으로 짠다(→272쪽).

4 160℃ 오븐에서 30분간 구우면서 상태를 확인한다(→285쪽). 식으면 틀을 뗀다.

5 딸기잼을 크렘 프랑지판 위에 글그루 펴 바른다.

6 가장 여쁜 딸기 1개를 따로 두고 나머지는 세로로 2등분해서 타르트에 가지런히 올린다. 한 줄은 잘린 단면이 우로, 한 줄은 아래로 가도록 교차해서 바깥쪽에서부터 안쪽으로. 예쁜 딸기 1가는 가운데에 놓는다.

7 나파주는 물 20g을 넣어 끓인다. 붓으로 딸기어 발라(→275쪽) 완성한다.

패션 타르트

TARTE PASSION

파트 쉬크레에 헤이즐넛 크루스티양, 패션프루트 크레뫼 돔을 올리고
참깨 누가틴으로 장식한 타르트.

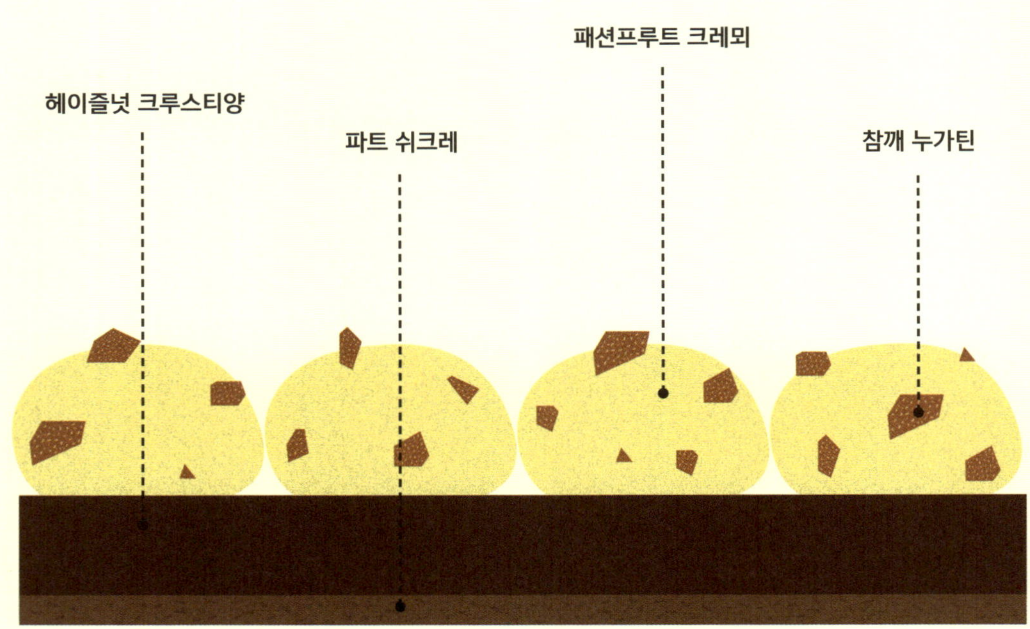

 시간

준비 시간: 1시간 30분
굽는 시간: 50분–1시간
냉장 시간: 3시간

 도구

12×24cm 사각틀
짤주머니
12번 깍지
핸드블렌더

 주의

파트 굽기

 연습

플뢰레(→284쪽)
수플레(→284쪽)
짤주머니 사용하기(→272쪽)

 순서

파트 쉬크레—헤이즐넛 크루스티양—패션프루트 크레뫼—참깨 누가틴

8조각

1 파트 쉬크레

버터 70g
슈거파우더 50g
헤이즐넛가루 50g
달걀 30g
가는소금 1g
박력분 125g

2 헤이즐넛 크루스티양

박력분 100g
헤이즐넛가루 100g
버터 100g
설탕 50g
밀크초콜릿 100g
프랄리네 5Cg
파이테 푀이틴 50g

3 패션프루트 크레모

패션프루트 퓌레 250g
달걀노른자 75g
달걀 100g(2개)
설탕 75g
젤라틴 2g
버터 100g

4 참깨 누가틴

참깨 50g
퐁당 60g
물엿 50g

1 파트 쉬크레(→15쪽)를 만든다. 반죽은 30분 전에 꺼내둔다. 오븐은 170℃로 예열하고 조리대에는 덧가루를 골고루 흩뿌려둔다. 반죽은 2mm 두께의 직사각형으로 민 다음 들어올린다(수플레→284쪽). 유산지를 깐 빵판 위에 반죽을 올리고 12×24cm 틀로 자른다. 반죽 바닥에 포크로 작은 구멍을 낸다.

2 20분 동안 굽는다. 반죽의 색이 전체적으로 균일하게 바뀌어야 한다. 식힘망에 얹어 식힌다.

3 헤이즐넛 크루스티양을 만들기 위해 우선 오븐을 170℃로 예열한다. 버터는 작게 깍둑썰기 한다. 밀가루, 헤이즐넛가루, 찬 버터와 설탕을 손으로 사블레한다(→284쪽). 몽글몽글해진 재료들을 유산지를 깐 빵판에 고루 펴 깔고 20-30분 굽는다. 구울 때 주걱으로 이따금 섞어주는 것이 좋다. 오븐에서 꺼내 식힌다.

4 밀크초콜릿은 중탕(→270쪽)으로 녹이고 프랄리네, 푀이틴, **3**을 더해 주걱으로 섞는다. 파트 쉬크레에 얹고 스패튤러로 평평하게 편다. 냉장고에 넣어 굳힌다.

5 패션프루트 크레뫼는 먼저 젤라틴을 물에 불린다(→270쪽). 달걀노른자에 설탕을 넣고 잘 휘저어 섞는다(블랑시르→279쪽). 동시에 패션프루트 퓌레를 가열한다. 끓어오르면 절반을 달걀노른자에 부어 거품기로 섞는다.

6 노른자와 섞은 퓌레를 다시 냄비에 붓고 저으면서 가열한다. 한번 끓어오르면 불에서 내리고 버터와 물기를 짠 젤라틴을 더한다. 거품기로 섞다가 거품반죽기로 2-3분 더 젓는다. 볼에 따로 담아 냉장고에 2시간 이상 둔다.

7 참깨 누가틴은 우선 오븐을 180℃로 예열하고 참깨를 10-15분 굽는다(→281쪽). 황금빛을 띠면 알맞게 구워진 것.

8 아몬드 대신 구운 참깨를 넣어 누가틴(→50쪽)을 만든다. 밀대로 얇게 민 다음 작은 조각으로 부서뜨린다.

9 냉장고에서 타르트를 꺼내 틀을 뗀다. 굳은 크림을 거품기로 저어 부드럽게 만든다. 12번 깍지를 끼운 짤주머니에 크림을 담고 타르트 위에 작은 돔 모양으로 얹는다(→275쪽). 가로로 4개씩 돔을 앉힌다. 타르트 전체를 돔 크림으로 덮는다. 개인 접시에 나눠 담으려면 크림을 짜기 전에 8등분한다. 마지막으로 누가틴 조각을 올려 장식한다.

초콜릿 타르트

TARTE AU CHOCOLAT

파트 쉬크레 안에 글루텐 프리 초콜릿 비스퀴와 초콜릿 가나슈,
다크초콜릿 글라사주를 채워 완성한 타르트.

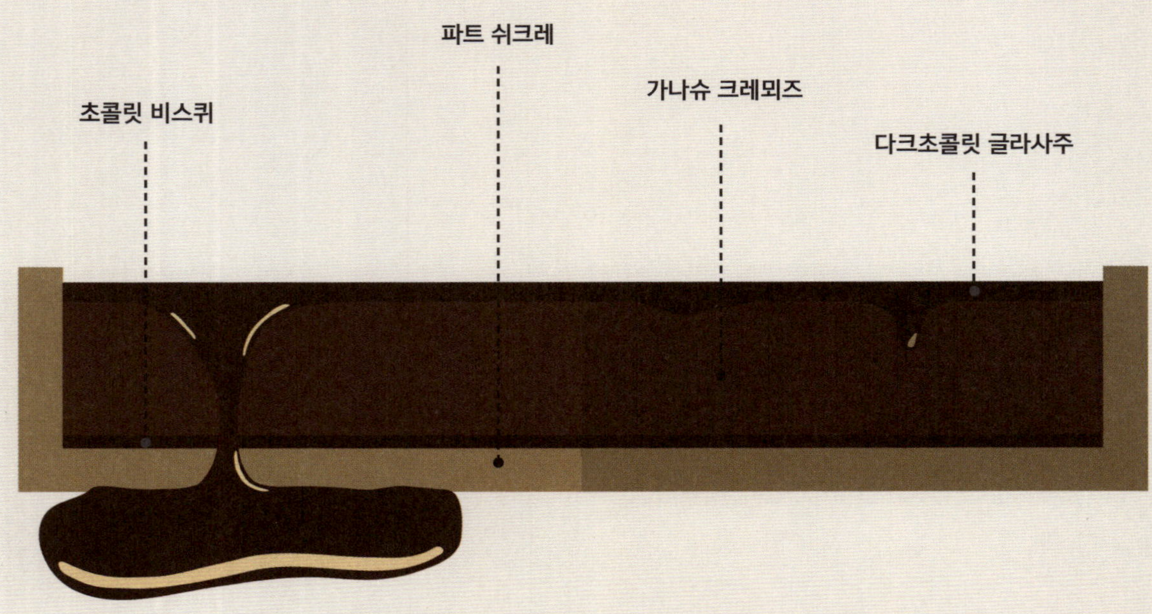

🕐 **시간**

준비 시간: 1시간
굽는 시간: 40분
냉장 시간: 3시간

 **도구**

지름 24cm 원형틀 1개
(또는 지름 8cm 원형 타르트 틀 8개)

➕ **응용**

초코-바닐라 타르트: 가나슈 크레뫼즈 대신 바닐라
무스(돔 쾨르 그리오트→126쪽)
카카오 타르트 베이스: 밀가루 30g 대신 카카오가
루 30g

⚠️ **주의**

글라사주

✋ **연습**

퐁세(→284쪽)
플뢰레(→284쪽)
수플레(→284쪽)

123 순서

파트 쉬크레—초콜릿 비스퀴—파트 굽기—가나슈—
글라사주

8조각

1 파트 쉬크레

버터 140g
슈거파우더 100g
아몬드가루 25g
달걀 50g(1개)
가는소금 1g
박력분 250g
(베이스까지 초콜릿으로 만들고 싶다면,
밀가루 20g을 카카오가루 20g으로 대체)

2 글루텐 프리 초콜릿 비스퀴

버터 20g
초콜릿(카카오 함유율 66%) 70g
파트 다망드(아몬드 함유율 50%) 35g
달걀노른자 15g
달걀흰자 80g
설탕 30g

3 가나슈 크레뫼즈

우유 250g
달걀노른자 50g
설탕 50g
다크초콜릿 125g

4 다크초콜릿 글라사주

물 120g
생크림 100g
설탕 220g
카카오가루 80g
젤라틴 8g

1 파트 쉬크레(→15쪽)를 만든다. 다크초콜릿 글라사주(→76쪽)를 만들어 식힌다. 글루텐 프리 초콜릿 비스퀴(→40쪽)를 만들어 굽고 식으면 지름 23cm 크기로 자른다.

2 반죽은 30분 정도 미리 꺼내둔다. 지름 24cm 원형틀에 버터를 바르고 유산지를 깐 빵판 위에 얹는다. 오븐은 150℃로 예열한다. 조리대 위에 덧가루를 흩뿌리고(플뢰레→284쪽) 2mm 두께로 밀어 반죽을 들어올린다(수플레→284쪽). 반죽을 원형틀에 맞춰 넣고 바닥에 작게 구멍을 내거나 누름돌을 올린다(피케/레스테→285쪽). 여분의 반죽은 잘라내고 150℃ 오븐에서 25분간 굽는다.

3 표면을 만져보아 적당히 단단하면 다 구워진 것. 오븐에서 타르트를 꺼내 식히고 틀을 뗀다. 초콜릿 비스퀴를 타르트 위에 얹는다.

4 가나슈 크레뮈즈(→72쪽)를 만든다. 타르트 가장자리 2mm 정도만 남기고 가나슈 크레뮈즈로 채워 붓는다. 냉장고에 넣어 1시간 정도 굳힌다.

5 국자로 글라사주를 떠서 타르트 가운데에 올린 후 이리저리 기울여 가장자리까지 잘 퍼지도록 한다. 차가운 곳에 두고 굳힌다.

바닐라 타르트

TARTE À LA VANILLE

파트 사블레 위에 바닐라 무스와 비스퀴를 얹어 만든 타르트.

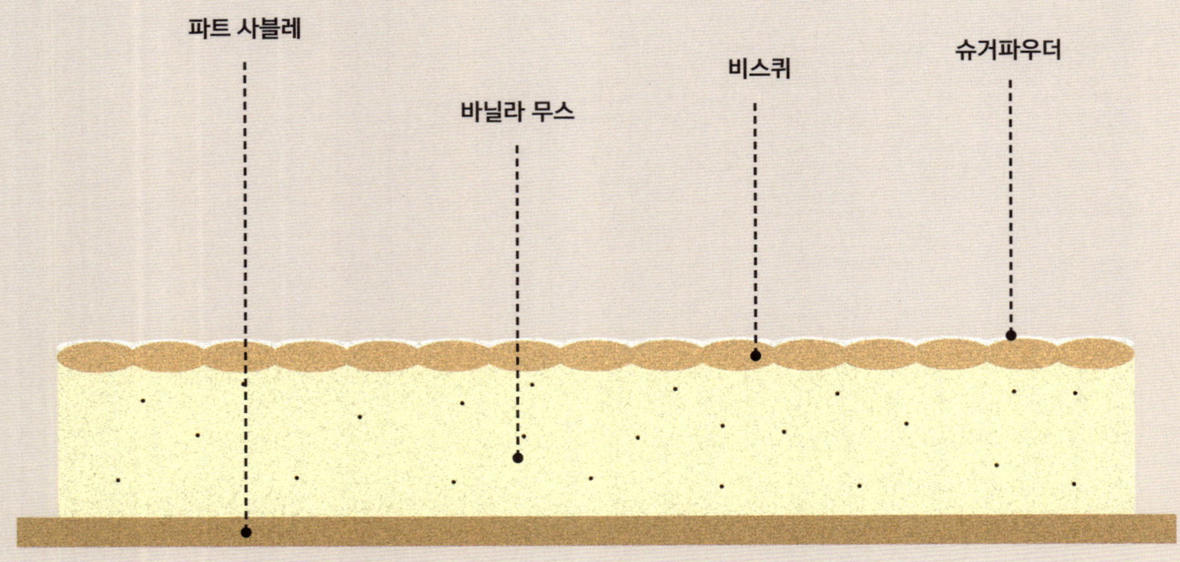

 시간

준비 시간: 1시간 30분
굽는 시간: 35분
냉동 시간: 4시간
냉장 시간: 30분

 도구

지름 22cm 타르트 틀
지름 24cm 타르트 틀
무스 띠
짤주머니
10번 깍지
체
온도계

 주의

파트 굽기
크렘 앙글레즈

 연습

플뢰레(→270쪽)
수플레(→284쪽)
짤주머니 사용하기(→272쪽)
젤라틴 불리기(→270쪽)

 순서

파트 사블레—바닐라 비스퀴—바닐라 무스

1

2

3

4

8조각

1 파트 사블레

박력분 200g
버터 70g
소금 1g
슈거파우더 70g
달걀 50g(1개)

2 바닐라 무스

크렘 앙글레즈

생크림 180g
바닐라빈 2개
달걀노른자 60g
설탕 30g
젤라틴 5g

크렘 몽테

생크림 180g

3 비스퀴

달걀흰자 100g
설탕 70g
바닐라빈 1개
아몬드가루 60g
슈거파우더 60g
박력분 15g

4 장식

슈거파우더 50g

1 파트 사블레(→12쪽)를 만들고 반죽은 30분 먼저 꺼내놓는다. 조리대 위에 덧가루를 고루 흩뿌린(플뢰레 →284쪽) 다음 밀대로 3mm 두께로 밀고 반죽을 들어올린다(수플레→284쪽). 타르트 틀을 이용해 지름 24cm 원으로 잘라낸 다음 유산지를 깐 빵판 위에 얹는다. 냉장고에 넣어 30분 휴지시킨다. 170℃로 예열한 오븐에서 15-20분 굽는다. 골고루 황금빛을 띠면 잘 구워진 것. 오븐에서 꺼내 식힌다.

2 오븐을 185℃로 예열한다. 비스퀴를 만들기 위해 아몬드가루, 슈거파우더, 밀가루와 바닐라빈에서 긁어낸 씨를 체에 내린다.

3 달걀흰자와 설탕으로 프렌치 머랭(→42쪽)을 만든다. **2**를 머랭 위에 골고루 뿌리고 주걱으로 잘 섞는다.

4 지름 24cm 원을 유산지에 밑그림으로 그려둔다. 10번 깍지를 끼운 짤주머니에 **3**을 넣고 중심에서부터 바깥쪽으로 나선을 그린다(→272쪽).

5 15분간 오븐에서 굽는다. 비스퀴가 균일한 색을 띠고 바닥에서 쉽게 떨어지면 잘 구워진 것이므로 꺼내 식힌다. 지름 22cm 원형틀 안에 무스 띠를 두르고 구운 비스퀴를 앉힌다. 여분의 비스퀴를 잘라낸다.

6 바닐라 무스는 우선 젤라틴을 물에 불린다(→270쪽). 우유 대신 생크림을 이용해 크렘 앙글레즈(→60쪽)를 만든다.

7 85℃ 이상으로 온도가 올라가지 않도록 주의하면서 크림이 주걱에 묻어날 정도의 농도가 될 때까지 가열한다. 물기를 짠 젤라틴을 넣고 거품기로 잘 섞는다. 체에 거른 다음 표면에 닿도록 랩을 씌워 상온에서 식힌다.

8 생크림을 샹티이(→62쪽)처럼 휘젓는다. 크렘 앙글레즈에 샹티이 1/3을 넣고 거품기로 세게 젓는다. 나머지 샹티이까지 넣고 주걱으로 살살 저어 섞는다. 완성된 무스를 비스퀴 위에 올리고 냉동실에 여러 시간 둔다. 다음날까지 두는 것이 가장 좋다.

9 무스 띠와 원형틀을 제거한다. 비스퀴-무스를 뒤집어서 파트 사블레 위에 올려 완성한다.

<u>장식하기</u>

슈거파우더를 비스퀴 위에 뿌린다.

피칸 타르트

TARTE AUX NOIX DE PÉCAN

파트 쉬크레 안에 피칸 아파레유와 오렌지 무스를 채우고
화이트초콜릿 띠를 두른 타르트.

 시간

준비 시간: 1시간 30분
굽는 시간: 45분
냉동 시간: 최소 3시간

 도구

지름 24cm 원형틀
무스 띠
핸드블렌더
강판

 주의

오렌지 무스
판 초콜릿 두르기

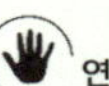 연습

젤라틴 불리기(→270쪽)
제스트 만들기(→281쪽)
퐁세(→284쪽)
판 초콜릿 만들기(→86쪽)

 순서

파트 쉬크레—오렌지 무스—피칸 아
파레유—굽기—캐러멜 입힌 피칸

8조각

1 파트 쉬크레

버터 140g
슈거파우더 100g
아몬드가루 25g
달걀 50g(1개)
가는소금 1g
박력분 250g

2 피칸 아파레유

황설탕 165g
버터 65g
물엿 200g
달걀 200g(4개)
바닐라빈 1개
소금 1g
시나몬가루 1g
피칸 150g

3 오렌지 무스

오렌지즙 140g(오렌지 2개)
오렌지 제스트(오렌지 2개)
설탕 80g
달걀 200g(4개)
젤라틴 4g
버터 40g

아파레유 아 봉브

물 20g
설탕 80g
달걀노른자 80g

크렘 몽테

생크림(유지방 함유율 30%) 150g

4 장식

화이트초콜릿 100g
피칸 8알
오렌지 1개
설탕 20g

1 파트 쉬크레(→14쪽)를 만들어 30분 먼저 꺼내둔다. 유산지를 깐 빵판에 버터를 바른 지름 24cm 원형틀을 올린다. 오븐은 160℃로 예열하고 조리대 위에 덧가루를 고루 흩뿌린다(플뢰레→284쪽). 2mm 두께로 밀어 반죽을 들어올려(수플레→284쪽) 원형틀에 맞춰 담는다(퐁세→284쪽). 반죽 바닥에 작게 구멍을 뚫거나 누름돌을 얹어 15분간 굽는다(피케/레스테→285쪽).

2 피칸 아파레유를 만들려면 우선 바닐라빈에서 씨를 긁어 냄비에 담고 버터와 황설탕, 물엿을 더해 끓이면서 주걱으로 저어 섞는다. 한번 끓으면 불을 끄고 달걀, 소금과 시나몬가루를 더해 거품기로 휘저어 섞는다. 아파레유를 구운 타르트 위에 붓고 피칸을 가지런히 올려 오븐에서 20-30분 굽는다. 스패튤러로 타르트를 들었을 때 바닥의 색이 고르면 잘 구워진 것. 타르트 틀을 뗀다.

3 오렌지 무스는 우선 젤라틴을 물에 불린다(→270쪽). 강판으로 오렌지 제스트를 만든다(→281쪽). 즙을 충분히 내려면 오렌지를 미리 굴려 주무른다. 오렌지즙 140g을 짠다.

4 볼에 달걀을 깨서 넣고 거품기로 가볍게 휘젓는다. 오렌지 제스트, 오렌지즙, 설탕을 냄비에 담아 끓인다. 한번 끓어오르면 달걀옷이 붓는다. 거품기로 세게 저어야 달걀이 익지 않는다.

5 4를 다시 냄비에 붓고 거품기로 저어가며 가열한다. 한번 끓어오르면 불에서 내리고 버터와 물기를 뺀 젤라틴을 더한다. 먼저 7-품기로 섞고 핸드블렌더로 2-3분 돌린다. 상온이 될 때까지 식힌다.

6 크림을 휘저어(→277쪽) 차갑게 보관한다. 가파레유 아 봉브(→58쪽)를 만들고 식을 때까지 휘젓는다. 5를 거품기로 휘저으면서 크렘 샹티이 1/3을 더한다. 아파레유 아 봉브를 주걱으로 잘 섞다가 나머지 크렘 샹티이도 넣어 섞는다. 원형틀에 무스 띠를 붙여 유산지를 깐 빵판 위에 준비한다. 완성된 무스를 틀 안에 붓고 냉동실에 넣어 3시간 정도 얼린다. 다음날까지 두는 것이 가장 좋다.

7 냉동 무스를 틀에서 떼고 피칸 타르트 위에 얹은 후 무스 띠를 뗀다.

8 30-40cm 화이트초콜릿 띠(→86쪽) 2개를 만들어 오렌지 무스 가장자리를 따라 붙인다. 설탕 20g으로 캐러멜을 준비하고 피칸 8알을 넣어 묻힌다. 오렌지를 8조각으로 잘라 피칸과 오렌지로 장식한다.

사블레
카라멜 폼

SABLÉ CARAMEL POMME

사블레 브르통 위에 바닐라 크렘 브륄레와
캐러멜 크레뫼, 캐러멜에 조린 사과를 얹은 디저트

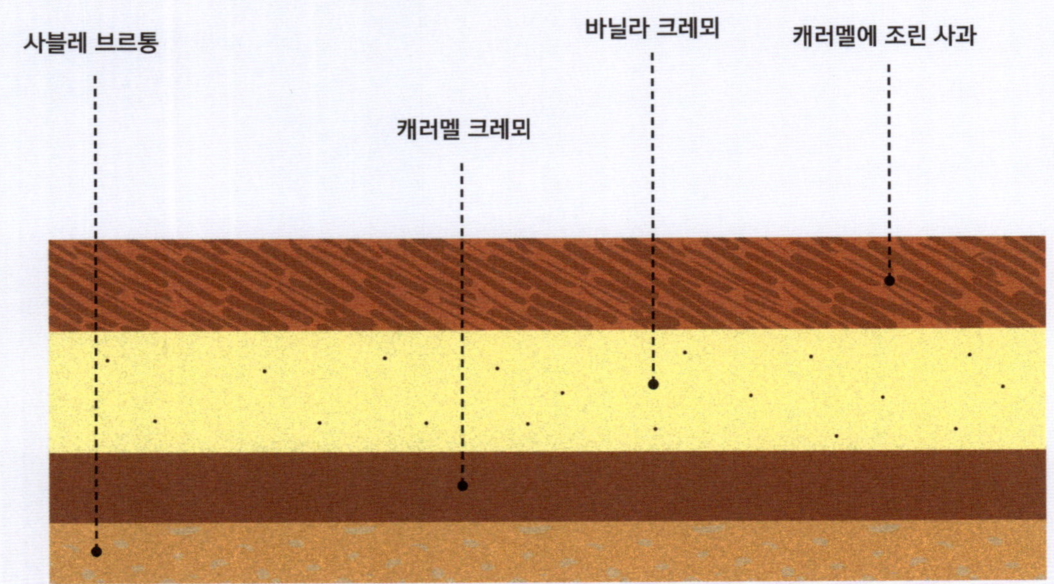

 시간

준비 시간: 2시간
굽는 시간: 2시간 50분-3시간 20분
냉동 시간: 4시간
휴지 시간: 3시간

도구

12×24cm, 높이 5cm 사각틀
오븐용 랩
체

응용

열대 과일 버전: 사과를 망고로 대체하고 조리 시간은 30분 단축한다.

주의

사과를 캐러멜에 조리기

연습

젤라틴 불리기(→270쪽)
드라이 캐러멜 만들기(→278쪽)

순서

바닐라 크레뫼—캐러멜 크레뫼—사과 조리기—사블레 브르통—몽타주

6개

1 사블레 브르통

버터 75g
설탕 70g
달걀노른자 30g
박력분 100g
베이킹파우더 2g
소금 2g

2 바닐라 크레뫼

생크림 240g
우유 80g
바닐라빈 1개
설탕 30g
옥수수전분 10g
달걀노른자 80g

3 캐러멜 크레뫼

설탕 150g
생크림 250g
버터 50g
젤라틴 6g

4 캐러멜에 조린 사과

사과 6거
설탕 200g
버터 50g

폼pomme 사과.

1

2

3

4

5

6

7

1 사블레 브르통은 우선 오븐을 170℃로 예열한다. 버터를 포마드 상태로 준비한다(→276쪽). 설탕을 넣고 주걱으로 섞는다(크레메→276쪽). 달걀노른자, 밀가루, 베이킹파우더와 소금을 넣는다. 유산지를 깐 빵판을 준비하고 반죽을 틀에 담아 평평하게 정리하고 20-30분 굽는다.

2 오븐에서 꺼내 몇 분간 두었다가 칼끝으로 가장자리를 정리하고 틀을 뗀다. 긴 쪽을 6등분하여 4cm 조각으로 자른다. 뜨거울 때 잘라야 부서지지 않는다.

3 바닐라 크레뫼를 만들기 위해 우선 오븐을 90℃로 예열한다. 볼에 달걀노른자와 설탕, 옥수수전분을 넣고 섞는다. 우유, 생크림, 바닐라빈에서 긁어낸 씨를 냄비에 넣고 저으며 가열한다. 한번 끓어오르면 체에 걸러 노른자물에 넣고 잘 섞는다. 틀에 랩을 두르고 완성된 크림을 부은 후 오븐에서 30-50분 가열한다. 틀을 가볍게 흔들었을 때 크림이 움직이지 않으면 완성된 것. 상온에 두고 식힌 후 냉동실에 1시간 넣어둔다.

4 바닐라 크레뫼가 식으면 캐러멜 크레뫼를 만든다. 젤라틴을 물에 불리고(→270쪽) 캐러멜 소스(→90쪽)를 만들어 버터와 물기를 뺀 젤라틴을 더한다. 거품기로 섞은 다음 (30℃ 이하로) 식힌다. 캐러멜 크레뫼를 바닐라 크레뫼 위에 붓고 냉동실에 넣어 3시간 둔다.

5 캐러멜 크레뫼까지 굳어지면 틀과 랩을 제거한다. 미리 만들어둔 사블레의 크기에 맞춰 잘라 사블레 브르통 위에 얹는다.

6 사과를 캐러멜에 조리려면 우선 오븐을 160℃로 예열한다. 사과는 껍질을 벗겨 아주 얇게 저민다. 드라이 캐러멜(→49쪽)을 만들어 가열 마지막 단계에서 버터를 넣고 섞는다. 완성된 캐러멜의 반을 틀에 붓고 사과를 가지런히 올린다. 남은 캐러멜을 사과 위에 부어준다. 1시간 가열한 후 오븐 온도를 120℃로 낮추고 1시간 더 굽는다. 오븐에서 꺼내 유산지를 덮고 무게가 있는 물체로 눌러 3시간 휴지시킨다.

7 틀을 제거하고 사블레 크기에 맞춰 잘라 바닐라 크레뫼 위에 얹어 완성한다.

초콜릿 에클레르

ÉCLAIR AU CHOCOLAT

파트 아 슈를 막대 모양으로 만들어
초콜릿 크렘 파티시에르를 채우고 다크초콜릿 글라사주를 입힌 파티스리.

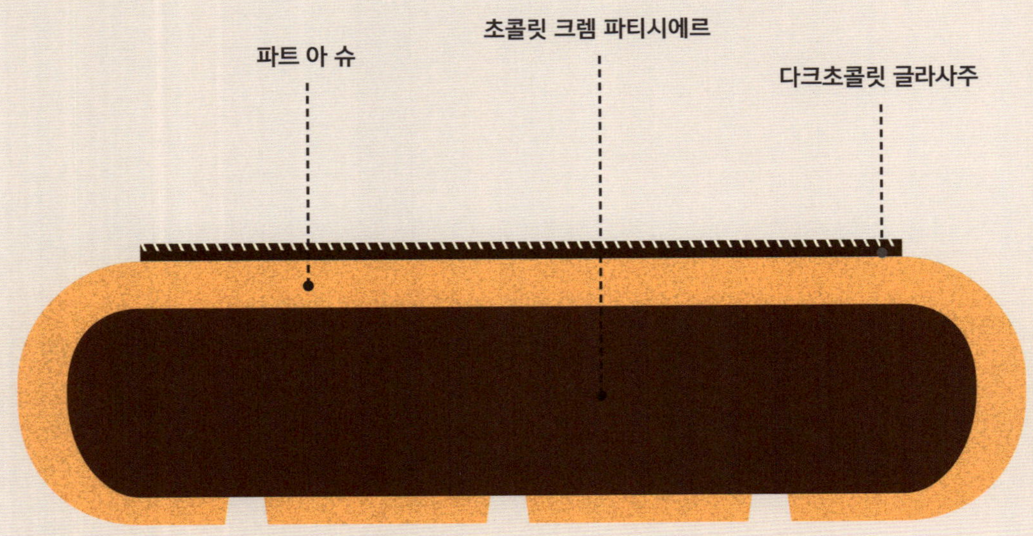

 **시간**

준비 시간: 45분
굽는 시간: 30-45분
휴지 시간: 2시간

 **도구**

짤주머니 3개
12번 깍지
6번 깍지

 **응용**

퐁당 글라사주(풍미는 적지만 윤기가 더 있다): 퐁당
블랑(→80쪽) 80g과 다크초콜릿 녹인 것 10g을 섞
어서 만든다.

 **주의**

에클레르 굽기(20분 후부터 계속 살핀다)
글라사주

 **연습**

짤주머니 사용하기(→272쪽)
중탕하기(→270쪽)
에클레르 글라사주 바르기(→80쪽)

 **순서**

파트 아 슈—굽기—크림—가르니튀르—글라사주

15개

파트 아 슈

물 100g
우유 100g
버터 90g
소금, 설탕 각 2g
박력분 110g
달걀 200g(4개)
달걀옷 달걀 1개

크렘 파티시에르

우유 500g
달걀노른자 100g
설탕 120g
옥수수전분 50g
다크초콜릿 120g

다크초콜릿 글라사주

다크초콜릿 200g
화이트초콜릿 50g

1 오븐은 230℃로 예열한다. 빵판에 유산지를 깐다. 파트 아 슈(→30쪽)를 만들어 12번 깍지를 끼운 짤주머니에 넣고 15cm 길이로 짠다. 달걀옷을 바른다. 오븐 온도를 170℃로 내려 굽는다. 20분 후 오븐을 열어 증기를 한소끔 빼고 바로 닫는다. 25분 정도 더 구우면 색이 크기 좋게 변한다. 식힘망 위에 얹어 식힌다.

2 다크초콜릿을 중탕으로(→270쪽)로 녹인다. 버터 없이 크렘 파티시에르(→53쪽)를 만들고 가열 마지막 단계에서 녹여둔 다크초콜릿을 더해 섞어 식힌다. 크림은 부드러워질 때까지 거품기로 젓는다. 6번 깍지를 끼운 짤주머니에 넣는다. 칼끝으로 에클레르 바닥에 구멍을 3개씩 뚫고 그 안으로, 무게감이 느껴질 때까지 크림을 짜 넣는다.

3 다크초클릿을 중탕(→270쪽)으로 녹인다. 에클레르를 담가 초콜릿을 잘 입힌다. 초콜릿 여분을 좀 떨어낸 다음 가장자리는 손끝으로 정리한다. 화이트초콜릿은 중탕으로 녹인 쉬 짤주머니에 넣고 아주 작은 구멍이 생기거 끝을 조금만 잘라준다. 에클레르 위에 화이트초콜릿으르 실선을 그린다. 냉장고에 콩고 2시간 정도 둔다.

커피 를리지외즈

RELIGIEUSE AU CAFÉ

커피 크렘 파티시에르로 속을 채워 큰 슈 위에 작은 슈를 올린다.
커피 버터크림으로 장식하고 퐁당 글라사주로 마무리한다.

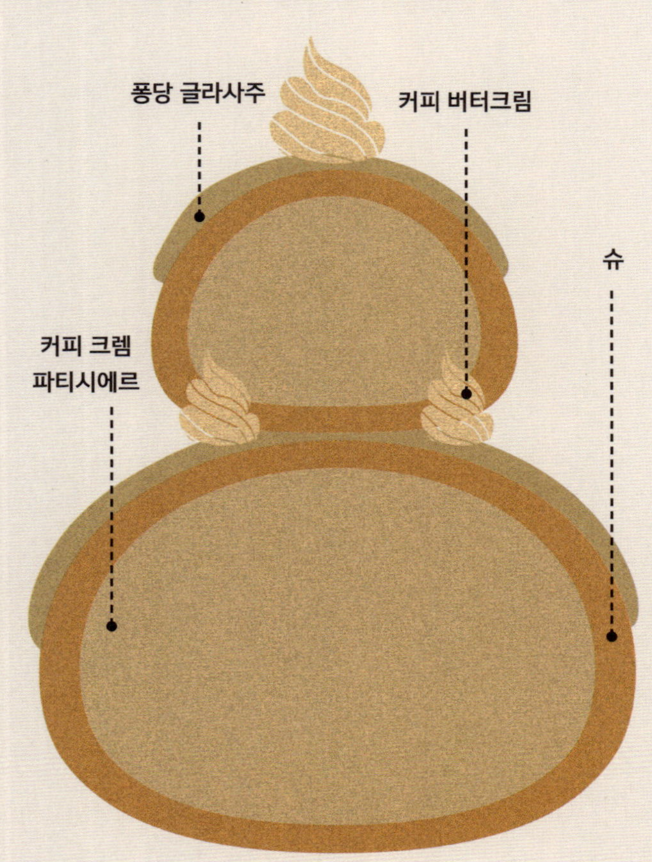

 시간

준비 시간: 45분
굽는 시간: 20–40분
냉장 시간: 3시간
냉동 시간: 1시간

 도구

짤주머니
12번 깍지
6번 깍지
6번 별 깍지
지름 3cm 반구형 실리콘틀
지름 8cm 반구형 실리콘틀
체
온도계

 응용

클래식 글라사주: 슈를 뜨거운 퐁당에 담갔다 꺼내
고 흐르는 여분은 손가락으로 정리한다.
초콜릿 를리지외즈: 크렘 파티시에르에는 초콜릿
200g을, 퐁당에는 카카오 30g을 넣는다.

 연습

짤주머니 사용하기(→272쪽)
견과류 굽기(→281쪽)
슈 굽기(→282쪽)
시누아제(→270쪽)

 팁

물엿을 넣으면 퐁당을 더 빨리 가열할 수 있다.

 순서

크렘 파티시에르—파트 아 슈—글라사주—버터크림

<u>**12개**</u>

<u>**1 파트 아 슈**</u>

물 100g
우유 100g
버터 90g
소금, 설탕 각 2g
박력분 110g
달걀 200g(4개)
달걀옷 달걀 1개

<u>**2 커피 크렘 파티시에르**</u>

우유 500g
달걀노른자 100g
설탕 120g
옥수수전분 50g
버터 50g
커피 간 것 100g

<u>**3 커피 버터크림**</u>

달걀 100g(2개)
물 40g
설탕 130g
버터 200g
커피 농축액 15c

<u>**4 퐁당**</u>

퐁당 400g
커피 농축액 10g
물엿 30g
카카오버터 20g

1

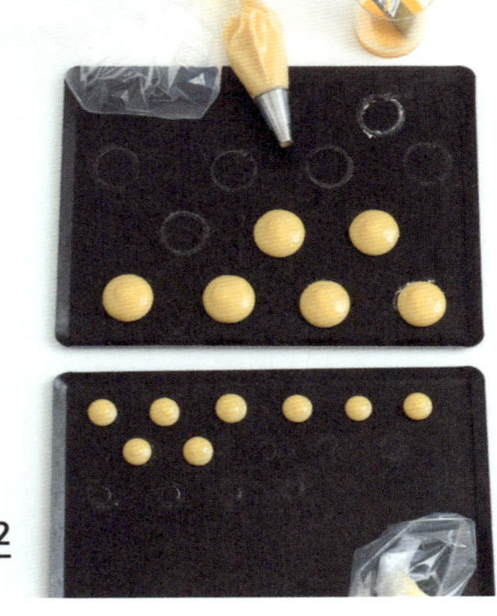

2

3

4

5

6

1 빵판 위에 원두가루를 얹어 160℃ 오븐에서 15분간 굽는다(→281쪽). 냄비에 우유와 커피를 넣고 30분간 뚜껑을 덮어 우려낸 후 체에 내린다. 완성된 양이 500g이 되도록 처음 우유의 양을 조절한다. 크렘 파티시에르(→53쪽)를 만든다.

2 오븐은 230℃로 예열한다. 파트 아 슈(→30쪽)를 만든다. 유산지를 깐 빵판 위에 12번 깍지를 끼운 짤주머니를 이용해 지름 4cm, 높이 2cm 크기의 큰 슈를 12개 짠다. 다른 빵판 위에는 지름 1.5cm, 높이 1cm 크기의 작은 슈를 12개 짠다. 달걀옷을 겉에 발라준 다음 오븐 온도를 170℃로 맞추고 슈를 굽는다. 20분 후에 오븐을 열어 증기를 한소끔 뺀 다음 재빨리 닫고 계속 굽는다. 작은 슈의 색이 알맞게 변하면 먼저 꺼내고 큰 슈는 더 굽는다.

3 칼끝을 이용해 구운 슈 밑바닥에 구멍을 뚫는다. 6번 깍지를 끼운 짤주머니에 커피 크렘 파티시에르를 채우고 슈 안에 짜 넣는다(→282쪽).

4 퐁당을 커피 농축액, 카카오버터, 물엿과 함께 냄비에 담고 주걱으로 계속 저으며 35℃가 될 때까지 가열한다.

5 4를 짤주머니에 담은 다음 끝을 약간 자른다(→272쪽). 반구형 실리콘틀 큰 쪽에는 2cm 높이로, 작은 쪽에는 1cm 높이로 채운 다음 속을 채운 슈를 그 위에 뒤집어 담고 가볍게 눌러준다. 냉동실에 1시간 정도 넣어 두었다가 슈를 틀에서 뗀다.

6 커피 버터크림(→54쪽)을 만든다. 6번 별 깍지를 끼운 짤주머니에 크림을 채운다. 큰 슈 위에 작은 슈를 올린다. 작은 슈와 큰 슈의 연결 부위에 커피 버터크림을 빙 두르고 작은 슈 위에도 꽃 모양을 짜 올린다. 차가운 곳에 2시간 두었다가 먹는다.

피스타치오
크로캉 슈

CHOU CROQUANT À LA PISTACHE

피스타치오 크림으로 속을 채우고 크라클랭을 덧입힌 뒤 피스타치오 크림으로 장식한 슈.

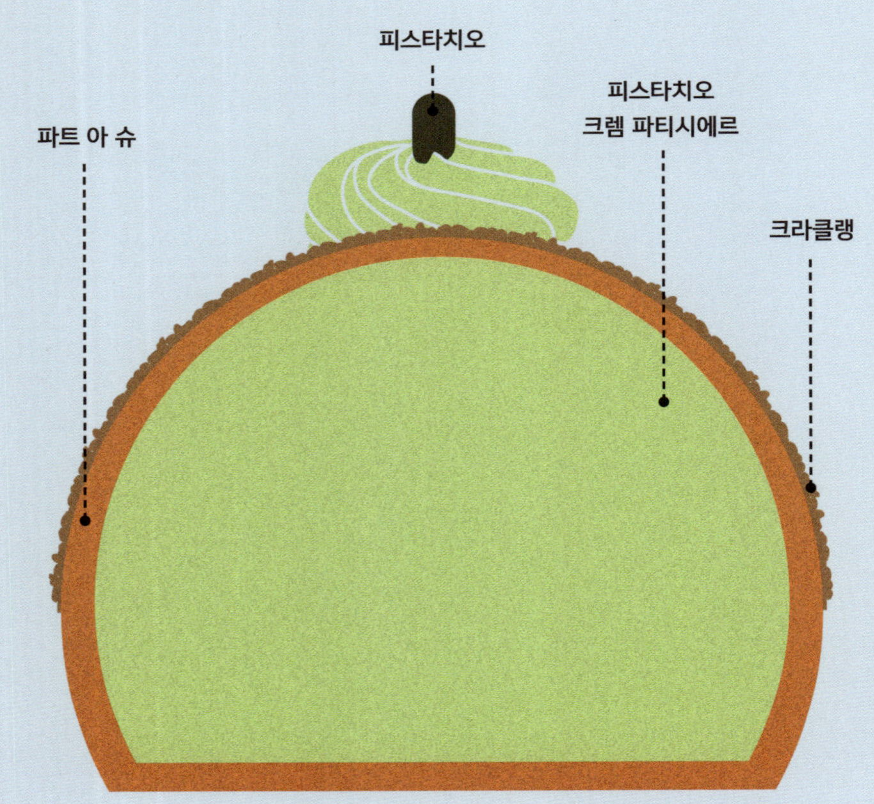

 **시간**

준비 시간: 45분
굽는 시간: 40분
냉장 시간: 3시간

도구

지름 3cm 원형 쿠키커터
짤주머니
10번 깍지
6번 깍지
8번 별 깍지

 **주의**

파트 아 슈
슈 굽기(→282쪽)

연습

짤주머니 사용하기(→272쪽)
도레(→270쪽)

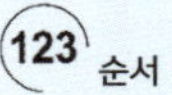 **팁**

크라클랭은 슈에 바삭한 식감을 더하고 모양이 더
잘 잡히도록 해준다.

123 **순서**

크라클랭—크렘 파티시에르—파트 아 슈—몽타주

20-25개

파트 아 슈

물 100g
우유 100g
버터 90g
소금, 설탕 각 2g
박력분 110g
달걀 200g(4개)

달걀옷

달걀 1개

크라클랭

포마드 버터 35g
황설탕 45g
박력분 45g

크렘 파티시에르

우유 1리터
달걀노른자 200g
설탕 240g
옥수수전분 100g
버터 125g
피스타치오 페이스트 40g

장식

무염 홀 피스타치오 50g

크라클랭craqulin 누가틴을 곱게 빻은 것이나 딱딱하고 바삭하게 구운 비스킷.

1 크라클랭 재료를 한꺼번에 볼에 넣고 주걱으로 섞는다. 재료가 골고루 섞이면 반죽을 유산지 2장 사이에 놓고 밀대를 이용해 2mm 두께로 민다. 냉장고에 보관한다.

2 크렘 파티시에르(→53쪽)를 만든다. 가열 마지막 단계에서 피스타치오 페이스트를 넣고 거품기로 젓는다. 그릇에 담아 랩을 표면에 닿게 씌운 후 냉장고에 넣는다. 빵판에 유산지를 깐다. 파트 아 슈(→30쪽)를 만든다. 완성된 반죽은 10번 깍지를 끼운 짤주머니에 담고, 지름 4cm 슈 20-25개를 짠다. 서로 붙지 않도록 적당히 간격을 둔다(→282쪽). 슈 겉면에 달걀옷을 바른다.

3 크라클랭 반죽을 냉장고에서 꺼내 첫번째 유산지를 뗀다. 크라클랭 반죽을 뒤집어 뗀 유산지에 올리고 두번째 유산지를 뗀다. 지름 3cm 원형 쿠키커터로 잘라 슈 위에 올린다.

4 오븐은 230℃로 예열하고 170℃로 온도를 낮춰 슈를 굽는다. 2)분 후에 오븐을 열어서 한소끔 증기를 뺀다. 슈에 색이 고루 들 때까지 20분 정도 더 굽는다. 식힘망에 올려 식힌다.

5 크렘 파티시에르는 냉장고에서 꺼내 거품기로 가볍게 저어 부드러운 상태로 만든다. 6번 별 깍지를 끼운 짤주머니에 담고 깍지 끝으로 슈 바닥에 구멍을 낸 후 슈 안에 크림을 짠다(→282쪽). 손에 든 슈가 부풀어 오르는 느낌이 들 때까지 짠다. 짤즈머니에 별 깍지를 끼워 속을 다 채운 슈 위에 꽃봉오리 모양으로 짠다. 그 위에 피스타치오를 1개씩 얹어 완성한다. 냉장고에 2시간 이상 둔다.

파리브레스트

PARIS-BREST

프랄리네 크렘 무슬린으로 속을 채우고 아몬드 슬라이스를 위에 뿌린 커다란 슈.

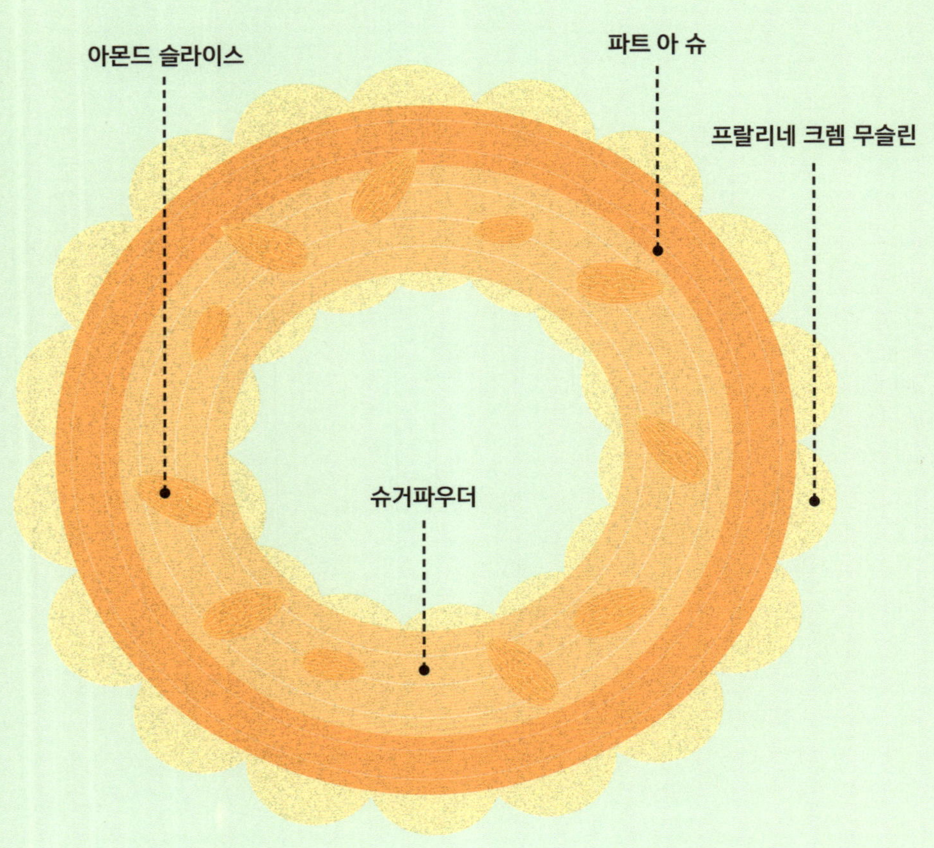

 시간

준비 시간: 45분
굽는 시간: 40분
냉장 시간: 3시간

도구

짤주머니
10번 깍지
빵칼

 응용

클래식 버전: 반죽을 동그라미 모양으로 큼직하게 짜서 굽는다. 원래 파리브레스트는 파리와 브레스트 사이에서 펼쳐졌던 자전거 경주를 기념하려고 자전거바퀴를 본떠 만들었다.

! 주의

파트 아 슈
슈 굽기(→282쪽)

연습

짤주머니 사용하기(→272쪽)
슈 반죽 짜기(→282쪽)
도레(→270쪽)

123 순서

크렘 파티시에르—파트 아 슈—크렘 무슬린—몽타주

12개

파트 아 슈

물 100g
우유 100g
버터 90g
소금 2g
설탕 2g
박력분 110g
달걀 200g(4개)

달걀옷

달걀 1개

크렘 무슬린

우유 500g
박력분 100g
설탕 120g
옥수수전분 50g
버터 120g
프랄리네 160g
포마드 버터 120g

장식

슈거파우더
아몬드 슬라이스

1 오븐은 230℃로 예열한다. 파트 아 슈(→30쪽)를 만든다. 10번 깍지를 끼운 짤주머니에 슈 반죽을 담는다. 빵판에 유산지를 깔고, 작은 슈 6개를 나란히 붙인 모양으로 12개를 짠다. 달걀옷을 바르고 아몬드 슬라이스를 위에 뿌린다.

2 오븐을 170℃로 낮추고 굽는다. 20분 후에 오븐을 열어 한소끔 증기를 뺀다. 슈의 색이 고르게 들 때까지 최소한 20분 정도 더 굽는다. 식힘망 위에 덞어 식힌다.

3 크렘 무슬린(→57쪽)을 만든다. 가열 마지막 단계에서 프랄리네를 더한 후 식힌다.

4 파리브레스트 슈가 식으면 빵칼을 이용해 수평으로 반을 가른다. 10번 깍지를 끼운 짤주머니에 3을 담는다. 파리브레스트 아래쪽 슈에 돔 모양으로 크림을 채우고 나머지 반쪽을 얹는다. 냉장고에 2시간 이상 둔다. 먹기 직전에 슈거파우더를 뿌린다.

생토노레

SAINT-HONORÉ

파트 푀이테 위에 슈를 얹고 크렘 샹티이를 채운 케이크.

 **시간**

준비 시간: 1시간
굽는 시간: 1시간–1시간 10분
냉장 시간: 3시간

 **도구**

짤주머니 4개
6번 깍지
8번 깍지
10번 깍지
생토노레 깍지
지름 24cm 원형틀
거품반죽기, 휘퍼
(또는 핸드블렌더)

 **응용**

클래식 데코: 크림을 물결 모양으로 짠다(→273쪽).
사각형 케이크: 파트 푀이테를 직사각형으로 자르고 세로 가장자리 양쪽에 슈를 장식한다. 물결 모양으로 크림을 채운다.
클래식 버전: 마스카르포네 샹티이를 크렘 시부스트(→66쪽)로 대체한다.

 **주의**

크림 짜기
슈 굽기(→282쪽)

 **연습**

짤주머니 사용하기(→272쪽)
생토노레 깍지 사용하기(→273쪽)
캐러멜 만들기(→48쪽)
슈 글라사주 바르기(→80쪽)
도레(→270쪽)

 **순서**

파트 푀이테—파트 아 슈—짤주머니 채우기—굽기—캐러멜 크렘 파티시에르—몽타주—마스카르포네 샹티이—장식

8조각

1 파트 푀이테

박력분 250g
물 100g
식초 10g
소금 5g
녹인 버터 30g
버터 150g

2 파트 아 슈

물 100g
우유 100g
버터 90g
소금, 설탕 각 2g
박력분 100g
달걀 200g(4개)

3 달걀옷

달걀 1개

4 크렘 파티시에르

우유 250g
달걀노른자 50g
설탕 60g
옥수수전분 25g
버터 60g

5 캐러멜

물 100g
설탕 350g
물엿 70g

6 마스카르포네 샹퇴이

생크림 150g
마스카르포네 치즈 150g
슈거파우더 40g
바닐라빈 1개

1

2

3

4

6

7

5

1 파트 푀이테(→18쪽)를 만든다. 밀대를 이용해 반죽을 2mm 두께로 민다. 빵판에 유산지를 깔고 반죽을 담아 냉장고에 30분 넣어둔다. 반죽에 작은 구멍을 촘촘히 내고 지름 24cm 원형틀로 자른다.

2 오븐은 230℃로 예열한다. 파트 아 슈(→30쪽)를 만든다. 빵판에 유산지를 깔고, 8번 깍지를 끼운 짤주머니에 반죽을 담는다. 지름 2cm 슈를 20개 짠다. 달걀옷을 바른다. 오븐에 굽고, 20분이 지나면 오븐을 잠깐 열고 증기를 한소끔 뺀 다음 다시 닫는다. 슈의 색이 고르게 들 때까지 20분 정도 더 굽는다.

3 남은 슈 반죽을 10번 깍지를 끼운 짤주머니에 담는다. 파트 푀이테를 냉장고에서 꺼내고 가장자리에서 1cm를 띄어 원 중앙을 향해 안쪽으로 나선을 그리며 짠다. 달걀옷을 바른다. 170℃의 오븐에서 20~30분 굽는다. 들어 봐서 밑면의 색이 고르게 들었으면 다 구워진 것.

4 크렘 파티시에르(→53쪽)를 만들어 식힌 후 거품기로 저어 부드러운 상태로 만든다. 6번 깍지를 끼운 짤주머니에 크림을 채운다(→282쪽). 동그란 슈 안에 크림을 짜 넣는다.

5 캐러멜(→48쪽)을 만들고 투명해지면 불에서 내린 뒤 식혀서 약간 뻑뻑한 상태로 만든다. 동그란 슈의 볼록한 윗부분을 캐러멜에 담갔다가 건진 다음 굳힌다. 캐러멜이 너무 굳었다면 살짝 가열한다.

6 슈의 밑면도 캐러멜에 담근다. 달팽이껍데기 모양의 슈 가장자리 위에 빙 둘러 붙이고 굳힌다.

7 볼에 마스카르포네 치즈와 슈거파우더, 바닐라빈에서 긁어낸 씨, 생크림 50g을 담고 거품반죽기에 휘퍼를 달아 천천히 돌린다. 남은 생크림을 소량씩 더해 천천히 돌리다가 재료들이 다 섞이면 거품반죽기의 속도를 올려 크림 샹티이로 만든다. 생토노레 케이크의 가운데를 크림으로 한 층 채운 후 스패튤러로 평평하게 편다. 생토노레 깍지를 끼운 짤주머니로 꽃 모양으로 짜서 장식한다(→273쪽). 먹을 때까지 차게 보관한다.

피에스 몽테

PIÈCE MONTÉE

누가틴으로 만든 받침대 위에 캐러멜 글라사주를 덧입혀 원뿔 모양으로 쌓아올린 슈.

 시간

준비 시간: 3시간
굽는 시간: 1시간
냉장 시간: 3시간

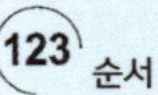 도구

짤주머니 2개
8번 깍지
6번 깍지
지름 18cm 원형틀
(또는 누가틴용 쿠키커터)
밀대
(또는 누가틴용 밀대)

(+) 응용

퐁당 글라사주

(!) 주의

몽타주
슈 굽기(→282쪽)

(✋) 연습

짤주머니 사용하기(→272쪽)
도레(→270쪽)
슈 반죽 짜기(→282쪽)
캐러멜 만들기(→48쪽)

(123) 순서

크렘 파티시에르—파트 아 슈—누가틴—슈 충전과
캐러멜 입히기—몽타주 – 장식

15조각

1 파트 아 슈

물 100g
우유 100g
버터 90g
소금 설탕 각 1g
박력분 115g
달걀 200g(4개)

2 달걀옷

달걀 1개

3 캐러멜

물 250g
설탕 1kg
물엿 200g

4 크렘 파티시에르

우유 750g
바닐라빈 2개
달걀노른자 150g
설탕 180g
옥수수전분 75g
버터 150g

5 글라스 루아얄

슈거파우더 150g
달걀흰자 15g
레몬즙 5g

6 누가틴

잘게 다진 아몬드 250g
퐁당 300g
물엿 250g

피에스piéce 조각.

3

6

7

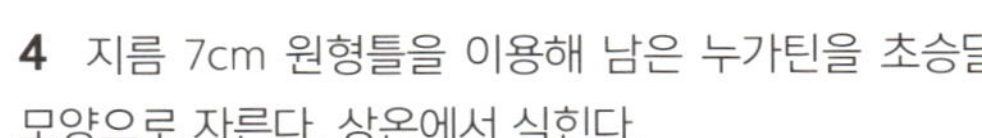

8

9

1 파트 아 슈(→30쪽)를 만든다. 오븐은 230℃로 예열한다. 8번 깍지를 끼운 짤주머니에 반죽을 채운다. 지름 2cm 슈를 짠다. 슈에 달걀옷을 바르고 오븐의 온도를 170℃로 낮춰 굽는다. 20분 후에 오븐을 잠시 열어 증기를 한소끔 뺀 후 닫는다. 색이 골고루 보기 좋게 변할 때까지 20분 정도 더 굽는다.

2 크렘 파티시에르(→53쪽)를 만든다. 이때 우유에 바닐라빈에서 긁어낸 씨를 넣는다. 크림을 볼에 담고 랩을 표면에 닿게 씌운 후 냉장고에 넣는다.

3 누가틴(→51쪽)을 만든다. 작업대에 기름을 살짝 바른다. 스패튤러를 이용해 누가틴 가장자리를 안쪽으로 다져 전체 온도를 일정하게 만든다. 누가틴용 밀대나 기름을 바른 일반 밀대를 이용해 3~4mm 두께로 밀어준다. 지름 18cm 원형틀로 자른다. 누가틴이 너무 딱딱해 잘 잘라지지 않으면 원형틀을 냄비나 프라이팬 바닥으로 두드린다.

4 지름 7cm 원형틀을 이용해 남은 누가틴을 초승달 모양으로 자른다. 상온에서 식힌다.

5 크렘 파티시에르를 꺼내 휘저어 부드러운 상태로 만든다. 칼끝으로 슈 바닥에 작은 구멍을 낸다. 6번 깍지를 끼운 짤주머니에 크림을 채워 구멍으로 짜 넣는다. 캐러멜(→48쪽)을 만들고 투명해지기 시작하면 불에서 내려 식힌다. 약간 되직해진 캐러멜 안에 슈의 둥근 윗부분을 담갔다가 건져 굳힌다.

6 지름 18cm 원형틀에 기름을 발라 유산지를 깐 빵판에 올리고 슈를 쌓는다. 서로 잘 붙도록 슈 옆면과 바닥을 캐러멜로 적신다. 슈의 둥근 부분이 원형틀을 향하게 한다. 첫 층에는 13개, 두번째 층에는 12개, 층 하나가 올라갈 때마다 슈를 하나씩 줄이고, 층마다 어긋물려놓으면서 원뿔 모양으로 쌓는다. 쌓는 동안 캐러멜이 굳으면 불에 올려 녹여가면서 붙인다. 다 쌓고 나면 틀을 뗀다.

7 동그란 누가틴을 틀 안에 놓는다. 초승달 모양 누가틴을 원형 누가틴 가장자리에 빵 돌려 캐러멜로 비스듬히 붙인다.

8 캐러멜을 국자로 떠서 누가틴 바닥 가운데에 충분히 펴 바른 뒤 원뿔 슈를 붙인다.

9 글라스 루아얄(→81쪽)을 만들어 스크레이퍼나 짤주머니로 누가틴 가장자리에 점을 찍듯이 장식한다.

장식

파트 다망드로 만든 장미(→82쪽)를 피에스 몽테 위에 붙인다.

브리오슈

BRIOCHE

발효 반죽으로 만든 가벼운 느낌의 비에누아즈리.

 시간

준비 시간: 1시간
발효 시간: 1시간 30분–2시간
굽는 시간: 30분
식히는 시간: 12–45분

 도구

브리오슈 낭테르: 사각 브리오슈 틀이나 케이크 틀
브리오슈 아 테트: 세로로 홈이 팬 둥근 브리오슈 틀

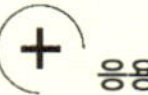 응용

바닐라 브리오슈: 반죽에 바닐라 에센스 15g을 넣는다.
시트러스 브리오슈: 감귤류 제스트를 반죽에 넣는다.

 연습

불레(→284쪽)
롱프르(→284쪽)
도레(→270쪽)

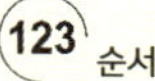 순서

반죽—휴지—성형—휴지—굽기

브리오슈 낭테르 1개
또는 브리오슈 트레세 1개
또는 브리오슈 아 테트 2개

파트 아 브리오슈

생이스트 20g
강력분 400g
소금 10g
설탕 40g
달걀 250g(5개)
버터 200g

마무리

우박설탕 + 달걀옷 달걀 1개

파트 아 브리오슈(→20쪽)를 만든다.

1 브리오슈 트레세

반죽을 냉장고에서 꺼내 가스를 빼고(롱프르→284쪽) 300g씩 3등분한 뒤 공처럼 둥글게 빚는다(불레→284쪽). 반죽을 손바닥으로 길게 밀어준다. 유산지를 깐 빵판에 올려놓고 가운데 부분에서 아래쪽으로 땋는다. 가운데서부터 나머지도 땋는다. 반죽이 2배로 부풀도록 30℃ 오븐이나 상온에서 1시간 30분-2시간 발효시킨다.

2 브리오슈 아 테트

반죽을 냉장고에서 꺼내 가스를 빼고(롱프르→284쪽) 450g씩 2등분한 뒤 공처럼 둥글게 빚는다(불레→284쪽). 손날로 반죽의 2/3정도 되는 지점을 눌러 머리 모양을 만들고 두툼한 몸통 부분을 홈이 있는 브리오슈틀에 앉힌다. 검지로 머리 부분을 눌러 몸통 속에 밀어넣는다. 반죽이 2배로 부풀도록 30℃ 오븐이나 상온에서 1시간 30분-2시간 발효시킨다.

3 브리오슈 낭테르

반죽은 냉장고에서 꺼내 가스를 빼고(롱프르→284쪽) 220g씩 3등분한 후 공처럼 둥글게 빚는다(불레→234쪽). 사각 브리오슈틀 안쪽 바닥과 벽면에 유산지를 깔고 두른다. 반죽 덩어리 3개를 나란히 담는다. 반죽이 2배로 부풀도록 30℃ 오븐이나 상온에서 1시간 30분-2시간 발효시킨다. 가위를 이용해 각 덩어리 윗부분에 세로 홈을 파고 우박설탕을 뿌린다.

굽기

오븐은 200℃로 예열한다. 붓으로 브리오슈에 달걀옷을 바르고 30분 정도 굽는다. 오븐에서 꺼낸 브리오슈는 틀에서 뗀 뒤 식힘망에 놓고 12-15분 식힌다. 식히는 시간은 브리오슈의 모양이나 크기에 따라 달라진다.

비에누아즈리viennoiserie　어원으로 보자면, 오스트리아 빈 스타일로 만든 빵이라는 뜻. 빵 중에서 달걀, 버터, 크림, 설탕, 우유 등을 더 넣어서 좀 더 기름지고 단맛이 나는 것을 가리킨다. 크루아상이나 팽 오 쇼콜라처럼 파티스리에 가까운 빵이다.
테트tête　머리.
트레세tréssé　'꼬다' '땋다'의 뜻을 가진 동사 트레세trésser의 과거분사.
낭테르Nanterre　프랑스 도시 이름.

바바 오 럼

BABA AU RHUM

발효 반죽을 굽고 건조시킨 후 시럽을 부어 향을 더한 케이크.

 시간

준비 시간: 20분
반죽 시간: 30-45분
발효 시간: 1시간 30분-2시간
굽는 시간: 30분-1시간
휴지 시간: 1시간-3일

 도구

지름 22cm 바바틀(쿠글로프틀)
짤주머니
커다란 냄비나 반죽용 볼
볼보다 작고 둥근 식힘망
조리용 끈

 응용

클래식 바바: 반죽 마지막 과정에서 건포도 50g을
넣고 럼을 넣은 시럽에 바바를 적신다.
전통적인 모양: 작은 마개 모양(50g 바바 10개), 사바
랭 틀을 써서 만든다.

 주의

미지근한 시럽으로 적시기
바바 압착하기

 연습

시럽 만들기(→278쪽)

 팁

시럽이 잘 스며들게 하려면 눅눅해지도록 바바를
2-3일 정도 놓아둔다.
시럽 적시기: 가장자리가 높은 접시에 시럽을 담아
바바를 시럽 안에 놓고 평평한 판을 덮는다. 15분 정
도 후에 바바를 돌린다.

123 순서

반죽—시럽—적시기—크림

<u>8조각</u>

<u>1 바바</u>

생이스트 15g
강력분 250g
달걀 100g(2-3개)
소금 5g
설탕 15g
우유 130g
버터 75g

<u>2 시럽</u>

물 750g
설탕 350g
카르다몸 3알
스타아니스(팔각) 1개
시나몬 1/2대
(럼 40g)

<u>3 크렘 샹티이</u>

생크림(유지방 함유율 30%) 250g
슈거파우더 40g
바닐라빈 1개

1 파트 아 바바(→23쪽)를 준비한다. 틀에 버터를 바르고 짤주머니에 반죽을 채운다. 짤주머니 끝을 잘라 틀에 짠다.

2 반죽이 2배로 부풀도록 30℃ 오븐이나 상온에서 1시간 30분-2시간 발효시킨다.

3 시럽은 냄비에 향신료와 설탕, 물을 담고 한꺼번에 끓인다. 한번 끓어오르면 불을 끄고 럼을 더한다. 뚜껑을 덮어 향이 충분히 우러나게 두고 식힌다.

4 오븐은 160℃로 예열한다. 바바를 30-45분 정도 구운 후 틀을 뗀다. 불을 끈 오븐에서 15분간 건조시키고 꺼내어 완전히 식힌다. 눅눅해지도록 3일 정도 놔둬도 좋다.

5 시럽이 미지근해지면 체에 거른 후(시누아제→270쪽) 커다란 볼이나 냄비에 붓는다. 조리용 끈 4조각을 둥근 식힘망 가장자리에 달아 냄비 밖으로 늘어뜨려서 바바의 모양을 부서뜨리지 않고 시럽 냄비에서 건져낼 수 있도록 한다. 바바를 둥근 식힘망을 깐 시럽 냄비에 담근다(펀치하기→278쪽). 시럽이 식었을 경우 미지근한 온도로 데운다. 바바가 시럽에 충분히 적셔져 촉촉해져야 한다.

6 모양이 망가지지 않도록 손으로 바바를 살짝 눌러 식힘망째 들어올리고 냄비에서 꺼낸다. 여분의 시럽이 흘러내리도록 1시간 정도 식힘망 위에 둔다.

내가기

크렘 샹티이(→63쪽)를 만들고 바닐라 씨로 향을 가한다. 바바 위에 크렘 샹티이를 꽃 모양으로 올려 낸다.

타르트 오 쉬크르

TARTE AU SUCRE

타르트 모양의 브리오슈 반죽 위에 쉬크르 아파레유를 얹은 것.

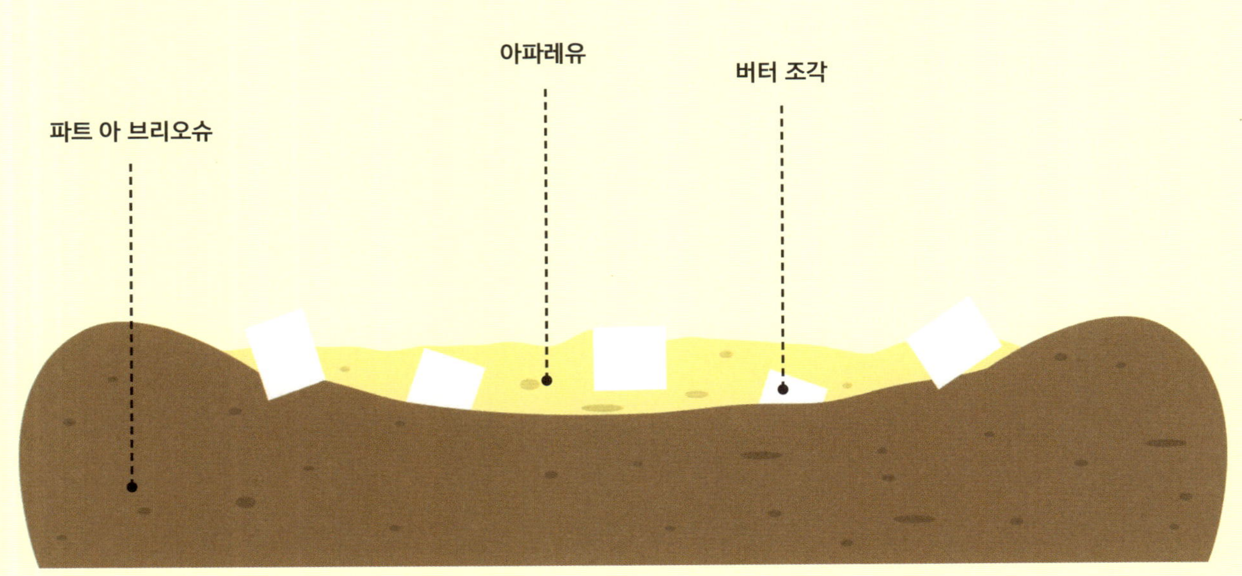

 시간

준비 시간: 45분
발효 시간: 1시간 30분-2시간
굽는 시간: 20-30분

 도구

가장자리가 높은 지름 24cm 원형틀

 응용

반죽에 오렌지 플라워 워터나 감귤류 제스트를 넣어 향을 더할 수 있다.

 주의

발효

 연습

롱프르(→284쪽)

 순서

파트 아 브리오슈—성형—발효—가르니튀르—굽기

8조각

파트 아 브리오슈

생이스트 10g
강력분 200g
소금 6g
설탕 20g
달걀 130g(2-3개)
버터 100g

가르니튀르

황설탕 60g
생크림(유지방 함유율 30%) 30g
버터 60g
달걀노른자 20g

1 파트 아 브리오슈(→20쪽)를 만든다. 반죽을 냉장고에서 꺼내고 가스를 뺀다(→284쪽). 가장자리가 높은 원형틀에 유산지를 깔고 반죽을 얹은 후 손바닥으로 표면을 평평하게 다진다. 반죽이 2배로 부풀도록 30℃ 오븐이나 상온에서 1시간 30분-2시간 발효시킨다.

2 오븐은 180℃로 예열한다. 포크를 준비해 3cm 간격으로 반죽을 찌르고 황설탕을 골고루 뿌린다. 생크림과 달걀노른자를 거품기로 골고루 섞은 다음 반죽 위에 붓는다. 잘게 깍둑설기 한 버터를 올리고 20-30분 굽는다. 충분히 식힌 뒤 틀에서 뗀다.

트로페지엔

TROPÉZIENNE

파트 아 브리오슈 사이에 오렌지 플라워 워터를 첨가한 크렘 무슬린을 채우고
황설탕이 들어간 크럼블을 뿌려 만든 것.

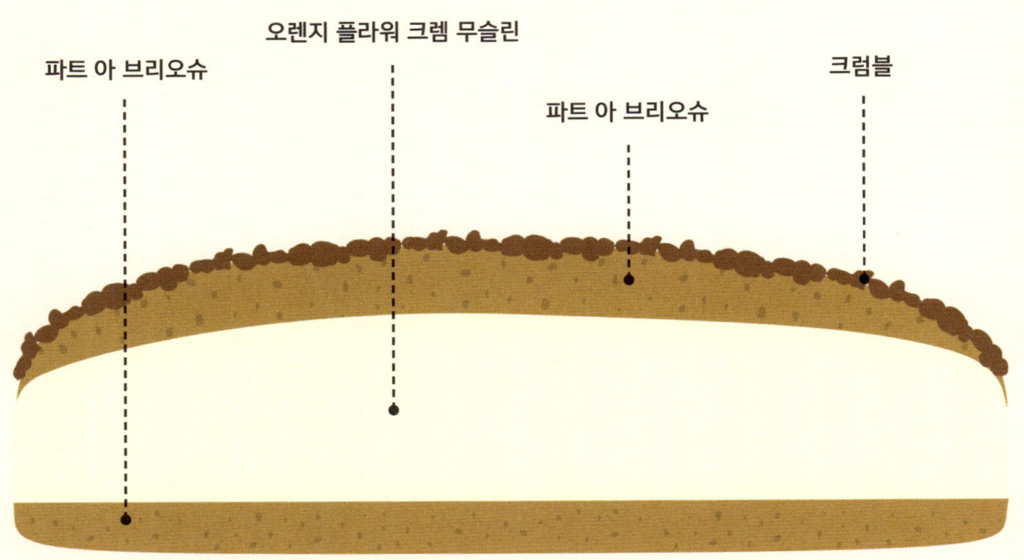

 **시간**

준비 시간: 1시간
발효 시간: 1시간 30분–2시간
굽는 시간: 15–25분
냉장 시간: 2시간

 **도구**

가장자리가 높은 지름 24cm 원형틀
짤주머니
14번 깍지
빵칼

 **응용**

바닐라 트로페지엔: 오렌지 플라워 워터 대신 바닐라빈 1개

 **주의**

파트 아 브리오슈 펴기

 **연습**

짤주머니 사용하기(→272쪽)
사블레(→284쪽)
롱프르(→284쪽)
도레(→270쪽)

 **팁**

반죽을 펴서 모양을 잘 잡으려면 충분한 시간을 두고 휴지시켜야 한다.

 **순서**

파트 아 브리오슈—크렘 파티시에르—크럼블—브리오슈—성형—굽기—발효—크렘 무슬린—채우기

8조각

브리오슈

이스트 10g
강력분 200g
소금 5g
설탕 20g
달걀 125g
버터 100g

크렘 무슬린

우유 500g
달걀노른자 100g
설탕 120g
옥수수전분 50g
버터 125g
오렌지 플라워 워터 30g
포마드 버터 125g

달걀옷

달걀 1개

크럼블

박력분 40g
황설탕 40g
아몬드가루 40g
버터 40g

1 파트 아 브리오슈(→20쪽)를 만든다. 크렘 무슬린(→56쪽)을 만든다. 가열 마지막 단계에서 오렌지 플라워 워터를 더한다.

2 크럼블을 만들 때는 아몬드가루, 황설탕, 밀가루와 버터를 손가락 끝으로 가볍게 사블레(→284쪽)한다. 크럼블이 약간 뭉친 모래 같은 상태가 되면 냉장고에 넣는다.

3 파트 아 브리오슈를 냉장고에서 꺼내 가스를 뺀다(롱프르→284쪽). 원형틀에 버터를 바르고 반죽을 담는다. 손바닥을 이용해 반죽을 평평하게 깐 다음 반죽이 2배로 부풀도록 30℃ 오븐이나 상온에서 1시간 30분–2시간 발효시킨다.

4 오븐은 180℃로 예열한다. 달걀옷을 브리오슈 반죽에 바르고 10분 뒤 한 번 더 바른다(도레→270쪽). 크럼블을 반죽에 골고루 흩뿌린 후 오븐에서 15분–25분간 굽는다. 오븐에서 꺼낸 다음 식힘망에서 식힌다.

5 크렘 무슬린(→56쪽)을 마무리하고 14번 깍지를 끼운 짤주머니에 담는다. 빵칼을 이용해 브리오슈를 수평으로 2등분한다.

6 바닥에 깐 브리오슈의 가운데서부터 바깥쪽으로 나선을 그리며 달팽이껍데기 도양으로 크림을 짠다(→272쪽). 스패튤러로 평평하게 밀어준 다음 나머지 브리오슈를 올리고 냉장고에 2시간 넣어둔다. 먹기 30분 전에 꺼낸다.

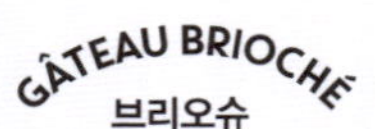

팽 오 쇼콜라 &
크루아상

PAIN AU CHOCOLAT & CROISSANT

발효시킨 파트 푀이테를 기본으로 하지만
접은 횟수와 가르니튀르에 따라 달라진 비에누아즈리 두 종류.

시간

준비 시간: 1시간
발효 시간: 1시간 30분-2시간
굽는 시간: 12-25분
휴지 시간: 이틀 밤

도구

거품반죽기, 후크

응용

아몬드 크루아상: 물 150ml와 설탕 50g을 섞어 시럽을 만든 다음 크렘 다망드(→64쪽)를 만든다. 크루아상을 시럽에 듬뿍 담근 후 반으로 가르고 크림을 채운다. 아몬드 슬라이스를 뿌리고 200℃ 오븐에 몇 분간 굽는다.

주의

파트 아 크루아상은 각별히 유의해서 말아야 한다. 힘을 너무 주면 여러 겹으로 겹친 모양이 제대로 살지 않고 반대로 힘이 너무 약하면 굽는 동안 풀릴 우려가 있다.

연습

반죽 접기(→16쪽)
수플레(→284쪽)
도레(→270쪽)

123 순서

데트랑프―접기―성형―발효―굽기

**크루아상 15개
또는 팽 오 쇼콜라 15개**

파트 푀이테 르베

강력분 250g
생이스트 8g
물 60g
우유 60g
달걀 25g
소금 5g
설탕 25g

접기

드라이 버터 125g(→276쪽) 또는 일반
버터

팽 오 쇼콜라 가르니튀르

비에누아즈리용 막대 초콜릿 30개

달걀옷

달걀 1개

1 파트 아 크루아상(→25쪽)을 만든다.
반죽은 냉장고에서 30분 정도 미리 꺼
낸다. 반죽이 일그러지지 않게 하기 위
해 밀대의 방향을 사방으로 바꾸며 규
칙적으로 민다. 2mm 두께의 사각형 모
양으로 밀어 반죽을 들어올리고(수플레
→284쪽) 너무 두꺼울 경우 밀대로 더
민다.

2 크루아상을 만들 때는 칼로 너비
15cm 밴드 모양으로 반죽을 자르고 각
각의 밴드는 양변이 12cm인 삼각형으로
다시 자른다. 삼각형 밑변의 가운데를
1cm 길이 정도로 틈을 낸다. 틈을 양쪽
으로 가볍게 벌린 다음 너무 단단해지지
않게 만다. 3cm 남았을 때 끝을 가볍게
당겨준 후 다시 굴려 만다.

3 팡 오 쇼콜라는 칼로 8cm 너비의 밴
드 3개로 자른 다음 길이 12cm 사각형
으로 재단한다. 세로 변에서 3cm 떨어
진 곳에 막대 초콜릿을 1개 올리그 반죽
으로 덮는다. 덮인 부분 끝에 막대 초콜
릿을 1개 더 놓고 그 우를 반죽으로 접어
덮는다. 반죽의 끝부분이 아래르 가게
해야 막대 초콜릿을 덮은 야음새가 드러
나지 않고 가운데에 잘 위치한다.

4 우산지를 깐 빵판을 준비하그 5cm
간격으로 반죽들을 올린다. 반죽이 2배
로 브풀도록 30℃ 오븐이나 상은에서 1
시간 30분-2시간 발효시킨다 크루아상
과 팡 오 쇼콜라는 2배로 부푼다.

5 오븐은 190℃로 여열한다. 붓으로 달
걀옷을 바르고 10분 후에 다시 한번 바
른다. 12-25분 정도 으븐에서 굽는다.

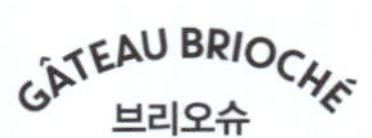

사과 타르트

TARTE FINE AUX POMMES

브리오슈 베이스에 사과 콩포트와 사과 슬라이스를 얹은 타르트.

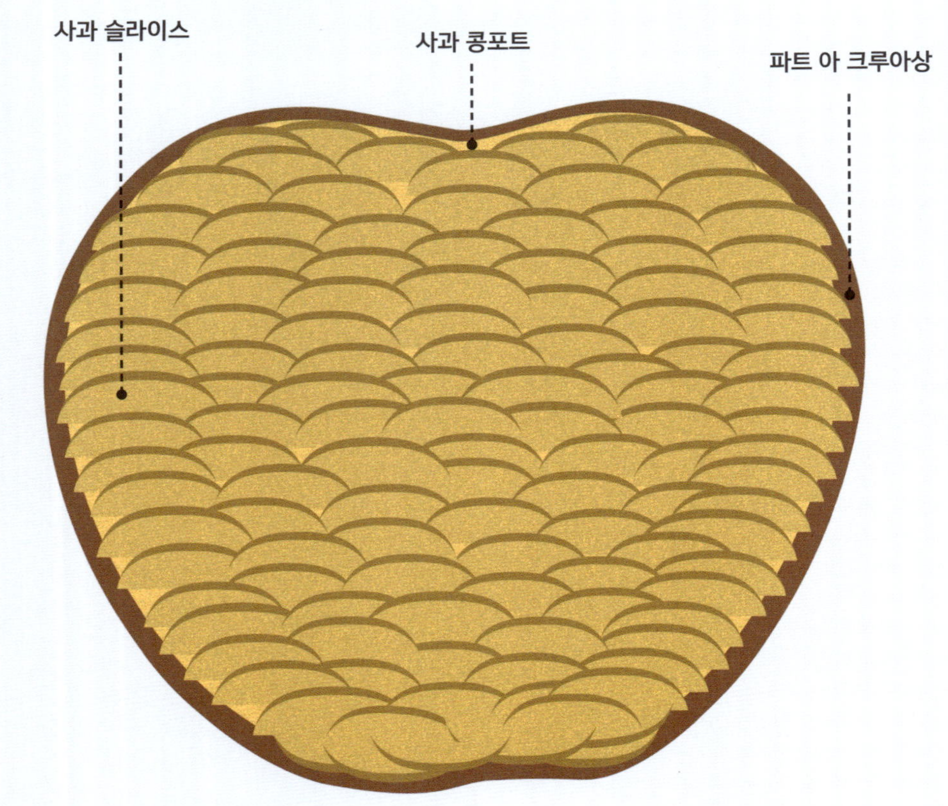

시간

준비 시간: 30분
발효 시간: 1시간
굽는 시간: 30분–1시간

도구

거품반죽기, 후크
30×40cm 빵판
붓

응용

파트 푀이테 베이스를 만들어 타르트를 빵판 2개 사이에서 눌러 굽는다. 사과가 더 부드럽고 윤기 있게 익는다.

주의

반죽 펴기
사과 몽타주하기

연습

수플레(→284쪽)

순서

파트 아 크루아상—콩포트—몽타주—굽기

15조각

파트 아 크루아상

강력분 250g
이스트 8g
물 60g
우유 60g
달걀 25g
소금 5g
설탕 30g
드라이 버터 125g(→276쪽)

가르니튀르

사과 2kg
버터 80g
설탕 80g
크렘 에페스(→277쪽) 300g
(또는 사워크림)

사과 콩포트

사과 500g
설탕 100g
물 50g

1 콩포트를 만들기 위해 사과 껍질을 벗겨 씨 부분을 잘라내고 깍둑썰기 한 다음 냄비에 물, 설탕과 함께 담는다. 센 불로 수분이 거의 없어질 때까지 끓이되 주걱을 이용해 규칙적으로 젓는다. 핸드 블렌더로 간 다음 식힌다.

2 파트 아 크루아상(→24쪽)을 30분 미리 냉장고에서 꺼내둔다. 반죽을 사방으로 돌려가며 밀대를 이용해 규칙적으로 민다. 이렇게 해야 모양이 흐트러지지 않는다. 3mm 두께 사각형으로 밀어 반죽을 들어올리고(수플레→284쪽) 두꺼우면 다시 민다. 유산지를 깐 빵판에 반죽을 올리고 스패튤러로 콩포트를 펴 바르거나 짤주머니를 이용해 지그재그로 얹는다.

3 사과는 껍질을 벗기고 씨 부분을 도려낸 후 반으로 잘라 얇게 저민다. 콩포트를 바른 타르트 반죽 의예 촘촘하게 결을 갖춰 올린다. 반죽 뒤를 완전히 다 덮고 30℃ 오븐에서 1시간 발효시킨다.

4 오븐은 180℃로 예열하고 냄비에 버터를 녹인다. 녹은 버터를 붓으로 타르트에 바르고 설탕을 흩뿌린다. 오븐에서 30분 굽고 잘 구워졌는지 타르트 밑면을 확인한다. 식힘망 위예 올려 식히고 자른다. 크렘 에피스를 숟가락으로 떠서 올린다.

밀푀유

MILLEFEUILLE

캐러멜을 입힌 사각 파트 푀이테 사이사이에 바닐라 크렘 디플로마트를 채워 포갠 것.

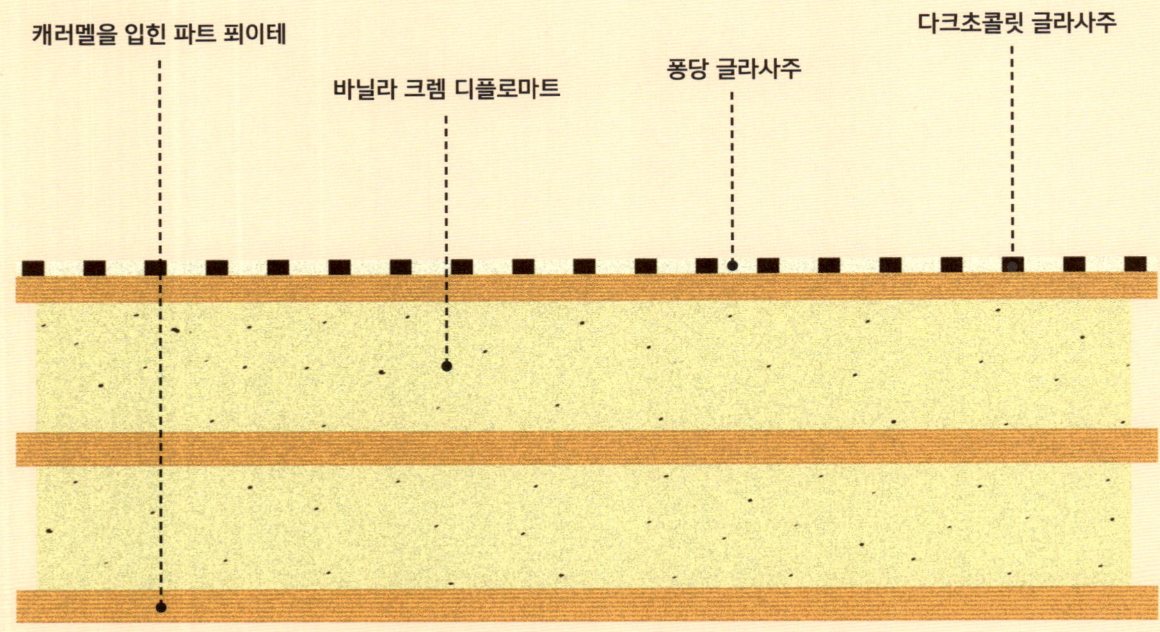

 시간

준비 시간: 1시간 30분
굽는 시간: 20–45분
냉장 시간: 3시간 30분
냉동 시간: 15분

 도구

짤주머니
12번 깍지

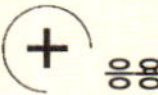 응용

클래식 밀푀유: 바닐라 크렘 파티시에르를 사용

 주의

캐러멜을 입힌 푀이타주
몽타주
글라사주

 연습

젤라틴 불리기(→270쪽)
중탕하기(→270쪽)
짤주머니 사용하기(→272쪽)

 팁

굽고 나면 반죽 크기가 줄어들기 때문에 원하는 크기보다 더 크게 자른다. 재료를 단단하게 잘 쌓으려면 몽타주 전에 15분 정도 냉장고에 넣어둔다.

 순서

파트 푀이테—크렘 디플로마트—몽타주—글라사주—장식

8-10조각

1 파트 푀이테

데트랑프
박력분 250g
물 100g
식초 10g
소금 5g
포마드 버터 30g

푀이타주
버터 150g
슈거파우더

2 크렘 디플로마트

크렘 푸에테
바닐라빈 1개
생크림(유지방 함유율 30%) 100g
젤라틴 4g

크렘 파티시에르
우유 250g
달걀노른자 50g
설탕 60g
옥수수전분 25g
버터 25g

3 글라사주

화이트 퐁당 250g
물엿 30g
다크초콜릿 40g

밀mille 숫자 1000. 밀푀유는 나뭇잎 또는 종이처럼 얇은 것 1000장 또는 그만큼 많은 수를 쌓은 것이라는 뜻.

1 파트 푀이테(→18쪽)를 만든다. 30×40cm 빵판 크기에 맞춰 2mm 두께로 민다. 유산지를 덮은 채로 냉장고에 넣고 30분 동안 반죽을 가라앉힌다. 오븐은 180℃로 예열한다. 유산지를 떼고 반죽을 10cm 너비로 3등분한다. 가장자리를 깨끗하게 정리한다. 모양이 망가지므로 반죽을 떼어내지 않는다. 푀이타주가 고르게 부풀도록 반죽 위에도 유산지를 덮고 빵판을 올린다.

2 오븐에 넣어 20-40분간 굽고 15분 후부터 5분에 한 번씩 상태를 확인한다. 바닥과 가장자리 모두 골고루 황금색을 띠어야 한다. 굽기가 마무리되면 오븐을 210℃로 맞춘다. 구운 파트 푀이테 위에 슈거파우더를 골고루 흩뿌리고 오븐에 다시 구워 캐러멜을 입힌다. 설탕이 타기 쉬우니 2분마다 확인한다. 캐러멜 색이 골고루 입혀지면 오븐에서 꺼내 식힘망에 올려 식힌다.

3 크렘 디플로마트(→68쪽)를 만든다. 이때 바닐라를 우유에 우려내 사용하고 다 만들어진 크림은 냉장고에 보관한다.

4 12번 깍지를 끼운 짤주머니에 **3**을 넣는다. 캐러멜을 입힌 푀이테 3개 중 2개에 긴 선을 그리듯 크림을 짜서 반죽 표면을 채운다. 크림으로 덮은 푀이테 위에 다른 크림 푀이테를 포개 올린다.

5 화이트 퐁당을 물엿과 함께 냄비에 넣고 가열한다. 완성된 퐁당은 맨 위에 올릴 푀이테에 끼얹고 스패튤러를 이용해 평평하게 편다.

6 다크초콜릿은 중탕으로 녹인다(→270쪽). 짤주머니에 담고 끝에 작은 구멍을 낸다. 푀이테 표면에 바른 퐁당 위에 1cm 간격으로 가로선을 그린다. 칼을 이용해 지그재그로 그어 초콜릿 문양을 완성한다. 이 푀이테를 **4** 위에 올리고 냉동실에 15분 넣어둔다.

7 밀푀유를 냉동실에서 꺼낸다. 빵칼을 이용해 밀푀유의 첫 층을 4cm 간격으로 자른 다음 조리칼로 아래까지 자른다. 먹기 2시간 전에 냉장실에 넣는다.

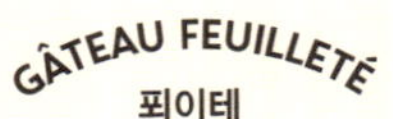

밤 카시스 밀푀유

MILLEFEUILLE MARRON CASSIS

캐러멜을 입힌 파트 푀이테 위에 밤 크림과 카시스 젤리를 쌓아올린 것.

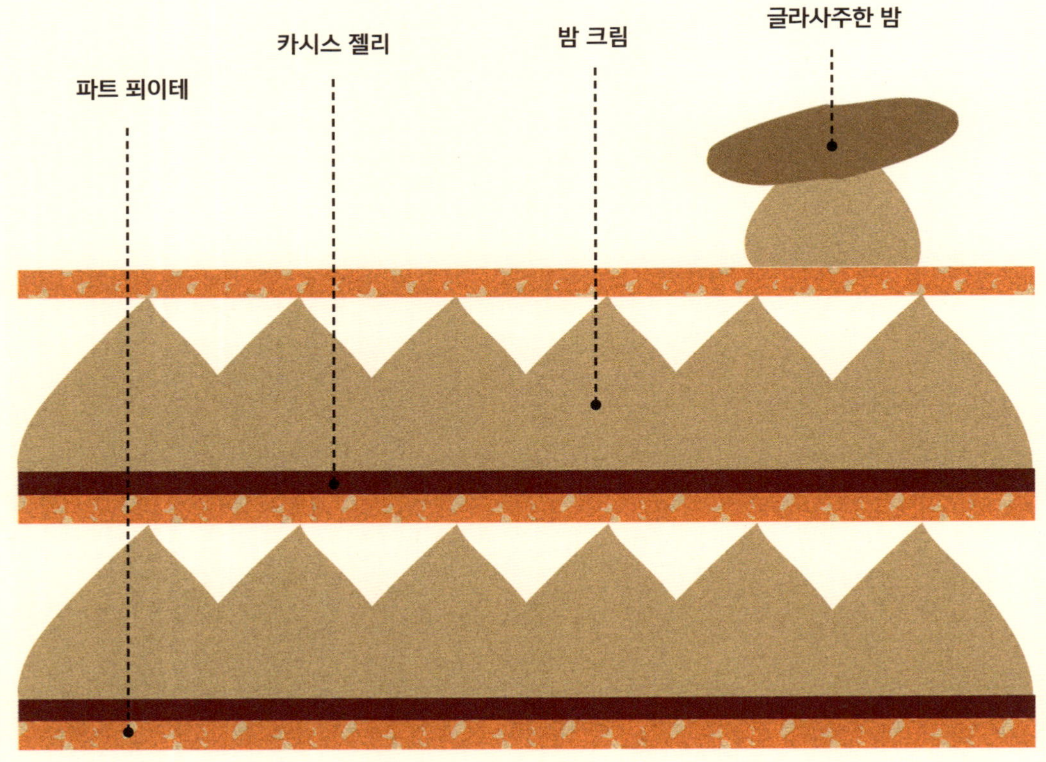

 시간

준비 시간: 1시간 30분
굽는 시간: 20-45분
냉동 시간: 2시간
냉장 시간: 30분

 도구

12×24cm 크기 사각틀이나 케이크 틀
짤주머니
12번 깍지
거품반죽기, 비터

 주의

캐러멜을 입힌 푀이타주
몽타주

 연습

젤라틴 불리기(→270쪽)
짤주머니 사용하기(→272쪽)

123 순서

파트 푀이테—카시스 젤리—밤 크림—몽타주—장식

6개

1 파트 푀이테

데트랑프
박력분 250g
물 110g
식초 10g
소금 5g
포마드 버터 30g

푀이타주
버터 150g
슈거파우더

2 밤 크림

밤 페이스트(파트 드 마롱) 500g
포마드 버터 200g

3 카시스 젤리

카시스 퓌레 250g
설탕 30g
젤라틴 6g

4 장식

글라사주한 밤(시럽에 조린 밤) 3개

1 파트 푀이테(→18쪽)를 만든다. 카시스 젤리를 만들기 위해 우선 젤라틴을 물에 불린다(→270쪽). 카시스 퓌레 100g을 설탕과 함께 냄비에 넣고 끓인다. 한번 끓어오르면 물에서 건진 젤라틴을 더해 거품기로 저어주고 남은 카시스 퓌레를 넣는다. 유산지를 안쪽에 두른 틀이나 랩을 안쪽에 두른 케이크틀에 젤리를 붓는다. 냉동실에 2시간 이상 둔다.

2 오븐은 180℃로 예열한다. 파트 푀이테는 30×40cm 빵판 크기에 맞춰 2mm 두께로 민 다음 유산지를 덮어 냉장고에 30분 넣어둔다. 반죽을 긴 밴드로 자르고 다시 13×4cm 사각형 18개로 자른다. 모양이 망가지므로 반죽을 떼지 않는다. 푀이타주가 고르게 부풀도록 반죽 위에도 유산지를 덮고 빵판을 올린다. 오븐에 넣어 20-40분간 굽고 15분 후부터 5분에 한 번씩 상태를 확인한다. 바닥과 가장자리 모두 골고루 황금색을 띠어야 한다.

3 굽기가 마무리되면 오븐을 210℃로 맞춘다. 구운 파트 푀이테 위에 슈거파우더를 골고루 흩뿌리고 오븐에 다시 구워 카라멜리제한다. 설탕이 타기 쉬우니 2분마다 확인한다. 캐러멜 색이 골고루 입혀지면 오븐에서 꺼내 식힘망에 올려 식힌다.

4 카시스 젤리를 냉동실에서 꺼낸 다음 틀을 뗀다. 3×12cm 사각형 12개를 자른다. 3의 파트 푀이테의 카라멜리제한 면 위에 포개 올린다.

5 볼에 밤 페이스트를 넣고 비터를 장착한 거품반죽기로 젓는다. 포마드 버터(→276쪽)를 더하고 거품반죽기를 세게 돌린다. 12번 깍지를 끼운 짤주머니에 완성된 크림을 담는다.

6 카시스 젤리를 얹어놓은 파트 푀이테 위에 밤 크림을 작은 돔 모양으로 짠다(→275쪽).

7 크림 돔으로 채운 파트 푀이테를 2개씩 포개고 빈 푀이테로 덮는다. 그 위에 크림 돔을 작게 짜고 시럽에 조린 밤을 반 개씩 올려 완성한다.

갈레트 데 루아

GALETTE DES ROIS

둥근 파트 푀이테 사이에 가벼운 프랑지판을 채운 갈레트.

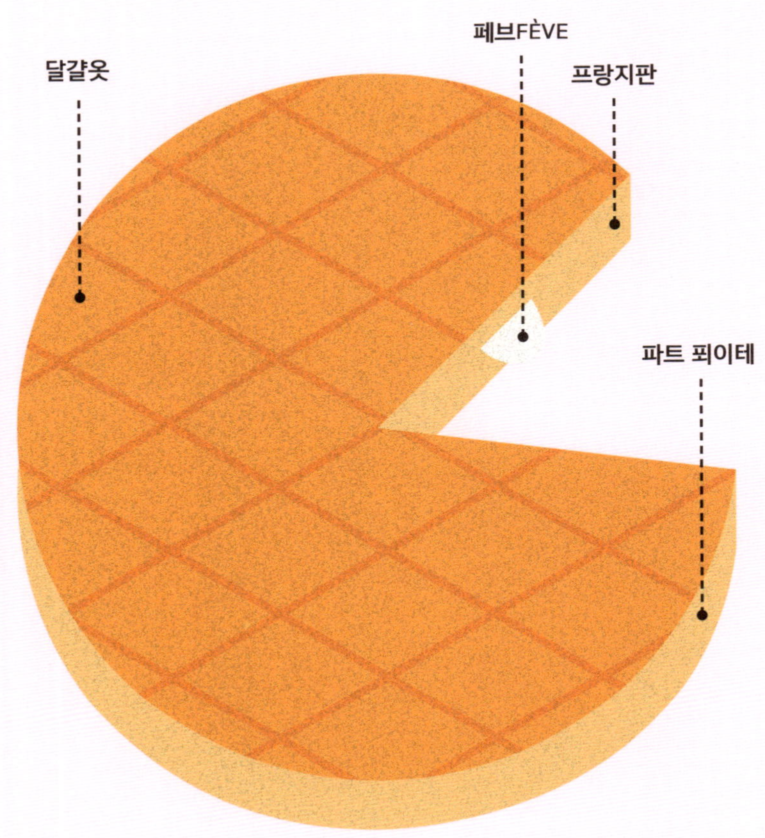

 **시간**

준비 시간: 1시간
굽는 시간: 25-45분
냉장 시간: 1시간

 **도구**

짤주머니
8번 깍지
페브(2-3cm 크기의 조각 인형)
지름 26cm 원형 타르트 틀

 **응용**

피티비에: 크렘 다망드로 채운 갈레트 데 루아. 크렘 다망드의 양을 2배로 넣는다.
럼 프랑지판: 럼주 30g을 더한다.

 **주의**

푀이타주
몽타주

 **연습**

시크테(→285쪽)
짤주머니 사용하기(→272쪽)
도레(→270쪽)

 **팁**

갈레트 데 루아는 굽기 전에 냉장 보관해야 한다. 파트 푀이테 속 버터가 차가워져 구울 때 결이 한층 더 잘 살아난다.

 **순서**

파트 푀이테—크렘 파티시에르—크렘 다망드—몽타주—장식

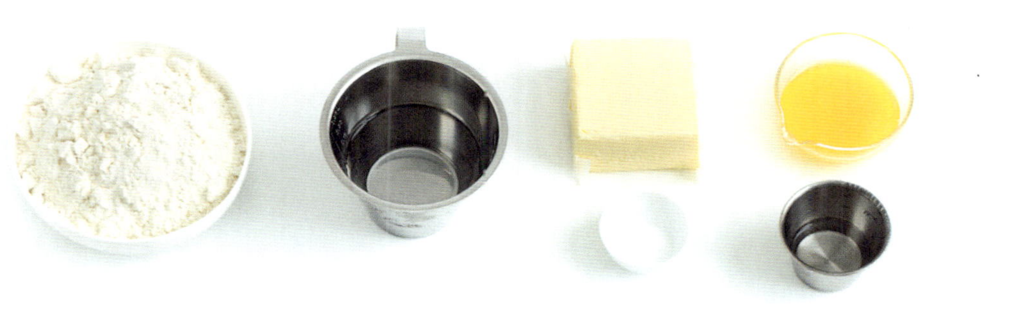

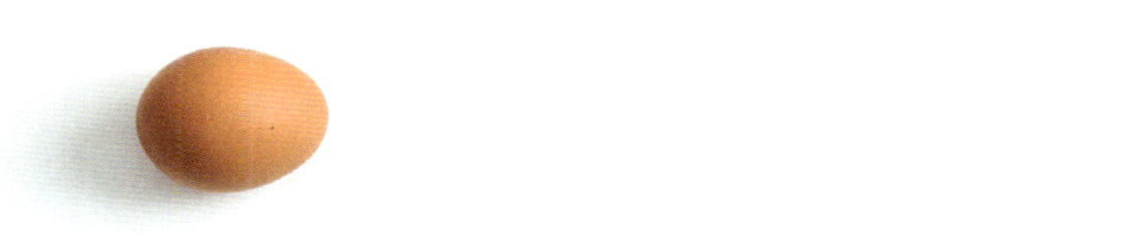

8조각

1 파트 푀이테

데트랑프
박력분 250g
물 115g
식초 10g
소금 5g
포마드 버터 30g

접기
버터 150g

2 프랑지판

크렘 다망드
버터 100g
설탕 100g
아몬드가루 100g
달걀 100g(2개)
박력분 20g

크렘 파티시에르
우유 100g
달걀노른자 20g
설탕 30g
옥수수전분 10g

3 달걀옷

달걀 1개

4 시럽

물 50g
설탕 50g

루아roi 왕이라는 뜻. 갈레트 데 루아는 주현절에 먹는 것으로, 페브가 숨겨진 조각을 우연히 선택을 하는 사람이 '그날의 왕'이 된다.

1 파트 푀이테(→18쪽)를 만든다. 3mm 두께의 사각형으로 밀어 냉장고에 넣고 30분 휴지시킨다. 반죽을 꺼내고 큰 접시나 원형틀로 지름 30cm 원형 2개를 자른다.

2 푀이테 하나를 유산지를 깐 빵판 위에 얹는다. 지름 26cm 원형틀이나 반죽보다 작은 접시를 이용해 작은 원을 표시한다. 작은 원 바깥부분에 달걀옷을 붓으로 바른다.

3 크렘 파티시에르(→53쪽)와 크렘 다망드(→64쪽)를 만들고 주걱으로 골고루 섞어서 크렘 프랑지판을 완성한다.

4 8번 깍지를 끼운 짤주머니에 크림을 담는다. 푀이테의 작은 원을 크림으로 채운다. 가운데서부터 바깥쪽으로 나선형을 그린다. 페브를 크림 가장자리에 박아둔다.

5 가장자리를 살짝 누르면서 **4**에 나머지 푀이테를 덮는다. 이때 공기가 들어가지 않도록 조심한다. 푀이타주가 고르게 부풀도록 반죽 위에도 유산지를 덮고 빵판을 올린다.

6 작은 조리칼과 손가락을 이용해 갈레트의 가장자리에 모양을 낸다(→285쪽). 붓으로 달걀옷을 바르고 냉장고에 30분 넣어둔다.

7 오븐은 180℃로 예열한다. 냉장고에서 갈레트를 꺼내 달걀옷을 한 번 더 바른다. 칼등을 이용해 가운데서부터 바깥쪽으로 활무늬를 규칙적으로 그린다. 이때 반죽에 구멍을 내지 않도록 힘을 조절한다. 25~45분 굽는다. 주걱으로 갈레트를 들어올렸을 때 아래까지 골고루 색이 변해 있어야 다 구워진 것.

8 갈레트를 굽는 동안 물과 설탕을 50g씩 냄비에 넣고 끓인다. 한번 끓어오르면 불을 끄고 갈레트를 오븐에서 꺼내자마자 붓으로 윗면에 바른다.

바닐라 마카롱

MACARON À LA VANILLE

바닐라 코크 사이에 화이트초콜릿-바닐라 가나슈를 넣은 마카롱.

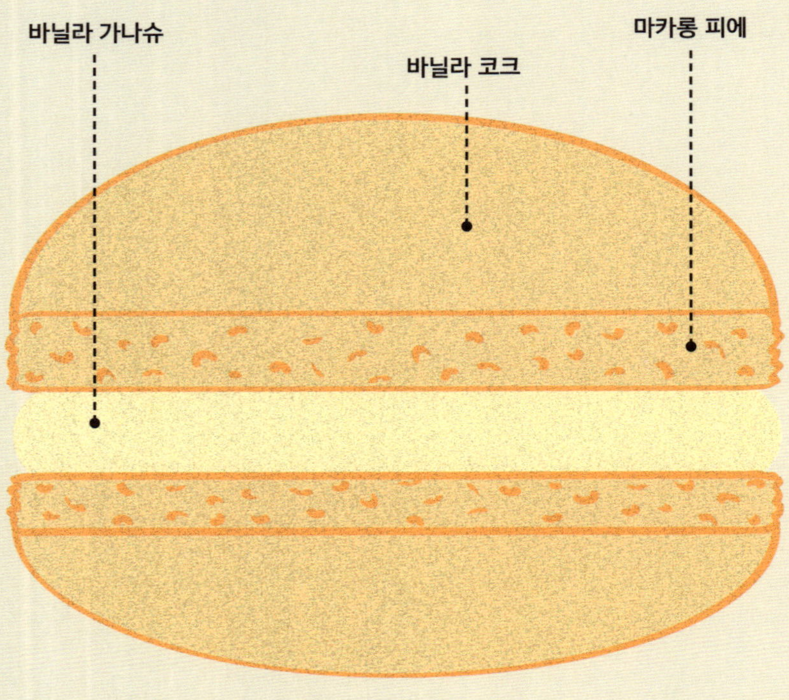

 시간

준비 시간: 45분
굽는 시간: 12분
냉장 시간: 24시간

 도구

짤주머니 2개
8번 깍지
12번 깍지
온도계

 주의

마카로나주
코크 굽기
가나슈 만들기

 연습

짤주머니 사용하기(→272쪽)
슈미제(→270쪽)
리본 확인하기(→279쪽)

 팁

체에 내리는 수고를 덜려면 입자가 고운 아몬드가루를 사용한다.

 순서

가나슈—코크—가나슈 몽테—몽타주

40개

1 코크

고운 아몬드가루 250g
슈거파우더 250g
바닐라빈 1개
달걀흰자 100g

2 이탤리언 머랭

물 80g
설탕 250g
달걀흰자 100g

3 바닐라 가나슈

생크림(유지방 함유율 30%) 200g
화이트초콜릿 320g
바닐라빈 2개

코크는 왜 이탤리언 머랭으로 만드는가?

시럽을 가열해서 만드는 이탤리언 머랭은 다른 머랭보다 안정성이 높아 여러 재료가 섞인 상태대로 잘 유지시킨다.

마카롱 피에는 어떻게 생기는가?

코크를 굽는 동안 마카롱 반죽 안에 들어 있던 가스가 팽창하면서 콜레트 테두리가 생긴다.

피에pied 사전적인 의미는 발. 마카롱이 구워지면서 생기는 찌글찌글한 부분.
콜레트collerette 주름장식.

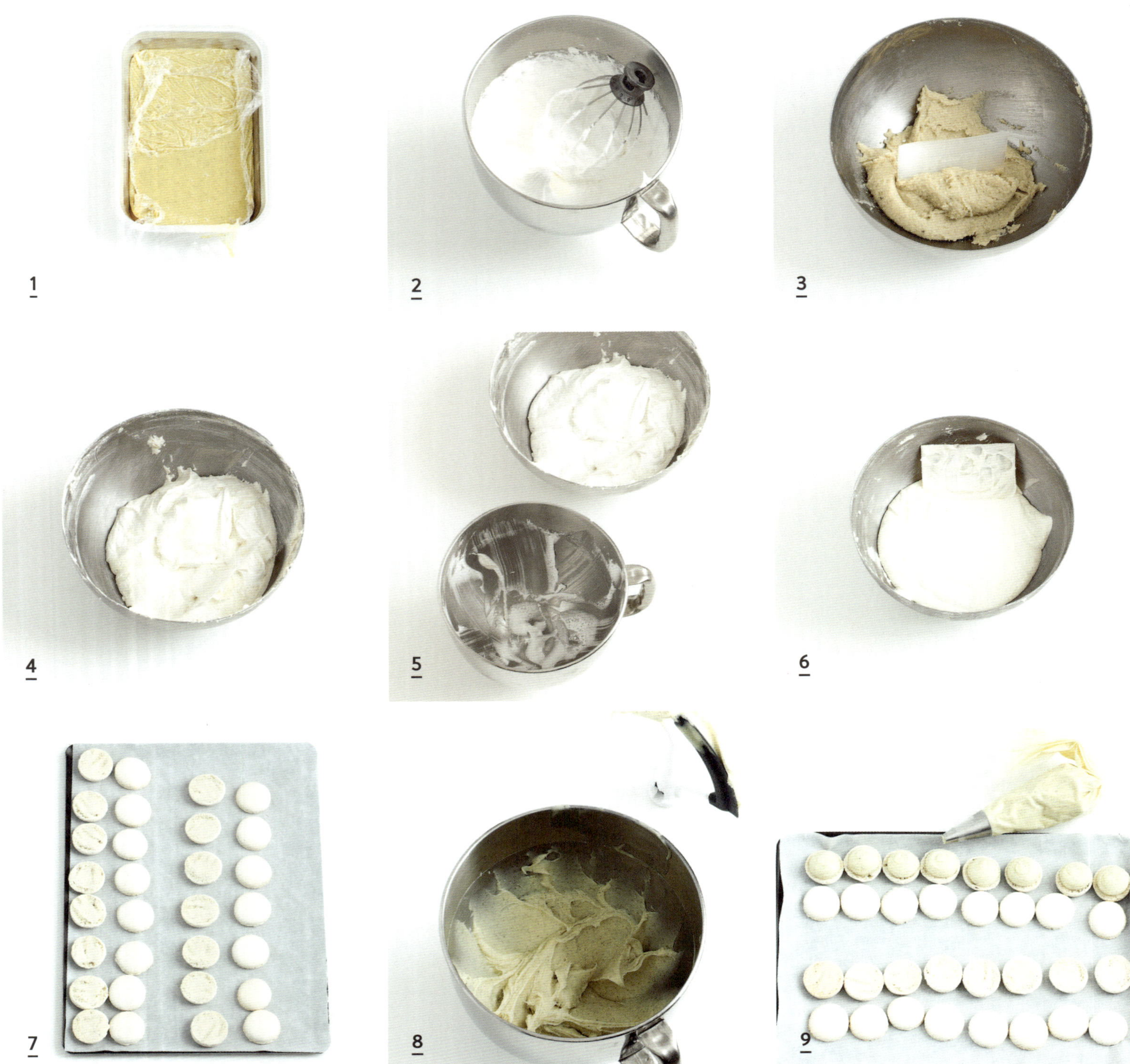

1 가나슈를 준비하기 위해 우선 생크림에 바닐라빈을 넣고 가열하여 우린다. 한번 끓어오르면 체에 내리고 (→270쪽) 화이트초콜릿과 섞는다. 골고루 다 섞이면 다른 그릇에 담아 빠르게 식힌다. 표면에 닿도록 랩을 씌워 냉장고에 최소 3시간 두는데, 다음날까지 두는 게 가장 좋다.

2 코크를 만들 때는 우선 오븐을 150℃로 예열한다. 이탈리언 머랭(→45쪽)을 만들고 식을 때까지 거품기로 젓는다.

3 볼에 아몬드가루, 슈거파우더, 바닐라빈에서 긁어낸 씨를 넣고 섞는다. 스크레이퍼로 달걀흰자를 섞는다.

4 머랭 1/3을 **3**에 넣고 스크레이퍼로 섞는다.

5 나머지 머랭도 모두 더해 으깨듯이 눌러가며 섞는다. 이 과정을 마카로나주(→283쪽)라고 한다.

6 반죽을 푹 떠서 리본 상태가 되었는지 확인한다. 스크레이퍼에서 떨어질 때 끊어지지 않는 리본 상태가 계속되어야 반죽이 완성된 것. 아니라면 계속 섞는다.

7 빵판에 유산지를 깐다. 유산지가 들리지 않도록 무거운 물건(칼 등)을 올려놓는다. 8번 깍지를 끼운 짤주머니에 반죽을 담고 지름 3cm 원을 어긋물리게 짠다. 틀을 사용해도 좋다(→283쪽). 오븐에 넣고 약 12분간 굽는다(→283쪽). 오븐에서 꺼내고 바닥에 깐 유산지를 빼 마카롱이 마르지 않도록 한다. 코크를 한 쌍씩 나란히 놓는다.

8 가나슈가 뻑뻑해질 때까지 천천히 젓는다.

9 12번 깍지를 끼운 짤주머니에 바닐라 가나슈를 채운다. 아래쪽에 놓을 코크 위에 가나슈를 짠다. 가장자리의 5mm는 비워둔다. 다른 코크를 올리고 살짝 눌러서 가나슈가 마카롱 가장자리까지 차도록 한다. 냉장고에서 24시간 정도 휴지시킨다.

초콜릿 마카롱

MACARON AU CHOCOLAT

초콜릿 코크 사이에 가나슈 크레뫼즈를 채운 마카롱.

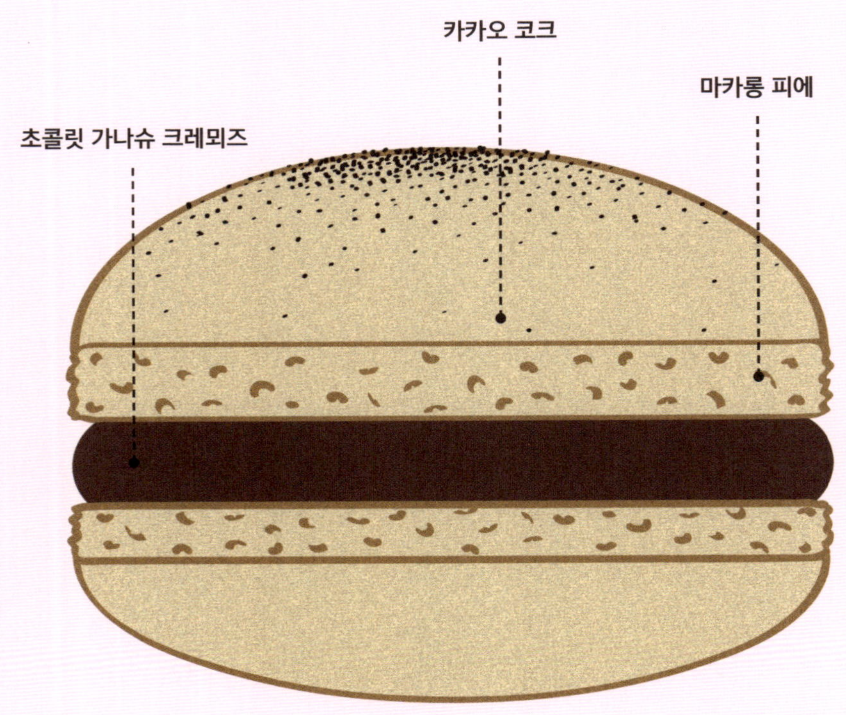

 **시간**

준비 시간: 45분
굽는 시간: 12분
냉장 시간: 24시간

도구

짤주머니
8번 깍지
12번 깍지

 **응용**

스파이스 초콜릿 마카롱: 가나슈를 만들 때 우유에
계피 1/2대, 스타아니스(팔각) 1개 또는 카르다몸 10
알을 넣고 우린다.

! 주의

코크 굽기

 **연습**

짤주머니 사용하기(→272쪽)
시누아제(→270쪽)
리본 확인하기(→279쪽)

★ 팁

체에 내리는 수고를 덜려면 입자가 고운 아몬드가루
를 사용한다.

123 순서

가나슈—코크—몽타주

1

2

3

4

40개

1 이탤리언 머랭

물 80g
설탕 250g
달걀흰자 100g

2 코크

고운 아몬드가루 250g
슈거파우더 220g
카카오가루 30g
달걀흰자 100g

3 초콜릿 가나슈 크레뫼즈

우유 500g
달걀노른자 100g
설탕 100g
다크초콜릿 400g

4 장식

카카오가루 30g

1 초콜릿 가나슈 크레뫼즈(→72쪽)를 만들어 냉장고에 보관한다.

2 코크를 만들 때는 우선 오븐을 150℃로 예열한다. 이탈리언 머랭(→44쪽)을 만들고 식을 때까지 거품기로 젓는다.

3 볼에 아몬드가루, 슈거파우더와 카카오가루를 넣고 섞는다. 달걀흰자를 스크레이퍼로 섞는다.

4 머랭 1/3을 3에 넣고 스크레이퍼로 섞는다.

5 나머지 머랭도 모두 더해 으깨듯이 눌러가며 섞는다. 이 과정을 마카로나주(→283쪽)라고 한다. 반죽을 푹 떠서 리본 상태가 되었는지 확인한다. 스크레이퍼에서 떨어질 때 끊어지지 않는 리본 상태가 계속되어야 반죽이 완성된 것. 아니라면 계속 섞는다.

6 빵판에 유산지를 깐다. 유산지가 들리지 않도록 무거운 물건(칼 등)을 올려놓는다. 8번 깍지를 끼운 짤주머니에 반죽을 담고 지름 3cm 원을 어긋물리게 짠다. 원을 미리 그려놓아도 좋다(→283쪽). 카카오가루를 뿌린 뒤 오븐에 넣고 약 12분간 굽는다. 건드렸을 때 움직이지 않는 상태가 되어야 한다(→283쪽).

7 오븐에서 꺼내고 바닥에 깐 유산지를 빼 마카롱이 마르지 않도록 한다. 코크는 한 쌍씩 나란히 놓는다.

8 가나슈를 냉장고에서 꺼내고 뒤적거려 균일한 농도로 만든다. 12번 깍지를 끼운 짤주머니에 가나슈를 채운다.

9 아래쪽에 놓을 코크 위에 가나슈를 짜 올린다. 가장자리의 5mm는 비워둔다. 다른 코크를 올리고 살짝 눌러서 가나슈가 마카롱 가장자리까지 차도록 한다. 냉장고에서 24시간 정도 휴지시킨다.

페를 루주 마카롱

MACARON PERLE ROUGE

코크 위에 산딸기 무스 돔을 올린 마카롱.

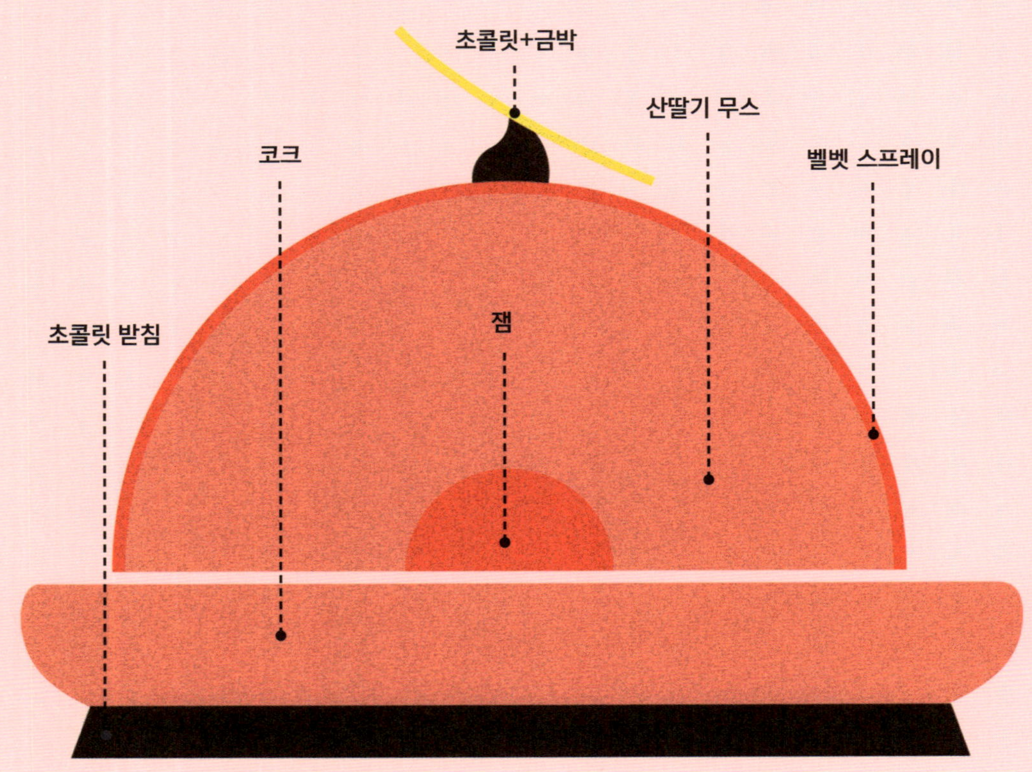

 **시간**

준비 시간: 1시간
굽는 시간: 12분
냉동 시간: 최소 4시간

 **도구**

반구형 실리콘틀 2개
(지름 2cm 반구 20구짜리)
짤주머니
6번 깍지

⊕ 응용

열대과일 마카롱: 산딸기 퓌레를 망고 퓌레로 대체

! 주의

마카로나주
코크 굽기
벨벳 효과 내기

✋ 연습

짤주머니 사용하기(→272쪽)
중탕하기(→270쪽)
2단계로 재료 섞기(→270쪽)

123 순서

산딸기 돔—코크—몽타주—벨벳 효과

40개

1 코크

고운 아몬드가루 125g
슈거파우더 125g
붉은색 색소가루 1g
달걀흰자 50g

2 이탤리언 머랭

물 40g
설탕 125g
달걀흰자 50g

3 산딸기 무스

산딸기 퓌레 65g
설탕 15g
젤라틴 2g
생크림(유지방 함유율 30%) 65g
산딸기 잼 50g

4 장식

다크초콜릿 50g
레드 벨벳 스프레이
식용 금박

페를perle　진주.
루주rouge　빨간색.

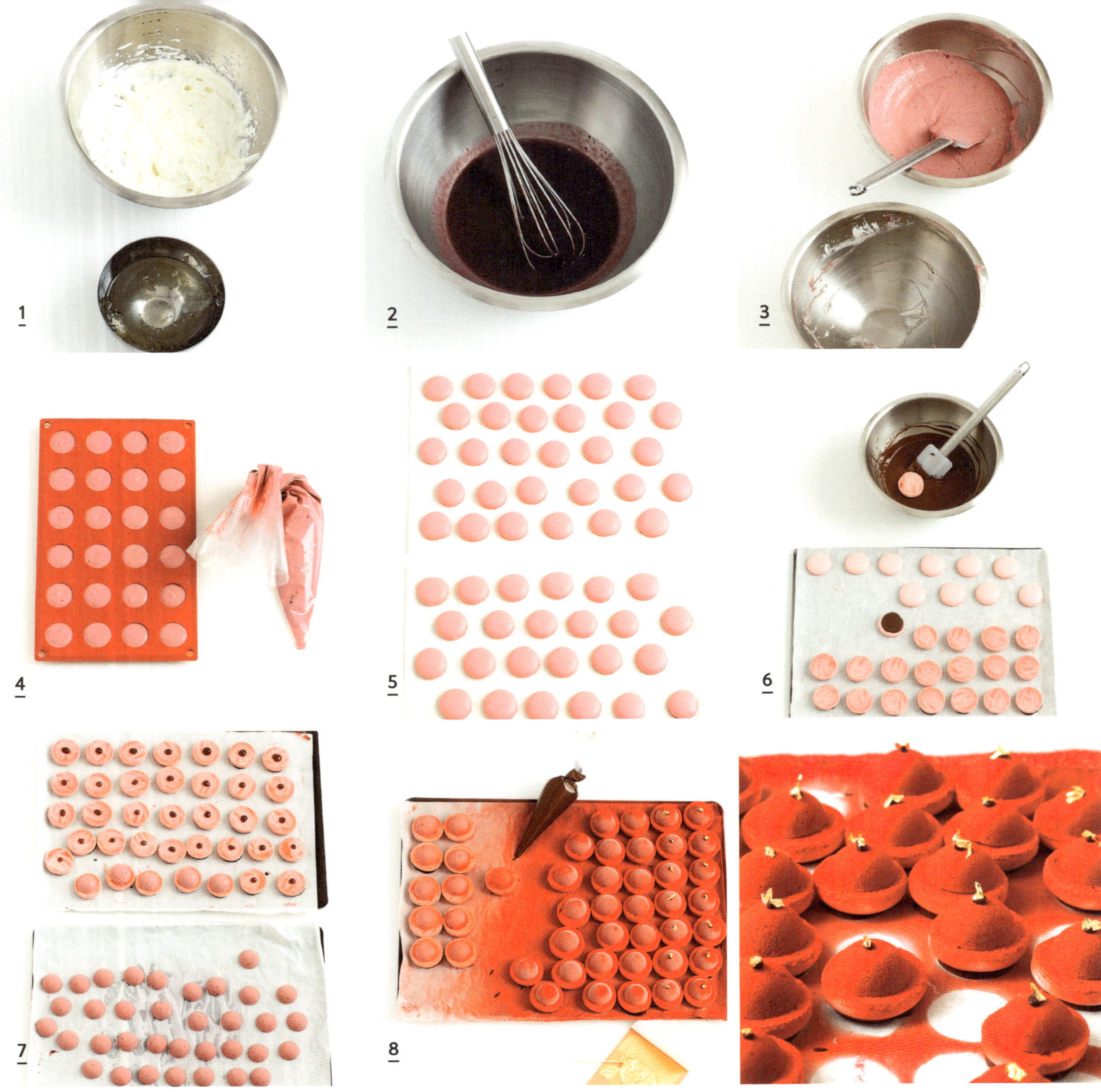

1 산딸기 무스를 만들기 위해, 생크림을 휘저어 샹티이(→63쪽)를 만들고 냉장고에 보관한다. 젤라틴을 물에 불린다(→270쪽).

2 산딸기 퓌레 50g과 설탕을 냄비에 넣고 가열한다. 한번 끓어오르면 불을 끄고 물기를 뺀 젤라틴을 넣어 거품기로 휘젓는다. 볼에 담고 남은 퓌레를 다 붓는다. 상온에서 식힌다.

3 크렘 몽테 1/3을 **2**에 넣고 거품기로 젓다가 나머지 크림도 더하고 주걱으로 섞는다(→270쪽).

4 짤주머니에 **3**의 무스를 담고 끝을 자른다. 무스를 반구형 틀에 짜 넣고 3시간 이상 냉동실에 둔다. 다음 날까지 두는 것이 가장 좋다.

5 바닐라 마카롱을 만들 때처럼 코크(→220쪽)를 만든다. 바닐라 대신 붉은 색소를 넣는다.

6 초콜릿을 중탕으로 녹여 코크의 둥근 부분을 담근다. 건져낸 코크를 유산지에 올리고 초콜릿이 안정적인 받침으로 굳을 때까지 둔다.

7 6번 깍지를 끼운 짤주머니에 산딸기 잼을 채운다. 코크 위에 잼을 한 방울씩 떨어뜨린다. **4**를 틀에서 떼어내고 잼 위에 얹은 다음 마카롱을 냉동실에 1시간 넣어둔다.

8 벨벳 스프레이는 끓는 물에 15분간 담근다. 안에 들어 있는 카카오버터가 녹고 열에 의해 동력이 생겨 벨벳 효과를 낼 수 있다. 마카롱을 냉동실에서 꺼내 스프레이를 분사한다. 녹은 초콜릿 남은 것을 짤주머니에 넣고 끝을 작게 자른 다음 각각의 마카롱 돔 위에 점을 찍듯이 짠다. 금박을 얹어 완성한다.

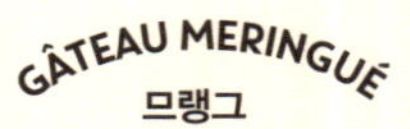

바닐라 산딸기
마카롱 케이크

GÂTEAU MACARON VANILLE FRAMBOISE

크렘 디플로마트와 산딸기 필링을 채우고
산딸기를 곁들인 커다란 마카롱.

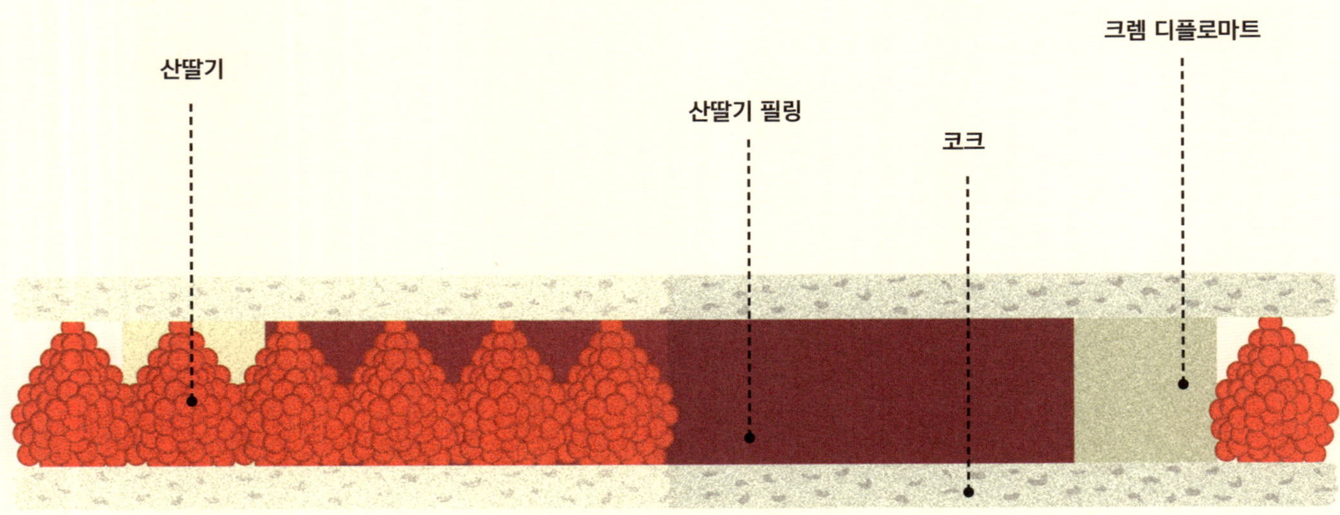

⏱ 시간

준비 시간: 1시간 30분
굽는 시간: 15분
냉동 시간: 5시간
냉장 시간: 2시간

🖊 도구

지름 10cm 원형틀
지름 22cm 원형틀
짤주머니 3개
8번 깍지
10번 깍지
12번 깍지
핸드블렌더
온도계

❗ 주의

큰 마카롱 굽기
몽타주

✋ 연습

젤라틴 불리기(→270쪽)
달걀노른자 블랑시르(→279쪽)
짤주머니 사용하기(→272쪽)

123 순서

크렘 디플로마트—산딸기 필링—코크—몽타주

1

2

3

4

5

8-10조각

1 코크

고운 아몬드가루 250g
슈거파우더 250g
바닐라빈 1개
달걀흰자 100g

2 이탈리언 머랭

물 80g
설탕 250g
달걀흰자 100g

3 크렘 디플로마트

우유 250g
달걀노른자 50g
설탕 60g
옥수수전분 25g
버터 25g
바닐라빈 1개
생크림(유지방 함우율 30%) 100g
젤라틴 4g

4 산딸기 필링

산딸기 퓌레 250g
달걀노른자 75g
달걀 100g
설탕 75g
젤라틴 8g
버터 100g

5 장식

산딸기 250g

1 크렘 디플로마트(→68쪽)를 만든다. 200g은 남겨 두고 12번 깍지를 끼운 짤주머니에 채운다. 유산지를 깐 빵판에 지름 22cm 원형틀을 놓고 가운데에 지름 10cm 원형틀을 놓는다. 두 틀 사이에 크림을 채우고 표면을 평평하게 편다. 1시간 이상 냉동실에 넣어둔다.

2 젤라틴을 물에 불린다(→270쪽). 달걀노른자, 설탕, 달걀을 넣고 휘젓는다(블랑시르→279쪽). 산딸기 퓌레를 끓인 다음 절반을 달걀 푼 것에 붓고 거품기로 젓는다. 골고루 잘 섞이면 나머지 산딸기 퓌레가 담긴 냄비에 다시 붓는다. 골고루 저으며 중간 불로 계속 끓이다가 주걱으로 떠보았을 때 주르륵 떨어지지 않을 정도가 되면 불을 끈다. 다만 85℃ 이상이 되지 않도록 유의한다.

3 젤라틴을 물에서 건져 물기를 뺀 다음 **2**에 넣는다. 버터를 더해 2-3분 정도 거품반죽기를 돌리고 40℃까지 식힌다. 크렘 디플로마트를 냉동실에서 꺼내 지름 10cm 원형틀을 떼어내고 산딸기 필링을 채워 냉동실에 4시간 넣어둔다.

4 코크를 만들기 위해 바닐라 마카롱(→220쪽)을 만들 때처럼 반죽을 한다. 8번 깍지를 끼운 짤주머니에 반죽을 채우고 유산지를 깐 빵판에 달팽이껍데기 모양의 나선을 돌려 지름 25cm 원형 2개를 그린다(→273쪽). 12분 정도 굽는다. 손가락으로 건드렸을 때 코크가 움직이지 않아야 한다.

5 오븐에서 꺼내 빵판에서 유산지째 꺼낸다. 이렇게 해야 코크가 마르지 않는다. 냉동실에서 **3**을 꺼내 틀을 떼고 마카롱 위에 앉힌다.

6 10번 깍지를 끼운 짤주머니에 남겨둔 크렘 디플로마트를 담는다. 필링 주변에 링 모양으로 크림을 두르고 산딸기를 얹는다. 코크를 덮는다. 냉동된 필링과 크림을 녹이기 위해 냉장실에 2시간 둔다.

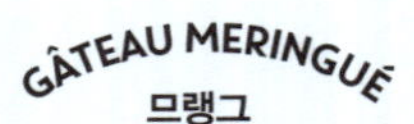

몽블랑

MONT-BLANC

3단 스위스 머랭 사이를 밤 무스로 채우고
크렘 샹티이와 밤 크림으로 장식한 앙트르메.

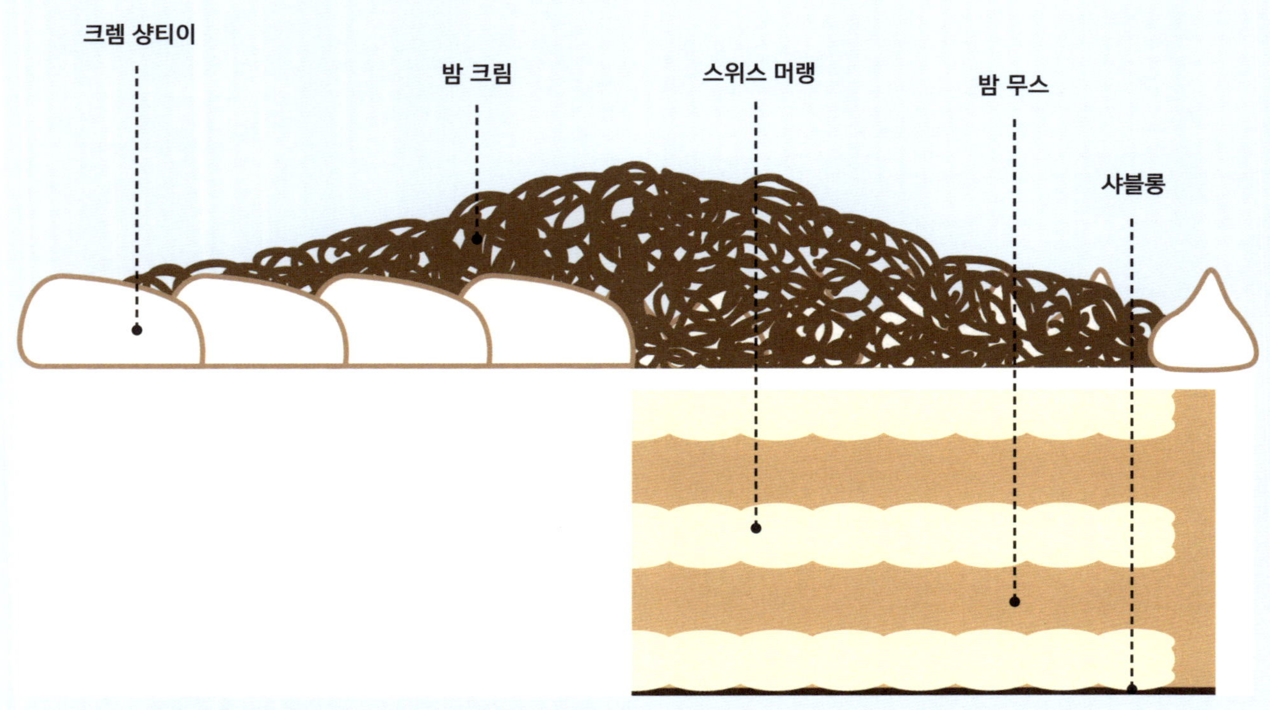

 시간

준비 시간: 2시간
굽는 시간: 2시간
냉장 시간: 2시간

 도구

지름 22cm 원형틀
짤주머니 4개
10번 깍지
8번 깍지
몽블랑 깍지
생토노레 깍지
무스 띠
스패튤러

 주의

머랭 건조
장식

 연습

짤주머니 사용하기(→272쪽)
젤라틴 불리기(→270쪽)
샤블롱(→280쪽)
중탕하기(→270쪽)
2단계로 재료 섞기(→270쪽)

 팁

좀 더 바삭한 식감을 원할 경우 3단 머랭 각각에 초
콜릿 30g을 녹여 샤블롱한다.

 순서

머랭—밤 무스—크렘 샹티이—밤 크림—몽타주—
장식

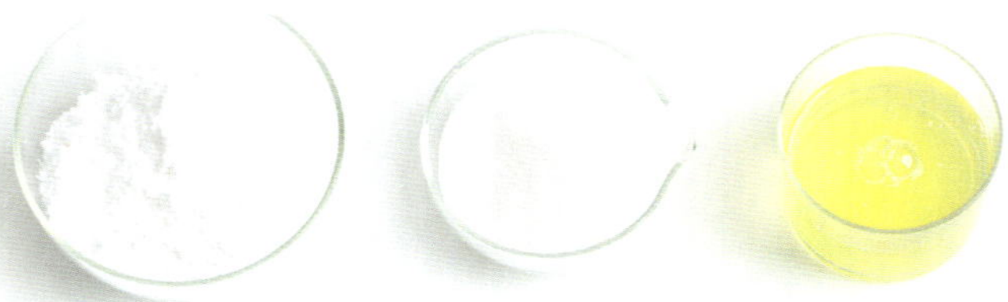

8조각

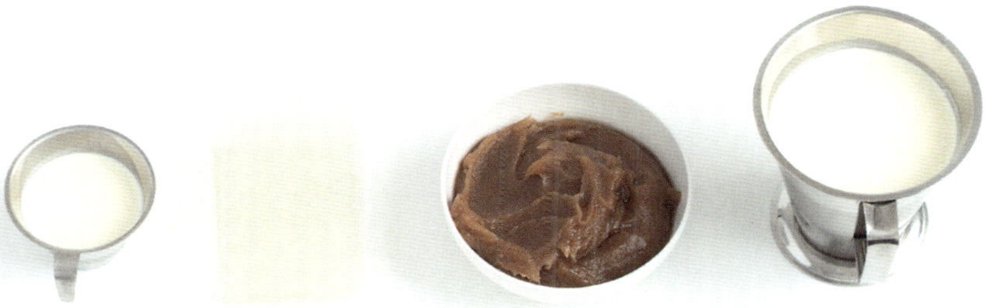

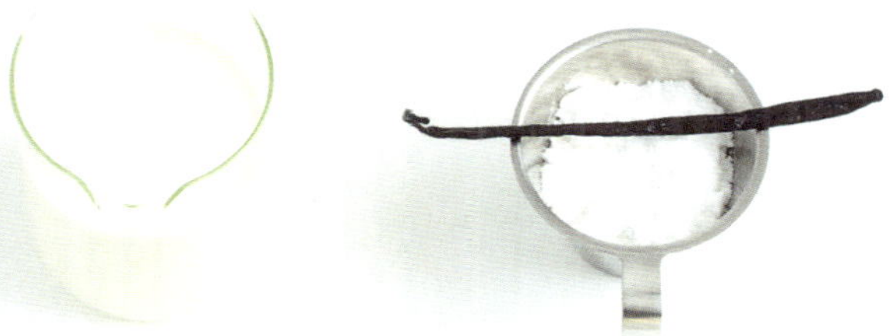

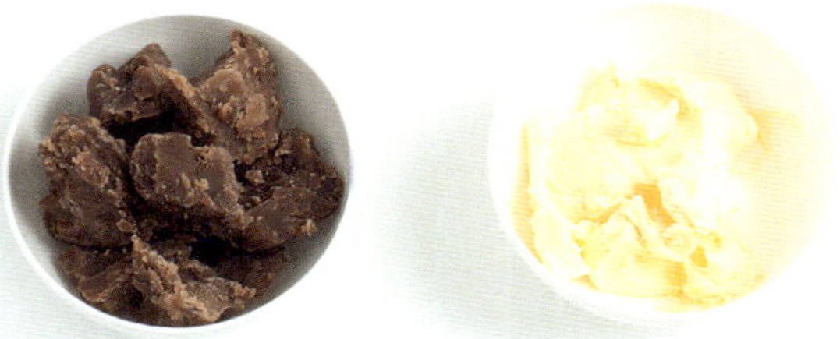

1 스위스 머랭

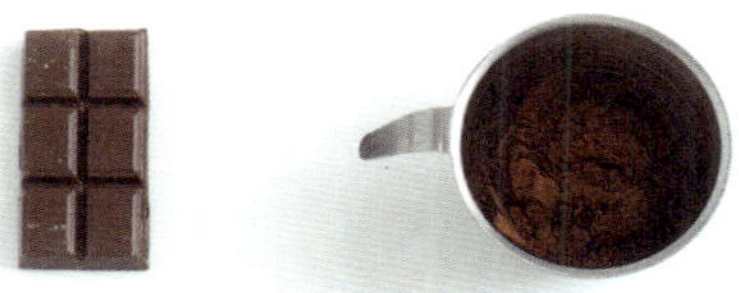

달걀흰자 100g
설탕 100g
슈거파우더 100g

2 밤 무스

생크림(유지방 함유율 30%) 60g + 375g
젤라틴 8g
밤 크림 375g

3 샹티이

생크림(유지방 함유율 30%) 300g
슈거파우더 60g
바닐라빈 1개

4 밤 크림

밤 페이스트 250g
포마드 버터 100g

5 샤블롱

초콜릿 30g

6 장식

카카오가루 15g

왜 스위스 머랭을 사용하는가?

프렌치 머랭이나 이탈리언 머랭보다 밀도
가 더 높고 단단하기 때문에 켜켜이 층을
쌓는 몽타주에 적합하다.

1 스위스 머랭(→47쪽)을 만든 후 식힌다. 오븐은 90℃로 예열한다. 8번 깍지를 끼운 짤주머니에 머랭을 담고 유산지 위에 지름 22cm 원을 3개 짠다. 이때 중심부에서 바깥쪽으로 나선을 그리며 달팽이껍데기 모양으로 짠다(→273쪽). 최소 2시간 동안 오븐에서 굽는다. 구워진 머랭이 완전히 건조되면 완성.

2 밤 무스를 만들기 위해 우선 젤라틴을 물에 불린다(→270쪽). 생크림 60g을 냄비에 담아 가열한다. 한번 끓어오르면 불을 끄고 물기를 뺀 젤라틴을 넣고 거품기로 섞는다. 밤 크림을 다른 볼에 담아두었다가 따뜻한 생크림을 섞어 거품기로 세게 젓는다.

3 생크림 375g을 샹티이(→63쪽) 상태로 만든다. 이렇게 완성된 크렘 몽테의 1/3을 밤 크림에 더해 거품기로 섞는다. 남은 크렘 몽테를 다 넣고 주걱으로 섞는다(→270쪽).

4 유산지를 깐 빵판에 원형틀을 올리고 안쪽 옆면에 무스 띠를 붙인다. 초콜릿은 중탕(→280쪽)으로 녹여 맨 밑에 둘 머랭에 바르고 **3**의 밤 무스를 틀 안에 놓는다. 10번 깍지를 끼운 짤주머니에 초콜릿을 바른 쪽을 아래로 향하게 하여(샤블롱→280쪽) 채우고 절반을 머랭 위에 짜 올린다.

5 두번째 머랭을 밤 무스 위에 놓고 남은 밤 무스를 모두 짠다. 마지막 머랭을 올리고 머랭이 깨지지 않을 정도로 살짝 눌러준다. 냉장고에 2시간 넣어둔다.

6 바닐라빈을 넣어 샹티이(→63쪽)를 만들고 냉장고에 보관한다. 밤 크림을 만들기 위해 거품반죽기에 비터를 끼우고 밤 페이스트를 휘젓는다. 포마드 버터를 더하고 속도를 높여 크림을 젓는다. 몽블랑 깍지를 끼운 짤주머니에 크림을 채운다. 냉장고에 넣어두었던 머랭 케이크를 꺼내고 틀을 뗀다. 샹티이 3/4을 스패튤러를 이용해 케이크 표면에 고루 펴 바른다(→274쪽). 케이크의 윗면에 얇은 국수 모양으로 밤 크림을 짜고 카카오가루를 고루 흩뿌린다. 생토노레 깍지를 끼운 짤주머니에 샹티이를 담고 밤 무스 주위를 둘러 장식한다.

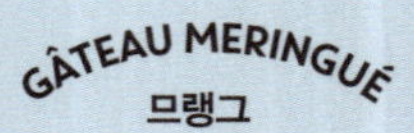

바닐라 바슈랭

VACHERIN À LA VANILLE

바닐라 아이스크림과 마스카르포네 샹티이를 곁들인 머랭.

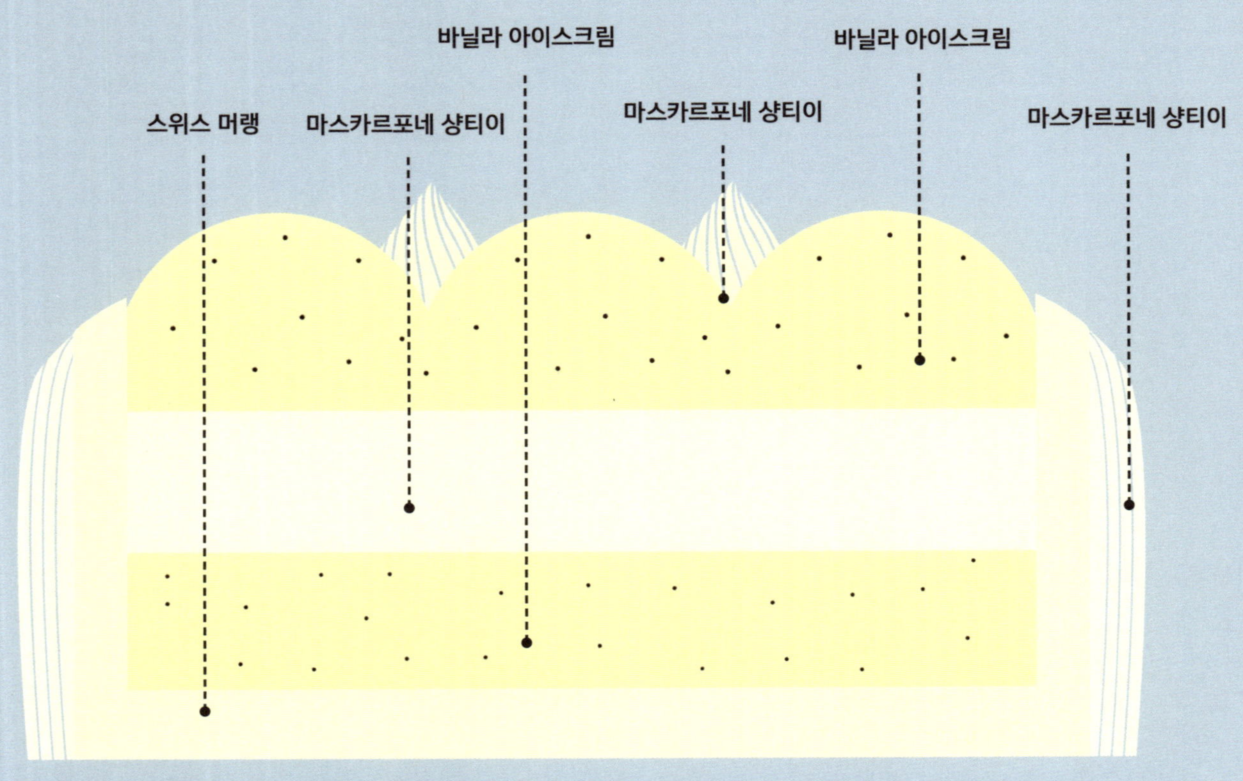

 **시간**

준비 시간: 1시간
굽는 시간: 3–5시간
냉동 시간: 3시간

도구

짤주머니 3개
8번 깍지
10번 깍지
별 깍지
지름 3cm 아이스크림 스쿱
거품반죽기, 비터
또는 핸드블렌더
지름 18cm 원형 타르트 틀

 **주의**

짧은 시간 안에 아이스크림 다루기

 **연습**

짤주머니 사용하기(→272쪽)

팁

아이스크림을 둥글게 떠서 냉동 보관하다가 케이크
에 올리기 직전에 꺼내야 녹지 않는다.

123 순서

머랭—아이스크림 준비—마스카르포네 샹티이—몽
타주

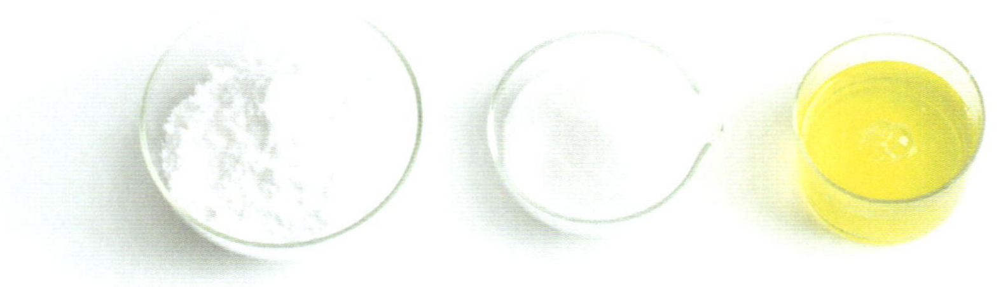

8조각

1 스위스 머랭

달걀흰자 100g
설탕 100g
슈거파우더 100g

2 마스카르포네 샹티이

생크림(유지방 함유율 30%) 250g
마스카르포네 치즈 250g
슈거파우더 60g
바닐라빈 1개

3 아이스크림

바닐라 아이스크림 1.5리터

1 스위스 머랭(→47쪽)을 만든다. 오븐은 90℃로 예열한다. 빵판에 유산지를 깔고 안쪽에 유산지를 바른 지름 18cm 원형틀을 올린다. 8번 깍지를 끼운 짤주머니에 머랭 반죽을 담아 원형틀 안에 달팽이껍데기 모양으로 원을 그려 채운다(→273쪽). 가장자리는 머랭 반죽을 5cm 정도 겹겹이 쌓는다.

2 오븐에 3시간 정도 굽는다. 머랭이 완전히 건조될 때까지 굽고 식힘망 위에 얹어 식힌다.

3 아이스크림 500ml를 볼에 담고 거품반죽기에 비터를 장착해 느린 속도로 섞거나 주걱으로 빠르게 저어 부드럽게 풀어준다. 짤주머니나 주걱을 이용해 아이스크림을 머랭 위에 재빨리 올리고 주걱으로 표면을 고루 매만진다. 냉동실에 넣는다.

4 마스카르포네 치즈, 슈거파우더, 바닐라빈에서 긁어낸 바닐라 씨, 생크림 50g을 거품기로 천천히 젓는다. 재료들이 골고루 섞이면 나머지 생크림을 조금씩 넣으면서 거품반죽기나 거품기로 빠르게 휘저어 크렘 샹티이처럼 만든다. 냉동실에서 **3**을 꺼낸다. 10번 깍지를 끼운 짤주머니로 마스카르포네 샹티이 3/4을 바닐라 아이스크림 위에 짠다. 스패튤러로 표면을 평평하게 펴고 냉동실에 1시간 넣어둔다.

5 지름 3cm 아이스크림 스쿱을 이용해 아이스크림 볼 7개를 뜬다. 이때 스쿱을 더운 물에 적시면 아이스크림이 깔끔하게 떠진다. 아이스크림 볼을 마스카르포네 샹티이 위에 올리고 냉동실에 넣어 최소 2시간 둔다. 먹기 직전에 나머지 크렘 샹티이를 별 깍지를 끼운 짤주머니에 채워 아이스크림 볼 사이사이를 장식하고, 빗살 깍지를 끼운 짤주머니를 이용해서 바슈랭 옆면을 장식한다. 보관은 냉동실에서 한다.

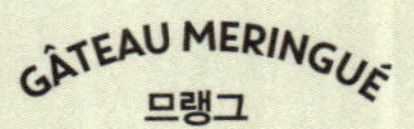

호두 쇡세

SUCCÈS AUX NOIX

호두 크렘 무슬린과 캐러멜을 입힌 호두를 곁들인
화관 모양으로 만든 비스퀴 쇡세.

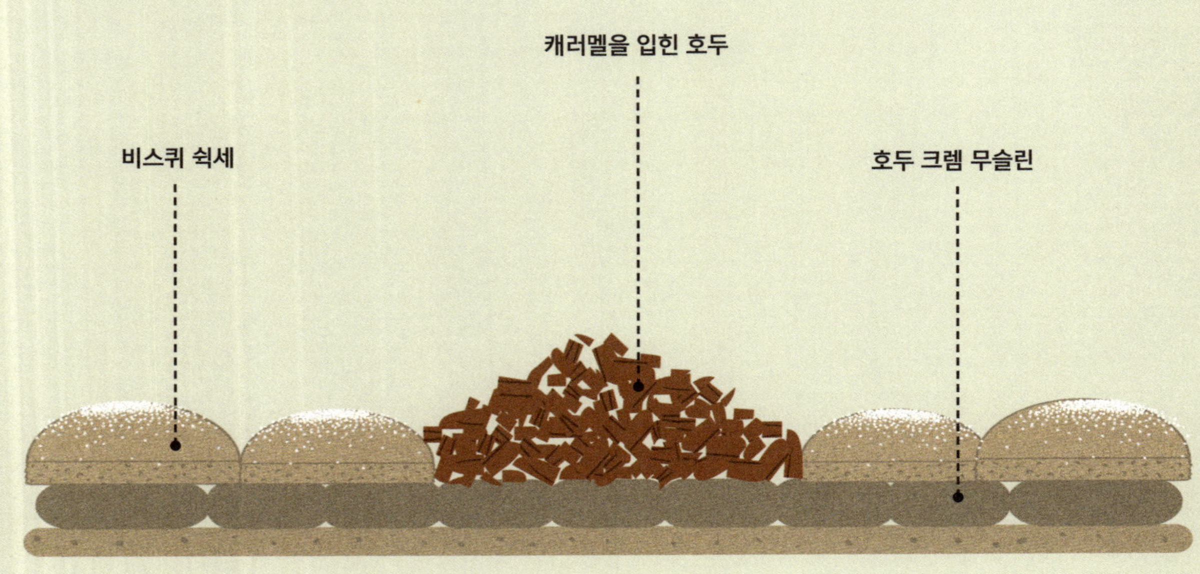

 시간

준비 시간: 1시간
굽는 시간: 45-55분
냉장 시간: 2시간

도구

짤주머니
10번 깍지
12번 깍지
온도계
믹서

 응용

호두를 동량의 헤이즐넛이나 아몬드로 대체 가능

 주의

화관 모양으로 짤주머니 짜기
견과류 캐러멜 입히기

연습

짤주머니 사용하기(→272쪽)
견과류 굽기(→281쪽)

123 순서

크렘 파티시에르—비스퀴—크렘 무슬린—호두 캐러
멜 입히기—몽타주

8조각

1 비스퀴 쉭세

박력분 40g
호두가루 155g
설탕 130g
달걀흰자 190g
설탕 70g

2 호두 크렘 무슬린

호두 프랄리네

호두 150g
물 30g
설탕 110g

크렘 파티시에르

우유 250g
달걀노른자 50g
설탕 60g
옥수수전분 25g
버터 65g

버터

포마드 버터 65g

3 장식

잘게 자른 호두 130g
물 10g
설탕 10g
슈거파우더 40g

1 비스퀴 쉭세(→38쪽) 반죽을 만든다. 10번 깍지를 끼운 짤주머니에 반죽을 담아 유산지를 깐 빵판 위에 지름 22cm 원형으로 짠다. 별도로 지름 4cm 작은 원 여러 개를 이어 붙여 지름 22cm 원을 만들고 그 안에 같은 방식으로 더 작은 원을 둥글게 이어 붙인다. 비스퀴 쉭세(→38쪽)를 굽는다.

2 호두 프랄리네를 위해 우선 굵게 다진 호두를 굽는 다(→281쪽). 180℃ 오븐에서 15분 굽는다. 냄비에 물을 붓고 설탕을 더해 107℃까지 가열한다. 여기에 구운 호두를 더하고 잘 섞어가며 캐러멜을 입힌다. 유산지 위에 덜어내고 식힌다.

3 호두를 믹서에 넣고 갈아 페이스트를 만든다.

4 크렘 무슬린(→56쪽)을 만든다. 가열 마지막 단계에서 호두 프랄리네를 섞는다.

5 12번 깍지를 끼운 짤주머니에 크렘 무슬린을 채운다 (→272쪽). 구워 놓은 비스퀴 쉭세의 둘레를 따라 크림을 돔 모양으로 짜고 가운데에는 달팽이껍데기 모양으로 짠다(→273쪽). 화관 모양 비스퀴 쉭세를 크림 위에 올리고 최소 2시간 냉장고에 넣어둔다.

6 장식을 위해 우선 물과 설탕을 끓인다. 빵판에 유산지를 깔고 그 위에 호두를 늘어놓는다. 시럽을 붓고 호두에 골고루 묻을 수 있게 잘 섞는다. 180℃ 오븐에 15분 굽는다. 이때 5분마다 주걱으로 뒤섞는다. 호두에 캐러멜이 골고루 입혀지면 식힌다. 화관 모양 비스퀴 위에 슈거파우더를 골고루 흩뿌리고 가운데에 호두를 놓는다.

플랑 파티시에

FLAN PÂTISSIER

파트 브리제 베이스에 익힌 크림을 채운 앙트르메.

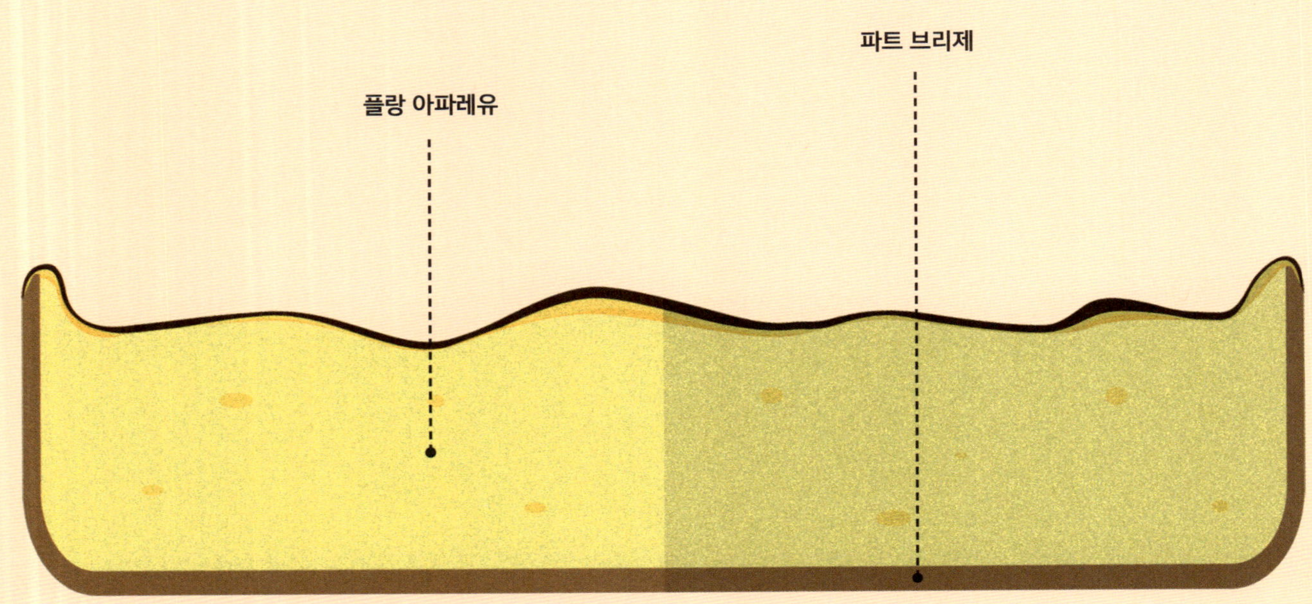

 **시간**

준비 시간: 30분
굽는 시간: 45분–1시간
냉장 시간: 4시간

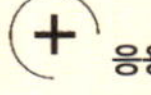 **도구**

지름 24cm 원형틀

+ 응용

열대과일 플랑: 우유 400g을 코코넛 우유로 대체하고 식은 플랑 위에 코코넛 슬라이스 50g을 뿌린다.

 **연습**

퐁세(→284쪽)

123 순서

파트 브리제 쉬크레—플랑 아파레유—굽기

6-8조각

1 파트 브리제

박력분 200g
버터 100g
설탕 25g
소금 1g
물 50g
달걀노른자 15g

2 플랑 아파레유

우유 800g
달걀 4개
설탕 200g
크림가루 60g
바닐라빈 1개

1 파트 브리제(→10쪽)를 만든다. 2mm 두께로 밀어 유산지를 깐 빵판 위에 올린다. 냉장고에 최소 30분, 가능하면 하루 정도 넣어두는 것이 좋다.

2 원형틀에 버터를 바른 다음 파트 브리제를 맞춰 넣는다(→284쪽). 냉장고에 넣어 1시간 정도 둔다. 오븐은 180℃로 예열한다.

3 볼에 설탕, 달걀을 넣어 섞은 다음 크림가루를 더해 섞는다.

4 우유에 바닐라빈에서 긁어낸 바닐라씨를 넣어 끓인다. 한번 끓어오르면 절반을 **3**어 넣고 거품기로 휘저어 섞는다.

5 **4**를 다시 우유 냄비에 붓고 센 불르 끓인다. 세게 휘저어 덩어리가 생기지 않게 한다. 끓기 시작하면 옆면에 붙지 않게 가볍게 흔든 다음 냄비를 불에서 내린다.

6 **2**에 **5**를 붓고 45분-1시간 굽는다. 오븐에서 꺼내 식힌 뒤 냉장고에 최소 3시간 정도 두었다가 먹는다.

치즈케이크

CHEESECAKE

짭짤한 크래커를 섞은 사블레 베이스에 프로마주 블랑이 들어간 바닐라 크림과
매끈한 바닐라 판나 코타가 올라간 크리미한 케이크.

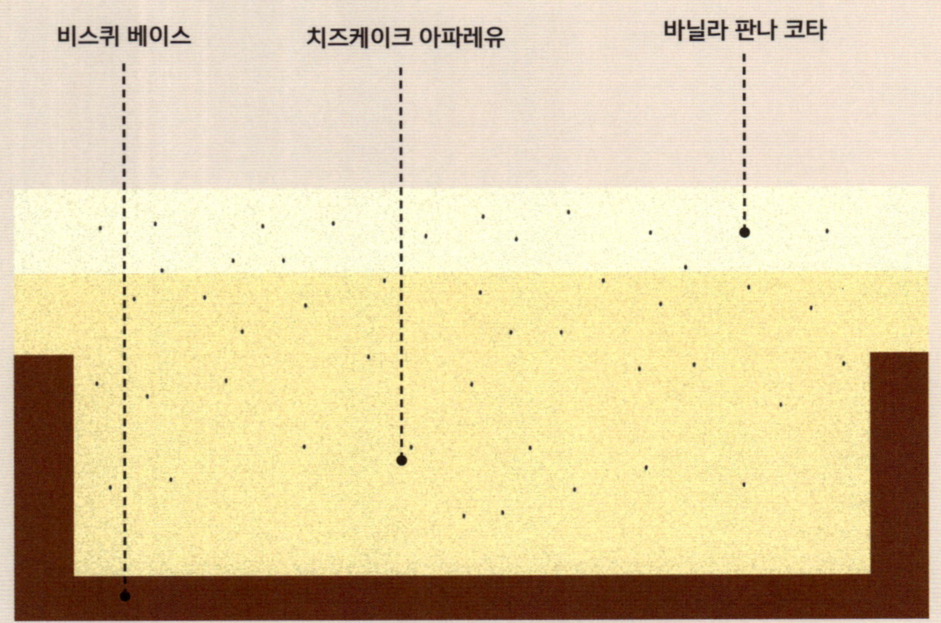

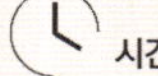 시간

준비 시간: 1시간
굽는 시간: 20-40분
냉장 시간: 6-24시간

 도구

12×24×7cm 케이크틀
거품반죽기, 비터
토치

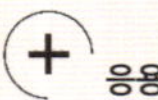 응용

라임 치즈케이크: 바닐라 대신 라임 제스트 1개 분량으로 대체

 주의

비스퀴 베이스 활용하기

 팁

변형 가능한 재질의 틀일 경우 굽는 과정에서 반죽이 틀 밖으로 흘러 모양이 망
가질 염려가 있다. 이때는 조리용 실로 틀을 둘러 고정시킨다. 버터가 과열되는
것을 막기 위해 비스퀴 베이스를 부드럽게 반죽한다. 버터가 과열되어 축축해진
반죽은 사용하기 어렵다.

123 순서

비스퀴 베이스—치즈케이크 아파레유—몽타주—굽기—판나 코타

6-8조각

1 베이스

크래커 260g
버터 200g
설탕 130g
박력분 65g

2 치즈케이크 아파레유

달걀 250g(5개)
슈거파우더 270g
크렘 에페스(유지방 함유율 30%) 500g
(또는 사워크림)
프로마주 블랑 650g
바닐라빈 2개
레몬즙 35g
옥수수전분 40g

3 바닐라 판나 코타

생크림(유지방 함유율 30%) 300g
설탕 15g
젤라틴 4g
바닐라빈 1개

1 베이스를 만들기 위해 크래커를 비터를 장착한 거품 반죽기로 가루가 될 때까지 천천히 돌린다. 버터, 설탕과 밀가루를 더하고 크림 상태가 될 때까지 계속 약하게 돌린다.

2 반죽을 유산지 2장 사이에 넣고 밀대를 이용해 1cm 두께로 민다. 냉장고에 1시간 넣어둔다. 12×24cm 사각형 1장(바닥용)과 24×3cm 긴 밴드 2장(세로 옆면용)으로 잘라낸다.

3 빵판에 유산지를 깔고 사각틀을 올린다. 바닥용과 옆면용 반죽을 각각 틀 안에 넣고 틀을 따로 둔다.

4 치즈케이크 아파레유를 만들기 위해 오븐을 120℃로 예열한다. 볼에 프로마주 블랑, 크렘 에페스, 슈거파우더와 옥수수전분을 넣고 휘저어 섞는다. 달걀을 더해 거품기로 섞고 바닐라빈에서 긁어낸 바닐라 씨, 레몬즙까지 넣은 뒤 골고루 잘 섞일 때까지 젓는다.

5 베이스를 깐 케이크틀 안에 **4**의 아파레유를 붓고 30-50분 굽는다. 이때 10분마다 몇 초간 증기를 빼야 균열이 생기지 않는다. 아파레유의 모양이 잡혔을 때 틀을 살짝 건드려본다. 미세하게 흔들리면 다 구워진 것. 상온에서 식혀 냉장고에 최소한 3시간, 가능하면 하루 정도 보관하는 것이 가장 좋다.

6 판나 코타를 만들려면 우선 젤라틴을 차가운 물에 담근다. 생크림 100g과 바닐라빈 긁어낸 것, 설탕을 끓이고 한번 끓어오르면 불을 끄고 바닐라빈을 건져낸 뒤 물에서 건진 젤라틴을 넣어 거품기로 섞는다. 나머지 생크림을 더하고 치즈케이크 위에 올려 냉장고에 2시간 넣어둔다. 토치를 이용해 케이크의 세로 옆면을 가볍게 가열한 후에 틀을 떼고 케이크를 1인분씩 잘라 내간다.

마들렌

MADELEINE

조개껍데기 모양을 한 부드럽고 작은 과자.

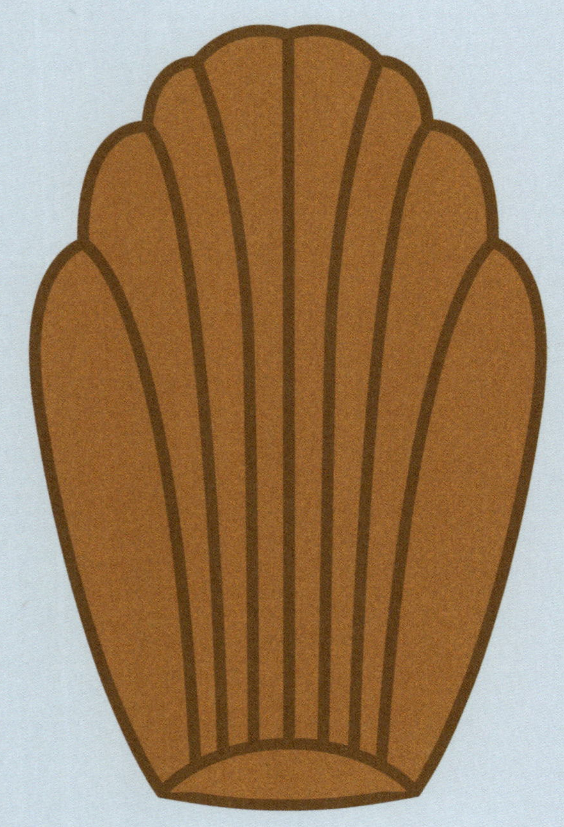

준비 시간: 15분
냉장 시간: 3시간
굽는 시간: 8–15분

10구 마들렌틀
강판

반죽을 충분히 휴지시키기

제스트 만들기(→281쪽)

10개

달걀 50g(1개)
설탕 50g
꿀 10g
박력분 50g
베이킹파우더 2g
버터 55g
레몬 1개

1 버터를 팬에 녹인 다음 상온에서 식힌다.

2 볼에 달걀과 설탕, 꿀을 넣어 거품기로 휘젓는다.

3 레몬 제스트(→281쪽)를 만들고 밀가루와 베이킹파우더, 레몬 제스트를 더한다. 덩어리지는 것을 막기 위해 밀가루는 조금씩 섞어가며 더한다.

4 포마드 버터를 더한다. 랩이 표면에 닿도록 씌우고 냉장고에 넣어 최소한 3시간, 이상적으로는 다음 날까지 두는 것이 좋다.

5 다음 날 오븐을 220℃로 예열한다. 미리 준비해둔 마들렌 반죽을 사용하기 30분 전에 냉장고에서 꺼낸다. 이렇게 하면 반죽이 부드러워져 사용하기 쉽다. 짤주머니를 이용해 반죽을 마들렌 틀에 담되 가장자리까지 다 채워 담지 않는다. 오븐 온도를 170℃로 낮추고 8~15분 굽는다.

6 오븐에서 꺼내 틀을 떼고 마들렌을 식힘망 위에서 식힌다.

마들렌에 돔처럼 볼록한 부분이 생기는 이유는 무엇인가?

마들렌은 굽는 과정에서 부풀어오르는데 온도가 상승하면서 가스가 팽창하기 때문이다. 가운데가 부풀어오르는 것은 마들렌 틀의 모양과 관련이 있다. 가운데 부분이 더 깊기 때문에 가장자리는 더 빨리 마르고 가운데는 더 부풀게 된다.

피낭시에

FINANCIER

아몬드가루를 베이스로 만든 아주 부드럽고 작은 과자.

 시간

준비 시간: 20분
굽는 시간: 12–25분
냉장 시간: 24시간

도구

피낭시에 틀 또는 미니 피낭시에 틀
짤주머니

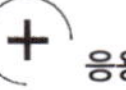 응용

가향 피낭시에: 감귤류 제스트를 반죽에 섞는다.

 연습

헤이즐넛 버터 만들기(→276쪽)

 순서

반죽—짤주머니—굽기

12개

포마드 버터 60g
슈거파우더 30g
황설탕 40g
달걀 1개
소금 1g
박력분 100g
베이킹파우더 3g
큼직하게 자른 다크초콜릿 50g
호두 조각 40g

1 포마드 버터를 슈거파우더, 황설탕과 함께 볼에 담고 섞는다. 달걀, 밀가루, 소금, 베이킹파우더를 더해 잘 섞는다. 초콜릿 조각과 호두 조각을 넣고 다시 섞는다.

2 반죽을 지름 6㎝ 순대 모양으로 만들고 랩으로 말아 냉장고에 최소 2시간 정도 둔다.

3 오븐은 160℃로 예열한다. 순대 모양의 반죽을 꺼내 1cm 두께로 썬다. 유산지를 깐 빵판 위에 잘라낸 반죽을 가지런히 얹고 10분 정도 굽는다. 손가락으로 만져봤을 때 가장자리가 딱딱하고 가운데가 부드러우면 잘 구워진 것. 오븐에서 꺼내자마자 유산지째로 작업대 위에 미끄러뜨려서 쿠키가 빵판 위에서 더 익지 않도록 한다. 쿠키를 식힘망에 올리고 식힌다.

쿠키는 무엇 때문에 더 촉촉해지거나 건조해지는가?

쿠키 식감을 좌우하는 것은 버터 질감이다. 버터가 부드러울수록 구울 때 반죽이 더 퍼지고 더 바삭한 쿠키가 된다.

반죽은 왜 휴지 시켜야 하는가?

촉촉한 쿠키를 구우려면 굽기 전에 반죽을 냉장고에 넣어 딱딱하게 두는 것이 중요하다.

무알뢰 오 쇼콜라

MOELLEUX AU CHOCOLAT

가운데가 거의 익지 않고 촉촉한 상태인 초콜릿 케이크.
단시간에 익히는 것이 특징이다.

 **시간**

준비 시간: 15분
굽는 시간: 8~12분

 **도구**

지름 8cm 원형틀 6개

+ 응용

무알뢰 오 쇼콜라 블랑: 굽기 전에 화이트초콜릿 조각을 틀에 담은 반죽 가운데에 박는다.

 **주의**

굽기

 **연습**

슈미제(→271쪽)
중탕하기(→270쪽)

★ 팁

알루미늄틀은 열을 빨리 전달해 구울 때도 틀을 뗄 때도 더 용이하다. 가장자리가 충분히 익지 않은 것 같으면 몇 분 더 굽는다.

6개

버터 150g
다크초콜릿 150g
슈거파우더 100g
박력분 50g
달걀 150g(3개)

1 오븐은 180℃로 예열한다. 원형틀 안에 유산지를 틀보다 약간 더 높게, 여분이 올라오도록 붙인다(→271쪽).

2 초콜릿과 버터를 중탕으로 녹인다. 볼에 밀가루와 수거파우더를 섞는다. 달걀을 조금씩 더해 덩어리가 생기지 않도록 거품기로 젓는다. 녹인 초콜릿과 버터를 더한다.

3 완성된 반죽을 유산지를 붙인 틀 안에 붓는다. 8분 정도 굽는다. 눈을 그린 것처럼 가운데가 더 진한 색을 띠는데 이는 가운데는 0 직 액체 상태고 가장자리는 익었기 때문이다.

무알뢰moelleux '부드럽다' '달콤하다'라는 뜻의 형용사. 여성형은 무알뢰즈moelleuse.

러시안 시가렛

CIGARETTE RUSSE

돌돌 말린 시가렛 모양의 바삭바삭한 비스킷.

시간

준비 시간: 20분
굽는 시간: 8-10분
냉장 시간: 3-24시간

활용

장식, 크림, 아이스크림, 셔벗 등과 곁들이는 과자

도구

나무젓가락
주걱

응용

충전 버전: 속에 가나슈 크레뫼즈(→72쪽)를 채운다.
크림 때문에 비스킷이 눅진해지기 때문에 만든 즉시 먹는 것이 좋다.

주의

시가렛 색 내기

연습

헤이즐넛 버터 만들기(→276쪽)

팁

나무젓가락을 이용하면 반죽을 수월하게 말 수 있다.

20개

버터 50g
달걀흰자 50g
슈거파우더 50g
박력분 50g

1 볼에 슈거파우더와 밀가루를 담는다. 헤이즐넛 버터 (→276쪽)를 만들어 바로 볼에 붓고 주걱으로 섞는다.

2 달걀흰자를 조금씩 넣어 섞고 표면이 닿도록 랩을 씌워 냉장고에서 휴지시킨다. 최소한 3시간, 가능하면 다음날까지 두는 것이 가장 좋다.

3 오븐은 200℃로 예열한다. 빵판에 유산지를 깔고 반죽을 작은 원 모양으로 여러 개 떨어뜨린 다음 스패튤러를 이용해 지름 8cm 크기로 얇게 편다. (스텐실을 이용해 모양을 잡아도 좋다.) 서로 닿지 않도록 빵판 하나당 4-6개만을 올린다. 8-10분 정도 굽는다. 가장자리가 더 짙은 색을 띠고 가운데가 황금빛이면 잘 구워진 것.

4 오븐에서 꺼내자마자 젓가락으로 둥글게 만다.

왜 굽기 전에 반죽을 휴지시켜야 하는가?

차가운 곳에서 휴지시키면 굽는 과정에서 반죽이 덜 늘어지고 오븐에서 꺼냈을 때 더 부드럽기 때문에 말기 쉽다.

랑그 드 샤

LANGUE DE CHAT

달걀흰자를 베이스로 만든 바삭바삭한 비스킷.

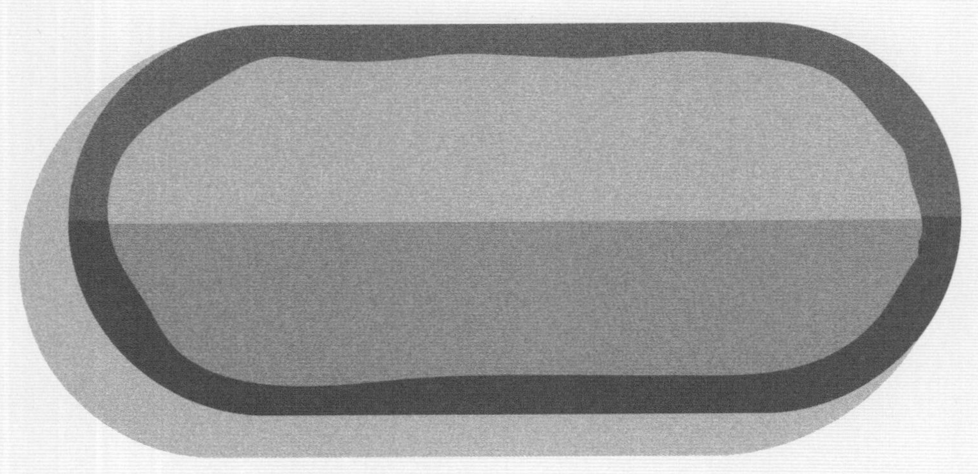

 시간

준비 시간: 10분
굽는 시간: 10–15분

 도구

짤주머니
8번 깍지

+ 응용

아몬드 랑그 드 샤: 오븐에 넣기 전에 소시지 모양으로 짠 반죽 위에 아몬드 슬라
이스를 뿌린다.
바닐라 랑그 드 샤: 바닐라오일 5g을 반죽에 섞는다.

 주의

굽기

 연습

크레메(→276쪽)
짤주머니 사용하기(→272쪽)

30개

버터 60g
설탕 30g
달걀 50g(1개)
박력분 60g

1 오븐은 190℃로 예열한다. 포마드 버터, 설탕을 넣그 주걱으로 크레데(→276쪽) 한다.

2 달걀, 밀가루를 넣고 골고루 섞일 때까지 섞는다.

3 빵판에 유산지를 깐다. 짤주머니에 반죽을 채으고 5cm 길이 소시지 코양으로 충분히 간격을 두고 짠다(→272쪽). 약 10분간 굽는다. 가장자리는 갈색, 가운데가 황금색이면 잘 구워진 것. 오븐에서 꺼내자마자 재빨리 비스킷을 떼어내 식힘망에 얹어 식힌다.

랑그 드 샤langue de chat　'고양이의 혀'라는 뜻.

로셰 프랄리네

ROCHER PRALINÉ

프랄리네로 속을 채우고 초콜릿을 겉에 입힌 뒤 다진 아몬드를 구워서 올린 앙트르메.

 **시간**

준비 시간: 30분
냉장 시간: 30분
굽는 시간: 15–25분

 **도구**

온도계
짤주머니
8번 깍지

 **연습**

초콜릿 템퍼링(→86쪽)

123 **순서**

가나슈—반죽 공 만들기—아몬드 굽기—템퍼링—초콜릿에 담그기

1

2

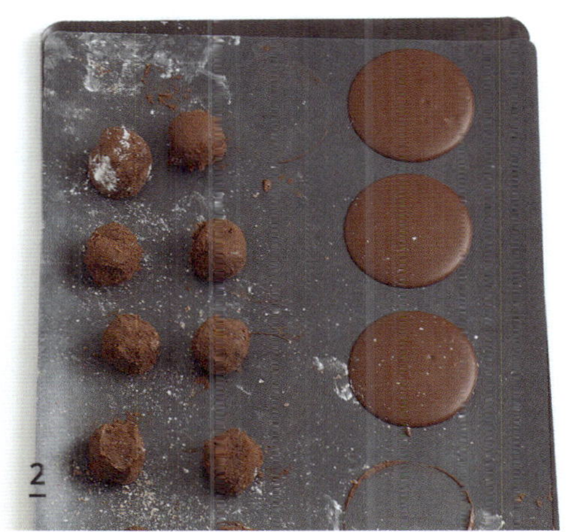

2

3

4

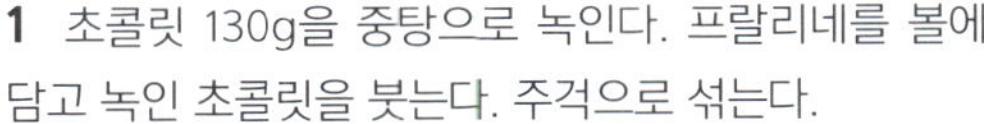

1 로셰 베이스

프랄리네 100g
다크초콜릿 130g

2 초콜릿 코팅

다크초콜릿 300g
잘게 자른 아몬드 150g
물 10g
설탕 10g
슈거파우더

1 초콜릿 130g을 중탕으로 녹인다. 프랄리네를 볼에 담고 녹인 초콜릿을 붓는다. 주걱으로 섞는다.

2 빵판에 유산지를 깐다. **1**을 짤주머니에 채우고 20g 정도 되는 원반 모양 12개를 빵판 위에 짠다. 냉장고에 30분 정도 둔다. 냉장고에서 꺼내 손에 슈거파우더를 묻히고 원반을 공 모양으로 둥글게 빚는다. 손에 슈거파우더를 바르면 초콜릿이 손가락에 묻는 것을 방지할 수 있다. 상온이나 냉장고에 둔다.

3 오븐을 160℃로 예열한다. 냄비에 물과 설탕을 담고 끓인다. 한번 끓어오르면 불을 끄고 식힌 다음 다진 아몬드 위에 부어 섞는다. 유산지를 깐 빵판 위에 아몬드를 넓게 편다. 오븐에 15-25분 굽는다. 아몬드가 골고루 색이 변할 때까지 규칙적으로 뒤적이며 굽는다. 오븐에서 꺼내 식힌다.

4 초콜릿을 템퍼링한다(→86쪽). 만들어 놓은 로셰를 하나씩 초콜릿에 담갔다가 초콜릿 포크로 건져 올린 뒤 구운 아몬드에 굴린다. 식힌 후에 낸다.

초콜릿은 왜 템퍼링하는가?

초콜릿이 흰색으로 변하는 것을 막고 로셰에 바삭한 식감과 반짝거리는 표면을 주기 위해 초콜릿을 템퍼링해야 한다.

제3부
용어 사전

도구 소개

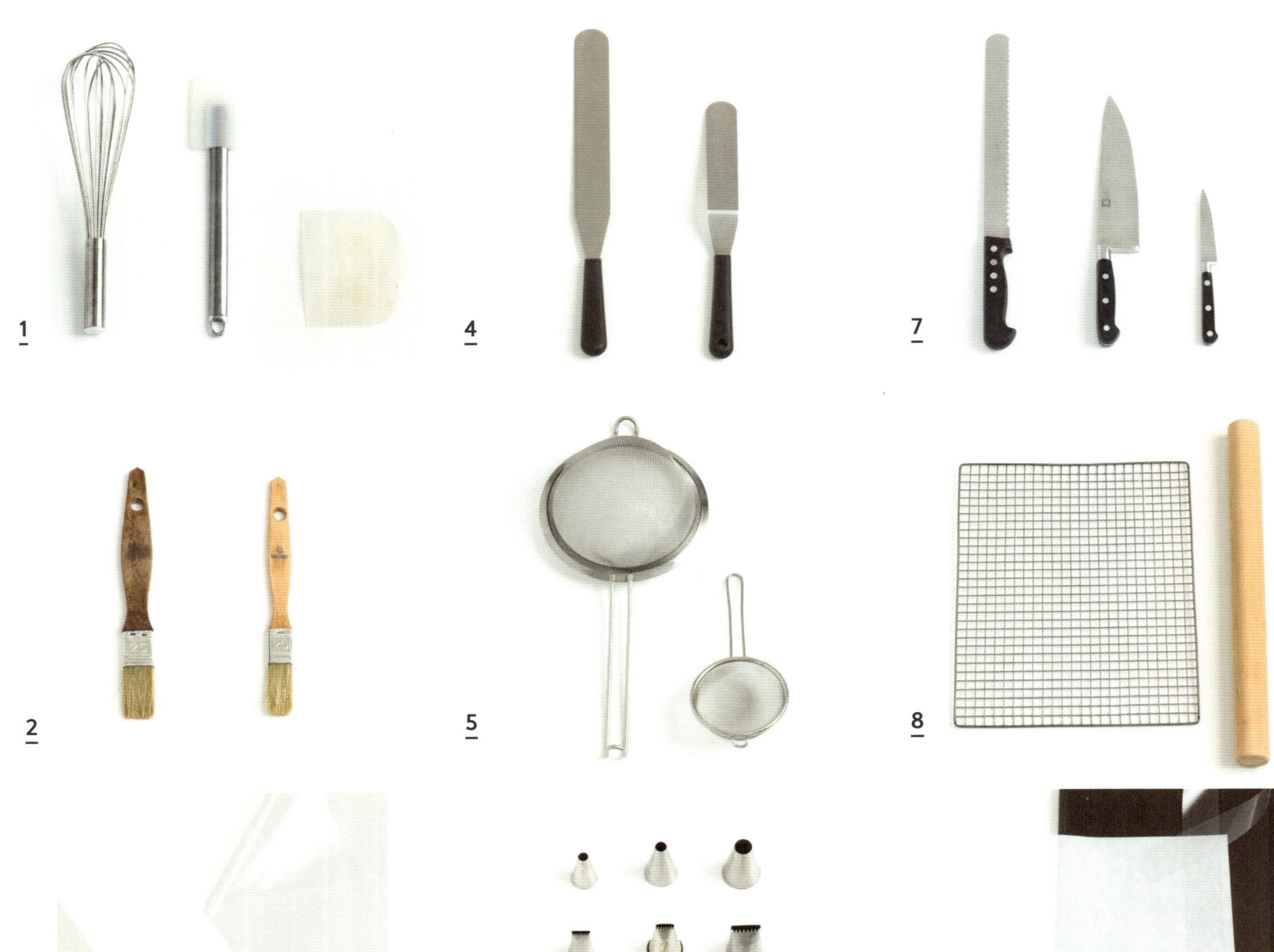

1 거품기, (실리콘)주걱, 스크레이퍼

2 붓

3 일회용 짤주머니

4 스패튤러, L자 스패튤러

5 체

6 깍지

7 빵칼, 칼, 과일칼

8 식힘망, 밀대

9 실패드(실리콘 베이킹패드), 유산지, 빵판, 무스 띠

도구 소개

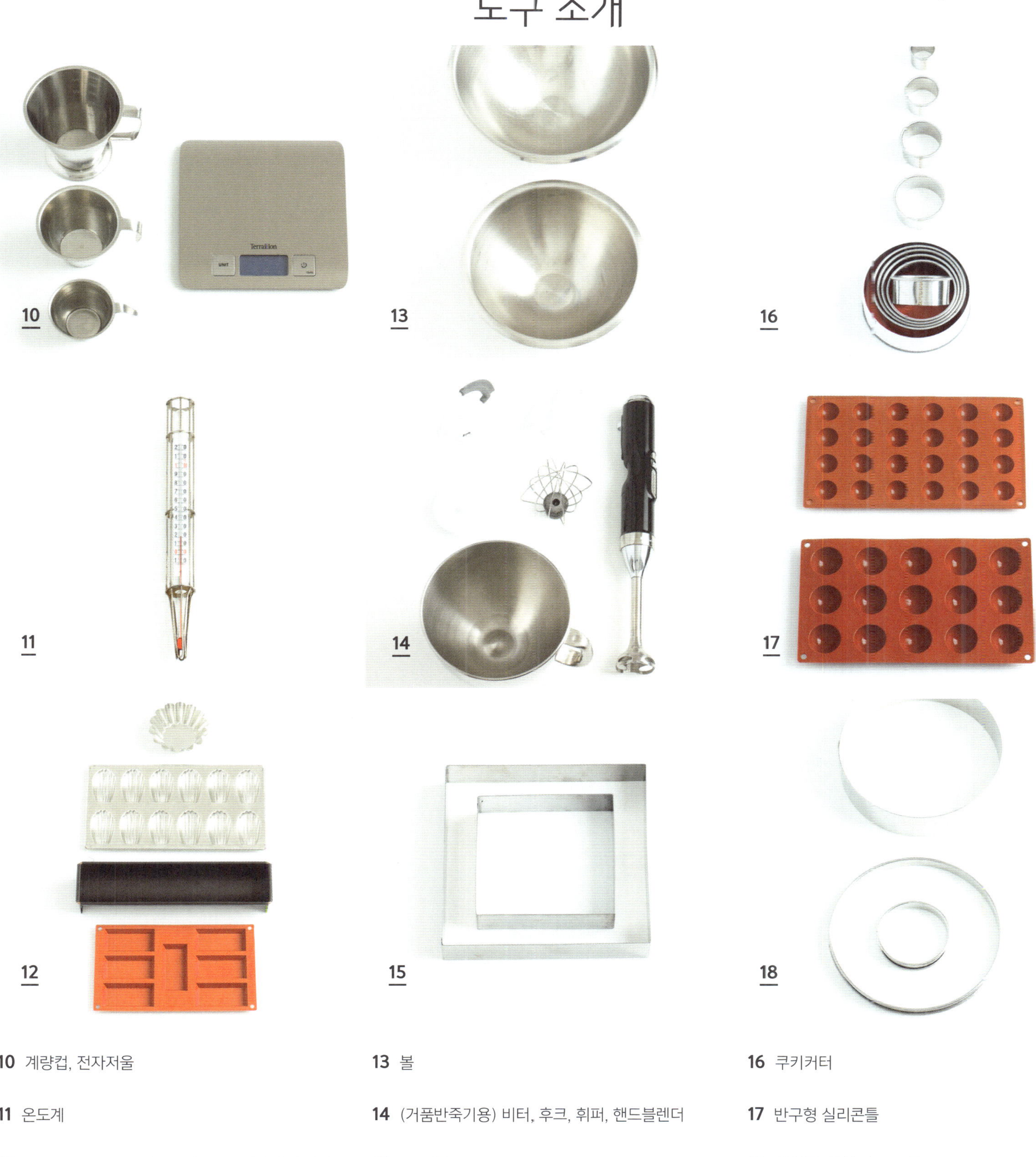

10 계량컵, 전자저울

11 온도계

12 브리오슈 틀, 마들렌 틀, 뷔슈 틀, 피낭시에 실리콘
틀

13 볼

14 (거품반죽기용) 비터, 후크, 휘퍼, 핸드블렌더

15 무스 틀

16 쿠키커터

17 반구형 실리콘틀

18 원형틀, 원형 티르트 틀

1 2단계로 재료 섞기 (거품기→주걱)

질감을 맞추기 위해 2단계로 재료를 섞는다. 반죽이 뻑뻑해지는 것을 막기 위해 1/3은 먼저 거품기로 빠르게 섞고, 최대한 가벼움을 유지하기 위해 나머지는 주걱으로 부드럽게 젓는다. 주걱 대신 거품기를 사용해도 된다. 더 빠르게 섞을 수 있다. 다만 재료들이 덩어리지지 않고 잘 섞였는지 주걱으로 확인한다.

2 젤라틴 불리기

판젤라틴을 반죽에 섞으려면 물에 충분히 불려야 한다. 제대로 불리지 않으면 실패할 수 있다. 젤라틴은 반드시 매우 찬물에 넣어야 한다. 찬물이 아닐 경우, 젤라틴이 녹을 수도 있다. 최소 15분 동안 담갔다가 꺼내, 손으로 물기를 제거한 후 준비한 반죽에 넣는다.

젤라틴은 반죽이 서로 엉겨 모양을 잡도록 하는 역할을 한다. 금방 굳기 때문에 미리 준비한 반죽에 넣어 바로 사용하는 것이 좋다. 바로 사용하지 않는다면, 잘 보관하다가 사용 직전에 거품기로 충분히 젓는다.

3 중탕하기

중탕은 내용물이 열에 직접 닿지 않고 수증기로 데워지게 하는 방법이다. 중간 불로 부드럽게 데운다. 이는 달걀이 익거나 초콜릿이 타는 것을 방지한다. 큰 냄비 그리고 물에 닿지 않고 냄비 가장자리에 올려둘 수 있는 볼을 준비한다. 냄비 안에 물을 넣고 중간 불로 가열한다. 센 불로 끓이지 않는다. 냄비 위에 내용물을 담은 볼을 올린다. 볼이 물에 닿지 않아야 한다.

4 체에 내리기 (시누아제CHINOISER)

내용물 안에 남아 있는 덩어리를 없애기 위해 체에 내리는 걸 말한다. 바닐라빈이 들어간 크렘 앙글레즈 같은 크림, 아몬드가루 등이 뒤섞인 반죽가루, 글라사주 등의 입자를 곱고 고르게 한다.

5 달걀옷 바르기 (도레DORER)

달걀 또는 노른자를 잘 섞어 붓에 적신다. 붓에 묻은 양을 적당하게 조절한 뒤 브리오슈, 갈레트, 슈에 바른다.

틀 준비하기

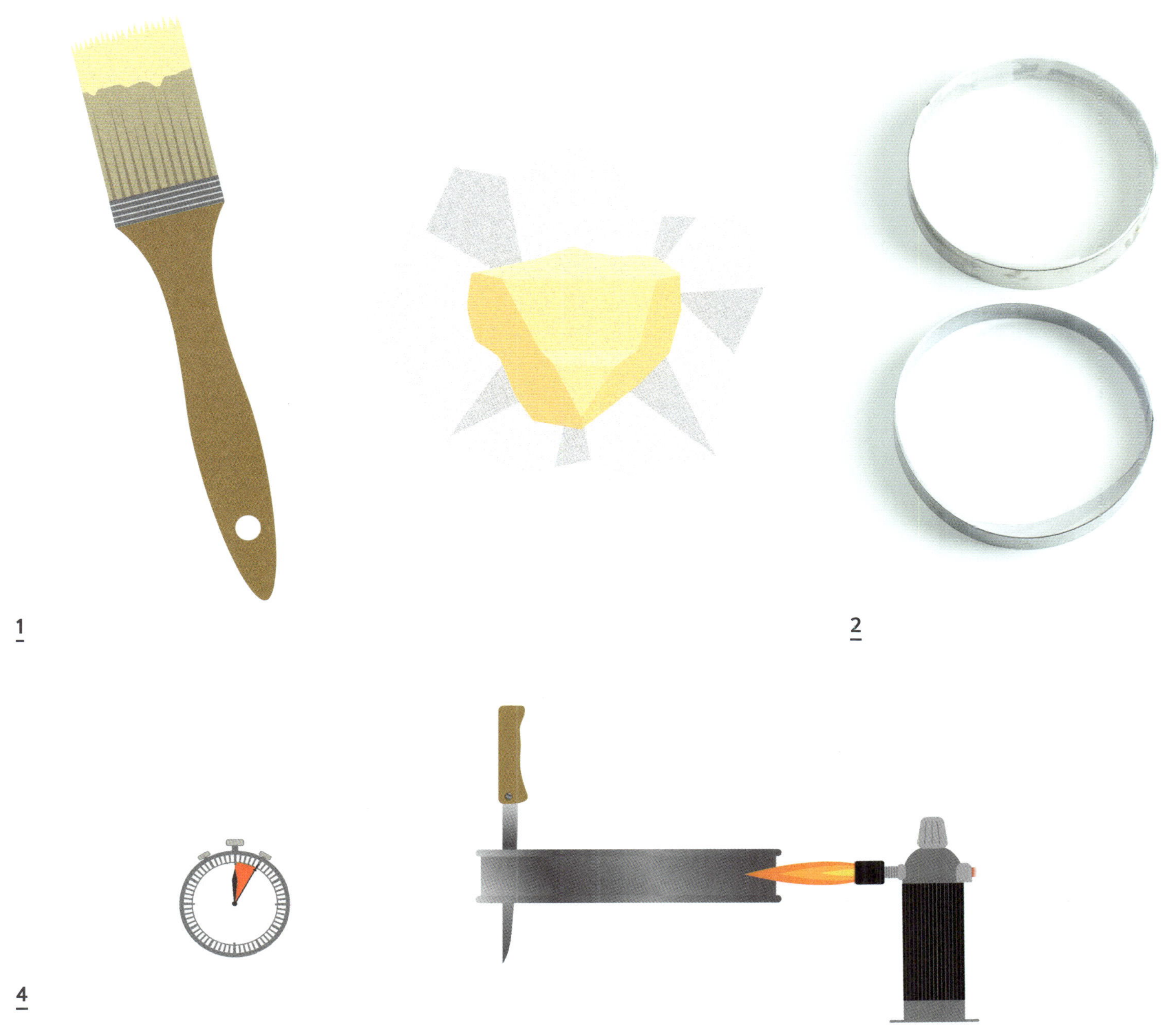

1

2

4

1 버터 바르기

굽고 나서 반죽을 틀에서 쉽게 빼기 위해 필요하다. 타르트 틀에 버터를 바르는 것은 반죽이 틀에 붙거나 굽는 동안 반죽이 내려앉는 것을 막아 타르트 모양을 온전하게 유지시킨다.
붓이나 키친타월로 포마드 버터를 틀 안쪽에 바른다. 촉촉한 반죽을 구울 때는 녹인 버터를 바른다.

2 슈미제CHEMISER

반죽이 틀에 붙는 것을 막으려면 반드시 슈미제를 해야 한다. 무스 띠나 유산지를 사용한다. 무스 띠는 뒤틀리지 않기 때문에 앙트르메를 만드는 데 더 유용하다. 유산지는 바닥 면적은 동일하게 하되, 높이는 틀보다 2cm 더 높게 자른다. 무스 띠는 앙트르메에 따라 4-6cm 높이로 고른다. 또한 유산지를 붙이려면 먼저 틀에 버터를 발라야 한다. 무스 띠는 그냥도 잘 붙는다.

3 빵판 준비하기

눌어붙지 않는 제과용 빵판이 있다. 이때 유의할 것은 팬의 모든 표면이 눌어붙지 않도록 코팅 처리되어 있어야 한다는 점이다. 실패드나 유산지는 마카롱 작업에는 적합하지만 슈 작업에는 좋지 않다. 베이킹용 투명 필름은 초콜릿 작업에 쓰인다. 유산지는 실용적이지만 불안정하다.
집게를 이용하여 양끝을 고정하거나 컵이나 칼처럼 무거운 물건을 놓는 것도 한 방법이다. 반죽이 종이를 고정시킬 정도의 무게라면 상관없다.

4 틀 빼기(데물레DÉMOULER)

무스 띠나 유산지는 틀을 바로 뺄 수 있게 해준다. 슈미제하지 않은 경우, 반죽을 틀에서 빼는 몇 가지 방법을 소개한다.

토치 얼린 케이크를 틀에서 뺄 때 틀 전체에 5초 정도 열을 가한다. 열을 너무 오래 가하면 케이크가 녹거나 탄 맛을 줄 수 있으니 유의한다. 틀에서 꺼낸 후 모양이 무너지는 것을 막기 위해 냉동실에 넣는다. 다만 냉동할 수 없는 프레지어는 이 방법을 쓰지 않는다.

칼 칼은 대개 준비과정에서 쓰이는 도구로, 이 경우엔 뜨거운 칼을 틀과 케이크 사이에 넣었다가 뺀다.

뜨거운 물에 담그기 뷔수와 같은 경우는 틀을 뜨거운 물에 담갔다가 뺀다

짤주머니 & 깍지 다루기

<u>3</u>

<u>5</u>

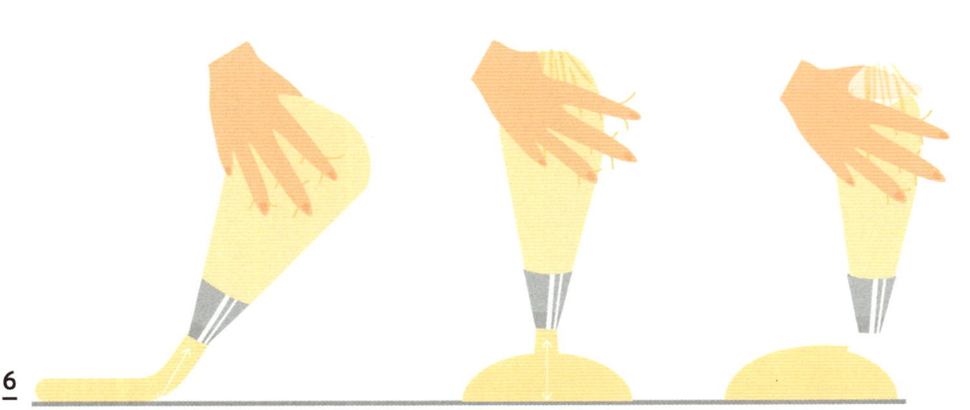

<u>6</u>

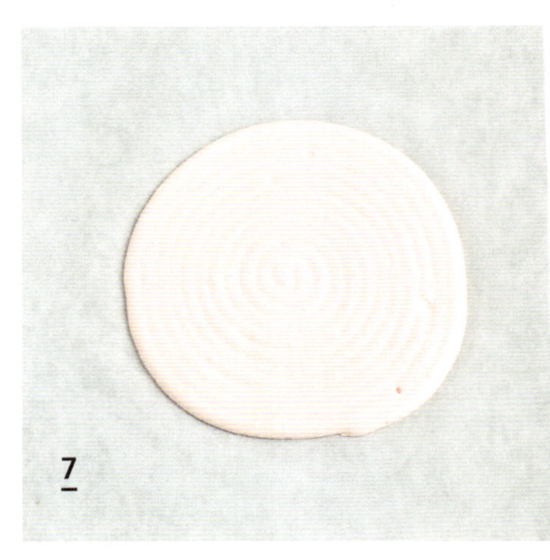

<u>7</u>

1 짤주머니 사용하기

일회용 짤주머니는 위생적이다. 타르트 안에 충전물을 채우거나, 반죽이나 크림 등을 옮기거나, 글라사주로 가는 선을 그릴 때는 깍지 없이 사용한다. 짤주머니 앞부분을 원하는 만큼 잘라 구멍의 크기를 조절한다. 내용물을 채우고 엄지와 검지로 짤주머니 입구를 쥐고 양을 조절하며 짠다.

2 깍지 사용하기

장식하거나 내용물을 짜기 위해 재질이나 크기, 모양이 다른 다양한 깍지가 있다. 플라스틱이나 스테인리스 재질이 대표적이다. 짜놓은 모양은 짤주머니를 잡은 위치나 주는 힘, 깍지에 따라 달라진다. 가는 실타래 모양을 연출하는 몽블랑 깍지, 입구가 경사진 생토노레 깍지 등이 있다. 깍지 번호는 입구 지름의 크기(mm)에 따라 붙여진다. 입구 지름이 10mm라이면 10번 깍지가 된다.

3 빵판 준비하기

실패드(슈는 제외), 눌어붙지 않는 빵판, 유산지를 깐 빵판 위에 짠다.

4 모형(틀) 사용하기

반죽을 짤 때 정확함을 위해 실물 크기의 모형(틀)을 사용한다. 예를 들어 큰 종이 위에 쿠킹커터나 컵을 이용해 여러 원을 어긋물리게 그린다. 빵판 위에 원을 그린 종이를 놓고 그 위에 유산지를 올리면 모형을 재사용할 수 있다. 아니면 유산지 위에 직접 그린 뒤 뒤집어 사용할 수도 있다. 종이를 고정시키기 위해 무거운 컵이나 칼 등을 올린다. 모형을 이동해가며 짠다.

5 짤주머니 채우기

사용할 깍지를 짤주머니 안에 밀어넣는다. 깍지가 제대로 자리 잡을 수 있도록 위치를 조정하고 짤주머니 끝을 자른다. 자를 때는 깍지를 다시 올린다. 채우는 동안 반죽이 새는 것을 막기 위해 깍지 바로 위에서 짤주머니를 돌돌 말아 깍지 속으로 집어넣는다. 짤주머니의 윗부분을 짤주머니를 쥔 손 쪽으로 접는다. 주걱으로 반죽을 떠 넣을 때마다 손 위를 긁어내듯이 마무리한다. 넘치지 않도록 짤주머니의 2/3까지만 채운다. 반죽을 깍지 쪽으로 밀기 위해 짤주머니를 1/4 정도 비튼다. 깍지에 말아넣은 부분을 빼고 반죽을 아래로 내리기 위해 짤주머니를 돌린다.

6 짤주머니 짜기

돔이나 원 모양을 만들려면 짤주머니를 수직으로 잡고 에클레르를 만들기 위해서는 짤주머니를 눕힌다. 짤주머니를 손으로 누르고 한 방향으로 나아가면서 안정적으로 짠다. 손 안에 반죽이 충분하지 않을 경우 짤주머니를 1/4 정도 비틀어 반죽을 내린다.

짤주머니 & 깍지 다루기

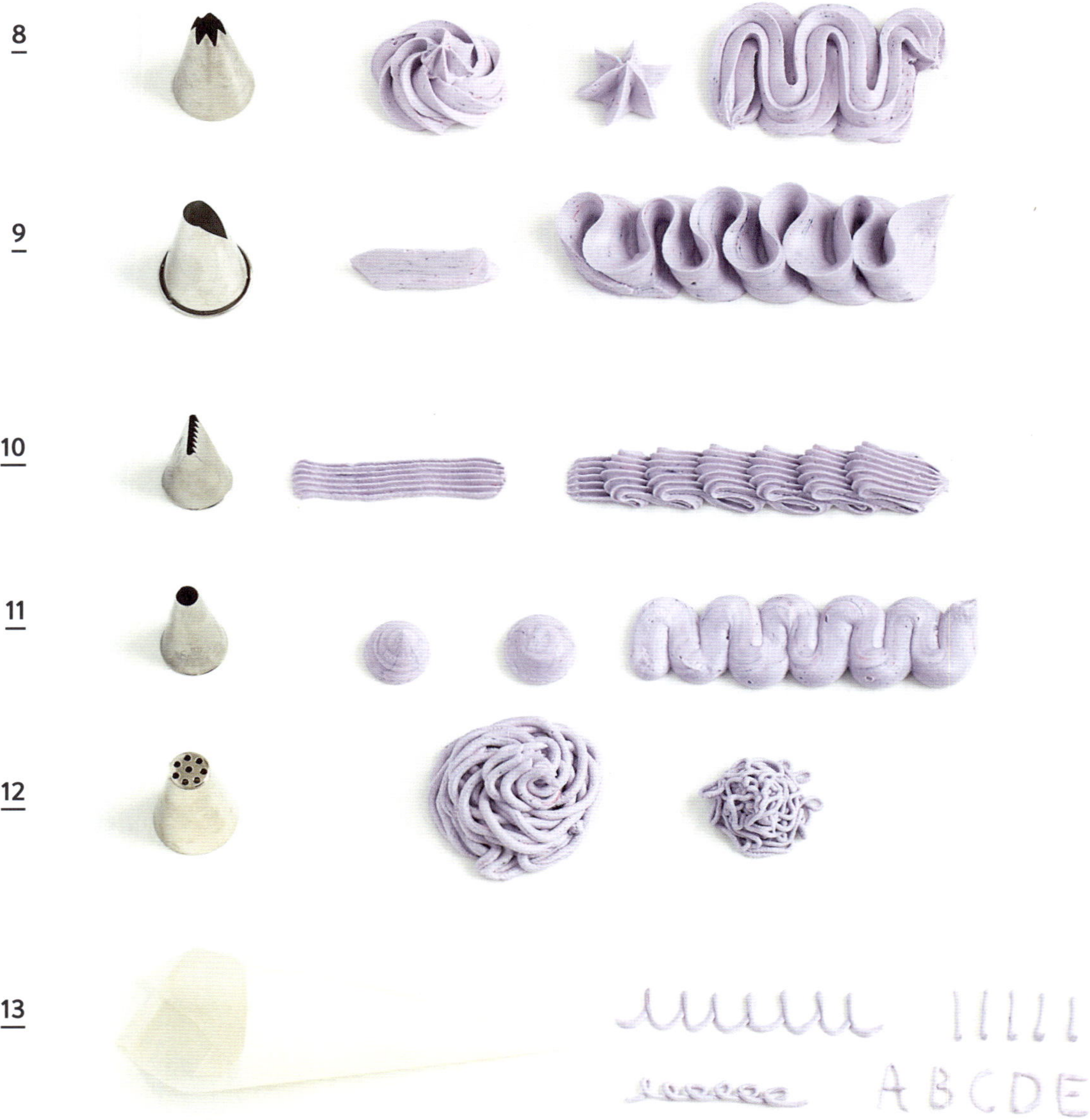

7 달팽이껍데기 모양 만들기

베이스가 되는 큰 원을 만들거나 케이크를 장식하려면 짤주머니를 이용해 일정한 두께로, 모든 표면에 반죽을 올려야 하므로 달팽이껍데기 모양으로 짠다. 중앙에서 부터 반죽을 짜기 시작한다. 일정한 두께의 선을 그리려면 가능한 한 일정하게 힘을 준다. 선들을 붙여 그리되 서로 포개지지 않도록 주의하면서 빠르게 짠다.

8 별 깍지 사용하기

굵고 둥근 선을 연속시켜 물결 모양을 만들거나, 짤주머니를 돌려 원형의 꽃 모양이나 간단한 별 모양을 만든다.

9 생토노레 깍지 사용하기

짤주머니를 들지 않고 재빠르게 물결 모양으로 짜주거나 간단한 선을 그린다.

10 빗살 깍지 사용하기

빗살 깍지로 홈이 팬 띠를 그리거나 일정 구간을 빠르게 오가며 파도 모양을 만든다.

11 원형 깍지 사용하기

짤주머니를 판 위에 수직으로 세워 돔이나 물방울 모양을 만든다.

12 몽블랑 깍지 사용하기

실타래와 같은 모양으로 표면을 덮을 때 이 깍지를 사용하면 간단하다.

13 유산지 코르네 사용하기

유산지를 직각삼각형으로 자른다. 짧은 변을 아래쪽에 놓고, 직각 부분을 검지손가락으로 잡는다. 짧은 변을 긴 변 쪽으로 둥글게 말아 원뿔 코르네cornet를 만든다. 빈틈이 생기지 않도록 최대한 조인다. 남은 모서리는 코르네 안으로 접어넣는다. 글라스 루아얄이나 퐁당을 반쯤 채우고 윗부분을 접어 막는다. 내용물을 꼭짓점 쪽으로 밀고 끝을 가로로 잘라 사용한다.

흘리는 방법 표면에 대고 펜처럼 글씨를 쓴다.

떨어뜨리는 방법 표면에 댈 수 없을 경우, 높이 올려서 잡고 글씨를 쓴다.

1

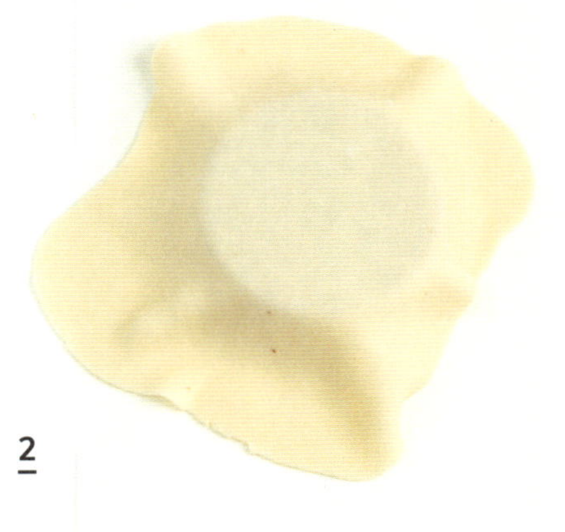

2

3

3

3

1 코포COPEAUX 뿌리기

앙트르메 표면에 접착력이 있어야 대팻밥 모양의 코포로 장식하기가 수월하기 때문에, 앙트르메를 크림으로 덮거나 글라사주를 바른다. 특히 코포를 다룰 때 녹지 않게 하려면 손놀림이 빨라야 한다. 앙트르메 윗면엔 빠르게 뿌리고, 옆면은 손에 가득 쥐고 앙트르메를 누르듯 붙인다.

2 파트 다망드PÂTE D'AMANDE(마지팬MARZI-PAN) 또는 파트 아 쉬크르PÂTE À SUCRE(슈거 페이스트) 씌우기

작업대 위에 감자전분을 가볍게 뿌린다. 밀대로 반죽을 2mm 두께로 민다. 케이크 위에 놓는다. 가장자리를 위에서 아래로 천천히 매만져 매끄럽게 한다. 주름지는 것을 피하기 위해 간간이 밑쪽을 살짝 들어준다. 남는 부분을 칼로 자른다. 아몬드 함유율은 22%가 적당하다. 그 이상은 반죽을 펴기가 어렵다.
파트 아 쉬크르도 가능한데, 마가린을 함유하는 경우가 많아서 천연의 맛이 떨어진다.

3 생크림 덮기

앙트르메 위에 크림을 짜고 스패튤러로 매끄럽게 한다. 가장자리 두께도 동일하도록 주의한다. 샹티이나 버터크림, 가나슈 같은 단단한 크림을 사용하는 것이 좋다.

5

6

6

4

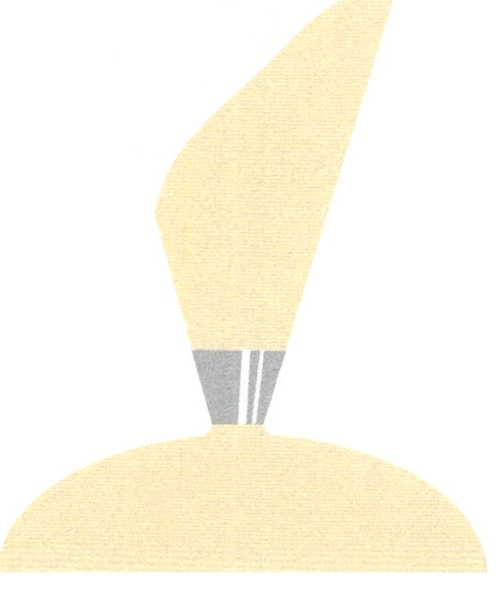

7

4 나파주NAPPAGE 바르기

앙트르메나 타르트에 윤기를 내기 위해 주로 과일 위에 나파주를 바른다. 보통 살구 나파주를 사용하는데 쉽게 구할 수 있다. 가열한 뒤 붓으로 빠르게 바른다. 잘 섞인 젤리나 잼을 사용할 수도 있다.

5 토치로 그을리기

토치는 크렘 시부스트나 이탤리언 머랭 등을 만들 때 속은 익히지 않고 표면에 색을 낼 수 있다. 크렘 브륄레처럼 달달한 표면에 캐러멜을 입힐 때도 유용하다. 태우지 않으려면 불꽃을 앙트르메로부터 20cm 떨어뜨려 균일하게 이동하며 조심히 그을린다.

6 스패튤러로 돔 만들기

큰 원형 깍지를 끼운 짤주머니로 크림을 짠다. 스패튤러로 위에서 아래로 매만져 끝이 둥글거나 뾰족한 돔 모양을 만든다. 납작한 스패튤러를 사용해야 움직일 때 크림을 덜 건드릴 수 있다.

7 짤주머니로 돔 간들기

큰 원형 깍지를 끼운 짤주머니로 크림을 짠다. 움직이지 않고 최대한 규칙적으로 짤주머니를 누른다. 한 번 짜기 시작하고 나면 돔 형태가 완성될 때까지 멈추지 않는다. 윗부분이 뾰족혜지는 것을 막기 위해 옆으로 빠져나오며 마무르 간다.

버터 다루기

<u>4</u>

<u>2</u>

<u>6</u>

1 재료

어떤 가공도 하지 않은 크림으로 만든 생버터나 살균된 정제버터를 사용한다. 이들 버터는 약 82%의 지방을 함유한다. 버터는 제과에 풍미와 부드러움을 주고 잘 부서지게 해준다. 간을 하는 반죽의 경우는 맛을 정확히 내기 위해서 무염버터를 사용한다.

2 차가운 버터BEURRE FROID

파트 사블레 등 경우에 따라서 다른 재료들과 섞을 때 차가운 버터를 사용해야 한다. 이는 버터가 밀가루와 완전히 섞이지 않게 하기 위함이다. 반죽 속에 남은 작은 버터 조각들이 굽는 동안 작은 공기주머니를 만들어 파트가 더 잘 부서지는 성질을 갖게 된다.

3 드라이 버터BEURRE SEC

버터는 생산된 계절과 젖소가 섭취한 먹이에 따라 녹는점이 다르다. 겨울에 생산된 버터는 단단하고 녹는점이 높은데(32℃ 이상), 이 버터를 (저수분) 드라이 버터라고 한다. 드라이 버터는 비교적 잘 녹지 않기 때문에 더 긴 시간 동안 작업이 가능하고, 반죽과 버터를 겹겹이 쌓는 경우에 특히 유용하다.

4 크레메CRÉMER

버터나 설탕을 넣은 버터를 강하게 휘저으면 크림화되어서 부드럽고 가벼워진다. 포마드 버터가 그 대표적인 예이다.

5 포마드 버터BEURRE POMMADE

버터를 반죽에 넣기 전에 말랑말랑한 포마드 상태로 만든다. 이는 반죽이 덩어리지는 것을 막고 반죽에 부드러움을 더한다.
버터를 작은 덩어리로 잘라 상온에 두거나 약한 열을 가한다. 버터를 완전히 녹이면 오히려 크림 같은 특성이 사라지므로 녹이면 안 된다. 말랑말랑해지면 주걱이나 거품기로 저어 포마드 상태로 만들어준다.

6 헤이즐넛 버터

버터를 약한 불에 가열하여 수분을 증발시키면 버터 안의 단백질 성분인 카제인 때문에 갈색으로 변하고 헤이즐넛 향이 난다. 헤이즐넛 버터 또는 브라운 버터라고 부른다.

생크림 다루기

3

4

5

1 재료

크림엔 여러 종류가 있다. 어떠한 처리도 하지 않은 원유(크뤼crue) 크림, 80℃에서 처리한 저온살균(파스퇴르pasteur) 크림, 초고온에서 처리한 멸균 크림. 크림은 젖소의 우유로 만든 것으로, 크림 1kg당 최소한 지방 300g을 포함한다(30%). 보통 생크림이라면 원유 크림이나 저온살균 크림을 말한다. 생크림에는 액체 유형과 유산균을 넣고 발효시킨 걸쭉한(에페스épaisse) 형태가 있다. 파티스리에선 유지방 함유율 30% 이상의 액상 크림을 사용한다. 거품이 잘 나고 풍미가 좋기 때문이다.

휘핑크림   유지방 함유율 30% 생크림에 유화제 등을 넣어 만든 완제품

2 차가운 크림CRÈME FROIDE

크림 거품이 안정적으로 유지되려면 지방 결정이 필수적이다. 지방 결정이 녹지 않게 하려면 크림이 차가워야 한다. 거품을 낼 때 사용하는 도구들 역시 냉장고에 넣어 차가운 상태를 유지하는 것이 중요하다. 볼과 거품기 등은 열전도율이 높은 스테인리스 재질이 좋다.

3 생크림 휘젓기MONTER LA CRÈME

반죽 등을 가볍게 만들기 위해서 '휘저어' 부피가 '팽창된' 크림을 사용하는 경우가 많다. 거품을 내듯 부피가 2배로 부풀 때까지 힘껏 휘젓는다. 기포 주위에서 결정화되는 지방질에 의해서 부피가 커지는 것이다. 거품반죽기에 휘퍼를 장착해서 이용하면 편하다.

4 생크림 세게 휘젓기SERRER LA CRÈME

크림 휘젓기 마무리 단계에서 큰 동작으로 더욱 힘차게 크림을 휘젓는다. 이는 크림의 밀도를 높이고 윤기를 만든다. 충분히 뻑뻑해지면 동작을 멈춘다. 여기서 더 저으면 버터처럼 되는데, 겉보기에 광택이 사라진다.

5 무스 만들기

보통 무스는 충분히 휘저은 크림을 반죽 등이 넣어 만든다. 무스의 질감은 휘젓는 동안 공기가 들어간 크림이 주는 것이다.

설탕 다루기

1

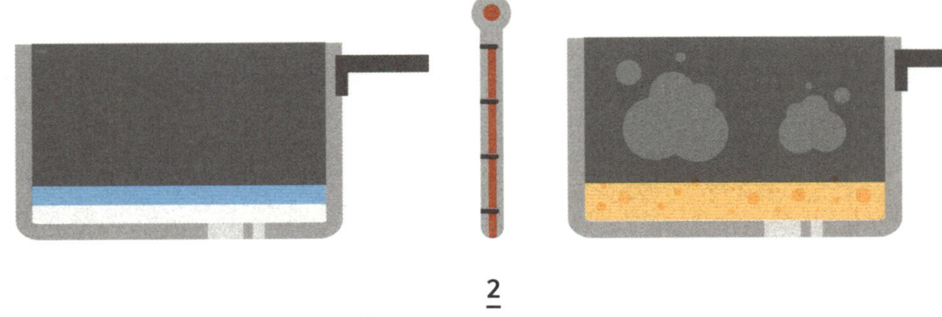

2

2

4

시럽sirop
100–105℃
스푼을 담그면 시럽이 입혀짐

프티 필레petit filet
105–107℃
과일 젤리에 사용

그랑 필레grand filet
107–110℃

프티 불레petit boulé
112–117℃
잼에 사용

불레boulé
118–120℃
이탈리언 머랭에 사용

– 시럽을 묻힌 스푼을 찬물에 담갔다가 꺼내
온도를 확인한다.

그로 불레gros boulé
125–130℃
마시멜로에 사용

프티 카세petit cassé
135–140℃
사탕에 사용

그랑 카세grand cassé
145–150℃
설탕 장식에 사용

황금 캐러멜caramel blond
160℃
캐러멜 코팅에 사용

1 재료

설탕은 향을 돋우고, 바삭함을 주며, 발효 시 효모에 양분을 주고, 굽는 과정에서 색을 내고, 촉촉하게 적시는 역할을 한다.

백설탕 정제된 가루설탕으로 제과에 주로 쓰인다.
슈거파우더 곱게 분쇄된 흰 가루설탕으로 녹말이 풍부하다.
황설탕 사탕수수에서 추출한 가루설탕으로 갈색이다.
물엿, 요리당 감자전분이나 옥수수전분으로 만든 투명하고 걸쭉한 시럽. 조리 도중 설탕이 결정화되는 것을 피할 수 있다. 글라사주나 누가틴에 많이 사용한다.
전화당 포도당과 과당이 같은 비율로 섞인 것으로 무르고 윤이 난다. 습기를 흡수하여 결정화되지 않는다. 몇몇 꿀이 여기에 해당한다.
우박설탕 슈케트 등에 사용되는 알갱이가 큰 설탕

2 캐러멜 만들기

캐러멜은 쓰임(소스, 무스, 글라사주, 장식 등)에 따라 조리 정도가 다양하다.

클래식 캐러멜 물과 설탕으로 만든다. 설탕 장식이나 슈 글라사주에 사용한다.
드라이 캐러멜 물 없이 만든다. 캐러멜 무스처럼 향을 첨가하는 용도. 맛이 확연하게 드러난다.

설탕을 오랜 시간 익히거나 강한 불에서 익힐 때 요리당을 사용한다. 결정화되는 것을 피할 수 있다.

3 시럽 만들기

깨끗하고 물기 없는 용기를 사용한다. 물과 설탕을 계량한 다음 섞지 말고 천천히 부어준다. 물에 적신 붓으로 용기 벽에 튄 설탕을 제거한다. 중불에서 데운다.

4 시럽 적시기(펀치하기PUNCHER)

적시기용 앵비바주imbibage 시럽은 알코올 성분이 포함되어 있다. 비스퀴를 적실 때 너무 흠뻑 적셔서 물러지지 않도록 스며들게 해야 한다. 붓을 시럽에 적신 후 비스킷을 톡톡 친다. 손가락으로 비스퀴를 눌렀을 때 시럽이 보여야 한다.

5 설탕 진주(페를라주PERLAGE) 만들기

비스퀴 위에 슈거파우더를 고운체로 2번 내려 성글게 뿌린다. 3분 후에 한 번 더 슈거파우더를 체로 친다. 굽는 과정에서 두번째 슈거파우더 층이 작고 바삭한 설탕 진주를 만든다.

달걀 다루기

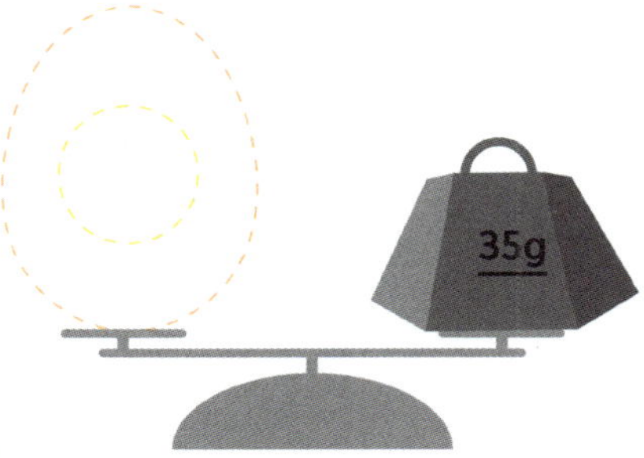

1

3

4

1

2

6

1 재료

달걀: 50g
달걀흰자: 30-35g
달걀노른자: 15-20g
특히 마카롱은 달걀을 계량하는 게 좋다.

달걀흰자는 단백질을 포함하고, 달걀노른자는 지방질을 포함한다.

보관 노른자는 냉장고에서 최대 24시간, 흰자는 냉장고에서 최대 1주일

오보프로뒤OVOPRODUITS 껍질 없이 유통되는 달걀 상품(달걀흰자, 달걀노른자 또는 전란). 액체 상태, 냉동 상태, 가루 상태 등으로 판매된다. 이들 제품은 정확한 계량을 돕고 위생 규범을 준수하며, 작업 시간을 줄인다.

2 달걀 분리하기

달걀흰자와 달걀노른자를 분리한다.

3 달걀노른자 블랑시르BLANCHIR

달걀노른자에 설탕을 넣고 부피가 2배로 부풀 때까지 휘저으면 색이 하얗게(블랑blanc) 된다고 해서 붙은 명칭이다. 일정한 거품이 생기기까지 몇 분 정도 소요된다. 거품반죽기나 핸드블렌더를 사용하면 더 빠르고 쉽다.

4 리본RUBAN 확인하기

달걀노른자 블랑시르된 달걀옷의 농도가 매끄럽고 균질적이어야 한다. 푹 떠서 흘렸을 때 끊어지지 않고 리본처럼 말려 접히면서 떨어지는 상태를 말한다.
달걀흰자 마카롱 반죽이 잘 섞이면 리본을 볼 수 있다.

5 달걀흰자 준비하기

가장 좋은 결과물을 얻으려면 노른자와 분리되어 며칠 냉장 보관했다가 조리 1시간 전에 꺼낸 흰자를 사용한다. 이 과정에서 달걀흰자가 용해된다. 용해된 달걀흰자에 함유된 알부민이 거품을 낼 때 공기를 잡아두는 역할을 한다.

6 달걀흰자 거품 내기

달걀흰자를 흰 눈처럼 부풀리기 위해 휘퍼를 장착한 거품반죽기를 사용한다. 윤기 있고 단단한 거품을 내기 위해서 휘젓는 마무리 단계에서 더욱 강하게 휘젓는다. 설탕 약간을 첨가하기도 한다.

초콜릿 다루기

2

5

3

1 재료

초콜릿은 카카오버터, 카카오 페이스트와 설탕을 다양한 비율로 섞은 혼합물이다. 초콜릿의 맛, 강렬함, 살살 녹는 정도는 그 혼합비율의 균형에 달려 있다. 카카오 함유율 70%인 초콜릿은 평균 설탕 30%, 카카오버터 35%, 카카오 페이스트 35%가 포함된 것이다.

커버처 초콜릿 일반 파티스리용 초콜릿보다 카카오버터 함량이 높아서 더 유동적이다. 열을 가했을 때 더 잘 반응하기 때문에 작업이 용이하다. 종종 일반 파티스리용 초콜릿으로 대체되지만 글라사주, 장식 등 템퍼링(→86쪽)이 필요한 경우엔 커버처 초콜릿이 더 좋다.

2 샤블롱CHABLON

비스킷 위에 얇게 펴 바른 초콜릿을 말한다. 마르면서 굳어 비스킷이 달라붙는 걸 방지한다.

일반 파티스리용 초콜릿을 사용한다. 템퍼링이 필요 없고 중탕으로 녹여 비스킷 위에 붓고 스패튤러로 최대한 얇게 펴 바른 다음 굳힌다. 쌓아야 하는 경우 초콜릿을 바른 면을 유산지 위에 올린다.

3 글라사주 바르기

40℃까지 가열한 글라사주를 냉동 앙트르메 위에 부어 스패튤러로 빠르고 얇게 펴 바른다.

4 코팅용 초콜릿

카카오가루, 설탕, 식물성 기름의 혼합물로서 샤블롱에 사용하며 오페라와 같은 몇몇 앙트르메 글라사주 제조에 쓰인다.

5 응용

초콜릿은 수많은 파티스리의 기본이며 다양한 조합이 가능하다.

비스킷, 무스(초콜릿+크렘 푸에테), 가나슈 크레뫼즈(초콜릿+크렘 앙글레즈+생크림), 다크초콜릿 글라사주(카카오가루), 초콜릿 크렘 파티시에르, 우유가 들어간 초콜릿 소스, 초콜릿 장식 등.

색소, 향료, 과일 다루기

1 색소

색소는 지용성과 수용성이 있다. 지용성은 지방질인 초콜릿이나 버터크림, 수용성은 마카롱이나 설탕 장식 등에 잘 섞인다.

분말 색소는 발색이 강하고 레시피의 안정성을 저해하지 않는다. 칼끝이나 미세 전자저울로 계량한다. 액상 색소는 한 방울씩 떨어뜨려 색을 조절한다. 가루든 액체든 색이 변하는 것을 보면서 조금씩 더한다.

초콜릿 지용성 색소와 섞는다.
마카롱 수용성 색소를 탕 푸르 탕tant pour tant(아몬드가루와 설탕의 동률 혼합물)에 섞는다.
퐁당 지용성 색소를 따뜻한 퐁당에 섞는다.
이산화타이타늄 식용 색소 분말이며 마카롱이나 화이트초콜릿 글라사주를 하얗게 만든다.

2 향료, 알코올, 추출물

바닐라, 계피, 스타아니스, 박하, 호두, 커피, 피스타치오 등 페이스트나 가루로 섞거나 에센스, 농축액, 오일 등으로 만들어 사용한다.
키르슈, 럼, 쿠앵트로, 그랑 마르니에, 칼루아 조리가 끝나고 알코올이 증발한 후에도 향이 지속된다. 다만 적시기용 앵비바주 시럽에는 알코올이 남아 있다.

에센스는 추출, 압착, 증류를 통해 얻어진다. 조리의 마지막 단계에서 몇 방울을 첨가한다. 향이 강하기 때문에 정확하게 계량하여 사·용한다. 농축액(커피, 바닐라 등)은 농축으로 얻어지는데, 조리의 마지막 단계에서 섞는다. 우려낼 시간이 없거나, 당장 필요하거나, 예산이 부족할 때(특히 바·닐라·는) 농축액을 사용한다.

3 제스트ZESTE 만들기

제스트는 감귤류의 겉껍질, 지스트ziste는 제스트와 과육 사이의 흰 속껍질이다-. 쓴맛이 나는 지스트는 제스트를 만들 때 제거한다.

제스터 지스트 없이 가는 채 형태의 제스트를 걷을 수 있다.
칼 껍질을 벗겨 밴드 형태로 나누어 자르그 다시 2mm 두께로 자른다. 지스트를 따로 제거해야 한다.
마이크로플레인 제스터 아주 가는 제스트를 얻을 수 있어서 가루로 뿌리거나 색을 입히는 효과를 낼 수 있다.

4 제스트 콩피 만들기

제스트를 끓는 물어 30초 정도 데치고 물기를 제거한다. 물과 설탕으로 시럽을 만드는데 끓으면 불에서 내린다. 이후 제스트를 시럽에 넣어 절인다.

5 견과류 굽기

빵판에 유산지를 깔고 견과류를 올린다. 17℃ 오븐에 넣고 크기에 따라 15~25분 정도 둔다. 더 고스해진다.

슈 팁

1 파나드PANADE 만들기
& 호화시키기DESSÉCHER

파트 아 슈의 첫 단계는 물+소금+설탕+버터를 잘 녹이고 불에서 내려 밀가루를 섞어 파나드를 만드는 것이다. 계란을 잘 섞기 위해 파나드를 다시 불에 올린다. 모든 재료가 균질하게 섞이면 냄비 바닥에 골고루 펴고 가열한다. 이때 따로 젓지 않는다. 지글거리는 소리가 들릴 때 냄비 바닥을 확인한다. 냄비 바닥에 아주 얇은 막이 일정하게 붙어 있으면 파트 아 슈가 잘 마른 것이다.

2 크라클랭CRAQUELIN 만들기

완성된 슈에 얹어 돔 모양과 바삭함을 주는 크럼블을 말한다. 유산지 2장 사이에 크럼블을 넣고 편 뒤 냉장고에서 굳힌다. 이후 원 모양으로 만들어 익히기 직전 슈 위에 올린다.

3 파트 아 슈 짜기(포셰POCHER)

눌어붙지 않는 빵판이나 유산지를 깐 빵판을 사용한다. 실패드는 사용하지 않는다.

슈 8mm 깍지를 사용한다. 빵판에서 1cm 뗀 높이에서 짤주머니를 직각으로 세운다. 반죽을 짜서 지름 3cm 원을 만든다. 한 점에서 짜듯이 좌우 움직임은 최소화하고 짜는 동안 짤주머니를 들어올리지 않는다. 원하는 크기가 되었으면 짤주머니를 살짝 비틀어 흘러나오는 반죽을 자른다.
에클레르 14mm 깍지를 이용한다. 짤주머니를 45°로 잡고 균일하게 반죽을 짜면서 빠르게 이동한다. 원하는 크기가 되었으면 슈와 같은 방식이나 칼을 이용해 반죽을 자른다.
슈 왕관 또는 슈 스틱 이미 짜 놓은 슈 바로 옆에 연달아 짜준다. 구워지면서 부풀어 서로 붙는다.

4 슈 굽기

잘 구워진 슈는 황금빛이나 갈색이 된다. 금이 가서 갈라진 부분들도 색깔이 잘 나야 한다. 20분이 지나면 오븐을 열어 증기를 한소끔 날려준다. 이후 지켜보며 색깔이 제대로 날 때까지 10~20분 정도 계속 굽는다.
만약 슈가 제대로 구워지지 않으면 필링이나 냉장고 습기 때문에 눅눅해지거나, 주저앉을 수가 있다. 잘 익은 슈는 안쪽이 부드럽고 촉촉하다. 컨벡션 오븐은 빵판 2개를 동시에 넣을 수 있다.

5 슈 충전하기

칼끝으로 슈 밑바닥에 작은 구멍을 뚫는다. 한 손에 슈를 들고 짤주머니에 끼운 작은 깍지를 슈에 대고 필링을 채운다. 충전한 슈는 묵직하다.

마카롱 팁

1

2

3

1 마카로나주MACARONAGE

마카로나주는 이탤리언 머랭과 파트 다망드를 섞는 것으로 시작한다. 스크레이퍼나 주걱을 이용한다. 이탤리언 머랭 1/3을 파트 다망드에 넣고 힘차게 섞어 무르게 만든다. 이탤리언 머랭 나머지도 모두 넣고 조심스럽게 섞어 균일한 반죽을 만든다. 볼 밑면까지도 스크레이퍼로 잘 긁어 남김없이 잘 섞는다.

잘 섞인 마카롱 반죽은 윤기가 나고 끊어지지 않고 흘러내린다. 반죽이 너무 묽으면 마카롱이 납작해지고, 반죽이 너무 되면 마카롱이 울퉁불퉁하거나 쪼개진다. 리본 테스트를 통해 이 농도를 조절한다. 반죽을 스크레이퍼나 주걱으로 떠서 흘러내리게 해본다. 끊어지지 않고 리본 모양을 만들며 떨어져야 한다. 만약 리본이 제대로 만들어지지 않으면 반죽을 계속한다.

2 틀 만들기 & 마카롱 짜기

지름 3cm 원을 촘촘히 그려 틀을 만든다. 한 줄을 먼저 그리고 다음 줄은 그 사이 사이에 오도록 원을 어긋물리게 그린다. 짤주머니를 수직으로 잡고 틀에 맞춰 짠다 (→272쪽). 짤주머니를 높이 들어올리지 않고 1cm 높이를 유지한다. 짤주머니를 살짝 비틀어 반죽을 뗀다. 반죽이 잘 만들어졌으면 뾰족한 끝부분이 스스로 평평해진다.

3 마카롱 굽기

마카롱 코크는 150℃에서 12분 정도면 구워진다. 컨벡션 오븐에는 빵판 2개를 동시에 넣을 수 있다.

바닐라 코크의 색이 지나치게 빨리 변하면 유산지를 덮어 열기가 덜 닿게 한다.

10분 정도가 지나면 상태를 확인한다. 코크를 건드려봤을 때 코크가 움직여야 한다. 충분히 구워지지 않았다면 코크가 유산지에서 떨어지지 않는다. 너무 과하게 구우면 코크가 건조해질 수 있으니 주의한다.

4 마카롱 보관하기

충전한 마카롱은 냉장고에서 24시간 숙성시키는 게 좋다. 이때 삼투가 일어나면서 필링이 코크에 갓을 가미하고 살살 녹게 만든다.

구운 코크는 밀폐용기에 담아 냉동실에서 3가월까지 보관할 수 있다.

가나슈나 잼으로 충전된 마카롱은 냉동 보관이 가능하나 크렘 파티시에르로 충전된 마카롱은 냉동 보관할 수 없다. 이 크림은 해동 후게 원래 상태를 회복하기 어렵기 때문이다.

반죽 팁

1

4

7

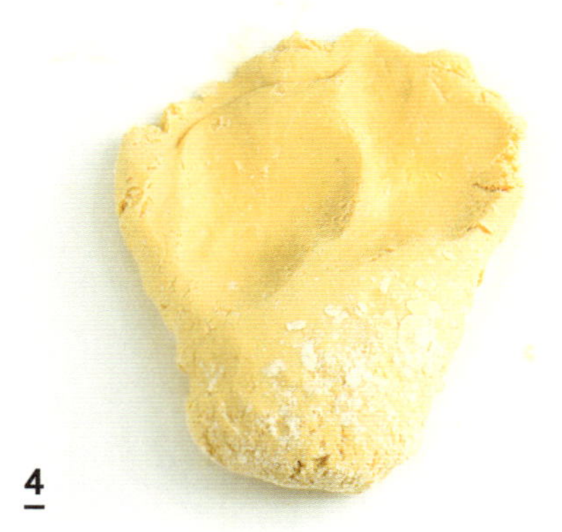

2

5

3

6

8

1 덧가루 뿌리기(플뢰레FLEURER)

작업 시 반죽이 작업대에 달라붙지 않도록 밀가루를 성기게 흩뿌린다. 너무 많이 뿌리면 반죽의 배합이 달라지므로 주의한다.

2 반죽 밀기(아베세ABAISSER)

밀가루를 흩뿌린 작업대 위에서 밀대로 반죽을 원하는 두께로 밀어 편다. 밀대에 일정한 힘을 가하며 밀고 90°씩 반죽을 돌려가며 작업한다.

3 반죽 섞기(사블레SABLER)

잘게 깍둑썰기 한 차가운 버터를 밀가루에 넣고 손가락 끝으로 그리고 손바닥으로 비빈다. 반죽을 으깨지 않는다. 모래와 같은 질감을 얻을 때까지 계속한다.

4 반죽 치대기(프레제FRAISER)

반죽이 잘 섞였는지 확인하기 위해서 손바닥으로 반죽을 1~2회 눌러준다.

5 반죽 가스 빼기
(롱프르ROMPRE/데가제DÉGAZER)

발효 후에 가스를 빼주기 위해 손으로 반죽을 눌러준다.

6 반죽 들어올리기(수플레SOUFFLER)

반죽을 가볍게 들어올려 반죽 밑으로 공기가 들어가게 한다. 굽는 과정에서 반죽이 오그라드는 것을 방지한다.

7 반죽 공 만들기(불레BOULER)

균일하게 부풀게 하기 위해서 반죽을 공 모양으로 만든다. 반죽을 소분하고 그중 하나를 덧가루를 뿌리지 않은 작업대에 올려놓고 손바닥 움푹 팬 부분으로 덮은 뒤 공 모양이 될 때까지 굴린다.

8 반죽 틀에 넣기(퐁세FONCER)

반죽을 케이크틀이나 원형틀에 넣는 것을 퐁세라고 한다. 원형틀은 결과물을 쉽게 뺄 수 있다. 공기방울이 생기는 것을 피하려면 바닥에 잘 밀착시켜야 한다.
원형틀에 버터를 바른다. 반죽이 찢어지지 않게 밀대로 들어올려 틀 위에 조심스럽게 올려놓는다. 한쪽 손으로 반죽의 가장자리를 들어올리고 다른 손으로 틀 안쪽으로 반죽을 밀어넣어 반죽이 틈 없이 틀에 정확하게 직각으로 놓일 수 있게 한다. 엄지손가락으로 자국을 남기지 않게 가볍게 눌러 반죽을 틀과 바닥면에 잘 밀착시킨다. 아베세한 후 바로 원형틀로 찍어 원을 만들면 작업이 쉽다. 구울 때 들어갈 원형틀 지름+원형틀 벽높이 2배를 합한 지름 크기로 원을 만든다.

9

10

11

9 마무리:
시크테CHIQUETER 또는 데쿠페DÉCOUPER

시크테 굽는 과정에서 반죽이 고르게 부풀게 하기 위해서 반죽 둘레에 모양을 잡는 것. 줄무늬 모양의 핀셋이나 작은 칼을 이용하여 사선으로 모양을 낸다. 갈레트의 경우 두 손가락을 살짝 벌려 가장자리에서 5mm 안쪽을 가볍게 누르고 칼등 끝부분을 기울여 가장자리 반죽을 손가락 사이로 밀어넣는다.
데쿠페 틀에 넣고 남은 반죽을 칼로 잘라주거나 밀대를 틀 위에서 굴려 제거한다.

10 반죽 굽기

타르트 반죽은 (사과 타르트처럼) 내용물을 채워서 굽기도 하고, 채우지 않고 굽기(초벌구이)도 한다. 차후 채울 가르니튀르가 뜨거운 상태로 만들어지거나(크렘 파티시에르) 또는 가열이 필요 없는 경우도 있기 때문이다. 이럴 경우 초벌구이된 타르트 베이스에 가르니튀르를 채워 차가운 곳에서 굳힌다. 초벌구이 방법을 알아보자.

· 파트 쉬크레 & 파트 사블레
반죽이 빵판 위의 원형틀에 제대로 놓였다면 반죽은 부풀지 않고 잘 구워질 것이다. 하지만 더 안전을 기하기 위해서 반죽 바닥을 코크로 찍거나 누름돌을 반죽에 올려 익는 중에 부풀지 않게 할 수 있다.
바닥이 있는 케이크 틀이나 바닥이 없는 케이크 틀에 반죽이 제대로 퐁세되지 않으면 공기방울이 만들어져 굽는 중에 반죽이 부풀어오른다. 포크나 누름돌을 이용하여 부풀어오르는 것을 방지하는 것이 좋다.

· 파트 브리제 & 파트 푀이테
이 반죽은 물을 포함하고 있기 때문에 쉽게 부풀어오른다. 포크나 누름돌을 이용한다.
피케PIQUER 구멍을 크게 뚫지 않도록 주의한다. 액체 아파레유의 경우 샐 수도 있다.

레스테LESTER 유산지를 타르트 지름 크기 원 모양으로 자른다. 유산지를 타르트 반죽에 올리고 누름돌(무게가 있는 구슬이나 마른 콩 등)을 채운다.

11 굽기 정도 확인하기

초벌구이 스패튤러로 바닥을 들어올린다. 바닥이 균일한 황금색을 띠어야 한다
브리오슈 칼로 찔러본다. 칼끝에 반죽이 묻어나오지 않아야 한다.
제누아즈(타입의 베스퀴) 손가락으로 눌렀을 때 자국이 남지 않고 원상태로 돌라와야 한다.
퀴이예르(타입의 베스퀴) 유산지를 들어 비스퀴 밑면을 본다. 구멍이 많이 뚫린 스펀지 같아야 한다.

멜라니 뒤퓌Mélanie Dupuis

미슐랭 가이드에서 별 두 개를 받은 엘렌 다로즈Hélène Darroze에서 시작해 파리 르 그랑 호텔le Grand Hôtel 등의 레스토랑과 코스트Coste 그룹에서도 일했다. 노마드NOMAD, 뤼브레 트레퇴르Lubré traiteur, 데디아르Hédiard 같은 식품 업체의 메뉴를 개발했다. 현재 프랑스 파리의 아틀리에 데 상스Atelier Des Sens 쿠킹스쿨에서 학생들을 가르치고 있다.

안 카조르Anne Cazor

분자요리학 박사이자 농업식품공학자. 분자요리학계의 유명한 전문가 에르베 티스Hervé This와 함께 3년간 일했으며, 2006년 퀴진 이노바시옹Cuisine Innovation을 창업하여 관련 전문가와 일반인에게 과학적 지식을 전파하고 있다.

강지숙

대학에서 불어불문학을 전공하고 다수의 프랑스어 영상물 및 문건을 우리말로 옮겼으며 《뉴욕 컬트 레시디》《도쿄 컬트 레시피》를 번역했다.

김대현

홍대 앞의 디저트카페 르쁘띠푸Le Petit Four의 셰프이자 서울종합예술실용학교 흐텔외식조리제과계열 특임교수로 재직하고 있다. 프랑스 리옹에 있는 호텔/요리 경영학교 폴 보퀴즈Paul Bocuse를 졸업하고 파리 플라자 아테네 호텔Hôtel Plaza Athénée Paris과 비엔에 있는 호텔 라 피라미드Hôtel La Pyramide의, 미슐랭 가이드에서 별 두 거틀 받은 레스토랑에서 일했다. 대한민국 요리 국가대표팀에서 파티스리 부문 셰프를 맡았고 룩셈부르크에서 열리는 세계적인 컬리너리 월드컵Culinary World Cup에서 2014년에 은상과 동상을 수상했다.

파티시에 그랜드 매뉴얼
LE GRAND MANUEL DU PÂTISSIER

1판1쇄 펴냄 2017년 4월 17일
2판1쇄 펴냄 2025년 8월 1일
2판3쇄 펴냄 2025년 11월 17일

지은이 멜라니 뒤피, 안 카조르 | **옮긴이** 강지숙 | **감수** 김대현

펴낸이 김경태 | **편집** 조현주 홍경화 강가연 | **디자인** 박정영 김재현 | **마케팅** 정보경
펴낸곳 (주)출판사 클
출판등록 2012년 1월 5일 제311-2012-02호
주소 03385 서울시 은평구 연서로26길 25-6
전화 070-4176-4680 | 팩스 02-354-4680 | 이메일 bookkl@bookkl.com

ISBN 979-11-94374-36-7 13590

이 도서의 국립중앙도서관 출판예정도서목록(CIP)은 서지정보유통지원시스템 홈페이지(http://seoji.nl.go.kr)와
국가자료공동목록시스템(http://www.nl.go.kr/kolisnet)에서 이용하실 수 있습니다.(CIP제어번호: CIP2017008458)

KB247007

제과의 기본

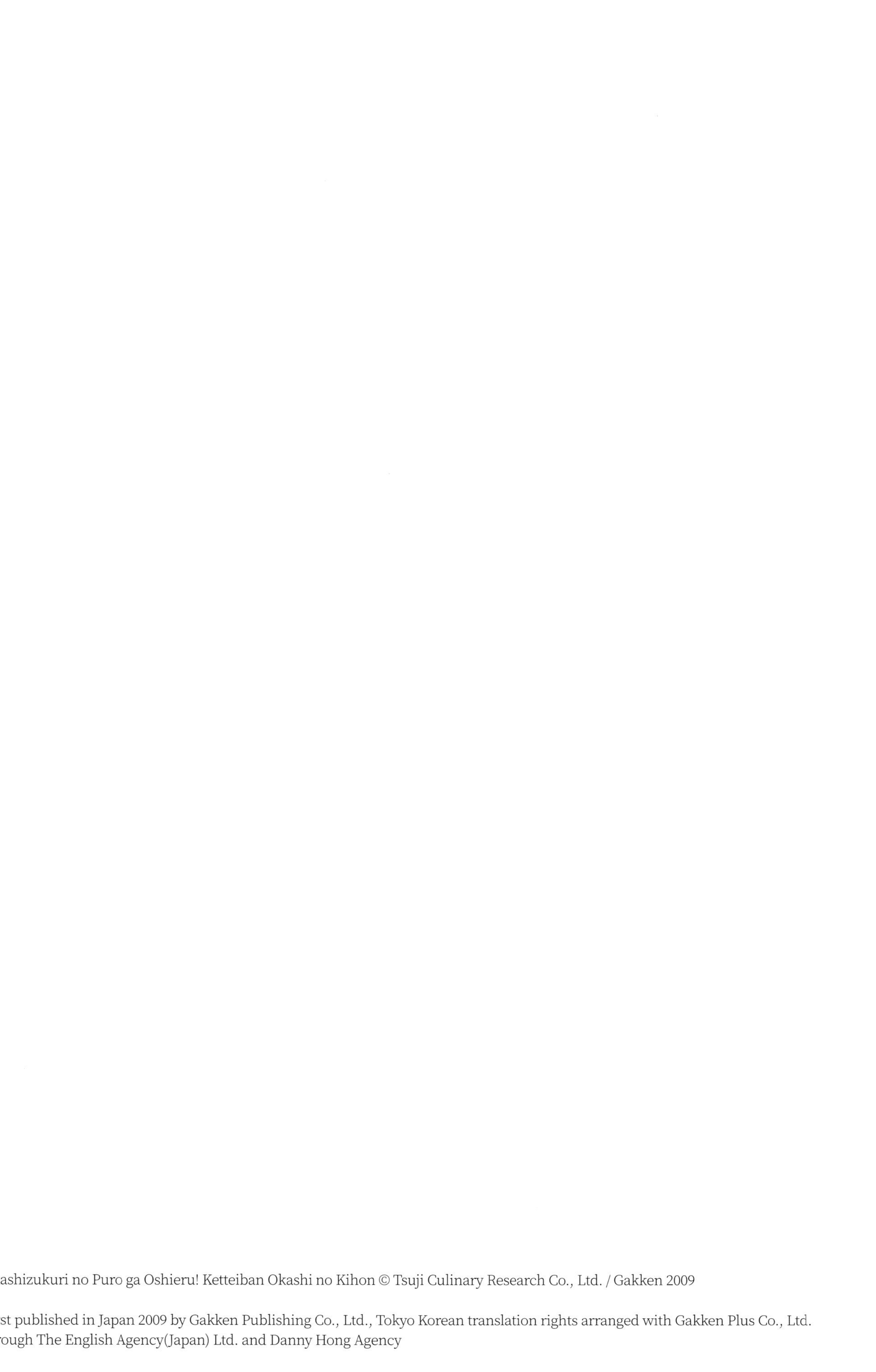

Okashizukuri no Puro ga Oshieru! Ketteiban Okashi no Kihon © Tsuji Culinary Research Co., Ltd. / Gakken 2009

First published in Japan 2009 by Gakken Publishing Co., Ltd., Tokyo Korean translation rights arranged with Gakken Plus Co., Ltd. through The English Agency(Japan) Ltd. and Danny Hong Agency

세계 3대 요리학교 츠지조그룹의 믿고 보는 과자 교과서

제과의 기본

츠지조그룹 에콜츠지도쿄 제과연구소 편 | 송유선 역

북띤

PART 1 스펀지케이크 & 롤 케이크 · · · · · · · · 24

CHAPTER 1 스펀지케이크 · 25

CHAPTER 2 롤 케이크 · 55

PART 2 시폰케이크 · 72

PART 3 파운드케이크 & 구움과자 · · · · · · · · · 92

CHAPTER 1 파운드케이크 · 93

PART 9 차가운 디저트 · 296

우리가 안내할게요!

에콜츠지도쿄라는 학교에서 양과자 프로를 목표로 하는
학생들을 지도하고 있는 전문가 선생님 두 분이
과자 만드는 법을 제대로 알려드립니다.
실패하는 이유가 뭔지, 어떤 상태로 만들어야 하는지
즉석에서 필요한 대로 만들어 쓸 수 있는 방법은 없는지 등
과자를 만드는 과정마다 지니처럼 나타나
꼭 필요한 조언을 해주신답니다.

가와미쓰 선생님　　**고무라** 선생님　　**독자** 대표

과자 만드는 데 필요한 도구와 재료, 그 사용법까지 상세히

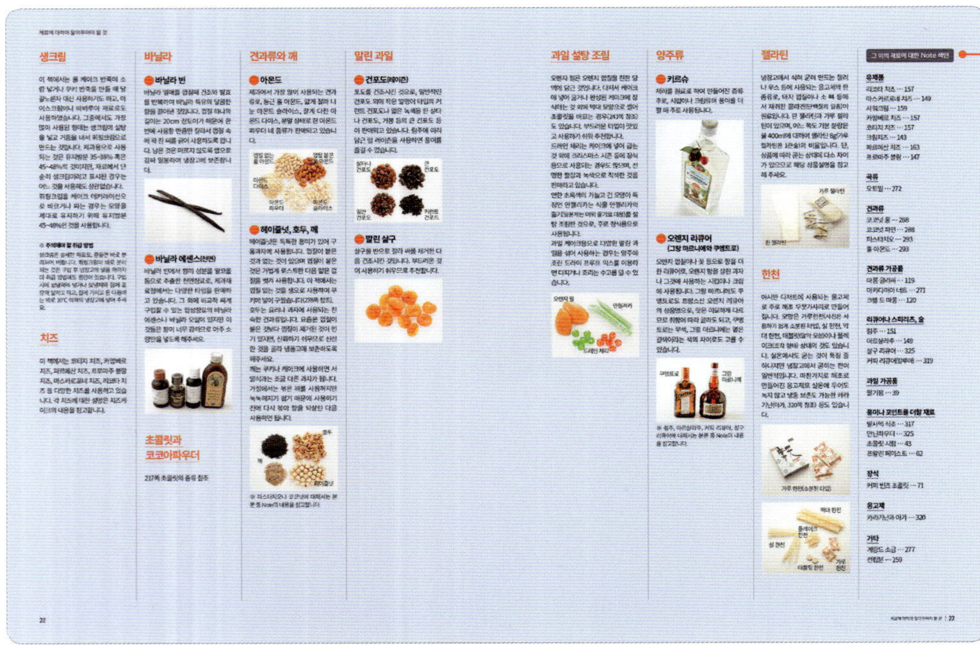

도구와 재료

과자 만드는 데 필요한 도구와 재료를 자세히 소개합니다. 각 도구와 재료의 특징과 종류, 사용법까지 알려주므로 본격적으로 과자를 만들기 전에 꼭 읽어보고 시작합시다! 없는 재료나 도구가 있다면 준비해두는 것도 잊지 마세요.

또한, 과자 만드는 법을 알려주는 본문 곳곳에서도 도구와 재료에 대한 간단한 팁을 제공하는데, 이 팁들에 대한 색인을 통해 필요한 정보가 있을 때 쉽게 찾아볼 수 있습니다.

어떤 과자도 실패 없이 만들 수 있는 완벽한 레시피와 전문가의 꼼꼼한 조언

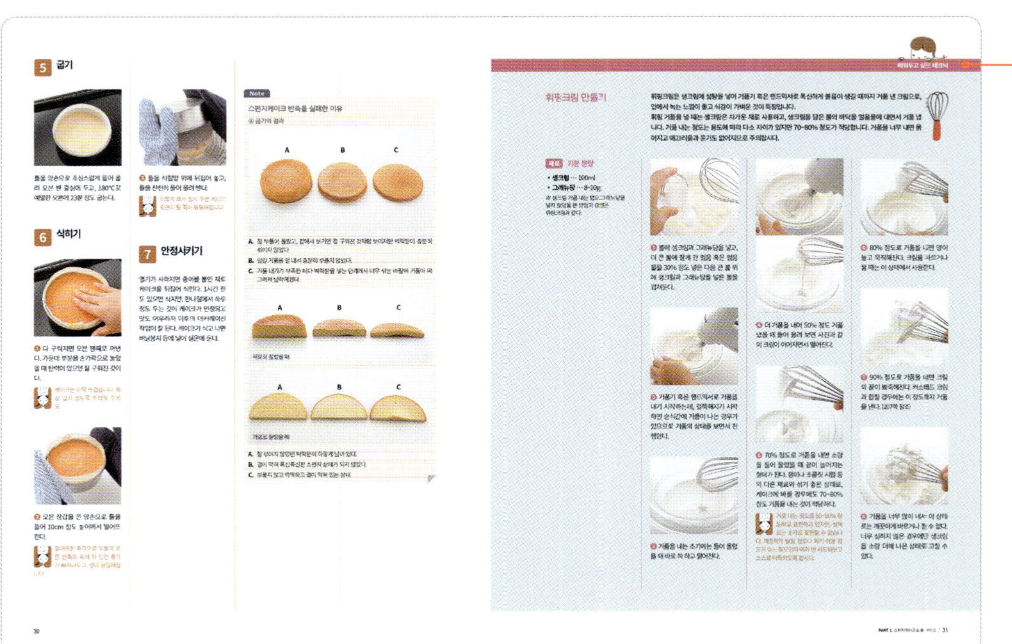

실패하지 않는 베이킹을 위한 10가지 약속

1

만드는 법을 예습해 둡시다!

실패 없는 베이킹을 위해서는 '차분한 마음으로 순서대로 진행하는 것'이 중요합니다. 그러기 위해서는 우선 만드는 법을 눈으로 익히고, 머릿속으로 잘 이해합시다. 몇 번 반복해서 읽고 난 후 사용할 재료나 도구, 만드는 순서 등을 메모해 두는 것도 좋은 방법입니다.

2

미리 재료나 도구를 갖춰 둡시다!

베이킹의 첫 걸음은 도구와 재료를 갖추는 것이라고 할 수 있습니다. 특히 재료는 제대로 계량하고, '가루류는 체 친다'처럼 해두어야 하는 작업을 미리 준비하는 것 잊지 마세요. 도구나 재료가 하나라도 빠져 있으면 타이밍을 놓치고 마니 빠짐없이 준비하도록 하고, 만드는 도중에 중탕이 필요한 경우는 뜨거운 물, 얼음물로 식혀야 할 경우는 얼음을 준비해 두는 것도 잊지 마세요!

3

버터는 무염버터를 사용합니다!

베이킹에 사용되는 버터는 무염버터입니다. 버터는 [①실온에 둔다, ②냉장고에 넣어 식혀 굳힌다, ③녹인다]의 세 가지 방법으로 사용하므로 미리 체크해 두는 것이 중요합니다.

4

달걀은 중간 사이즈를 사용합니다!

이 책에서 사용하는 달걀은 모두 중간 사이즈로, 1개의 알맹이 중량은 50g(달걀노른자 20g, 달걀흰자 30g)을 기준으로 하고 있습니다.

5

가루류는 잘 체 쳐서 사용합니다!

가루는 밀가루(주로 박력분)만을 사용하는 경우 외에 전립분이나 아몬드 파우더, 코코아파우더, 혹은 베이킹파우더 등을 넣어 사용하는 경우가 있습니다. 어느 경우도 가루류가 반죽 전체에 빠르게 어우러지도록 보슬보슬한 상태로 사용하는 것이 원칙이므로, 커다란 종이를 바닥에 펼친 다음, 15~20cm 높이에서 체 쳐 주세요.

2개 이상의 가루류를 사용할 때

박력분에 아몬드 파우더나 코코아 파우더, 옥수수 전분, 베이킹파우더 등을 넣어 사용할 때는 우선 가루 전부를 볼에 넣어 거품기로 잘 섞은 후에 같은 방법으로 체 칩니다.

6

실온에도 주의합시다!

이 책에서는 실온(상온)의 온도를 18℃ 정도를 기준으로 하고 있습니다. 온도가 올라가면 녹기 쉬운 버터나, 다루기 어려워지는 크림 등을 사용하기 때문에 베이킹에서는 온도를 유지하는 것이 중요합니다. 주방은 온도가 올라가기 쉬우므로 더운 계절에는 냉방을 하고, 반대로 난방을 하는 계절에는 난방을 끄는 등 항상 실온을 체크하면서 좋은 환경을 만들어 주세요.

7

냉장고에 공간을 확보해 둡시다!

차가운 디저트를 만드는 경우는 물론이고, 쿠키나 타르트, 파이 등도 반죽 만들기 단계에서 냉장고를 사용하는 일이 자주 있습니다. 냉장고 안을 미리 정리하여 만들던 반죽을 넣기에 충분한 공간을 확보해 둡시다.

8

오븐은 굽기 전에 예열해 둡니다!

오븐은 미리 스위치를 넣어 데워 두는 것이 원칙입니다. 단 최근에는 예열이 필요하지 않은 오븐도 나와 있으므로 취급 설명서를 잘 읽고 각각의 오븐에 맞는 방법으로 선택해 주세요.

9

오븐 온도와 굽는 시간은 어디까지나 기준. 오븐 내의 상태를 살피면서 굽도록 합시다!

오븐으로 구울 때는 지정한 온도(오븐 온도)까지 오른 오븐에 넣어 지정된 시간(굽는 시간)대로 굽습니다. 단 오븐마다 차이가 있고, 여러 번 사용하면 온도가 올라가는 일도 있기 때문에 지정 온도와 시간은 어디까지나 기준이라고 생각하고, 오븐 안의 상태를 보면서 조절하도록 합시다.

10

완성된 것은 가능한 빨리 드세요!

차가운 디저트는 물론이고, 스펀지케이크나 롤 케이크, 타르트, 슈와 같이 크림과 합쳐진 것들은 완성 후 바로 냉장고에 넣는 것이 원칙입니다. 파운드케이크 등의 구움과자는 냉장고에서 보존하면 식감이 딱딱해지기 때문에 해가 들지 않는 그늘에 두지만, 먹기 전에 오븐 토스터 혹은 오븐에 데우면 풍미가 돌아오고 식감도 좋아집니다. 맛있게 먹을 수 있는 시간은, 크림을 끼운 것은 당일(냉장고에 넣어도 관전하지는 않습니다), 구움과자는 2~3일이라고 생각하세요.

9 냄비
11 핸드믹서
4 체
7 볼
2 계량컵
8 작은 볼이나 주둥이가 있는 볼
1 저울
3 계량스푼
13 스크레이퍼
10 거품기 , 미니 거품기
5 그레이터
15 스테인리스 바트
12 고무주걱
14 숟가락과 포크
19 붓
18 팔레트 나이프
21 차 거름망
17 식힘망
6 도마와 칼
20 짤주머니와 깍지
16 밀대

도구에 대하여 알아두어야 할 것

❶ 저울

홈 베이킹으로 만드는 것들은 대체로 사이즈가 작기 때문에 재료의 양도 많지 않습니다. 따라서 1g 단위, 1Kg 용량의 디지털 저울을 추천합니다.

❷ 계량컵

500ml와 200ml를 주로 사용하고, 10~50ml의 작은 계량컵은 소량의 액체를 잴 때 사용합니다. 잘 흘러넘치지 않아 계량스푼보다 정확하게 잴 수 있습니다.

❸ 계량스푼

큰술(15ml)과 작은술(5ml), 1/2작은술(2.5ml)을 잴 수 있는 스푼이 있으면 편리합니다.

❹ 체

가루를 체 치는 것 외에 액상 재료를 거를 때에도 사용할 수 있습니다. 가루에 아몬드 파우더나 다진 홍차 잎 등을 넣어 한 번에 체 칠 경우는 구멍이 큰 체를 사용하도록 합니다.

❺ 그레이터(강판)

레몬이나 오렌지 껍질을 갈거나, 소량의 견과류를 가루 상태로 만들거나, 초콜릿을 가는 작업을 빠르게 할 수 있습니다. 재료나 내리는 법, 깎는 법에 따라 날의 모양이나 크기가 다릅니다.

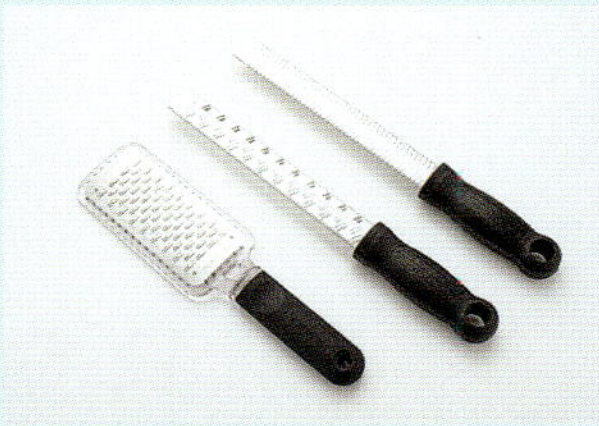

🔴 절구와 그라인더

소량의 홍차 잎을 잘게 갈아 으깨거나, 견과류를 잘게 다질 때 사용합니다. 전동 그라인더나 푸드 프로세서를 사용하면 편리하며, 둘 다 없을 때는 칼로 조심스럽게 다집시다.

❻ 도마와 칼

과일 껍질을 벗기거나 재료를 잘라 나누는 등의 준비부터 반죽 만들기에서의 잘라 나누기, 또 완성된 것을 잘라 나누는 단계까지 사용합니다. 칼은 작은 칼뿐만 아니라 케이크 나이프나 식칼도 사용합니다. 도마는 사용 후 바로 씻어 잘 건조하여 청결을 유지하는 것이 중요합니다.

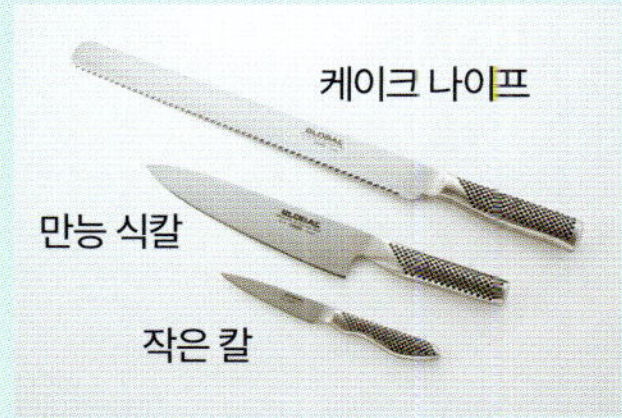

🔴 레몬 착즙기

풍미를 더할 때 자주 사용되는 레몬이나 오렌지 즙을 빠르게 짤 수 있습니다.

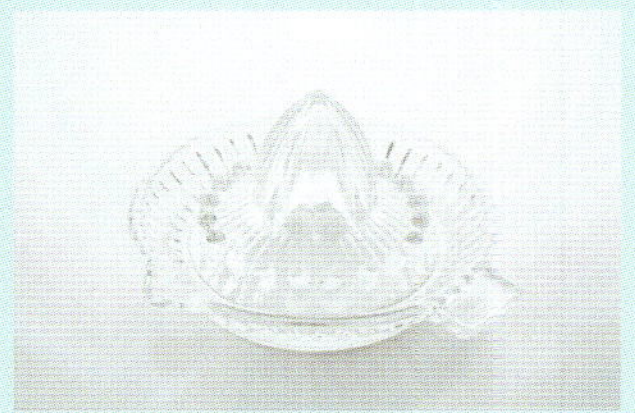

❼ 볼

이 책에서 내열 유리 볼을 사용하는 것은 볼 안의 상태를 잘 볼 수 있도록 하기 위해서입니다. 실제로 사용할 때는 스테인리스 볼이 사용이 쉽고, 씻기 쉬우며 내구성도 있기 때문에 추천합니다. 사이즈는 지름 25cm 정도의 조금 큰 것이 2~4개 있으면 편리합니다.

❽ 작은 볼이나 주둥이가 있는 볼

계량한 재료를 넣기 위해 지름 5~15cm의 것이 몇 개 있으면 편리합니다. 주둥이가 있는 볼은 특히 액상 재료에 추천합니다. 재질은 내열 유리제나 수지제가 전자레인지에도 사용할 수 있어 편리합니다.

❾ 냄비

재료나 반죽을 중탕하여 녹이거나 데울 때, 크림 또는 소스를 만들거나 잼을 조릴 때 필요합니다. 사이즈는 중탕용으로는 지름 26cm 정도의 얕은 냄비나 프라이팬, 우유를 끓이거나 잼을 조리기 위해서는 지름 14~16cm의 깊은 냄비가 적당합니다.

❿ 거품기, 미니 거품기

달걀이나 크림을 거품 내거나 버터를 크림 상태로 개거나, 설탕이나 달걀을 비벼 섞거나, 다양한 재료를 섞어 합치거나 할 때 사용합니다. 재질은 스테인리스제로, 손잡이 부분이 튼튼한 것을 추천합니다. 그리고 사이즈는 함께 사용하는 볼의 지름과 거의 같은 것이 좋기 때문에 1개를 고른다면 25cm 정도의 것을 추천합니다. 미니 거품기는 소량의 재료를 섞어 합칠 때 편리합니다.

> **Note**
>
> **거품기 사용법**
>
> 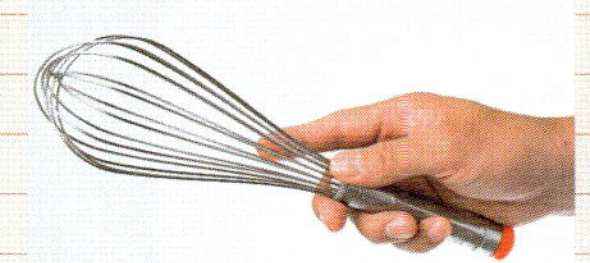
>
> ⊙ 달걀이나 생크림을 거품 낼 때
>
> 손잡이가 붙은 부분을 위에서 잡고 (거품기는 옆을 향하게 된다), 볼을 약간 비스듬히 기울여 크게 원을 그리듯 움직인다.
>
> 
>
> ⊙ 차가운 버터 등 굳은 재료를 갤 때
>
> 거품기를 세워서 손잡이가 붙은 부분을 엄지손가락이 위로 오도록 하여 쥐고, 와이어 끝부분을 볼 바닥에 대면서 크게 휘저어 섞는다.

⓫ 핸드믹서

핸드믹서를 사용하면 반죽 만들기에서 버터를 크림 상태로 하여 설탕이나 달걀을 넣을 때나 달걀이나 달걀흰자를 거품 낼 때 빠르게 할 수 있습니다. 아래 사진과 같은 비터 beater 2개와 위스크 whisk 1개가 세트로 되는 타입이면 비터는 반죽 만들기, 위스크는 머랭 만들기에 사용할 수 있어 편리합니다. 또 작은 볼에서 소량의 재료를 섞어 합칠 때는 비터를 1개만 달아 사용합니다.

⓬ 고무주걱(실리콘주걱)

재료를 섞어 합치거나 볼 안의 반죽을 긁어모으거나 반죽을 틀에 넣을 때, 또 커스터드 크림이나 잼을 다시 갤 때 등에도 사용합니다. 위생상 손잡이 부분도 고무인 일체형을 추천합니다.

🔴 나무주걱

커스터드 크림을 만들거나 잼을 조리거나, 냄비나 볼을 불에 올린 상태에서의 작업에 사용합니다. 내열성 고무주걱으로 대용 가능합니다.

⓭ 스크레이퍼 (카드, 스크래퍼)

플라스틱제의 얇은 판으로 반죽을 떠서 틀에 넣거나 볼에 남은 반죽을 긁어모으거나 할 때 등에 사용합니다. 고무주걱으로도 대용 가능하지만 롤 반죽을 오븐 팬에 균일하게 펼칠 때는 스크레이퍼를 사용하는 것이 깔끔합니다.

⓮ 숟가락과 포크

본래의 사용법 외에 숟가락은 틀에 넣은 반죽의 표면을 평평하게 펼칠 때, 포크는 얇게 편 타르트나 파이, 쿠키 반죽에 작은 공기구멍을 뚫거나 선을 그을 때 사용합니다.

⑮ 스테인리스 바트(밧드)

준비한 재료를 올리거나, 깔끔하게 다듬은 상태 그대로 굳히기 위해 타르트나 파이, 쿠키 등의 반죽을 올려 냉장고에 넣을 때, 1인분씩 그릇에 흘린 파르페나 젤리를 올려 한 번에 냉장고에 옮길 때 사용하는 넓은 트레이입니다. 바트 위에 재료를 올려서 냉장고 안에 넣으면 기우는 것을 막고 빨리 식힐 수 있습니다. 중탕 상태로 오븐에 굽는 경우는 깊이가 있는 바트를 고릅니다. 어떤 경우든 열전도율이 높고 씻기 쉬운 스테인리스제가 좋습니다.

● 제과용 온도계

중탕용 뜨거운 물이나 데운 달걀물, 시럽을 조릴 때나 초콜릿 템퍼링을 할 때 온도를 재기 위해 사용합니다. 디지털 타입은 다루기 쉽고 내열강화 유리제의 막대 타입은 비교적 저렴합니다. 막대 타입은 초콜릿용이라면 50℃, 크렘 앙글레즈용이라면 100℃, 시럽 조림용이라면 200℃까지 잴 수 있는 것을 각각 목적에 맞춰 고를 수 있습니다. (1개를 고른다면 200℃를 추천합니다.)

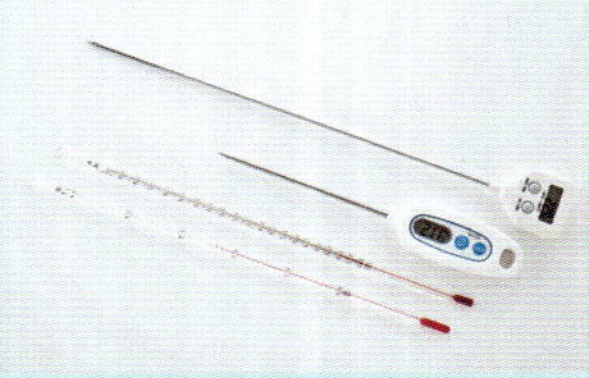

⑯ 밀대

반죽을 얇게 펼 때 사용합니다. 사이즈는 어깨 폭 정도의 길이로 쥐어봤을 때 들기 쉽고 손에 맞는 것을 고릅니다.

● 반죽대(페이스트리 보드)

반죽을 개거나 펴거나 뚫거나 둥글리거나 잘라 나누는 등 모양 만들기에 빠질 수 없는 도구입니다. 합성수지제도 있지만 재질이 딱딱한 목제나 대리석이 반죽이 들러붙는 일이 적고 위생적입니다.

● 브러시

타르트나 파이, 쿠키 반죽 만들기에서 편 반죽에 붙은 여분의 덧가루를 빨리 털어내기 위해 있으면 편리합니다.

● 자

쿠키나 타르트, 파이 반죽 등을 얇게 펼 때 길이를 재면서 두께나 모양을 다듬거나 깔끔하게 잘라 나눌 때 필요합니다. 반죽에 직접 대서 사용하기 때문에 투명하고 씻기 편한 플라스틱제가 좋습니다.

● 쿠키 커터(모양 틀, 쿠키 틀)

모양 쿠키를 만들 때 빠뜨릴 수 없습니다. 원형 쿠키 커터나 국화 쿠키 커터(257쪽 참조)가 용도가 제일 다양하지만, 귀여운 모양의 틀들은 부엌에 장식해 두는 것만으로도 즐겁습니다.

● 피케 롤러

파이나 타르트 반죽이 굽는 동안 부풀지 않도록 작은 공기구멍을 빠르게 뚫는 전용 도구입니다(168쪽 참조).

오븐으로 구울 때 사용하는 도구

● 제과용 종이

굽기 틀이나 오븐 팬에 깔아 넣는 종이로, 백색형광제를 사용하지 않은 흰색의 고급 종이나 롤 종이, 갱지, 유산지, 테프론시트 등을 사용할 수 있습니다.

● 오븐 팬

오븐으로 구울 때 틀이나 모양을 만든 반죽을 올리는 금속제의 플레이트입니다. 롤 케이크 반죽을 구울 때는 반죽을 직접 흘리는 틀로도 사용합니다.

● 오븐 장갑이나 냄비용 천, 목장갑 등

직접 불을 사용할 때는 물론 오븐에서 완성된 것을 꺼낼 때 화상을 입지 않도록 손에 닿는 곳에 준비해 둡시다.

● 굽기 틀

반죽을 굽는 데 사용되는 틀에는 스펀지케이크에 자주 사용되는 원형 틀 혹은 바닥을 뗄 수 있는 분리형 원형 틀부터 시폰케이크 틀, 파운드 틀, 꽃 모양의 마가렛트 틀, 반죽에 효과적으로 열을 가하는 구조의 구겔호프 틀, 작은 조개 모양의 마들렌 틀, 타르트 틀이나 타르트 링과 파이 접시, 푸딩은 물론 종이 케이스를 씌우면 머핀에도 사용할 수 있는 푸딩 틀, 링 모양으로 자유자재로 사용하면 편리한 세르클, 선물할 때 좋은 종이 케이스(종이컵)까지 많은 종류가 있습니다.

● 바닥 판

세르클 바닥에 깔 금속제 원형의 얇은 판(143쪽 참조)으로, 세르클보다 큰 사이즈를 준비합니다. 바닥을 뗄 수 있는 원형 틀의 바닥을 이용할 수도 있습니다.

● 누름돌(타르트 스톤)

타르트지나 파이지를 구울 때 반죽 위에 올리는 전용 누름돌(169쪽 참조)입니다. 팥으로 대용할 수도 있습니다.

⑰ 식힘망

다 구워진 케이크나 쿠키 등을 올려 식힐 때 사용하는 망입니다.

● 전자레인지

버터를 녹이거나 시럽을 만들 때, 생크림을 데울 때 등에 사용합니다. 가열 시간은 100W마다 20% 더하거나 줄이면 됩니다. 즉, 700W로 20초를 가열하는 것이면 600W로는 24초, 500W로는 29초 가열하면 됩니다.

각봉(커트 롤러)

다 구워진 스펀지케이크를 균일한 두께로 잘라 나눌 때나 쿠키 반죽을 균일한 두께로 할 때 끼워 사용하는 2개의 막대 자입니다.

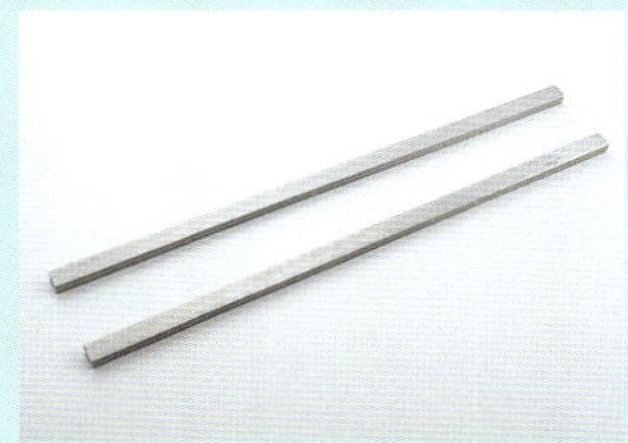

케이크 받침

스펀지케이크와 같은 부드러운 케이크에 데커레이션 할 때 케이크 아래에 까는 두꺼운 종이입니다. 케이크를 들어 올리거나 냉장고에 넣을 때 케이크가 기울거나 뭉개지는 것을 막을 수 있습니다. 원형이나 사각, 직사각형 등이 판매되고 있지만, 두꺼운 종이를 잘라 알루미늄 포일로 감싸 직접 만들 수도 있습니다.

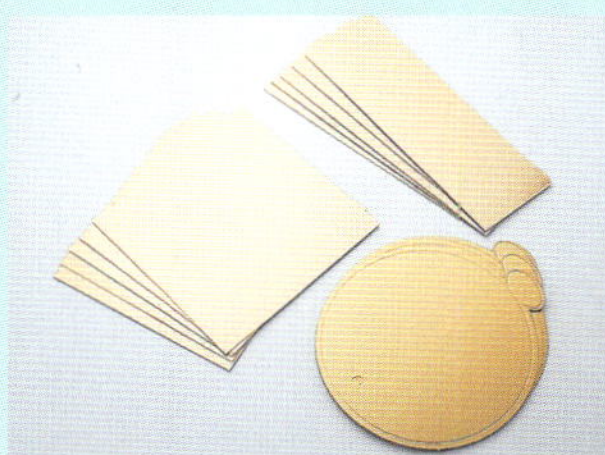

18 팔레트 나이프

케이크에 크림을 바를 때, 틀에 넣은 반죽이나 크림을 평평하게 하거나 갓 구워진 뜨거운 쿠키를 오븐 팬에서 꺼낼 때 등에 사용합니다. 재질은 얇고 탄력이 있는 스테인리스제로, 25cm와 18cm 짜리가 있으면 편리하지만, 1개만 골라야 한다면 25cm 짜리를 고릅니다.

삼각 팔레트 나이프는 뜨거운 틀 등을 오븐 팬에서 빠르게 꺼낼 때(287쪽 참조) 등에 사용하고, 앵글 팔레트 나이프는 날 끝이 크랭크와 같이 휘어진 것으로, 틀이나 오븐 팬 안의 반죽이나 크림을 펼 때 사용합니다.

※ 팔레트 나이프는 '스패출러'라 불리는 경우도 있습니다.

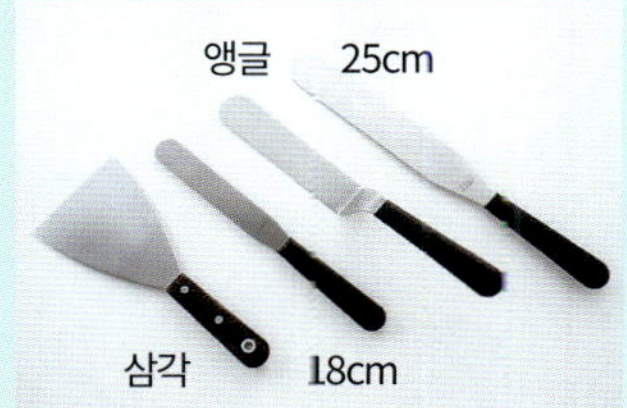

팔레트 나이프 쥐는 법

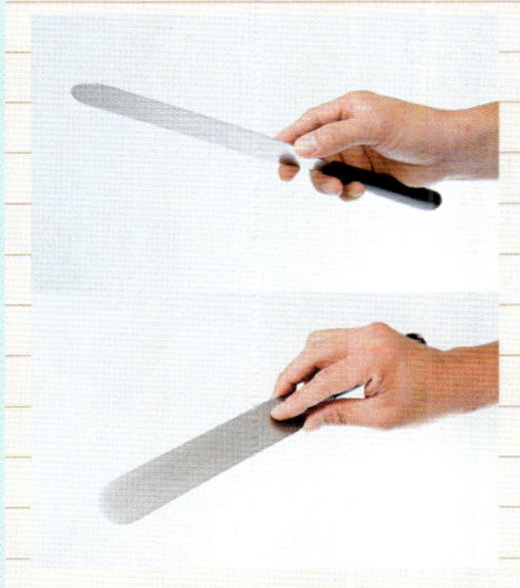

손잡이가 붙은 부분을 위에서 가볍게 쥔다. 검지를 날 위에 대면 컨트롤하기 쉽다.

돌림판

둥근 모양의 케이크에 크림을 바르거나 데커레이션을 할 때 올려 사용하는 판입니다.

19 붓(페이스트리 브러시)

굽기 틀에 버터를 바르거나, 푼 달걀을 반죽에 바르거나, 다 구워진 케이크에 시럽을 머금게 하거나 잼을 바를 때 사용하고, 여분의 덧가루나 케이크의 부스러기를 털어내기도 합니다.

20 짤주머니와 깍지

반죽(반죽을 틀어 넣을 때 찌 넣는 편이 빠르고 깔끔하게 되는 경우가 있음)이나 크림을 짜낼 때 사용합니다. 짤주머니는 한 번 쓰고 버리는 비닐 타입이 위생적입니다. 깍지는 지름 10~13mm의 원 깍지와 별 깍지부터 갖춥시다.

초콜릿용 포크

초콜릿 봉봉 만들기에서 템퍼링한 초콜릿 액을 묻힐 때 사용하는 전용 포크로, 가는 철사 모양입니다.

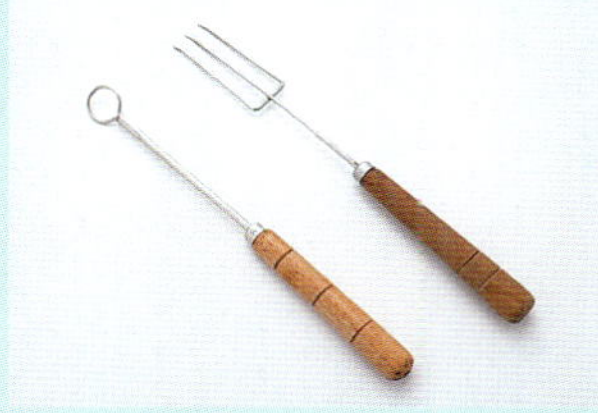

21 차 거름망

반죽대나 반죽에 덧가루를 뿌릴 때, 완성된 케이크에 가루설탕 또는 코코아나 말차파우더를 뿌릴 때 사용하면 소량의 가루류나 가루설탕의 덩어리를 없애고 얇게 골고루 뿌릴 수 있습니다. 그 외에 윤 내기용의 푼 달걀을 거를 때 등에도 사용합니다. 한 겹으로 구멍이 촘촘한 타입을 고릅니다.

분할기

둥근 모양의 데커레이션 케이크를 8~10등분으로 잘라 나누기 위해 등분의 표시를 하는 전용 도구입니다.

차가운 디저트에
사용되는 도구

아이스크림 메이커

가정에서 소량의 아이스크림이나 셔벗을 고운 식감으로 만들 수 있는 전동 아이스크림 제조기입니다.

아이스크림 디셔(스쿠프)

아이스크림이나 셔벗, 무스 등 차가운 과자를 둥글게 파내기 위해 사용하는 전용 도구입니다. 물에 적신 다음 사용하면 깔끔하게 완성할 수 있습니다.

그 외에 어느 주방에나 있는 레이들(국자), 꼬치, 조리용 가위, 랩, 알루미늄 포일, 행주, 면보, 주전자 등도 사용합니다.

재료에 대하여 알아두어야 할 것

버터

유지분으로 사용되는 버터는 풍미와 식감을 결정하는 역할을 합니다. 아래 세 가지 중 한 가지 상태로 사용되며, 준비 방법도 반죽에 더하는 순서도 그에 따라 바뀝니다. 이 책에서 사용하는 버터는 무염버터입니다.

❶ 버터를 부드럽게 해서 사용하는 경우

버터를 냉장고에서 꺼내 실온에 잠시 두어 부드럽게 한 다음 사용합니다. 부드러움의 기준은 '검지를 버터에 댔을 때 힘을 주지 않아도 손가락이 버터 속에 들어가는 정도'입니다.

❷ 버터를 식혀 굳힌 상태로 사용하는 경우

버터가 냉장고 안에서 차갑게 되어 굳은 상태로 사용합니다. 2~3cm 크기의 깍둑썰기로 잘라 나누는 경우는 미리 잘라두고 사용할 때까지 냉장고에 넣어 둡니다.

❸ 버터를 녹여 사용하는 경우

버터를 전자레인지 혹은 중탕하여 녹인 다음 사용합니다. 사용할 때까지 식지 않도록 해 둡니다.

설탕과 감미료

● 그래뉴당(그래뉼러당)

이 책에서 사용한 그래뉴당은 사탕수수를 원료로 한 것으로 정제된 형태입니다. 다른 설탕과 비교하면 순도가 높고 잡미가 없어 깔끔한 단맛이 특징입니다. 반죽을 만들 때 녹기 쉽고 다른 재료와 잘 섞이는 것이 중요하므로, 구할 수 있다면 제과용의 입자가 고운 타입을 고릅시다.

※ 바른 표기는 '그래뉼러당'이지만, 이 책에서는 일반적으로 많이 사용하는 용어인 '그래뉴당'으로 표현하였습니다.

🔴 가루설탕(분당, 슈거파우더)

그래뉴당을 파우더 상태로 만든 것으로, 쿠키나 버터케이크 반죽과 같은 수분이 적은 반죽에도 잘 녹고 잘 섞입니다. 제과재료점에서는 가루설탕 100%의 순수가루설탕과 눅눅해져 굳는 것을 막기 위해 옥수수 전분을 소량 넣은 것 두 종류가 판매되고 있는데, 어느 것을 사용해도 상관없습니다.

🔴 백설탕(정제당)

그래뉴당 대신 사용할 수도 있지만, 그래뉴당에 비하면 색이 나기 쉽고 촉촉하게 구워지고 또 단맛도 강하게 느껴집니다. 백설탕 자체가 습기를 빨아들여 굳기 쉽기 때문에 사용하기 전에는 반드시 체 쳐서 보슬보슬한 상태로 사용해 주세요.

🔴 삼온당(三溫糖)

설탕을 세 번 가열했다는 뜻에서 '삼온당'이라고 하는데 가열하는 동안 캐러멜 성분이 형성되어 설탕의 결정이 갈색을 띱니다. 감칠맛이 있는 독특한 풍미를 가졌으며 단맛도 강하게 느껴집니다. (흑설탕을 대용으로 사용할 수 있습니다.)

🔴 브라운슈거

갈색 설탕의 총칭. 기준은 없으며 정제도가 낮고 미네랄분을 많이 함유한 것부터 순도가 높은 설탕에 캐러멜로 색을 더한 것까지 다양한 제품이 있습니다. 이 책에서 브라운슈거라고 한 경우는 옅은 갈색의 설탕이면 어느 것을 사용해도 상관없습니다.

벌꿀과 물엿

벌꿀도 물엿도 롤 케이크 반죽을 만들 때 감미료 일부로 사용하면 보수성이 있기 때문에 촉촉한 상태로 구워지고 말기도 쉬워집니다. 물엿에는 보수성 외에 점도도 있기 때문에 반죽을 부드럽게 하고 싶을 때 소량 넣거나, 엿이나 캐러멜을 만들 때 설탕의 결정화를 막기 위해 넣는 경우도 있습니다.

벌꿀도 물엿도 끈적끈적하기 때문에 계량스푼을 사용하거나 작은 용기에 옮겨 넣거나 하면 들러붙어 좀처럼 정확히 양을 잴 수 없습니다. 이 책에서는 그래뉴당과 함께 사용하기 때문에 우선 그래뉴당을 잰 다음 그 위에 벌꿀이나 물엿을 겹치듯하여 정확히 잴 수 있도록 하였고, 동시에 용기에 묻어 낭비되지 않도록 하였습니다.

달걀

달걀은 수분을 보충하고, 달걀노른자에 유분과 수분을 어우러지게 하는 활동(유화성)이 있기 때문에 각각의 재료를 어우러지게 하고 반죽을 좋은 상태로 유지할 수 있습니다. 한편 달걀흰자에는 끈기가 있기 때문에 거품 내서 공기를 넣는 것에 따라 폭신폭신한 반죽을 만들어 낼 수 있습니다. 또 달걀흰자와 달걀노른자 모두에는 열을 더하면 굳는 성질이 있기 때문에 밀가루 등의 가루류와 함께 케이크의 모양을 만드는 역할도 합니다. 이 책에서 사용한 달걀은 중간 사이즈 달걀입니다.

가루류

🔴 밀가루

가정용으로 사용되는 밀가루는 단백질의 함유율에 따라 박력분과 강력분, 중력분으로 나뉩니다. 이 책에서 소개한 과자의 반죽 만들기에는 박력분과 강력분, 전립분을 사용했습니다.

박력분은 국산부터 외국산까지 많은 종류가 갖춰져 있습니다. 맛있는 가루를 고르는 것보다 좋은 일은 없지만, 홈 베이킹의 경우는 지극히 평범한 박력분으로도 충분히 맛있게 만들 수 있습니다.

전립분은 밀의 가루를 껍질이나 배아를 분리하지 않고 가루로 만든 것으로, 밀가루에 비해 풍미가 있고 영양분도 많이 함유되어 있습니다.

덧가루는 쿠키나 타르트, 파이 반죽 등을 만들 때 반죽대나 반죽, 밀대 혹은 손바닥 등에 필요에 따라 얇게 뿌려 반죽이 들러붙지 않도록 하기 위한 가루로 보슬보슬한 느낌의 강력분을 사용합니다.

🔴 옥수수 전분

옥수수로 만든 전분 가루로 반죽을 가볍게 완성하고 싶을 때 밀가루의 20~30%를 옥수수 전분으로 바꿀 수 있습니다. 그 외에 과이 필링 등에 걸쭉함을 더할 때에도 사용합니다.

🔴 베이킹파우더

파우더 상태의 팽창제입니다. 주로 파운드케이크와 같은 버터를 많이 사용하는 반죽에서 밀가루 등의 가루에 소량 넣으면 반죽이 부푸는 것을 돕고 식감을 가볍게 완성할 수 있습니다. 너무 많이 넣으면 풍미가 나빠지기 때문에 정확하게 양을 재는 것이 중요합니다. 특히 계량스푼으로 잴 때는 넘치지 않도록 주의합시다.

베이킹파우더 1작은술은 4g. 1/2작은술이 필요할 때는 1작은술을 평미레질(우 를 평평하게 밀어 그르게 하는 것)하고, 반을 제거합니다.

생크림

이 책에서는 롤 케이크 반죽에 소량 넣거나 쿠키 반죽을 만들 때 달걀노른자 대신 사용하기도 하고, 아이스크림이나 바바루아 재료로도 사용하였습니다. 그중에서도 가장 많이 사용된 형태는 생크림에 설탕을 넣고 거품을 내서 휘핑크림으로 만드는 것입니다. 제과용으로 사용되는 것은 유지방분 35~38% 혹은 45~48%의 것이지만, 재료에서 단순히 생크림이라고 표시된 경우는 어느 것을 사용해도 상관없습니다. 휘핑크림을 케이크 데커레이션으로 바르거나 짜는 경우는 모양을 제대로 유지하기 위해 유지방분 45~48%인 것을 사용합니다.

※ 주의해야 할 취급 방법
생크림은 섬세한 재료로, 흔들면 바로 분리되어 버립니다. 휘핑크림이 바로 분리되는 것은 구입 후 냉장고에 넣을 때까지의 취급 방법에도 원인이 있습니다. 구입 시에 보냉팩에 넣거나 보냉제와 함께 포장해 달라고 하고, 집에 가지고 온 다음에는 바로 10℃ 이하의 냉장고에 넣어 주세요.

치즈

이 책에서는 코티지 치즈, 카망베르 치즈, 파르메산 치즈, 프로마주 블랑 치즈, 마스카르포네 치즈, 리코타 치즈 등 다양한 치즈를 사용하고 있습니다. 각 치즈에 대한 설명은 치즈케이크의 내용을 참고합니다.

바닐라

🔴 바닐라 빈

바닐라 열매를 껍질째 건조와 발효를 반복하여 바닐라 특유의 달콤한 향을 끌어낸 것입니다. 껍질 하나의 길이는 20cm 정도이기 때문에 한 번에 사용할 만큼만 잘라서 껍질 속에 꽉 찬 씨를 긁어 사용하도록 합니다. 남은 것은 마르지 않도록 랩으로 감싸 밀봉하여 냉장고에 보존합니다.

🔴 바닐라 에센스(천연)

바닐라 빈에서 향미 성분을 알코올 등으로 추출한 천연향료로, 제과재료점에서는 다양한 타입을 판매하고 있습니다. 그 외에 비교적 싸게 구입할 수 있는 합성향료의 바닐라 에센스나 바닐라 오일이 있지만 이것들은 향이 너무 강하므로 아주 소량만을 넣도록 해주세요.

초콜릿과 코코아파우더

217쪽 초콜릿의 종류 참조

견과류와 깨

🔴 아몬드

제과에서 가장 많이 사용되는 견과류로, 둥근 홀 아몬드, 얇게 잘라 나눈 아몬드 슬라이스, 잘게 다진 아몬드 다이스, 분말 상태로 한 아몬드 파우더 네 종류가 판매되고 있습니다.

🔴 헤이즐넛, 호두, 깨

헤이즐넛은 독특한 풍미가 있어 구움과자에 사용됩니다. 껍질이 붙은 것과 없는 것이 있으며 껍질이 붙은 것은 가볍게 로스트한 다음 얇은 껍질을 벗겨 사용합니다. 이 책에서는 껍질 없는 것을 생으로 사용하여 쿠키에 넣어 구웠습니다(278쪽 참조). 호두는 요리나 과자에 사용되는 친숙한 견과류입니다. 요즘은 껍질이 붙은 것보다 껍질이 제거된 것이 인기 있지만, 산화하기 쉬우므로 신선한 것을 골라 냉동고에 보존하도록 해주세요.
깨는 쿠키나 케이크에 사용하면 서양식과는 조금 다른 과자가 됩니다. 가정에서는 볶은 깨를 사용하지만 눅눅해지기 쉽기 때문에 사용하기 전에 다시 볶아 향을 되살린 다음 사용하면 됩니다.

※ 피스타치오나 코코넛에 대해서는 본문 중 Note의 내용을 참고합니다.

말린 과일

🔴 건포도(레이즌)

포도를 건조시킨 것으로, 일반적인 건포도 외에 작은 알맹이 타입의 커런트 건포도나 엷은 녹색을 한 살타나 건포도, 거봉 등의 큰 건포도 등이 판매되고 있습니다. 럼주에 미리 담근 럼 레이즌을 사용하면 풍미를 즐길 수 있습니다.

🔴 말린 살구

살구를 반으로 잘라 씨를 제거한 다음 건조시킨 것입니다. 부드러운 것이 사용하기 쉬우므로 추천합니다.

과일 설탕 조림

오렌지 필은 오렌지 껍질을 진한 당액에 담근 것입니다. 다져서 케이크에 넣어 굽거나 완성된 케이크에 장식하는 것 외에 막대 모양으로 썰어 초콜릿을 바르는 경우(243쪽 참조)도 있습니다. 부드러운 타입이 맛있고 사용하기 쉬워 추천합니다.

드레인 체리는 케이크에 넣어 굽는 것 외에 크리스마스 시즌 등에 장식용으로 사용되는 경우도 많으며, 선명한 빨강과 녹색으로 착색한 것을 판매하고 있습니다.

연한 초록색의 가늘고 긴 모양이 특징인 안젤리카는 식물 안젤리카의 줄기(일본제는 머위 줄기로 대용)를 설탕 조림한 것으로, 주로 장식용으로 사용됩니다.

과일 케이크용으로 다양한 말린 과일을 섞어 사용하는 경우는 양주에 조린 드라이 프루트 믹스를 이용하면 다지거나 조리는 수고를 덜 수 있습니다.

오렌지 필

안젤리카

드레인 체리

양주류

🔴 키르슈

체리를 원료로 하여 만들어진 증류주로, 시럽이나 크림류의 풍미를 더할 때 주로 사용됩니다.

🔴 오렌지 리큐어
(그랑 마르니에와 쿠앵트로)

오렌지 껍질이나 꽃 등으로 향을 더한 리큐어로, 오렌지 향을 살린 과자나 그것에 사용하는 시럽이나 크림에 사용됩니다. 그랑 마르니에도 쿠앵트로도 프랑스산 오렌지 리큐어의 상품명으로, 맛은 미묘하게 다르므로 취향에 따라 골라도 되고, 쿠앵트로는 무색, 그랑 마르니에는 옅은 갈색이라는 색의 차이로도 고를 수 있습니다.

쿠앵트로

그랑 마르니에

※ 럼주, 마르살라주, 커피 리큐어, 살구 리큐어에 대해서는 본문 중 Note의 내용을 참고합니다.

젤라틴

냉장고에서 식혀 굳혀 만드는 젤리나 무스 등에 사용되는 응고제의 한 종류로, 돼지 껍질이나 소 뼈 등에서 채취한 콜라겐(단백질의 일종)이 원료입니다. 판 젤라틴과 가루 젤라틴이 있으며, 어느 쪽도 기본 분량은 물 400ml에 대하여 젤라틴 8g(가루 젤라틴은 1큰술)의 비율입니다. 단, 상품에 따라 굳는 상태에 다소 차이가 있으므로 해당 상품설명을 참고해 주세요.

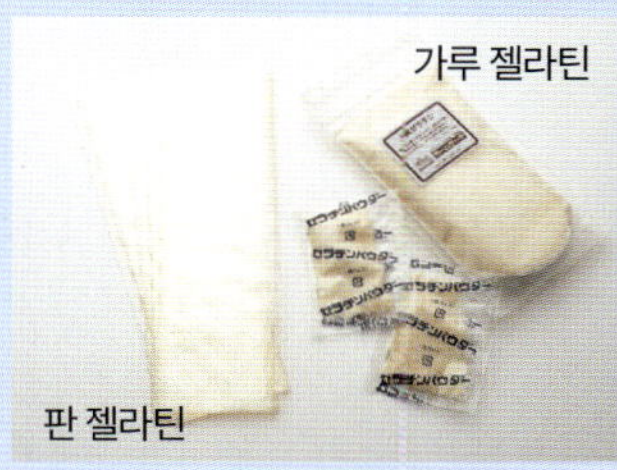

가루 젤라틴

판 젤라틴

한천

아시안 디저트에 사용되는 응고제로 주로 해초 우뭇가사리로 만들어집니다. 모양은 가루한천(사진은 사용하기 쉽게 소분된 타입), 실 한천, 막대 한천, 태블릿(알약 모양)이나 플레이크(조각 형태) 상태의 것도 있습니다. 실온에서도 굳는 것이 특징 중 하나지만 냉장고에서 굳히는 편이 일반적입니다. 마찬가지로 해초로 만들어진 응고제로 실온에 두어도 녹지 않고 냉동 보존도 가능한 카라기난(아가, 320쪽 참조) 등도 있습니다.

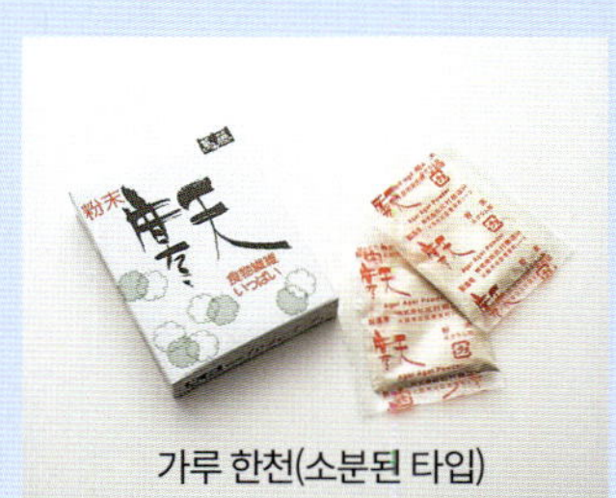

가루 한천(소분된 타입)

막대 한천

플레이크 한천

실 한천

태블릿 한천

가루 한천

1

스펀지케이크 & 롤 케이크

SPONGE CAKE & ROLL CAKE

스펀지케이크는 달걀을 잘 거품 내서 마치 스펀지와 같이
폭신하고 부드럽게 굽는 케이크를 총칭하는 말로,
그 반죽법은 공립법과 별립법으로 나눌 수 있습니다.
공립법은 달걀을 거품 낼 때 전란 그대로,
즉 노른자와 흰자를 함께 거품 내는 방법으로,
공립법으로 만든 반죽은 속의 거품이 잘게 생기기 때문에
구우면 촉촉하고 부드러운 식감이 되는 것이 특징입니다.
공립법으로 만든 스펀지케이크는 '공립법 스펀지케이크'라고 부릅니다.
별립법은 달걀을 노른자와 흰자로 분리한 다음
흰자를 머랭 상태로 거품 내서 넣어 만드는 방법입니다.
완성한 반죽은 부드러우면서도 모양이 잡혀있기 때문에
틀에 넣지 않고 굽거나, 짤주머니로 짜서 굽는 것이 가능합니다.
이 파트의 첫 번째 장에서는 공립법으로 만드는 스펀지케이크와
별립법으로 만드는 스펀지케이크를 구분하여 소개합니다.
그리고 롤 케이크 또한 재료의 배합이 다를 뿐
반죽 만드는 법이 공립법 스펀지케이크와 같으므로,
두 번째 장에서 다양한 롤 케이크를 소개하도록 하겠습니다.

스펀지케이크

먼저 공립법 스펀지케이크 3가지를 소개하고,

별립법 스펀지케이크 3가지를 이어서 소개하겠습니다.

공립법 스펀지케이크는 딸기 쇼트케이크를 만들면서 기본을 마스터하고,

반죽의 배합이나 조합할 과일과 크림, 조합법 등을 바꾼

응용 케이크롤 두 개 더 만들어코겠습니다.

별립법 스펀지케이크는 빵 콩플레를 만들면서 기본을 마스터합니다.

그리고 그를 응용한 두 가지 케이크를 이어서 만들어코겠습니다.

딸기 쇼트케이크

공립법 스펀지케이크의 기본

위의 딸기는 크림에 통째
로 박아 넣는 느낌으로
장식했습니다.

민트와 같은 초록 풀을
더하면 딸기의 신선함이
한층 더 끌어올려집니다.

지름 15cm의 작은 틀로 구
운 것은 달걀 2개, 생크림 1개
(200ml), 딸기 1팩만 사용하
여 완성했어요. 먹고 싶지만
살찔까 봐 걱정되는 사람들
에게 고민을 덜어주는 사이
즈입니다.

바깥쪽은 새하얀 휘핑크
림으로 덮었습니다.

스펀지케이크 시트

딸기 쇼트케이크의 케이크 시트 만드는 법에 대해 반죽 만들기부터 굽기까지 상세히 설명합니다. 특히 반죽 만드는 방법은 롤 케이크와 공통되는 내용이므로, 하나하나 순서대로 잘 따라 익혀봅시다.

재료 지름 15cm 원형 틀 1개분

- **공립법 스펀지 반죽**
  - 달걀 … 2개
  - 그래뉴당 … 60g
  - 박력분 … 60g
  - 버터 … 20g
- **오븐 온도** : 180℃
- **굽는 시간** : 23분
- **열량** : 6등분했을 때 1조각 335kcal (데커레이션 포함)

1 미리 준비하기

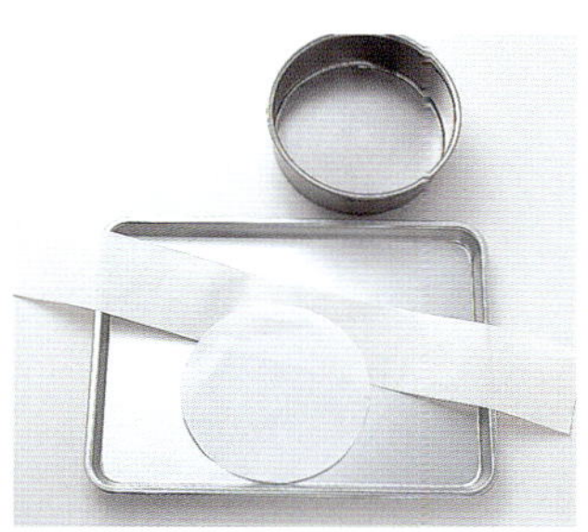

❶ 유산지를 틀 바닥에 깔 용도로 지름 15cm의 원형 1장, 측면에 감을 용도로 폭 5cm×길이 49~50cm의 띠 모양 1장(혹은 25cm 길이의 띠 모양 2장)으로 자른다.

 띠 모양 종이는 틀의 안쪽에 끼우면 틀을 한 바퀴 감아 양 끝이 조금 겹치는 정도가 딱 좋은 길이입니다. 종이 사이즈가 작은 경우는 25cm 길이의 종이 2장을 합쳐서 사용하세요.

❷ 띠 모양의 종이를 측면에 두르고, 원형으로 자른 종이를 틀 바닥에 깐다.

 측면에 두른 종이가 안쪽으로 쓰러질 경우에는 틀의 군데군데에 버터를 발라 딱 달라붙게 하면 안정적입니다.

Note

틀에 까는 전용종이

쇼트케이크 등을 구울 때에 원형 틀에 바로 깔 수 있는 전용종이, 즉 유산지는 제과재료점에서 구입할 수 있습니다. 원형의 밑면용은 '바닥', 길쭉한 직사각형 모양의 측면용은 '띠'라 부르지만, 파는 곳에 따라 명칭은 조금 다를 수 있습니다. 또 지름 15cm의 것은 1호, 지름 13cm의 것은 2호라고 사이즈가 표시되어 있는 경우도 있습니다.

❸ 박력분은 체 친다.

2 버터 중탕으로 녹이기

❶ 볼이 들어갈 크기의 얕은 냄비(혹은 프라이팬)에 물을 30% 정도까지 붓고 불에 올린다.

❸ 행주 위에 버터를 올려 녹인 후, 사용할 때까지 식지 않도록 해 둔다.

❷ 물이 60℃ 정도로 끓어오르면 불을 끄고 안에 갠 행주를 깐다. (중탕용)

 **중탕이란 무엇인가요?**

 용기(이 경우는 볼)를 뜨거운 물에 담가 용기 안의 것을 간접적으로 데우는 것입니다.

 **중탕의 물의 온도는 어떻게 60℃로 맞추나요? 온도계가 없을 때는 어떻게 하죠?**

 좋은 질문이네요! 물의 온도를 60℃로 하는 것은 달걀을 사람 피부(37~38℃) 정도까지 데우고 싶기 때문입니다. 열은 물의 표면에서 달아나고, 물의 열은 차가운 볼을 통해 전해지기 때문에 60℃ 정도로 해두는 거예요. 그리고

처음 도전하는 사람에게도 60℃ 정도라면 화상의 위험이 적을 것이라는 생각으로 정한 온도입니다

온도계가 없는 경우에는… 그러네요, 커피나 홍차가 가장 맛있게 가실 수 있는 온도가 55℃라는 것을 알고 있나요? 그것을 기준으로 삼으면 되지 않을까요?

 **왜 행주를 까나요?**

 볼 바닥이 냄비 바닥에 직접 닿아 뜨거워지지 않도록 하기 위해, 그리고 볼을 안정시키기 위해서입니다.

A | 달걀과 그래뉴당 섞기

볼에 달걀을 넣어 잘 풀고 그래뉴당을 넣어 거품기 혹은 핸드믹서로 바로 섞는다. 그래뉴당을 최대한 달걀에 녹여 섞는다.

B | 중탕하여 데우기

❶ 볼의 바닥을 중탕용 냄비에 두고 핸드믹서로 차분히 섞으며 데운다.

❷ 볼 안에 검지를 넣어 사람 피부 정도로 데워졌는지 확인한다. 보기에는 걸쭉해 보이지만 핸드믹서로 소량을 들어 올리면 쏙 하고 떨어지는 상태이다.

사람 피부라니, 무슨 뜻이에요?

사람의 피부를 만졌을 때 느껴지는 정도의 온도, 즉 37~38℃ 정도의 온도를 말합니다. 이 온도는 달걀 거품을 내기 쉬운 온도입니다. 그 이상 높은 온도로 만들어선 안 돼요.

C | 중탕에서 빼고 거품 계속 내기

❶ 볼을 중탕에서 빼고 핸드믹서 강으로 쉬지 않고 거품을 낸다.

❷ 전체가 새하얗고 폭신폭신한 느낌으로 되지만, 처음에는 소량을 떠올렸을 때 이어지면서도 쏙 하고 떨어지는 느낌이 든다.

❸ 계속해서 거품을 내다가 다시 소량을 떠 올려본다. 처음보다는 천천히 이어지면서 떨어지지만, 아직도 거품이 부족하다.

❹ 거품을 더 낸다. 떠올린 반죽으로 반죽 표면에 숫자 '8'을 써보거나 늘어뜨려 보았을 때 자국이 확실히 남아 잠시 사라지지 않는 정도가 되고, 결이 촘촘하고 윤기가 있는 것이 최고의 상태이다.

❺ 중탕으로 데운 열이 남아 있다면 볼 바닥을 만졌을 때 열이 느껴지지 않을 때까지 핸드믹서 약 혹은 거품기로 천천히 계속 섞는다.

D | 가루 넣기

❶ 미리 체 쳐 둔 박력분을 반죽 표면 전체에 뿌리듯 떨어뜨린다.

❷ 왼손으로 볼을 잡고, 고무주걱의 면이 반죽에 수직이 되도록 주걱을 쥔 다음 볼 중앙에서 반죽을 반 가르듯이 주걱을 몸에서 먼 쪽부터 몸 쪽으로 당기다가, 그대로 손목을 돌려 바닥의 반죽을 떠올려 표면에 올리는 느낌으로 섞는다.

이 책에서는 오른손잡이로 설명하고 있습니다. 왼손잡이인 사람은 좌우 반대가 됩니다(이하 동일).

❸ 가루가 보이지 않을 때까지 반복한다. 이때, 왼손으로 볼을 몸 쪽으로 돌리면서 하면 반죽 전체를 빠르고 균일하게 섞을 수 있다.

E | 녹인 버터 넣기

❶ 따뜻하게 데워둔 녹인 버터를 고무주걱 위로 흘리면서 반죽 표면 전체에 퍼지도록 넣는다.

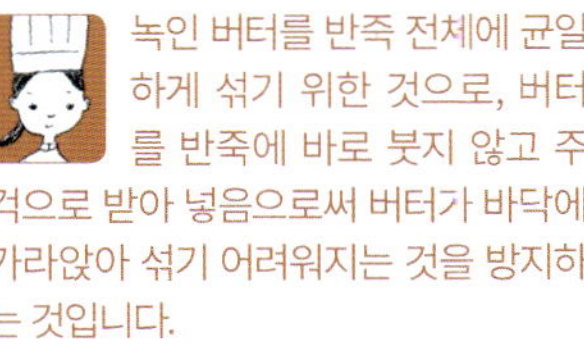
녹인 버터를 반죽 전체에 균일하게 섞기 위한 것으로, 버터를 반죽에 바로 붓지 않고 주걱으로 받아 넣음으로써 버터가 바닥에 가라앉아 섞기 어려워지는 것을 방지하는 것입니다.

❷ 버터도 가루를 섞을 때와 같은 방법으로 섞는다. 즉, 왼손으로 볼을 잡고 고무주걱 면을 수직으로 해서 반죽의 중앙을 가르듯 당기다가 바닥의 반죽을 떠올려 표면에 올리는 듯한 느낌으로 빠르게 섞는다.

❸ 고무주걱으로 들어 올린 반죽이 사진과 같은 정도의 폭으로 떨어진다면, 이상적인 공립법 스펀지 반죽을 완성한 것이다.

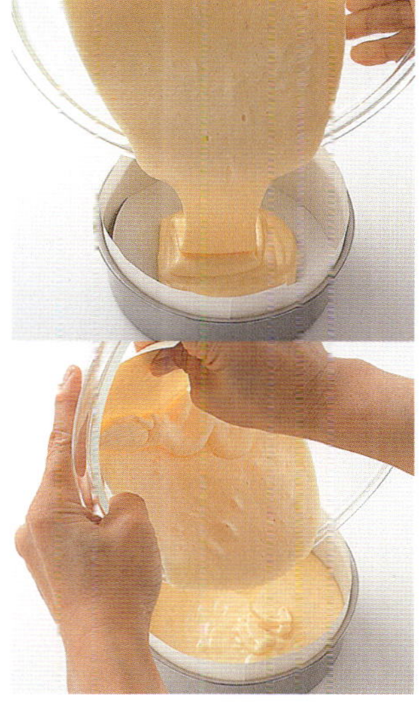

❶ 반죽을 틀 중심에 떨어뜨리듯 흘려 넣고 볼에 붙어 있는 반죽은 스크레이퍼로 긁어 넣는다.

❷ 볼어 마지막까지 남아 있는 반죽을 스크레이퍼로 빠르게 긁어모아 틀 가장자리 쪽에 넣는다.

볼에 마지막까지 남아 있는 반죽은 거품이 죽어서 잘 부풀어 오르지 않으므로 볼이 잘 닿는 틀의 가장자리 근처에 넣는 것입니다.

채운 반죽의 높이는 지름 15㎝ 원형 틀의 80% 정도가 적당합니다. 그보다 낮은 경우는 ❸-C 단계에서 거품 내기가 부족했거나, ❸-C, D 단계에서 너무 섞은 경우입니다. 그리고 그보다 높은 경우는 ❸-D 단계에서 덜 섞은 경우입니다(각 경우 굽기의 결과는 30쪽 참조).

5 굽기

틀을 양손으로 조심스럽게 들어 올려 오븐 팬 중심에 두고, 180℃로 예열한 오븐에 23분 정도 굽는다.

6 식히기

 다 구워지면 오븐 팬째로 꺼낸다. 가운데 부분을 손가락으로 눌렀을 때 탄력이 있으면 잘 구워진 것이다.

케이크는 아직 뜨겁습니다. 화상 입지 않도록 주의해 주세요.

 오븐 장갑을 낀 양손으로 틀을 들어 10cm 정도 높이에서 떨어뜨린다.

떨어뜨린 충격으로 부풀어 오른 반죽의 속에 차 있던 증기가 빠져나오고, 결이 균일해집니다.

❸ 틀을 식힘망 위에 뒤집어 놓고, 틀을 천천히 들어 올려 뺀다.

이렇게 해서 잠시 두면 케이크 윗면이 될 쪽이 평평해집니다.

7 안정시키기

열기가 사라지면 종이를 붙인 채로 케이크를 뒤집어 식힌다. 1시간 정도 있으면 식지만, 한나절에서 하루 정도 두는 것이 케이크가 안정되고 맛도 어우러져 이후의 데커레이션 작업이 잘 된다. 케이크가 식고 나면 비닐봉지 등에 넣어 실온에 둔다.

Note

스펀지케이크 반죽을 실패한 이유

◉ 굽기의 결과

A. 잘 부풀어 올랐고, 겉에서 보기엔 잘 구워진 것처럼 보이지만 박력분이 충분히 섞이지 않았다.

B. 달걀 거품을 덜 내서 충분히 부풀지 않았다.

C. 거품 내기가 부족한 데다 박력분을 넣는 단계에서 너무 섞는 바람에 거품이 찌그러져 납작해졌다.

A. 잘 섞이지 않았던 박력분이 하얗게 남아 있다.

B. 결이 막혀 폭신폭신한 스펀지 상태가 되지 않았다.

C. 부풀지 않고 딱딱하고 결이 막혀 있는 상태

휘핑크림 만들기

휘핑크림은 생크림에 설탕을 넣어 거품기 혹은 핸드믹서로 폭신하게 볼륨이 생길 때까지 거품 낸 크림으로, 입에서 녹는 느낌이 좋고 식감이 가벼운 것이 특징입니다.

휘핑 거품을 낼 때는 생크림은 차가운 채로 사용하고, 생크림을 담은 볼의 바닥을 얼음물에 대면서 거품 냅니다. 거품 내는 정도는 용도에 따라 다소 차이가 있지만 70~80% 정도가 적당합니다. 거품을 너무 내면 묽어지고 매끄러움과 윤기도 없어지므로 주의합시다.

재료 **기본 분량**

- 생크림 … 100ml
- 그래뉴당 … 8~10g

※ 생크림 거품 내는 법도 그래뉴당을 넣지 않았을 뿐 방법과 요령은 휘핑크림과 같다.

❶ 볼에 생크림과 그래뉴당을 넣고, 더 큰 볼에 잘게 간 얼음 혹은 얼음물을 30% 정도 넣은 다음 큰 볼 위에 생크림과 그래뉴당을 넣은 볼을 겹쳐둔다.

❷ 거품기 혹은 핸드믹서로 거품을 내기 시작하는데, 걸쭉해지기 시작하면 순식간에 거품이 나는 경우가 있으므로 거품의 상태를 보면서 진행한다.

❸ 거품을 내는 초기에는 들어 올렸을 때 바로 쓱 하고 떨어진다.

❹ 더 거품을 내어 50% 정도 거품 냈을 때 들어 올려 보면 사진과 같이 크림이 이어지면서 떨어진다.

❺ 70% 정도로 거품을 내면 소량을 들어 올렸을 때 끝이 늘어지는 형태가 된다. 잼이나 초콜릿 시럽 등의 다른 재료와 섞기 좋은 상태로, 케이크에 바를 경우에도 70~80% 정도 거품을 내는 것이 적당하다.

거품 내는 정도를 50~90% 정도라고 표현하고 있지만, 실제로는 숫자로 표현할 수 없습니다. 깨끗하게 발릴 점도나 짜기 쉬운 점도가 어느 정도인지 여러 번 시도해보고 스스로 터득하도록 합시다.

❻ 80% 정도로 거품을 내면 양이 늘고 묵직해진다. 크림을 바르거나 짤 때는 이 상태에서 사용한다.

❼ 90% 정도로 거품을 내면 크림의 끝이 뾰족해진다. 커스터드 크림과 합칠 경우에는 이 정도까지 거품을 낸다. (207쪽 참조)

❽ 거품을 너무 많이 내서 이 상태로는 깨끗하게 바르거나 짤 수 없다. 너무 심하지 않은 경우에만 생크림을 소량 더해 나은 상태로 고칠 수 있다.

휘핑크림의 5가지 응용

기본 휘핑크림
생크림에 설탕(그래뉴당, 가루설탕 등)을 넣은 것. 설탕을 넣는 비율은 생크림의 8%가 기본입니다.

초콜릿 시럽 추가

오렌지 향과 요거트 추가

진한 커피 추가

딸기잼 추가

캐러멜 크림 추가

딸기 풍미 휘핑크림

딸기잼을 가는 체에 거른 다음 70% 정도까지 거품 낸 생크림을 넣어 함께 거품 냅니다. 라즈베리나 살구, 블루베리, 포도잼 등으로도 할 수 있습니다. 이 책에서는 베리베리 쇼트케이크에 사용합니다. (39쪽 참조)

초콜릿 풍미 휘핑크림

시판용 초콜릿 시럽을 70% 정도까지 거품 낸 생크림에 넣어 함께 거품 냅니다. 이 책에서는 초콜릿과 호두·바나나 케이크에 사용합니다. (43쪽 참조)

커피 풍미 휘핑크림

인스턴트커피를 뜨거운 물에 진하게 섞은 것을 70% 정도까지 거품 낸 생크림+그래뉴당에 넣어 함께 거품 냅니다. 이 책에서는 커피 풍미 그루터기 롤 케이크에 사용합니다. (69쪽 참조)

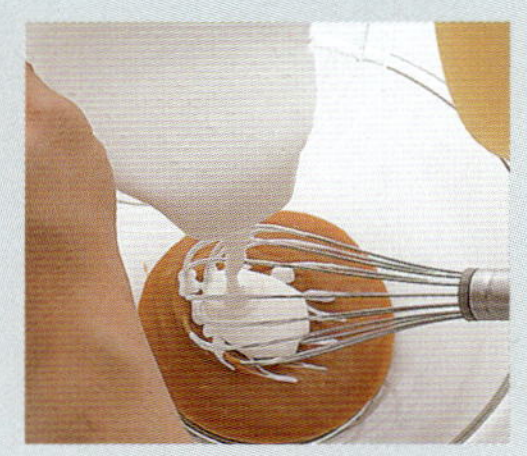

캐러멜 풍미 휘핑크림

캐러멜 크림을 만들고 70% 정도까지 거품 낸 생크림+그래뉴당을 넣어 함께 거품 냅니다. 조금 수고스럽지만 향과 맛을 더해 한층 맛있게 완성할 수 있습니다. 이 책에서는 빵 콩플레에 사용합니다. (49쪽 참조)

오렌지 풍미 요거트 첨가 휘핑크림

그래뉴당에 오렌지 껍질 간 것을 묻혀 향을 더한 다음 사용하고, 생크림을 80~90%까지 거품 낸 단계에서 플레인 요거트를 넣어 섞습니다. (53쪽 참조)

데커레이션

 지름 15cm 원형 틀 1개분

- **키르슈 풍미의 시럽**
  - 기본 시럽 … 60ml
  - 키르슈 … 20ml
- **휘핑크림**
  - 생크림(유지방분 45~48%) … 200ml
  - 그래뉴당 … 15g
- **딸기** … 1팩(약 21알)
- **민트 잎**(기호에 따라) … 적당량
- **딸기잼**(기호에 따라) … 30g

기본 시럽 만들고 리큐어로 풍미 더하기

기본 시럽을 만들고, 만들 케이크의 풍미에 맞춰 리큐어나 스피리츠를 넣어 완성합니다.

※ 만들 때는 한 번에 만들기 쉬운 양을 만들지만 칠할 때는 케이크가 촉촉하면 되기 때문에 시럽 전량을 다 사용할 필요는 없습니다.

 75ml 분량

- **그래뉴당** … 30g
- **물** … 60ml
- **기호에 따른 리큐어나 스피리츠** … 적당량

❶ 그릇에 그래뉴당과 물을 넣은 후 전자레인지로 30초 가열하여 그래뉴당을 녹여 섞는다.
⇨ 기본 시럽

❷ 시럽을 식힌 다음 기호에 따라 리큐어-스피리츠를 시럽의 1/3~1/2 비율로 넣어 풍미를 더한다.

> 풍미를 더할 양주는 만들 케이크에 사용할 과일의 풍미와 맞는 것을 고릅니다. 딸기 쇼트케이크-면 키르슈, 오렌지라면 그랑 마르니에, 파인애플이라면 럼이 어울립니다.

---

1 미리 준비하기

❶ 오른쪽을 참고하여 시럽을 만들고 식힌 다음 키르슈로 풍미를 더한다.

❷ 딸기는 물로 씻으면 무르기 쉬우므로 더러운 부분이 있다면 꼭 짠 행주로 표면을 깨끗이 닦고 꼭지를 딴다.

❸ 위에 장식할 것으로 모양이 좋은 것 14알을 따로 골라낸다. 그리고 사이에 끼울 7알은 세로로 반을 자르고 사용할 때까지 원래 모양으로 붙여둔다.

>  반으로 자른 딸기를 붙여 원래 모양대로 두면 딸기가 건조되는 것을 막을 수 있고, 나중에 크림 위에 박는 작업을 하기도 쉽습니다.

2 케이크 가로로 자르기

❶ 완전히 식은 스펀지케이크의 측면과 바닥에 붙은 종이를 살살 벗겨낸다.

❷ 노릇노릇해진 윗면을 얇게 잘라내 평평하게 한다.

>  잘라낸 부분은 이번에는 사용하지 않지만, 119쪽의 마롱 구 겔호프와 같이 고운 빵가루 상태로 만들어 케이크 크럼으로 사용할 수 있습니다.

❸ 케이크의 측면에 자를 똑바로 대고 가운데 부분에 꼬치를 꽂는다. 4군데를 돌아가며 꼬치를 꽂은 다음 꼬치를 꽂은 곳에 칼을 넣어 케이크를 가로로 2등분한다.

>  꼬치를 꽂는 것은 케이크를 수평으로 잘라 나누기 위해서입니다.

3 휘핑크림 만들기

볼에 생크림과 그래뉴당을 넣고 31쪽을 참고하면서 볼 안에서 일부만 70~80% 정도 거품을 내고, 나머지는 묽은 채로 남겨 둔다.

 생크림 전부를 한 번에 거품 내면 마지막에는 거품을 너무 낸 것이 되기 때문에 사용할 만큼 조금씩 거품을 내는 것이 요령입니다.

4 시럽 바르기

잘라 나눈 케이크의 아랫부분을 돌림판에 올리고, 케이크 단면을 살짝 누르듯 붓으로 시럽을 발라, 케이크 전체에 시럽이 적당히 발리도록 한다.

 붓질하듯 움직이면 케이크의 단면이 벗겨집니다. 조심해 주세요.

5 크림 바르고 딸기 끼우기

❶ 휘핑크림을 70~80% 정도 거품 낸 만큼만 중앙에 올린다.

 사진의 정도가 적당합니다. 나중에 올릴 딸기가 반 정도 묻힐 정도의 양입니다.

❷ 오른손에 팔레트 나이프를 쥐고 크림 위에 댄 다음 왼손으로 돌림판을 몸 쪽으로 돌리면서 크림을 전체에 펴 바른다.

❸ 팔레트 나이프의 각도를 바꿔 여러 번 다시 대면서 표면을 평평하게 만든다. 이때 팔레트 나이프에 묻은 크림을 볼 가장자리에 닦으며 하는 것이 깨끗하게 바르는 요령이다.

 이 단계까지 휘핑크림은 전체 분량의 45% 정도를 사용합니다.

❹ 세로로 절반을 자른 딸기를 단면을 아래로 해서 가장자리 끝에서 조금 안쪽으로 들어온 위치에 빙 둘러 크림에 박아 넣듯 올리고, 그 안쪽에 같은 방법으로 반쪽의 딸기를 더 올린다.

 둥근 케이크는 거의 방사형으로 자르기 때문에 자르기 쉬우면서 딸기가 어느 조각에나 균등하게 들어가도록 이런 방법으로 딸기를 올립니다. 단, 중심 부분에는 딸기를 두지 않고 조금 비워두는 것이 나중에 깨끗하게 잘라 나눌 수 있는 요령입니다.

❺ 한 번 더 크림 적당량을 중앙에 올리고 팔레트 나이프로 크림을 펴 바르면서 딸기의 빈틈을 메우듯 평평하게 합니다.

 이때 크림의 두께는 딸기의 높이와 같은 정도가 좋습니다.

❻ 나머지 한 장의 케이크(케이크 윗부분)를 아래의 케이크와 어긋나지 않게 주의하면서 올린다.

❼ 윗면을 손바닥으로 가볍게 눌러 내용물이 평평하게 되고 서로 어우러지게 한다.

❽ 윗면에 시럽을 바른다.

❾ 측면에 튀어나온 크림을 팔레트 나이프로 고르게 해 빈틈을 채우고, 반대로 모자란 곳은 크림을 더해 측면이 가지런해지도록 한다.

1 나머지 휘핑크림 전체를 70~80 % 정도로 거품 내고 반을 윗면의 중심에 올린다.

볼 안의 크림이 부드러워져 있다면 얼음을 이용해 차게 하면서 다시 거품을 내 주세요.

2 오른손에 팔레트 나이프를 쥐고 크림 위에 비스듬하게 댄 다음 왼손으로 돌림판을 돌리면서 전체에 크림을 펴 바른다. 팔레트 나이프의 각도를 바꿔 여러 번 다시 대면서 윗면이 평평해지도록 정돈하고, 여분은 측면에 떨어뜨린다.

3 나머지 크림을 팔레트 나이프로 조금씩 덜어 측면에 바른다.

4 팔레트 나이프를 측면에 세로로 대고 왼손으로 돌림판을 몸 쪽으로 돌리면서 깨끗하게 균일한 두께로 바른다.

5 케이크 측면 아래에 모인 크림을 팔레트 나이프로 없앤다.

6 마지막으로 윗면에 튀어나온 크림을 팔레트 나이프로 중앙을 향해 모으듯 고르게 한다.

만약 바른 크림이 부드러워져 뭉그러졌다면 한 번 냉장고에 넣어 굳혀 주세요.

1 딸기 8알을 케이크 중앙에 4알씩 2열로 올려 크림에 조금 박아 넣는 느낌으로 장식한 다음, 좌우에 3알씩 장식한다.

2 케이크 바닥이 팔러트 나이프를 밀어 넣어 케이크를 들어 올리고, 케이드 받침을 끼워 넣는다.

Note

케이크 받침

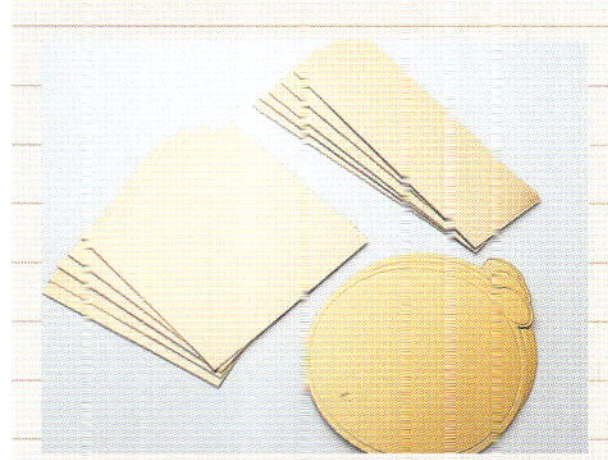

스펀지케이크 등 부드러운 케이크 바닥에 까는 두꺼운 종이 깔개입니다. 데커레이션을 한 다음 냉장고에 넣거나 이동할 때 들기 쉽도록, 그리고 케이크의 모양이 무너지지 않게 하기 위해 깝니다. 원형 외에 정사각형이나 직사각형 등도 있으며 제과 재료점에서 구할 수 있지만, 두꺼운 종이를 원형으로 자른 다음 알루미늄 포일을 씌우면 직접 만든 수제 케이크 받침이 됩니다.

식혀서
모양 고정하기

❶ 케이크를 평평한 스테인리스 바트(넓은 트레이) 등에 올려 기울지 않도록 주의하면서 냉장고에 30분 정도 넣고, 크림을 굳힌다.

❷ 잼으로 딸기 주위를 장식할 때는 딸기잼을 체에 거른 다음 종이 짤주머니를 이용해 윗면의 가장자리 안쪽을 따라 깨끗한 선으로 짠다.

딸기를 구하기 어렵다면 오렌지나 자몽, 머스캣, 파인애플, 키위 등 달콤새콤한 과일이 잘 어울립니다.

케이크 시트의 결은 이 정도로 촘촘하게 구워지면 성공입니다.

데커레이션 케이크 자르기

스펀지케이크는 보통 크림이나 과일을 조합한 데커레이션을 하여 완성합니다. 하지만 아무리 깨끗하게 완성해도 자르는 데 실패하면 소용없습니다. 딸기 쇼트케이크를 예로 해서 요령을 익혀봅시다.

❶ 칼날이 15cm 이상인 칼을 준비해서 날 부분을 60℃ 정도의 뜨거운 물에 담가 데운다.

❹ 측면도 크림이 무너지지 않도록 하며 아래까지 자른다.

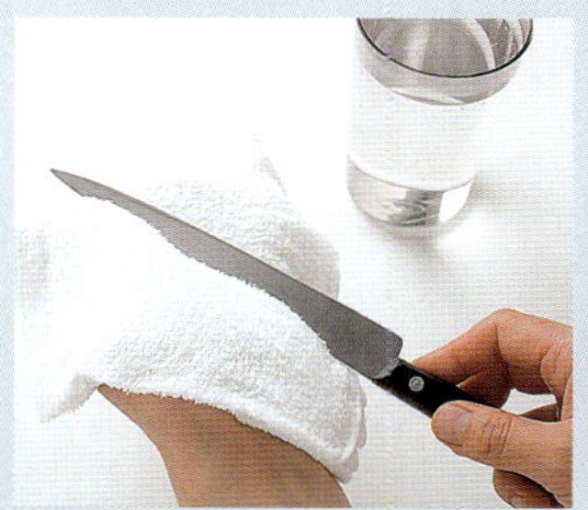

❷ 칼날의 물기를 가볍게 닦아 낸다.

이후에도 매번 자를 때마다 날에 묻은 크림을 깨끗하게 닦아 내고 ❶~❷를 반복해 주세요.

❺ 딸기가 걸리는 부분은 딸기가 움직이지 않도록 왼손 손가락 끝으로 가볍게 누르면서 깨끗하게 잘라 나누고, 그대로 케이크도 잘라 나눈다.

❸ 몇 개로 자르고 싶은지 정하고 중심에 칼끝을 넣은 다음 칼의 각도를 바닥 면에서 30° 정도로 유지하며 앞뒤로 세심하게 움직여 바깥쪽을 향해 잘라 나눈다.

❻ 케이크 서버(없다면 팔레트 나이프)를 케이크 아래의 중심까지 찔러 넣은 다음 조심스럽게 몸 쪽으로 당겨 한 조각을 꺼낸다.

크림은 딸기잼으로 풍미
를 더한 핑크 휘핑크림

10등분으로 자를 수 있
는 크기입니다.

베리 베리 쇼트케이크

딸기, 라즈베리, 블루베리를
조합한, 그야말로 Very berry
한 화려함!

딸기는 하트 모양으로
장식해보았습니다.

크림을 짜서 장식한 데커레이션
방식도 익혀둡시다.

딸기 쇼트케이크보다 한 둘레 더 큰
지름 18cm 원형 틀로 굽고 삼단으
로 잘라 나누었습니다.

재료 지름 18cm 원형 틀 1개분

- **공립법 스펀지 반죽**
  - 달걀 … 3개
  - 그래뉴당 … 90g
  - 박력분 … 90g
  - 버터 … 30g
- **키르슈 풍미의 시럽**
  - 기본 시럽 … 75ml
  - 키르슈 … 35ml
- **딸기 풍미 휘핑크림**
  - 생크림(유지방분 45~48%) … 350ml
  - 딸기잼 … 150g

- **라즈베리** … 15알
- **딸기** … 25알
- **블루베리** … 10알
- **민트 잎** … 적당량

- **오븐 온도** : 180°C
- **굽는 시간** : 23분
- **열량** : 10등분했을 때 1조각 323㏄cal

1 스펀지케이크 굽기

반죽 만드는 법, 틀에 넣는 법, 굽는 법은 기본 스펀지케이크와 같다. 27~30쪽을 참고하여 굽고 식혀 둔다.

2 미리 준비하기

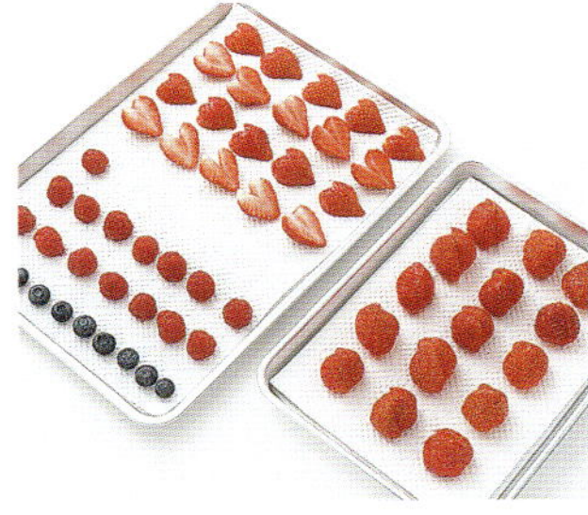

딸기와 라즈베리는 물로 씻으면 상처 나기 쉽기 때문에 더러운 부분이 있다면 꼭 짠 행주로 표면을 깨끗이 닦는다. 위에 장식할 분량의 딸기 10알은 모양이 좋은 것을 골라 하트 모양으로 만든다. 사이에 끼울 분량의 딸기 15알은 꼭지를 따서 세로로 반 자르고, 사용할 때까지 원래 모양으로 붙여 둔다.

> **Note**
>
> ### 딸기 하트 모양으로 자르기
>
> 
>
> 딸기를 세로로 반 자르고 나서 꼭지 부분을 V자로 잘라 내는데, 빨간 부분을 겉으로 할 경우에는 바깥쪽에서 V자 칼집을 넣고, 하얀 부분을 겉으로 할 경우에는 안쪽에서 V자 칼집을 넣어 깔끔하게 하트 모양으로 정돈합니다.

3 딸기 풍미 휘핑크림 만들기

❶ 딸기잼은 체에 걸러 150g을 사용한다.

> **Note**
>
> ### 딸기잼
>
> 
>
> 가능하면 새빨갛게 숙성한 딸기 수제잼을 사용하세요. 시판용 잼을 사용할 때는 씨나 덩어리가 있으면 체로 거르고, 취향껏 빨간 식용색소로 색을 더해 주세요.

❷ 휘핑크림은 들어 올려 확인하면서 70% 정도로 거품을 낸 다음, 거른 잼 150g을 넣어 섞고 먼저 사용할 분량만큼을 80% 정도까지 거품낸다. (휘핑크림의 거품 정도는 31쪽 참조)

4 스펀지케이크 가로로 자르기

완전히 식은 스펀지케이크 측면과 바닥에 붙은 종이를 깨끗이 벗기고, 양 곁에 1cm 두께의 각봉(커트 룰러)을 끼워 케이크 아랫부분부터 한 장씩 총 3장을 잘라낸다.

 나머지 부분은 고운 빵가루 상태로 만들어 케이크 크럼으로 사용할 수 있습니다(19쪽 참조).

> **Note**
>
> ### 각봉(커트 룰러)
>
> 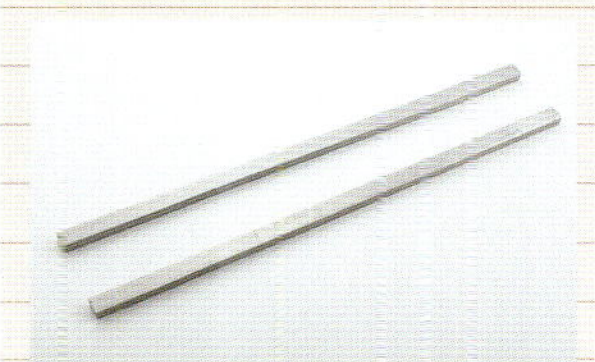
>
> 케이크의 두께를 균일하게 잘라낼 때나 쿠키, 타르트 반죽을 균일한 두께로 펼 때 사용하는, 2개가 한 쌍인 금속제의 각진 봉입니다. 무게가 있는 금속제가 좋지만, 가격이 부담된다면 목공방 등에서 길이 50cm, 두께 1cm 혹은 1.5cm로 2개를 잘라 달라고 하는 것도 좋은 방법입니다.

5 사이에 크림과 딸기 끼우기

케이크의 가장 아래 1장을 돌림판 중심에 올리고 딸기 쇼트케이크(34쪽)와 같은 요령으로 시럽, 크림 순으로 바른 다음, 세로로 자른 딸기와 라즈베리를 올려 3층으로 겹친다.

6 표면 전체를 크림으로 덮기

딸기 쇼트케이크(34~35쪽)를 참고하여 윗면에 시럽을 바른 다음, 측면의 크림을 고루 바르고, 표면 전체를 크림으로 깔끔하게 덮는다.

 여기에서 필요하다면 케이크 받침에 옮긴 다음 냉장고에 잠시 두어 크림을 굳혀 주세요.

7 윗면에 크림 짜기

❶ 몇 등분으로 할지 정하고 팔레트 나이프를 이용해 방사형으로 표시한다.

 여기에서는 10조각으로 자를 수 있도록 표시했습니다. 71쪽과 같이 케이크 분할기가 있으면 편리합니다.

❷ 나머지 크림을 80% 정도로 거품 낸다. 오른쪽을 참고해 짤주머니에 지름 8mm 별 깍지를 끼우고, 크림을 가장자리 중앙에 둥글게 짠다.

❸ 중심에 가까운 쪽은 크림을 하트 모양으로 짠다.

8 과일 장식하기

❶ 가장자리에 짠 크림 위에 하트 모양의 딸기를 빨간 부분이 위로 향하게 놓는다. 그리고 하트 모양으로 짠 크림 위에는 하트 모양의 딸기를 흰 부분이 위로 향하게 놓아 장식한다.

❷ 민트 잎과 라즈베리, 블루베리를 장식하여 완성한다.

❸ 냉장고에 잠시 두어 크림을 굳힌다.

짤주머니 사용법

쇼트케이크는 물론, 스펀지케이크를 완성하는 것은 데커레이션! 특히 크림을 짜서 장식하면 화려함이 더해집니다. 여러 번 연습하여 요령을 몸에 익힙시다.

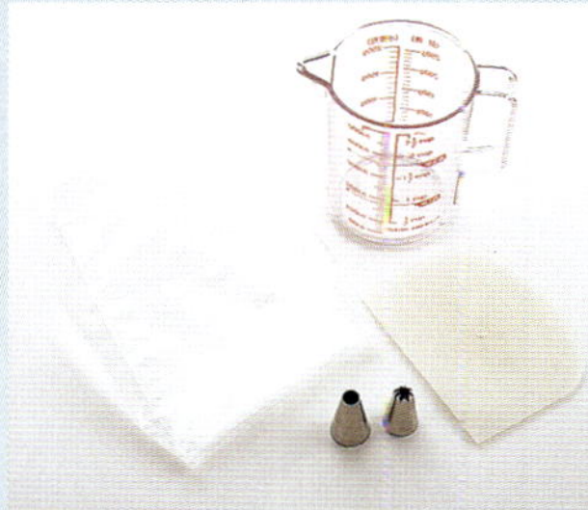

❶ 짤주머니와 깍지, 스크레이퍼, 짤주머니를 세우기 위한 커다란 계량컵 등을 준비한다.

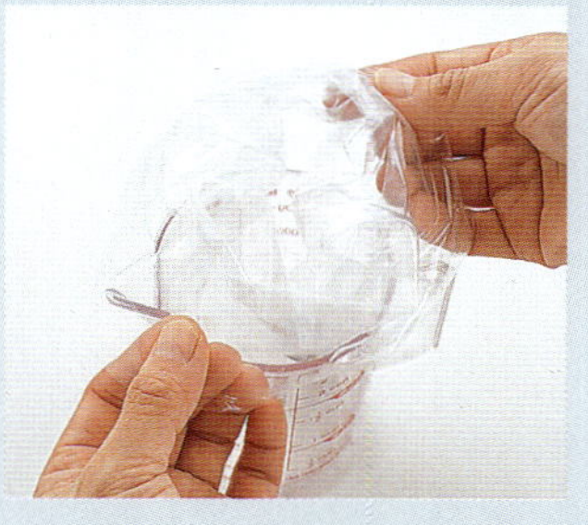

❸ 짤주머니를 계량컵 등의 안에 세우고 주머니 윗부분을 바깥쪽으로 접어 젖힌다.

❺ 주머니를 작업대 위에 올리고 스크레이퍼로 크림을 깍지 쪽으로 밀어준다.

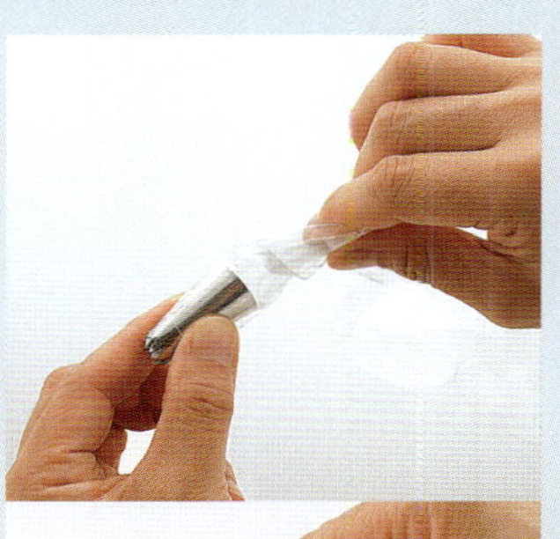

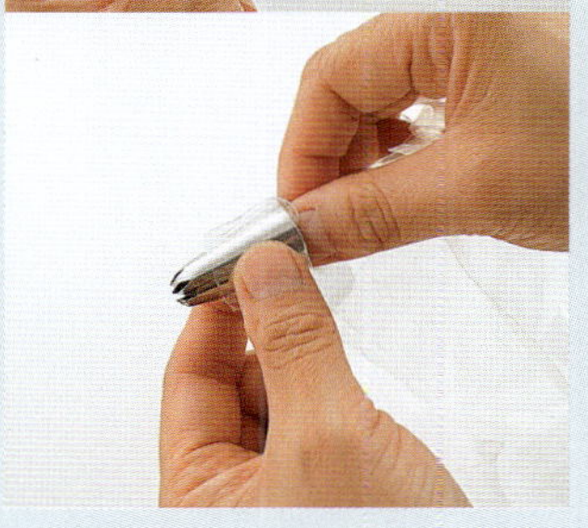

❷ 짤주머니 끝을 자르고 깍지를 끼워 넣는다. 그리고 반죽을 넣었을 때 흘러나오지 않도록 깍지의 끝부분에서 주머니를 비튼 다음 깍지 중앙에 손가락으로 밀어 넣는다.

❹ 크림을 스크레이퍼로 적당량씩 떠서 주머니에 넣고, 주머니의 젖힌 부분을 들어 올려 계량컵 등에서 주머니를 떼어낸다.

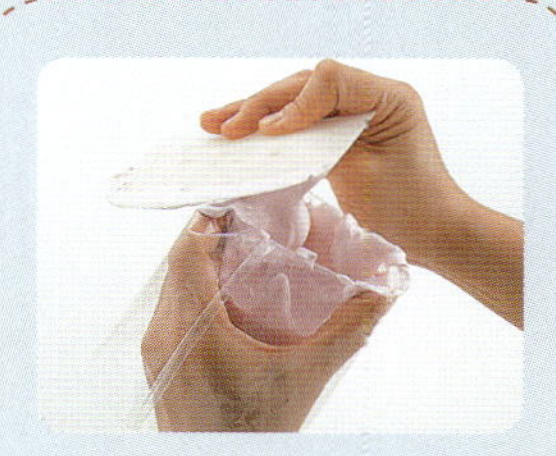

계량컵 등을 사용하지 않고 젖힌 주머니의 윗부분을 엄지손가락과 집게손가락으로 받치고 크림을 넣어도 됩니다.

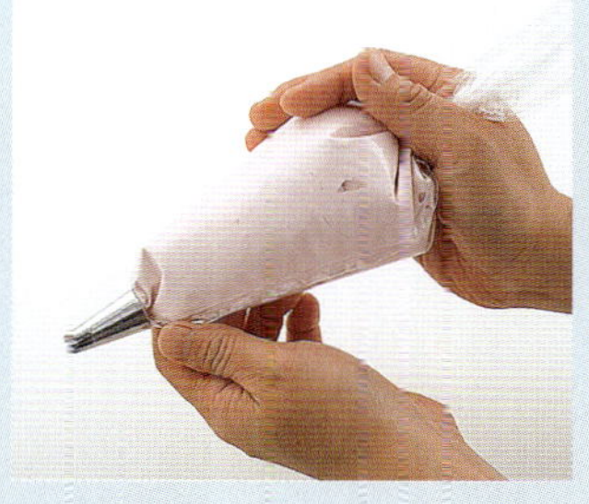

❻ 크림이 들어 있는 주머니의 끝부분을 비틀고, 오른손의 엄지와 검지 사이에 확실히 끼워 준다

❼ 깍지에 밀어 넣었던 주머니 부분을 편 후 오른손에 힘을 주어 크림을 깍지 끝까지 보내고, 주머니가 팽팽해진 상태가 되면 짜낸다.

초콜릿과 호두, 바나나 케이크

쇼콜라 누아 바난느
(chocolat noix banane)

윗면에는 초콜릿 풍미의 휘핑크림을 별 깍지로 짜고, 호두 반쪽을 초콜릿 시럽으로 커버하여 장식했습니다.

초콜릿 풍미의 휘핑크림은 시판용 초콜릿 시럽을 이용하여 간단히 만들었고, 사이사이에 고소한 바나나 플람베를 끼워 넣었습니다.

케이크 시트는 코코아파우더와 호두가 들어간 스펀지케이크로, 오븐 팬에 흘려 시트 상태로 구운 다음 세 개로 나눠 잘라 삼층으로 겹쳐 완성했습니다.

 10×38cm 크기 1개분

※ 재료의 ( ) 숫자는 27×27cm의 오븐
  팬을 사용했을 때의 분량
- **호두가 들어간 코코아 풍미의
  공립법 스펀지 반죽**
  (40×30cm의 오븐 팬 1개분)
  ┌ 달걀 … 3개(2개)
  │ 그래뉴당 … 90g(60g)
  │ 박력분 … 70g(50g)
  │ 코코아파우더 … 15g(10g)
  │ 버터 … 20g(13g)
  │ 우유 … 20ml(13ml)
  └ 호두 … 25g(16g)

- **럼주 풍미의 시럽**(33쪽을 참고하여 준비)
  ┌ 기본 시럽 … 50ml
  └ 럼주 … 25ml
- **초콜릿 풍미 휘핑크림**
  ┌ 생크림(유지방분 45~48%) … 400ml(270ml)
  └ 초콜릿 시럽 … 200g(140g)
- **바나나 플람베**(45쪽을 참고하여 준비) … 적당량
- **호두**(반 자른 것) … 10조각
- **초콜릿 시럽** … 적당량

- **오븐 온도** : 210℃
- **굽는 시간** : 10분
- **열량** : 10등분 했을 때 1조각 408kcal

---

4 초콜릿 풍미 휘핑크림 만들기

❶ 휘핑크림은 들어 올라 확인하면서 70% 정도까지 거품 낸다. (휘핑크림의 거품 정도는 31쪽 참조)

❷ 초콜릿 시럽을 넣어 대강 80% 정도까지 거품 낸다.

> **Note**
>
> 초콜릿 시럽
>
> 
>
> 허쉬 브랜드의 초콜릿 시럽을 사용하였습니다.

---

1 미리 준비하기

❶ 호두는 150℃의 오븐에서 약간 노릇해질 때까지 굽고, 위에 장식할 용도로 모양이 좋은 것을 10조각 고른다. 반죽용 25g은 그라인더나 칼로 잘게 다진 다음 체 친다.

❷ 박력분과 코코아파우더는 합쳐서 체 친다.

❸ 버터와 우유를 함께 중탕에 올려 버터를 녹이고, 사용할 때까지 식지 않게 둔다.

❹ 57쪽을 참고해 오븐 팬에 종이를 깔아 넣는다.

---

2 반죽 만들기

달걀과 그래뉴당을 중탕에 올려 천천히 거품 내고, 숫자 8이 써지는지 흘려보았을 때 모양이 잠시 동안 사라지지 않을 정도의 점도로 매끄럽고 윤기가 있는 상태가 되면, 박력분+코코아파우더, 따뜻한 녹인 버터+우유 순으로 넣어 섞는다. (전 과정 28~29쪽 참조)

---

3 반죽 흘려 넣고 굽기

❶ 반죽을 오븐 팬에 흘려 넣고 표면을 평평하게 한 다음, 체 쳐 둔 호두를 표면 전체에 뿌린다.

❷ 210℃로 예열한 오븐에서 약 10분 굽고, 종이째 오븐 팬에서 꺼내 식힌다.

5 크림과 플람베 끼워 겹치기

❶ 완전히 식은 스펀지 시트의 종이를 벗기고 세로로 3등분하여 잘라 나눈다.

❷ 보드 위에 첫 번째 시트를 세로로 길게 두고, 럼주 풍미의 시럽을 붓으로 바른 다음, 팔레트 나이프로 크림을 펴 바른다.

Note

폭이 좁고 긴 보드

스펀지케이크는 부드럽기 때문에 들어 올리거나 이동할 때 폭이 좁고 긴 보드에 올리는 게 좋습니다. 목공방 등에서 두께 1cm, 폭 10cm, 길이 42cm로 재단한 목재를 구입하거나, 두꺼운 종이를 그 크기로 잘라 2~3장 겹친 다음 알루미늄 포일로 감싸서 직접 만들어도 됩니다.

❸ 바나나 플람베를 지름 9mm 원 깍지를 끼운 짤주머니에 넣고, 크림 중앙에 가로로 길게 두 줄, 그리고 두 줄 사이에 한 줄을 더 짠 다음 숟가락으로 펼친다.

❹ 두 번째 시트를 겹치고 같은 요령으로 시럽, 크림, 바나나 플람베 순으로 겹친 다음 세 번째 시트를 올리고 측면에 튀어나온 크림을 깨끗이 펴 바른다.

6 표면을 크림으로 덮기

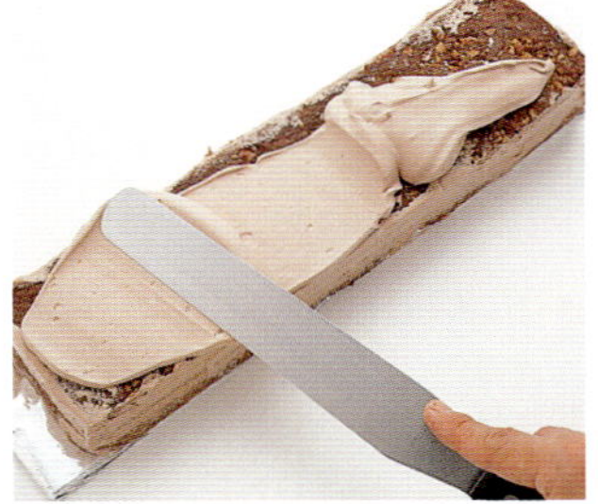

❶ 윗면에 크림을 올리고 팔레트 나이프로 전체에 펴 바른다.

❷ 측면에도 크림을 대고 네 면 전체에 깨끗이 펴 바른다.

❸ 위에 튀어나온 크림을 중앙으로 고르게 펼친다.

❹ 아래에 깐 보드째로 들어 올려 냉장고에 넣고 크림을 굳힌다.

7 완성하기

❶ 장식용 호두를 절반만 초콜릿 시럽에 담갔다가 오븐페이퍼 위에 올려 둔다.

❷ 케이크를 냉장고에서 꺼내고, 팔레트 나이프를 이용해 3.5cm 폭으로 칼집을 낸다.

 나중에 잘라낼 양끝 부분은 제외하고 칼집을 내 주세요.

❸ 나머지 크림을 80% 정도 거품 낸 다음, 지름 8mm의 별 깍지를 끼운 짤주머니에 넣어 가장자리에서 중앙 쪽으로 물방울 모양으로 짠다.

 물방울 모양은 눈물 모양이라고도 합니다.

④ 먼저 짜놓은 크림과 마주보도록 반대쪽 가장자리에서 중앙 쪽으로 크림을 짜 넣고, 두 물방울 모양 사이에 둥글게 크림을 짜 넣는다. 그리고 둥글게 짠 크림 위에 호두를 장식하고, 한 번 더 냉장고에 넣어 모양을 굳힌다.

⑤ 양끝을 잘라낸 다음 한 조각씩 잘라 나눈다.

바나나 플람베 만들기

플람베^{flambee}란 알코올 도수가 높은 술을 넣고 열을 가해 알코올을 날리고 향을 더하는 것을 말합니다.
이곳에서 쓰인 바나나 플람베는 그래뉴당을 먼저 캐러멜 상태로 조리고, 버터를 넣어 녹인 다음, 바나나를 넣어 굽고, 마지막에 럼주를 뿌려 플람베 하였습니다. 바나나에 버터와 캐러멜화한 그래뉴당, 럼주의 풍미가 더해져 매력적인 맛이 됩니다.

재료　약 200g 분량

- **바나나**(둥근썰기) … 중간 크기 2개
- **그래뉴당** … 30g
- **버터** … 30g
- **럼주** … 1/2큰술

❶ 프라이팬을 데우고 그래뉴당을 조금씩 뿌려 넣어 녹인 다음, 캐러멜 상태로 조려지면 버터를 넣는다.

❸ 럼주를 뿌려 플람베 하고 바나나에 풍미를 더한다.

❷ 버터가 녹으면 둥근썰기 한 바나나를 넣고, 캐러멜 상태로 색이 날 때까지 볶는다.

❹ 나무주걱으로 뭉갠다.

빵 콩플레

별립법 스펀지케이크의 기본

여기서부터는 달걀노른자와 흰자를 분리하여 사용하는 별립법 스펀지
케이크를 소개합니다. 빵 콩플레를 기본으로 하여 별립법 스펀지케이크
의 반죽 만드는 법과 굽는 법을 소개하고, 반죽을 막대기 모양으로 짜서
굽는 홍차 비스킷과 오렌지 풍미의 요거트 샌드 케이크를 그 응용으로
소개합니다.

캐러멜 크림이 들어간 고소한 후핑크림. 크림 속에는 서양배 시럽 조림이 들어 있습니다. 별립법 스펀지케이크는 머랭의 힘으로 단단한 반죽이 되기 대문에 틀을 사용하지 않고 굽는 것이 가능합니다.

재료 **지름 20cm 정도의 원형 1개분**

- **별립법 스펀지 반죽**
  - 달걀노른자 … 2개
  - 그래뉴당 … 30g
  - 머랭
    - 달걀흰자 … 2개분
    - 그래뉴당 … 30g
  - 바닐라 에센스(천연) … 적당량
  - 박력분 … 30g
  - 옥수수전분 … 15g
- **윗면에 뿌릴 박력분과 가루설탕**
  … 각 5g

- **커러멜 풍미의 휘핑크림**
  - 캐러멜 크림
    - 그래뉴당 … 50g
    - 생크림 … 100ml
  - 생크림 … 100ml
  - 그래뉴당 … 5g
- **서양배**(시럽 조림 : 반으로 자른 것) … 1.5조각

- **오븐온도** : 170℃
- **굽는 시간** : 25분
- **열량** : 10등분했을 떠 1조각 177kcal

1 오븐 팬에 종이 깔기

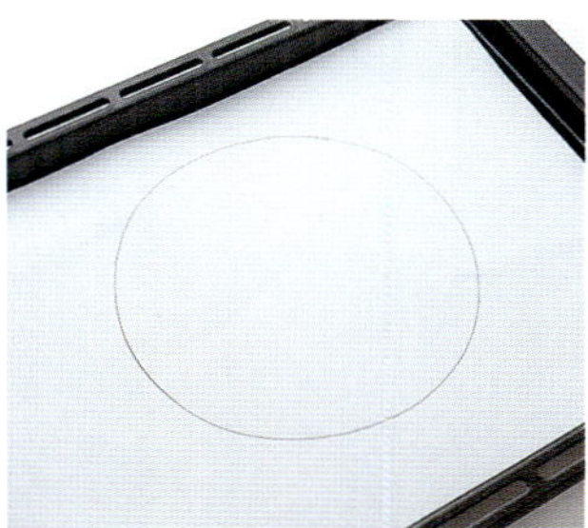

유산지를 오븐 팬의 바닥면에 들어 갈 사이즈로 자르고, 중심에 지름 18cm의 원을 연필이나 볼펜으로 그려 넣는다.

 미리 원을 그려 두고 반죽을 그 안에 넣으면 깔끔하게 모양을 만들 수 있습니다.

2 미리 준비하기

❶ 반죽용 박력분 30g과 옥수수전 분 15g은 합쳐서 체 친다.

❷ 윗면에 뿌릴 박력분괴 가루설탕 각 5g은 합쳐서 체 친다.

❸ 달걀은 노른자와 흰자를 분리해 각각의 볼에 넣는다.

❹ 서양배는 물기를 없앤 다음 2cm 크기로 깍둑썰기 하고, 사용할 때까 지 데이퍼 타월 등에 올려 둔다.

콩플레^{complet}는 프랑스어로 '완전한' 이라는 의미로, 빵 콩플레^{pain complet}는 전립분으로 만든 시골빵을 말합니다. 완성된 소박한 모양이 시골빵을 떠올 리게 하는 것에서 이름이 붙었다고 합 니다.

빵을 가로로 잘라 두 개 로 나누고, 사이에 고소 한 캐러멜 풍미의 휘핑크 림에 서양배 시럽 조림 조각을 섞어 끼워 넣었습 니다. 겉보기에는 소박하 지만, 한 입 먹으면 고소 하면서도 진한 맛이 느껴 집니다.

3 반죽 만들기

❶ 달걀노른자에 그래뉴당 30g을 넣어 거품기 혹은 핸드믹서로 하얗게 될 때까지 거품을 내고, 바닐라 에센스를 넣는다. ⇨ 반죽 베이스 완성

❷ 오른쪽을 참고하여 달걀흰자와 그래뉴당으로 단단한 머랭을 만들고, ❶의 반죽 베이스에 우선 1/3 양을 넣어 고무주걱으로 머랭 덩어리를 자르듯 섞는다.

❸ 나머지 머랭을 넣고 섞어 합친다.

❹ 노란색과 흰색의 마블 상태가 된 단계에서 박력분+옥수수전분을 반죽의 표면 전체에 뿌리듯 한 번에 넣고 고무주걱으로 부드럽게, 가루가 보이지 않을 때까지 섞는다.

이 단계의 반죽 섞는 법은 공립법 스펀지케이크와 같지만, 별립법의 경우는 너무 많이 섞지 않는 것이 중요합니다. 반죽이 흘러내리는 상태가 되면 실패입니다.

머랭 만들기

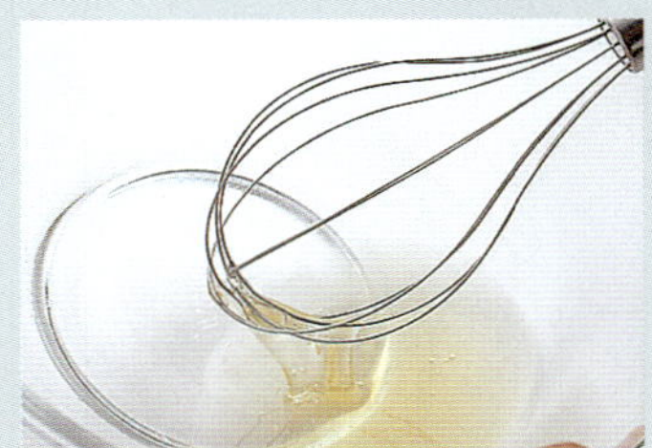

❶ 볼에 달걀흰자를 넣고 거품기 혹은 핸드믹서로 휘저어 섞어 알끈을 없앤다. 소량을 들어 올려 처음의 걸쭉함이나 덩어리졌던 것이 쓱 하고 실처럼 떨어지면 알끈이 제거된 것이다.

달걀흰자를 거품 낼 때는 물기와 기름기가 묻어 있지 않은 깨끗한 볼과 핸드믹서 혹은 거품기를 사용해야 한다는 점을 명심하세요.

❷ 핸드믹서 강으로 거품을 내기 시작하고 하얗게 되면 그래뉴당의 1/3 양을 넣어 다시 거품을 낸다.

❸ 거품이 뿔이 서듯 뾰족한 모양이 되면 나머지 그래뉴당의 절반을 넣어 다시 거품을 낸다.

❹ 다시 거품이 뾰족하게 서면 나머지 그래뉴당을 넣어 다시 거품을 낸다.

❺ 뿔이 곧게 서고 단단한 상태까지 거품을 냈다면 비벼 섞듯 세게 섞어 기포의 결을 정돈하고 윤기 있는 머랭으로 완성한다.

4 굽기

❶ 반죽을 오븐 팬에 깐 종이의 원 위에 올리고 팔레트 나이프로 반구 형태로 만든다.

❷ 뿌릴 용도의 박력분+가루설탕을 약간 두껍게 뿌리고, 팔레트 나이프로 비스듬하게 칼집을 넣는다.

굽는 동안 반죽이 부풀 것을 생각하여 약간 깊게 칼집을 넣어 둡니다.

❸ 170℃로 예열한 오븐에서 약 25분 굽는다. 갈라진 부분이 노릇노릇 해지고 만져봤을 때 탄력이 있으면 완성된 것이다. 식힘망에 종이째로 올려 식힌다.

5 캐러멜 크림 만들기

❶ 오른쪽을 참고해 캐러멜 크림을 만든 후 식히고, 생크림과 그래뉴당을 넣고 거품기로 대강 80% 정도 거품을 내어 캐러멜 풍미 휘핑크림을 만든다.

❷ 잘라둔 서양배를 넣어 섞어 합친다.

6 사이에 크림 끼우기

❶ 완전히 식은 케이크를 가로로 반 잘라 나눈다.

❷ 반 자른 것 중 아래 반쪽을 케이크 받침에 올리고, 크림을 중심에 올려 팔레트 나이프로 펴 바른다.

❸ 나머지 위 반쪽을 겹치고 주위를 가볍게 누르면서 모양을 다듬어 크림이 어우러지게 한다.

❹ 냉장고에 넣어 크림을 굳힌다.

캐러멜 크림 만들기

❶ 생크림을 전자레인지에서 끓어오르지 않을 정도로 데운다.

❷ 두꺼운 스테인리스(혹은 구리) 냄비에 그래뉴당을 넣어 열을 가한다.

❸ 캐러멜 상태가 될 때까지 조려지면 불에서 내리고, 데워 둔 생크림을 조금씩 넣는다.

냄비 안은 100℃ 이상의 고온이기 때문에 생크림을 넣자마자 증기가 나와 뜨거운 시럽이 튈 수 있습니다. 주의하세요!

❹ 매끄러워질 때까지 섞고 잠시 두어 식힌다.

홍차 비스킷은 핑거 타입의 스펀지케이크로, 반
죽 속에 파우더 상태로 만든 홍차를 넣고 표면에
홍차를 뿌려 두 배로 향기롭게 만들었습니다. 홍
차는 딤불라나 얼그레이 등 향이 강한 종류를 추
천합니다.

▪ 홍차 풍미 별립법 스펀지 반죽
- 달걀노른자 … 2개
- 그래뉴당 … 30g
- 머랭(48쪽을 참고하여 준비)
  - 달걀흰자 … 2개분
  - 그래뉴당 … 30g
- 박력분 … 60g
- 홍차 잎 … 5g

▪ 홍차 잎(향이 강한 것) … 10g
▪ 가루설탕 … 적당량

▪ 오븐 온도 : 190℃
▪ 굽는 시간 : 12분
▪ 열량 : 1개 15kcal

---

1 오븐 팬에 종이 깔기

흰색 종이(57쪽 참조)를 오븐 팬 바닥면에 들어갈 크기로 3장 잘라 준비하고, 그중 1장에는 사인펜 등으로 7cm 폭의 선을 간격을 두고 3단 그려 넣어 밑그림으로 사용한다.

 일정한 길이와 간즈으로 반죽을 짜는 데 익숙하지 않다면 이런 식으로 밑그를 만들어 두면 좋습니다. 밑그림 오븐페이퍼를 아래에 깔고 그려둔 선을 가이드삼아 짤주머니로 반죽을 짜면 되기 때문입니다.

2 미리 준비하기

❶ 41쪽을 참고하여 지름 13mm의 원 깍지를 끼운 짤주머니를 준비한다.

❷ 반죽용 홍차 잎 5g을 갈아서 으깨거나 다진다.

❸ 박력분과 다진 홍차 잎을 섞어 합쳐 체 친다.

❹ 달걀을 깨서 노른자와 흰자를 각각의 볼에 넣는다.

---

3 반죽 만들어 짜기

❶ 달걀노른자+그래뉴당을 하얗게 될 때까지 거품 내고, 머랭을 조금씩 넣으면서 섞어 합친 다음, 박력분+다진 홍차를 반죽의 표면 전체에 뿌리듯 한 번에 넣고 가루가 보이지 않을 때까지 섞는다.

 빵 콩플레와 같은 별립법 스펀지케이크 반죽법이므로 자세한 과정 설명은 48쪽을 참조하세요.

❷ 반죽을 준비해 둔 짤주머니에 넣는다.

❸ 커다란 플레이트나 도마 위에 밑그림 종이와 다른 종이 한 장을 겹쳐 두고 반죽을 밑그림의 선을 따라 7cm 길이의 막대 모양으르 8~9개씩 3단으로 짠다. 다른 한 장의 종이에도 같은 방법으로 반죽을 짠다.

 깍지를 45° 기울여 종이에서 띄우고 반죽을 흘리듯 하여 깍지와 거의 같은 폭으로 짜내도록 합니다.

---

4 가루설탕 뿌리고 홍차 흩뿌리기

❶ 차 거름망을 이용해 반죽의 표면 전체에 가루설탕을 얇게 뿌린다.

❷ 홍차 잎(향이 강한 종류)을 가루설탕 위에, 손으로 문질러 뭉개면서 흩뿌린다.

❸ 가루설탕이 녹으면 가루설탕을 한 번 더 듬뿍 겹쳐 뿌린다.

 가루설탕이 녹아 반죽을 덮으면 다 구웠을 때 표면이 바삭하게 굳어 구워 집니다. 첫 번째 가루설탕이 녹은 다음 두 번째 가루설탕을 뿌리도록 합니다.

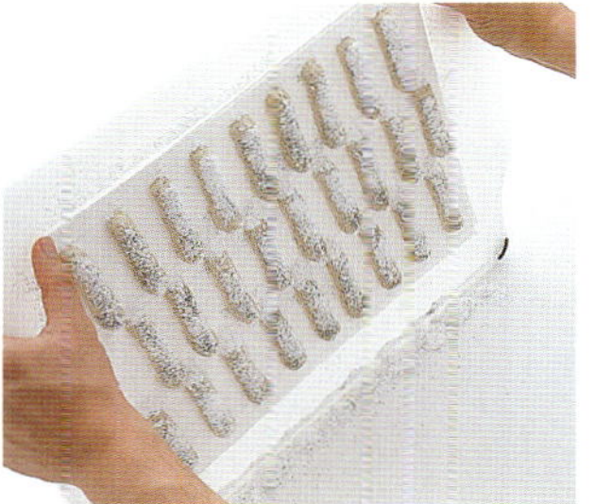

❹ 양손으로 종이 양끝을 플레이트나 도마째로 들어 올리고, 세로로 세워 여분의 가루설탕을 떨어뜨린다.

---

5 굽기

❶ 반죽을 종이째로 조심스레 오븐 팬에 옮겨 넣고 190℃로 예열한 오븐에 약 12분 굽는다. 나머지 1장도 같은 방법으로 굽는다.

❷ 다 구운 비스킷을 종이째 빼서 식힘망 위에 올려 식히고, 온전히 식으면 종이에서 떼어낸다.

 가루설탕을 뿌려 구운 표면은 독특한 질감의 옅은 갈색을 띕니다. 이 상태려면 빵이 식었을 때 겉면이 단단하게 굳어서 종이에서 쉽게 떼어낼 수 있습니다.

두 장의 비스킷 사이에 오렌지 풍미 요거트를 넣은 휘핑 크림을 짜 넣은 후, 오렌지 과육을 올리고 민트 잎으로 장식했습니다. 겉보기에는 심플하지만 다양한 풍미를 즐길 수 있는 조그만 케이크입니다.

재료   **10개분**

- **별립법 스펀지 반죽**
  - 달걀노른자 … 2개
  - 그래뉴당 … 30g
  - 머랭(48쪽을 참고하여 준비)
    - 달걀흰자 … 2개분
    - 그래뉴당 … 30g
  - 바닐라 에센스(천연) …적당량
  - 박력분 … 60g
- **가루설탕** … 적당량
- **오렌지 풍미의 요거트가 들어간 휘핑크림**
  - 생크림(유지방분 45~48%) … 200ml
    - 그래뉴당 … 25g
    - 오렌지 껍질 간 것 … 1/2개분
  - 플레인 요거트(달지 않은 것) … 100g
- **오렌지 알맹이** … 10조각
- **기호에 따라 오렌지 껍질 시럽 조림, 민트 잎** … 각 적당량

※ 오렌지는 향진균제를 사용하지 않은 것을 고른다.

- **오븐 온도** : 190℃
- **굽는 시간** : 10분
- **열량** : 1개 189kcal

1   미리 준비하기

❶ 홍차 비스킷(51쪽)을 참고하여 밑그림 1장과 흰 종이 2장을 준비한다.

❷ 각각 지름 13mm의 원 깍지와 지름 8mm의 별 깍지를 끼운 짤주머니(총 2개)를 준비한다. (짤주머니 사용법은 41쪽 참조)

❸ 달걀은 노른자와 흰자로 분리하여 각각 볼에 넣는다.

❹ 박력분은 체 친다.

2   비스킷 만들기

❶ 달걀노른자+그래뉴당을 거품 내고 바닐라 에센스를 넣어 반죽 베이스를 완성한 다음, 단단한 머랭을 만들어 반죽 베이스에 조금씩 넣어 섞어 합친다. 그리고 박력분을 넣고 가루가 보이지 않을 때까지 섞는다.

빵 콩플레와 같은 별립법 스펀지케이크 반죽법이므로 자세한 과정 설명은 48쪽을 참조하세요.

❷ 반죽을 지름 13mm의 원 깍지를 단 짤주머니에 넣고, 커다란 플레이트나 도마 위에 밑그림과 흰 종이 1장을 겹쳐 올린다. 밑그림의 선을 따라 7cm 길이의 타원형으로 어느 정도 간격을 두면서 3단으로 반죽을 짠다. 다른 한 장의 종이에도 같은 방법으로 반죽을 짠다.

깍지를 거의 수직으로 쥐고 반죽에 조금 밀어붙이듯 하여 3cm 정도의 폭으로 퍼지도록 천천히 짭니다.

❸ 홍차 비스킷(51쪽)을 참고하여 가루설탕을 뿌리고, 녹으면 한 번 더 뿌린 다음 여분의 가루설탕을 떨어뜨리고, 190℃로 예열한 오븐에서 약 10분 굽는다. 다 구워지면 종이째로 식힘망에 올려 식힌다. 나머지 한 장도 굽는다.

3   오렌지 풍미 휘핑크림 만들기

❶ 그레이터로 오렌지 껍질을 간다.

Note

오렌지나 레몬 껍질을 가는 그레이터

과자 만들 때 자주 사용하는 오렌지나 레몬의 껍질단이 아니라 치즈나 초콜릿을 갈 때도 사용할 수 있는 손잡이가 달린 스테인리스 강판입니다. 아래로 갈아져 떨어지는 것이 아니라, 위로 쌓이는 형태로 되어 있기 때문에 그대로 볼 등에 쏟을 수 있어 편리합니다. 상품명은 마이크로 플레인 제스터 그레이터.

❷ 그래뉴당에 오렌지 껍질 간 것을 넣어 손가락 끝으로 비벼주고 잠시 두어 향이 어우러지게 한다

 **❸** 오렌지 풍미의 요거트가 들어간 휘핑크림은 생크림에 그래뉴당+오렌지 껍질을 넣어 80~90% 정도 거품을 낸 다음, 요거트를 넣어 섞어 만든다.

생크림의 거품이 느슨하면 요거트를 넣었을 때 묽어집니다. 요거트와 합친 다음에는 거품을 내기 어려워지므로 주의해 주시고, 휘핑크림의 거품 정도는 31쪽을 참고해 주세요.

❹ 휘핑크림을 지름 8mm의 별 깍지를 끼운 짤주머니에 넣는다.

4 완성하기

❶ 오렌지 알맹이는 오른쪽을 참고하여 껍질을 벗긴 것을 10조각 준비하고, 다시 반으로 비스듬하게 자른 다음 페이퍼 타월 위에 올려 물기를 없앤다.

❷ 완전히 식은 비스킷을 종이에서 떼어내고 두 개를 한 세트로 하여 종이 케이스 안에 바닥이 마주하게 넣는다. 사이에 오렌지 풍미의 요거트가 들어간 휘핑크림을 막대기 모양으로 짜 넣고, 그 위에 나선 형태로 한 번 더 겹쳐 짠 다음 양쪽의 비스킷을 오므리듯 눌러 고정한다.

❸ 냉장고에 넣어 굳힌 다음 크림 위에 오렌지 알맹이를 올리고 민트 잎을 장식한다.

❹ 기호에 따라 오렌지 껍질 시럽 조림의 물기를 없애 장식해도 좋다.

 여기서 필요한 오렌지 껍질 시럽 조림의 양은 오렌지 약 1/4개분입니다.

Note

오렌지 껍질 시럽 조림

(자세한 사진은 85쪽 참조)

❶ 오렌지(향진균제를 사용하지 않은 것) 껍질은 하얀 심지 부분을 칼로 긁어낸 다음 잘게 채 썬다. (여기서 필요한 양은 약 1/4개분)

❷ 껍질을 뜨거운 물에 3분 삶고 체에 담아 물기를 뺀다.

❸ 작은 냄비에 물 1/2컵과 그래뉴당 50g을 넣어 불에 올리고, 부글부글 끓어오르면 오렌지 껍질을 넣는다.

❹ 4~5분 더 끓인 다음 불을 끄고 그대로 식힌다.

오렌지 알맹이 꺼내기

❶ 오렌지의 윗부분과 아랫부분을 흰 부분까지 평평하게 잘라내고 옆면의 껍질도 흰 부분까지 오렌지의 둥근 모양을 따라 잘라낸다.

❷ 열매와 열매 사이에 있는 얇은 막의 양쪽에 칼을 넣은 다음 칼끝으로 열매를 한 조각씩 상처내지 않도록 주의하며 꺼낸다.

롤 케이크

롤 케이크 반죽 그 자체는 배합이 다소 다를 뿐
만드는 법이 공립법 스펀지케크와 같습니다.
크게 다른 것은 반죽을 오븐 팬에 흘러 얇은 시트 상태로 굽는다는 점과
크림이나 과일 등을 조합하여 롤 상태로 말아 올린다는 점입니다.
휘핑크림을 바르고 과일을 뿌려 같가 올리는
인기 있는 과일 롤 케이크를 기본 롤 케이크로 소개하고,
그것을 응용한 세 개의 맛있는 롤 케이크를 차례로 소개합니다.

과일 롤 케이크

속은 듬뿍 담은 휘핑크림, 딸기, 오렌지, 바나나, 키위를 조합하여 채웠습니다.

노릇노릇해지지 않은 면(오븐 팬에 흘려 구울 때 아래쪽이었던 곳)을 바깥으로 해서 말았습니다

가루설탕을 뿌린 위에 구운 모양을 더해 마감하였습니다.

※ 재료의 ( ) 숫자는 27×27cm의 오븐 팬을 사용했을 때의 분량

- **공립법 롤 반죽**(40×30cm 오븐 팬 1장분)
  - 달걀 ··· 4개(3개)
  - 그래뉴당 ··· 120g(90g)
  - 박력분 ··· 90g(70g)
  - 우유 ··· 25ml(18ml)
  - 버터 ··· 25g(18g)
- **휘핑크림**
  - 생크림 ··· 200ml(150ml)
  - 그래뉴당 ··· 15g(12g)

- **딸기** ··· 6알(5알)
- **바나나** ··· 1/2개(1/3개)
- **키위** ··· 1개(4조각)
- **오렌지 알맹이** ··· 6조각(4조각)
- **가루설탕** ··· 적당량

- **오븐 온도** : 210℃
- **굽는 시간** : 10분
- **열량** : 12등분했을 때 1조각 185kcal

1 오븐 팬에 종이 깔기

❶ 흰색 종이를 오븐 팬보다 한 둘레 큰 46×36cm(30×30cm)로 두 장 자르고, 오븐 팬에 깔기 위한 1장에만 네 곳의 모서리에 비스듬하게 약 2cm 길이의 가위집을 넣는다.

나머지 한 장은 완성 시에 사용합니다.

Note

오븐 팬에 까는 흰색 종이

이 책에서는 A3 크기의 흰색 고급 종이(백색형광제를 사용하지 않은 복사용지·너무 두껍지 않고 얇은 것이 적당함)를 사용하고 있습니다. 기본적으로 인쇄되지 않은 보통의 흰 종이나 갱지, 혹은 유산지를 사용하면 됩니다. 단 40×30cm 크기의 오븐 팬을 사용하는 경우는 어느 정도 큰 사이즈가 필요하기 때문에 제과재료점에서 롤 케이크용으로 팔고 있는 종이를 추천합니다.

❷ 네 변을 안쪽으로 접어 오븐 팬과 같은 모양으로 만든 다음 오븐 팬에 딱 맞춰 깔아 넣는다.

깐 종이가 움직일 것 같으면 버터를 오븐 팬 바닥에 ×자로 발라 붙이는 것도 좋아요.

2 미리 준비하기

❶ 박력분은 체 친다.

❷ 우유와 버터를 함께 중탕에 올려 버터를 녹이고 사용할 때까지 식지 않도록 해 둔다.

3 반죽 만들기

달걀과 그래뉴당을 합쳐 거품 낸 다음, 숫자 8이 써지는지 흘려보고 모양이 잠시 사라지지 않을 정도의 점도로 결이 곱고 윤기가 있는 상태가 되면 박력분을 넣어 섞고, 마지막으로 따듯한 우유+녹인 버터를 고무주걱으로 받아 반죽 표면 전체에 흘리고 고무주걱으로 빠르게 섞어 합친다.

 공립법 스펀지케이크 반죽 만드는 법과 같으므로 자세한 과정 설명은 28~29쪽을 참조하세요.

4 반죽 흘리기

❶ 반죽을 오븐 팬 중심부터 흘려 넣어 전체에 펼친다.

❷ 스크레이퍼로 네 모퉁이 부분에도 반죽을 보내고 전체를 균일한 두께로 만든다.

❸ 한 번 더 고르게 하여 표면을 평평하게 한다.

5 굽기

210℃로 예열한 오븐에 약 10분 굽는다. 오븐에서 꺼낸 다음 종이째로 오븐 팬에서 빼내 작업대 위에 올리고 종이 한 장을 덮어 식힌다. ⇨ 롤 시트 완성

 중앙 부분을 눌러보았을 때 탄력이 있으면 다 구워진 것입니다. 혹은 종이 끝이 쓱 벗겨지는지로도 판단할 수 있습니다.

6 과일 준비하기

딸기는 꼭 짠 행주로 겉면을 닦고 꼭지를 따서 세로로 반 자르고, 바나나는 껍질을 벗기고 세로로 반 자른다. 키위는 껍질을 벗기고 세로로 6등분하고, 오렌지는 알맹이를 빼낸다(54쪽 참조). 물기가 있는 것은 페이퍼 타월 위에 올려 물기를 없앤다.

7 휘핑크림 만들기

휘핑크림은 들어 올려 확인하면서 70~80% 정도로 거품 낸다. (휘핑크림의 거품 정도는 31쪽 참조)

8 종이 벗기기

완전히 식은 롤 시트를 식힐 때 덮어 두었던 종이째로 뒤집고 시트에 붙어 있는 종이를 조심스럽게 벗긴다.

9 크림 바르기

❶ 종이 위에 노릇노릇해진 견을 위로 두고 휘핑크림을 중심에 올린다.

❷ 스크레이퍼로 크림을 네 구석 쪽으로 펼치면서 전체에 얇게 바르되, 몸 쪽의 1/3은 얇게 바른다.

얇게 하는 것은 달았을 때 끝 부분에 크림이 튀어나오는 것을 막기 위해서입니다.

10 과일 올리고 말기

❶ 몸 쪽 10cm 정도는 비워두고, 2cm 간격으로 줄을 세우듯 딸기, 바나나, 키위, 오렌지 순으로 과일을 놓는다. 이때 같은 줄의 과일끼리 간격은 1~2cm 정도로 한다.

❷ 몸에서 먼 쪽 끝을 줄을 따라 안쪽으로 한 번 접고 꽉 누른다.

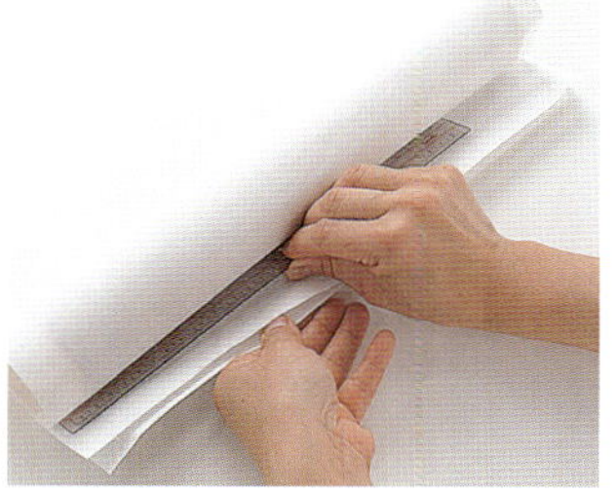

❸ ❷에서 한 번 접은 곳을 심지로 삼아 종이를 끌어올리면서 몸 쪽으로 말아 온다. 다 말았으면 말아 온 종이 위(롤의 끝 쪽)를 자 등으로 움직이지 않게 누른 다음, 아래의 종이를 당겨 닫는다.

11 크림 정착시키기

종이로 만 상태로 끝을 접착테이프로 붙이고, 이음매(끝) 부분을 반드시 아래로 해서 코드 등에 올린 다음 냉장고에 넣어 크림을 정착시킨다.

들어 올릴 거나 이동할 때에는 보드에 올리는 것이 좋습니다. 보드에 대해서는 44쪽을 참조해 주세요.

12 완성하기

❶ 가루설탕을 거름망으로 쳐 뿌린다

❷ 철사로 자신만의 무늬를 만들고 불 위에 직접 대서 빨갛게 될 때까지 가열한 다음, 가루설탕을 뿌린 위에 여러 번 꽉 눌러 구운 자국을 만들어 장식한다.

> **Note**
>
> **철사로 무늬 만들기**
>
> 18호 정도 굵기의 철사를 35cm 길이로 잘라 펜치로 빙글뱅글 나선형으로 만들었습니다. 직접 불에 대서 가열해 사용하기 때문에 반드시 목장갑 등을 껴서 화상을 입지 않도록 주의해 주세요.

❸ 양끝을 잘라내고 3~3.5cm 폭으로 잘라 나눈다.

아몬드 롤 케이크

표면에 뿌린 것은 프랄린(설탕 코팅을 한 아몬드)으로, 감칠맛이 있고 고소하며, 리치한 맛을 즐길 수 있습니다.

크림은 버터크림에 아몬드의 프랄린 페이스트를 더하여 더욱 맛이 풍부해졌습니다.

시트는 밀가루에 아몬드 파우더를 넣어 감칠맛 있는 맛으로 구웠습니다.

좀 더 멋스럽게 완성하고 싶을 때는 중앙에 2cm 폭의 종이를 던 다음 가루설탕을 뿌리고, 종이를 댔던 곳에 크림을 짜 넣습니다.
단, 롤 케이크를 3.5cm 폭으로 자른 다음 한 조각씩 짜 넣습니다.

[재료] 길이 약 38cm의 것 1개분

※ 재료의 ( ) 숫자는 27×27cm의 오븐 팬을 사용했을 때의 분량

- **아몬드 풍미의 공립법 롤 반죽**(40×30cm 오븐 팬 1장분)
  - 달걀 … 4개(3개)
  - 그래뉴당 … 110g(80g)
  - 벌꿀 … 25g(20g)
  - 박력분 … 55g(40g)
  - 옥수수전분 … 55g(40g)
  - 아몬드 파우더 … 55g(40g)
  - 우유 … 40ml(30ml)
- **크림**
  - 버터크림 … 200g(150g)
  - 프랄린 페이스트(있는 경우) … 50g(30g)
- **아몬드 프랄린** … 약 100g(60g)
- **기호에 따라 가루설탕** … 적당량

- **오븐 온도** : 210℃
- **굽는 시간** : 10분
- **열량** : 10등분했을 때 1조각 488kcal

1 미리 준비하기

❶ 벌꿀은 그래뉴당 위에 올려 계량하고 함께 둔다.

 벌꿀은 용기에 들러붙기때문에 정확히 재기가 어렵습니다. 그래서 그래뉴당을 계량한 다음 그 위에 벌꿀을 겹치듯 하여 정확히 계량할 수 있도록 하였습니다.

❷ 박력분, 옥수수전분, 아몬드 파우더는 합쳐 잘 섞은 다음 체 친다.

❸ 우유는 따뜻하게 하고 사용할 때까지 식지 않도록 해 둔다.

2 반죽 만들어 굽기

❶ 달걀과 그래뉴당+벌꿀을 합쳐 거품을 낸다. 숫자 8이 그려지는지 흘러 보고, 모양이 잠시 사라지지 않는 점도로 결이 곱고 윤기가 있는 상태가 되면 가루류를 넣어 섞고, 마지막에 따뜻한 우유를 고무주걱에 받아 반죽의 표면 전체에 흘리고, 고무주걱으로 빠르게 섞어 합친다.

 재료의 배합은 다르지만 반죽 만드는 법은 공립법 스펀지케이크와 같으므로 자세한 과정 설명은 28~29쪽을 참조하세요.

❷ 종이를 깐 오븐 팬에 반죽을 흘려 넣고, 균일한 두께로 펼친다.

❸ 210℃로 예열한 오븐에 약 10분 굽고, 종이째로 꺼내 다른 종이 한 장을 덮어 식힌다.

3 크림 만들기

❶ 오른쪽을 참고해 버터크림을 만들고, 프랄린 페이스트에 절반만 넣어 섞어 합친다.

Note

프랄린 페이스트

아몬드에 조린 시럽을 버무려 캐러멜 상태로 열을 가한 다음 페이스트 상태로 만든 것입니다. 제과재료점에서 구입합니다.

❷ 버터크림 절반과 프랄린 페이스트를 합친 것을 버터크림의 볼에 다시 넣고 섞어 합친다.

 버터크림과 프랄린 페이스트를 한 번에 섞으려 하면 좀처럼 잘 섞이지 않습니다. 조금 귀찮더라도 두 번에 나눠 섞어 합치는 것이 방법입니다.

버터크림 만들기

재료 약 200g분량

- **달걀** … 1개
- **그래뉴당** … 100g
- **소금** … 한 꼬집
- **생크림** … 100ml
- **버터** … 150g

❶ 버터는 실온에 두었다가 크림 상태로 갠다.

❷ 생크림을 작은 냄비에 넣어 약불로 데우고, 사용할 때까지 식지 않도록 해 둔다.

❸ 큰 볼에 달걀을 풀고 그래뉴당을 넣어 제대로 섞은 다음, 소금을 넣어 섞어 합친다.

❹ 데워둔 생크림을 조금씩 넣어 섞어 합친다.

❺ 따뜻한 냄비에 다시 넣어 중불에 올리고 거품기로 전체를 제대로 섞으면서 83℃까지 열을 가한다.

 온도계가 없는 경우는 가볍게 끓어오른 정도의 상태가 기준입니다.

❻ 깨끗한 볼에 걸러 넣고 볼 바닥을 얼음물에 댄 채 섞으면서 식힌다.

❼ 열기가 가시면 부드럽게 갠 버터에 조금씩 넣어 섞어 합친다.

 실내 온도가 높을 경우에는 갠 버터를 사용할 때까지 냉장고에 넣어 두세요. 그리고 사용할 때 실온에 두고 다시 개어줍니다.

4 크림 바르고 말아 올리기

❶ 완전히 식힌 롤 시트를 종이 위에 노릇노릇해진 면을 위로 해서 올리고, 버터크림의 3/4 양을 펴 바른다.

❷ 스크레이퍼로 바깥쪽 끝부분에 가로선 3줄을 긋고, 줄을 따라 끝 부분을 안쪽으로 접는다.

❸ 과일 롤 케이크(59쪽)에서처럼 시트를 말고, 종이로 만 상태 그대로 보드에 이음매(끝) 부분을 아래로 해서 올린 다음 냉장고에 30분 넣어 굳힌다.

5 완성하기

❶ 종이를 벗긴 다음 좁고 긴 보드에 올리고 나머지 버터크림을 펴 발라 표면 전체를 덮는다.

좁고 긴 보드에 대해서는 44쪽을 참조. 이때도 이음매 부분을 아래로 하는 것을 잊으면 안 돼요!

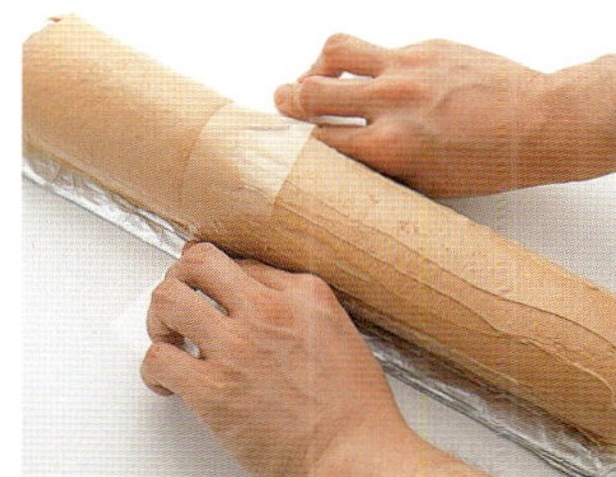

❷ 셀로판지나 탄력이 있는 탄탄한 종이를 띠 상태로 자른 것을 양손으로 쥐고 크림 표면을 가볍게 문지르듯 하여 크림을 평평하게 펼진다.

❸ 오른쪽을 참고해 아몬드 프랄린을 만들고, 롤 케이크를 보드째로 팔에 올리듯 들고 아몬드 드랄린을 전체에 듬뿍 뿌려 바른다.

아몬드 프랄린 만들기

재료 만들기 쉬운 1회분

- **아몬드 다이스** … 100g
- **그래뉴당** … 100g
- **물** … 35ml

❶ 두꺼운 스테인리스 냄비 혹은 구리 냄비에 그래뉴당과 물을 넣어 불에 올린다. 온도가 오름에 따라 시럽화한 물이 튀어 냄비 안쪽 측면에 붙어 타면 물로 적신 붓으로 씻어낸다.

❷ 그대로 계속 끓여 115°C까지 졸인다.

바짝 조려지 면서 시럽이 튀어 오르므로 화상에 주의해야 합니다. 온도계가 없는 경우는 스푼 등으로 냄비 안의 시럽을 소량 꺼내 얼음물에 떨어뜨려 물엿과 같은 상태가 되면 115°C입니다.

❸ 아몬드 다이스를 한 번에 넣고 불을 끈다.

❹ 바로 나무주걱 혹은 내결성 고무주걱으로 섞는다. 시럽이 아몬드에 엉겨 당화(재결정화)하여 새하얗게 굳을 때까지 계속하여 잘 섞는다.

❺ 한 번 더 불을 켜 휘저어 섞으면서 전체에 옅게 노릇노릇 색이 날 때까지 열을 가하고, 마른 상태로 만든다.

❻ 오븐페이퍼 위에 쏟아 흩뿌리듯 펼치고 식힌다.

녹차, 깨 롤 케이크

롤 반죽에 진하게 내린 전차와 가루상태로 만든 전차를 더블로 추가하여 산뜻한 향과 맛, 색을 냈습니다.

휘핑크림의 표면에 고소한 흰깨 크로칸트를 뿌렸기 때문에 고소함과 함께 아삭한 식감도 즐길 수 있습니다.

흰깨 크로칸트는 깨를 조린 그래뉴당에 버무려 만듭니다. 가정에서도 간단히 만들 수 있습니다.

※ 재료의 ( ) 숫자는 27×27cm의 오븐 팬을 사용했을 대의 분량
- **녹차 풍미의 공립법 롤 반죽**(40×30cm의 오븐 팬 1장분)
  - 달걀 … 4개(3개)
  - 그래뉴당 … 120g(90g)
  - 박력분 … 90g(70g)
  - 전차 … 10g(8g)
    - ※ 전차(煎茶, 센차) : 일본의 잎 녹차 종류
  - 진한 차
    - 전차 … 1큰술(3/4큰술)
    - 뜨거운 물 … 80ml(60ml)
- **휘핑크림**
  - 생크림 … 200ml(150ml)
  - 그래뉴당 … 15g(12g)
- **흰깨 크로칸트**(67쪽을 참고해 준비)
  - 흰깨 볶은 것 … 3큰술
  - 그래뉴당 … 3큰술

- **오븐 온도** : 210℃
- **굽는 시간** : 10분
- **열량** : 10등분했을 때 1조각 208kcal

---

1 미리 준비하기

❶ 전차 10g(8g)은 그라인더나 커피밀, 절구 등을 이용해 분말로 만들고 거름망에 걸러 고운 파우더 상태로 만든다. 가루에 넣을 분량으로 6g(4g)만을 덜어낸다.

❷ 손잡이가 달린 주전자에 진한 차용 전차를 넣고 뜨거운 물을 따른 후 잠시 두었다가 따라낸다. 혹은 내열성 계량컵 등에 전차를 넣고 뜨거운 물을 따른 다음 랩을 씌워 잠시 두었다가 거름망에 거른다. 식지 않도록 해두고 50ml(40ml)만을 사용한다.

❸ 박력분과 ❶의 전차파우더 6g을 합쳐 체 친다.

2 반죽 만들어 굽기

❶ 달걀과 그래뉴당을 합쳐 거품을 낸다. 숫자 8이 그려지는지 흘려보고 모양이 잠시 사라지지 않을 정도의 점도로 결이 곱고 윤기가 있는 상태가 되면 박력분+전차파우더를 넣어 섞고, 마지막으로 따뜻한 진한 차 50ml(40ml)를 고무주걱으로 받아 반죽 표면 전체에 뿌린 다음 고무주걱으로 빠르게 섞어 합친다.

 재료의 바합은 다트지간 반죽 만드는 법은 공립법 스펀지케이크와 같으므로 자세한 과정 설명은 28~29쪽을 참조하세요.

❷ 종이를 깐 오븐 팬에 흘려 넣고, 균일한 두께로 펼친다.

❸ 210℃로 예열한 오븐에서 약 10분 굽고 종이째로 빼내 다른 한 장의 종이를 덮어 식힌다.

❶ 흰깨 크로칸트는 그라인더나 칼, 절구 등으로 잘게 다진다.

❷ 31쪽을 참고하여 휘핑크림은 70~80%까지 거품을 낸다.

❸ 롤 시트를 노릇노릇해진 면을 위로 하여 크림을 펴 바르고, 팔레트 나이프를 이용해 2cm 간격으로 3줄을 긋는다.

❹ 흰깨 크로칸트를 윗변에서 2/3 지점까지 뿌린다.

❺ 시트를 말고, 종이로 만 상태 그대로 이음매 부분을 아래로 해서 보드에 올린 다음 냉장고에 30분 넣어 굳힌다.

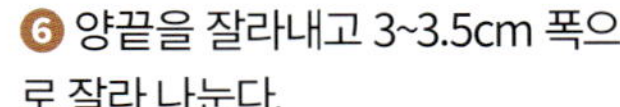

❻ 양끝을 잘라내고 3~3.5cm 폭으로 잘라 나눈다.

흰깨 크로칸트 만들기

재료 만들기 쉬운 1회분

- **흰깨 볶은 것** ⋯ 3큰술
- **그래뉴당** ⋯ 3큰술

 볶은 흰깨는 가볍게 다시 볶아 향을 낸다.

검은깨를 볶아 사용할 수도 있습니다.

 냄비 혹은 프라이팬을 데우고 그래뉴당을 넣어 조린다. 그래뉴당이 녹아서 엿처럼 황금색이 되면 불을 끄고 ①의 깨를 넣는다.

푸딩 틀의 바닥에 깐 캐러멜 소스를 만들 때는 그래뉴당을 너무 태우지 않도록 해주세요. 풍미가 나빠집니다.

③ 나무주걱 혹은 내열성 고무주걱 등으로 섞어 깨 전체에 조린 그래뉴당을 빠르게 버무린다.

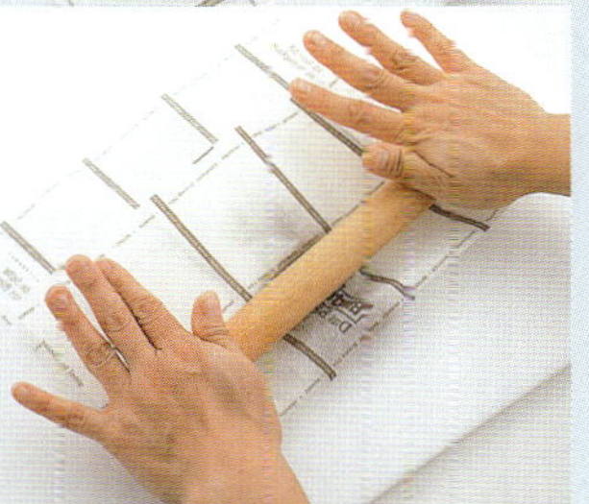

④ 오븐페이퍼 위에 쏟는다. 오븐페이퍼를 덮은 다음 밀대틀 굴려 빠르게 펼쳐 식힌다.

 사용할 때는 그라인더나 칼로 잘게 다져서 사용합니다.

커피 풍미의 그루터기 롤 케이크

크림으로 덮은 앞모습이 그루터기의 단면을 떠올린다는 점에서 '그루터기'라는 이름을 붙였습니다.

롤 시트를 띠 모양으로 잘라 나눈 다음 옆으로 둘러 감아 만든 롤 케이크입니다.

- **커피 풍미의 공립법 롤 반죽**(40×30cm 오븐 팬 1장분)
  - 달걀 … 3개
  - 그래뉴당 … 90g
  - 인스턴트커피 … 1큰술
  - 뜨거운 물 … 1큰술
  - 박력분 … 70g
  - 생크림 … 30ml
- **커피 풍미 휘핑크림**
  - 생크림 … 200ml
  - 그래뉴당 … 15g
  - 인스턴트커피 … 1큰술
  - 뜨거운 물 … 1+1/3큰술

- **완성용 휘핑크림**
  - 생크림(유지방분 45~48%) … 170ml
  - 그래뉴당 … 10g
- **커피 빈즈 초콜릿** … 적당량

※ 27×27cm의 오븐 팬을 사용하는 경우도 같은 배합으로 굽고,
5등분으로 잘라 나눠 만든다.

- **오븐 온도** : 210℃
- **굽는 시간** : 10분
- **열량** : 10등분했을 때 1조각 265kcal

---

1 미리 준비하기

❶ 박력분을 체 친다.

❷ 반죽용 인스턴트커피는 뜨거운 물로 녹이고, 생크림은 따뜻하게 한다. 생크림은 사용할 때까지 식지 않도록 해 둔다.

❸ 커피 풍미 휘핑크림용 인스턴트커피는 뜨거운 물로 녹이고 식혀 둔다.

❹ 41쪽을 참고하여 지름 9mm의 원 깍지를 끼운 짤주머니를 준비한다.

2 반죽 만들어 굽기

❶ 달걀과 그래뉴당을 합쳐 거품을 낸다. 숫자 8이 그려지는지 흘려보고 형태가 잠시 사라지지 않는 점도로 결이 곱고 윤기가 있는 상태가 되면 녹인 인스턴트커피, 박력분을 넣어 섞고 가루가 보이지 않게 되면 생크림을 넣는다. 넣을 때마다 고무주걱으로 빠르게 섞어 합친다.

재료의 배합은 다르지만 반죽 만드는 법은 공립법 스펀지케이크와 같으므로 자세한 과정 설명은 28~29쪽을 참조하세요.

❷ 종이를 깐 오븐 팬에 흘려 넣고 균일한 두께로 펼친 다음 210℃로 예열한 오븐에 약 10분 굽는다.

❸ 구워진 롤 시트를 종이째로 꺼내고 다른 한 장의 종이를 덮어 완전히 식힌 다음, 종이를 살살 벗겨 노릇노릇해진 쪽을 위로 두고 세로로 5등분하여 잘라 나눈다.

여기에서 5등분으로 나누지만 크림을 바를 때까지는 이 모양 그대로 둡니다. 따로 떨어뜨려 놓지 않도록 주의합니다.

3 커피 풍미 휘핑크림 바르기

❶ 커피 풍미 휘핑크림은 생크림과 그래뉴당을 70% 정도까지 거품 낸 것에 진하게 녹인 인스턴트커피를 넣고 대강 80% 정도까지 거품 낸다. (휘핑크림의 거품 정드는 31쪽 참조)

❷ 롤 시트의 표면에 커피 풍미 휘핑크림을 얇게 펴 바른다.

❸ ❷-❸에서 자른 자리를 따라 5장으로 나눈다.

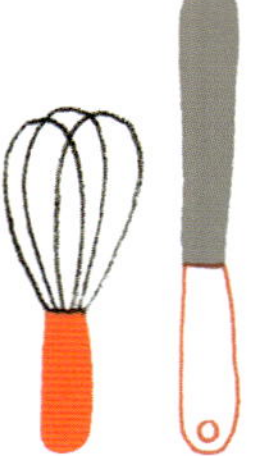

❶ 처음 한 장을 세로로 길게 두고, 몸 쪽부터 빙글빙글 말아 올린다.

❷ 지름 18cm의 케이크 받침 중심에 세워 올리고, 이음매(끝 부분) 측면에도 크림을 소량 바른다.

❸ 나머지 시트 3장을 1장씩 연결하여 그루터기 모양으로 말아간다.

각각의 이음매에 크림을 소량 발라 딱 붙도록 합니다.

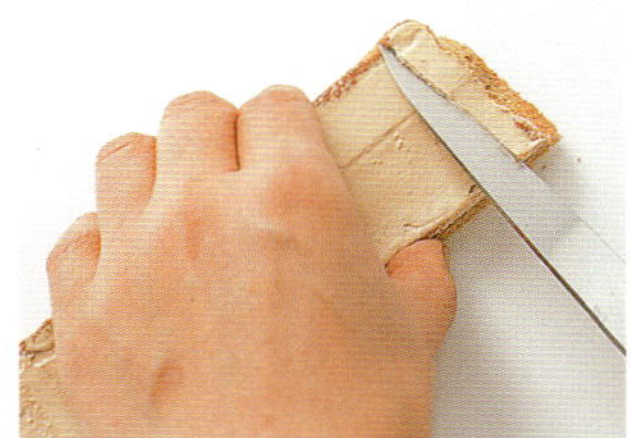

❹ 마지막 1장의 끝 부분은 비스듬히 자른 후 둘러 감고, 끝을 딱 붙여 깨끗한 원 모양으로 만든 다음, 위에 튀어나온 크림을 팔레트 나이프로 고르게 펼친다.

❺ 주위를 띠 모양의 종이로 한 바퀴 두르고, 끝을 접착테이프로 붙인 다음 냉장고에 넣어 진정시킨다.

❶ 완성용 휘핑크림은 생크림에 그래뉴당을 넣어 70~80%로 거품 낸다. (휘핑크림의 거품 정도는 31쪽 참조)

❷ 딸기 쇼트케이크(35쪽)를 참고하여 크림으로 표면 전체를 깔끔하게 덮는다.

❸ 분할기(없다면 40쪽을 참고하여 팔레트 나이프 이용)로 10등분 자국을 낸다.

❺ 한 조각분씩 바깥쪽에 크게, 안쪽에 작게 반구 모양으로 짜서 장식한다.

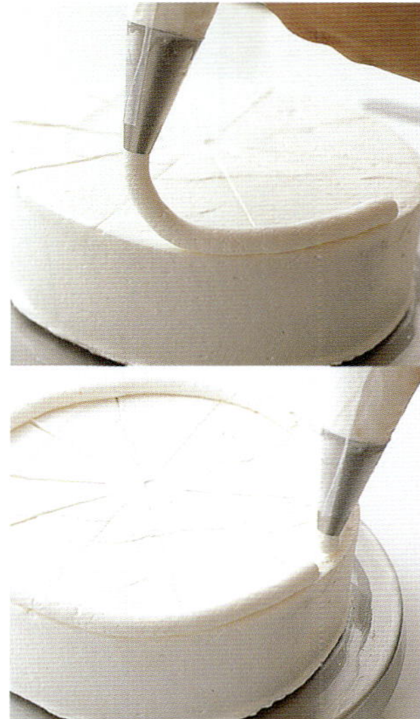

❹ 나머지 휘핑크림을 80% 정도 거품 내고 준비한 짤주머니에 넣어 케이크 가장자리에 한 바퀴 둘러 짠다.

❻ 큰 반구 크림 위에 커피 빈즈 초콜릿을 1개씩 올린다.

커피 빈즈 초콜릿

커피콩 모양을 한 초콜릿으로 제과 재료점에서 구입합니다. 혹은 커피점에서 팔고 있는 커피콩에 즈콜릿 코팅을 한 것을 사용해도 좋습니다.

PART

2

시폰케이크

CHIFFON CAKE

시폰케이크의 '시폰chiffon'은 얇고 폭신한 비단을 가리키는데,
이 케이크의 식감이 '시폰'을 떠올리게 한다고 하여 붙은 이름이라고 합니다.
이 케이크는 1927년 미국 로스앤젤레스에서
해리 베이커라는 사람에 의해 처음 고안되었다고 합니다.
폭신한 식감이나 높이 부풀어 오르게 하는 법은 오랜 시간 비밀로 여겨졌으며,
1947년 그 제법이 제너럴 밀스 사에 양도될 때까지 밝혀지지 않았다고 합니다.
폭신한 식감은 달걀흰자를 머랭으로 만들어 듬뿍 사용함으로써 살렸고,
샐러드유를 사용해 산뜻한 맛을 내고 수분도 더하는 등 그때까지는 없었던
독특한 만드는 법이 새로운 매력을 끌어냈습니다.
게다가 풍미를 바꾸어 다양하게 응용할 수 있다는 점도 매력 중 하나입니다.
요즘은 건강을 지향하는 시대적 흐름에 따라
비교적 칼로리가 낮다는 점이 높은 인기를 끄는 요인 중 하나고,
자연적인 것을 추구하는 사람들에게는 구워서 바로 먹을 수 있는 점이
인기를 높이고 있는 이유인 것 같습니다.

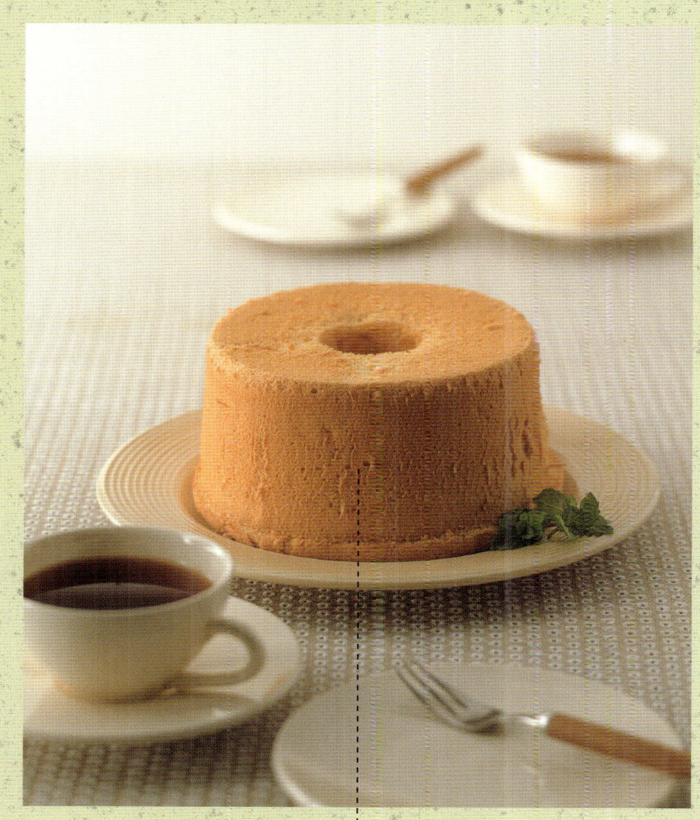

갓 구운, 키가 큰 형태도 시폰케이크의
매력 중 하나. 부드럽고 섬세한 케이크니까
틀에서 빼낼 때는 조심하세요.

바닐라 시폰케이크
시폰케이크의 기본
풍미를 위해 추가한 것은 바닐라뿐입니다. 어른스럽고 고급스러운 맛이 폭신한 식감을 더욱 끌어올립니다.
베리가 들어간 캐러멜 소스와 휘핑크림을 곁들여 보았습니다.

 지름 17cm 시폰케이크 틀 1개분

- **시폰케이크**
  - 반죽 베이스
    - 달걀노른자 ⋯ 3개(60g)
    - 그래뉴당 ⋯ 20g
    - 물 ⋯ 2큰술(30ml)
    - 샐러드유(식용유) ⋯ 30g
    - 바닐라 에센스(천연) ⋯ 적당량
    - 박력분 ⋯ 50g
  - 머랭
    - 달걀흰자 ⋯ 3개분(90g)
    - 그래뉴당 ⋯ 50g
- **휘핑크림** ⋯ 적당량
- **베리가 들어간 캐러멜 소스** ⋯ 적당량

- **오븐 온도** : 170℃
- **굽는 시간** : 35분
- **열량** : 8등분했을 때 1조각 116kcal

❷ 박력분은 체 친다.

1 미리 준비하기

❶ 달걀은 노른자와 흰자로 분리하고 각각을 물기도, 기름기도 묻지 않은 볼에 넣는다.

2 반죽 베이스 만들기

❶ 달걀노른자에 그래뉴당을 넣어 풀고 거품기로 섞는다.

 거품을 낼 필요는 없습니다. 그래뉴당의 까슬까슬함이 없어질 때까지 잘 섞어 합치면 됩니다.

❷ 물, 샐러드유, 바닐라 에센스를
넣고 거품기로 섞어 합치고, 전체가
매끄러워져 묵직하고 걸쭉해질 때
까지 제대로 섞는다.

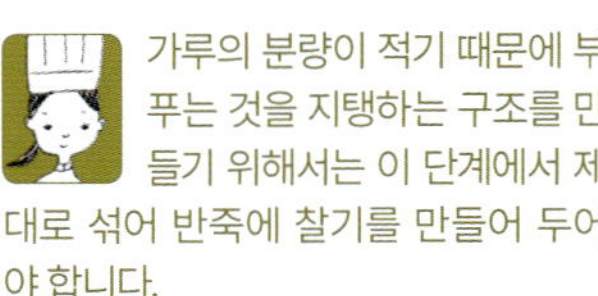
수분과 유분을 유화시키는 것
으로, 거품을 내는 것은 아닙
니다. 달걀노른자에는 유화를
돕는 성분이 있습니다. 섞어 합치면 처
음에는 굵은 거품이 다소 생기는데, 아
주 미세한 거품이 될 때까지 섞어 갑니
다.

❸ 박력분을 한 번에 넣고 거품기로
매끄러워질 때까지 제대로 섞어 합
친다.

가루의 분량이 적기 때문에 부
푸는 것을 지탱하는 구조를 만
들기 위해서는 이 단계에서 제
대로 섞어 반죽에 찰기를 만들어 두어
야 합니다.

❶ 볼에 넣은 달걀흰자를 거품기 혹은 핸드믹서로 휘저어 섞고 알끈을 제거한다. 소량을 들어 올려 처음에는 걸쭉하게 덩어리 진 채 떨어지던 것이 쓱 하고 실처럼 늘어지듯 떨어지면 알끈이 제거된 상태이다.

❷ 핸드믹서 강으로 거품을 내기 시작하고, 하얗게 거품이 나면 그래뉴당의 1/3 양을 넣고 다시 거품을 낸다.

❸ 뿔이 선 것처럼 되면 나머지 그래뉴당의 반을 넣어 다시 거품 낸다.

❹ 뿔이 제대로 서면 나머지 그래뉴당을 넣어 다시 거품 내고, 뿔이 뾰족하게 설 때까지 거품을 내면 머랭이 완성된 것이다. 마지막에 핸드믹서 저속 혹은 거품기로 강하게 비벼 섞고 전체의 결을 정돈한다.

거품의 결이 곱고 윤기가 있는 머랭을 만듭시다.

 ❶ 반죽 베이스에 머랭의 1/3 정도
를 넣고 고무주걱으로 섞어 합친다.

고무주걱으로 머랭 덩어리를
자르듯 하여 반죽 베이스에 어
우러지게 합니다.

❷ 반죽에 머랭(1/3 분량)을 섞는 동
안 나머지 머랭이 퍼석퍼석해질 것
같다면 다음을 넣기 전에 전체를 강
하게 비벼 섞어 매끄러운 상태로 만
든다.

❸ 나머지 머랭을 넣고 고무주걱으로 섞어 합쳐 반죽을 만든다.

❹ 반죽을 고무주걱으로 떠 올려서 사진으로 보이는 정도의 폭을 가지고 떨어지면 이상적인 상태라고 할 수 있다.

스펀지케이크의 이상적인 상태와 같은 느낌입니다.

Note

퍼석퍼석한 머랭을 방지하려면?

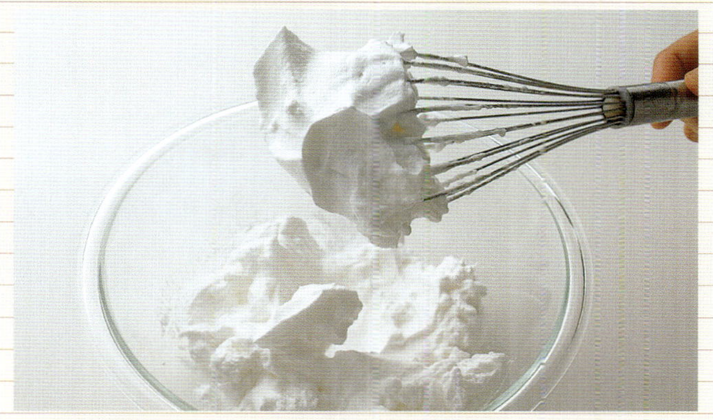

머랭의 거품 낸 상태는 시폰케이크의 완성도를 좌우합니다. 특히 이런 퍼석퍼석한 상태가 되면 슬픈 결과가 기다리고 있을 것입니다(82쪽 참조).

퍼석퍼석한 머랭이 되는 것을 막기 위해서는 다음을 기억해 둡시다.

❶ 설탕을 넣을 타이밍이 늦지 않을 것. 달걀흰자가 굵은 거품을 내기 시작하던 설탕을 조금씩 넣기 시작하는 것이 중요!

❷ 머랭을 지나치게 많이 거품 내지 않을 것

❸ 거품 내고 나서 일정 시간이 지나 퍼석퍼석해진 경우에는, 세게 섞어 매끄러운 상태로 만들어 사용할 것

❶ 반죽을 시폰케이크 틀의 전체에 빙 둘러 흘려 넣는다.

시폰케이크 틀

시폰케이크 전용 굽기 틀로 외곽의 틀과 통 모양의 안쪽 틀을 조합한 독특한 모양입니다. 틀에 유지분은 바르지 않습니다. 시폰케이크의 반죽은 매우 가볍기 때문에 오븐에서 구워지면 부풀어 올라 외곽 틀과 안쪽 틀의 측면에 구운 흔적이 남지만, 그대로 식히는 것으로 높이를 유지하도록 되어 있습니다.

❷ 양 엄지손가락으로 안쪽 틀을 누르고 나머지 손가락으로 바깥 틀을 잡은 후 들어 올린 다음, 행주 등에 가볍게 내리쳐 반죽을 평평하게 한다.

기포를 빼는 것은 다 구워진... 안쪽 틀을 들어 올리면 반죽이 샐 수 있습니다. 주의해 주세요!

❸ 꼬치를 반죽에 찔러 넣어 빙글빙글 원을 그리듯 움직이며 반죽 속에 있는 기포를 뺀다.

기포를 빼는 것은 다 구워진 빵에 구멍이 뚫리지 않도록 하기 위해서입니다.

틀을 오븐 팬 중심에 올려 170℃로 예열한 오븐에 넣고 약 35분 굽는다.

다 구워졌는지 확인하는 방법은 표면이 조금 부풀어 오르고 먹음직스럽게 노릇노릇해져 있으며, 손가락으로 눌렀을 때 탄력이 있는지 보는 것입니다.

 틀을 거꾸로 뒤집어 캔 등의 위에 올리고 반죽에서 나오는 증기가 잘 빠져 나오도록 하면서 식힌다.

어째서 거꾸로 두는 건가요?

거꾸로 두면 반죽 속에 담겨 있던 증기가 빠져나가기 쉬워지고 또 부풀어 오른 모양을 그대로 유지할 수 있습니다. 거꾸로 하지 않고 식히면 높게 부풀어 오른 케이크가 오므라듭니다. 완전히 식지 않은 상태에서 틀에서 빼내는 경우에도 오므라들어요.

2 완전히 식었다면 다시 원래대로 돌려 그대로(틀에서 빠지지 않은 채) 하룻밤 두면 케이크가 모양을 잡아 틀에서 빼내기 쉬운 상태가 된다.

A | 바깥 틀 벗기기

1 바깥 틀과 케이크 사이에 팔레트 나이프를 찔러 넣는다. 만약 케이크가 틀 가장자리에 튀어나와 있다면, 손가락으로 케이크 가장자리를 안쪽으로 밀어 넣은 다음 팔레트 나이프를 찔러 넣도록 한다.

2 팔레트 나이프를 천천히 위아래로 움직이면서 바깥 틀의 안쪽을 따라 한 바퀴 둘러 케이크를 틀에서 빼낸다.

 케이크에 상처를 내선 안 돼요. 틀 측면 안쪽을 문지르듯 움직이면 잘 돼요.

 시폰케이크가 틀에서 많이 튀어나온 경우에 틀에서 빼내 바로 먹을 경우는 그대로 두어도 상관없지만, 모양에 신경 써야 하거나 크림으로 덮어 완성하는 경우는 튀어나온 부분을 칼로 잘라내 모양을 정돈하도록 합니다.

3 틀을 들어 올린 후 한쪽 손으로 안쪽 틀의 바닥을 밀어 올려 바깥 틀을 벗긴다.

B | 안쪽 틀 빼내기

❶ 안쪽 틀의 중심 주변으로 팔레트 나이프를 찔러 넣어 케이크를 통에서 떼어낸다.

❷ 안쪽 틀의 바닥 면에도 팔레트 나이프를 찔러 넣어 케이크를 바닥 면에서 떼어낸다.

❸ 뒤집어 들고 안쪽 틀을 빼낸다.

❹ 구울 때에 틀 안에서 아래쪽이었던 면을 위로 해서 둔다.

❶ 31쪽을 참고하여 휘핑크림을 70~80% 정도로 거품 낸다.

❷ 시폰케이크를 긴 케이크 나이프로 잘라 나눠 접시에 옆으로 뉘여 올리고, 베리가 들어간 캐러멜 소스(오른쪽 참조)와 휘핑크림을 곁들인다.

Note

시폰케이크, 어째서 실패한 걸까?

오른쪽이 이상적으로 구워진 시폰케이크. 왼쪽은 실패 사례로, 식혔을 때 수축이 컸기 때문에 표면에 주름이 생기고 잘라 보면 커다란 기포 자국이 생겨 있으며, 결도 거칠어져 있습니다. 실패의 원인은 퍼석퍼석해진 상태의 머랭을 넣었기 때문입니다. 퍼석퍼석한 머랭은 반죽 베이스와 잘 섞이지 못해, 군데군데에 머랭이 그대로 남아 그 부분에 구멍이 생겨 구워진 것입니다.

베리가 들어간 캐러멜 소스 만들기

잘라 나눈 바닐라 시폰케이크에 휘핑크림과 함께 곁들인 소스입니다.

재료 **만들기 쉬운 1회분**

- **블루베리** … 50g
- **카시스** … 50g
- **딸기** … 50g
- **라즈베리** … 50g
- **그래뉴당** … 40g

1 과일 준비하기

여기에서 사용한 것은 모두 냉동 과일로, 냉동인 채로 사용한다. 가능하다면 신선한 과일을 잼 상태로 조려 사용해도 좋다.

 신선한 과일을 사용할 경우에는 딸기는 꼭지를 떼고, 라즈베리를 뺀 다른 재료를 볼에 넣고 그래뉴당을 뿌려 실온에 잠시 두었다가 잼을 만들되, 마지막에 라즈베리를 넣어 주세요.

2 캐러멜 만들기

작은 냄비를 약불에 올리고 그래뉴당을 조금씩 넣어 녹이면서 옅은 캐러멜 색이 될 때까지 졸인다.

3 과일 넣기

❶ 블루베리, 카시스, 딸기를 언 채로 넣고 때때로 섞으면서 졸인다.

 과일에서 나오는 수분으로 캐러멜을 녹인다는 느낌으로 열을 가해 주세요.

❷ 라즈베리를 넣고 형태가 뭉개지지 않을 정도로 열을 가한다.

오렌지 시폰케이크

위에 뿌려놓은 것은 오렌지
껍질을 가늘게 채 썰어 시럽
으로 조린 것입니다.

반죽에 오렌지 즙을 조린 것
과 껍질 간 것을 넣었기 때문
에 풍미가 제대로 살아나 향
이 좋습니다.

재료 지름 17cm
시폰케이크 틀 1개분

- **시폰케이크**
  - 반죽 베이스
    - 달걀노른자 … 3개(60g)
    - 그래뉴당 … 20g
    - 오렌지 … 1개
    - 샐러드유 … 30g
    - 박력분 … 50g
  - 머랭
    - 달걀흰자 … 3개분(90g)
    - 그래뉴당 … 50g
- **오렌지 껍질 시럽 조림** … 적당량

※ 오렌지는 향진균제를 사용하지 않은 것을 고른다.

- **오븐 온도** : 170°C
- **굽는 시간** : 35분
- **열량** : 8등분했을 때 1조각 123kcal

응용 시폰케이크

반죽 베이스 만들기, 머랭 만들기, 틀에 넣어 굽기 등에 대한 자세한 과정 설명은 시폰케이크의 기본인 '바닐라 시폰케이크(75~82쪽)'를 참조한다.

1 미리 준비하기

❶ 그레이터로 반죽용 오렌지 1개의 껍질을 간다. (그레이터에 대해서는 53쪽 참조)

❷ 오렌지 즙을 짜서 체에 거른 다음, 냄비에 넣고 열을 가하여 40ml로 조린 후 식힌다.

❸ 달걀은 노른자와 흰자로 분리한다.

❹ 박력분은 체 친다.

2 반죽 만들기

❶ 달걀노른자에 그래뉴당을 비벼 섞고, 조린 오렌지 즙 40ml와 샐러드유를 넣어 제대로 섞어 합친다.

❷ 박력분을 넣고 매끄러워질 때까지 제대로 섞어 합친 다음, 오렌지 껍질 간 것을 넣고 다시 섞어 합친다. ⇨ 반죽 베이스 완성

❸ 다른 볼에서 머랭을 만들고, 반죽 베이스에 2번에 나누어 넣는다.

3 틀에 넣어 굽기

❶ 반죽을 틀에 흘려 넣고 170°C로 예열한 오븐에 약 35분 굽는다.

❷ 반대로 뒤집어 완전히 식힌 다음 틀에서 빼낸다.

4 완성하기

오른쪽을 참고하여 오렌지 껍질 시럽 조림을 만든 다음 물기를 없애고 윗면에 장식한다.

배워두고 싶은 테크닉

오렌지 껍질 시럽 조림 만들기

재료

- **오렌지** … 1개
- **시럽**
  - 그래뉴당 … 50g
  - 물 … 100ml

❶ 오렌지는 위·다리 껍질을 흰 부분까지 잘라내고, 측면의 껍질도 흰 부분까지 오렌지의 둥근 모양을 따라 잘라낸다.

❷ 껍질에서 흰 부분을 긁어낸 다음 잘게 채 썬다.

❸ 뜨거운 물에 3분 삶아 쓴맛을 없애고 체에 걸러 물기를 뺀다.

❹ 작은 냄비에 물과 그래뉴당을 넣은 후 불에 올리고, 끓어오르면 오렌지 껍질을 넣어 4~5분 졸인다. 시럽에 담근 채로 식힌다.

홍차 시폰케이크

반죽에 진하게 내린 홍차와
홍차 잎을 잘게 갈아 으깬 것
을 넣어 풍미를 더했습니다.

홍차 잎은 취향대로 넣어도
좋습니다. 여기에서는 다즐
링을 골랐습니다.

케이크와 접시에 흐르듯 떨
어뜨려 놓은 것은 잘게 갈아
으깬 홍차 잎입니다.

<table>
<tr><td>재료</td><td>지름 17cm
시폰케이크 틀 1개분</td></tr>
</table>

- **시폰케이크**
  - 반죽 베이스
    - 달걀노른자 … 3개(60g)
    - 그래뉴당 … 20g
    - 홍차 액
      - 홍차 잎(다즐링) … 5g
      - 뜨거운 물 … 70ml
    - 샐러드유 … 30g
      - 홍차 잎(다즐링) … 2g
      - 박력분 … 50g
  - 머랭
    - 달걀흰자 … 3개분(90g)
    - 그래뉴당 … 50g
- **마지막에 뿌릴 취향의 홍차 잎**
  (다즐링) … 2g

- **오븐 온도** : 170℃
- **굽는 시간** : 35분
- **열량** : 8등분했을 때 1조각
  116kcal

1 미리 준비하기

❶ 홍차 액은 홍차 잎 5g에 뜨거운 물 70ml를 넣고 10분 뜸 들여 진하게 내려진 것을 거른다. 이 중 30ml만을 사용한다.

❷ 홍차 잎 2g은 절구로 잘게 으깨고 체 친 다음 박력분과 합쳐 쳐 친다.

❸ 마지막에 뿌릴 취향의 홍차 잎도 절구로 잘게 으깬 다음 체 친다.

❹ 달걀은 노른자와 흰자를 분리한다.

2 반죽 만들기

❶ 달걀노른자와 그래뉴당을 비벼 섞고 홍차 액 30ml와 샐러드유를 넣어 섞어 합친다.

❷ 박력분+홍차 잎을 넣고 제대로 섞어 합친다. ⇨ 반죽 베이스 완성

❸ 다른 볼에서 머랭을 만들고, 반죽 베이스에 2번에 나누어 넣어 섞는다.

3 틀에 넣어 굽기

❶ 반죽을 틀에 흘려 넣고, 170℃로 예열된 오븐에 약 35분 굽는다.

❷ 뒤집어 식히그 틀에서 빼낸다.

4 담기

잘게 으깨놓은 취향의 홍차 잎을 뿌려 장식한다.

팥이 들어간
말차 시폰케이크

재료 지름 17cm
시폰케이크 틀 1개분

- **시폰케이크**
  - 반죽 베이스
    - 달걀노른자 ··· 3개(60g)
    - 그래뉴당 ··· 20g
    - 물 ··· 2큰술(30ml)
    - 샐러드유 ··· 30g
    - 박력분 ··· 50g
    - 말차파우더 ··· 4g
    - 누레아마낫토 ··· 50g
      - ＊누레아마낫토 :
        팥을 삶아서 달게 졸인 것
  - 머랭
    - 달걀흰자 ··· 3개분(90g)
    - 그래뉴당 ··· 50g
- **마지막에 뿌릴 말차파우더와
  가루설탕**(기호에 따라) ··· 각 소량

- **오븐 온도** : 170℃
- **굽는 시간** : 35분
- **열량** : 8등분했을 때 1조각
  136kcal

응용 시폰케이크

반죽 베이스 만들기, 머랭 만들기, 틀에 넣어 굽기 등에 대한 자세한 과정 설명은 시폰케이크의 기본인 '바닐라 시폰케이크(75~82쪽)'를 참조한다.

1 미리 준비하기

❶ 달걀은 노른자와 흰자를 분리한다.

❷ 박력분과 말차파우더는 잘 섞어 합친 다음 함께 체 친다.

2 반죽 만들기

❶ 달걀노른자에 그래뉴당을 비벼 섞고 물, 샐러드유를 넣어 확실히 섞어 합쳤다면 박력분+말차파우더를 넣어 매끄러워질 때까지 제대로 섞어 합친다.

❷ 누레아마낫토를 넣고 대강 섞어 합친다. ⇨ 반죽 베이스 완성

❸ 다른 볼에서 머랭을 만들고, 2번에 –나누어 반죽 베이스어 수는다.

3 틀에 넣어 굽기

❶ 반죽을 틀에 흘려 넣고, 170℃로 예열된 오븐에 약 35분 굽는다.

❷ 반대로 뒤집어 식히고 틀에서 빼낸다.

4 완성하기

말차파우더와 가루설탕을 뿌릴 경우 1:1 비율로 섞어 합지고 거름망에 걸러 뿌린다.

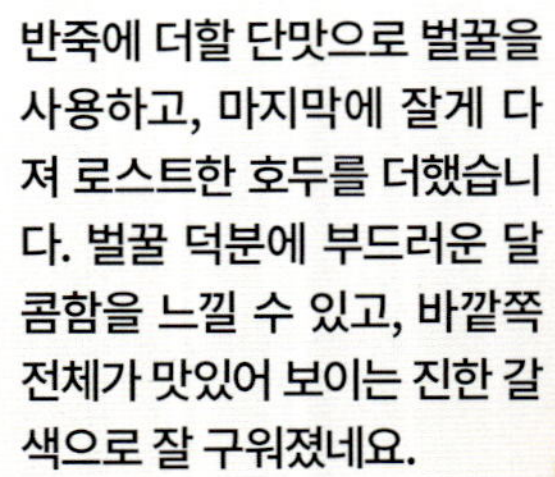

벌꿀을 넣은 호두 시폰케이크

 **지름 17cm
시폰케이크 틀 1개분**

- **시폰케이크**
  ┌ 반죽 베이스
  │   ┌ 달걀노른자 … 3개(60g)
  │   │ 벌꿀 … 30g(1 + 1/2큰술)
  │   │ 샐러드유 … 30g
  │   │ 박력분 … 50g
  │   └ 호두 … 30g
  │   머랭
  │   ┌ 달걀흰자 … 3개분(90g)
  └   └ 호두(반으로 쪼갠 것) … 50g
- **마지막에 장식할 것**
  ┌ 가루설탕 … 소량
  └ 호두(반으로 쪼갠 것) … 6조각

- **오븐 온도** : 170℃
- **굽는 시간** : 35분
- **열량** : 8등분했을 때 1조각
  146kcal

응용 시폰케이크

반죽 베이스 만들기, 머랭 만들기, 틀에 넣어 굽기 등에 대한 자세한 과정 설명은 시폰케이크의 기본인 '바닐라 시폰케이크(75~82쪽)'를 참조한다.

1 미리 준비하기

❶ 반죽용 호두는 잘게 다져 오븐페이퍼를 깐 오븐 팬에 펼치고 170℃로 예열된 오븐에 약 8분 구운 다음 식힌다.

❷ 장식용 호두는 모양이 좋은 걸로 골라 ❶의 오븐 팬으로 함께 구워둔다.

❸ 달걀은 노른자와 흰자를 분리한다.

❹ 박력분은 체 친다.

2 반죽 만들기

❶ 달걀노른자에 벌꿀을 넣고 비벼 섞는다.

벌꿀에 수분이 함유되어 있기 때문에 물은 넣지 않습니다.

❷ 샐러드유, 박력분 순으로 넣고 제대로 매끄러워질 때까지 섞어 합친 다음, 잘게 다진 호두를 넣고 대강 섞어 합친다. ⇨ 반죽 베이스 완성

3 틀에 넣어 굽기

❸ 다른 볼에서 머랭을 만들고, 2번에 나누어 반죽 베이스게 넣어 섞는다.

반죽을 틀에 흘려 넣고 170℃로 예열된 오븐에 약 35분 굽는다.

벌꿀을 넣었기 대문어 노릇노릇한 색이 잘 입혀집니다. 표면이 타기 쉬우므로 주의하고, 겉이 노릇노릇해졌어도 속까지 저 대로 익었는지 탄력을 확인하는 것을 옂지 마세요.

4 완성하기

❶ 장식용 호두를 세로로 절반 자르고 가루설탕을 뿌린 다음 케이크 윗면에 장식한다.

❷ 케이크를 잘라 나눠 담을 때 레몬 얇게 자른 것과 벌꿀을 곁들여도 좋다.

파운드케이크 & 구움과자

POUND CAKE & SMALL CAKE

버터를 듬뿍 넣어 만드는 버터케이크와 구움과자들을 소개합니다.

파운드케이크는 원래 영국에서 만들어진 케이크로 버터와 설탕, 달걀, 박력분

네 가지 재료를 1파운드씩(1pound=450g) 섞어 만든다는 점에서 특별히 붙은 이름입니다.

묵직한 중량감이 있으면서 촉촉함과 매끄러운 식감이 있으며,

깊은 맛 또한 즐길 수 있는 것이 파운드케이크의 특징입니다.

주재료는 버터와 설탕, 달걀, 그리고 가루류 네 가지이며, 만드는 법을 간단하게 설명한다면

'버터를 크림 상태로 만든 다음 설탕을 비벼 섞고, 충분히 공기를 머금게 한 다음 달걀을 거품 내지 않고

조금씩 넣어 크림 상태로 만든 후, 가루류를 넣는다'는 것입니다.

이 파트에서는 여러 가지 파운드케이크를 소개한 후에

파운드케이크 이외의 버터케이크와 구움과자들을 소개하겠습니다.

파운드케이크

파운드케이크의 기본이 되는 플레인 파운드케이크를 먼저 마스터하고,

반죽의 배합을 바꾸거나 완성된 케이크에 약간의 수고를 더한

7종류의 응용 파운드케이크를 만들어 보겠습니다.

플레인 파운드케이크

파운드케이크의 기본

이와 같은 직사각형의 굽기 틀로 파운드케이크를 굽기 때문에 이러한 틀을 '파운드 틀'이라 부릅니다.

버터와 설탕, 달걀, 박력분 네 가지 재료에 풍미를 더하기 위해 레몬 껍질을 간 것과 바닐라 에센스를 넣기만 한 매우 심플한 케이크입니다.

윗면 사이즈가 17.4×8cm(바닥면은 16.3×7cm)로, 높이 6cm의 파운드 틀을 사용해 케이크가 높이 부풀어 오른 듯한 모양으로 구워졌습니다.

구워진 케이크의 양 끝은 약간 두껍게 잘랐고, 나머지는 1.5cm 두께로 잘라 8조각(총 10조각)으로 나눴습니다.

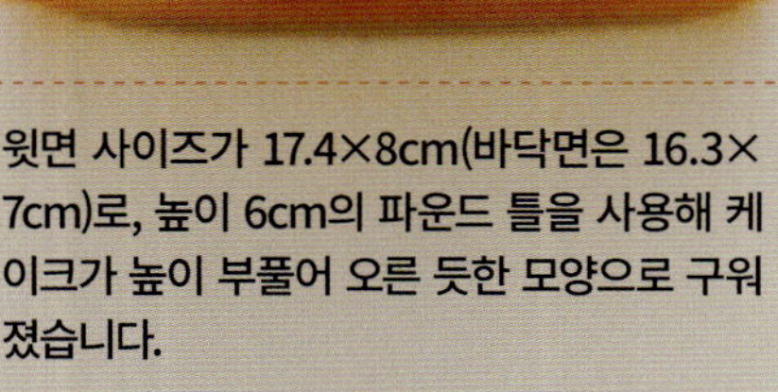

재료 윗면 17.4×8cm, 높이 6cm 파운드 틀 1개분

- **버터** … 100g
- **가루설탕** … 100g
- **달걀** … 2개(100g)
- **레몬 껍질 간 것** … 1/2개분
- **바닐라 에센스**(천연) … 적당량
- **가루류**
  - 박력분 … 100g
  - 베이킹파우더 … 2/3작은술

- **오븐 온도** : 170℃
- **굽는 시간** : 50~60분
- **열량** : 10등분했을 때 1조각 163kcal

※ 레몬은 향진균제를 사용하지 않은 것을 고른다.

1 미리 준비하기

❶ 버터와 달걀은 실온에 둔다.

Note

버터를 실온에 두어 부드러운 버터 만들기

파운드케이크는 버터에 공기를 충분히 머금게 하여 잘 부풀게 하는 것이 포인트라고 할 수 있는데, 버터를 부드럽게 해야 공기를 머금게 하기 좋은 상태가 됩니다. 부드러운 버터의 적정 온도는 13~18℃이며, 대강 실온 정도지만 오른쪽 사진의 상태를 잘 보고 기억해둡시다. 이 상태의 버터에 설탕을 넣어 비벼 섞어 가는 방법을 '슈거 배터법'이라고 합니다.

❷ 박력분과 베이킹파우더는 섞어 합친 다음 체 친다.

❸ 그레이터로 레몬 껍질의 색이 있는 부분을 간다. (그레이터에 대해서는 53쪽 참조)

❹ 오른쪽을 참고해 파운드 틀에 종이를 깐다.

2 반죽 만들기

A | 버터에 공기를 머금게 하기

❶ 버터는 손가락을 대서 가볍게 눌렀을 때 쑥 하고 들어갈 정도로 부드럽게 되어 있는지를 확인한다.

버터를 빨리 부드럽게 하고 싶을 때는 얇게 자르고 서로 겹치지 않게 하여 볼에 넣어둡니다. 전자레인지에 조금 돌려도 좋아요. 단, 지나치게 녹지 않도록 조심하세요!

❷ 볼에 버터를 넣고 거품기 혹은 핸드믹서로 풀어 매끄러운 크림 상태로 만든다.

파운드 틀에 종이 까는 법

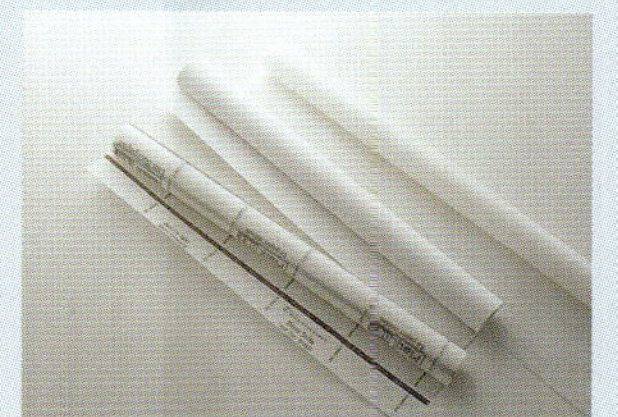

❶ 30cm 폭의 오븐페이퍼를 준비해 36cm 길이로 자른다.

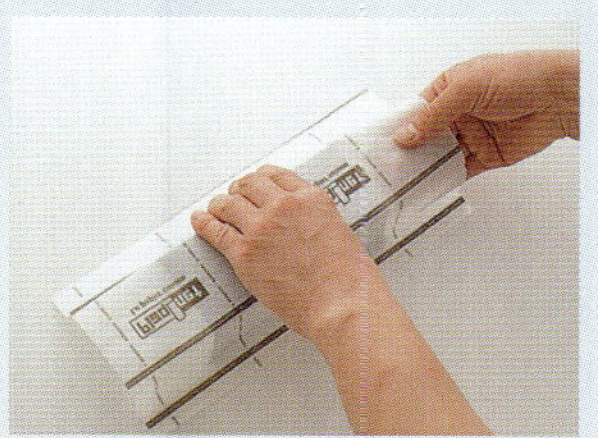

❷ 파운드 틀을 거꾸로 해서 오븐페이퍼를 씌우고 틀에 맞춰 접어 모양을 잡는다.

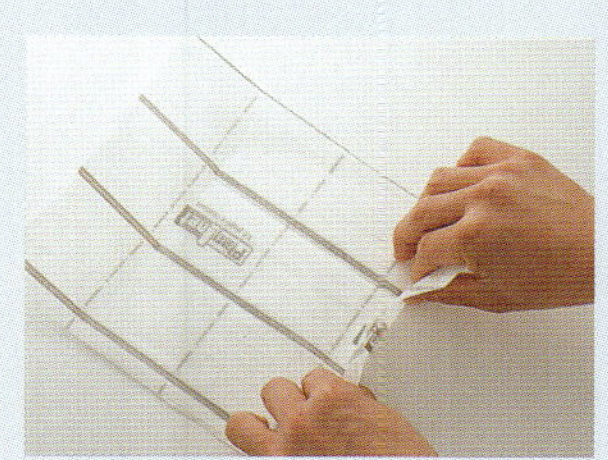

❸ 오븐페이퍼에 만들어진 틀의 모양을 따라 제대로 접기선을 만든다.

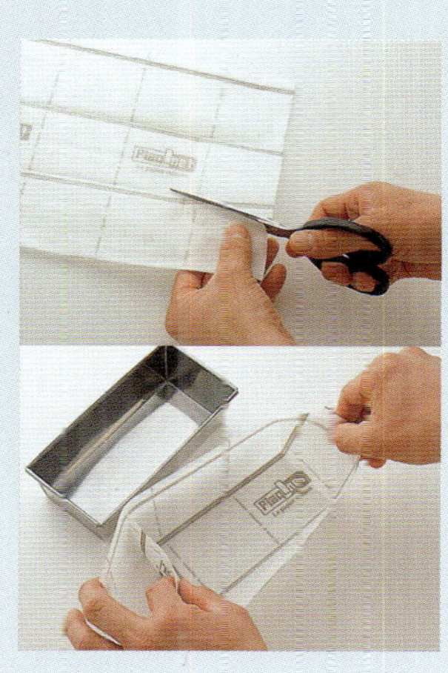

❹ 네 구석의 ㄹ이 될 부분에 가위집을 넣은 다음 접어 파운드 틀과 같은 직육면체 모양을 만든다.

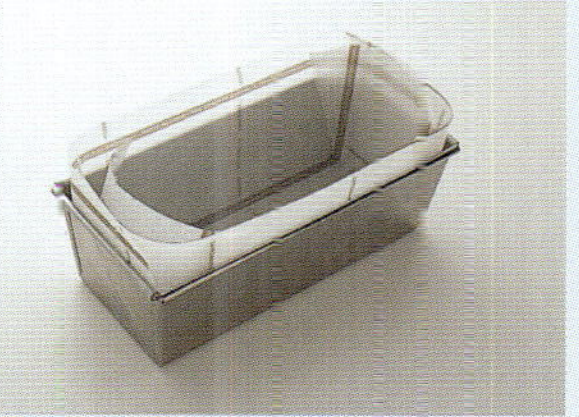

❺ 파운드 틀에 깔아 넣는다. 이때 파운드 틀의 바닥과 측면에 부드럽게 한 버터(분량 외를 소량 발라두면 오븐페이퍼가 틀게 딱 맞아 사용하기 쉬워진다.

B | 가루설탕 넣기

❶ 가루설탕은 분량의 절반을 넣는다. 거품기 혹은 핸드믹서로 전체가 하얗고 폭신폭신해질 때까지 공기를 충분히 머금도록 비벼 섞는다.

 설탕을 한 번에 넣으면 설탕에 수분이 흡수되고 버터가 단단해져 섞기 어려워지기 때문에 나누어 넣는 것입니다.

Note

거품기와 핸드믹서

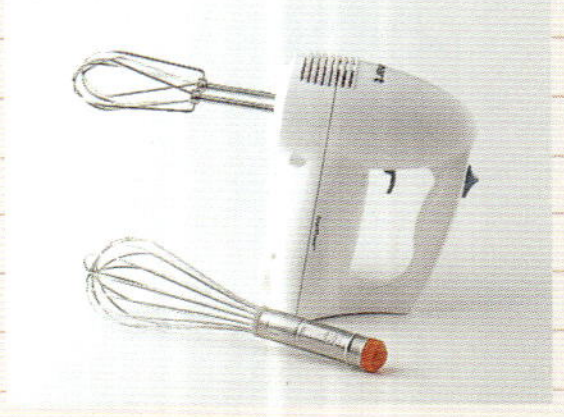

이 책에서 소개하는 파운드케이크와 구움과자는 가정용 사이즈이기 때문에 1개분 반죽의 분량이 많지 않습니다. 그래서 버터를 크림화하여 달걀이나 설탕 등의(가루 이외의) 재료를 섞어 합칠 때는 거품기를 사용하고 있습니다. 거품기로도 충분히 할 수 있는 분량이기 때문이기도 하지만, 거품기를 사용하는 것이 반죽의 미묘한 변화나 상태를 손으로 느끼면서 진행할 수 있기 때문입니다. 베이킹에 있어 손이나 손바닥은 뛰어난 센서의 하나로, 반죽 상태를 손으로 느끼면서 진행하는 것은 능숙한 베이커가 되는 길로 연결됩니다. 물론 핸드믹서를 사용해도 똑같이 만들 수 있습니다.

❷ 나머지 가루설탕을 넣고 공기를 충분히 머금도록 하면서 섞어 합친다. 사진 정도의 폭신한 느낌이면 된다.

 제대로 섞으면 섞을수록 설탕이 잘 분산하여 공기도 많이 머금게 되고 나중에 좋은 상태로 구워지게 됩니다.

Note

크림화된 버터에 설탕 섞기

설탕을 넣어 섞으면 버터가 머금은 약간의 수분 때문에 설탕이 어느 정도 녹기는 하지만, 전부 다 녹지는 않습니다. 설탕을 녹이는 것이 아닌 설탕을 골고루 버터 속에 분산시키는 것이 중요합니다. 이 단계에서 버터 속에 설탕이 고루고루 섞이게 함으로써 나중에 넣을 달걀의 수분이 설탕에 끌어당겨져, 잘 섞이지 않는 달걀이 버터 속에 균등하게 섞이기 쉬워지는 것입니다.

C | 풍미 더하기

레몬 껍질 간 것과 바닐라 에센스를 넣는다.

D | 달걀 넣기

❶ 실온에 둔 달걀을 잘 푼다.

 달걀은 실온에 두는데, 실온이 낮은 경우에는 달걀을 푼 다음 잠시 중탕해(차갑지 않을 정도) 데우도록 합니다.

❷ 달걀을 버터에 조금만 넣어 섞어 합친다. 처음에는 제각각으로 분리되는 것 같고 거품기가 미끄러져 손의 느낌이 가볍지만, 제대로 계속 섞으면 단단히 죄면서 묵직해지고 매끄럽게 유화한 상태가 된다.

Note

버터와 달걀이 분리되지 않도록 하기

달걀을 한 번에 많이 넣으면 분리의 원인이 됩니다. 소량 넣은 단계라면 세게 휘저어 섞거나 조금만 따뜻하게 하면 유화하지만, 많이 넣어버리면 좋은 상태로 되돌릴 수 없습니다. 분리될 것 같으면 소량의 가루류를 넣는 것으로 대응할 수 있습니다.

버터와 달걀이 분리된 실패의 예

버터와 달걀이 분리된다면, 그 이유는 차가운 달걀을 한 번에 넣었기 때문입니다.

차가운 달걀을 한 번에 넣었기 때문에 버터의 온도가 내려가 단단해진다.

아무리 계속 섞어도 좀처럼 버터와 달걀이 섞이지 않는다.

제각각으로 분리된 상태가 된다.

이런 상태에서도 가루를 섞으면 반죽은 만들어지지만, 완성된 케이크는 입안에서 녹는 느낌이 나쁘고 딱딱한 케이크가 됩니다.

※ 버터를 실온에 두지 않고 차가운 채로 사용하는 경우도 같습니다.

❸ 달걀이 반죽에 완전히 어우러지고 나면, 달걀을 조금씩 더 넣고 같은 방법으로 섞어 합친다.

❹ 대체로 4번 정도로 나누어 넣어 섞어 합치고, 사진 정도의 상태로 만든다.

E | 가루류 넣기

❶ 함께 체 쳐 둔 박력분+베이킹파우더를 넣은 다음, 고무주걱을 수직으로 잡고 중심부터 넣는다.

❷ 한 손으로 볼을 안쪽으로 들리면서 반죽을 몸 앞으로 떠올리듯 하며 섞어 합친다.

 가루가 섞이는 상태데 따라 케이크의 입이 닿는 맛기 바뀝니다. 가루기가 막 없어진 단계에서 섞는 것을 멈추면 포슬포슬하고 부서지기 쉬운 케이크로 완성됩니다.

3 반죽을 틀에 넣기

4 굽기

❸ 계속해서 섞어 윤기가 도는 상태가 되면 반죽에 글루텐이 어느 정도 생기기 때문에 구웠을 때 높이 부풀어 오르고, 폭신폭신하면서 촉촉한 케이크로 구워진다.

 가루를 넣은 다음 어느 정도로 섞을지는 어떤 상태로 완성하고 싶은가로 결정합니다. 저는 높이 잘 부풀어 오르고 촉촉한 케이크로 굽고 싶기 때문에 반죽에 윤기가 생길 때까지 확실히 섞었습니다.

❶ 반죽을 고무주걱으로 적당량씩 떠서 틀에 넣고 표면을 평평하게 고른다.

❷ 양손으로 틀을 들어 올렸다가 틀 바닥을 작업대에 가볍게 내리쳐 틀의 구석구석까지 반죽을 퍼지게 한다.

❶ 틀을 오븐 팬의 중심에 올리고 170℃로 예열한 오븐에 넣는다.

❷ 20분 정도 굽고, 반죽의 표면이 막이 생기고 엷게 노릇노릇해지기 시작하면 오븐에서 오븐 팬째 꺼내 물로 적신 칼로 중앙에 세로로 칼집을 한 줄 얕게 넣는다.

 칼집을 넣지 않아도 자연스러운 균열이 생기지만 이렇게 하면 일직선으로 갈라져 예쁘게 구워집니다.

❸ 다시 오븐에 넣어 30~40분(전체 50~60분) 더 굽는다.

❹ 굽기 상태는 칼집 부분에 색이 충분히 입혀졌는지로 확인하고, 꼬치로 찔러 본다. 꼬치의 끝에 아무것도 묻어 나오지 않는다면 다 구워진 것이다.

> 꼬치의 끝에 반죽이 묻어 나온다면 오븐에 약 5분 더 굽습니다. 색이 지나치게 짙게 구워졌다면 위에 알루미늄 포일을 씌우도록 합니다.

5 식히기

❶ 다 구워진 케이크를 식힘망 위에 올려 옆으로 쓰러뜨린 다음 틀에서 빼낸다.

> 틀도 케이크도 뜨겁기 때문에 오븐 장갑 등을 껴서 화상을 입지 않도록 합니다. 빠르게 하고 싶다면 깨끗한 작업용 목장갑을 준비해두는 것도 좋아요. 121쪽 참조.

❷ 옆으로 눕힌 채 5분 정도 두고 열기가 가시면 세워 그대로 식힌다.

❸ 완전히 식으면 종이를 벗긴다.

❹ 건조하지 않도록 랩으로 감싸고 먹을 때까지 실온에 둔다.

> 먹고 남은 경우도 같은 방법으로 랩으로 감싸 실온에 둡니다. 냉장고에 넣으면 케이크가 굳어 식감이 나빠집니다.

Note

카트르 카르

프랑스에도 파운드케이크와 같은 것이 있는데, 완전히 똑같은 의미로 '카트르 카르Quatre-quarts'라 부릅니다(카트르는 4, 카르는 1/4이라는 의미)만, 네모 형태뿐 아니라 사진과 같은 마가렛 모양으로 굽는 경우가 종종 있습니다.

동시에 영어의 cake를 그대로 차용하여 '케크'(cake의 프랑스어 발음)라 부르는 경우도 있으며, 특히 파운드 틀로 굽고 말린 과일이 들어간 것이 그렇게 불리는 일이 많은 듯합니다.

초콜릿 파운드케이크

완성되면 이런 느낌입니다. 중앙에 직선으로 한 줄 깔끔하게 갈라진 금이 생기는 것이 이상적인 모습이에요. 가루설탕을 뿌려 완성하고 싶을 때는 완전히 식은 다음에 해주세요.

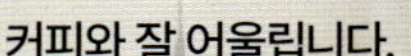

커피와 잘 어울립니다.

가루에 코코아파우더를 넣고, 완성된 반죽에 녹인 초콜릿까지 넣어 리치한 감칠맛을 더했습니다.

 윗면 17.4×8cm,
높이 6cm 파운드 틀
1개분

- **버터** ⋯ 100g
- **가루설탕** ⋯ 100g
- **바닐라 에센스**(천연) ⋯ 적당량
- **달걀** ⋯ 2개(100g)
- **가루류**
  - 박력분 ⋯ 70g
  - 베이킹파우더 ⋯ 2/3작은술
  - 코코아파우더 ⋯ 30g
- **스위트 초콜릿** ⋯ 30g

- **오븐 온도** : 170℃
- **굽는 시간** : 50~60분
- **열량** : 10등분했을 때 1조각
  198kcal

응용 파운드케이크

파운드 틀에 종이를 까는 법, 반죽 만드는 법, 틀에 넣어 굽는 법에 대한 자세한 과정 설명은 파운드케이크의 기본인 '플레인 파운드케이크(95~99쪽)'를 참조한다.

1 미리 준비하기

❶ 버터와 달걀은 실온에 둔다.

❷ 박력분과 베이킹파우더, 코코아파우더는 섞어 합친 다음 체 친다.

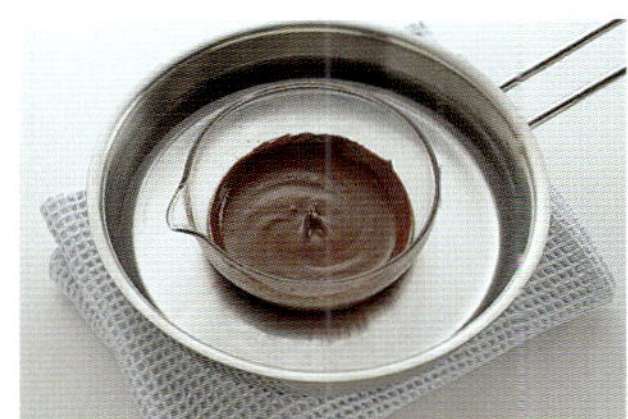

❸ 219쪽을 참고해 스위트 초콜릿을 다져서 중탕하여 녹인 후 30℃ 정도의 온도로 식힌다.

❹ 파운드 틀에 종이를 깐다.

2 반죽 만들기

❶ 버터를 크림화하고 가루설탕을 섞어 합친 후 바닐라 에센스를 넣어 풍미를 더한다. 그리고 실온에 풀어 둔 달걀을 넣는다.

 레몬 껍질 간 것은 넣지 않습니다.

❷ 함께 체 쳐 둔 박력분+베이킹파우더+코코아파우더를 넣고 고무주걱으로 반죽의 가루기가 없어질 때까지 섞는다.

❸ 중탕하여 녹인 초콜릿을 넣어 섞는다.

 초콜릿을 녹인 다음 조금 식혀 30℃ 정도로 해서 사용할 것. 그 이상으로 뜨거우면 반죽 속의 버터가 녹아버려 구울 때 부풀기가 나빠집니다.

3 틀에 넣어 굽기

반죽을 틀에 넣고 굽는다.

마블 파운드케이크

플레인 파운드케이크와 초콜
릿 파운드케이크의 반죽을
반씩 마블(대리석) 모양처럼
섞은 다음 틀에 넣어 구웠습
니다.

다 구워진 케이크를 잘라 나누면 아름다운 마블 모양이!
단면의 아름다움이 보이게 담으니 보기 좋네요.

재료 윗면 17.4×8cm, 높이 6cm 파운드 틀 1개분

- **반죽 베이스**
  - 버터 … 100g
  - 가루설탕 … 100g
  - 바닐라 에센스(천연) … 적당량
  - 달걀 … 2개(100g)
- **흰 반죽**
  - 반죽 베이스의 절반(약 150g)
    - 박력분 … 50g
    - 베이킹파우더 … 1/3작은술
- **검은 반죽**
  - 반죽 베이스의 절반(약 150g)
    - 박력분 … 35g
    - 베이킹파우더 … 1/3작은술
    - 코코아파우더 … 15g
  - 스위트 초콜릿 … 15g

- **오븐 온도** : 170℃
- **굽는 시간** : 50~60분
- **열량** : 10등분했을 때 1조각 185kcal

응용 파운드케이크

파운드 틀에 종이를 까는 법, 반죽 만드는 법, 틀에 넣어 굽는 법에 대한 자세한 과정 설명은 파운드케이크의 기본인 '플레인 파운드케이크(95~99쪽)'를 참조한다.

---

1 미리 준비하기

❶ 버터와 달걀은 실온에 둔다.

❷ 흰 반죽용의 박력분과 베이킹파우더, 검은 반죽용의 박력분과 베이킹파우더, 코코아파우더는 각각 섞어 합친 다음 체 친다.

❸ 219쪽을 참고해 스위트 초콜릿은 다져서 중탕하여 녹이고 30℃ 온도로 식힌다.

❹ 파운드 틀에 종이를 깐다.

2 흰 반죽과 검은 반죽 만들기

❶ 버터를 크림화하고 가루설탕을 섞어 합친 후 바닐라 에센스를 넣어 풍미를 더한다. 그리고 실온에 풀어 둔 달걀을 넣는다.

레몬 껍질 간 것은 넣지 않습니다.

❷ 반죽 베이스의 절반(약 150g)을 다른 볼에 나눈다.

❸ 함께 체 쳐 둔 박력분+베이킹파우더(흰 반죽)를 ❷의 한쪽 볼에 넣고 고무주걱으로 반죽에 윤기가 생길 때까지 잘 섞어 합친다.

❹ 함께 체 쳐 둔 박력분+베이킹파우더+코코아파우더(검은 반죽)를 ❷의 나머지 한쪽 볼에 넣고 고무주걱으로 반죽에 가루기가 없어질 때까지 섞어 합치고, 중탕하여 녹인 초콜릿을 넣어 섞는다.

3 마블 모양 만들기

❶ 흰 반죽의 중심에 고무주걱을 넣어 반죽을 볼 측면에 비벼 올리듯 바른다.

❷ 중앙에 움푹 파인 곳에 검은 반죽을 넣고 측면의 흰 반죽을 떠서 검은 반죽을 감싸듯 덮는다.

❸ 고무주걱을 중심부터 넣어 자르듯이 3번 섞는다.

여러 번 섞어버리면 모양이 너무 자잘해져 예쁜 마블 모양이 생기지 않습니다. 주의 요망!

4 틀에 넣어 굽기

❶ 마블 모양이 망가지지 않도록 조심하면서 고무주걱으로 반죽을 차분히 떠서 틀에 넣는다.

❷ 틀을 양손으로 들어 올렸다가 작업대에 가볍게 내리쳐 반죽이 틀 전체에 퍼지도록 한다.

❸ 170℃로 예열된 오븐에 굽는다.

홍차 파운드케이크

가루에 홍차 잎을 잘게
갈아 으깨 넣어 홍차의
향을 더해 굽습니다.

반죽에 넣는 홍차 잎은
얼그레이를 사용했습니
다. 그 외에 아삼이나 잉
글리시 브렉퍼스트 등 향
도 맛도 강한 종류의 찻
잎이 있습니다.

재료 윗면 17.4×8cm,
높이 6cm
파운드 틀 1개분

- **버터** … 100g
- **가루설탕** … 100g
- **달걀** … 2개(100g)
- **가루류**
  - 박력분 … 90g
  - 베이킹파우더 … 2/3작은술
  - 홍차 잎 … 1큰술

- **오븐 온도** : 170℃
- **굽는 시간** : 50~60분
- **열량** : 10등분했을 때 1조각
  163kcal

응용 파운드케이크

파운드 틀에 종이를 까는 법, 반죽 만드는 법, 틀에 넣어 굽는 법에 대한 자세한 과정 설명은 파운드케이크의 기본인 '플레인 파운드케이크(95~99쪽)'를 참조한다.

1 미리 준비하기

❶ 버터와 달걀은 실온에 둔다.

❷ 박력분과 베이킹파우더는 섞어 합친 다음 체 친다.

❸ 홍차 잎은 유발이나 절구로 갈아 으깨 향을 낸다.

티백을 사용하는 경우도 절구 등으로 으깬 다음 사용하는 편이 향이 잘 납니다.

❹ 함께 체 쳐 둔 박력분+베이킹파우더에 갈아 으깬 홍차 잎을 넣어 섞어 합친다.

❺ 파운드 틀에 종이를 깐다.

2 반죽 만들기

❶ 버터를 크림화하고 가루설탕을 섞어 합친 후 실온에 풀어둔 달걀을 넣는다.

홍차로 풍미를 더하기 때문에 레몬 껍질이나 바닐라 에센스는 넣지 않습니다.

❷ 박력분+베이킹파우더+홍차 잎을 넣어 고무주걱으로 반죽에 윤기가 생길 때까지 잘 섞어 합친다.

3 틀에 넣어 굽기

반죽을 틀에 넣고 굽는다.

녹차, 커피, 그리고 홍
차 어느 것과도 함께
즐길 수 있습니다.

말차 파운드케이크

가루에 말차파우더를 넣어 풍미와
아름다운 초록색을, 완성된 반죽
에 녹인 화이트 초콜릿을 넣어 진
한 감칠맛을 더하여 구웠습니다.

 **윗면 17.4×8cm,
높이 6cm
파운드 틀 1개분**

- **버터** … 100g
- **가루설탕** … 100g
- **달걀** … 2개(100g)
- **가루류**
  ┌ 박력분 … 90g
  │ 베이킹파우더 … 2/3작은술
  └ 말차파우더 … 1큰술
- **화이트 초콜릿** … 30g
- **누레아마낫토** … 50g

＊누레아마낫토 : 팥을 삶아서 달게 졸인 것

- **오븐 온도** : 170℃
- **굽는 시간** : 50~60분
- **열량** : 10등분했을 때 1조각
  195kcal

응용 파운드케이크

파운드 틀에 종이를 까는 법, 반죽 만드는 법, 틀에 넣어 굽는 법에 대한 자세한 과정 설명은 파운드케이크의 기본인 '플레인 파운드케이크(95~99쪽)'를 참조한다.

1 미리 준비하기

❶ 버터와 달걀은 실온에 둔다.

❷ 박력분과 베이킹파우더, 말차파우더는 섞어 합친 뒤 체 친다.

말차파우더는 말차용으로 말린 잎을 간 분말입니다.

❸ 219쪽을 참고해 화이트 초콜릿은 다져서 중탕하여 녹인 다음 조금 식혀 30℃로 만든다.

❹ 파운드 틀에 종이를 깐다.

2 반죽 만들기

❶ 버터를 크림화하고 가루설탕을 섞어 합친 후 실온에 풀어둔 달걀을 넣는다.

말차파우더로 풍미를 더하는 것이므로 레몬 껍질이나 바닐라 에센스는 넣지 않습니다.

❷ 박력분+베이킹파우더+말차파우더를 넣는다.

❸ 고무주걱을 수직으로 하여 반죽의 중심부터 넣고, 한손으로 볼을 안쪽으로 돌리면서 고무주걱으로 반죽을 몸 쪽으로 떠올리듯 하여 가루기가 없어질 때까지 잘 섞는다.

❹ 녹인 화이트 초콜릿을 넣고 같은 요령으로 자르듯 섞는다.

반죽에 넣을 때 화이트 초콜릿의 온도는 30℃ 정도. 중요한 포인트입니다!

❺ 마지막으로 누레아마낫토를 넣어 같은 요령으로 전체에 섞어 합친다.

3 틀에 넣어 굽기

❶ 반죽을 틀에 넣고 틀을 양손으로 들어 작업대에 가볍게 내리쳐 반죽을 틀 전체에 고루 퍼지게 한다.

❷ 170℃로 예열된 오븐에 굽는다.

오렌지 파운드케이크

반죽에 오렌지 껍질을 간 것과 오렌지 즙을 더하고, 가루에 아몬드 파우더를 넣어 고소하게 구웠습니다. 마지막에 오렌지 풍미의 글라스 아 로(물로 만든 설탕옷)를 끼얹어 우아한 분위기가 감도는 케이크입니다.

같은 파운드 틀로 굽지만, 다른 케이크는 부풀어 오른 부분이 보이는 것에 반해 이 케이크는 거꾸로 해서 부푼 부분을 잘라냈습니다.

 **윗면 17.4×8cm,
높이 6cm
파운드 틀 1개분**

• 반죽
- 버터 … 100g
- 그래뉴당 … 110g
- 오렌지 껍질 간 것 … 1개분
- 달걀 … 2개(100g)
- 오렌지 즙 … 30ml
  - 박력분 … 75g
  - 아몬드 파우더 … 75g
  - 베이킹파우더 … 2/3작은술

• 마지막에 바를 것
- 살구잼 … 적당량
- 오렌지 풍미의 글라스 아 로
  (111쪽을 참고하여 준비)
  … 적당량

※ 오렌지는 항진균제를 사용하지 않은
것을 고른다.

• 오븐 온도 : 170℃
• 굽는 시간 : 50~60분
• 열량 : 10등분했을 때 1조각
326kcal

응용 파운드케이크

파운드 틀에 종이를 까는 법, 반
죽 만드는 법, 틀에 넣어 굽는 법
에 대한 자세한 과정 설명은 파
운드케이크의 기본인 '플레인
파운드케이크(95~99쪽)'를 참
조한다.

---

1 미리 준비하기

❶ 버터, 달걀, 오렌지는 실온에 둔
다.

❷ 오렌지 껍질은 색이 있는 쿠분만
을 갈아서 그래뉴당을 넣고 손가락
으로 비벼 섞어 향을 이끌어낸다.

❸ 오렌지는 가로로 반 자르고, 포
크를 찔러 즙을 짜기 쉽게 한 다음
즙을 짠다. 그중 30ml를 반죽에, 나
머지 일부를 그라스 아 로에 사용한
다.

❹ 박력분과 베이킹파우더는 섞어
합쳐 체 친 다음 아몬드 파우더를
넣어 섞고 체 친다.

❺ 파운드 틀에 종이를 깐다.

---

2 반죽 만들기

❶ 버터를 크림화 한 후, 오렌지 껍
질 간 것+그래뉴당을 몇 번에 나눠
넣은 다음 전체가 하얗게 될 때까지
공기를 머금도록 하여 비벼 섞는다.

❷ 달걀을 풀고 조금씩 넣어 섞는
다.

❸ 오렌지 즙 양의 절반을 조금씩
넣고 섞어 합친다.

❹ 가루류(박력분+베이킹파우더+아
몬드 파우더) 양의 절반을 넣고, 고무
주걱으로 가루기가 없어질 때까지
섞어 합친다.

❺ 나머지 오렌지 즙, 나머지 가루
류 순서로 넣고 그때마다 같은 요령
으로 섞어 합친다.

 이 케이크의 경우는 반죽에 윤
기가 생길 때까지는 섞지 않고
조금 거칠거칠한 상태에서 멈
춥니다. 이유는 굽는 동안 부풀어 오르
는 만큼을 잘라내서 완성할 것이기 때문
에 높이 부풀리지 않기 위해서입니다.

---

3 틀에 넣어 굽기

반죽을 틀에 넣고 굽는다.

 살구잼 바르기

❶ 살구잼은 물 적당량을 넣어 다시 졸인다.

마지막에 케이크에 바를 용도의 살구잼은 적어도 100g 정도를 준비합니다. 케이크에 바를 때 양이 부족하면 깔끔하게 발리지도 않고, 따로 더 조리기도 어렵기 때문입니다. 넉넉한 양을 준비해 적당량을 사용하도록 합시다. (살구잼을 다시 졸이는 법은 163쪽 참조)

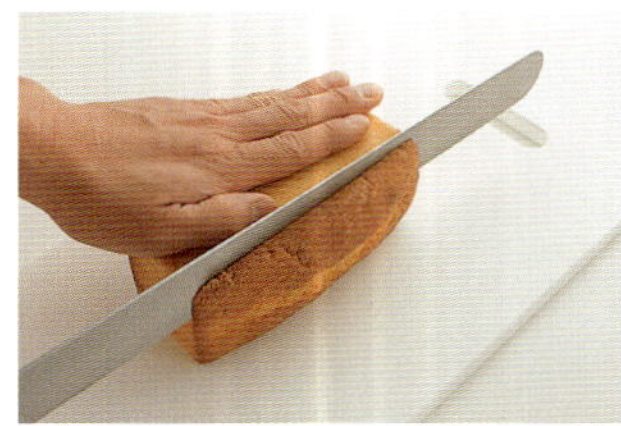

❷ 완전히 식은 케이크를 눕혀 놓고 윗면의 부풀어 오른 부분을 잘라낸다.

❸ 케이크를 뒤집어 윗면의 4변을 비스듬하게 잘라내고, 각진 직사각형 모양으로 정돈한다.

틀 안에서 바닥이었던 면이 윗면이 되는 것입니다.

❹ 붓으로 다시 조린 살구잼을 케이크 윗면과 측면에 얇게 바른다.

❺ 오븐 팬에 오븐페이퍼를 깐 다음 푸딩 틀을 2개 두고 그 위에 케이크를 올린다.

어째서 이렇게 이상한 행동을 하는 건가요?

다음에 설탕옷을 발라 오븐으로 건조시킬 것이므로 설탕옷이 흘러도 좋도록 준비해 두는 것입니다. 푸딩 틀 대신 파운드 틀을 거꾸로 해서 두어도 좋아요. 중요한 것은 케이크가 바닥에 직접 닿지 않게 하는 것입니다.

 글라스 끼얹어 완성하기

❶ 잼이 굳으면 붓으로 글라스 아로(만드는 법은 오른쪽 참조)를 케이크 윗면과 측면에 골고루 바른다.

어느 정도 바르면 된다는 기준은 있나요?

너무 두껍지 않게 발라 주세요.

❷ 오븐 팬의 푸딩 틀 위에 다시 올려 200℃ 정도로 예열한 오븐에 약 1분 넣어 표면을 말린다.

❸ 꺼내서 오븐 팬에 올린 채로 잠시 두고, 글라스가 식어 굳었다면 글라스가 흘러 떨어진 부분을 칼로 잘라낸다.

오렌지 풍미의 글라스 아 로 만들기

'물로 만든 설탕옷'이라는 의미의 글라스 아 로는 기본적으로 가루설탕을 물에 녹여 만듭니다. 따라서 오렌지 풍미의 글라스 아 로를 만들려면 물 대신 오렌지 즙을 이용하면 됩니다. 레몬 풍미의 글라스 아 로는 물 대신 레몬 즙을 이용하면 되겠죠.

재료 만들기 쉬운 1회분

- **오렌지 즙** … 30ml
- **가루설탕** … 150g

❶ 볼에 가루설탕을 넣고 오렌지 즙을 적당량 넣어 거품기로 잘 섞어 가루설탕을 녹인다.

❷ 걸쭉하게 흐르는 듯한 상태가 될 때까지 상태를 보며 오렌지 즙을 넣어 섞는다(전량을 넣지 않아도 된다).

과일 파운드케이크

반죽 속에 럼주에 절여 풍미를 더한 말린 과일을 뿌려 넣어 구웠습니다. 완성된 케이크에 살구잼을 덮으면 달콤새콤함이 더해져 더욱 맛있어집니다.

추운 밤에 따뜻한 와인과 함께 즐기는 것도 추천합니다.

크리스마스 시즌에 자주 만드는 케이크입니다. 오렌지 필과 안젤리카, 드레인 체리를 장식해 선물용으로 만들어 보았습니다.

재료 윗면 17.4×8cm,
높이 6cm
파운드 틀 1개분

- **반죽**
  - 버터 … 100g
  - 가루설탕 … 100g
  - 달걀 … 2개(100g)
  - 바닐라 에센스(천연) … 적당량
  - 박력분 … 125g
  - 베이킹파우더 … 2/3작은술
  - 절인 과일
    - 럼주에 절인 건포도 … 80g
    - 오렌지 필 … 65g
    - 드레인 체리 … 30g
  - 럼주 … 25ml
- **마지막에 바르고 장식할 것**
  - 살구잼 … 적당량
  - 드레인 체리, 안젤리카, 오렌지 필 등(기호에 따라) … 각 적당량

※ 말린 과일이나 과일의 설탕 조림은 취향대로 향, 색깔을 고려하여 배합한다. 시판용 과일믹스 럼주 절임 등을 이용하면 편리하다.

- **오븐 온도** : 170℃
- **굽는 시간** : 60분
- **열량** : 10등분했을 때 1조각 250kcal

응용 파운드케이크

파운드 틀에 종이를 까는 법, 반죽 만드는 법, 틀에 넣어 굽는 법에 대한 자세한 과정 설명은 파운드케이크의 기본인 '플레인 파운드케이크(95~99쪽)'를 참조한다.

---

1 미리 준비하기

❶ 버터와 달걀은 실온에 둔다.

❷ 박력분과 베이킹파우더는 섞어 합친 다음 체 친다.

❸ 오렌지 필과 드레인 체리는 건포도 정도의 크기로 맞춰 다진다. 모두 합쳐 럼주를 넣고 적어도 1시간 정도는 담가둔다.

❹ 파운드 틀에 종이를 깐다.

---

2 반죽 만들기

버터를 크림화하고 가루설탕을 섞어 합친 후, 달걀을 풀어 넣는다. 그리고 박력분+베이킹파우더를 넣어 합친 다음, 절인 과일을 넣어 합친다.

절인 과일에 가루를 뿌리지 않아도 괜찮을까요?

반죽을 제대로 만들면 과일에 가루를 묻히지 않아도 반죽의 바닥에 가라앉거나 하지 않습니다. 반죽이 부드러운 배합이거나 혹은 과일의 크기가 크면 어떻게 해도 가라앉기 쉽습니다.

바닥에 남은 럼주도 넣어도 되나요?

전부 다 넣어도 괜찮아요. 섞어 넣을 때는 가루를 섞을 때와 같은 방법으로 고무주걱을 수직으로 해서 반죽 중앙부터 넣어 바닥을 떠올리듯 몸 앞으로 돌려 섞습니다. 다른 한쪽 손으로 볼을 안쪽으로 돌리면서요!

틀에 넣어 굽기

❶ 반죽을 파운드 틀에 넣는다.

❷ 170℃로 예열한 오븐에 넣어 25분 정도 지나 옅게 색이 입혀지고 표면에 얇게 막이 생기면, 적신 칼로 중앙에 칼집을 넣고 35분 더 구운 후(전체 60분) 식힌다.

살구잼 발라 완성하기

❶ 163쪽을 참고해 살구잼에 물 적당량을 넣고 열을 가해 다시 졸인다.

❷ 케이크가 완전히 식으면 조린 살구잼 적당량을 붓으로 윗면에 바른다.

❸ 잼이 마르기 전에 취향대로 드레인 체리 등을 장식한다.

❹ 식힘망 위에 올려 잼을 말린다.

바나나 파운드케이크

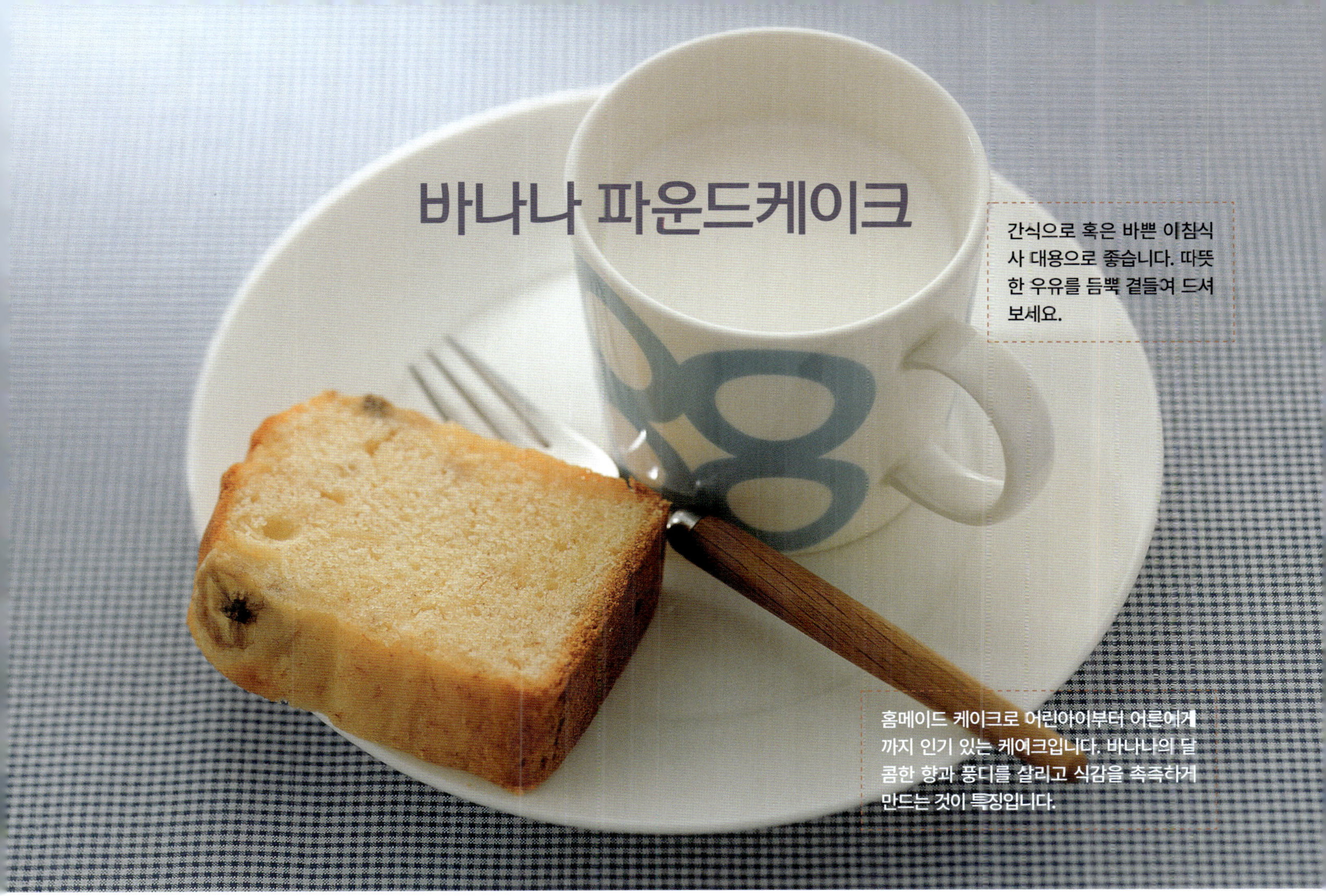

간식으로 혹은 바쁜 아침식사 대용으로 좋습니다. 따뜻한 우유를 듬뿍 곁들여 드셔 보세요.

홈메이드 케이크로 어린아이부터 어른에게까지 인기 있는 케이크입니다. 바나나의 달콤한 향과 풍미를 살리고 식감을 촉촉하게 만드는 것이 특징입니다.

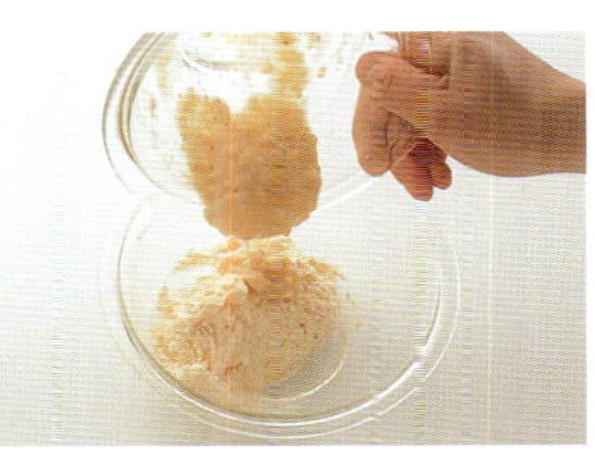

재료 윗면 17.3×8cm, 높이 6cm 파운드 틀 1개분

- **반죽**
  - 버터 … 100g
  - 그래뉴당 … 100g
  - 달걀 … 2개(100g)
  - 바나나(완숙) … 70g
  - 박력분 … 125g
  - 베이킹파우더 … 1작은술
- **장식용 바나나**(둥근썰기) … 8장
- **럼주 풍미의 시럽**
  - 물 … 30ml
  - 그래뉴당 … 30g
  - 럼주 … 30ml

※ 바나나는 실온에 며칠 두어 숙성시킨다. 껍질 표면에 스위트 스폿이라 불리는 검은 반점이 생기고 맛있는 향이 나는 것이 좋은 상태다.

- **오븐 온도** : 170°C
- **굽는 시간** : 60분
- **열량** : 10등분했을 때 1조각 203kcal

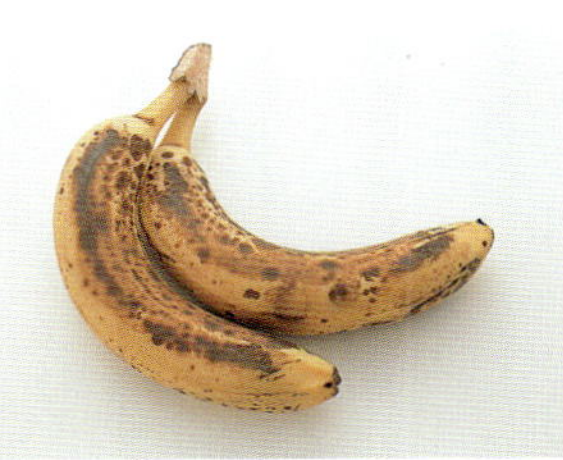

응용 파운드케이크

파운드 틀에 종이를 까는 법, 반죽 만드는 법, 틀에 넣어 굽는 법에 대한 자세한 과정 설명은 파운드케이크의 기본인 '플레인 파운드케이크(95~99쪽)'를 참조한다.

1 미리 준비하기

❶ 버터와 달걀은 실온에 둔다.

❷ 박력분과 베이킹파우더는 섞어 합친 다음 체 친다.

❸ 파운드 틀에 종이를 깐다.

2 반죽 만들기

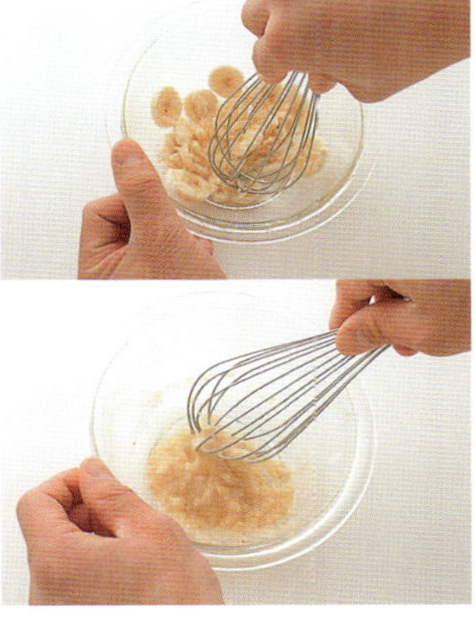

❶ 반죽용 바나나는 둥근썰기 하고 거품기로 으깬다.

❷ 다른 볼에 버터를 크림화하고 그래뉴당을 섞어 합친 후, 달걀을 풀어 넣는다. 그리고 ❶에서 으깬 바나나를 넣고 크게 섞어 합친다.

너무 많이 섞으면 분리될 수 있으니 주의하세요.

❸ 바로 박력분+베이킹파우더를 넣고 고무주걱으로 섞어 합친다.

❶ 반죽을 틀에 넣어 평평하게 한 다음 반죽 위에 둥근썰기 한 바나나를 올린다.

❷ 170℃로 예열한 오븐에 넣어 25분 정도 굽고, 옅게 색이 올라오고 표면에 얇은 막이 생기면, 물에 적신 칼로 중앙에 칼집을 넣고 35분 더 (전체 60분) 굽는다.

❶ 럼주 풍미의 시럽을 만든다. 즉, 작은 냄비에 물과 그래뉴당을 넣어 불에 올리고, 끓어오르면 불에서 내려(시럽) 럼주를 넣고 식힌다.

❷ 케이크가 완성되면 바로 틀에서 빼내 뜨거울 때 붓으로 ❶의 시럽을 바른다. 측면도 종이를 벗겨 시럽을 발라 스며들게 한다.

❸ 열기가 가시면 랩으로 감싸 실온에 하룻밤 둔다.

CHAPTER 2

버터케이크와 구움과자

유럽에서 태어나 오래도록 사랑받아 오고 있는
파운드케이크 이외의 버터케이크와,
재료의 배합은 비슷하지만 버터를 녹여 마지막에 넣어 만드는
마들렌이나 피낭시에 등 작은 구움과자를 소개합니다.

마롱 구겔호프

(밤이 들어간 구겔호프)

구겔호프는 프랑스 알자스 지방에서부터 독일, 오스트리아, 스위스에 걸쳐 볼 수 있는 과자로 구겔호프 틀로 굽는 것이 특징입니다. 여기에서 소개하는 것은 특히 빈에서 자주 만드는 버터케이크 타입입니다.

반죽 속에 크렘 드 마롱(밤 크림)을 갈아 넣고 마롱 글라세(밤을 설탕에 절인 것)를 뿌려 구운 다음, 럼주나 브랜디가 들어간 시럽으로 완성하였습니다. 일품 풍미를 즐길 수 있는 구움과자입니다.

틀에 듬뿍 바른 버터와 케이크 크럼 덕분에 측면 전체가 맛있어 보이는 색으로 구워졌습니다.

재료 지름 15cm 구겔호프
틀 1개분

- **반죽**
  - 버터 … 75g
  - 그래뉴당 … 35g
  - 소금 … 한 꼬집
  - 바닐라 에센스(천연) … 적당량
  - 달걀노른자 … 1개
  - 생크림(유지방분 45~48%)
    … 25ml
  - 크렘 드 마롱(캔) … 40g
  - 머랭
    - 달걀흰자 … 2개분
    - 그래뉴당 … 25g
  - 마롱 글라세 … 75g
  - 박력분 … 95g
- **케이크 크림** … 적당량
- **양주 풍미 시럽**
  - 시럽 … 30ml
  - 럼주 … 15ml
  - 브랜디 … 15ml

※ 케이크 크림이 없는 경우는 밀가루
(강력분)로 대용한다.

- **오븐 온도** : 170℃
- **굽는 시간** : 60분
- **열량** : 8등분했을 때 1조각
  234kcal

파운드케이크 반죽 응용

재료의 배합이 다를 뿐 순서는
플레인 파운드케이크와 같으므
로 반죽 만들기의 자세한 과정
설명은 95~97쪽을 참조한다.

---

1 미리 준비하기

❶ 버터와 달걀은 실온에 두고 달걀
은 노른자와 흰자를 분리한다.

❷ 박력분은 체 친다.

❸ 마롱 글라세는 1cm 크기로 깍둑
썰기 한다.

Note

마롱 글라세

마롱 글라세^{marron glacé}는 밤을 설탕
에 절인 것으로 고급 재료이지만, 깨
진 것은 저렴하게 판매하고 있으므
로 그것을 이용해도 됩니다.

❹ 오른쪽을 참고해 틀에 버터(분량
외)를 바르고, 케이크 크림을 덧바른
다.

❺ 시럽은 물 30ml에 그래뉴당
30g을 넣어 불에 올리고, 확 끓여
그래뉴당을 녹인다.

2 반죽 만들기

❶ 버터를 개고 그래뉴당을 넣어 전
체가 하얗게 될 때까지 공기를 머금
게 하듯 비벼 섞는다.

 플레인 파운드케이크와 마찬
가지로 버터에 공기를 머금게
해 만드는 방법으로 만들지만,
달걀은 노른자와 흰자를 분리하고 흰자
는 머랭으로 하여 넣는 '별립법'으로, 보
다 가벼운 반죽으로 만듭니다.

❷ 소금과 바닐라 에센스를 넣어 섞
어 합친 다음 달걀노른자를 넣어 섞
어 합친다.

구겔호프 틀에 케이크 크림 바르기

구겔호프 틀은 중앙 부분이 솟아 올라와 있고, 측면과 윗면 전체에 울퉁
불퉁한 모양이 복잡하게 되어 있으며, 깊이도 있기 때문에 종이를 깔 수
없습니다. 그래서 부드럽게 한 버터를 붓으로 바른 다음 케이크 크림을
덧바릅니다.

케이크 크림을 바르는 이유는 다 구워진 케이크를 틀에서 쉽게 빼내기
위한 목적 외에도 질감이나 색을 좋게 하기 위한 목적도 있습니다. 케이
크 크림이 없을 때는 강력분으로 대용할 수 있지만, 이 경우에는 케이크
표면의 기포가 눈에 띄기 쉽고 색이 하얗게 완성됩니다.

❶ 실온에 두어 부드럽게 한 버터
를 붓을 이용해 틀에 골고루 충분
히 바른다.

❸ 케이크 크림을 듬뿍 넣고 틀째
로 빙글빙글 돌려 전처에 뒤바른
다.

❷ 케이크 크림은 스펀지케이크
를 자연 건조하여 체에 문지르면
서 잘게 부수거나, 푸드 프로세서
에 돌려 빵가루 상태로 만든 다음
체 친다.

 케이크 크림은 스펀지케이
크의 자투리가 남았을 때에
만들어 냉동 보관해 두면 언
제라도 사용할 수 있어 편리합니다.

❹ 여분의 케이크 크림을 털어낸
다.

❸ 생크림은 차갑지 않을 정도로 중탕하여 데우고, 몇 번에 나누어 넣어 섞는다.

❹ 크렘 드 마롱을 넣어 섞는다.

크렘 드 마롱

크렘 드 마롱^{crème de marrons}(마롱 크림)은 밤을 쪄서 속껍질째로 으깬 다음 설탕과 바닐라 등을 넣어 크림 상태로 만든 것으로, 캔이나 병 제품을 구입할 수 있습니다.

※ 주의
마롱 페이스트나 마롱 퓌레는 반죽에 섞기 어렵거나 단맛이 부족하기 때문에 사용할 수 없습니다.

❺ 머랭은 달걀흰자에 그래뉴당을 절반씩 섞으면서 뿔이 설 때까지 거품 낸다. (머랭 만들기는 48쪽 참조)

❻ ❹에 머랭의 절반을 넣고 고무주걱으로 섞어 합친다.

❼ 박력분 절반을 넣어 섞고 가루기가 거의 보이지 않을 때까지 섞어 합친다.

❽ 나머지 머랭을 넣어 섞어 합친다.

❾ 나머지 박력분을 넣고 거품이 뭉개지지 않도록 주의하면서 크게 섞는다.

❿ 마지막으로 마롱 글라세를 넣어 섞어 합친다.

❶ 구겔호프 틀에 반죽을 적당량씩 떠서 전체에 균일하게 넣는다. 전부 넣었다면 틀을 양손으로 들어 올려 작업대에 가볍게 내리쳐 반죽을 틀의 구석까지 퍼지게 한다.

Note

구겔호프 틀

구겔호프 전용 틀로, 중심 부분은 불이 통하기 쉽도록 통 모양으로 솟아오른 도넛 모양, 측면 부분은 전체에 비스듬하게 비틀린 홈이 있는 독특한 모양을 하고 있습니다. 원래는 두꺼운 도기제이지만 요즘은 실용적인 금속제가 보급되어 있습니다.

❷ 170℃로 예열한 오븐에 60분 굽는다.

4 시럽 발라 촉촉하게 완성하기

❶ 케이크를 굽는 동안 시럽과 럼주, 브랜디를 합친다.

❷ 케이크가 다 구워지면 B·로 식힘망 위에 거꾸로 올리고, 틀을 들어 올려 뺀다.

❸ 바로 케이크의 표면 전체에 ❶의 시럽을 붓으로 듬뿍 발라 스며들게 한다.

❹ 열기가 가시면 랩으로 감싸 실온에 하룻밤 둔다.

던디는 영국 스코틀랜드 지방 동부의 해안을 따라 있는 도시의 이름입니다. 그 지역은 옛날부터 마멀레이드 제조지로 알려져 있었습니다. 마멀레이드를 만들고 남은 오렌지 껍질을 이용하여 만들어진 것이 이 케이크입니다. 널리 알려지면서 좋은 평가를 받아 그 지역의 이름을 붙여 부르게 되었다고 합니다.

던디 케이크

반죽에 럼주를 스며들게 한 건포도와 오렌지 필을 넣었습니다.

윗면에 홀 아몬드를 올리고 굵은 설탕을 뿌려 구운 것이 특징입니다.

 **지름 15cm 세르클
혹은 원형 틀 1개분**

- **반죽**
  - 버터 … 100g
  - 브라운슈거 … 100g
  - 달걀 … 2개
  - 박력분 … 130g
  - 베이킹파우더 … 1/3작은술
  - 럼주 … 20ml
  - 건포도 … 60g
  - 오렌지 필 … 60g
- **홀 아몬드**(껍질 없는 것) … 20알
- **굵은 설탕** … 5g

※ 홀 아몬드는 껍질이 붙은 것밖에 구할 수 없는 경우에는 작은 냄비에 물을 끓여 그 안에 넣고, 아몬드의 속껍질이 불어 손으로 누르면 껍질이 간단히 벗겨질 때까지 삶는다. 찬물에 헹구고 물기를 없앤 다음, 1알씩 손가락 안쪽으로 문지르듯 껍질을 벗기고 물기를 닦는다. 잘 말린 다음 사용한다.

- **오븐 온도** : 170℃
- **굽는 시간** : 60분
- **열량** : 8등분했을 때 1조각 352kcal

파운드케이크 반죽 응용

재료의 배합이 다를 뿐 순서는 플레인 파운드케이크와 같으므로 반죽 만들기의 자세한 과정 설명은 95~97쪽을 참조한다.

1 미리 준비하기

❶ 버터와 달걀은 실온에 둔다.

❷ 박력분과 베이킹파우더는 섞어 합친 다음 체 친다.

❸ 오렌지 필은 건포도와 같은 크기로 자르고 건포도와 합친 다음, 럼주를 뿌린 후 1시간 이상 두어 풍미를 스며들게 한다.

❹ 오른쪽을 참고해 세르클에 종이를 깔거나 27쪽을 참고해 원형 틀의 바닥면과 측면에 종이를 깐다.

2 반죽 만들기

❶ 버터를 크림 상태로 만든 다음 브라운슈거를 2회로 나누어 넣고, 그때마다 전체가 하얗게 될 때까지 공기를 머금게 하듯 섞어 합친다.

❷ 달걀을 풀어 조금씩 넣고 그때마다 잘 어우러지게 한다.

 브라운슈거를 사용하면 달걀이 분리되기 쉽기 때문에 5회 정도로 나누어 넣습니다.

❸ 5번째 달걀을 넣기 전에 박력분+베이킹파우더 절반을 넣어 섞어 합치고, 가루가 보이지 않게 되면 나머지 달걀, 나머지 가루류를 순서대로 넣고 그때마다 섞어 합친다.

❹ 럼주에 담가둔 건포도와 오렌지 필을 국물째로 넣어 섞어 합진다.

3 틀에 넣고 윗면 장식하기

❶ 반죽을 고무주걱이나 스크레이퍼로 떠서 틀에 넣고, 숟가락 등으로 평평하게 한다.

 반죽을 넣을 때는 우선 틀을 따라 한 바퀴 둘러 넣고 그 다음에 중심 부분에 넣으면 부드럽게 작업이 진행됩니다.

❷ 반죽 윗면에 홀 아몬드를 방사형으로 올린다.

 홀 아몬드를 방사형으로 올릴 때는 12시, 3시, 6시, 9시 위치에 1알씩 올리고, 그 사이에 2알씩 두면 12알을 균등하게 놓을 수 있습니다. 그리고 그 안쪽에 같은 방법으로 4알을 두고 사이에 1알씩 올리면 총 20알을 깔끔하게 올릴 수 있습니다.

❸ 굵은 설탕을 뿌린다

4 굽고 식히기

❶ 170℃로 예열한 오븐에 60분 굽는다.

❷ 다 구워지면 바로 틀에서 빼내 식힘망 위에 올려 식힌다.

❸ 완전히 식으면 종이를 넛겨 건조하지 않도록 랩으로 감싸고, 먹기 전까지 실온에 둔다.

세르클에 종이 깔기

세르클^{cercle}에 종이를 까는 방법은 다음과 같습니다.

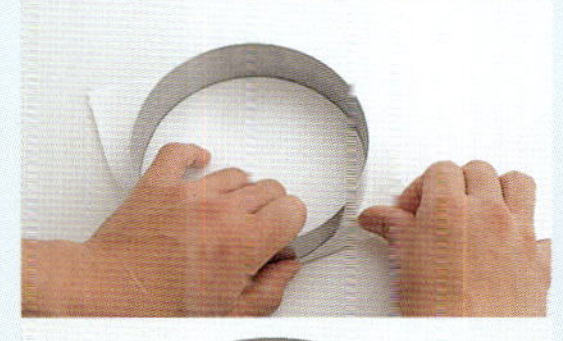

❶ 흰색 고급 용지(백색형광제를 사용하지 않은 복사용지 등)를 20cm 사각형으로 자르고 그 위에 세르클을 올린 다음 왼손으로 세르클을 누르고 오른손으로 바깥쪽 종이를 틀의 측면에 닿도록 접어 올린다.

❷ 틀의 안쪽 측면에는 폭 6cm, 길이 47~48cm로 자른 종이를 끼운다.

 세르클은 바닥에 종이를 대기만 했을 뿐이 기 때문에 반죽을 넣은 다음 들어 올리면 바닥이 빠져버릴 위험이 있습니다. 그러니 오븐 팬 위에 둔 다음 반죽을 넣을 것

가토 바스크

프랑스와 스페인에 걸친 바스크 지
방 전통 명과로, 표면에 모양을 새겨
구운 소박한 형태의 빵입니다.

자르면 안에 커스터드 크림
이 들어 있는 것이 특징입니
다. 잼이나 체리를 넣는 경우
도 있습니다.

재료 지름 15cm
세르클 1개분

- **반죽**
  - 달걀 … 60g
  - 그래뉴당 … 90g
  - 바닐라 슈거 … 15g
  - 녹인 버터 … 90g
  - 박력분 … 90g
  - 아몬드 파우더 … 30g
  - 베이킹파우더 … 1/3작은술
  - 럼주 … 1작은술
- **커스터드 크림** … 약 150g
- **윤 내기용 푼 달걀** … 적당량

- **오븐 온도** : 180°C
- **굽는 시간** : 60분
- **열량** : 8등분했을 때 1조각 304kcal

1 미리 준비하기

❶ 달걀은 2개(100g) 준비하여 실온에 두고, 60g을 반죽용으로 나눠 둔다. 나머지 40g은 그래뉴당 1작은술을 넣어 섞어 합쳐 거른 다음, 윤 내기용 푼 달걀로 사용한다.

❷ 버터는 중탕 혹은 전자레인지로 녹인다.

❸ 박력분과 베이킹파우더는 섞어 합쳐 체 친 다음 아몬드 파우더를 넣어 섞고 체 친다.

❹ 스테인리스 바트(넓은 트레이)를 준비하고 비닐을 깐다.

 두꺼운 비닐봉투를 한 장 잘라 펼쳐 사용해 주세요.

❺ 세르클을 사용하는 경우(123쪽) 바닥에 종이를 감고, 원형 틀을 사용하는 경우(27쪽)에는 바닥면에 종이를 깐다.

 세르클의 측면에 버터를 바르거나 오븐페이퍼를 두르거나 하지 않습니다.

❻ 짤주머니를 두 장 준비하여 각각에 지름 9mm의 원 깍지를 끼워둔다. (짤주머니 사용법은 41쪽 참조)

2 반죽 만들어 식히기

❶ 볼에 달걀 60g을 넣어 풀고 그래뉴당과 바닐라 슈거(오른쪽 참조)를 넣어 거품기로 비벼 섞는다.

 거품 낼 필요는 없습니다.

❷ 녹인 버터, 합쳐둔 가루류, 럼주 순으로 넣고 그때마다 잘 섞어 합친다.

❸ 비닐을 깔아둔 바트에 반죽을 흘려 얇게 펼치고, 위에도 비닐로 덮는다.

  어째서 이렇게 하는 건가요?

바트에 비닐을 깔아두는 것은 나중에 반죽을 꺼내기 쉽도록 하기 위해서이고, 바트에 얇게 펼치는 것은 빨리 식히기 위해서입니다. 그리고 반죽 위를 비닐로 덮는 것은 반죽의 건조를 막기 위해서입니다.

❹ 냉장고에 30분 넣어 짜기 쉬운 점도가 될 때까지 굳힌다.

바닐라 슈거 만들기

❶ 바닐라 빈은 껍질을 세로로 자르고 씨를 긁어둔다.

❷ 그래뉴당 40g에 바닐라 씨 1/2개분의 비율로 넣고 손가락으로 비벼 섞어 향을 낸다.

 틀에 반죽 짜 넣기

❶ 반죽을 지름 9mm 원 깍지를 끼운 짤주머니에 넣어 세르클 바닥 중심부터 소용돌이 모양으로 틀의 바닥 한 면에 짜 넣는다.

❷ 틀의 가장자리를 따라 한 바퀴 한 줄 두르고, 3단으로 겹쳐 올리면서 짠다.

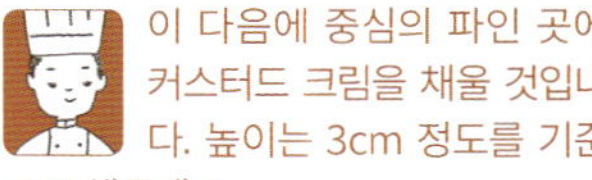

이 다음에 중심의 파인 곳에 커스터드 크림을 채울 것입니다. 높이는 3cm 정도를 기준으로 해주세요.

4 커스터드 크림 채우기

❶ 오른쪽을 참고해 커스터드 크림을 만들고, 매끄럽게 갠 다음 지름 9mm의 원 깍지를 끼운 짤주머니에 채워 3-❷의 파인 곳에 소용돌이 모양으로 짜낸다.

❷ 숟가락 등으로 커스터드 크림을 평평하게 펼친다.

5 반죽으로 뚜껑을 덮고 장식하기

❶ 나머지 반죽을 중심에서 소용돌이 모양으로 짜서 덮고 물로 적신 숟가락 등으로 평평하게 펼친다.

❷ 윤 내기용으로 푼 달걀을 붓으로 두 번 바른다.

❸ 반죽 가장자리를 따라 포크로 고리 모양의 자국을 낸다.

고리 모양 외에도 파도 모양이나 격자무늬, 나뭇잎, 바스크 지방의 상징인 바스크 십자(갈고리 십자) 등 다양한 모양이 있습니다.

6 굽기

❶ 180℃로 예열한 오븐에 60분 굽는다.

❷ 다 구워진 케이크가 완전히 식으면 바닥 종이를 벗기고 세르클과 반죽 사이에 팔레트 나이프를 넣어 한 바퀴 둘러 세르클을 빼낸다.

원형 틀을 사용한 경우는 완전히 식은 것을 확인한 다음 틀과 케이크 사이에 팔레트 나이프를 넣어 틀에서 빼내고 종이를 벗겨주세요.

전자레인지로 커스터드 크림 만들기

가토 바스크에 사용하기 위한 커스터드 크림입니다. 분량이 적기 때문에 전자레인지로 만들지만, 달걀노른자에 열을 가하는 것이 포인트입니다.

재료 약 150g 분량

- **달걀노른자** … 1개
- **그래뉴당** … 25g
- **박력분** … 8g
- **우유** … 100ml
- **바닐라 빈** … 1/4개

❶ 볼에 달걀노른자를 넣어 풀고 그래뉴당을 넣어 비벼 섞는다.

❷ 박력분을 넣어 섞어 합친다.

❸ 차가운 우유를 넣어 잘 섞어 합친다.

❹ 바닐라 빈을 세로로 반을 갈라 씨를 긁고 껍질과 함께 넣어 잘 섞어 합친다.

❺ 체에 거르면서 내열 볼에 넣고, 600W의 전자레인지에 1분간 가열한 후 잘 섞어 합친다.

❻ 이것을 3회 반복하여 열을 가하고, 걸쭉한 상태로 만든다

열을 너무 많이 가하면 달걀 노른자가 굳어 덩어리가 되어버리거니 상태를 보며 빠르게 섞어 합쳐 주세요.

❼ 바트에 넣어 얇게 펼치고 랩을 씌워 커스터드 크림의 표면에 밀착시킨다.

❽ 바트 바닥에 얼음물을 대서 급격하게 식힌다.

❾ 사용할 때까지 냉장고에 넣어 둔다.

키르슈쿠헨

독일의 소박한 구움과자 중 하나로, 키르슈kirsche는 '체리', 쿠헨kuchen은 '과자'라는 의미입니다. 그 이름대로 다크 체리를 통째로 넣어 구웠습니다.

완성된 케이크에 살구잼을 바르면 달콤새콤한 풍미가 더해져 더욱 맛있어지며, 표면의 건조를 막을 수 있어 좋습니다.

재료 지름 20cm
도기 타르트 틀 1개분

- **반죽**
  - 버터 … 75g
    그래뉴당 … 40g
    소금 … 한 꼬집
    달걀노른자 … 2개
    레몬 껍질 간 것 … 1/2개분
    시나몬파우더
    … 1/4~1/3작은술
    머랭
      - 달걀흰자 … 2개분
      - 그래뉴당 … 45g
      - 박력분 … 60g
      - 아몬드 파우더 … 75g
  - 스위트 초콜릿 … 75g
- **다크 체리** … 150g
- **마지막에 바르는 살구잼**
  … 적당량

※ 레몬은 향진균제를 사용하지 않은
  것을 고른다.

- **오븐 온도** : 170℃
- **굽는 시간** : 40분
- **열량** : 10등분했을 때 1조각
  278kcal

1　미리 준비하기

❶ 버터와 달걀은 실온에 둔다.

❷ 박력분과 아몬드 파우더는 섞어
합친 다음 체 친다.

❸ 스위트 초콜릿은 잘게 다진다.

❹ 다크 체리는 냉동이라면 그대로
사용하고, 생과일이라면 약 20개 준
비하여 씨를 제거한다. 시럽 조림이
라면 물기를 없애고 사용하면 되지
만 맛은 달라진다.

2　반죽 만들기

❶ 버터를 거품기 혹은 핸드믹서로
크림 상태로 만들어 그래뉴당과 소
금을 넣고 공기를 머금듯 하여 전체
가 하얗게 될 때까지 비벼 섞는다.

❷ 달걀노른자를 1개씩 넣으면서
그때마다 섞어 합치고, 레몬 껍질 간
것, 시나몬파우더 순서로 넣는다.

 독일 과자는 반죽에 향신료를
조미료로 넣어 풍미를 늘려 즐
기는 것이 많은데, 키르슈쿠헨
의 경우는 시나몬파우더를 사용하고 있
습니다. 또 반죽 마지막에 다진 초콜릿
을 넣는 것도 맛을 업그레이드하는 방법
이지요.

❸ 머랭은 달걀흰자에 그래뉴당을
절반씩 섞으면서 뿔이 설 때까지 거
품 낸다. (머랭 만들기는 48쪽 참조)

❹ 머랭의 절반을 ❷에 넣어 섞고,
가루류(박력분+아몬드 파우더)의 절
반을 넣어 자르듯 섞어 합친다.

❺ 나머지 머랭과 가루류를 번갈아
넣고 그때마다 섞어 합친다.

❻ 마지막에 다진 초콜릿을 넣어 자
르듯 섞어 합친다.

3　틀에 넣어 굽기

❶ 반죽을 타르트 틀에 넣어 숟가락
등으로 평평하게 편다.

 원래는 타르트지를 깐 다음 반
죽을 넣지만 이번에는 가볍게
만들 수 있도록 변형했습니다.

❷ 다크 체리를 반죽의 속에 박아
넣듯 넣는다.

 바깥쪽에서부터 동심원 상태
가 되도록 올려 가면 일정하게
넣기 쉬워요.

❸ 170℃로 예열한 오븐에 40분 굽
는다.

❹ 식힌 다음 물 적당량을 넣어 다
시 조린 살구잼(163쪽 참조) 적당량
을 붓으로 바른다.

피낭시에

피낭시에는 프랑스어로 '금융가'나 '부자'라는 의미로 이 과자가 골드바와 같이 보인다는 점에서 붙은 이름입니다.

버터를 태워 사용하기 때문에 버터의 향을 보다 제대로 느낄 수 있는 과자입니다.

달걀은 흰자만 사용하므로 달걀흰자만 남았을 때 만들어봅시다.

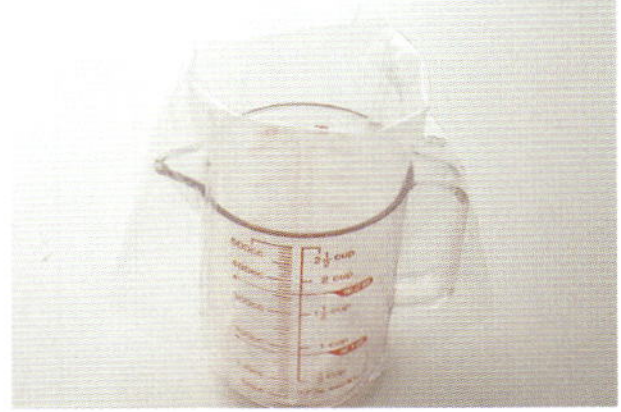

재료 **피낭시에 틀 약 6개분**

- **달걀흰자** … 50g
- **그래뉴당** … 50g
- **벌꿀** … 10g
- **가루류**
  - 박력분 … 20g
  - 아몬드 파우더 … 20g
- **태운 버터** … 버터 50g 분량

- **오븐 온도** : 190°C
- **굽는 시간** : 10~15분
- **열량** : 1개 158kcal

1 미리 준비하기

❶ 박력분과 아몬드 파우더를 섞어 합친 다음 체 친다.

❷ 붓을 이용해 실온에 두어 부드럽게 한 버터(분량 외)를 틀에 얇게 바르고, 사용할 때까지 냉장고에 넣어 차갑게 둔다.

❸ 일회용 짤주머니를 준비하고, 계량컵 등에 세워 주머니 위 절반을 접어 말아 둔다.

2 반죽 만들기

❶ 볼에 달걀흰자와 그래뉴당, 벌꿀을 넣고 거품기로 섞어 합친다.

❷ 냄비 혹은 프라이팬에 물을 끓이고 불을 끈 다음, 그 위에 ❶의 볼을 겹쳐 중탕의 상태로 섞으면서 조금 데우고, 그래뉴당과 벌꿀을 녹여 섞는다.

 그래뉴당과 벌꿀이 녹기만 하면 되기 때문에 너무 뜨거워지지 않도록 중탕에서 내려가며 조절해 주세요.

❸ 중탕에서 내리고 박력분+아몬드 파우더를 넣어 섞어 합친다.

❹ 마지막으로 태운 버터(오른쪽 참조)를 넣고 매끄럽고 뭉치지 않은 상태가 될 때까지 섞어 합친다.

3 틀에 넣어 굽기

❶ 반죽을 짤주머니에 채우고 주머니 끝을 조리용 가위로 잘라낸다.

❷ 틀을 오븐 팬에 올린 다음 반죽을 틀의 90%까지 짜 넣는다.

굽기 틀에 반죽을 넣은 다음 이동시키면 반죽이 흘러넘치므로 오븐 팬에 올린 다음 짜주세요.

❸ 틀을 간격을 두고 놓은 다음 190℃로 예열한 오븐에 10~15분 굽는다.

❹ 다 구워졌다면 팔레트 나이프 등으로 들어 올려 틀에서 꺼내고 오븐 페이퍼 위에 올려 식힌다.

틀도 피낭시에도 아주 뜨겁습니다. 목장갑 등을 껴서 화상 입지 않도록 해주세요.

태운 버터 만들기

❶ 작은 냄비 혹은 프라이팬에 버터 50g을 넣은 후 불어 올리고, 가볍게 섞으면서 옅은 갈색이 되고 좋은 향이 날 때까지 열을 가한다.

불에서 내린 다음에도 냄비의 남은 열기로 가열이 진행된다는 점을 염두에 두고 열을 가해 주세요.

❷ 바로 냄비 바닥을 물에 대서 어느 정도 식힌다.

끓고 있는 것이 가라앉으면 됩니다.

❸ 페이퍼 타월로 걸러 거품 등을 제거한다.

실제로는 50g보다 양이 줄게 됩니다. 피낭시에에는 다 완성된 양을 사용해 주세요.

프랑스의 작은 구움과자 중에서는 톱클
래스의 지명도를 가진 과자입니다. 18세
기의 프랑스에서 마들렌이라는 여자 요
리사가 만들어내 그 이름을 붙였다는 설,
카렌이라는 요리사 혹은 아비스라고 하
는 유명한 과자 장인이 만든 것이라는 설
등 여러 가지 설이 있습니다.

마들렌

작은 조개 모양으로 굽는 것
이 포인트!

- **달걀** … 1개
- **가루설탕** … 60g
- **레몬 껍질 간 것** … 1/2개분
- **가루류**
  - ┌ 박력분 … 50g
  - └ 베이킹파우더 … 1/2작은술
- **녹인 버터** … 50g

※ 레몬은 향진균제를 사용하지 않은
  것을 고른다.
※ 필요에 따라 덧가루 적당량

- **오븐 온도** : 170℃
- **굽는 시간** : 20분
- **열량** : 1개 118kcal

1 미리 준비하기

❶ 박력분과 베이킹파우더는 섞어
합친 다음 체 친다.

❷ 버터는 중탕 혹은 전자레인지로
녹인다. (버터를 중탕으로 녹이는 법은
27쪽 참조)

❸ 틀에 실온에 둔 버터(분량 외)를
붓으로 듬뿍 바르고, 냉장고에 넣어
굳힌 다음 한 번 더 덧발라 사용할
때까지 냉장고에 넣어 둔다.

**틀에 버터를 듬뿍 발
라야 하네요!**

틀의 모양이 복잡하기
때문에 다 구워졌을
때 깨끗하게 떼어내기
위해서입니다. 반죽을 넣기 전
에 가루도 뿌릴 거예요.

❹ 41쪽을 참고해 짤주머니에 지름
9mm의 원 깍지를 끼워 준비한다.

2 반죽 만들고 진정시키기

❶ 볼에 달걀을 넣고 거품기로 푼
다음, 가루설탕을 넣어 풀어 섞는다.

❷ 레몬 껍질, 가루류, 녹인 버터 순
으로 넣고 그때마다 매끄럽게 섞어
합친다.

❸ 볼에 랩을 씌우고 냉장고에 넣
어, 짜기 쉬운 점도가 될 때까지 진
정시킨다.

3 틀에 가루 뿌리기

❶ 반죽을 넣기 직전에 틀을 냉장고
에서 꺼내고 강력분(분량 외)을 듬뿍
골고루 뿌린다.

❷ 틀을 세우고 작업대에 통통 하고
가볍게 내리쳐 여분의 가루를 떨어
뜨린다.

4 틀에 넣어 굽기

❶ 반죽을 짤주머니에 채우고 틀의
80% 정도까지 넣는다.

❷ 170℃로 예열한 오븐에 약 20분
굽는다.

5 식히기

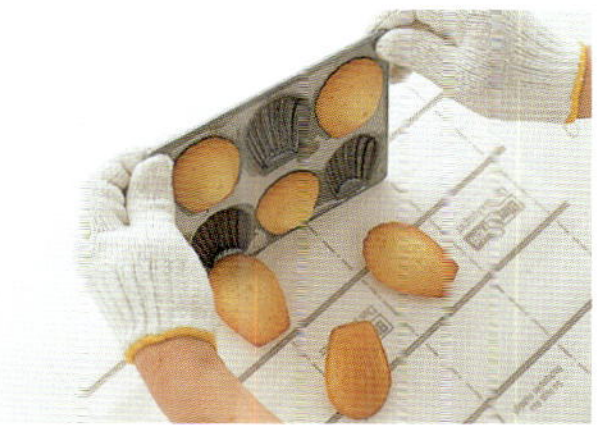

❶ 구워진 케이크를 오븐에서 꺼냈
다면 오븐페이퍼를 깐 작업대 위에
틀을 세우고 1~2회 내리쳐 마들렌
을 떨어뜨린다.

❷ 볼록한 부분을 위로 해서 잠시
두고, 열기가 가시면 반대로 뒤집어
완전히 식힌다.

❸ 기호에 맞게 가루설탕을 뿌려 완
성해도 좋다.

다쿠아즈

재료 지름 6cm의 것 6개분

- **반죽**
  - 머랭
    - 달걀흰자 ⋯ 2개분
    - 그래뉴당 ⋯ 15g
  - 아몬드 파우더 ⋯ 45g
  - 가루설탕 ⋯ 45g
  - 박력분 ⋯ 5g
  - 가루설탕 ⋯ 적당량
- **프랄린 풍미의 버터크림** ⋯ 120g
  (135쪽을 참고해 준비)

※ 오븐 팬이 작은 경우에는 반죽의 재료를 반으로 해서 만들고 2회 굽도록 한다.

- **오븐 온도** : 170℃
- **굽는 시간** : 20분
- **열량** : 1개 275kcal

1 미리 준비하기

❶ 아몬드 파우더와 가루설탕, 박력분은 섞어 합치고 체 친다.

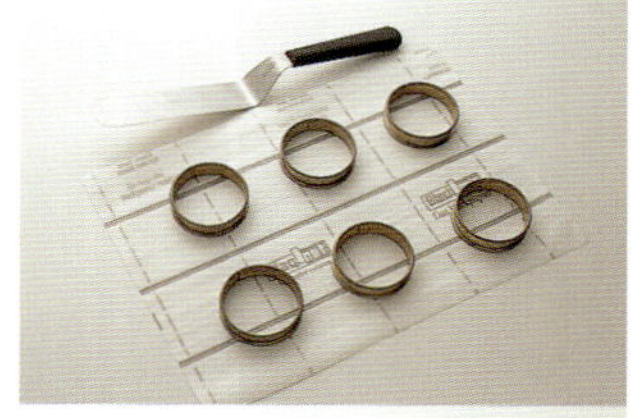

❷ 지름 6cm, 높이 1.5cm인 세르클 6개와 오븐 팬에 들어갈 크기로 자른 오븐페이퍼 2장, 팔레트 나이프를 준비하고 세르클은 사용하기 전에 물에 담근다.

 세르클이 없는 경우는 직접 손으로! 두꺼운 종이를 1.5cm 폭의 띠로 잘라 알루미늄 포일로 감싸고, 지름 6cm의 링 모양으로 만들어 고정시킨 것을 6개 준비합니다.

❸ 41쪽을 참고해 짤주머니에 지름 9mm의 원 깍지를 끼운다.

2 반죽 만들기

❶ 머랭은 달걀흰자에 그래뉴당을 절반씩 넣으면서 뿔이 설 때까지 거품을 낸다. (머랭 만들기는 48쪽 참조)

❷ 머랭에 가루류를 넣고, 고무주걱으로 자르듯이 가루기가 없어질 때까지 섞어 합친다.

3 모양 만들어 굽기

❶ 세르클을 갠 행주 위에 통통 하고 내리쳐 물기를 가볍게 없앤 다음 오븐페이퍼 위에 간격을 두며 올린다.

❷ 반죽을 떠서 세르클에 넣고 팔레트 나이프로 반죽을 평평하게 한 다음, 세르클을 들어 올려 빼낸다.

세르클을 쉽게 빼기 위해 물기를 묻혀둔 것입니다.

❸ 세르클을 한 번 씻어내고 반죽을 6개 더 만든다(총 12개).

❹ 반죽의 표면에 가루설탕을 반죽이 보이지 않을 정도로 뿌린다.

❺ 오븐페이퍼째로 오븐 팬에 올리고 170℃로 예열한 오븐에 20분 굽는다.

4 버터크림 사이에 끼우기

❶ 구워진 케이크가 식으면 팔레트 나이프를 바닥에 끼워 넣어 오븐페이퍼에서 케이크를 뗀다.

❷ 2장을 한 세트로 하여 아랫부분이 될 반쪽을 뒤집는다.

❸ 프랄린 풍미의 버터크림을 짤주머니에 채운다. 뒤집은 쪽 위에 둥글게 가장자리를 따라 6~8개를 짜고, 중심에 1개를 짠다.

❹ 윗부분이 될 반쪽을 덮는다.

크림은 먹을 때 넣도록 해요.

프랄린 풍미의 버터크림 만들기

프랄린 풍미의 버터크림은 달걀노른자만을 이용해서 만들어 보다 감칠맛 있는 버터크림으로, 아몬드 프랄린 페이스트를 넣어 풍미를 더한 일품 크림입니다.

재료 **만들기 쉬운 1회분**

- **시럽**
  - 그래뉴당 … 60g
  - 물 … 20g(1+1/3큰술)
- **달걀노른자** … 2개(40g)
- **버터** … 150g
- **프랄린 페이스트** … 20g

❶ 버터는 볼에 넣어 실온에 둔다.

❷ 냄비에 물과 그래뉴당을 넣어 불에 올리고, 끓어오르면 불에서 내려 열기를 없앤다. ➪ 시럽 완성

❸ 내열 볼에 달걀노른자를 넣어 풀고, ❷의 시럽을 넣고 거품기로 섞어 합친다.

❺ 체에 걸러서 다른 볼에 넣은 후 핸드믹서로 거품을 낸다.

❻ 열기가 없어지고 폭신폭신하게 거품기 자국이 남을 정도가 되면, ❶의 버터 볼에 꿍어 섞어 합친다. ➪ 버터크림 완성

❹ 600W의 전자레인지에 넣어 30초 가열한 다음 섞어 합친다. 한 번 더 30초 가열하고 섞어 합쳐 달걀노른자를 따뜻하게 한다.

❼ 마지막으로 프랄린 페이스트(62쪽 참조)를 섞어 합쳐 풍미를 더한다. 프랄린 페이스트를 구할 수 없는 경우에는 진하게 탄 인스턴트커피나 녹인 초콜릿, 캐러멜 등으로 풍미를 더해도 좋다.

마카롱

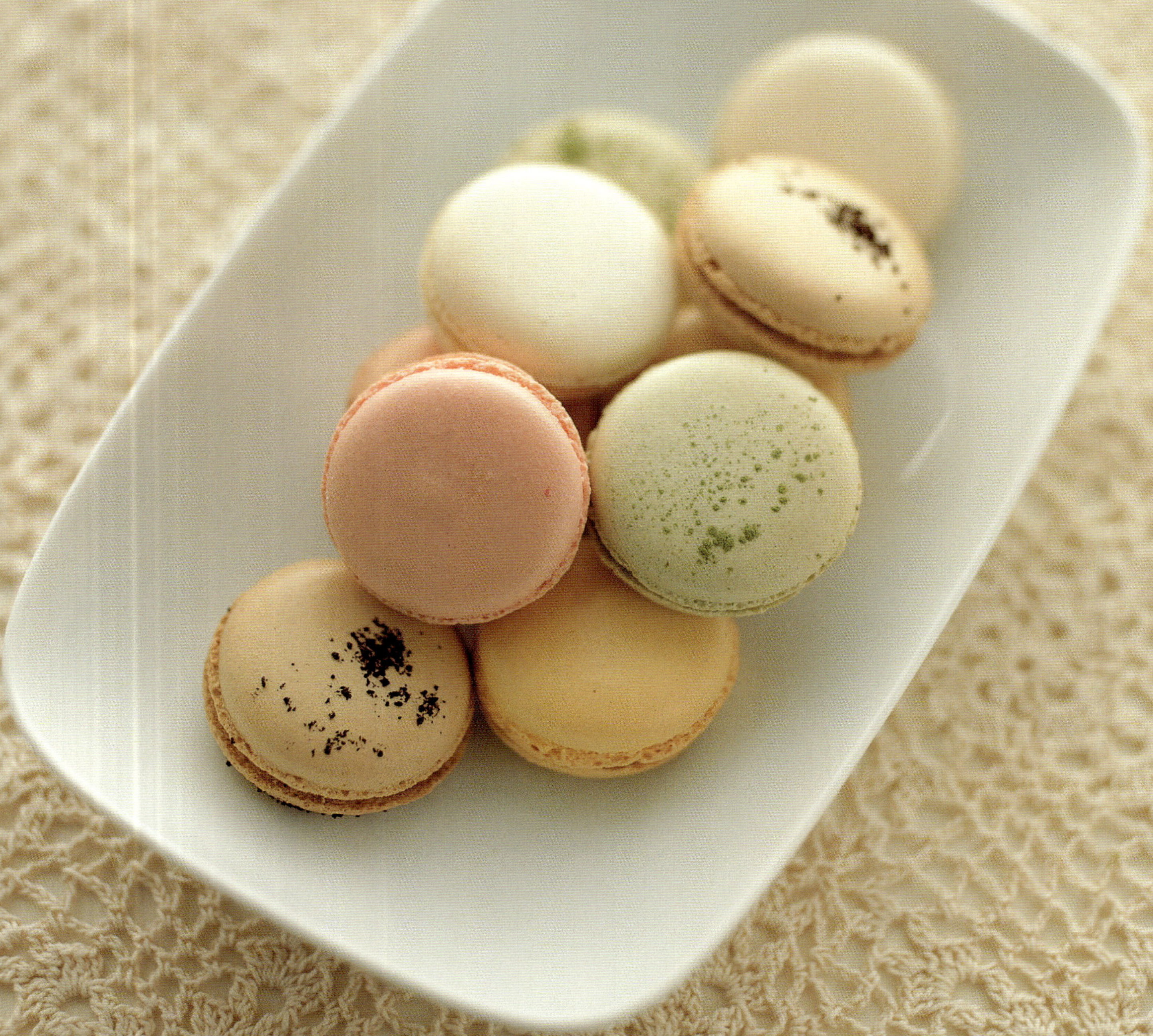

프티 푸르petit four(한 입 크기의 작고
귀여운 쿠키 혹은 케이크)와 함께 식
후 커피에 곁들여 나오는 경우도 있
습니다.

 20개분

- **반죽(바닐라 풍미)**
  ┌ 아몬드 파우더 ⋯ 50g
  │ 가루설탕 ⋯ 50g
  │ 바닐라 빈 ⋯ 1/2개
  │ 달걀흰자 ⋯ 21~25g
  └ 이탈리안 머랭 ⋯ 전량
- **바닐라 풍미의 버터크림**
  ┌ 버터크림 ⋯ 약 130g
  └ 바닐라 빈 ⋯ 1/2개

- **오븐 온도** : 170℃
- **굽는 시간** : 10~15분
- **열량** : 1개 97kcal

1 미리 준비하기

❶ 반죽과 크림에 사용할 바닐라 빈의 씨를 긁어둔다.

 껍질에 씨가 달라붙어 있기 때문에 향을 계속 낼 수 있습니다. 커스터드 크림 등에 사용할 수 있으니 껍질도 버리지 말 것! 그래뉴당이 담긴 그릇에 넣어 두어도 좋아요.

Note

바닐라 빈 손질하기

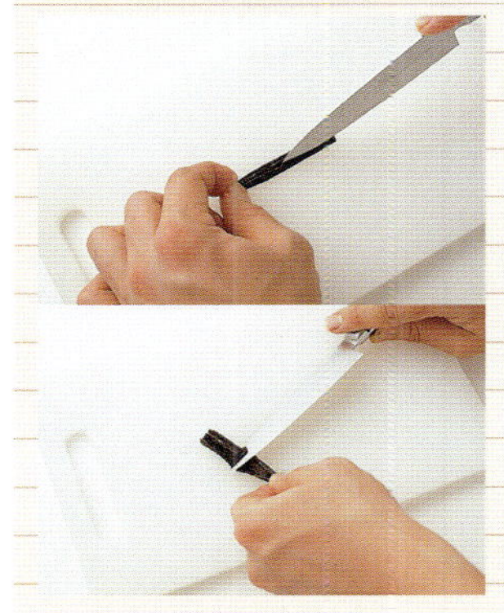

바닐라 빈은 바닐라 씨를 껍질째 건조하여 숙성시킨 것입니다. 껍질을 세로로 가르고, 껍질을 벌려 칼로 씨를 긁어 사용하며, 껍질을 함께 사용할 때도 있습니다.

❷ 짤주머니를 2개 준비하여 각각에 9mm의 원 깍지를 끼운다. (짤주머니 사용법은 41쪽 참조)

❸ 오븐 팬에 들어갈 크기로 자른 오븐페이퍼를 2~3장 준비한다.

❹ 버터크림은 135쪽의 '프랄린 풍미의 버터크림'을 참조해서 만드는데, 마지막의 프랄린 페이스트는 넣지 않고 바닐라 씨를 넣는다.

2 반죽 만들기

❶ 볼에 아몬드 파우더와 가루설탕을 넣어 거품기로 섞어 합친다.

 같은 양의 아몬드와 그래뉴당을 섞어 가루로 간 것을 제과 용어로 '탕 푸르 탕ᵗᵃⁿᵗ ᵖᵒᵘʳ ᵗᵃⁿᵗ(프랑스어로 '1대1'이라는 의미)'이라고 합니다. 기성품도 있지만 여기에서는 아몬드 파우더와 가루설탕을 섞어 합쳐 대용합니다.

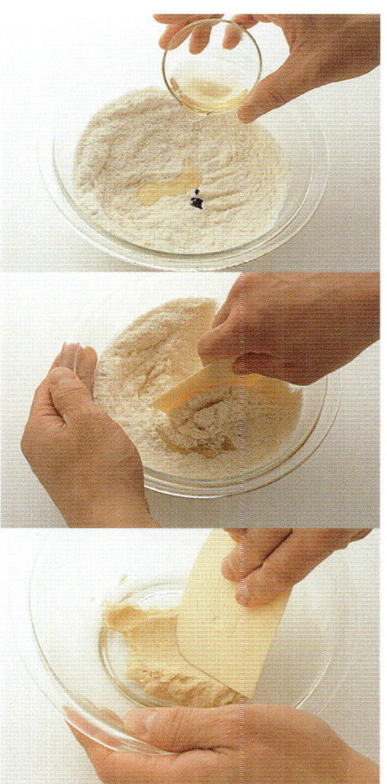

❷ 반죽용 바닐라 씨와 달걀흰자를 넣어 섞어 합치는데, 달걀흰자는 소량을 남기고 넣어 점도를 조절한다.

 사진 정도의 점도를 참고하세요! 너무 묽지 않도록 해주세요.

❸ 139쪽을 참고해 이탈리안 머랭을 만든 다음 몇 번에 나눠 ❷에 넣고 스크레이퍼로 섞어 합친다.

❹ 떠 올리면 어느 정도 폼을 가지고 떨어지고 늘어뜨릴 자국이 남는 상태가 되면, 다시 거품을 조금 뭉개듯 섞어 천천히 흘러 떨어지는 상태로 간든다.

Note

마카로나주

거품을 조금 뭉개면서 반죽을 만들면 마카롱 특유의 겉은 바삭하고 속은 촉촉한 식감이 탄생합니다. 이 상태가 되도록 섞는 일을 '마카로나주'(macaronage, 마카롱으로 만든다)라고 합니다.

3 반죽을 짜서 모양 만들기

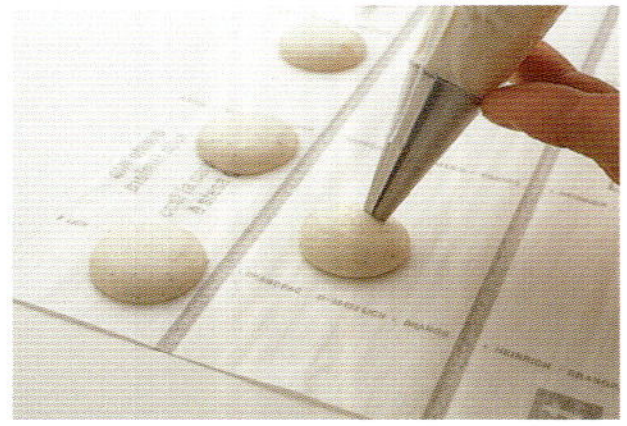

❶ 짤주머니에 반죽을 채우고, 오븐 페이퍼 위에 지름 3.5~4cm의 원 모 양으로 간격을 두면서 짠다.

1장의 오븐페이퍼에 14~20개 정도, 총 40개 짤 수 있습니다.

❷ 그대로 실온에 10분 정도 두고 표면을 말린다. 만져도 손가락에 묻 어나지 않을 정도면 된다.

4 굽기

❶ 오븐페이퍼째로 오븐 팬에 올 려 170℃로 예열한 오븐에 넣고 10~15분씩 굽는다.

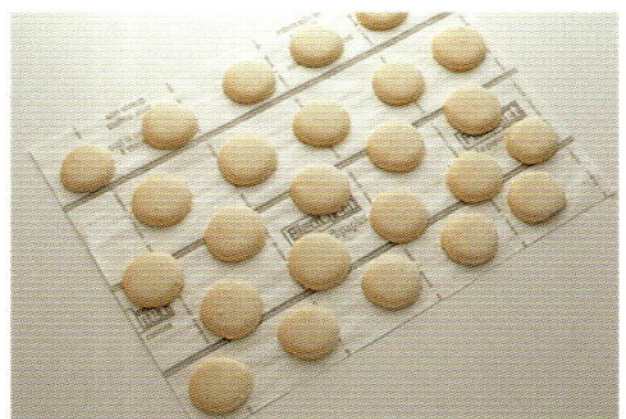

❷ 다 구워지면 오븐페이퍼째로 꺼 내 식힌다.

5 크림이나 잼을 사이에 끼우기

❶ 완전히 식었다면 오븐페이퍼에 서 떼어내고, 2장을 1세트로 하여 반은 뒤집는다.

❷ 버터크림(혹은 잼 적당량)을 짤주 머니에 채워 뒤집어 놓은 쪽 위에 둥 글게 짜고, 윗면이 될 쪽을 크림 위 에 덮는다.

마카롱은 컬러풀한 색채로 갖추면 더욱 즐거워요. 사이 에 넣는 크림이나 잼도 풍미 를 갖춰보세요.

커피 풍미의 버터크림 ▶

말차 풍미의 버터크림 ▶

바닐라 풍미의 버터크림 ▶

말차 풍미 ▶

바닐라 풍미 ▶

말차 풍미의 마카롱

말차파우더는 지나치게 많이 뿌리지 않도록 꼬치 끝에 묻혀 뿌리듯 하면 깨끗하게 뿌릴 수 있습니다.

❶ 반죽은 바닐라 풍미의 마카롱 설 명을 참고하여 만들되 바닐라 빈은 넣지 않고 마지막에 말차파우더 1/2 작은술을 넣어 섞어 합친다.

❸ 버터크림 130g에 말차파우더 1 큰술을 넣어 섞어 합친다. ⇨ 말차 풍미의 버터크림

❹ 구워진 과자에 크림을 끼워 완성 한다.

❷ 반죽을 짜서 잠시 두고 표면이 마 르면 말차파우더 적당량을 뿌리고 오븐에 넣어 굽는다.

반죽에 색을 더할 때는 은은
하게 하여 고급스럽게 완성
하는 것이 포인트입니다.

커피 풍미의 마카롱

❶ 인스턴트커피와 물 각 1큰술을
섞어 합치고 커피를 녹인다.

약간 많은 양으로 만들고 그중
1작은술을 사용합니다.

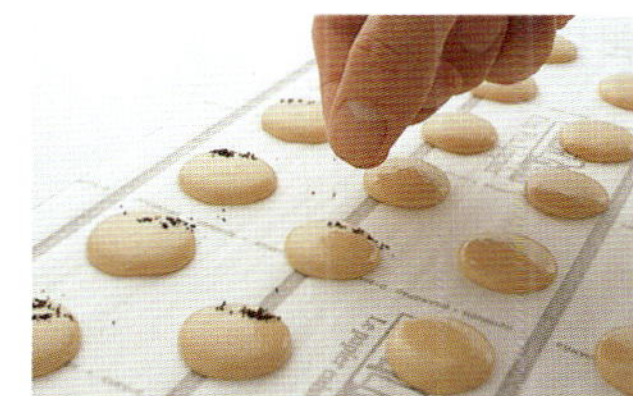

❸ 반죽을 짜서 잠시 두고 표면이 마
르면 간 커피콩 적당량을 뿌리고, 오
븐에 넣어 굽는다.

❷ 반죽은 바닐라 풍미의 마카롱 설
명을 참고하여 만들되 바닐라 빈은
넣지 않고 마지막에 ❶의 물에 녹인
커피 1/2작은술을 넣어 섞어 합친
다.

❹ 버터크림 130g에 물에 녹인 커
피 1/2작은술을 섞어 합치고(⇨ 커
피 풍미의 버터크림), 구워진 과자에
크림을 끼워 완성한다.

이탈리안 머랭 만들기

이탈리안 머랭은 일
반 머랭과 어떻게
다른가요?

그래뉴당을 117℃
까지 조린 시럽 상
태로 만들어 고온인
채로 넣으면서 달걀흰자를 거
품 내는 것입니다.

번거롭네요. 일반
머랭으로는 안 되나
요?

일반 머랭으로 만드
는 경우도 많지만,
이탈리안 머랭의 거
품이 안정적이기 때문에 잘
실패하지 않습니다.

자세히 설명하면, 마카롱 반
죽은 머랭을 섞은 상태가 포
인트로, 거품을 어느 정도 뭉
개듯 섞어 특유의 식감을 만
듭니다. 이때 일반 머랭으로
하면 제과에 익숙하지 않은
사람은 거품을 완전히 뭉개버
리기 쉽기 때문에 여기에서는
이탈리안 머랭으로 하는 것입
니다.

❸ 600W의 전자레인지에 넣어 1
분 가열한 다음 꺼내 섞는다. 다시
한 번 전자레인지에 넣어 2분 30
초 가열한다.

117℃로 바짝 줄이고 있습
니다.

▪ 달걀흰자 … 35g
▪ 시럽
 ┌ 그래뉴당 … 100g
 └ 물 … 25ml(1+2/3큰술)

❶ 볼에 달걀흰자를 넣어 풀고 핸
드믹서 저속으로 거품을 낸다.

❹ 달걀흰자가 하얗게 거품이 나
면 117℃로 졸인 시럽을 조금씩
흘려 넣는다.

시럽이 졸여졌을 때 달걀흰
자가 거품이 나도록 타이
밍을 보며 해주세요. 핸드믹
서는 처음에는 조금 천천히 작동시키
고, 차차 속도를 높여갑니다.

❷ 내열 볼에 물과 그래뉴당을 넣
어 잘 섞어 합친다.

❺ 시럽을 전부 넣고 핸드믹서 고
속으로 바꾼다. 머랭이 자가워지
고 뿔이 설 때까지 거품을 냈다면
저속으로 해서 결을 정돈한다.

치즈케이크

CHEESE CAKE

치즈케이크는 치즈를 베이스(주재료)로 해 만들어진 케이크의 총칭입니다.
같은 케이크류에서도 파운드케이크나 스펀지케이크 등의 가루 베이스의 케이크와 비교하면
치즈의 감칠맛과 풍미가 좋고, 만드는 법에 따라 식감도 다양하게 변화한다는 특징이 있습니다.
가정에서는 크림치즈를 사용하는 경우가 압도적으로 많지만,
치즈케이크의 맛에는 사용하는 치즈의 특징이 반영되니,
구할 수 있는 치즈를 다양하게 사용하여 치즈케이크의 깊은 맛을 즐겨보세요.

CHAPTER 1

레어 치즈케이크

'레어(rare)' 치즈케이크는 젤라틴을 넣고 식혀 굳혀 만들어진 것이기 대문에
'열을 가하지 않는다'라는 의미에서 붙은 통칭입니다.
차가우면서 좋은 식감, 크리미한 치즈의 풍미를
직접적으로 맛볼 수 있다는 점에서 인기가 있습니다.

기본 레어 치즈케이크

바닥 반죽은 서판용 그레이엄graham 비스킷을 이용해서 간단히 만들었습니다.

크림치즈를 베이스로 하여 요거트나 생크림을 조합하고, 젤라틴으로 굳혔습니다. 요거트 대신 사워크림을 사용하면 감칠맛이 납니다.

거품 낸 생크림을 윗면에만 얇게 펴 발라 심플하게 마무리!

 **지름 15cm,
높이 4.5cm 세르클
혹은 분리형 원형 틀 1개분**

- **바닥 반죽**
  - ┌ 허니 그레이엄 비스킷
  - │ ⋯ 40g
  - │ 그래뉴당 ⋯ 2작은술
  - └ 버터 ⋯ 20g
- **치즈 크림**
  - ┌ 크림치즈 ⋯ 130g
  - │ 그래뉴당 ⋯ 30g
  - │ 바닐라 빈 ⋯ 1/4개
  - │ ┌ 판 젤라틴 ⋯ 3g
  - │ └ 플레인 요거트 ⋯ 30g
  - │ 생크림 ⋯ 150ml
  - └ 레몬즙 ⋯ 1큰술
- **휘핑크림**
  - ┌ 생크림 ⋯ 100ml
  - └ 그래뉴당 ⋯ 8g

※ 가루 젤라틴을 사용하는 경우는 3g을 물 2작은술에 넣어 불린 후 판 젤라틴과 같은 방법으로 사용한다.

※ 생크림은 유지방분 35~38%인 것을 고른다.

- **열량** : 6등분했을 때 1조각 335kcal

> **사용한 치즈** ⋯ 크림치즈
>
> 우유와 생크림으로 만든 프레시 치즈(숙성시키지 않고 만든 치즈)로, 은은한 산미와 부드러운 풍미, 매끄러운 식감이 특징이다. 뒷맛이 없어 다른 재료와 조합하기 쉽고 치즈케이크에 가장 많이 사용된다.

---

1 미리 준비하기

❶ 크림치즈는 실온에 두고 버터는 사용할 때 전자레인지로 녹인다.

❷ 바닐라 빈의 껍질을 세로로 가르고 칼로 씨를 긁어둔다. (137쪽 참조)

❸ 판 젤라틴은 차가운 물에 담그고, 불으면 물기를 없애 랩으로 감싸고 사용할 때까지 냉장고에 넣어 둔다.

판 젤라틴 불리는 법

❶ 판 젤라틴이 그대로 들어갈 크기의 바트에 차가운 물(더운 계절에는 얼음물)을 듬뿍 넣고 그 안에 판 젤라틴을 담근다. 여러 장을 사용하는 경우는 겹치지 않도록 한 장씩 넣는다.

※ 담글 물이 미지근해지면 판 젤라틴이 녹을 수 있으니 주의해 주세요.

❷ 충분히 불었다면 꺼내서 물기를 없애고 사용할 때까지 시간이 있는 경우는 랩을 씌워 냉장고에 넣어 둔다.

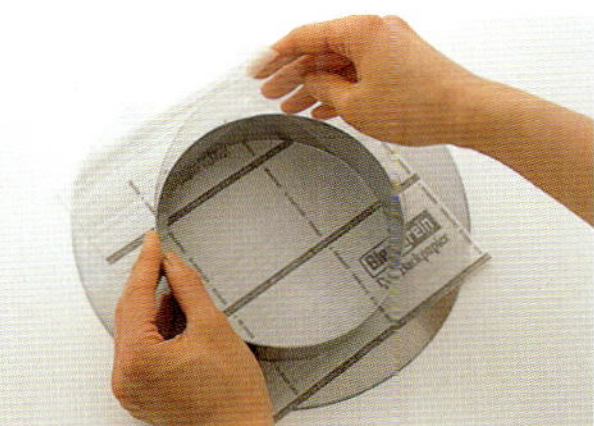

❹ 세르클을 사용할 때는 틀보다 한 둘레 더 큰 바닥 판을 준비하고, 20cm 크기의 사각형으로 자른 오븐페이퍼 위에 세르클을 올린 다음, 측면에 무스 필름(무스 띠)을 끼운다. 바닥을 뺄 수 있는 분리형 원형 틀을 사용하는 경우에는 바닥 면에 지름 15cm로 자른 오븐페이퍼를 깔고 측면에 무스 필름을 끼운다.

> 
> **바닥 판은 왜 필요한가요? 없는 경우는 어떻게 하나요?**
>
> 
> 바닥 판은 바닥이 없는 세르클을 이동할 때 받침대로 까는 것입니다. 없는 경우는 바트로 대신 사용하거나 지름 18cm 이상의 분리형 원형 틀의 바닥을 이용해 주세요.
>
> 
> **무스 필름도 없어요!**
>
> 
> 무스 필름이 있으면 틀을 뺄 때 간단하여 측면이 깔끔하게 완성됩니다. 없는 경우에는 그냥 없이 진행해도 괜찮습니다.

세르클과 바닥 판

세르클cercle은 프랑스어로 원이나 고리, 원형 등의 의미로 요리나 제과에서는 금속제 링 모양의 틀을 말합니다. 사진은 케이크를 굽거나 케이크를 조립하거나 할 때 사용하는 세르클르, 지름 15~18cm으 크기가 가정용으로 적합합니다. 세르클보다 한 둘레 큰 바닥 판을 준비해 두면 보다 사용하기 쉽습니다.

---

2 바닥 반죽 만들고 틀에 깔기

❶ 두꺼운 비닐봉투에 그레이엄 비스킷을 넣고 위에서 밀대로 두드려 부순다. 혹은 도마 위에 두고 칼로 굵게 다져도 된다.

바닥 반죽에 사용하는 비스킷

오른쪽부터 허니 그레이엄 비스킷, 오레오, 다이제스티브 비스킷. 그 외에 플레인 비스킷이나 쿠키여도 괜찮아요. 오레오와 같은 크림이 끼워진 것을 사용하면 개성이 더해집니다.

② 볼에 **①**을 넣고 그래뉴당과 녹인 버터를 넣어 섞어 합친 후 전체를 버무린다.

③ 틀의 바닥에 **②**를 빈틈없이 깔고, 숟가락 등으로 제대로 눌러 평평하게 펼친다.

④ 냉장고에 넣어 굳힌다.

3 치즈 크림 만들기

① 31쪽을 참고해 생크림을 60~70% 정도로 거품 낸다.

② 불려둔 젤라틴을 요거트에 넣어 전자레인지 혹은 중탕에 올려 젤라틴을 녹여 섞는다.

③ 다른 볼에 크림치즈를 넣고 거품기로 크림 상태로 만든 다음 그래뉴당, 바닐라 씨 순으로 넣어 섞는다.

④ **③**을 소량을 덜어서 **②**의 요거트+젤라틴에 넣어 섞은 다음, **③**의 볼에 다시 넣어 섞어 합친다.

한 번에 넣으면 안 되나요?

네! 점도가 다른 반죽끼리는 잘 섞이지 않기 때문에 반드시 소량을 덜어내 요거트+젤라틴을 섞어 합친 다음 크림치즈 쪽에 넣도록 합니다.

⑤ 거품 내 둔 생크림을 3회 정도로 나누어 넣어 섞고, 마지막으로 레몬즙을 넣는다.

거품 내 둔 생크림은 점도가 딱 좋은지 확인한 후 넣습니다.

처음에는 거품기로 잘 섞어 어우러지게 하고, 그 다음은 너무 섞이지 않도록 고무주걱으로 바꿔 섞어 주세요.

❶ 바닥 반죽을 깔아 둔 세르클 혹은 원형 틀을 냉장고에서 꺼내고 치즈 크림을 스크레이퍼로 떠 넣는다.

❷ 숟가락 등으로 표면을 평평하게 펼친다.

❸ 냉장고에 최소 3시간 넣어 굳힌다.

 최소 3시간이면 굳지만, 가능하면 하룻밤 두는 것이 젤라틴이 안정되어 좋습니다.

❶ 휘핑크림을 70~80% 정도로 거품 낸다.

❷ 식혀 둔 치즈케이크를 냉장고에서 꺼내고 세르클을 빼낸다.

❸ 케이크 윗면에 휘핑크림을 적당량 올리고 팔레트 나이프로 윗면에만 얇게 펴 바른다.

❹ 무스필름을 깔끔히 벗긴다.

 바닥 판과 오븐페이퍼는 붙인 채입니다. 분리형 원형 틀을 사용한 경우 틀의 테두리만 빼내 주세요.

무스필름을 끼우지 않고 만든 경우에는 틀을 빼기 전에 틀 측면에 뜨거운 타월을 대거나 틀과 치즈케이크 사이에 칼을 끼워 넣어 한 바퀴 돌린 다음 치즈케이크를 틀에서 빼냅니다.

❺ 케이크를 잘라 나눈다. (치즈케이크를 깔끔하게 자르는 법은 161쪽 참조)

크레메 당주

(앙주풍 크림)

오렌지나 블루베리 등의 과일을 곁들이고 라즈베리에 레몬의 산미를 더한 소스를 뿌려 먹습니다.

크레메 당주crémet d'Anjou는 프랑스의 앙주 지방에서 만들어져 전해져 오고 있는 전통적인 디저트로, 프레시 치즈를 사용하고 거즈에 감싸 물기를 없애면서 둥근 모양을 만든 것이 특징입니다.

 지름 6cm 세르클 8개분

- **치즈 크림**
  - 생크림(유지방분 35~38%) … 125ml
  - 가루설탕 … 15g
  - 프로마주 블랑 … 150g
  - (혹은 코티지 치즈 150g)
  - 오렌지 껍질 간 것 … 1/2개분
  - 레몬 껍질 간 것 … 1/2개분
  - 쿠앵트로 … 15ml
  - 머랭
    - 달걀흰자 … 2개분
    - 그래뉴당 … 15g
- **소스**
  - 라즈베리 … 50g
  - 그래뉴당 … 30g
  - 레몬즙 … 1큰술
- **장식용 과일**(기호에 따라) … 각 적당량
- **민트 잎**(기호에 따라) … 적당량

※ 오렌지와 레몬은 향진균제를 사용하지 않은 것을 고른다.

※ 쿠앵트로는 프랑스제 오렌지 리큐어의 상품명으로, 무색투명한 것이 특징이다. 크레메 당주를 하얗게 완성하기 위해 무색투명한 쿠앵트로를 고른다.

- **열량** : 1접시분 132kcal
  (과일과 소스 포함)

사용한 치즈 … 프로마주 블랑

우유를 유산 발효시켜 굳힌 다음 물기를 제거한 부드러운 프레시 치즈입니다. 구할 수 없는 경우 코티지 치즈(157쪽 참조)로 대용할 수 있습니다.

---

1 미리 준비하기

❶ 바트 위에 망을 올리고 그 위에 지름 6cm의 세르클을 놓는다. 세르클에 10cm의 정사각형으로 자른 거즈를 씌우고 한 둘레 작은 세르클을 확실히 눌러 끼워 넣는다.

 세르클에 거즈를 까는 것은 반죽의 물기를 없애고 모양을 내기 위해서입니다. 강을 올린 바트는 물기 받침 접시의 역할을 합니다.

❷ 일회용 짤주머니를 준비한다.

2 치즈 크림 만들기

❶ 볼에 생크림을 넣고 가루설탕을 더해 60% 정도로 거품 낸 다음, 프로마주 블랑, 오렌지와 레몬 껍질 간 것, 쿠앵트로 순으로 넣고 그때마다 섞어 합친다.

❷ 다른 볼에 달걀흰자를 넣고 그래뉴당을 더해 뿔이 설 때까지 거품을 내서 머랭을 만든다. (머랭 단들기는 48쪽 참조)

❸ ❶의 볼에 머랭을 3회로 나누어 넣고 그때마다 섞어 합친다.

3 틀에 넣어 식히기

❶ 치즈 크림을 깍지를 끼우지 않은 짤주머니에 넣어 세르클에 짜 넣는다.

❷ 세르클의 바깥으로 나와 있는 거즈를 접어 올려 감싼다.

❸ 바트째로 냉장고에 넣어 약 5시간 굳힌다.

---

4 소스 만들기

작은 냄비에 라즈베리와 그래뉴당, 레몬즙을 넣고 불에 올려 섞으면서 열을 가하고, 라즈베리가 흐물거리기 시작하면 불에서 내려 식힌다.

5 담기

❶ 치즈 크림이 충분히 식고 물기도 빠져 굳었다면 거즈째로 세르클에서 꺼내고 거즈를 펼친다.

❷ 바닥에 거즈를 댄 채로 손바닥에 올려 위에 담을 접시를 반대로 씌워서 함께 뒤집고 거즈를 벗긴다.

❸ 소스와 취향의 과일, 민트 잎을 곁들인다.

티라미수

커다란 그릇 안에 마르살라주 풍미의 커피 시럽을 듬뿍 머금게 한 비스킷과 마스카르포네를 사용한 치즈 크림을 2층으로 겹쳤습니다.

이탈리아에서 탄생한 어른용 치즈 디저트. 커다란 그릇에 만들어 테이블에서 각자에게 나누어주는 스타일로 만들었습니다.

152쪽처럼 1인분씩 유리컵에 담을 수도 있습니다.

재료 윗면 22×15cm,
높이 5.5cm 그릇
1개분

- 비스킷 … 22~24개
- **마르살라주 풍미의 커피 시럽**
  - 인스턴트커피 … 20g
  - 뜨거운 물 … 200ml
  - 그래뉴당 … 70ml
  - 마르살라주 … 40ml
- **치즈 크림**
  - 달걀노른자 … 50g
    - 그래뉴당 … 50g
    - 물 … 40ml
  - 마스카르포네 치즈 … 150g
  - 마르살라주 … 10ml
  - 럼주 … 10ml
  - 생크림(유지방분 35~38%)
    … 150ml
  - 레몬즙 … 1½작은술
- **마지막에 뿌릴 코코아파우더**
  … 50g

- **열량** : 2,781kcal

사용한 치즈

… 마스카르포네 치즈

원래는 이탈리아의 롬바르디아 지방
특산 치즈이다. 생크림을 굳힌 것 같
은 프레시 치즈로 크리미하고 부드러
운 단맛이 특징이다.

1 미리 준비하기

❶ 비스킷은 시판용 사보이 B 스킷
을 이용하거나 오른쪽을 참고해 직
접 굽는다.

❷ 마스카르포네 치즈는 실온에 둔
다.

❸ 마르살라 풍미의 커피 시럽은 인
스턴트커피를 뜨거운 물로 녹이고,
그 안에 그래뉴당을 넣어 녹여 섞은
다음 마르살라주를 넣어 만든다.

Note

마르살라주

마르살라Marsala주는 이탈리아산 주
정강화 와인(알코올 도수나 당도를
높이기 위해 발효 중 또는 발효 후
브랜디나 과즙을 첨가한 와인)으로
향이 좋은 화이트와인에 브랜디를
넣어 만듭니다. 강한 향이 티라미수
의 맛을 끌어내는 필수 아이템입니
다.

비스킷 만들기

비스킷은 별립법 스펀지 반죽을
세로로 길게 짜서 구운 작은 과
자입니다. 좀 더 자세한 설명은
51쪽 '홍차 비스킷'을 참조합니
다.

재료

- 달걀노른자 … 2개
- 그래뉴당 … 30g
- 머랭
  - 달걀흰자 … 2개분
  - 그래뉴당 … 30g
- 박력분 … 60g
- 가루설탕 … 적당량

- **오븐 온도** : 190℃
- **굽는 시간** : 12분

1 별립법 스펀지 반죽 만들기

❶ 볼에 달걀노른자 2개와 그래
뉴당 30g을 넣어 거품기로 하얗
게 부풀어 오를 때까지 섞어 합친
다.

❷ 다른 볼에서 달걀흰자 2개분
에 그래뉴당 30g을 넣으면서 뿔
이 설 때까지 거품을 내서 머랭을
만든다.

❸ ❶의 볼에 박력분 60g을 넣어
섞은 다음 머랭을 2회에 나눠 넣
는다.

2 짜서 굽기

❶ 반죽을 지름 13mm의 원 깍
지를 낀 짤주머니에 넣는다.

❷ 오븐 팬에 오븐페이퍼를 깔고
그 위에 짜 낸다.

❸ 가루설탕 적당량을 반죽이 보
이지 않을 정도로 두껍게 뿌리고
오븐 팬째로 세로로 세워 여분의
가루설탕을 털어낸다.

❹ 190℃로 예열된 오븐에 약 12
분 굽는다.

❶ 작은 냄비에 그래뉴당과 물을 넣
고 불에 올려 끓여 시럽을 만든다.

❷ 내열 볼에 달걀노른자를 넣어 풀
고 ❶의 뜨거운 시럽을 조금씩 넣으
면서 거품기로 제대로 섞어 합친다.

❸ 전자레인지에 넣어 가열한다.
700W의 전자레인지로 30초씩 3번
가열하고 그때마다 꺼내 거품기로
섞는다.

우리집 전자레인지는
600W인데요.

전자레인지의 출력이
100W 내려갈 때마다
가열시간을 20% 늘리
는 것으로 되어 있지만, 이 경우
는 30초씩 3번 가열하여 상태를
보고 다시 15초 가열하는 정도
로 괜찮을 것 같습니다.

❹ 3회 가열하여 점도가 생길 때까
지 따뜻해졌다면 체에 거른다.

❺ 핸드믹서로 하얗고 찰기가 생긴
상태가 될 때까지 거품을 낸 후, 속
도를 낮춰 식을 때까지 거품을 계속
낸다.

❻ 다른 볼에서 생크림을 뿔이 설
때까지 거품 낸다.

❼ 다른 볼에 마스카르포네 치즈를 넣어 매끄럽게 개고, 마르살라주와 럼주를 넣어 섞어 합친다.

럼주

사탕수수의 당밀을 발효시켜 만든 증류주로, 발효나 증류의 방법·숙성기간에 따라 향의 강도나 색 등이 달라지지만, 여기에서는 다갈색의 향이 강한 다크 럼을 사용하고 있습니다.

❽ ❼의 볼에 ❺를 넣어 섞어 합친다.

❾ 거품 낸 생크림을 넣어 섞어 합치고, 마지막에 레몬즙을 넣는다.

이때 상태를 보고 생크림의 거품 낸 정도를 확인하세요.

3 그릇에 넣기

❶ 완전히 식은 커피 시럽에 비스킷을 1개씩 넣고 포크 등으로 뒤집어 시럽을 잘 스며들게 한다.

❷ ❶의 비스킷을 그릇 바닥에 절반 깐 올려 전면에 깐다.

❸ 치즈 크림의 절반을 올리고 숟
가락으로 평평하게 펼친다.

❹ 나머지 비스킷을 같은 방법으로
올리고 나머지 치즈 크림을 넣어 평
평하게 펼친다.

사용하는 그릇의 크기에 따라
3층으로 해도 좋아요. 상황에
맞게 진행해 주세요.

❺ 팔레트 나이프로 문질러 평평하
게 한 다음 윗면 전체에 코코아파우
더를 듬뿍 뿌린다.

4 식히기

랩을 씌워 냉장고에 하룻밤 식힌다.

 하룻밤 식히는 것이 포인트!
코코아파우더가 어우러지고
치즈 크림도 어우러져 더욱 맛
있어집니다.

Note

티라미수 유리컵에 담기

148쪽의 커다란 티라미수는 그라
탱 접시를 이용했습니다만, 1인분
씩 유리컵에 담는 것도 추천합니다.
사진의 경우는 지름 8cm(바닥 지
름 5cm), 높이 7.5cm, 용량 250ml
의 유리컵을 사용, 비스킷은 지름
5~7cm의 원형으로 구운 것을 유리
컵 1개당 2~3개 준비했습니다.

CHAPTER 2

베이크드 치즈케이크

치즈케이크의 좋은 점은 재료를 순서대로 섞는 것만으로
비교적 간단히 만들 수 있다는 것입니다.
또 치즈의 종류를 바꾸는 것만으로 다른 맛을 즐길 수 있다는 것 또한 장점이죠.
구울 때 그대로 구울지 중탕 상태로 하여 구울지에 따라
식감을 바꿀 수 있다는 것도 커다란 매력입니다.
슈퍼에서 쉽게 구할 수 있는 다양한 타입의 치즈를 적절히 사용하여
각각의 매력을 맛봐 주세요.

기본 베이크드 치즈케이크

 **지름 15cm
분리형 원형 틀 1개분**

- **바닥 반죽**
  - 다이제스티브 비스킷 … 5장
  - 버터 … 20g
- **반죽**
  - 크림치즈 … 250g
  - 사워크림 … 30g
  - 그래뉴당 … 60g
  - 달걀 … 2개
  - 생크림(유지방분 45~48%)
    … 100ml

- **오븐 온도** : 170℃
- **굽는 시간** : 50분
- **열량** : 6등분했을 때 1조각
  397kcal

사용한 **치즈** … 크림치즈

1 미리 준비하기

❶ 크림치즈, 달걀, 사워크림은 실온
에 두고 달걀은 푼다. 버터는 사용할
때 전자레인지로 녹인다.

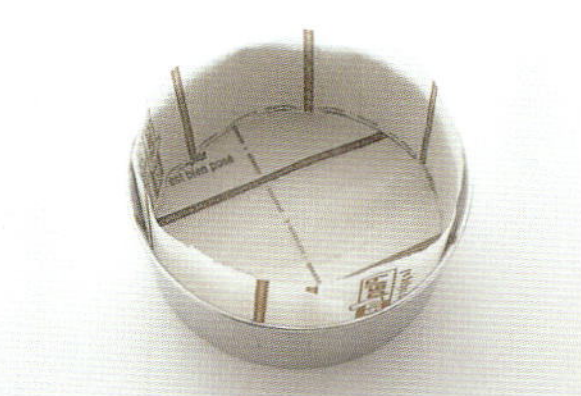

❷ 오븐페이퍼를 지름 15cm의 원
형 1장, 폭 6cm×길이 48cm의 띠
모양 1장을 잘라 틀 바닥과 측면에
깐다.

2 바닥 반죽 만들어 깔기

❶ 143쪽을 참고하여 비스킷을 부
수고 녹인 버터를 넣어 섞어 합친 다
음, 전체를 어우러지게 하고 틀의 바
닥 전면에 깔아 채운 후 숟가락으로
눌러 평평하게 펼친다.

❷ 냉장고에 넣어 식혀 굳힌다.

3 반죽 만들기

❶ 볼에 크림치즈를 넣고 거품기로
부드럽게 만든다.

❷ 사워크림과 그래뉴당을 넣고 잘
비벼 섞는다.

❸ 푼 달걀을 조금씩 3회에 나눠 넣
고 그때마다 잘 섞어 합친다.

❹ 생크림을 2회에 나눠 넣고 그때
마다 잘 섞어 합친다.

4 틀에 반죽 흘려 넣기

준비해 둔 틀에 반죽을 흘려 넣어 평평하게 펼친다.

5 굽기

❶ 170℃로 예열한 오븐에 50분 굽는다.

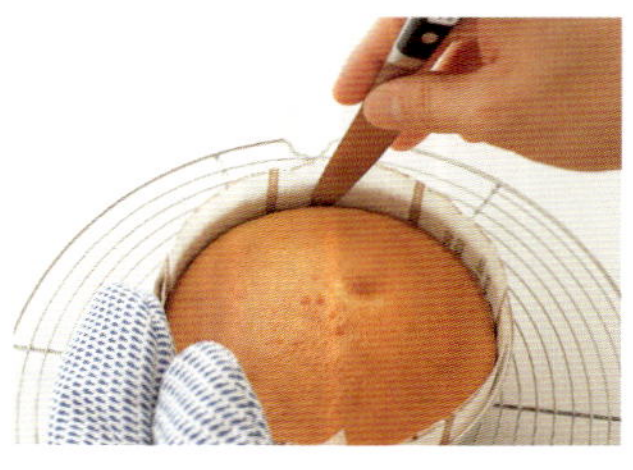

❷ 다 구워진 케이크의 열기가 없어지면 케이크와 측면의 오븐페이퍼 사이에 가는 날의 칼을 찔러 넣고 한 바퀴 돌려 케이크의 가장자리를 종이와 떼어놓는다.

이건 무엇을 위해서인가요?

이 다음에 냉장고 안에서 식히면 케이크가 움푹 파입니다. 그때 케이크가 종이에 붙어 있으면 당겨지면서 모양이 나빠지기 때문에 벗기는 것입니다.

6 숙성시키기

실온에 잠시 두어 식으면, 랩으로 감싸 냉장고에 넣어 하룻밤 재운다.

바로 먹으면 안 되나요?

안 되지는 않지만 맛있게 먹기 위한 요령입니다. 냉장고에 넣은 치즈케이크는 식으면서 굳을 뿐만 아니라 맛이 숙성하여 풍미가 늘어나고 또 자르기도 쉬워집니다.

아~, 맛있어지기를 기다리는 것도 중요한 요령이네요!

7 틀 벗기기

❶ 하룻밤 재우면 부풀어 올랐던 중앙 부분이 움푹 파이고 풍미가 숙성된다.

❷ 타월이나 손수건을 물로 적셔 꼭 짠 다음 전자레인지로 40초~1분 가열하고, 이것을 틀의 측면에 한 바퀴 둘러 감싸 틀을 따뜻하게 한다.

타월이 뜨거우니까 주의하세요.

어째서 따뜻하게 하는 건가요?

냉장고 안에 있던 케이크는 차갑게 굳어 그대로는 틀에서 빼내기 어렵습니다. 틀을 따뜻하게 해서 빼기 쉽게 만드는 것입니다.

❸ 바닥면보다 지름이 조금 작은 것의 위에 올리고 틀의 테두리를 내려 빼낸다.

❹ 측면의 오븐페이퍼를 깨끗이 벗겨 낸다.

표면 전체에 진한 갈색이 생기고 만져보았을 때 확실히 단단해요.

속은 부드러운 식감. 맛도 부드러워요.

치즈의 종류와 굽는 법 바꾸기

치즈의 종류와 굽는 법을 바꾸면, 맛이 다른 치즈케이크를 만들 수 있습니다.
다음은 크림치즈의 일부를 리코타 치즈나 카망베르 치즈로 만든 예시입니다.
맛은 물론이고 완성된 케이크의 색이나 결 등이 미묘하게 다릅니다.
굽는 법은 그대로 구울지, 중탕 상태로 구울지의 두 가지 방법이 있으며
완성된 케이크의 볼륨이나 색, 식감에 차이가 생깁니다.

카망베르 치즈 풍미의 베이크드 치즈케이크

크림치즈 150g에 카망베르 치즈 100g을 섞어 사용하고 그래뉴당은 30g을 사용. 중탕 상태로 구운 것

리코타 치즈 풍미의 베이크드 치즈케이크

크림치즈 150g에 리코타 치즈 100g을 섞어 사용

카망베르 치즈 (Camembert)

기본 베이크드 치즈케이크

크림치즈만 250g을 사용

리코타 치즈 (Ricotta Cheese)

원래는 프랑스 노르망디 지방 특산 치즈. 껍질은 하얀 곰팡이에 뒤덮여 있고 속은 부드러운 식감이며, 맛은 마일드합니다.

이탈리아 전역에서 만들어지는 프레시 치즈로, 우유로 치즈를 만드는 도중에 나오는 유청으로 만들어 유지방이 적고 깔끔한 맛이 특징입니다. 구할 수 없는 경우는 코티지 치즈(체에 거른 타입) 혹은 마스카르포네 치즈를 사용해도 똑같이 만들 수 있습니다.

카망베르 치즈는 껍질이 붙은 채로 사용하므로, 적당한 크기로 잘라 푸드 프로세서에 넣어 으깨면서 크림치즈와 섞어 합치면 간단합니다.

코티지 치즈(Cottage Cheese)는 탈지유나 탈지분유로 만든 치즈로 숙성시키지 않아 냄새가 없고 지방분이 적기 때문에 담백한 맛이 특징입니다 리코타 치즈나 크림치즈, 프로마주 블랑 대신 사용할 수 있으며, 체에 거른 타입을 고르는 것이 편리합니다.

뉴욕 치즈케이크

표면을 거품 낸 생크림으로 러프하게 덮고 과일을 멋지게 장식했습니다.

수많은 치즈케이크 중에서도 인기가 높은 치즈케이크로, 그 이름대로 뉴욕에서 탄생한 것입니다.

크림치즈에 사워크림을 듬뿍(혹은 더블 크림) 조합하여 중탕 상태로 구웠기 때문에 진한 맛과 '벨벳과 같다'고 표현되는 매끄러운 식감을 느낄 수 있는 것이 특징입니다.

 **지름 15cm 분리형
원형 틀 1개분**

▪ **바닥 반죽**
　┌ 허니 그레이엄 비스킷
　│　(143쪽 참조) … 33g
　│ 메이플 시럽 … 10g
　│ 호두 … 13g
　└ 버터 … 15g

▪ **반죽**
　┌ 크림치즈 … 250g
　│ 사워크림 … 95g
　│ 그래뉴당 … 16g
　│ 생크림 … 30ml
　│ 레몬 껍질 간 것 … 1개분
　│ 벌꿀 … 30g
　│ 커스터드파우더
　│　… 8g(혹은 옥수수전분 8g)
　│ 달걀 … 1개
　│ 달걀노른자 … 1개
　│ 레몬즙 … 1큰술
　│ 머랭
　│　┌ 달걀흰자 … 40g
　└　└ 그래뉴당 … 25g

▪ **휘핑크림**
　┌ 생크림 … 150ml
　└ 그래뉴당 … 12g

▪ **과일**(기호에 따라) … 각 적당량
▪ **민트 잎**(기호에 따라) … 적당량

※ 생크림은 유지방분 45~48%인 것을
　고른다.
※ 레몬은 향진균제를 사용하지 않은
　것을 고른다.

▪ **오븐 온도** : 150℃
▪ **굽는 시간** : 60분
▪ **열량** : 6등분했을 때 1조각
　449kcal

사용한 치즈 … 크림치즈

---

1 미리 준비하기

❶ 크림치즈, 달걀, 사워크림은 실온에 두고 달걀과 달걀노른자는 합쳐서 푼다. 버터는 사용할 때 전자레인지로 녹인다.

Note

사워크림

유지방분 40% 이상인 생크림에 유산균을 넣어 발효시킨 산뜻한 산미와 깔끔한 맛의 크림입니다.

❷ 바닥 반죽용 호두는 150℃로 예열된 오븐에서 가볍게 구운 다음 칼로 굵게 다진다.

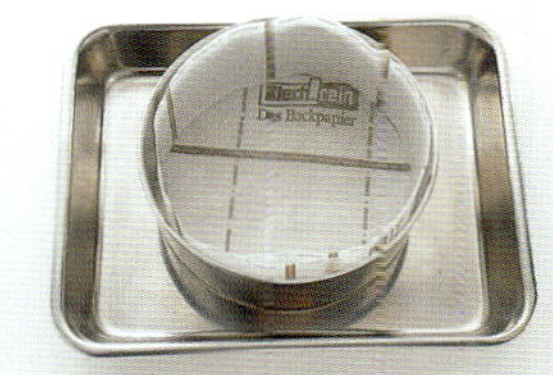

❸ 오븐페이퍼를 지름 15cm의 원형 1장과 폭 6cm×길이 48cm의 띠 모양 1장으로 잘라 원형 틀 바닥과 측면에 깐 다음, 깊이가 있는 바트 위에 올린다.

  어째서 바트 위에 두는 건가요?

구울 때에 오븐 팬에 뜨거운 물을 넣어 중탕 상태로 굽게 됩니다. 하지만 여기에서는 나중에 꺼내기 쉽도록 바닥을 뺄 수 있는 분리형 원형 틀을 사용하기 때문에 그대로 두면 틀 바닥으로 물이 들어가 버립니다. 틀이 딱 들어갈 정도의 깊이를 가진 바트 위에 두고 바트째로 오븐 팬 위에 올린 다음 뜨거운 물을 채우는 것입니다.

미리 준비하기

Note

바트가 없는 경우의 틀 준비

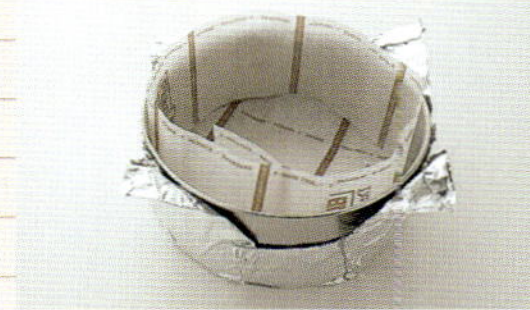

알루미늄 포일을 22cm의 정사각형으로 2장 잘라 겹친 다음 중앙에 원형 틀을 두고 바깥쪽의 알루미늄 포일을 틀에 따라 접어 올려 딱 맞춰 접어줍니다. 이렇게 하면 오븐 팬에 직접 올려도 좋습니다.

❹ 오븐으로 굽기 전에 물을 끓인다.

2 바닥 반죽 만들고 틀에 깔기

❶ 143쪽을 참고해 그레이엄 비스킷을 부수고 호두와 섞어 합친 다음 메이플 시럽과 녹인 버터를 섞는다. 전체를 어우러지게 한 다음 틀 바닥 전면에 깔고 스푼 등으로 눌러 평평하게 펼친다.

❷ 냉장고에 넣어 굳힌다.

---

3 반죽 만들기

❶ 틀에 크림치즈를 넣고 거품기로 부드럽게 갠 다음 사워크림과 그래뉴당, 생크림, 레몬 껍질 간 것, 벌꿀을 넣어 거품기로 잘 섞어 합친다.

❷ 커스터드파우더(없으면 옥수수전분)를 넣어 섞어 합친다.

❸ 푼 달걀+달걀노른자를 조금씩 3회에 걸쳐 넣고 그때마다 잘 섞어 합친다.

❹ 레몬즙을 넣어 섞어 합친다.

❺ 머랭은 다른 볼에서 달걀흰자에 그래뉴당을 넣으면서 48쪽을 참고하여 뿔이 설 정도까지 거품을 낸 다음, ❹에 2회에 나눠 넣고 그때마다 잘 섞어 합친다.

4 틀에 반죽 넣기

바닥 반죽을 깔아둔 틀에 반죽을 넣고 숟가락 등으로 평평하게 펼친다.

5 중탕 상태로 굽기

❶ 바트째로 오븐 팬 중앙에 올린 다음 150℃로 예열한 오븐에 넣고 오븐 팬에 뜨거운 물을 60~70% 정도 붓는다.

❷ 150℃로 50분 굽는다.

물은 어느 정도로 뜨거워야 하나요?

80℃ 정도입니다. 화상에 주의하세요.

6 숙성시키기

❶ 다 구워진 케이크의 열기가 가시면 케이크와 측면의 오븐페이퍼 사이에 가는 날의 칼을 찔러 넣어 한 바퀴 돌려 케이크의 가장자리를 종이와 떼어놓는다.

❷ 실온에 잠시 두어 식으면 랩으로 덮어 냉장고에 넣고 하룻밤 둔다.

틀의 바닥은 붙인 채입니다.

7 휘핑크림으로 덮기

❶ 물로 적신 타월(전자레인지로 데운) 등을 틀의 측면에 두르고 바닥면보다 지름이 조금 작은 것의 위에 올린 후 측면 틀을 내려 빼낸다. 그리고 측면의 오븐페이퍼를 조심히 벗긴 다음 돌림판에 올린다. (틀 벗기기는 156쪽 참조)

❷ 휘핑크림은 31쪽을 참고하여 생크림에 그래뉴당을 넣고 70% 정도 거품 낸다.

❸ 케이크 윗면에 거품 낸 크림을 듬뿍 올려 팔레트 나이프를 대고 다른 한쪽 손으로 돌림판을 몸 쪽으로 돌리면서 펴 바른다.

❹ 측면에는 소량씩 대서 펴 바른
다.

❺ 케이크 전체를 크림으로 덮고 윗
면에 숟가락을 대서 소용돌이 모양
을 만든다.

❻ 측면은 팔레트 나이프를 눌러 대
서 넓은 줄 모양을 만든다.

❼ 기호에 따라 딸기나 라즈베리, 블
루베리, 민트 잎 등을 장식한다.

딸기는 세로로 두 개로 잘라
장식하는 것이 다른 과일과 균
형이 맞습니다.

치즈케이크를 깔끔하게 자르는 법

치즈케이크는 끈적끈적허 깔끔하게 자르기 거렵다고들 합니다. 여러 번 연습허 서 깔
끔하게 잘라 나눠 마지막을 장식합시다!

❶ 날이 가는 칼과 80℃ 정도의 물을
준비한 후, 물에 칼날 부분을 담가 따
뜻하게 한다.

❷ 따뜻해진 칼날의 물기를 가볍게 닦
아내고 케이크 중심부터 칼을 넣어 날
끝을 천천히 바닥까지 나린다.

❸ 뻔 날에 달라붙은 치즈를 닦아내
고 한· 번 더 뜨거운 물에 담가 다뜻하
게 한 다음 같은 요령으로 잘라· 나눈
다.

※ 뉴욕 치즈케이크는 매우 크리미합니
다. 위 방법 외에 와이어 타입의 치즈 커
터나 산누에고치실(낚싯줄) 등여 나일
론실을 이용하는 것도 하느·의 방법입니
다.

파르메산 치즈 풍미의
수플레 치즈케이크

파르메산 치즈의 풍미가 치
즈케이크의 맛을 더욱 깊이
있게 해줍니다.

윗면에 살구잼을 듬뿍 발라
달콤새콤함을 더하여 완성!

바닥에는 스펀지케이크
의 슬라이스를 깔고 럼
레이즌을 뿌렸습니다.

재료 **지름 15cm 분리형 원형 틀 1개분**

- **스펀지케이크**(27~30쪽 참조) ⋯ 지름 15cm, 두께 1cm인 것 1개
- **럼 레이즌**(럼에 절인 건포도) ⋯ 11g
- **반죽**
  - 우유 ⋯ 100ml
  - 버터 ⋯ 38g
  - 바닐라 빈 ⋯ 1/2개
  - 파르메산 치즈 ⋯ 18g
  - 크림치즈 ⋯ 33g
  - 레몬 껍질 간 것 ⋯ 1/4개분
  - 박력분 ⋯ 25g
  - 그래뉴당 ⋯ 10g
  - 달걀노른자 ⋯ 40g
  - 머랭
    - 달걀흰자 ⋯ 90g
    - 그래뉴당 ⋯ 40g
- **살구잼** ⋯ 적당량

※ 레몬은 향진균제를 사용하지 않은 것을 고른다.

- **오븐 온도** : 180℃/중간부터 160℃
- **굽는 시간** : 30분+30분
- **열량** : 6등분했을 때 1조각 274kcal

사용한 치즈
⋯ 크림치즈와 파르메산 치즈

1 미리 준비하기

❶ 원형 틀에 지름 15cm 원형 1장과 폭 6cm×길이 48cm의 띠 모양 1장을 깐 다음(27쪽 참조), 스펀지케이크를 1cm 두께로 잘라 바닥에 깔고(39쪽 참조), 럼 레이즌을 흩뿌린다.

❷ 바닐라 빈은 껍질을 세로로 가르고 씨를 긁어둔다. (137쪽 참조)

❸ 오븐에 굽기 전에 물을 끓인다.

Note

파르메산 치즈

파르메산 Parmesan (파마산 치즈는 원래는 이탈리아 파르마와 레지오 에밀리아 등 5현에서 만드는 파르미지아노 레지아노 Parmigiano-Reggiano 라고 하는 가벼운 질감의 치즈입니다. 수분이 적고 진한 맛과 향, 감칠맛이 있으며 갈아서 분말 상태로 만들거나 얇게 잘라 나눠 사용합니다. 파르메산 치즈라는 것은 파르미지아노 레지아노를 모방하여 미국 등에서 만들어진 치즈의 통칭입니다. 이 책에서는 구하기 쉬운 파르메산 치즈를 사용해 소개하고 있습니다.

2 반죽 만들기

❶ 머랭은 48쪽을 참고하여 달걀흰자에 그래뉴당을 넣으면서 뿔이 설 정도까지 거품을 낸다.

❷ 냄비에 우유, 버터, 바닐라 씨, 파르메산 치즈, 크림치즈, 레몬 껍질 간 것을 넣은 다음 약불에 올려 버터를 녹인다. (펄펄 끓이지 말 것)

❸ 볼에 박력분과 그래뉴당을 넣어 ❷를 넣어 섞어 합친다

❹ 체에 걸러서 냄비에 다시 넣고 불에 올려 끊임없이 섞으면서 반죽의 가장자리가 미끄러져 냄비에서 떨어질 때까지 열을 가한다.

❺ 볼에 옮기고 달걀노른자를 넣어 섞는다.

❻ 아직 뜨거울 때 ❶의 머랭을 1/3씩 3회에 나눠 넣고 처음은 거품기, 두 번째부터는 고무주걱으로 섞는다.

머랭은 거품기로 한 번 더 강하게 섞은 다음 넣도록 해주세요.

---

3 틀에 흘려 넣고 중탕으로 굽기

❶ 준비해 둔 틀을 깊은 바트에 올린 다음 반죽을 흘려 넣는다.

❷ 바트째로 오븐 팬에 올리고 오븐에 넣은 다음 약 30℃의 물을 오븐 팬의 60~70% 정도까지 따른다.

❸ 180℃로 예열된 오븐에서 약 30분 굽고 꺼내어 오븐 팬의 물을 버리고, 바트는 빼고 틀을 오른데 다시 넣어 160℃로 30분(전부 해서 60분) 굽는다.

❹ 다 구워진 케이크를 꺼내 바로 측면 틀을 빼내고, 오븐페이퍼도 조심히 벗긴다.

4 완성하기

❶ 살구잼을 다시 졸인다.

Note

살구잼 다시 졸이기

케이크의 완성 단계에 바르는 경우에는 적어도 100g을 준비한 다음, 물을 1큰술 정도 넣고 불에 올려 섞으면서 다시 졸여 사용합니다. 졸여진 정도는 소량을 차가운 스테인리스 바닥 등에 흘려 식혔을 때 손으로 만져도 묻지 않을 정도의 상태가 좋습니다.

❷ 치즈케이크가 완전히 식으면 윗면에 살구잼을 바른다.

타르트 & 파이

TART & PIE

타르트는 갠 반죽을 얇게 펴서 타르트 틀이라 부르는 틀에 깔아 넣고 크림을 채우거나
과일을 올려 맛의 조화를 느끼는 고급 과자입니다.
타르트 틀은 일반적으로 18cm 크기의 국화 모양 틀을 많이 사용하므로 그것을 기본으로 타르트지를 만들되,
'타르틀레트tartlet'(작은 모양의 타르트라는 뜻)라고 부르는
지름 6~10cm 정도의 작은 타르트 틀로 구운 타르트도 함께 소개합니다.
파이는 밀가루 반죽에 버터를 감싸 밀대로 펼치면서 세 번 접기를 반복하여 반죽을 만듭니다.
반죽과 버터가 여러 장이 겹쳐 있는 얇은 층은 오븐 열에 의해 부풀고 버터의 향이 퍼지며,
바삭하면서도 와스스 무너지는 듯한 가벼운 식감으로 구워집니다.

CHAPTER 1

타르트

타르트는 반죽을 틀에 깔고 그 위에 크림이나 과일을 채우는 형식의 과자입니다.
먼저 '타르트 반죽'이라 표현하는 타르트지(파트 슈크레 Pâte sucrée) 만드는 법을 알아보고,
이어서 몇 가지 맛있는 타르트 만드는 법을 소개하겠습니다.
이 책에서 소개하는 타르트들은 굽는 방법에 따라 크거 두 가지로 나눌 수 있는데,
반죽을 틀에 깔아 한 번 굽고 나서 크림이나 과일 등을 채은 것들과
틀에 반죽을 깔고 그 안에 크림이나 과일을 채워 함께 구운 것들이 그것입니다.

여기에서 소개하는 기본 분량은 지름 18cm의 타르트 1개 혹은 지름 6cm의 타르틀레트 6개 분량입니다.

재료 기본 분량

- **버터** … 63g
- **가루설탕** … 50g
- **소금** … 소량
- **달걀** … 1/2개(25g)
- **박력분** … 125g

※ 필요에 따라 덧가루 적당량

Note

덧가루

반죽을 둥글리거나 펼 때에 달라붙지 않도록 반죽이나 반죽대, 밀대 또는 손바닥 등에 얇게 뿌리는 가루. 이 책에서는 바슬바슬한 강력분을 사용했습니다(없는 경우는 박력분으로 대용). 너무 두껍게 뿌리지 않도록 주의하고, 여분의 가루는 브러시로 털어내 주세요.

1 미리 준비하기

❶ 버터는 실온에 둔다.

❷ 달걀은 잘 풀어서 계량하고 박력분은 체 친다.

2 반죽 만들기

❶ 버터를 볼에 넣어 매끄럽게 개고, 점도가 균일해지면 소금(한 꼬집의 절반 정도)과 가루설탕을 넣어 전체에 어우러지도록 섞어 합친다.

❷ 달걀을 넣고 버터와 달걀이 유화될 때까지 섞어 합친다.

처음에는 제각각으로 분리되는 것 같지만 계속 섞으면 단단히 죄면서 매끄럽게 유화한 상태가 됩니다.

❸ 박력분을 넣고 스크레이퍼로 가루를 누르듯이 하여 어우러지게 하고, 볼의 측면에 반죽을 문질러 바르듯 한다. 이것을 반복하여 반죽을 균일하게 매끄러운 상태로 다듬어 나간다.

처음에는 하얗고 가루기가 있던 반죽이 노랗고 매끄러운 상태가 되어갑니다.

왜 반죽을 문질러 바르듯 하는 건가요?

버터가 뭉치지 않았는지 확인하기 위해서입니다. 이것에 의해 반죽의 결이 고와지고, 뒤의 과정에서 균열 현상도 막을 수 있습니다. 혹은 오른쪽을 참고해 프레제를 해도 좋습니다.

3 반죽 굳히기

❶ 반죽에 가볍게 덧가루를 뿌리고 양손으로 가볍게 반죽해 하나로 뭉친다.

❷ 랩에 감싸 바트에 올린 다음 평평하게 모양을 만들고 나서 냉장고에 최소 1시간 이상 넣어 굳힌다.

Note

프레제 하기

반죽을 전체에 어우러지게 한 단계에서, 반죽을 작업대 위에 꺼내고 손바닥에서 손목으로 이어지는 부분을 대서 조금씩 몸 바깥쪽으로 밀어내듯 작업대에 문질러 바릅니다. 이를 2~3회 빠르게 반복하여 반죽의 재료가 모두 균일하게 섞였는지 확인하면서 매끄럽게 다듬습니다.

이 작업을 제과용어로 '프레제Fraiser 한다'고 말하는데, 반죽을 대강 문질러 비볐다면, 반죽을 하나로 뭉친 다음 방향을 바꿔 다시 프레제 하면 전체가 빠르게 어우러집니다.

2. 타르트 반죽 펴기

버터가 들어간 반죽입니다. 반죽대 위에서 필요에 따라 덧가루를 뿌리면서 반죽의 두께가 균일해지도록 빠르게 폅니다.

원형으로 늘리는 경우 (타르트 틀용)

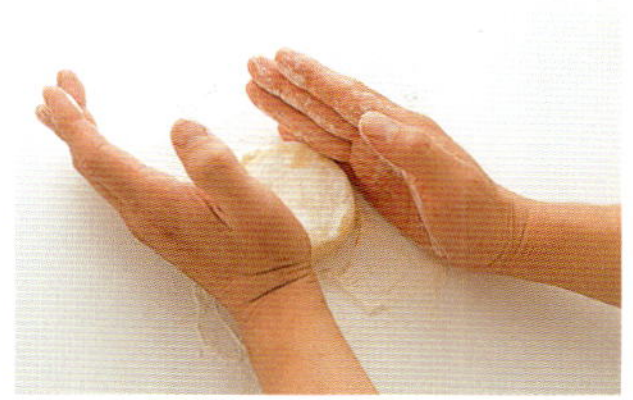

❶ 냉장고에서 굳힌 반죽을 가볍게 덧가루를 뿌린 반죽대 위에 꺼내고, 반죽에도 가볍게 덧가루를 뿌린다. 손으로 가볍게 반죽해 모양을 다시 둥글렸다가 찌부러뜨린 다음 원형으로 모양을 만든다.

반죽이 딱딱하게 굳어 있다면 밀대로 두드려 굳기를 조절합니다. 이렇게 해서 반죽의 굳기를 균일하게 하는 것은 이 다음에 반죽이 깔끔하게 펴지기 쉬운 상태로 만들기 위한 작업입니다.

반죽을 원형으로 펼 경우는 이 단계에서 원형으로 정리합니다. 사각형으로 펼 경우는 원통형으로 모양을 정리하는 것이 원칙입니다.

❷ 밀대에도 가볍게 덧가루를 뿌린 다음 반죽 위에 대고 밀대에 체중을 싣듯 하여 누르면서 평평한 원형으로 펴 간다.

이 단계에서는 밀대를 굴리지 않습니다. 밀대를 대는 위치를 반죽의 중심보다 먼 쪽, 그 다음에는 몸 쪽으로 움직이면서 반죽을 골고루 위에서 눌러줍니다.

밀대를 갑자기 굴리면 안 된다는 거네요.

그렇습니다. 갑자기 늘리면 그 부분만 얇아져서 모양이 찌그러져 버립니다. 원형을 무너뜨리지 않도록 전체를 조금씩 균등하게 얇게 펴갑니다.

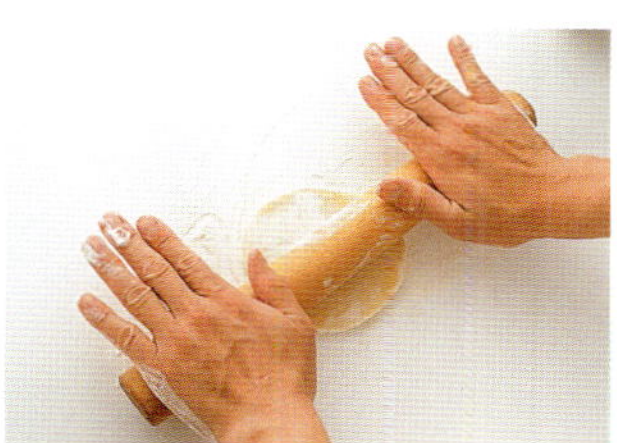

❸ 밀대를 반죽 중심에 대고 손바닥으로 앞뒤로 굴리면서 반죽을 펴간다.

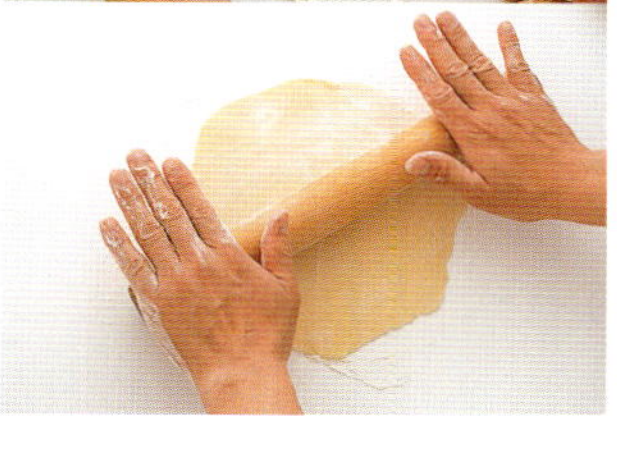

❹ 밀대를 한 번 왕복시킬 때마다 반죽을 조금 회전시킨다. 이것을 반복하여 반죽을 모든 방향으로 균일하게 펴간다.

반죽을 둥글게 펼친다는 생각을 하지 말고 곧바로 위아래로 펴간다는 생각으로 밀대를 움직여 주세요. 조금씩 반죽을 회전시키면 자연스럽게 원형이 되어갑니다. 반죽을 자주 회전시키면 반죽이 반죽대에 들러붙는 것도 막을 수 있습니다. 이 작업을 하는 동안에도 덧가루가 필요하다면 가볍게 뿌려 주세요.

❺ 2mm 두께로, 타르트 틀보다 한 둘레 더 큰 원형으로 늘린 다음 여분의 덧가루를 브러시로 털어낸다.

직사각형으로 늘리는 경우(타르틀레트 틀용)

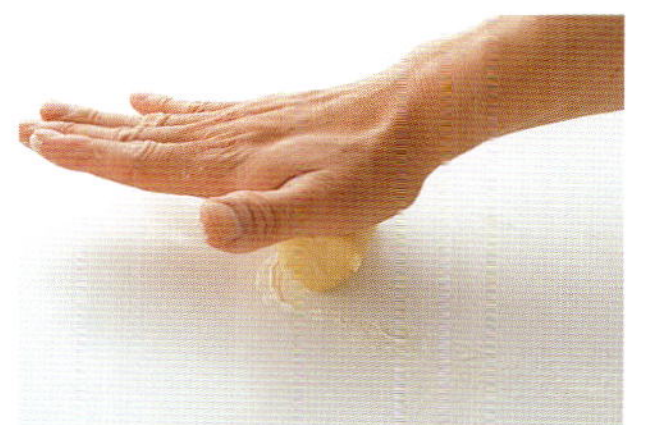

❶ 냉장고에서 식혀 굳힌 반죽을 가볍게 덧가루를 뿌린 반죽대 위에 꺼내(너무 딱딱할 경우는 밀대로 두드려 굳기를 조절) 가볍게 손으로 다시 반죽하고 손바닥으로 굴려 원통형으로 만든다.

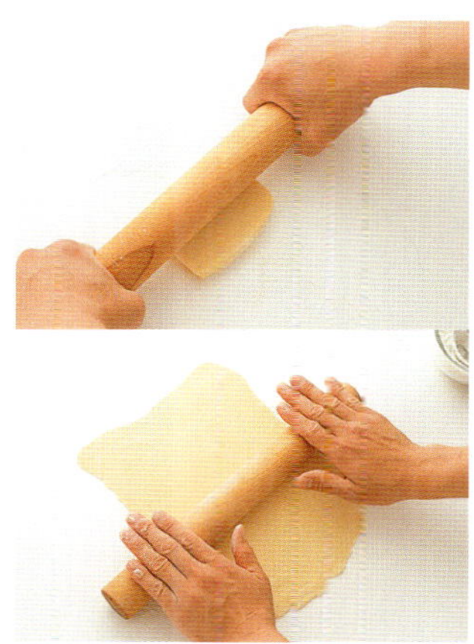

❷ 밀대를 위에서 눌러 평평한 직사각형으로 편 다음, 밀대를 굴리며 90°씩 회전시키면서 반죽을 상하좌우로 편다. 두께 2~3mm, 크기 15×20cm의 직사각형으로 폈다면 브러시로 여분의 가루를 털어낸다.

타르트 틀(국화 틀)의 경우

❶ 타르트 틀에 버터(분량 외)를 얇게 바른다.

❷ 2mm 두께, 틀보다 한 둘레 더 큰 원형으로 펴진 타르트 반죽에 피케 롤러를 굴려 반죽 전체에 구멍을 뚫는다.

 피케 롤러가 없는 경우에는 반죽을 틀에 깔아 넣고 포크로 찔러 주세요(184쪽 애플파이 ❹-❸ 참조).

 왜 구멍을 뚫는 건가요?

 나중에 오븐에서 구울 때 반죽 속의 수분이 따뜻해져 증기가 되어 증발하는데, 그 증기를 내보낼 구멍을 뚫어두지 않으면 울퉁불퉁하게 부풀어 오르기 때문입니다.

❸ 반죽을 밀대에 말아서 틀 위까지 옮기고 틀 위에 펼쳐 씌운다.

❹ 반죽을 틀 속에 넣고 바닥 면 전체를 따라 깐다.

❺ 측면에 깔아 넣을 반죽은 안쪽으로 다시 되접듯 하여 틀에서 조금 띄우고, 바닥과 측면의 경계가 꼭 들어맞는 각이 되게 한 다음 측면을 따라 깔아 넣어 간다.

❻ 틀의 위에 밀대를 굴려 틀에서 튀어나온 여분의 반죽을 잘라낸다.

❼ 반죽이 틀에서 튀어나오지 않도록 눌러 넣으면서 측면의 반죽을 손가락으로 한 번 더 가볍게 눌러 틀에 꼭 맞춘다.

❽ 냉장고에 30분~1시간 넣어 제대로 굳힌다.

Note

타르트 반죽을 타르트 링에 깔아 넣는 경우

❶ 타르트 링의 안쪽에 버터를 얇게 바르고 얇게 편 반죽을 올리는 것까지는 타르트 틀의 경우와 같다.

❷ 타르트 링을 조금 들어 올려 링에서 튀어나온 반죽을 안쪽으로 떨어뜨리고 측면에 반죽이 맞춰지면 링을 내리면서 검지로 반죽을 받치고 바닥면과의 각을 제대로 만들어 간다.

❸ 측면의 반죽은 링 높이보다 조금 여유를 두고 나머지를 바깥쪽으로 늘어뜨린 후 밀대를 굴려 여분의 반죽을 잘라낸다.

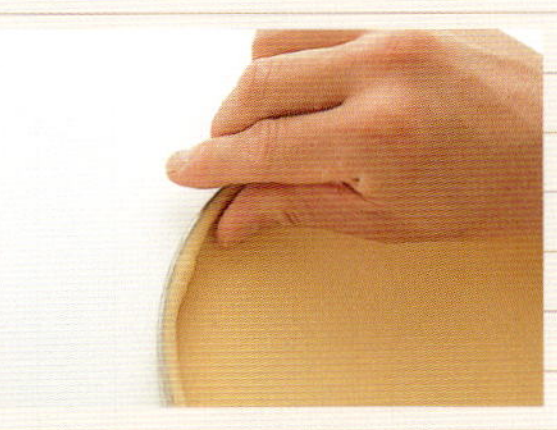

❹ 여유를 둔 측면의 반죽을 밀어 올려 링의 가장자리에 건다.

※ 타르트 링에는 바닥이 없으므로 이 단계에서 바닥 판 혹은 오븐 팬 등에 올려 진행해 주세요.

타르틀레트 틀의 경우

❶ 반죽을 두께 2~3mm, 크기 15×20cm의 직사각형으로 펴고, 피케 롤러로 굴려 구멍을 뚫는다.

❷ 반죽을 지름 8cm의 모양 틀(타르틀레트 틀을 사용한다면 국화 틀 혹은 원형 틀, 타르트 링을 사용한다면 원형 틀)로 눌러 6개를 찍어낸다.

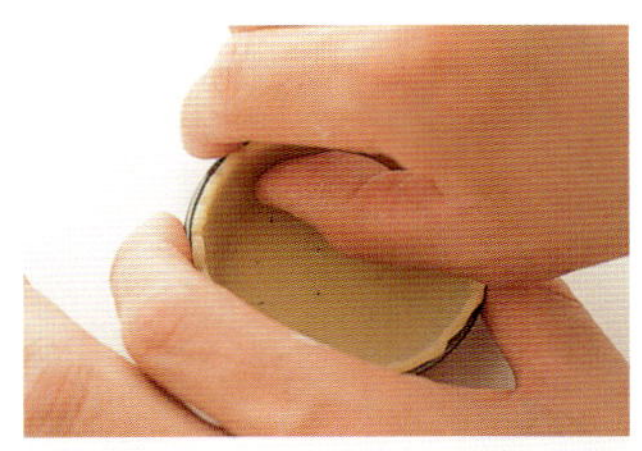

❸ 틀 위에 1장씩 올려 안으로 넣고 측면에도 맞춰 깔아 넣는다.

 깔아 넣는 요령은 타르트 틀과 타르트 링의 경우를 참조해주세요.

❹ 냉장고에 넣어 확실히 굳을 때까지 식힌다.

4. 타르트 반죽 굽기

타르트 반죽을 틀에 깔아 넣은 상태에서 반죽만을 굽는 것입니다. 이 책에서는 다 구워진 상태를 '타르트지'라고 표기하고 있습니다.

타르트지의 경우

❶ 냉장고에서 30분~1시간 굳힌 타르트 반죽에 깔 오븐페이퍼를 25cm 크기의 정사각형으로 잘라 준비한다.

❷ 오븐페이퍼의 중심을 기준으로 32칸으로 나뉘도록 접은 다음 타르트 반죽을 깐 틀에 대서 틀보다 2cm 정도 밖으로 나올 정도의 길이로 자른다.

 오븐페이퍼를 반 접고 다시 반 접은 다음, 네 장이 모두 붙어 있는 꼭지에 접는 선이 생기도록 삼각형으로 반 접고, 종이가 붙어있는 변이 가장 긴 변과 맞닿도록 접고, 같은 방법으로 또 한 번 접습니다.

❸ 틀에서 튀어나온 부분에는 가위로 폭 절반의 가위집을 넣는다.

 틀의 길이(반지름+2cm)에 맞춰 자르면 간단히 틀에 맞는 크기로 둥글게 자를 수 있습니다. 또 가위집을 넣는 것은 타르트지에 깔아 넣었을 때 딱 맞추기 위해서입니다.

❹ 오븐페이퍼를 펼쳐 타르트 반죽 위에 올려 딱 맞직 깔고, 누름돌을 구석구석까지 넣는다.

Note

타르트용 누름돌

제과도구점이나 재료점에서 팔고 있는 타르트나 파기 전용 누름돌로, 알루미늄으로 되어 있습니다. 그 외에 팥(사진 오른쪽 위) 등을 이용할 수도 있습니다.

❺ 180℃로 예열한 오븐게 굽는다.

❻ 반죽의 가장자리 부분이 노릇노릇해지면 스키머(그물 극자)로 누름돌을 떠내고, 오븐페이퍼도 벗긴다.

 타르트 틀도, 누름돌도 뜨거운 상태이니 화상에 주의하세요!

❼ 180℃로 예열된 오븐에 다시 넣어 누름돌을 뺀 부분에도 노릇노릇 색이 날 때까지 굽는다.

 170쪽의 생과일 타르트와 같은 경우는 누름돌을 뺀 부분에도 노릇노릇하게 색이 나고 반죽 전체에 완전히 열이 가해질 때까지 확실히 굽습니다. 하지만 (이 책에서는 소개하지 않지만) 구운 타르트지 속에 액체 상태의 크림을 넣어 굽는 경우에는 누름돌을 뺀 다음에 푼 달걀 적당량을 바르고 오븐에 다시 넣어 바닥 면이 노릇노릇해질 때까지 굽습니다.

❽ 식힘망 위에 올려 식힌다. 만들기가 완전히 끝난 경우에는 열기가 없어지면 틀에서 빼내 완전히 식히고, 크림을 흘려 한 번 더 구울 경우에는 틀에 넣은 채로 식힌다.

타르틀레트지의 경우

❶ 틀에 깔아 넣은 반죽 의에 딱 좋은 크기의 머핀용 종이 케이스를 깐 다음, 안에 누름돌을 올린다.

 종이 케이스는 글라신페이퍼(얇은 반투명의 종기)나 유산지 얇은 것을 쓰고, 혹은 오븐페이퍼를 10cm 크기의 정사각형으로 잘라 타르트지와 같은 요령으로 접어 깔아 넣어도 됩니다.

❷ 180℃로 예열한 오븐에 굽다가 가장자리에 옅게 색이 나기 시작하면 꺼낸다.

❸ 종이 케이스(혹은 오븐페이퍼)를 누름돌째로 빼내고 반죽을 오븐에 다시 넣어 바닥면이 노릇노릇해질 때까지 굽는다.

이것은 1인분씩 만든 타르틀
레트. 타르트의 경우도 타르
틀레트의 경우도 커스터드
크림 위에 휘핑크림을 둥글
게 짜고 과일을 봉긋하게 담
았습니다.

생과일 타르트

타르트 반죽을 국화 모양의 타르트 틀에 먼저 구
워 타르트지를 만든 다음 커스터드 크림을 채우고
생과일을 듬뿍 담았습니다. 고소한 타르트의 바
삭바삭한 식감과 커스터드 크림이 혀끝에 닿는 부
드러움, 또 크림의 마일드한 맛과 과일의 새콤달
콤함 등 여러 가지 맛의 조화를 즐길 수 있습니다.

과일은 제철과일 위주로 사용
합니다. 2~3종류 이상을 조합
하면 보기에 좋습니다. 맛과 색
을 생각하여 고릅시다.

재료 | 지름 18cm
타르트 틀 1개분

- **한 번 구운 타르트지**
  (166~169쪽 참조) … 1개
- **커스터드 크림**
  - 우유 … 250ml
  - 바닐라 빈 … 1/4개
  - 달걀노른자 … 2개
  - 그래뉴당 … 75g
  - 박력분 … 25g
- **휘핑크림**
  - 생크림(유지방분 45~48%)
    … 100ml
  - 가루설탕 … 8g
- **과일**(기호에 따라) … 각 적당량
- **민트 잎**(기호에 따라) … 적당량

※ 1인분씩 모양을 만들고 싶은 경우는
  지름 6cm의 타르틀레트 틀이나
  타르트 링을 사용해 6개 만들 수 있다.

- **오븐 온도** : 180℃
- **굽는 시간** : 타르트지 20분
- **열량** : 8등분했을 때 1조각
  464kcal

---

1 미리 준비하기

❶ 타르트지는 타르트 반죽을 만들어 틀에 깔아 넣고, 누름돌을 뺀 부분에도 제대로 색이 나고 반죽 전체에 완전히 열이 가해질 때까지 20분 구운 후, 식혀 준비한다.

❷ 202쪽을 참고해 커스터드 크림을 만들고 사용할 때까지 냉장고에 넣어 둔다.

❸ 오렌지(54쪽 참조)와 자몽은 알맹이를 꺼낸다. 키위는 5mm 정도의 두께로 자르고 큰 경우 반으로 자른다. 포도는 씨 없는 것으로 골라 뜨거운 물에 데치고 바로 찬물에 담가 껍질을 벗긴다. 바나나는 5mm 정도의 두께로 둥근썰기 하고 레몬즙을 뿌려 변색을 막는다. 딸기는 세로로 반으로 자른다.

딸기 시즌에는 딸기만 올려 오로지 딸기의 맛만 만끽하는 것도 좋아요.

❹ 짤주머니를 2개 준비하여 각각에 10mm의 원 깍지를 끼운다. (짤주머니 사용법은 41쪽 참조)

---

2 타르트지에 크림 짜 넣기

❶ 커스터드 크림은 매끄럽게 다시 갠 다음 짤주머니에 넣어, 구운 타르트지의 중심부터 소용돌이 모양으로 짜 넣는다.

❷ 숟가락 등으로 평평하게 펼친다.

❸ 휘핑크림은 80~90%로 거품 내고(31쪽 참조), 짤주머니에 넣어 커스터드 크림 위 5~6군데에 둥글게 짠다.

휘핑크림을 짜는 것은 맛을 더욱 좋게 하기 위해서뿐만 아니라, 과일을 지탱하고 입체감이 있는 완성물로 만들기 위해서입니다. 짜는 모양은 사진을 참고해 주세요.

❹ 오렌지 등을 휘핑크림에 기대어 세우듯 올리고, 거기에 색채를 생각하여 다른 과일을 올려 입체적으로 완성한다.

Note

타르틀레트 틀로 모양을 만들 경우

167~169쪽 내용 중 타르틀레트의 경우를 참고하여 만든다

❶ 타르트 반죽을 두께 2mm 크기 15×20cm의 직사각형으로 편 다음, 지름 8cm의 국화 틀로 5장 찍어낸다.

❷ 지름 6cm의 타르틀레트 틀에 깔아 넣고, 지름 6cm의 머핀용 글라신테이퍼 혹은 유산지의 얇은 종이 케이스(없으면 오븐페이퍼를 깐 다음 누름돌을 올린다.

❸ 180℃로 예열한 오븐에 넣어 가장자리에 노릇노릇하게 색이 나기 시작하면 누름돌을 종이 케이스째로 빼고 한 번 더 오븐에 넣어 누름돌을 뺀 부분에도 제대로 노릇노릇한 색이 나고 반죽 전체가 완전히 익을 때까지 18분 정도 굽는다(**1-❶**의 사진 참조).

❹ 타르틀레트지가 완전히 식으면 커스터드 크림을 링 모양으로 짜 넣고 그 중심에 휘핑크림을 둥글고 봉긋하게 짠다.

❺ 오렌지 등을 휘핑크림에 기대어 세우듯 올리고 나머지 과일을 색이 조화롭도록 입체적으로 담는다.

아망딘느

프랑스어로 '아망드amande'는 '아몬드', '아망딘느amandine'는 '아몬드 듬뿍' 혹은 '아몬드 풍미'라는 뜻입니다. 타르트 반죽 속에 아몬드 크림을 듬뿍 채우고, 아몬드 슬라이스를 뿌려 구웠기 때문에 그런 이름이 붙었습니다.

타르트 반죽과 아몬드 크림, 아몬드 슬라이스의 심플한 조합. 심플하기 때문에 아몬드의 맛에 집중할 수 있는 타르트입니다.

재료 지름 18cm 타르트 틀 혹은 타르트 링 1개분

- **타르트 반죽**(166~168쪽 참조)
  … 기본 분량
- **아몬드 크림** … 전량
- **아몬드 슬라이스** … 적당량

※ 1인분씩 만들고 싶은 경우는 지름 6cm의 타르트레트 틀이나 타르트 링을 사용해 6개 만들 수 있다.

- **오븐 온도** : 180℃
- **굽는 시간** : 35~45분
- **열량** : 6등분했을 때 1조각 413kcal

1 미리 준비하기

❶ 타르트 틀 혹은 타르트 링에 버터(분량 외)를 얇게 바른다.

❷ 짤주머니를 1개 준비하여 지름 10mm의 원 깍지를 끼운다. (짤주머니 사용법은 41쪽 참조)

2 타르트 반죽 틀에 깔기

타르트 반죽을 만들고, 틀에 깔아 넣은 다음 냉장고에서 30분~1시간 식힌다.

3 아몬드 크림 채우기

❶ 오른쪽을 참고해 아몬드 크림을 만들고 짤주머니에 넣는다.

❷ 타르트 반죽을 깐 틀을 냉장고에서 꺼내고 바닥면과 측면의 경계 부분 모서리를 가볍게 눌러 반죽이 틀에 잘 어우러져 있는지 확인한다.

❸ 아몬드 크림을 바닥면의 중심부터 소용돌이 모양으로 짜 넣고, 숟가락 등으로 평평하게 펼친다(짜 넣는 양은 타르트의 높이보다 조금 낮게 할 것).

  꼭 짜서 넣어야 하나요? 좀 귀찮을 것 같은데…

짤주머니를 사용하는 것은 크림을 균일한 두께로 넣기 우해서입니다. 숟가락으로 넣어도 되지만, 그러면 두께가 좀처럼 균일해지지 않고 크림 사이에 공기가 들어가는 등 오히려 더 귀찮아집니다. 짤주머니를 이용하는 것이 훨씬 간단합니다.

4 아몬드 슬라이스 장식하기

아몬드 크림 위에 아몬드 슬라이스를 한 장씩, 겹치지 않도록 주의하며 올린다.

아몬드 슬라이스가 겹치면 겹친 부분의 아래쪽 아몬드 슬라이스에 열이 통하지 않아 설구워지므로 주의합니다.

5 굽기

❶ 180℃로 예열한 오븐에(너무 탈 것 같으면 170℃로 낮춰서) 35~45분 굽는다.

❷ 열기가 가시면 틀에서 빼내 식힘 망 위에 올리고 완전히 식힌다.

아몬드 크림 만들기

아몬드 크림은 커스터드 크림이나 휘핑크림과 달리 그대로는 먹을 수 없습니다 주로 타르트나 파이의 반죽어 넣어 함께 굽는 크림입니다.

재료 만들기 쉬운 1회분

- **버터** … 50g
- **가루설탕** … 50g
- **달걀** … 1개
- **아몬드 파우더** … 50g

❶ 버터와 달걀은 실온데 두고 달걀은 잘 푼다. 아몬드 파우더는 체 친다.

❷ 버터를 볼에 넣고 거품기로 섞어 크림 상태가 되면, 가루설탕을 넣어 온전히 어우러질 때까지 비벼 섞는다.

❸ 푼 달걀을 조금씩 넣고 그때마다 섞어 합친다.

❹ 아몬드 파우더를 넣고 잘 섞어 합친다.

❺ 바로 사용하지 않을 경우에는 볼에 넣은 채로 랩을 씌워 냉장고에 넣고, 사용할 따 부드럽게 다시 갠다.

서양배 타르트

타르트 반죽 속에 아몬드 크림을 넣고 서양배 조림을 올려 함께 구운 타르트입니다.

서양배 시럽 조림을 얇게 썰어 올리면 색다른 모양을 연출할 수 있습니다.

표면에 살구잼을 발라 윤기를 내고 달콤새콤함을 더했습니다. 또 잘게 다진 피스타치오를 장식해 완성했습니다.

- **타르트 반죽**(166~168쪽 참조)
  … 기본 분량
- **아몬드 크림**
  - 버터 … 30g
  - 가루설탕 … 30g
  - 달걀 … 30g
  - 아몬드 파우더 … 30g
- **서양배 시럽 조림**
  (반으로 자른 것) … 5조각
- **살구잼** … 적당량
- **피스타치오** … 적당량

※ 1인분씩 만들고 싶을 때는 지름 6cm
타르틀레트 틀이나 타르트 링을
사용해 6개 만들 수 있다.

- **오븐 온도** : 180°C
- **굽는 시간** : 40분
- **열량** : 8등분했을 때 1조각
  415kcal

1 타르트 반죽 틀에 깔기

타르트 반죽을 만들고, 틀에 깔아
넣은 다음 냉장고에서 30분~1시간
식힌다.

2 미리 준비하기

❶ 서양배 시럽 조림은 페이퍼 타월
위에 올려 물기를 없앤다.

❷ 173쪽을 참고해 아몬드 크림을
만든다.

❸ 타르트 틀 혹은 타르트 링에 버
터(분량 외)를 얇게 바른다.

❹ 짤주머니를 1장 준비하여 지름
10mm의 원 깍지를 끼운다. (짤주머
니 사용법은 41쪽 참조)

3 아몬드 크림 채우기

❶ 아몬드 크림은 사용하기 전에 다
시 갠 다음 짤주머니에 넣는다.

❷ 타르트 반죽을 깐 틀을 냉장고
에서 꺼내 바닥면과 측면 경계의 모
서리를 가볍게 눌러 반죽이 틀에 잘
어우러졌는지 확인한다.

❸ 173쪽을 참고하여 아몬드 크림
을 소용돌이 모양으로 짜 넣는다.

 사진의 경우는 타르트 링을 사
용한 것이기 때문에 오븐 팬 위
에 두었다가 아몬드 크림을 짰
습니다.

❹ 서양배 시럽 조림을 아몬드 크림
위에 방사형으로 올린다.

❶ 180℃로 예열한 오븐에(너무 탈 것 같으면 170℃로 낮춰서) 40분 굽는다.

❷ 열기가 가시면 틀에서 꺼내 식힘망 위에 올리고, 완전히 식힌다.

❶ 피스타치오를 오븐 팬 위에 펼쳐 150℃로 예열한 오븐에서 약 5분 로스트한 다음 칼로 굵게 다진다.

❷ 타르트가 완전히 식으면 다시 졸인 살구잼을 윗면 전체에 붓으로 얇게 바른다.

 살구잼을 다시 졸이는 것에 대해서는 163쪽을 참조해 주세요.

❸ 서양배 중심에 다진 피스타치오를 소량 장식한다.

타르틀레트 만들기

이 장에서 소개한 지름 18cm의 타르트는 모두 지름 6cm의 타르틀레트 틀이나 타르트 링을 사용해 6개 만들 수 있습니다.

타르트와 타르틀레트는 오븐 온도는 바뀌지 않지만, 굽는 시간이 달라지는데, 작은 아망딘느는 35분, 다른 타르틀레트는 타르트의 경우보다 조금 짧아집니다.

CHAPTER 2

파이

파이는 여러 장 겹쳐 있는 형태의 반죽에 속을 올리는 것이므로,
반죽을 만들고 접는 방법을 먼저 소가합니다.
파이 반죽 만들기는 꽤 오랜 시간이 걸리므로
간단하게 접을 수 있는 속성 접기 방법도 함께 알려드립니다.
파이 반죽 만들기에 대한 설명이 끝나면, 여러 가지 파이 레시피를 소가합니다.
미국풍의 애플파이와 체리파이, 프랑스풍의 밀푀유와 ㅍㅌ비에 등
모두 맛있고 특별한 ㅍ-이읍니다.

파이 반죽을 '접기형 파이 반죽'이라 부르는 것은 가루를 물로 갠 반죽의 사이에 버터를 넣어 감싸고 3절 접기를 반복하면서 얇게 접어 가기 때문입니다. 3절 접기를 반복할 때마다 반죽과 버터는 얇게 퍼지면서 겹쳐 많은 층이 생기는데, 그것이 구워지면 잎이 겹쳐진 것처럼 보인다는 점에서 프랑스어로는 '푀이타주feuilletage'(푀이는 '잎', 푀이타주는 '잎과 같은')라 불립니다.

재료　기본 분량

- **반죽**(데트랑프)

※ 데트랑프(detrempe): 밀가루와 물, 녹인 버터와 소금을 섞은 반죽을 가리키는 말

　　강력분 … 125g
　　박력분 … 125g
　　소금 … 5g
　　버터 … 40g
　　차가운 물 … 125ml

- **버터** … 185g

※ 필요에 따라 덧가루 적당량

1　미리 준비하기

박력분과 강력분은 합쳐 섞어 체 친다.

2　반죽 만들기

❶ 볼에 박력분+강력분과 반죽용 버터, 소금을 넣어 섞어 합치고 버터를 손가락으로 비벼 섞는다.

❷ 차가운 물을 넣고 손가락으로 집듯이 하여 가루와 섞는다.

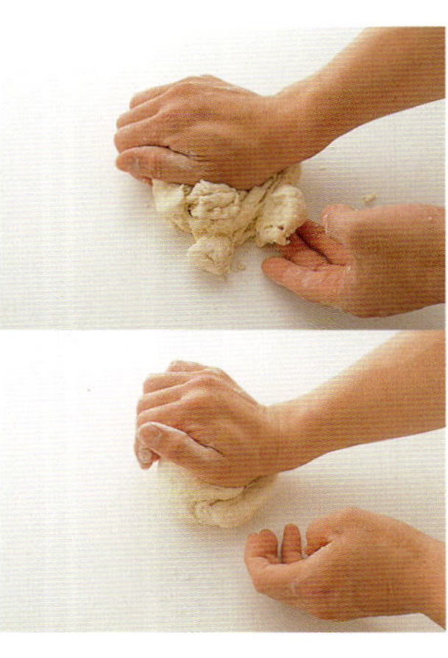

❸ 반죽을 반죽대 위에 꺼내 하나로 뭉치고 탄력이 조금 생길 때까지 손으로 확실히 반죽한다.

❹ 반죽 표면이 매끄러운 상태가 되면 둥글려서 중앙에 십자의 칼집을 조금 깊게 넣는다.

❺ 건조해지지 않도록 랩으로 감싸 냉장고에서 45분 이상 휴지시킨다.

3　버터의 굳기와 모양 조절하기

버터를 반죽대에 올려 덧가루를 뿌린 다음 밀대로 두드려 버터 속과 바깥의 굳기를 조절하고 밀대로 두께 1cm, 사방 20cm의 정사각형으로 다듬는다.

 이 버터는 냉장고에서 바로 꺼내 차갑게 굳은 상태의 것을 사용합니다.

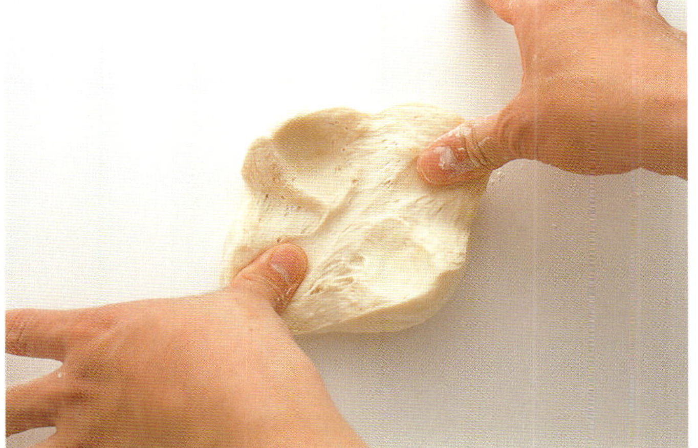

❶ 휴지시켜 둔 반죽을 냉장고에서
꺼내 가볍게 덧가루를 뿌린 반죽대
에 올리고 손가락으로 십자의 칼집
을 벌려 사방으로 눌러 펼친다.

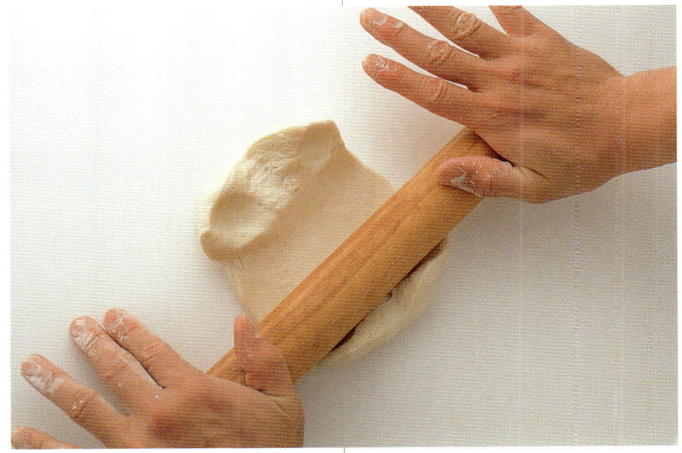

❷ 밀대로 30cm 크기의 정사각형
으로 편다.

❸ 반죽 중앙에 ❸에서 모양을 다
듬은 버터를 90° 비켜 올린다.

❸에서 모양을 다듬은 버터를
감쌀 수 있는 크기로 만들어야
합니다.

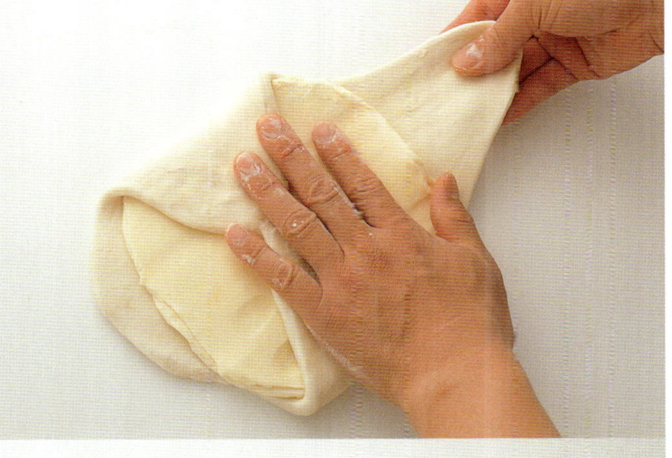

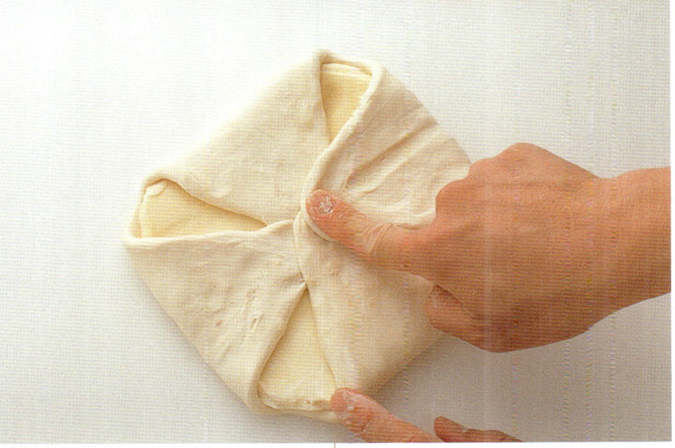

❹ 반죽의 네 모서리를 잡고 약간
펴는 느낌을 주면서 버터를 씌우듯
하여 중앙으로 모으고, 위에서 눌러
고정시킨다.

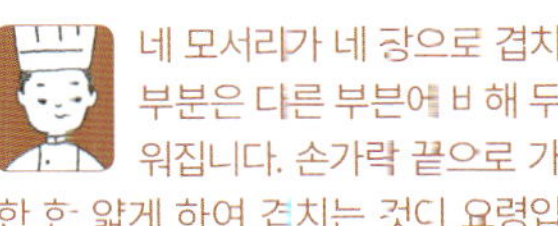
네 모서리가 네 장으로 겹치는
부분은 다른 부분에 ᄇ 해 두꺼
워집니다. 손가락 끝으로 가능
한 한 얇게 하여 겹치는 것디 요령입니
다.

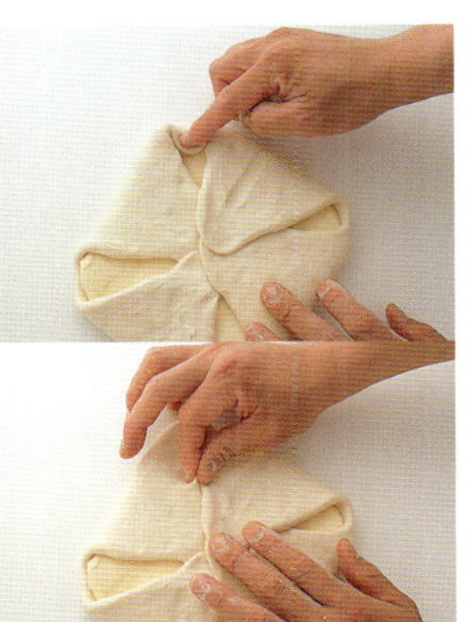

❺ 네 모서리의 버터 아래 반죽도
조금 펴는 느낌으로 버터에 씌운 다
음, 서로 마주하는 반죽의 가장자리
를 손가락 끝으로 얇게 펴서 2장을
집어 비틀 듯 닫는다. 이때 반죽과
버터 사이에 공기가 들어가지 않도
록 주의한다.

5 3절 접기 하기

❶ 덧가루를 뿌리고 나서 밀대로 가볍게 눌러 반죽과 버터를 어우러지게 한다.

❷ 몸에서 가까운 쪽 끝에서 약간 안쪽 부분과 몸에서 먼 쪽 끝에서 약간 안쪽 부분을 밀대로 눌러 우묵한 곳을 만든다.

❸ 우선 반죽의 중앙에서 몸에서 먼 쪽의 우묵한 부분까지, 다음으로 몸 쪽의 우묵한 부분까지, 절반씩 나눠 앞뒤로 편다.

끝까지 한 번에 펴면 버터가 튀어나오기 때문에 우묵한 곳에서 멈춥니다.

❹ 약 5mm의 두께로 펴되, 길이가 폭의 3배 정도가 되도록 펴고, 밀대를 세로로 하여 양 끝을 누른다. 그리고 끝에서 중심을 향해 밀대를 굴려 균일한 두께로 만든다.

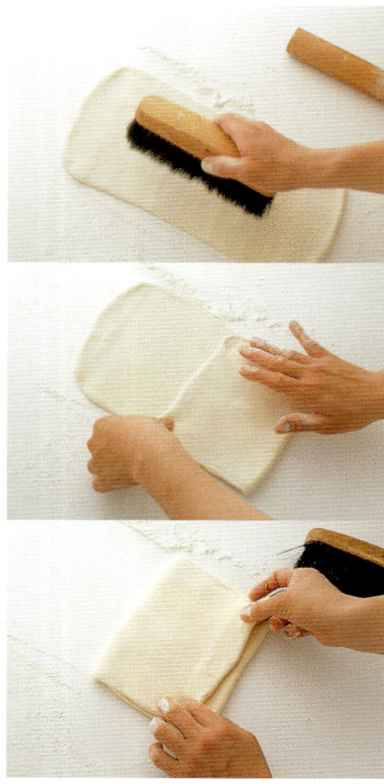

❺ 여분의 덧가루를 브러시로 털고 나서 반죽을 몸 쪽에서 1/3, 몸에서 먼 쪽에서 1/3을 접어 3절 접기를 한다(3절 접기 첫 번째).

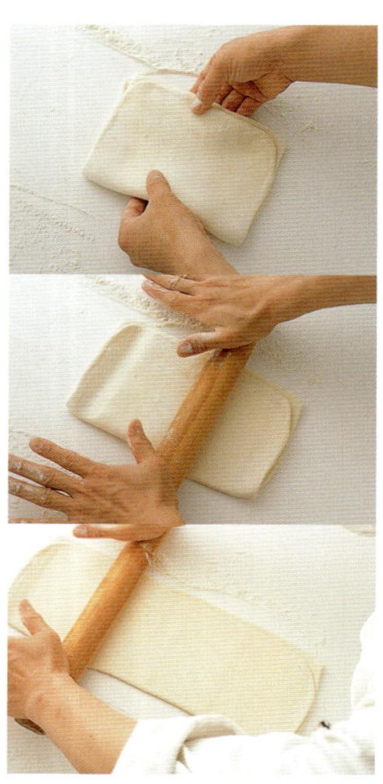

❻ 그대로 90° 회전시켜, ❷~❹와 같은 요령으로 펴서 균일한 두께로 만든다.

❼ 다시 3절 접기를 하고(3절 접기 두 번째), 접은 횟수를 알 수 있도록 손가락으로 2 표시(손가락 자국 2개)를 한다.

❽ 건조하지 않도록 랩으로 감싸고 바트에 올려 냉장고에 45분 이상 넣어 휴지시킨다.

❾ '펴서 3절 접기를 하는 것을 2회 한 다음 냉장고에서 휴지시킨다'의 작업을 앞으로 2번 더 반복하여 3절 접기를 총 6회 한다(3절 접기 6회 완성).

❿ 사용할 때까지 냉장고에 45분 이상 넣어 둔다.

이 반죽은 냉동 보존과 냉장 보존이 모두 가능합니다. 랩으로 감싸서 지퍼백 등에 넣어 다른 재료로부터 냄새가 옮지 않도록 하고, 굳을 때까지는 바트에 올려 평평한 상태로 보관합니다. 냉장이라면 1~2일, 냉동(가능하면 급속냉동)이라면 2주 정도 보존할 수 있습니다. 냉동했을 경우 전날 사용할 양만큼을 덜어내 냉장고에 옮겨 해동합니다.

2. 속성 접기형 파이 반죽

접기형 파이 반죽에 비하면 단기간에 만들 수 있고, 충분히 만족할 맛으로 구워지기 때문에 급할 때 편리합니다. 단, 들 요할 때에 단기간에 만들고 바로 사용할 것을 목적으로 한 반죽이기 때문에 보존해 두면 반죽과 버터가 어우러져 접기형 파이다운 느낌은 잃게 됩니다.

재료 기본 분량

- **강력분** … 125g
- **박력분** … 125g
- **소금** … 5g
- **차가운 물** … 125ml
- **버터** … 225g
※ 필요에 따라 덧가루 적당량

1 미리 준비하기

박력분과 강력분은 합쳐 체 친다. 버 터는 2cm 크기로 깍둑썰기 하고 사 용할 때까지 냉장고에 넣어 둔다.

2 반죽 만들기

❶ 볼에 박력분+강력분과 버터, 소 금을 넣어 섞어 합치고 버터에 가루 를 버무린다.

❷ 차가운 물을 넣어 섞고, 버터를 개지 않도록 조심하면서 손가락으 로 버터를 가루에 비벼 섞어 소보로 상태(바슬바슬한 상태)로 만든다.

3 3절 접기 하기

❶ 반죽을 반죽대에 꺼내고 스크레 이퍼로 반죽을 모은 다음 필요하면 덧가루를 가볍게 뿌리고 밀대로 눌 러 20×60cm 정도의 직사각형으 로 만든다.

❷ 스크레이퍼로 반대쪽에서 1/3의 반죽을 떠서 몸 쪽으로, 다음으로 몸 앞의 1/3 반죽을 반대쪽으로 되 접듯이 올려 20cm 크기의 정사각 형으로 만든다(3절 접기 첫 번째).

❸ 반죽을 90° 들리고 길이가 폭의 3배 정도가 되도록 밀대로 편 후 3 절 접기를 한다(3절 접기 두 번째).

❹ 바트에 올려 랩을 씌우고 냉장고 에 넣어 약 1시간 휴지시킨다.

❺ 반죽대에 덧가루를 뿌리고 그 위 에 반죽을 꺼내 올리고 반죽 위에도 덧가루를 뿌린다.

❻ 반죽을 밀대로 눌러 직사각형으 로 편 다음, 밀대를 앞뒤로 굴려 길 이가 폭의 3배 정도가 되도록 편다.

❼ 몸 쪽에서 1/3, 반대쪽에서 1/3 을 접어 3절 접기를 한다(3절 접기 세 번째).

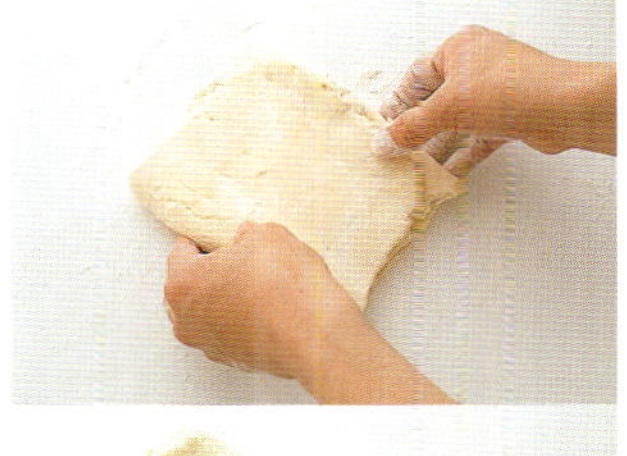

❽ 반죽을 90° 회전시켜 다시 길게 편 다음 3절 접기를 한다(3절 접기 네 번째).

❾ 랩으로 감싸 바트에 올리고 냉장 고어 넣어 약 1시간 휴지시킨다.

❿ 같은 요령으로 3절 접기를 두 번 반복한다. 총 6회 진행한다.

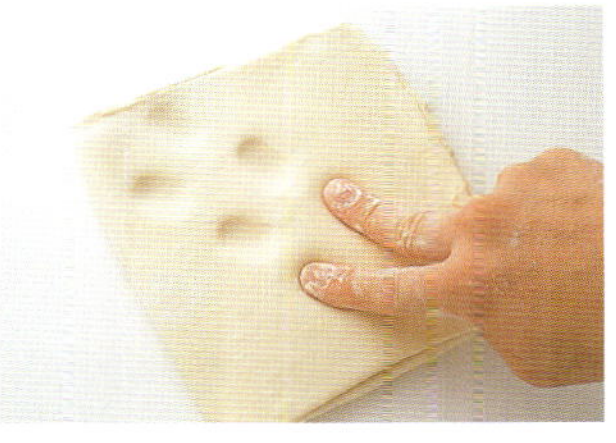

⓫ 사용할 때까지 냉장고게 넣어 둔 다.

애플파이

버터의 향에 감싸인 파이 속에는 달콤하게 졸인 사과가 듬뿍! 그리고 은은한 시나몬 파우더의 향까지!

파이 접시를 사용해 굽는 것은 아메리칸 스타일 파이의 특징 중 하나입니다.

가을이 되어 사과가 나오기 시작하면 누구나 만들고 싶어지는 홈메이드 파이의 하나로, 아메리칸 스타일 파이의 대표적인 존재입니다.

 **지름 21cm 파이 접시
1개분**

- **파이 반죽** (178~181쪽 참조)
  … 기본 분량
- **사과 속**
  ┌ 사과 … 2개
  │ 그래뉴당 … 50g
  │ 바닐라 빈 … 1/2개
  │ 레몬즙 … 1큰술
  │ 건포도 … 20g
  └ 시나몬파우더 … 소량
- **윤 내기용 푼 달걀** … 적당량
- **스펀지케이크**(지름 15cm,
  두께 1cm인 것 1장)
  ┌ 달걀 1개
  │ 그래뉴당 30g
  │ 박력분 30g
  └ 버터 10g

※ 필요에 따라 덧가루 적당량
※ 사과는 달콤새콤하고 딱딱한 것을
   고른다.
※ 파이 반죽은 접기형 파이 반죽 혹은
   속성 접기형 파이 반죽 어느 쪽을
   사용해도 좋다.
※ 여기에서 사용한 지름 21cm의 파이
   접시의 바닥 크기는 지름 15cm이다.

- **오븐 온도** : 200℃
- **굽는 시간** : 35~40분
- **열량** : 8등분했을 때 1조각
  324kcal

1 미리 준비하기

❶ 파이 반죽을 만들고 냉장고에 넣
어 둔다.

❷ 27~30쪽을 참고해 스펀지케이
크 반죽을 만들고, 지름 15cm의 원
형 틀에 흘려 구운 후 완전히 식으면
1cm 두께로 잘라(39쪽 참조) 나눈
다.

❸ 사과는 껍질을 벗겨 심을 제거하
고 반달 모양으로 자른다.

❹ 바닐라 빈은 칼로 껍질을 세로로
가르고 안의 씨를 긁어둔다. (137쪽
참조)

2 사과 속 만들기

❶ 냄비에 반달모양으로 자른 사과
와 그래뉴당, 바닐라 씨와 껍질, 레
몬즙을 넣어 불에 올리고 꼬치가 쏙
하고 통과될 때까지 졸인다.

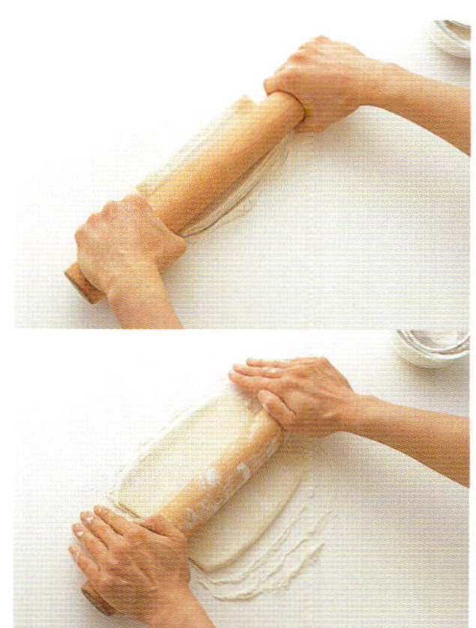

❷ 바닐라 껍질을 빼내고 볼로 옮겨
완전히 식으면 건포도와 시나몬파
우더를 넣어 섞는다.

3 파이 반죽 펴기

❶ 파이 반죽을 냉장고에서 꺼내고
작업대 위에 올려 3등분으로 자른
다.

  왜 3등분하는 건가요?

각각을 얇게 펴서 1장
은 파이 접시에 깔 바
닥 반죽으로, 1장은 위
에 씌울 뚜껑용 반죽으로(위아
래 반죽은 정사각형으로 폄), 또
한 장은 편 다음 3cm 폭의 띠 모
양으로 잘라 가장자리를 장식할
용도로 사용합니다.

❷ 반죽대에 가볍게 덧가루를 뿌리
고 1/3 양의 파이 반죽을 올린 후 파
이 반죽 위에도 덧가루를 가볍게 뿌
린다.

❸ 밀대를 양손으로 쥐고 파이 반죽
에 댄 다음 위에서 누르듯 하여 편
다. 원래의 절반 정도의 두께가 되면
밀대에 양 손바닥을 대고 앞뒤로 굴
리면서 반죽을 균일한 두께로 펴 간
다.

 반죽을 한 번에 펴는 것이 아
니라, 우선 워밍업으로 두께가
절반 정도가 될 때까지 펴고
그 다음에 굴리면서 얇게 펴 가는 것이
요령입니다.

❹ 조금 펴지면 반죽을 90° 회전시
키고(즉 세로로 하여) 좀 더 편 다음
다시 90° 회전시켜 펴 간다.

❺ 두께 2~3mm, 사방 21cm의 정
사각형으로 펴지면 여분의 덧가루
를 브러시로 털어낸다. ⇨ 바닥 반
죽 완성

❻ 나머지 반죽도 마찬가지로 펴서
사용할 때까지 냉장고에 넣어 둔다.

4 파이 접시에 바닥 반죽 깔기

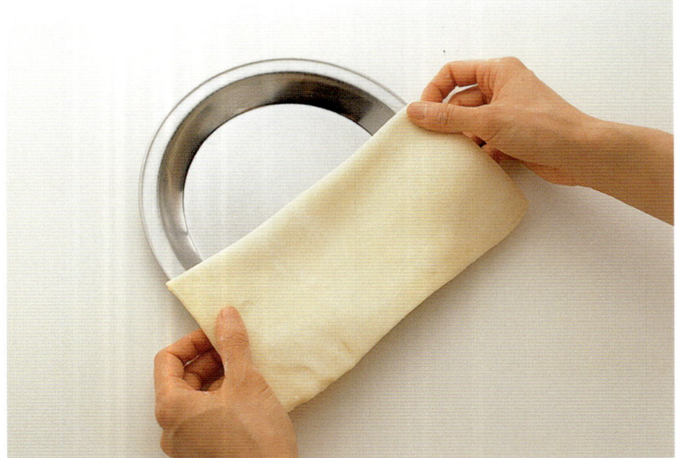

❶ 첫 번째 파이 반죽을 반으로 접어서 들고 파이 접시 중심에 올린 후 펼쳐서 파이 접시 전체를 씌운다.

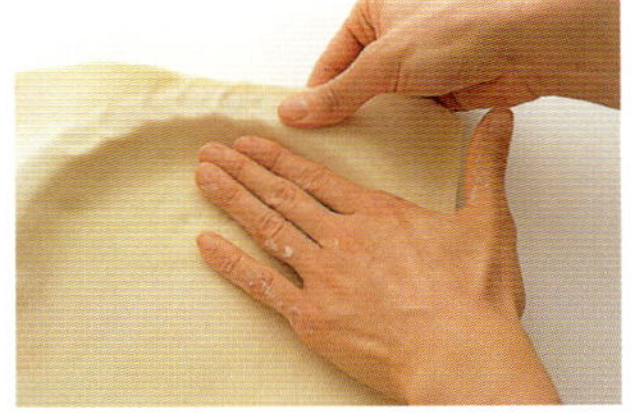

❷ 파이 반죽과 파이 접시 사이의 공기를 빼면서 깔아 넣되, 측면 부분을 딱 맞추고, 여분 반죽은 파이 접시 바깥으로 튀어나오게 한 다음 접시 가장자리에 걸고 반죽을 손가락으로 눌러 밀착시킨다.

❸ 포크로 바닥면 부분의 반죽을 찔러 구멍을 뚫는다.

5 사과 속 넣기

파이 반죽의 바닥에 스펀지케이크를 깔고 사과 속을 넣어 평평하게 펼친다.

❶ 붓으로 파이 접시 가장자리 반죽
에 물을 바른다.

❷ 뚜껑용으로 펴 둔 반죽을 반으로
접어 중심에 맞춘 후 한 장으로 펼쳐
씌운다.

❸ 파이 반죽과 사과 속 사이의 공
기를 바깥으로 빼내면서 펼쳐 전체
에 씌운다.

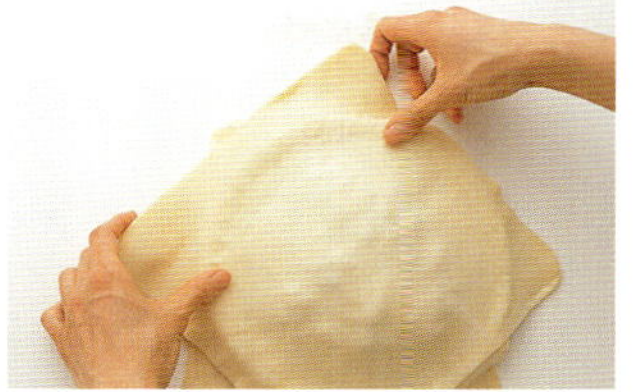

❹ 파이 접시 가장자리 반죽을 손가
락으로 눌러 밀착시킨다.

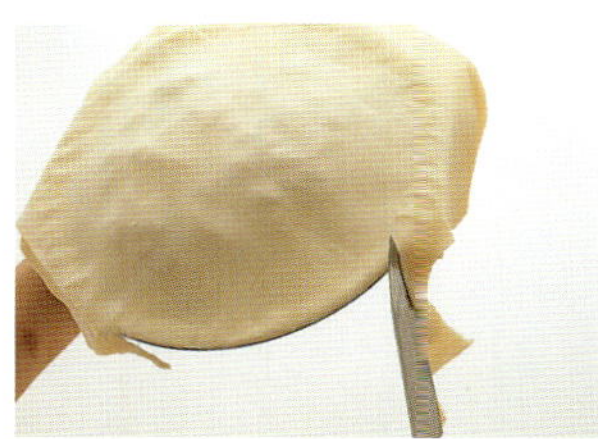

❺ 파이 접시를 들어 올려 파이 접
시에서 튀어나온 반죽을 칼로 잘라
낸다.

7 가장자리 장식하기

❶ ❸에서 펴 둔 반죽의 마지막 한
장을 폭 3cm의 띠 모양으로 4장 잘
라 나눈다.

❷ 붓으로 파이 접시에 씌운 반죽의
가장자리에 물을 바르고 띠 모양으
로 잘라둔 반죽을 붙인다.

8 달걀 바르기

❶ 붓으로 파이 반죽 전체에 윤 내
기용 푼 달걀을 바른다.

타르트에 노릇노릇한 색감과
윤기를 내기 위해서입니다.

윤 내기용 푼 달걀

달걀 1개를 잘 풀어 체에 거른 것. 위
사진처럼 붓으로 정성스러 바르도
록 합니다.

❷ 뚜껑 부분의 몇 군데를 칼로 찔
러, 굽는 동안 사과 속 수분이 빠져
나올 수 있도록 구멍을 뚫는다.

9 굽기

200℃로 예열한 오븐에 35~40분
굽는다.

체리파이

위에 씌운 파이 반죽은 띠 모양으로 잘라 그물처럼 장식하여 구웠습니다. 애플파이와 같은 클로즈드 스타일로 굽는 것도 가능합니다.

애플파이가 가을에서 겨울에 걸친 파이라면 초여름에 만들어 즐기고 싶은 아메리칸 파이의 하나입니다. 미국은 캔이나 병은 물론, 냉동 기술을 개발·발전시킨 나라로, 이 체리파이도 캔을 이용하는 일이 많은 듯합니다.

재료 **지름 21cm 파이 접시 1개분**

- **파이 반죽**(178~181쪽 참조)
  - … 기본 분량
- **체리 속**
  - ┌ 다크 체리(시럽 조림)
  - │   … 1캔(약 450g)
  - │ 그래뉴당 … 25g
  - │ 옥수수전분 … 6g
  - └ 레몬즙 … 1작은술
- **스펀지케이크**(183쪽 참조)
  - … 지름 15cm, 두께 1cm인 것 1장
- **윤 내기용 푼 달걀** … 적당량

※ 필요에 따라 덧가루 적당량

※ 파이 반죽은 접기형 파이 반죽 혹은 속성 접기형 파이 반죽 어느 쪽이어도 좋다.

※ 여기에서 사용한 지름 21cm의 파이 접시는 바닥 지름이 15cm이다.

- **오븐 온도** : 200℃
- **굽는 시간** : 40분
- **열량** : 8등분했을 때 1조각 257kcal

1 미리 준비하기

파이 반죽을 미리 만들어 냉장고에 넣어 둔다.

2 체리 속 만들기

❶ 다크 체리는 체에 걸러 열매와 시럽으로 나누고 열매는 200g, 시럽은 50g을 사용한다.

❷ 그래뉴당과 옥수수전분을 섞어 합친다.

❸ 냄비에 시럽과 ❷의 그래뉴당+옥수수전분을 넣어 불에 올리고 섞으면서 열을 가한다.

❹ 걸쭉해지면 체리 열매를 넣고 섞으면서 열을 가하고 레몬즙을 넣는다.

❺ 바트에 옮겨 펼치고 완전히 식힌다.

3 반죽 펴서 틀에 깔기

❶ 애플파이와 같은 방법으로 반죽의 1/3 양을 두께 2~3mm, 사방 21cm인 정사각형으로 편다. (183쪽 참조)

 파이 접시에 까는 바닥 반죽 1 장이 됩니다.

❷ 나머지 반죽을 두께 2~3mm, 한 변이 21cm 이상인 직사각형으로 펴고 2.5cm 폭의 띠 모양으로 7~8 개 자른다.

 위에 격자 모양으로 씌울 띠 모양의 반죽이 됩니다. 반죽은 꽤 남습니다.

❸ 애플파이를 참고해 파이 접시에 21cm짜리 정사각형 파이 반죽을 깔아 넣고 포크로 찔러 구멍을 낸 다. (184쪽 참조)

4 체리 속 넣고 띠 모양의 반죽 씌우기

❶ 파이 반죽의 바닥에 스펀지케이크를 깔고 완전히 식힌 체리를 넣어 평평하게 펼친다.

❷ 파이 반죽의 가장자리에 붓으로 물을 바르고, 띠 모양의 반죽 5~6개를 격자 모양으로 올린다.

❸ 파이 접시에서 튀어나온 반죽을 잘라낸다.

❹ 붓으로 반죽의 가장자리에 물을 칠한 다음, 나머지 띠 모양의 반죽을 가장자리를 따라 둘러 붙인다.

❺ 붓으로 띠 모양의 파이 반죽에 윤 내기용 푼 달걀(달걀을 풀어서 체에 거른 것)을 바른다.

5 굽기

20℃로 예열한 오븐에 40분 굽는다.

밀푀유

프랑스어로 '밀^{mille}'은 '1000', '푀유 ^{feuill}'는 '잎'을 의미하며, 밀푀유는 파이 과자의 얇은 층이 수없이 많이 겹쳐 있는 모습을 형용한 이름입니다.

본래는 파이를 3장 겹치고 사이에 커스터드 크림을 끼워 구성하지만 가정용 칼로는 잘라 나누기 어렵기 때문에 2장을 겹치고 나머지 파이는 장식으로 사용해 보았습니다.

재료 **6×30cm의 것 1개분**

- **접기형 파이 반죽**(178~180쪽 참조)
  ⋯ 기본 분량의 1/2
- **커스터드 크림**(202쪽 참조)
  ⋯ 기본 분량
- **휘핑크림**
  - 생크림 ⋯ 100g
  - 가루설탕 ⋯ 8g
- **마지막에 뿌릴 가루설탕**
  ⋯ 적당량

※ 필요에 따라 덧가루 적당량

※ 여기에서는 40×30cm 크기의 오븐 팬을 사용. 오븐 팬 크기에 따라 완성 크기는 바뀐다.

- **오븐 온도** : 190℃
- **굽는 시간** : 30~40분
- **열량** : 4등분했을 때 1조각 633kcal

---

1 미리 준비하기

❶ 접기형 파이 반죽을 미리 만들고 냉장고에 넣어 둔다.

❷ 커스터드 크림을 만들어 냉장고에 넣어 둔다.

❸ 짤주머니를 2개 준비하여 지름 11mm의 원 깍지를 끼운다. (짤주머니 사용법은 41쪽 참조)

2 반죽 펴기

❶ 파이 반죽을 가볍게 덧가루를 뿌린 반죽대 위에 올리고, 밀대로 두께 2~3mm, 오븐 팬에 딱 들어갈 정도 크기로 편다.

 반죽 펴는 방법은 애플파이의 경우와 같습니다. 183쪽을 참조해 주세요.

❷ 반죽을 오븐페이퍼를 깐 평평한 것에 올린 후 냉장고에 넣어 약 15분 휴지시킨다.

3 굽기

❶ 반죽을 오븐 팬에 올리고 피케 롤러 혹은 포크로 반죽 전체에 제대로 구멍을 뚫는다.

❷ 굽는 동안 너무 부풀지 않도록 망을 올린다.

네모난 식힘망 등이 너무 무겁지도, 너무 가볍지도 않아 딱 좋습니다. 청결한 것으로 사용해 주세요.

❸ 190℃로 예열한 오븐에 넣고 노릇노릇한 색이 어렴풋이 올라오면 오븐에서 꺼내고 망을 뺀다.

❹ 190℃로 예열된 오븐에 다시 넣고 파이 반죽이 층이 되어 뜨고, 속까지 바삭하고 노릇노릇하게 먹음직스러운 색이 될 때까지 굽는다.

굽는 시간의 기준은 30~40분이지만 구워진 색이나 속까지 제대로 구워졌는지를 확인해서 가감해 주세요.

❺ 열기가 가시면 식힘망 위에 꺼내 완전히 식힌다.

4 크림 짜 넣고 완성하기

❶ 커스터드 크림은 매끄럽게 다시 개고, 휘핑크림은 80~90% 정도로 거품 낸 다음(31쪽 참조) 각각을 짤주머니에 채운다.

❷ 완전히 식은 파이의 양 끝을 잘라내 정리하고 폭 6cm로 2장을 잘라 나눈다.

❸ 나머지 파이는 손으로 적당한 크기로 부순다.

❹ 폭 6cm의 파이를 23cm 길이로 가지런히 자른 다음, 1장에 커스터드 크림을 짠다.

❺ 다른 한 장의 파이를 씌운 다음 1조각분의 표시를 한다.

나중에 자르기 쉽도록 표시를 해둡니다.

❻ 커스터드 크림과 휘핑크림을 각각 원뿔 모양으로 짜고, 크림을 받침으로 하여 부숴둔 파이를 장식한다.

❼ 파이 위에 가루설탕을 듬뿍 뿌린다.

피티비에pithiviers는 틀이나 파
이 접시를 사용하지 않고 모
양을 만들며, 중심부터 파도
가 물결치는 듯한 독특한 모
양을 내는 것이 특징입니다.

피티비에

프랑스를 대표하는 파이 과
자입니다. 원래 프랑스 중부
에 있는 피티비에 시의 명물
이었지만 지금은 전 세계에
그 맛이 알려졌습니다.

파이 속에는 아몬드 크림
이 듬뿍 들어 있습니다.

- **접기형 파이 반죽**(178~180쪽 참조) … 기본 분량의 1/2
- **아몬드 크림**
  - 버터 … 50g
  - 가루설탕 … 50g
  - 달걀 … 1개
  - 아몬드 파우더 … 50g
  - 박력분 … 10g
- **윤 내기용 푼 달걀** … 적당량
- **가루설탕** … 적당량

※ 필요에 따라 덧가루 적당량

- **오븐 온도** : 200℃
- **굽는 시간** : 20분+30분
- **열량** : 6등분했을 때 1조각 439kcal

1   미리 준비하기

❶ 접기형 파이 반죽을 미리 만들고 냉장고에 넣어 둔다.

❷ 아몬드 크림은 173쪽을 참고해 만들되, 박력분을 넣어 만든다.

❸ 41쪽을 참고해 짤주머니에 지름 13mm의 원 깍지를 끼운다.

2   반죽 펴기

❶ 파이 반죽을 두 개로 잘라 나눠 한 조각만 사용한다.

❷ 사용할 파이 반죽을 다시 두 개로 잘라 나눈다.

❸ 각각을 가볍게 덧가루를 뿌린 반죽대 위에 올리고 밀대로 20cm 크기의 정사각형으로 편다.

❹ 각각을 오븐페이퍼 위에 올리고, 지름 30cm 정도의 바닥 판 혹은 뒤집은 바트에 올린 다음 냉장고에 잠시 넣어 휴지시킨다.

냉장고에서 구부러지거나 울퉁불퉁한 상태로 굳지 않게 하기 위해 평평한 것 위에 올려 두는 것입니다.

3 파이 반죽에 아몬드 크림 끼우기

❶ 짤주머니에 아몬드 크림을 채운다.

❷ 냉장고에서 반죽을 꺼내 1장(바닥 반죽용)을 바닥 판 혹은 거꾸로 한 바트 등에 오븐페이퍼째 올리고, 중앙에 지름 11cm의 원형 자국을 낸다.

여기에서는 전용 볼로방Vol-au-vent(불오방, 파이의 한 종류) 틀을 사용했지만, 가정에서는 두꺼운 종이를 원형으로 잘라 사용하면 됩니다.

❸ 붓으로 지름 11cm의 원 바깥쪽에 물을 얇게 바른 다음 아몬드 크림을 원의 중심에서 원형 자국까지 소용돌이 모양으로 짠다.

❹ 나머지 한 장의 반죽을 반으로 접어 바닥 반죽의 중심에서 45° 비켜 올리고, 1장으로 펼치면서 반죽과 크림 사이의 공기를 빼고 아몬드 크림 위에 딱 맞게 씌운다.

 어째서 45° 비켜서 씌우는 건가요?

반죽이 수축하려는 힘을 분산하기 위해서입니다. 반죽을 같은 방향으로 겹치면 네 방향으로 수축이 일어나지만, 45° 비켜서 겹치면 여덟 방향이 되어 깔끔한 둥근 모양으로 되기 쉽습니다.

❺ 아몬드 크림의 주위를 손가락으로 제대로 눌러 위아래의 반죽을 붙인다.

❻ 냉장고에 15분 정도 넣어 반죽이 제대로 굳을 때까지 휴지시킨다. 단, 30분 이상 두면 구웠을 때 부풀기가 나빠지므로 주의한다.

4 장식하기

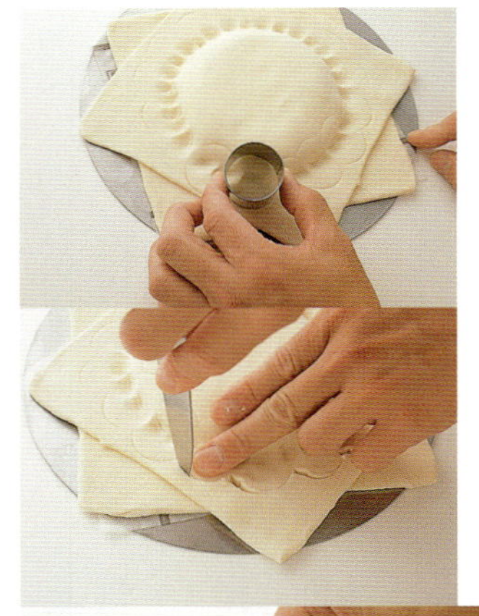

❶ 지름 4cm의 둥근 틀을 이용하여 손가락 자국을 따라 반원 모양을 만들고 칼을 이용해 가리비 모양으로 잘라낸다.

❷ 붓으로 표면 전체에 윤 내기용 푼 달걀(달걀을 풀어서 체에 거른 것)을 바른다.

❸ 칼끝으로 중심에 구멍을 낸 다음 지름 8cm의 세르클을 이용해 파도가 물결치는 듯한 줄을 긋고, 그 모양에 맞춰 반죽의 두께 절반 정도까지 칼집을 넣는다(잘라버리지 않도록 주의할 것!).

❹ 중심 원에서 아래까지 일정한 간격으로 예쁜 모양을 만든다.

❺ 가장자리의 가리비 부분에도 비스듬한 격자 모양으로 즐을 긋는다.

❻ 칼끝으로 줄 모양을 따라 몇 군데에 증기가 빠져 나갈 구멍을 뚫는다.

 굽기

❶ 오븐 팬에 올려 200℃로 예열한 오븐에 20분 굽고 꺼내 가루설탕을 듬뿍 뿌린다.

❷ 200℃로 예열된 오븐에 다시 넣어 30분 더 굽는다(총 50분).

200℃의 온도로 구우면 가루설탕이 녹아 표면이 카라멜리제 caraméliser(엿처럼 되어 탄 상태) 상태가 됩니다.

오븐에 따라 굽는 시간은 45분~1시간으로 다소 차이가 생깁니다. 오븐의 상태를 보며 조절해 주세요.

6

슈 과자

CHOUX

슈는 프랑스어로 '양배추'라는 의미로,

이 과자의 반죽을 둥글게 짜 구우면 뭉게뭉게 부풀어 올라

반죽 표면이 갈라져 양배추와 같은 모양으로 완성된다는 것에서 붙은 이름입니다.

구워진 슈 자체에는 단맛이 없고, 부풀어 오른 슈 껍질 속은 텅 비어 있기 때문에

맛있는 크림을 듬뿍 채워 슈 껍질과 크림이 하나가 된 맛을 즐깁니다.

채우는 크림은 바닐라 풍미의 커스터드 크림이 기본이지만,

커피나 초콜릿, 캐러멜, 말차 등으로 풍미를 바꿔 즐길 수 있습니다.

그 외에 휘핑크림을 짜서 겹치거나 섞어서 디플로마 크림으로 만들거나,

혹은 버터크림을 섞거나 하면 응용할 수 있는 범위는 넓어집니다.

또, 링 모양으로 짜 올리거나 크고 작은 양배추 모양으로 구운 것을 합치거나

탑처럼 쌓아 올리거나, 혹은 구운 다음 백조나 꽃바구니 모양으로 조합하거나,

길고 가늘게 짜서 에클레어나 카롤린으로 만드는 등 다양하게 응용할 수 있습니다.

슈크림
슈 과자의 기본. 슈 반죽을 둥
글게 굽고 속에 커스터드 크
림을 듬뿍 채웠습니다.

슈 샹티이
슈크림의 변형. 속에 커스터
드 크림을 채우고 휘핑크림
을 나선 모양으로 높이 짠 후
딸기를 장식했습니다.

슈 페리고
역시 슈크림의 변형. 슈 반죽
위에 아몬드 다이스를 뿌려
굽고, 속에는 커스터드 크림
과 거품 낸 생크림을 섞은 디
플로마 크림을 채웠습니다.

슈크림의 본고장 프랑스에서의 이름은 '슈 아 라 크렘choux à la crème'으로, '아 라 크렘'은 '크림이 들어간', '크림 풍미'라는 뜻입니다. 영어로는 '크림 퍼프cream puff(퍼프는 '폭신하게 부풀어 오른 것'이라는 의미)'라 불리고 독일어로는 '빈트보이텔Windbeutel('바람 주머니'라는 뜻)'입니다. 전 세계에서 사랑받고 있는 인기 과자입니다.

슈크림

슈 과자의 기본

슈크림 중에서도 가장 기본이 되는 것은 커스터드 크림을 채운 것. 가루설탕을 얇게 뿌려 심플하게 구웠습니다.

- **슈반죽**
  - 물 … 100ml
  - 버터 … 45g
  - 소금
    … (세 손가락으로) 한 꼬집
  - 박력분 … 60g
  - 달걀 … 2개
- **윤 내기용 푼 달걀** … 적당량
- **커스터드 크림**
  - 우유 … 500ml
  - 바닐라 빈 … 1/2~1개
  - 달걀노른자 … 6개(120g)
  - 그래뉴당 … 150g
  - 박력분 … 50g
- **가루설탕** … 적당량

- **오븐 온도** : 200℃
- **굽는 시간** : 30분
- **열량** : 1개 157kcal

1 미리 준비하기

❶ 박력분은 체 치고, 달걀은 실온에 둔다. 그리고 버터는 1cm 크기로 깍둑썰기 한 다음 실온에 둔다.

슈를 만들 때는 버터와 다른 재료들을 함께 냄비에 넣어 완전히 끓여야 하기 때문에, 버터를 실온에 두고 작게 잘라두는 것이 중요합니다.

어차피 끓일 것인데 그렇게 해야 하는 이유가 무엇인가요?

버터가 녹는 데 시간이 걸리면 오랫동안 계속하여 끓이게 되고, 그러다 보면 수분이 증발해 양이 줄어버려 실패의 원인이 됩니다. 끓어오르는 것과 동시에 버터가 다 녹도록 해야 하는 것입니다.

한 가지 더 말씀드리면, 버터 대신 샐러드유를 사용해도 되지만, 풍미를 좋게 하려면 버터를 추천합니다. 그리고 물의 일부를 우유로 하면 반죽의 감칠맛이 늘고 다 구웠을 때 색이 진해집니다.

❷ 버터(분량 외)를 실온에 두어 부드럽게 한 다음 오븐 팬에 손바닥으로 얇게 펴바른다.

버터를 두껍게 바르면 다 구워진 반죽의 바닥에 떠버리므로 주의하세요. 아주 얇게 바르기 위해서는 붓을 사용하는 것보다 손바닥으로 바르는 것이 좋습니다.

❸ 202쪽을 참고해 커스터드 크림을 기본 분량의 2배로 만들고 차갑게 해 둔다.

❹ 짤주머니 2개와 지름 10㎜의 원 깍지 2개를 준비한다.

 반죽 만들기

A | 반죽 베이스에
열 가하기

❶ 지름 18cm 정도의 깊은 냄비를
준비하고, 물과 작게 자른 버터, 소
금을 넣어 불에 올리고 버터를 녹이
며 펄펄 끓인다.

여기에서 완전히 끓일
것! 온도계로 100℃
이상이 되었는지를 확
인하면 좋습니다. 그리고 펄펄
끓어오름과 동시에 버터가 다
녹도록 불을 조절해 주세요.

펄펄 끓지 않으면 어떻
게 되나요?

물, 소금, 버터의 온도
가 낮으면 다음 단계에
서 가루에 열이 가해지
기 어려워 슈가 부풀지 않는 원
인이 됩니다.

❷ 불을 끄고 박력분을 한 번에 넣
어 고무주걱으로 세게 갠다.

❸ 계속 개고, 전체가 매끄럽게 연
결되어 한 덩어리가 되면 다시 불을
켜고 냄비 안쪽의 측면에 반죽을 펼
치듯 하여 제대로 섞으면서 반죽에
열을 더해 수분을 날린다.

가루에 수분을 골고루 퍼지게
하고 열을 가하면 전분이 고화
하여 반죽에 찰기가 생깁니다.
반죽이 달라붙지 않고 냄비 바닥에 얇
은 막이 깔리는 상태면 됩니다.

❶ 반죽을 볼로 옮기고 달걀은 잘 푼다.

❷ 반죽에 달걀을 조금씩 넣으면서 고무주걱으로 빠르게 섞어 합친다.

달걀은 어느 정도씩 넣는 것이 좋나요?

우선 절반 정도. 그 다음은 2~3번으로 나눠 넣습니다. 중요한 것은 넣은 달걀이 반죽에 완전히 섞였는지 확인한 후 다음을 넣는 것입니다.

❸ 반죽의 굳기를 확인하면서 푼 달걀을 조금씩 넣고 그때마다 고무주걱으로 빠르게 섞는다 충분히 부드러워지고 고무주걱으로 들어 올렸을 때 주걱에서 천천히 그리고 역삼각형 모양으로 떨어지는 상태면 된다.

반죽이 제대로 됐다면 달걀 2개분을 모두 넣었을 때 딱 좋은 굳기가 될 것입니다.

Note

실패한 반죽의 예

반죽이 너무 부드러워 주걱에서 역삼각형 형태로 떨어지지 않고 계속 연결되면서 떨어진다.

이런 경우에는 짜는 단계에서 둥글게 짜도 넓게 퍼지게 됩니다.

반죽이 너무 굳어서 도중에 끊어지고 뚝하고 떨어져 버린다.

이 경우는 짜는 단계에서는 관찮지만 굽는 단계에서 부풀기가 나쁘고, 작고 딱딱한 슈가 되어버립니다.

3 반죽 짜기

❶ 지름 5cm의 원형 틀이나 세르클을 덧가루(가능하면 강력분·분량 외)에 담갔다가 버터를 얇게 발라둔 오븐 팬에 간격을 두면서 찍어 자국을 낸다.

 슈 반죽은 구우면 부풀기 때문에 간격을 충분히 두어야 합니다. 가정용 오븐이라면 7개씩 2회로 나누어 굽는 것을 추천합니다.

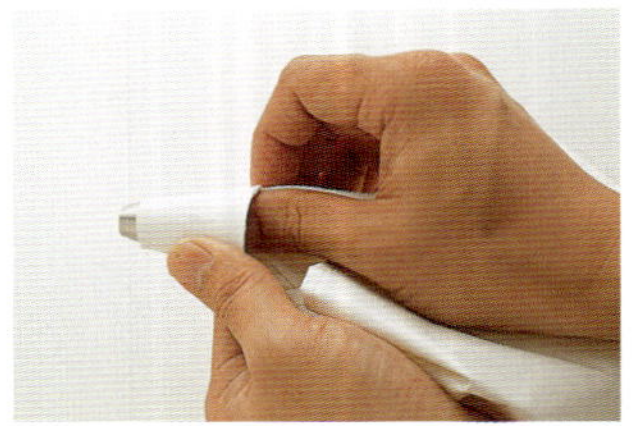

❷ 짤주머니에 깍지를 넣고 깍지 입구 부분의 주머니를 비틀어 깍지 안으로 밀어 넣는다.

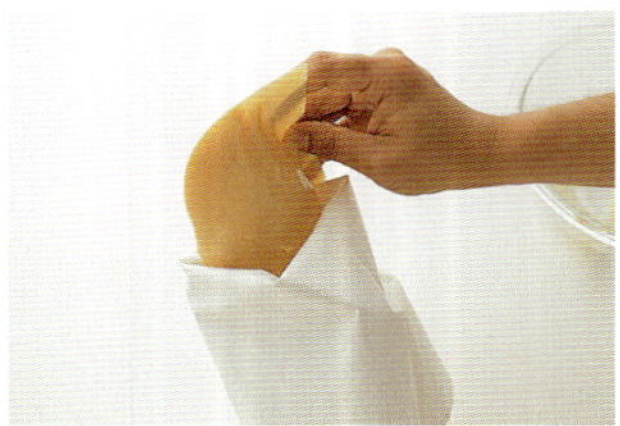

❸ 반죽을 짤주머니에 넣는다.

❹ 짤주머니를 작업대 위에 두고 스크레이퍼 등으로 반죽을 깍지 쪽으로 민다.

❺ 짤주머니를 깍지를 위로 해서 들고 깍지를 당겨 팽팽하게 한 후 반죽을 깍지 끝까지 보낸 다음, 오픈 팬에 만들어 둔 틀 자국에 맞춰 지름 5cm의 원형으로 짠다. 이때, 나머지 반죽은 건조하지 않도록 주의하고 따뜻한 곳에 둔다.

 깍지를 원의 중앙 한 곳에 고정하여 짤 것! 깍지는 움직이지 않습니다. 움직이면 예쁜 원 모양이 되지 않아요.

4 달걀 바르기

❶ 윤 내기용 푼 달걀을 준비하고, 붓으로 반죽 표면에 얇게 바른다.

 오븐 속에서 반죽 표면이 건조해 버리면 부풀기가 나빠지기 때문에 습기를 보충하기 위해 바릅니다. 이때 너무 많이 바르면 부풀기 어려워집니다. 달걀을 바르는 대신 물을 분무기로 뿌리는 방법도 있습니다. 이 방법은 반죽에 골고루 습기를 줄 수 있기 때문에 실패의 위험이 줄어듭니다.

❷ 포크의 등을 푼 달걀에 댔다가 슈의 표면에 세로와 가로로 대서 가볍게 눌러 격자 모양을 남긴다.

 **왜 누르는 건가요?**

 모양을 정돈하기 위해서입니다. 짠 자국이 남아 있다면 지우고, 높이를 가지런히 합니다.

5 굽기

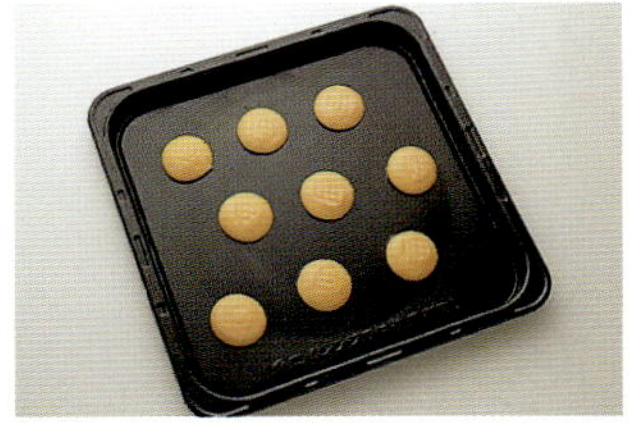

❶ 200℃로 예열한 오븐에 30분 굽는다.

 구워져서 굳기 전에 차가운 공기에 닿으면 반죽이 오므라듭니다. 따라서 적어도 처음 20분은 절대로 오븐 문을 열어서는 안 됩니다.

❷ 뭉게뭉게 부풀어 오르고, 균열이 생기고, 30분 구워 노릇노릇한 색도 제대로 나기 시작했다면 꺼내서 식힘망 위에 옮겨 식힌다.

 완성되었는지 확인하는 포인트는 〈1-부풀어 오른 표면의 균열된 속까지 제대로 노릇노릇해져 있을 것, 2-들었을 때 가볍게 느껴질 것, 3-껍질의 측면을 눌렀을 때 제대로 단단할 것〉의 세 가지입니다.

❸ 나머지 반죽도 같은 방법으로 굽는다.

슈의 성공과 실패 사례 비교

오른쪽은 이상적으로 부풀어 구워진 슈. 왼쪽은 반죽이 너무 부드러워서 짰을 때 평평하게 펴져 충분히 부풀지 못하고 균열이 예쁘게 일어나지 않은 슈

오른쪽은 이상적으로 부풀어 구워진 슈. 왼쪽은 굽는 도중 오븐을 열어 아직 반죽이 부드러운 사이에 차가운 공기를 맞으면서 내부의 공기가 수축해 껍질도 수축해버린 슈

6 슈 분리하고 크림 채우기

❶ 차갑게 둔 커스터드 크림을 볼에 넣고 고무주걱으로 다시 개서 매끄럽게 한다.

 커스터드 크림을 커디나 말차 풍미로 바꿔 즐길 수도 있습니다.

❷ 식은 슈의 위 1/3 부분을 빵칼로 잘라 윗부분과 아랫부분을 나눈다.

❸ 아랫부분(아래 2/3 부분)에 크림을 듬뿍 채울 것이므로 안에 퍼져 있는 막을 손가락으로 눌러 깨끗하게 비운다.

 이것을 해두지 않으면 크림이 깨끗하게 들어가지 않아요.

 크림은 듬뿍 채우고 싶으니 반드시 하도록 할게요!

❹ 커스터드 크림을 짤주머니에 넣어 아랫부분 슈에 듬뿍 짜 넣는다.

❺ 크림 위에 윗부분 슈를 씌운다.

❻ 가루설탕을 뿌린다.

커스터드 크림 만들기

부드러운 맛과 매끄러운 식감이 맛있는 익숙한 크림입니다. 슈에 듬뿍 채워 맛봅시다.

재료 기본 분량 · 약 340g분

- **달걀노른자** … 3개
- **그래뉴당** … 75g
- **박력분** … 25g
- **우유** … 250ml
- **바닐라 빈** … 1/4~1/2개

1 미리 준비하기

바닐라 빈 껍질에 세로로 칼집을 넣고, 안에 꽉 차 있는 씨(빈즈)를 칼로 긁는다.

바닐라 빈을 구할 수 없을 때는 천연성분 바닐라 엑스트라나 에센스로 대용합니다. 커스터드 크림에 사용할 경우는 바닐라 엑스트라라면 1~2작은술, 에센스라면 1/3~1/2작은술을 충분히 끓인 단계에서 넣습니다. 합성성분 제품을 사용할 경우는 1방울 정도로 해주세요.

2 재료 합치기

❶ 두꺼운 냄비에 우유, 바닐라 빈의 씨와 껍질을 넣어 불에 올리고 끓어오르기 직전까지 데운다.

❷ 볼에 달걀노른자를 넣어 풀고 그래뉴당, 박력분 순으로 넣으며 그때마다 섞는다.

❸ ❷에 끓어오르기 직전까지 데운 우유+바닐라 씨+껍질을 넣어 푼다.

❹ 체에 거르면서 우유를 데운 냄비에 다시 넣는다.

3 열 가하기

❶ 냄비에 열을 가하고 거품기를 냄비 바닥의 모서리에 눌러 대듯 하며 끊임없이 움직여 섞으면서 제대로 끓어오르게 한 다음, 타지 않도록 주의하며 졸인다.

특히 냄비 바닥의 모서리에 주의하여 거품기- 구석구석까지 닿도록 하는 것이 중요합니다. 덩어리가 생기거나 타기 쉬우므로 때때로 불에서 내려 제대로 섞고 다시 끓어오르게 하면 실패를 막을 수 있습니다.

❷ 끓어올라 전체가 걸쭉해지면 점점 타기 쉬워지므로 보다 빠르게 제대로 섞으면서 계속 열을 가한다. 윤기가 생기고 들어 올렸을 때 스륵 하고 떨어지면 완성된 것이다.

4 식히기

❶ 바트에 넣어 얇게 펼친 다음, 반죽의 표면에 랩을 올리고 손바닥으로 누르듯 하여 사이에 들어간 공기를 빼면서 밀착시켜 덮는다.

 **왜 랩으로 덮는 건가요?**

 위생을 위해서, 그리고 건조를 막기 위해서입니다. 아무것도 해두지 않으면 크림 표면이 굳어 딱딱해져 매끄러운 식감이 되지 않습니다.

❷ 바트 바닥을 얼음물에 대서 빠르게 식힌다.

 커스터드 크림은 특히 상하기 쉬운 크림입니다. 다 조렸다면 가능한 얇게 펼쳐 빠르게 식히는 것이 중요합니다. 얼음물에 대서 한 번에 30℃ 이하로 식히고 냉장고에 넣어 다시 식힙니다.

❸ 사용할 때까지 냉장고에 넣어 둔다.

5 다시 개기

❶ 사용하기 직전에 냉장고에서 꺼내 볼에 넣는다. 이때 크림이 1장이 되어 바트에서 꺼끗하게 떨어진다면 좋은 상태이다

❷ 고무주걱으로 다시 개서 매끄러운 상태로 만든다.

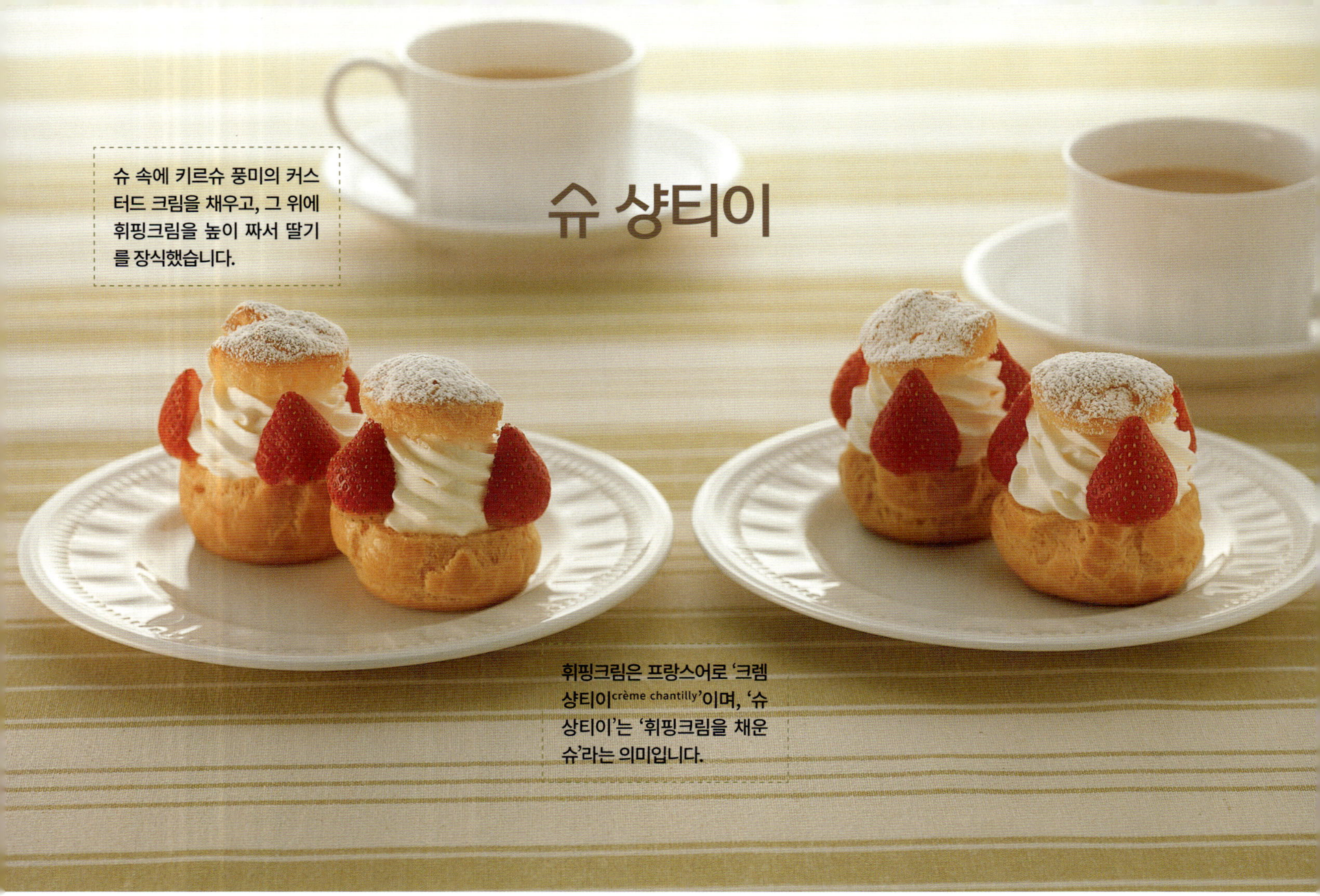

슈 샹티이

슈 속에 키르슈 풍미의 커스터드 크림을 채우고, 그 위에 휘핑크림을 높이 짜서 딸기를 장식했습니다.

휘핑크림은 프랑스어로 '크렘 샹티이crème chantilly'이며, '슈 샹티이'는 '휘핑크림을 채운 슈'라는 의미입니다.

재료 지름 6cm의 것 14개분

- **지름 6cm의 슈** … 14개
- **키르슈 풍미의 커스터드 크림**
  - 커스터드 크림 … 기본 분량
  - 키르슈 … 10ml
- **휘핑크림**
  - 생크림(유지방분 45~48%) … 200ml
  - 그래뉴당 … 16g
- **가루설탕** … 적당량
- **딸기** … 21알

- **오븐 온도** : 200°C
- **굽는 시간** : 30분
- **열량** : 1개 153kcal

1 미리 준비하기

❶ 202쪽을 참고해 커스터드 크림을 만든다.

❷ 짤주머니 2개를 준비하여 지름 10mm의 원 깍지와 지름 8mm의 별 깍지를 끼워둔다. (짤주머니 사용법은 41쪽 참조)

2 슈 굽기

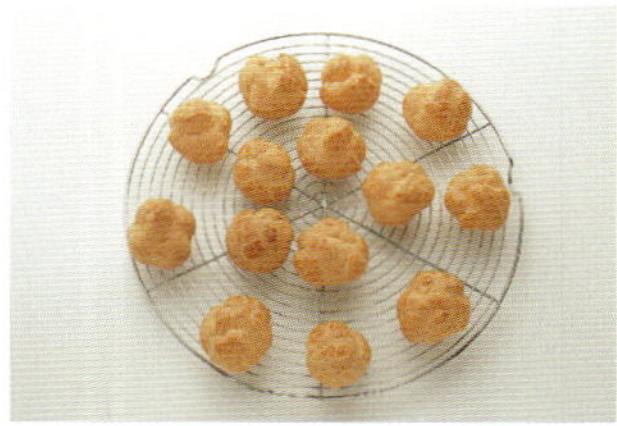

슈는 197~200쪽의 슈크림을 참고해 같은 방법으로 굽고 식힌다.

3 크림과 딸기 준비하기

❶ 키르슈 풍미의 커스터드 크림은 커스터드 크림을 매끄럽게 다시 갠 다음 키르슈를 넣어 섞는다.

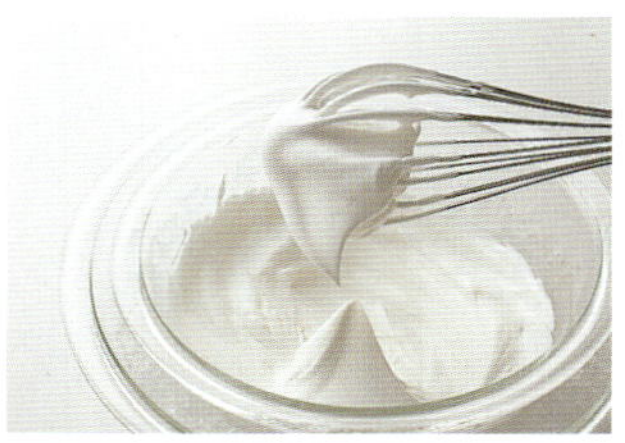

❷ 휘핑크림은 80% 정도 거품 낸다. (휘핑크림의 거품 정도는 31쪽 참조)

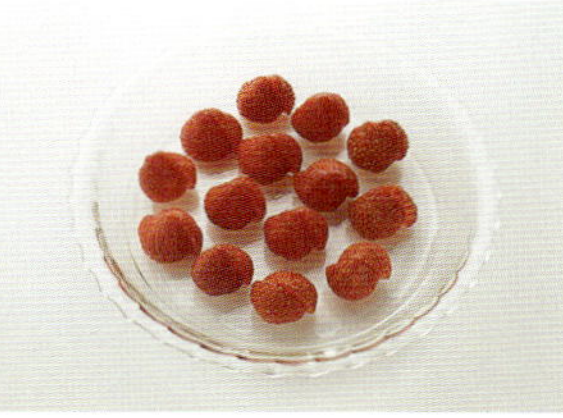

❸ 딸기는 적셔서 꼭 짠 행주로 표면을 깨끗이 닦은 다음, 꼭지를 따서 세로로 반을 자른다. 그리고 사용할 때까지 원래 모양으로 붙여 둔다.

4 크림 채우기

❶ 201쪽의 슈크림을 참고하여 슈를 위에서 1/3 지점에서 잘라내고 아랫부분 슈의 막을 눌러 크림을 채우기 쉽게 한다.

❷ 윗부분 슈를 지름 4cm의 원 틀로 뚫는다.

크림을 높게 짠 위에 올릴 것이기 때문에 한 둘레 작게 만드는 것입니다.

❹ 휘핑크림을 다시 섞어 굳기를 확인한 다음, 지름 8mm의 별 깍지를 끼운 짤주머니에 채우고 커스터드 크림 위에 3단이 되도록 짠다.

옆에서 봤을 때 3단이 되도록 나선형으로 높이 짭니다.

5 완성하기

❶ 휘핑크림 측면에 딸기를 슈 1개당 3조각씩 장식한다.

❷ 윗부분 슈를 식힘망에 올리고 가루설탕을 얇게 뿌린 다음 휘핑크림 위에 씌운다.

❸ 지름 10mm의 원 깍지를 끼운 짤주머니에 키르슈 풍미의 커스터드 크림을 채우고 아랫부분의 슈 속에 아슬아슬할 정도로 짜 넣은 후 팔레트 나이프로 평평하게 한다.

슈 페리고

슈크림의 변형 중 하나로, '파
리사람parigot의 슈크림'이라
는 의미. 슈의 뚜껑이 되는 부
분에 아몬드 다이스를 뿌려
구워 고소함과 바삭바삭함
을 더한 것이 특징입니다.

안에 듬뿍 채운 것은 거품 낸
생크림과 커스터드 크림을
합친 디플로마 크림입니다.

 지름 6cm의 것 약 14개분

- **슈 반죽** … 기본 분량
- **윤 내기용 푼 달걀** … 적당량
- **아몬드 다이스** … 30g
- **디플로마 크림**
  ┌ 생크림(유지방분 45~48%)
  │   … 200ml
  └ 키르슈 풍미의 커스터드 크림
      … 300g
- **가루설탕** … 적당량

- **오븐 온도** : 190℃
- **굽는 시간** : 30분
- **열량** : 1개 225kcal

1 미리 준비하기

❶ 202쪽을 참고해 커스터드 크림을 만들고, 크림을 매끄럽게 다시 갠 다음 키르슈 10ml를 넣어 섞어 키르슈 풍미의 커스터드 크림을 만든다. 그중 300g을 계량해 둔다.

❷ 짤주머니를 2개 준비하여 지름 10mm의 원 깍지를 끼워둔다. (짤주머니 사용법은 41쪽 참조)

2 슈 굽기

❶ 슈는 197~200쪽의 슈크림을 참고하여 반죽을 만들고, 오븐 팬에 지름 5cm의 원 모양으로 짠 후, 푼 달걀에 댄 포크로 표면을 누른 다음 아몬드 다이스를 뿌린다.

❷ 190℃로 예열한 오븐에 30분 굽고 식힘망 위로 옮겨 식힌다.

아몬드 다이스는 타기 쉬우므로 주의할 것! 오븐 온도를 낮춘 것도 그 때문입니다.

3 디플로마 크림 만들기

❶ 키르슈 풍미의 커스터드 크림을 매끄럽게 다시 갠다.

❷ 31쪽을 참고해 생크림을 90%로 거품 내고, 커스터드 크림에 2회로 나눠 넣으며 대강 섞어 합친다.

이때 너무 섞으면 묽어져 짜기 어려워지니 주의해 주세요.

4 크림 채우기

❶ 201쪽의 슈크림을 참고해 슈를 위에서 1/3 부분에서 자르고, 아랫부분 슈의 막을 눌러 크림이 들어가기 쉽게 한다.

❷ 원 깍지를 끼운 짤주머니에 디플로마 크림을 채워 아랫부분 슈 속에 듬뿍 짜 넣는다.

슈의 높이보다 2cm 정도 높게, 봉긋하게 짜 넣어 주세요

네! 듬뿍 넣으니 좋네요.

❸ 윗부분 슈를 크림 위에 씌우고 가루설탕을 뿌린다.

파리 브레스트

1891년에 프랑스 브루타뉴 지방에 있는 항구마을 브레스트Brest와 파리 사이에서 진행된 세계 최초 장거리 자전거 레이스를 기념하기 위해 자전거의 바퀴를 본떠 만들었다고 하는 대형 슈 과자입니다.

1인분씩 작은 링 모양으로 만들거나 안에 채우는 크림을 변형하여 즐길 수도 있습니다. 여기에서는 가정용으로 지름 18cm 크기로 구웠습니다.

본래는 커다란 링 모양으로 구운 슈에 프랄린 크림(캐러멜 풍미의 고소한 아몬드 페이스트를 더한 버터크림)을 끼워 완성해 잘라 나눠 먹습니다.

 지름 18cm의 것 1개분

- **슈 반죽** … 기본 분량
- **윤 내기용 푼 달걀** … 적당량
- **아몬드 슬라이스** … 적당량
- **프랄린 풍미의 커스터드 버터크림**
  ┌ 커스터드 크림
  │ (202쪽 참조) … 260g
  │ 버터 … 120g
  └ 프랄린 페이스트(시판용)
     … 100g
- **가루설탕** … 적당량

- **오븐 온도** : 180℃
- **굽는 시간** : 50분+40분
- **열량** : 8등분했을 때 1조각
  361kcal

1 미리 준비하기

❶ 197쪽을 참고하여 오븐 팬에 버터(분량 외)를 얇게 바른다.

❷ 짤주머니를 2개 준비하여 지름 11mm의 원 깍지와 지름 8mm의 별 깍지를 끼운다. (짤주머니 사용법은 41쪽 참조)

2 슈 반죽 만들기

❶ 슈 반죽은 197~199쪽을 참고하여 만들되 달걀 양을 조금 줄여 약간 굳은 반죽으로 만든다.

어째서 굳은 반죽으로 만드나요?

반죽이 부드러우면 커다란 모양으로 짰을 때 어떻게 해도 옆으로 퍼지기 쉬워 모양이 무너지고 맙니다. 크기가 크고 높이도 어느 정도 있는 상태를 견딜 수 있도록 조금 굳은 반죽으로 하는 것입니다.

❷ 지름 11mm의 원 깍지를 끼운 짤주머니에 채운다.

3 커다란 링 슈 굽기

❶ 지름 12cm의 세르클 테두리에 덧가루(가능하면 강력분·분량 외)를 묻히고 버터를 발라 둔 으븐 팬 중앙에 자국을 낸다.

❷ 아몬드 슬라이스를 물에 담근다.

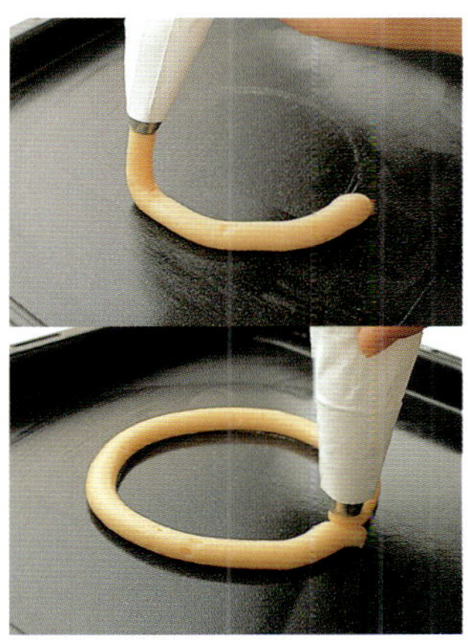

❸ 슈 반죽을 자국을 따라 링 모양으로 짠다.

짤주머니를 수직으로 들고 깍지 폭으로 반죽을 흘리 듯 짜면서 천천히 원을 그려 갑니다.

❹ 먼저 짠 링 모양 바깥쪽에 두 번째 링을 짠다. 그리고 서 번째는 첫 번째와 두 번째 사이(의 위)에 짠다.

나머지 슈 반죽은 안에 넣을 슈에 사용할 것이므로 따뜻한 곳에 둡니다.

❺ 붓으로 윤 내기용 푼 달걀을 바른 다음 포크로 선을 그으면서 반죽 표면을 고르게 한다.

6 물에 담가둔 아몬드 슬라이스의 물기를 가볍게 없앤 다음 1장씩 반죽 위에 겹치지 않도록 올린다.

  **어째서 물에 담가둔 건가요?**

반죽에 열을 가하는 동안 아몬드 슬라이스가 타버리는 것을 막기 위해 적셔 두는 것입니다.

7 180℃로 예열한 오븐에 50분 굽고 식힘망에 올려 식힌다.

안에 넣을 작은 링 슈 굽기

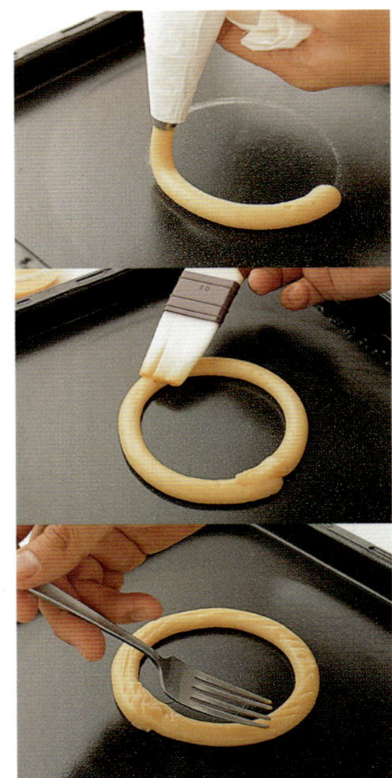

1 나머지 슈 반죽을 **3**과 같은 요령으로 지름 12cm의 링 모양으로 한 줄만 짜고, 표면에 푼 달걀을 바른 후 포크로 줄을 긋고, 180℃로 예열한 오븐에 40분 굽는다.

2 식힘망에 올려 식힌다. ⇨ 커다란 링 슈와 작은 링 슈 완성

프랄린 풍미의 커스터드 버터크림 만들기

1 버터는 실온에 두었다가 개서 매끄러운 크림 상태로 만든다.

2 커스터드 크림과 프랄린 페이스트(62쪽 참조)도 각각 다시 개고 매끄러운 상태로 만든다.

 이때 커스터드 크림은 너무 차갑지 않도록 해주세요. 너무 차가우면 버터를 넣었을 때 버터가 단단해져 섞기 어려워집니다.

❸ 커스터드 크림에 버터를 넣어 섞고 프랄린 페이스트도 넣어 섞는다.

 프랄린 페이스트가 굳어 있다면, 커스터드 크림 소량을 넣어 어우러지게 하여 매끄럽게 한 다음, 섞어 합치면 잘 섞입니다.

❶ 커다란 링 슈 위 1/3 지점에 칼을 넣어 수평으로 잘라 나눈다.

❷ 윗부분은 뚜껑으로 사용하고 아랫부분에 크림을 채울 것이므로, 아랫부분 안에 퍼진 막을 눌러 크림을 채우기 쉽게 한다.

❸ 지름 8mm의 별 깍지를 끼운 짤주머니에 프랄린 풍미의 커스터드 버터크림을 채우고 작업대 위에 올려 크림을 깍지까지 보낸다.

 짤주머니에 깍지를 끼운 시점부터 크림을 채우고 짤 때까지의 자세한 방법은 200쪽을 참조해 주세요.

❶ 아랫부분 슈의 가장자리까지 크림을 짜 넣는다.

❷ 작은 링 슈를 크림어 가볍게 박아 넣듯 올린다.

 이 작은 링 슈의 역할은 무엇인가요?

 높이를 내기 위한 것입니다. 크림을 많이 짜 넣어도 높이를 낼 수 있지만, 크림이 너무 같으면 맛의 균형이 무너집니다. 작은 링 슈를 올려 크림 양을 조절하는 것입니다.

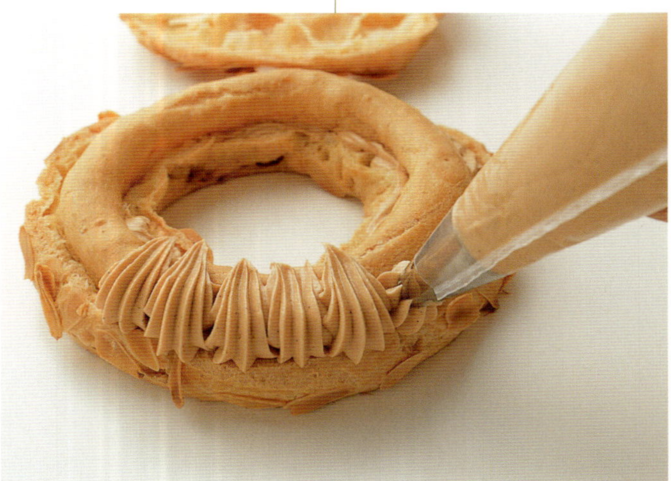

❸ 크림을 작은 링 슈의 바깥쪽 아래에서 위로 들어 올리듯 하며 슈를 덮어 짠다.

❹ 작은 링 슈의 바깥쪽 전체를 덮었다면 다음은 작은 링 슈 안쪽의 아래에서 위로 들어 올리듯 덮어 짠다.

❺ 마지막으로 바깥쪽과 안쪽에서 짠 크림 사이에 링 모양으로 크림을 짠다.

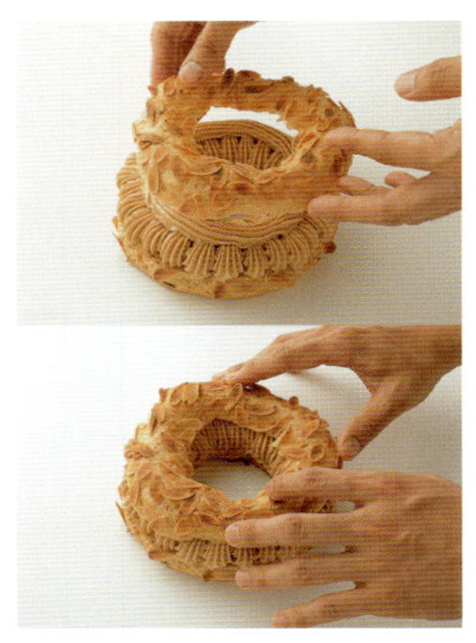

❻ 윗부분 슈를 크림 위에 씌운다.

❼ 가루설탕을 얇게 뿌린다.

❽ 냉장고에 넣어 식힌다.

크림을 굳힌 다음, 날 부분을 따뜻한 물에 담갔던 빵칼로 자르면 예쁘게 자를 수 있어요. 실온에 두어 크림이 부드러워지면 먹도록 합니다.

프랑스어로 '페pet'는 '방귀', '논nonne'은 '수녀님'이라는 의미로 '수녀님의 방귀pet-de-nonne'라는 유니크한 이름이 붙은 작은 튀김 슈입니다.

페드논

갓 튀긴 것은 맛있어서 얼마든지 먹을 수 있을 것 같아요.

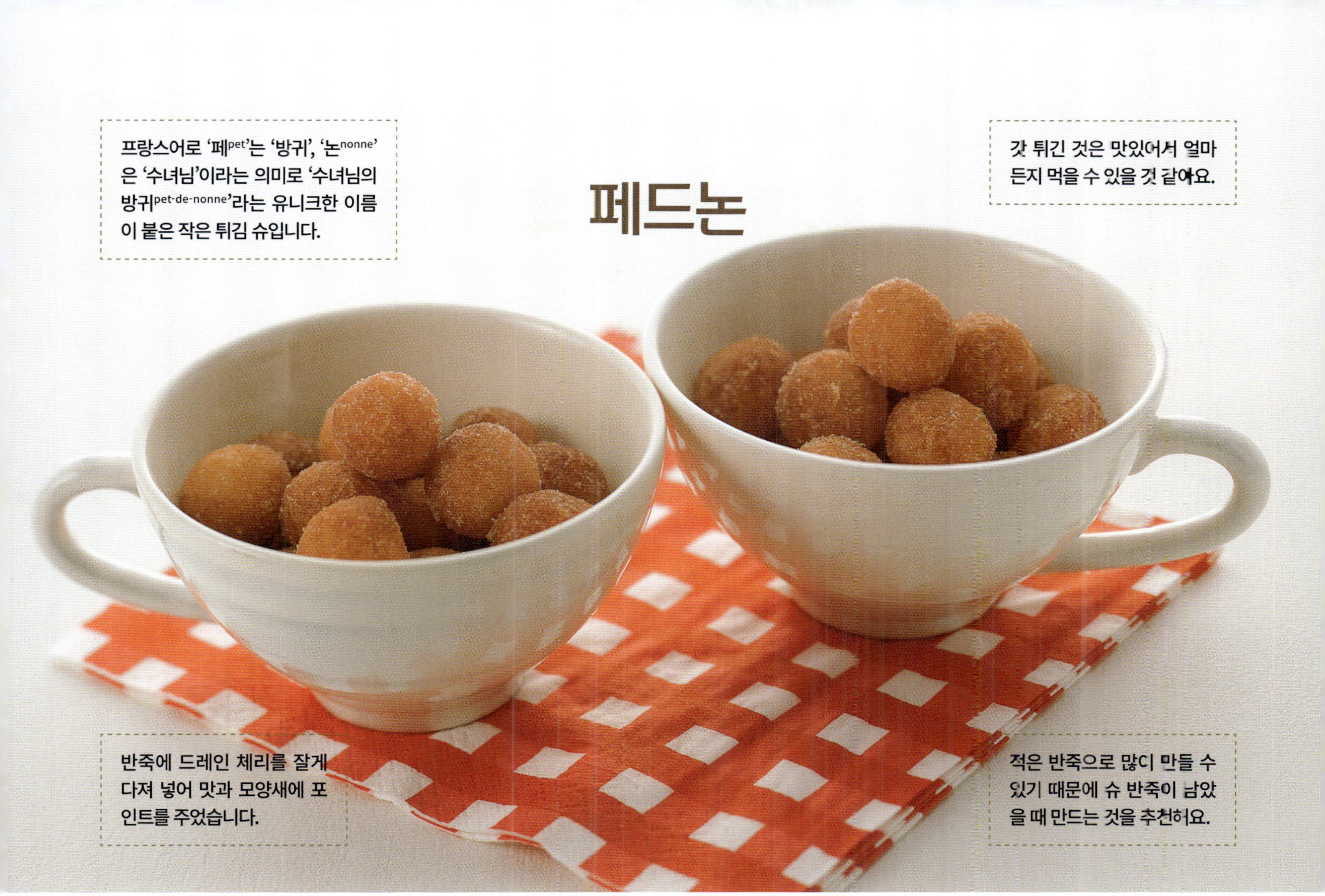

반죽에 드레인 체리를 잘게 다져 넣어 맛과 모양새에 포인트를 주었습니다.

적은 반죽으로 많이 만들 수 있기 때문에 슈 반죽이 남았을 때 만드는 것을 추천해요.

재료 지름 약 2cm의 것 약 50개분

- **슈 반죽 남은 것** … 약 150g
- **드레인 체리**(기호에 따라) … 20g
- **샐러드유** … 적당량
- **시나몬 슈거**
  - 시나몬 파우더 … 2g
  - 그래뉴당 … 100g

- **열량** : 1개 21kcal

1 미리 준비하기

❶ 드레인 체리는 기호에 따라 빨강, 노랑, 초록을 적절히 배합하여 잘게 다진다.

❷ 시나몬 슈거는 시나몬 파우더와 그래뉴당을 잘 섞어 만들고 바트에 펼쳐 둔다.

❸ 짤주머니에 지름 13mm의 원 깍지를 끼운다. (짤주머니 사용법은 41쪽 참조)

2 슈 반죽 만들기

슈 반죽은 일부러 만들기보다 남은 반죽을 이용하고 다진 드레인 체리를 넣어 섞는다.

3 튀기기

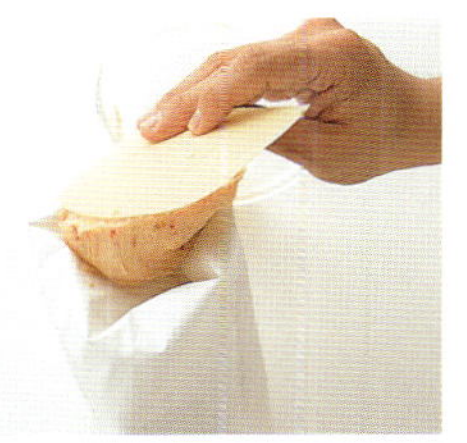

❶ 슈 반죽을 짤주머니에 채운다.

❷ 튀김 냄비에 샐러드유를 60% 정도 넣고 160°C로 가열한다.

❸ 반죽을 짜면서 날에 샐러드유를 바른 가위로 1.5cm 정도의 길이로 잘라 기름 안에 적당량씩 떨어뜨린다.

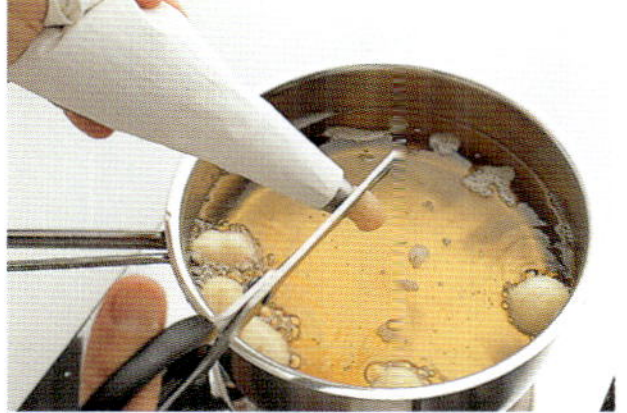

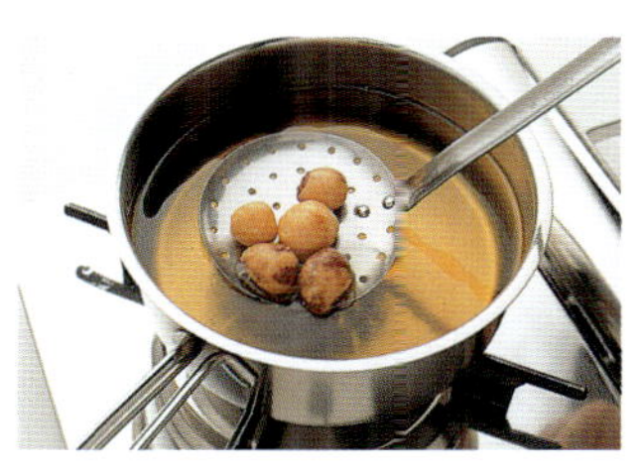

❹ 볼록하게 부풀고 노릇노릇한 색이 날 때까지 튀긴다.

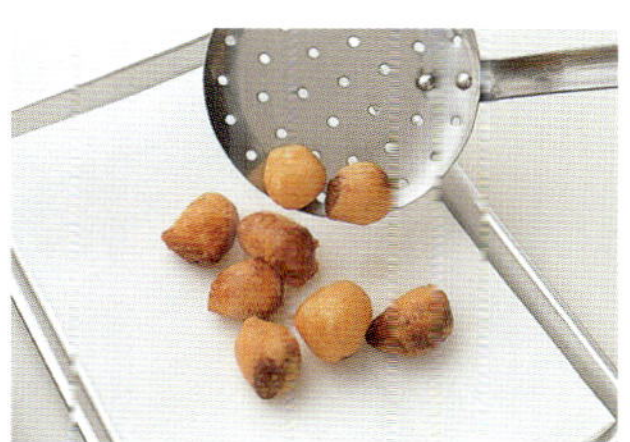

❺ 종이 위에 올려 기름을 빠르게 뺀다.

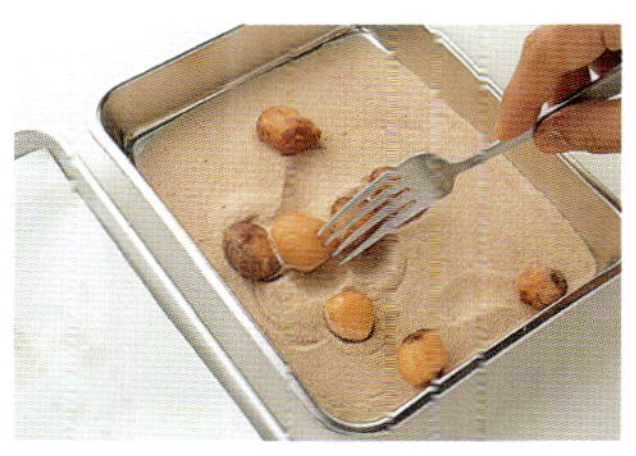

❻ 바로 시나몬 슈거에 넣어 포크 등으로 굴리면서 전체에 골고루 묻힌다.

7

초콜릿 과자

CHOCOLATE

16세기에 남미에서 유럽으로 전해진 초콜릿은 처음엔 이국적인 음료,
혹은 몸에 좋은 탕약 같은 존재로 소개되었습니다.
시대를 거쳐 초콜릿이 널리 퍼짐에 따라 기호품으로 사랑받기 시작해,
그 맛에 매료된 유럽의 파티셰들의 손에서 초콜릿 봉봉이 태어나고,
또 케이크의 재료로 사용되어 명과라 불리는 많은 과자가 만들어졌습니다.
7파트에서는 밸런타인데이 선물로 추천할 만한 초콜릿 풍미를 즐기는 과자들과
한입 크기의 초콜릿 과자, 초콜릿 봉봉을 소개합니다.

초콜릿 풍미를 즐기는 과자

과일을 넣고 컵케이크 형태로 구운 과자,

초콜릿 쿠키 하면 생각나는 즈크칩 쿠키,

입안게 부드럽게 녹아드는 생 초콜릿,

표면은 딱딱하지만 속은 부드러운 가토 쇼콜라 클래식,

빈Wine의 명과 자허 토르테,

폭신 한 식감이 절묘한 초콜릿 무스 등

다양한 방법으로 초콜릿 풍미를 즐길 수 있는 과자를 소개합니다.

과일을 넣은 초콜릿 컵케이크

보기에는 소박한 컵 케이크이지만 먹어 보면 놀라운 맛. 폭신하면서도 부드러운 식감입니다.

딸기를 넣은 초콜릿 컵케이크

오렌지를 넣은 초콜릿 컵케이크

지름 5cm, 높이 5.5cm, 용량 120ml의 종이컵 5개분

- **반죽**
  - 벌꿀 … 20g
  - 달걀흰자 … 2개분
  - 그래뉴당 … 100g
    - 박력분 … 40g
    - 아몬드 파우더 … 40g
    - 베이킹파우더 … 1/2작은술
  - 버터 … 100g
  - 스위트 초콜릿 … 50g
- **딸기**(기호에 따라) … 5조각
- **오렌지**(기호에 따라) … 1개
- **그래뉴당** … 적당량

※ 오렌지는 항진균제를 사용하지 않은 것을 고른다.

- **오븐 온도** : 170℃
- **굽는 시간** : 20~25분
- **열량** : 1개 438kcal(딸기), 445kcal(오렌지)

1 미리 준비하기

❶ 오렌지를 사용하는 경우에는, 그레이터로 껍질의 색 부분만을 갈아서 잘게 하고, 갈아 놓은 오렌지 껍질을 반죽용 그래뉴당(100g)에 넣고 손가락으로 비벼 섞어 향을 끌어낸다.

❷ 오렌지 껍질을 하얀 속껍질째로 잘라낸 다음 알맹이와 알맹이 사이에 있는 껍질의 얇은 막 양쪽에 칼을 넣어 날 끝으로 알맹이를 한 조각씩 상처 나지 않게 조심해서 꺼낸다.

❸ 딸기를 사용하는 경우는 꼭 짠 행주로 가볍게 닦은 다음 세로로 반 자르고, 오렌지를 사용하는 경우는 알맹이 5조각을 반으로 자른다. 페이퍼 타월에 올려 물기를 없앤다.

❹ 박력분, 아몬드 파우더, 베이킹 파우더는 잘 섞어 합친 다음 체 친다.

❺ 219쪽의 '초콜릿 밑준비' 내용을 참고해 초콜릿을 다지고 전자레인지로 녹인다.

❻ 버터는 전자레인지를 이용 혹은 중탕하여 녹인다. (27쪽 참조)

초콜릿의 종류

제과에 사용하는 초콜릿은 전문적으로는 '커버추어^{Coverture}'라 부르는
제과용으로 개발된 것을 사용하지만,
가정에서 케이크나 쿠키를 만드는 경우에는
일반 판매되고 있는 판 초콜릿을 사용해도 됩니다.
초콜릿(커버추어 및 판 초콜릿)은 크게 세 종류로 구분할 수 있습니다.

◉ 스위트 초콜릿

카카오 성분(카카오 고형분+카카오 버터)에 설탕과 향료, 레시틴 등의 유화제를 더한 것으로, 진한 갈색을 띱니다. 카카오 성분이 많이 함유될수록 색도 진하고 쓴맛이 됩니다.

◉ 밀크 초콜릿

스위트 초콜릿에 분유 등을 넣은 것으로, 밝은 갈색을 띱니다.

◉ 화이트 초콜릿

카카오 버터에 가루설탕, 분유를 넣은 것으로, 옅은 크림색을 띱니다.

판 초콜릿   커버추어

❶ 스위트 초콜릿: 최근에는 카카오 성분의 수치를 표시한 것이 인기를 모으고 있습니다. 과자 만들 때는 70% 전후의 것이 맞습니다.

❷ 코코아파우더: 카카오 매스에서 카카오 버터를 짜낸 다음 분말 상태로 만든 것입니다.

※카카오 매스: 카카오 콩을 볶아서 곱게 간 것을 페이스트(반죽) 상태로 만들어 고형화 한 것

※카카오 버터: 카카오 매스를 압착해 추출한 카카오의 지방 성분

❸ 화이트 초콜릿

❹ 밀크 초콜릿

❺ 태블릿^{tablet} 초콜릿: 정제^{錠劑} 상태로 성형한 타입. 다지는 수고를 덜 수 있어 편리하지만 산화하기 쉬운 것이 결점입니다.

❻~❾ 작은 용량으로도 판매하고 있어 가정용으로 사용하기 쉬운 커버추어의 브랜드로 스위트, 밀크, 화이트 외에 산지별이나 카카오 성분 차이별 초콜릿 등도 많이 갖추고 있습니다. ❻-바이스. ❼-카 카오바리(비교적 저렴한 가격으로 인기가 있음), ❽-벡(100g씩 두 장이 들어 있어 가정용으로 적합), ❾-발로나(맛, 향, 윤기 등 모든 점이 뛰어나지만 가격은 조금 비싼 편)

2 반죽 만들기

❸ 체 쳐 둔 가루류를 넣고 매끄러워질 때까지 잘 섞는다.

❹ 녹인 버터, 녹인 초콜릿 순서로 넣고 그때마다 섞는다.

❶ 레인지용 볼에 벌꿀과 달걀흰자, 그래뉴당을 넣고 거품기로 비벼 섞는다.

❷ 전자레인지에 넣어 데우고(가열하는 기준은 700W로 20초) 나서, 한 번 더 거품기로 섞어 그래뉴당을 녹인다.

우리집 전자레인지는 500W인데요, 괜찮을까요?

전자레인지의 가열 시간은 100W마다 20% 정도를 더하거나 줄이거나 하면 됩니다. 600W라면 24초, 500W라면 29초를 기준으로 가열해 주세요.

3 굽기

❶ 오븐 팬에 종이컵을 올리고 반죽을 흘려 넣는다.

흘리는 양은 굽는 사이에 부풀어 오르는 부분을 고려하여 틀(컵)의 60% 정도라고 외워 두세요.

❷ 딸기 혹은 오렌지에 그래뉴당을 듬뿍 바른 다음 반죽 표면의 중심에 딸기는 1조각, 오렌지는 2조각씩 올린다.

❸ 170℃로 예열한 오븐에 20~25분 굽는다.

Note

종이컵

머핀 컵, 유산지 컵, 베이킹 컵 등의 이름으로 팔고 있는 종이 케이스(케이크 틀)를 말합니다. 오븐에서 사용 가능하고 재질이 튼튼한 것으로 골라 주세요.

초콜릿 밑준비 - 다져서 녹이기

이 책에서는 대부분 초콜릿을 다진 후 녹여서 사용합니다.
초콜릿을 녹이는 방법은 전자레인지를 이용하는 방법과 중탕으로 녹이는 방법이 있으며 어떤 방법을 사용해도 좋습니다.

1 다지기

❶ 초콜릿을 비스듬히 두고 모서리 하나를 없애 나가듯 칼로 얇게 자른다. 모서리가 없어지면 초콜릿을 움직여 다른 모서리를 없애듯 하여 얇게 잘라 나간다.

❷ 얇게 자른 부분에 칼을 가로세로로 넣어 균일한 크기가 되도록 주의하며 잘게 다진다.

❸ 사진과 같은 정도로 잘아지면 OK. 가능한 자잘하게 해두는 편이 빨리 녹는다.

2 녹이기

❶ 다진 초콜릿을 레인지 용 볼에 넣어 전자레인지로 가열한다. 가열시간은 초콜릿 100g에 500W의 전자레인지로 1회 1분 정도가 기준이다.

❷ 볼 바닥 근처의 초콜릿이 녹았다면 꺼내서 고무주걱으로 살살 섞는다. 다시 '10초 정도씩 가열해 섞는' 작업을 몇 번 반복하면서 녹은 초콜릿이 30℃가 될 때까지 데우고 전체를 매끄러운 상태로 만든다.

전자레인지로 10초 정도씩, 몇 번 반복하면서 가열해는 것이 요령입니다. 레인지에 넣은 채로 연속해서 가열하면 초콜릿 일부의 온도만 올라, 타는 경우도 있으니 주의해주세요.

※ 중탕하여 녹이는 경우

스테인리스제 볼, 그리고 볼과 크기가 같거나 조금 작은 냄비를 준비한 다음, 냄비에 50℃의 뜨거운 물을 끓이고 그 위에 초콜릿을 넣은 볼을 올리고 중탕 상태로 만들어 녹입니다. 이때 뜨거운 물이 담긴 냄비가 초콜릿을 넣은 볼보다 크면 초콜릿에 수증기가 들어가 사용할 수 없게 되니 주의하세요!

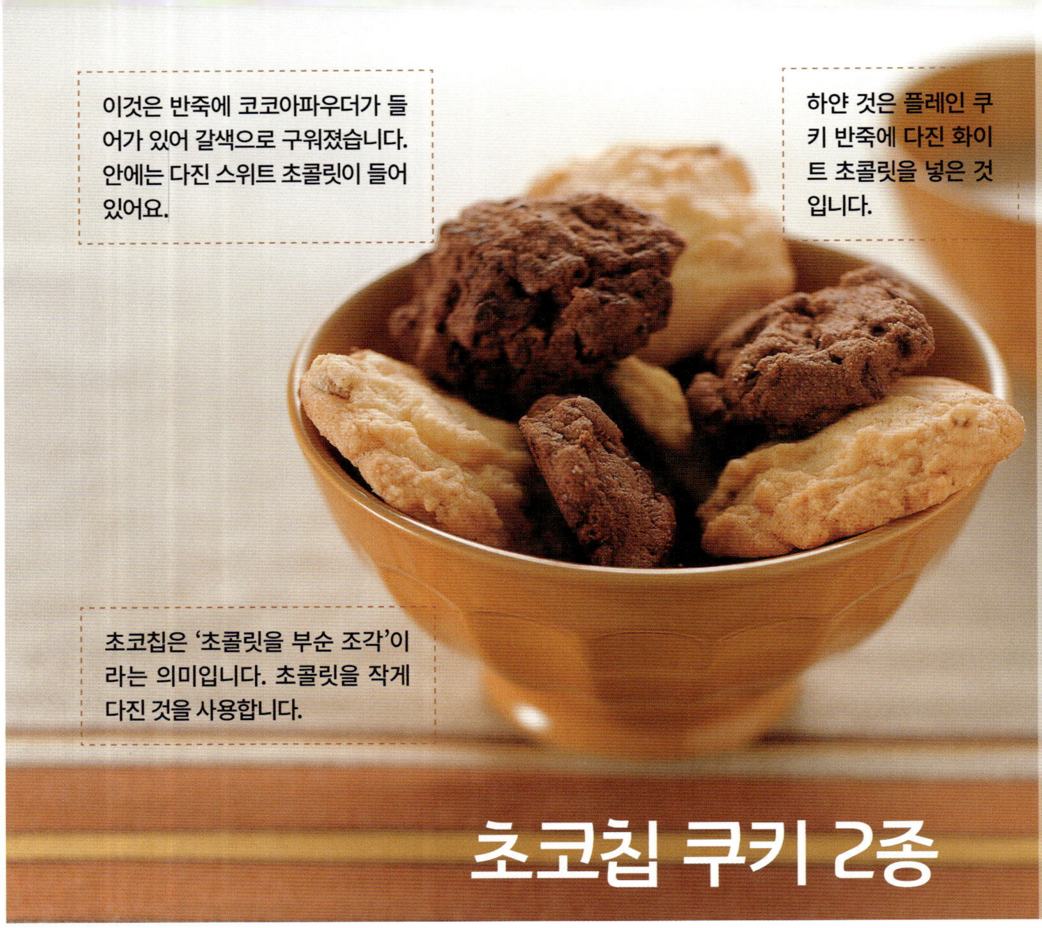

재료 지름 약 5cm의 것 각 14개분

- **갈색 초코칩 쿠키**
  - 박력분 ⋯ 100g
  - 베이킹파우더 ⋯ 1/4작은술
  - 코코아파우더 ⋯ 10g
  - 버터 ⋯ 90g
  - 그래뉴당 ⋯ 50g
  - 스위트 초콜릿 ⋯ 75g
- **흰색 초코칩 쿠키**
  - 박력분 ⋯ 120g
  - 베이킹파우더 ⋯ 1/4작은술
  - 버터(무염버터) ⋯ 90g
  - 그래뉴당 ⋯ 50g
  - 화이트 초콜릿 ⋯ 25g

- **오븐 온도** : 180℃
- **굽는 시간** : 15~20분
- **열량** : 1개 120kcal(갈색), 96kcal(흰색)

초코칩 쿠키 2종

1 미리 준비하기

❶ 갈색 쿠키용으로 박력분과 코코아파우더, 베이킹파우더를 합쳐 체 치고, 흰색 쿠키용으로 박력분과 베이킹파우더를 합쳐 체 친다.

❷ 버터는 실온에 두어 부드럽게 한다.

❸ 초콜릿은 약 5mm 크기로 깍둑썰기 한다. ⇨ 초코칩 완성

2 반죽 만들기

❶ 실온에 두어 부드럽게 한 버터를 거품기로 매끄럽게 크림 상태로 만든 다음, 그래뉴당을 넣어 거품기로 새하얗게 될 때까지 섞어 합친다.

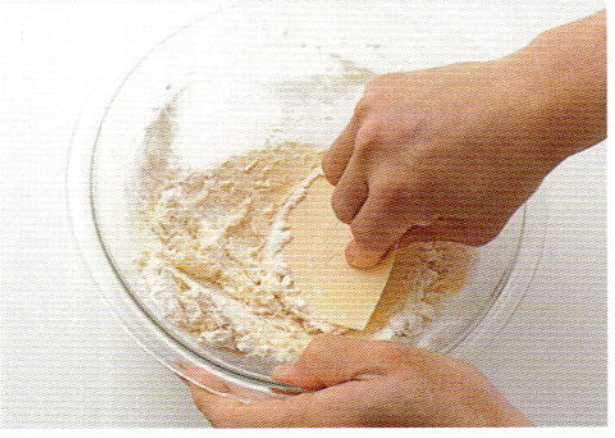

❷ 체 쳐 둔 가루류를 넣고 스크레이퍼로 섞어 합치고, 반죽을 볼 측면에 문질러 바르듯 하여 균일하게 한다.

❸ 초코칩을 넣어 대강 섞어 합친다.

3 모양 만들어 굽기

❶ 반죽을 20g씩 손가락으로 집어 오븐 팬에 한 덩어리가 되도록 놓되 간격을 두면서 놓는다.

20g은 반죽의 14분의 1 한 것입니다. 모두가 동시에 구워지도록 같은 크기로 하는 것이 중요합니다. 익숙하지 않을 때는 저울로 1개씩 계량합시다.

❷ 180℃로 예열한 오븐에 15~20분 굽는다.

오븐 팬에 전부 다 올리지 못할 때는 몇 번으로 나누어 구워야 합니다. 연속해서 사용할 때는 반드시 오븐 팬을 식힌 다음 올리도록 합니다. 또 오븐에 넣은 다음 안의 상태를 봐가면서 굽는 시간을 줄이는 등 조절이 필요합니다.

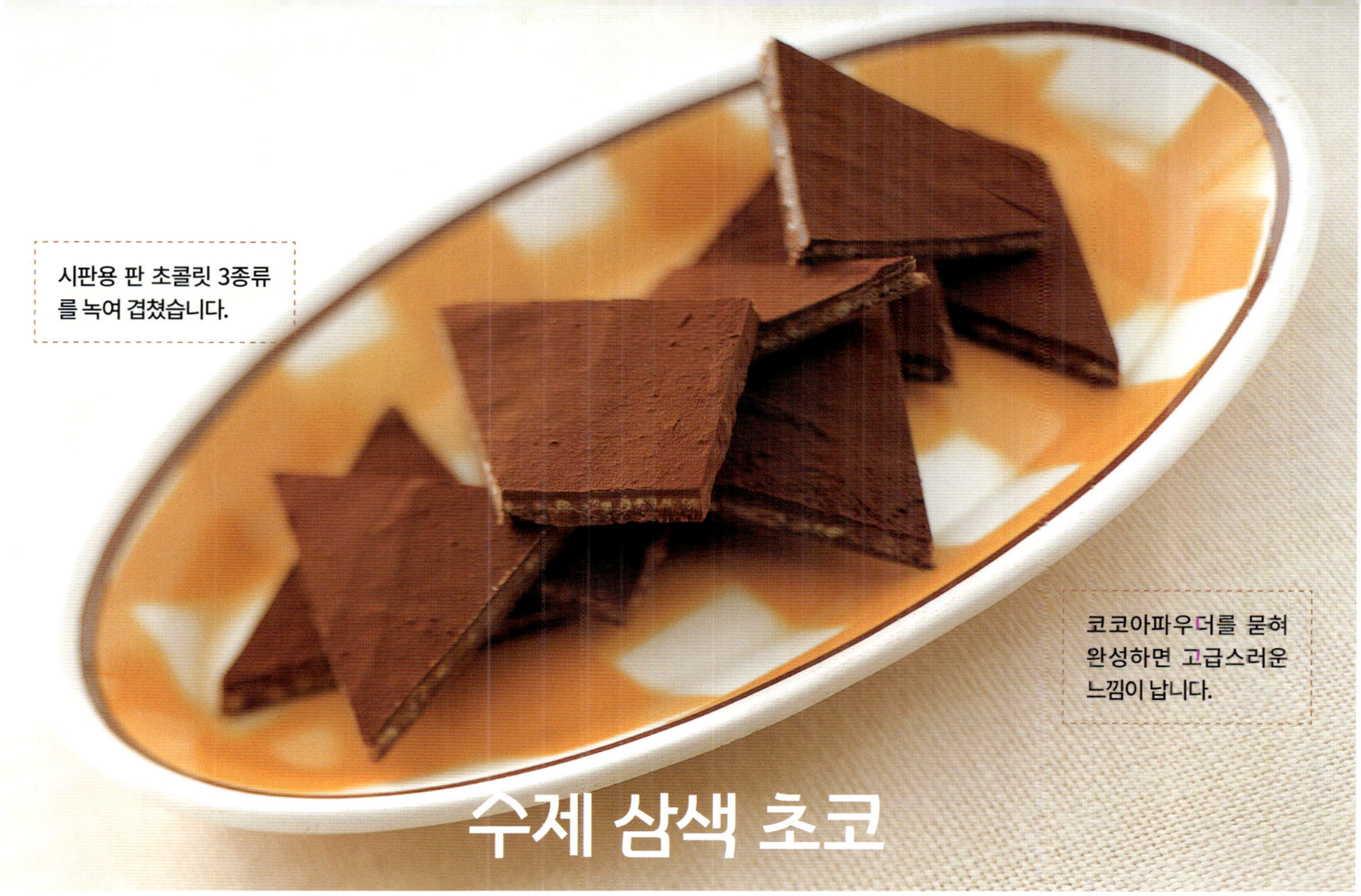

수제 삼색 초코

재료 **한 변이 3~4cm인
사각 혹은 삼각의 것
약 12개분**

- **스위트 초콜릿**(70g) … 1장
- **크런키 초콜릿**(50g) … 1장
- **밀크 초콜릿**(65g) … 1장
- **코코아파우더** … 적당량

- **열량** : 1조각 88kcal

1 미리 준비하기

20×15cm 정도 크기의 낮은 스테
인리스 바트를 준비하고 랩을 딱 맞
게 깔아 넣는다.

트레이나 낮은 보존용기 등도
사용할 수 있지만 금속제의 것
이 초콜릿을 굳히는 데에 적합
합니다.

2 초콜릿 녹여 겹치기

❶ 219쪽을 참고해 스위트 초콜릿
을 다진 다음 전자레인지로 30℃가
될 때까지 녹인다.

❷ 바트 중심에 떨어뜨리듯 흘려 넣
고, 바로 고무주걱으로 2~3mm 두
께가 되도록 펼친 다음 냉장고에 넣
어 굳힌다.

❸ 같은 방법으로 녹인 크런키 초콜
릿을 굳은 ❷위에 얇게 펼친 다음
다시 냉장고에 넣어 굳힌다. 밀크 초
콜릿도 같은 방법으로 3층으로 겹
치고 냉장고에서 굳힌다.

3 완성하기

❶ 식어 굳은 표면에 코코아파우더
를 듬뿍 뿌린다.

❷ 칼날을 불에 직접 대서 따뜻하게
한 다음 우선 끝을 잘라내고 취향대
로 모양을 잘라 나눈다.

Note

사용한 초콜릿

초콜릿은 각각 비터 E-얍의 메이지
초콜릿(오른쪽), 몰트퍼프가 들어간
롯데 크런키 초콜릿(왼쪽) 모리나가
밀크 초콜릿(왼쪽 아래을 사용했습
니다. 모두 시판용 판 초콜릿이지만
약간의 수고를 들인 것만으로 오리
지널 맛을 즐길 수 있습니다.

파베 드 쇼콜라
(생 초콜릿)

입안에서 스르르
녹는 것이 특징!

커피나 홍차, 혹은 술과도
잘 어울립니다.

코코아파우더를 뿌린 것만으
로 시크하고 멋있어요.

파베pavé는 프랑스어로 보도의 납작한 돌
을 의미합니다. 사각으로 자른 초콜릿이
나 치즈 등에 붙이는 이름입니다.

재료 3×3cm의 사각형 18개분

- **가나슈**
  - 스위트 초콜릿 … 35g
  - 밀크 초콜릿 … 100g
  - 생크림(유지방분 35~38%) … 100ml
  - 물엿 … 10g
  - 버터 … 10g

- **코코아파우더** … 적당량

- **열량** : 1조각 66kcal

1 틀 만들기

❶ 1cm짜리 격자 모눈종이를 준비하여 24×15cm의 직사각형으로 자른다.

 모눈종이는 문구점이나 인터넷에서 구입할 수 있습니다.

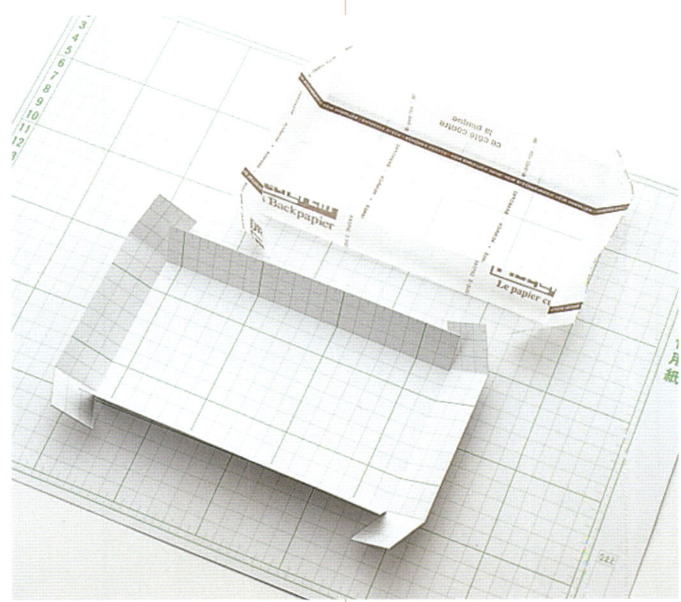

❷ 긴 변에 대하여 수직으로 3cm 길이의 가위집을 넣은 다음 네 변을 접어 올린다. 모서리 부분을 접어 굽혀 상자 모양으로 만든 다음 모서리를 접착테이프로 붙이면 18×9×높이 3cm의 상자가 만들어진다. 같은 방법으로 오븐페이퍼를 잘라 상자 모양으로 만든다.

❸ 상자 모양의 오븐 페이퍼를 모눈종이로 만든 상자 안쪽에 깔아 넣어 틀을 만든다.

2 미리 준비하기

❶ 버터는 실온에 두어 부드럽게 한다.

❷ 219쪽을 참고해 초콜릿(두 종류 모두)을 잘게 다진 후 볼에 넣어 섞어 합친다.

3 가나슈 만들기

225쪽 '기본 가나슈 만들기'를 참고해 냄비에 생크림과 물엿을 넣어 끓어오를 때까지 데운 것을 초콜릿 볼에 넣고 매끄럽게 섞어 흩친다. 열기가 가시면 부드러운 버터를 넣어 섞어 합친다.

4 틀에 넣어 굳히기

❶ 준비해 둔 틀 속에 가나슈를 흘려 넣는다.

❷ 식으면 냉장고에 넣어 굳힌다.
⇨ 생 초콜릿 완성

❶ 굳은 생 초콜릿을 오븐페이퍼째
로 상자 틀에서 빼내고, 오븐페이퍼
를 펼친 위에 올려 코코아파우더를
거름망에 거르며 듬뿍 뿌린다.

❷ 거꾸로 뒤집어서 오븐페이퍼를
벗기고, 뒷면에도 코코아파우더를
듬뿍 뿌린다.

❶ 칼을 60℃ 정도의 뜨거운 물에
담가 따뜻하게 한 다음 물기를 잘 닦
아 낸다.

❷ 생 초콜릿을 3cm 폭으로 6등분
한 다음 각각을 다시 3등분한다.

❸ 1조각씩 측면에도 코코아파우더
를 입힌다.

 바트에 코코아파우더를 펼쳐
뿌린 후, 잘라낸 초콜릿 조각
을 넣어 파우더를 입히면 됩니
다.

기본 가나슈 만들기

가나슈ganache는 생크림과 초콜릿을 섞어 만든 것으로, 주로 초콜릿 속 충전물로 쓰입니다.

재료 약 150g

- 스위트 초콜릿 ⋯ 75g
- 생크림 ⋯ 75ml

1 미리 준비하기

❶ 초콜릿은 219쪽을 참고해 잘게 다진 후 볼에 넣는다.

❷ 생크림은 작은 냄비에 넣어 불에 올리고 끓어오를 때까지 데운다.

 생크림의 유지방분은 35~38% 혹은 45~48% 중 어느 것을 사용해도 상관없습니다.

2 초콜릿에 생크림 넣기

❶ 초콜릿에 뜨거운 생크림을 넣는다.

❷ 고무주걱으로 중심부터 조금씩 조심히 섞고, 초콜릿을 생크림으로 '잇는다'는 기분으로 천천히 녹여 간다.

❸ 초콜릿이 완전히 녹고, 전체가 매끄럽고 윤기 있는 상태가 될 때까지 섞어 합친다.

 초콜릿도 생크림도 매우 섬세한 재료입니다. 합칠 때는 부드럽고 정성스럽게 섞어야 합니다. 갑자기 전체를 섞어버리면 유쿨과 수분이 분리되어 버리므로 주의해 주세요.

3 식히기

바로 사용할 경우는 적당한 온도와 굳기가 될 때까지 실온에 두어 식힌다. 바로 사용하지 않을 경우에는 바트에 쏟은 후 얇게 펼치고 랩을 표면에 밀착시켜 덮는다. 식으면 냉장고에 넣어 보관한다.

 냉장한 가나슈를 사용할 때는 실온에 꺼내 두고 적당한 굳기가 될 때까지 기다려 주세요.

가토 쇼콜라 클래식

표면은 바삭하면서 조금 딱딱하지
만, 속은 폭신하면서 부드럽습니다.
맛과 향만이 아닌 식감도 좋은 초콜
릿 케이크입니다. 가토gâteau 는 케이
크를 의미하는 프랑스어입니다.

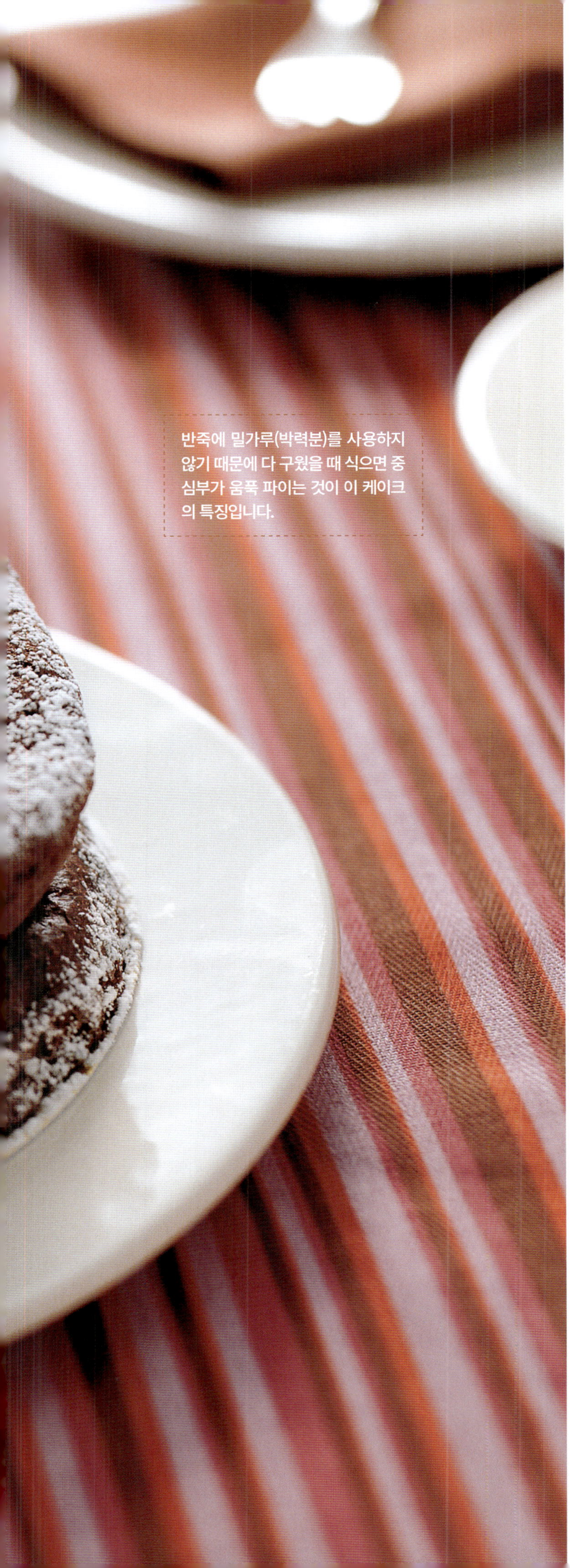

반죽에 밀가루(박력분)를 사용하지 않기 때문에 다 구웠을 때 식으면 중심부가 움푹 파이는 것이 이 케이크의 특징입니다.

재료 지름 15cm 세르클 1개분

- **스위트 초콜릿** … 60g
- **버터** … 35g
- **생크림**(유지방분 35~38%) … 35ml
- **머랭**
  - 달걀흰자 … 2개분
  - 그래뉴당 … 75g
- **달걀노른자** … 2개
- **코코아파우더** … 35g
- **가루설탕** … 적당량

- **오븐 온도** : 170°C
- **굽는 시간** : 40분
- **열량** : 6등분했을 때 1조각 206kcal

1 미리 준비하기

❶ 버터와 달걀노른자는 실온에 둔다.

❷ 초콜릿은 잘게 다진다.

❸ 코코아파우더는 체 친다.

❹ 생크림은 레인지용 볼에 넣고, 반죽 베이스를 만들기 직전에 전자레인지에 넣어 끓어오를 정도까지 따뜻하게 데운다.

냄비로 데워도 됩니다. 냄비의 가장자리 부분이 거품 나기 시작할 때까지 데워 주세요.

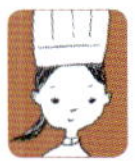

2 틀 준비하기

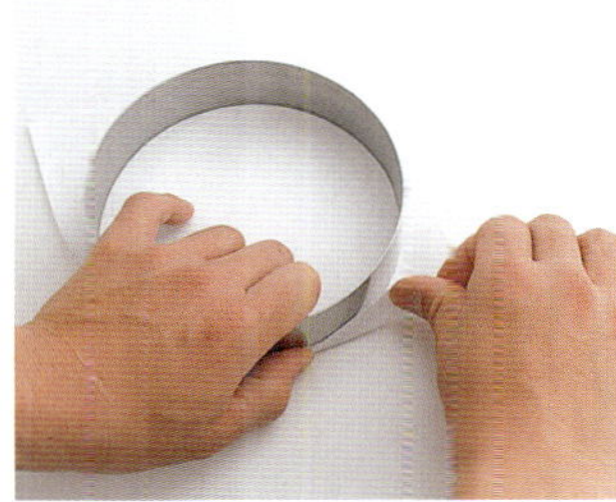

❶ 흰색 고급 종이(백색형광제를 사용하지 않은 복사용지 등)를 20cm 크기의 정사각형으로 자르고 세르클을 올린 다음, 세르클을 왼손으로 누르고 오른손으로 바깥쪽 종이를 접어 올린다.

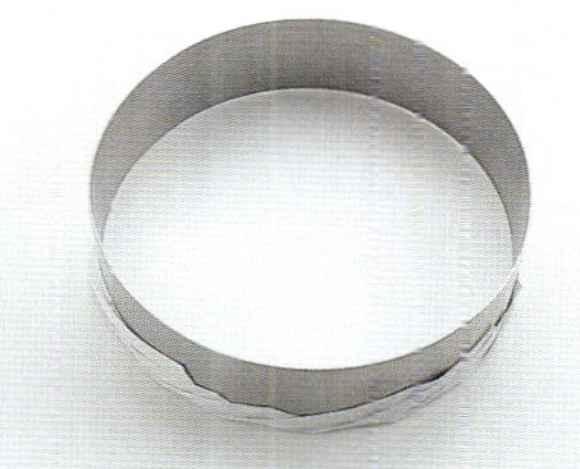

❷ 세르클을 따라 종이를 모두 접어 올려 세르클에 밀착시킨다.

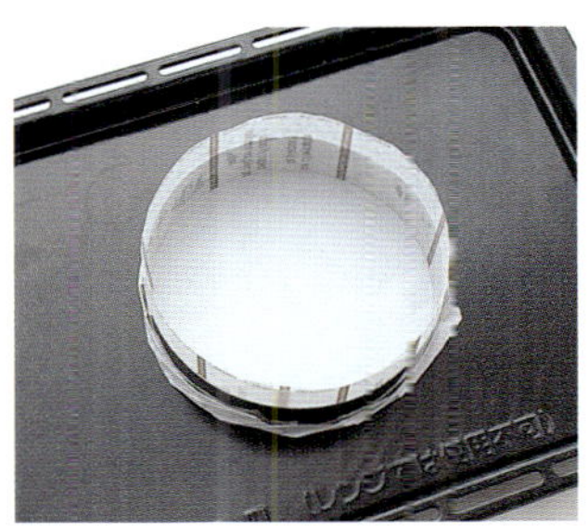

❸ 오븐페이퍼를 폭 6cm, 길이 50cm의 띠 모양으로 잘라 세르클 측면에 붙이고, 세르클을 오븐 팬 중심에 둔다.

볼에 실온에 두어 부드럽게 한 버터
와 다진 초콜릿을 넣은 다음 직전에
데운 생크림을 넣고, 거품기로 살살
섞어 합쳐 버터와 초콜릿을 녹인다.

4 머랭 만들기

머랭은 48쪽을 참고해 뿔이 설 때까
지 거품을 낸다.

달걀흰자를 거품 내는 볼과 거
품기는 물기나 기름기가 묻지
않은 것이어야 합니다. 그렇지
않으면 거품이 제대로 나지 않습니다.
그러니 달걀 거품 낼 때의 거품기는 반
죽 베이스 만들기에 사용한 것과 다른
것을 사용해 주세요.

5 반죽 완성하기

❶ 3의 반죽 베이스에 달걀노른자
를 넣고 거품기로 잘 섞어 합친다.

❷ 만든 머랭의 절반을 넣고 고무주
걱으로 섞어 합친다.

고무주걱을 수직으로 해서 들
고 반죽의 중앙부터 아래로 곧
바로 넣어 자르듯이 섞는 것이
요령입니다. 이때 왼손으로 볼을 몸쪽
(고무주걱과 반대 방향)으로 돌리면서
하면 전체를 잘 섞어 합칠 수 있습니다.

❸ 코코아파우더의 절반을 넣고 ❷
와 같은 요령으로 전체에 섞어 합친
다.

❹ 나머지 머랭, 코코아파우더 순서
로 넣고 그때마다 같은 요령으로 섞
어 합친다.

6　틀에 넣기

스크레이퍼로 반죽을 떠서 준비해
둔 틀(세르클)에 넣고 표면을 숟가락
등으로 평평하게 펼친다.

7　굽기

❶ 170℃로 예열한 오븐에 약 40분
굽는다.

❷ 식힘망 위에 올려 식히고, 완전
히 식으면 틀과 종이를 빼내고 가루
설탕을 뿌린다.

표면 전체에 가루설탕을 뿌려 시크한
쿠키로 완성했습니다. 기호에 따라
설탕 없이 거품 낸 생크림을 곁들여
먹어도 좋아요!

브라우니

브라우니는 그 이름대로 초
콜릿이나 코코아파우더를 넣
어 갈색으로 구워 낸 케이크
입니다.

반죽 속에 견과류가 듬뿍 들
어간 것이 특징입니다. 호두
와 헤이즐넛, 피스타치오를
넣어보았습니다.

- **버터** … 60g
- **그래뉴당** … 75g
- **소금** … 한 꼬집
- **달걀** … 1개
- **스위트 초콜릿** … 55g
- **가루류**
  - 박력분 … 35g
  - 코코아파우더 … 15g
- **호두** … 10g
- **헤이즐넛** … 10g
- **피스타치오** … 10g
- **장식용 견과류**
  - 호두 … 5조각
  - 헤이즐넛 … 5알
  - 피스타치오 … 8알

- **오븐 온도** : 170℃
- **굽는 시간** : 30분
- **열량** : 8등분했을 때 1조각
  233kcal

1 틀에 종이 깔기

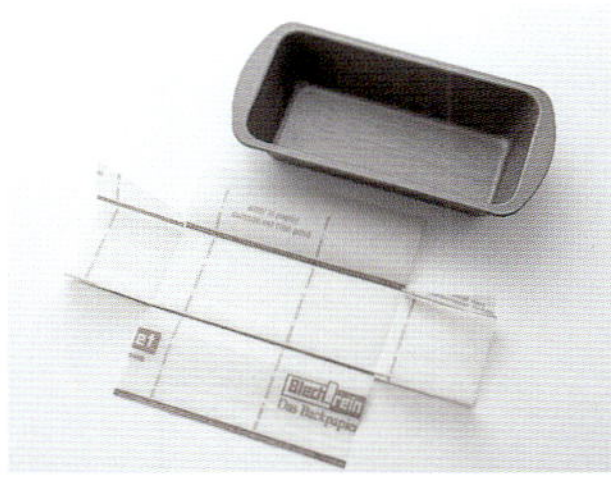

오븐페이퍼를 틀의 사이즈에 맞춰 자르고 안쪽에 깐다.

 브라우니는 주로 사각형의 브라우니 틀로 굽지만, 이 책에서는 18×8×높이 5.5cm의 파운드 틀을 사용해 보았습니다. (파운드 틀에 오븐페이퍼 까는 방법은 95쪽 참조) 어떤 크기나 형태의 틀을 사용해도 상관없지만, 반죽을 틀에 흘렸을 때 2cm 정도의 두께가 되는 것이 적당합니다. 너무 두꺼우면 잘 구워지지 않아요.

2 미리 준비하기

❶ 견과류는 각각 170℃로 예열한 오븐에 연하게 색을 입을 정도로 굽고 식힌 다음, 헤이즐넛은 ㄱ·로로 반자른다. 장식용으로 쓸 모양이 좋은 것으로 호두 5조각, 헤이즐넛 10조각, 피스타치오 8알을 나눠 둔 다음, 반죽용으로 각 10g씩을 굵게 다진다.

 굽는 시간은 호두는 5분, 헤이즐넛은 6~7분, 피스타치오는 4분 정도가 기준입니다. 각각 따로따로, 오븐 안에서의 상태를 보면서 구워 주세요.

❷ 박력분과 코코아파우더를 섞어 합친 다음 체 친다.

❸ 초콜릿은 219쪽을 참고하여 잘게 다진 다음 녹인다.

3 반죽 만들기

❶ 버터를 레인지용 볼에 넣어 전자레인지로 녹인 다음, 그래뉴당과 소금을 넣어 거품기로 녹여 섞는다.

❷ 달걀, 녹인 초콜릿, 가루류순으로 넣고 그때마다 잘 섞어 합친다.

❸ 매끄러워지면 구워서 다져 둔 견과류(각 10g)를 넣고 고무주걱으로 잘 섞어 합친다.

4 틀에 넣어 굽기

❶ 반죽을 오븐페이퍼를 깐 틀에 흘려 넣고 틀을 기울여 균일하게 펼친다.

 틀 속의 반죽 두께는 2cm 정도가 적당합니다. 너무 두꺼우면 속까지 다 구워지지 않으니 주의해 주세요.

❷ 반죽 표면의 중앙에 호두를 세로로 한 줄 올린다. 그 양쪽으로 헤이즐넛을 올리고 헤이즐넛 사이에 피스타치오를 올린다.

❸ 170℃로 예열해 둔 오븐에 약 30분 굽는다.

❹ 다 구워진 케이크의 열기가 가시면 오븐페이퍼째로 틀에서 빼내고, 식힘망 위에 올려 식힌다.

❺ 완전히 식으면 오븐페이퍼를 벗기고 2~3cm 폭으로 잘라 나눈다.

자허 토르테

17세기 오스트리아 재상 메테르니히를 위해 만들었다는 초콜릿 케이크 자허토르테Sachertorte는 만든 사람의 이름 '자허Sacher'와 독일 케이크를 가리키는 말 '토르테Torte'가 합쳐진 말로, 세계적으로 알려진 명과입니다.

겉면을 뒤덮은 초콜릿은 '자허 글라주어glasur'라 불리는 초콜릿 코팅. 입에 넣으면 고소한 초콜릿 풍미와 고급스러운 달콤함, 거기에 아삭아삭 씹히는 식감이 더해진 참을 수 없는 맛입니다.

 지름 15cm 세르클 1개분

- **초콜릿 풍미의 반죽**(자허 마세)
  - 버터 ⋯ 50g
  - 가루설탕 ⋯ 30g
  - 스위트 초콜릿 ⋯ 55g
  - 달걀노른자 ⋯ 2개
  - 머랭
    - 달걀흰자 ⋯ 2개눈
    - 소금 ⋯ 한 꼬집
    - 그래뉴당 ⋯ 55g
  - 박력분 ⋯ 50g

- **살구잼** ⋯ 약 300g
- **초콜릿 코팅**(자허 글라주어)
  - 스위트 초콜릿 ⋯ 125g
  - 그래뉴당 ⋯ 150g
  - 물 ⋯ 60ml

- **오븐 온도** : 170℃
- **굽는 시간** : 40분
- **열량** : 6등분했을 때 1조각
  372kcal

1 틀에 종이 깔기

흰색 고급 종이를 20cm 크기의 정사각형으로 자르고 세르클을 올린 다음 세르클을 왼손으로 누르고 오른손으로 바깥쪽 종이를 접어 올려 세르클에 밀착시킨다. (227쪽 참조)

2 미리 준비하기

❶ 버터는 실온에 두어 부드럽게 한다.

❷ 반죽용 초콜릿 55g은 219쪽을 참고해 잘게 다지고 전자레인지로 녹인다.

❸ 박력분은 체 친다.

3 초콜릿 풍미의 반죽 만들기

❶ 볼에 부드러운 버터와 가루설탕을 넣어 거품기로 섞고 제대로 공기를 머금게 하면서 폭신한 상태로 만든다.

❷ 녹인 초콜릿, 달걀노른자순으로 넣고 그때마다 잘 섞어 합친다.

❸ 머랭은 48쪽을 참고해(소금도 넣어) 뿔이 설 때까지 거품 낸 다음, 절반을 넣고 고무주걱으로 섞어 충분히 거우러지게 한다.

❹ 체 친 박력분을 넣고 섞어 합친다.

❺ 머랭의 나머지 절반을 넣고 거품을 뭉개지 않도록 주의하며 섞어 합친다.

4 틀에 넣어 굽기

❷ 170℃로 예열해 둔 오븐에 약 40분 굽는다.

❸ 식힘망 위에 올려 완전히 식힌다.

❶ 준비한 틀에 반죽을 넣어 평평하게 편 다음 숟가락 등으로 틀의 가장자리까지 반죽을 문질러 펴고, 중앙 부분은 움푹 파이게 한다.

 중앙 부분이 부풀어 오르기 쉽기 때문에 미리 파이게 하여 평평하게 구워지도록 하는 것입니다.

5 살구잼 다시 졸이기

❶ 냄비에 살구잼과 물 적당량을 넣어 불에 올리고 섞으면서 펄펄 끓게 하여 졸인다. 졸아든 상태는 소량을 떠서 스테인리스대 등의 차가운 곳에 흘려 식혀 표면을 살짝 만져도 손에 묻지 않는 상태면 좋다.

 잼도 초콜릿 코팅도 케이크에 부어 케이크를 완전히 덮어야 하므로 실제 사용하는 것보다 더 많은 분량을 준비합니다.

❷ 불에서 내린다.

6 틀에서 빼기

❶ 완전히 식은 케이크 표면을 잘라 내서 평평하게 하고 바닥의 종이를 벗긴다.

❷ 틀과 케이크 사이에 칼을 빙글 돌려 넣어 케이크를 틀에서 떼어낸 다음 틀을 천천히 들어 올려 빼낸다.

7 잼 붓기

❶ 펼쳐 놓은 오븐페이퍼 위에 케이크보다 한 둘레 작은 세르클을 올리고 그 위에 케이크를 올린 다음 열기가 가신 살구잼을 중심부터 케이크 표면 전체에 한 번에 붓는다.

❷ 곧바로 팔레트 나이프로 잼을 고르게 펼치고 측면까지 균일하게 덮은 다음, 실온에 그대로 두어 식혀서 표면에 잼의 막을 만든다.

 아래에 떨어진 잼은 걷어 내서 뜨거운 물이나 찬물을 넣고 불에 올려 다시 졸이면 다시 잼으로 사용할 수 있습니다.

8 초콜릿 코팅 만들기

❶ 초콜릿 125g을 다진다.

❷ 냄비에 그래뉴당과 물을 넣어 불에 올리고 끓어오르면 불을 끄고 다진 초콜릿을 넣어 잔열로 녹여 섞는다.

❸ 완전히 녹으면 다시 불을 붙여 섞으면서 108℃가 될 때까지 졸인다.

 역시 온도계가 필요하네요.

 디지털 형태는 가격이 조금 비싸지만 막대 형태는 저렴합니다. 온도계가 있으면 만들 수 있는 과자의 수가 늘어나니 구비하기를 권합니다.

❹ 불에서 내려 계속 섞고 100℃가 될 때까지 식힌다.

9 초콜릿 코팅 붓기

❶ 잼 막으로 덮인 케이크 중심에 100℃의 초콜릿 코팅을 붓고 후 팔레트 나이프로 빠르게 고른 다음, 나머지는 아래로 자연스럽게 떨어뜨린다.

❷ 실온에 두어 초콜릿 코팅을 자연스럽게 식힌다.

❸ 굳으면 케이크 아래에 팔레트 나이프를 찔러 넣고 흘러 나린 코팅을 깨끗이 없앤다.

❹ 먹을 때에 취향에 따라 거품 낸 생크림을 곁들여도 좋다.

포 드 크렘므

'포pot'는 프랑스어로 '항아리'라는 의미이며, '포 드 크렘므pot de crème'는 '항아리에 들어간 크림'이라는 이름의 차가운 크림 과자입니다.

원래는 도기로 된 작은 항아리가 사용되지만, 가정용의 내열성 데미타스 컵(에스프레소 전용의 자그마한 잔)으로 구워 보았습니다.

- **가나슈**
  ┌ 스위트 초콜릿 … 75g
  │ 생크림(유지방분 45~48%)
  └ … 100ml
- **달걀노른자** … 2개
- **그래뉴당** … 15g
- **우유** … 150ml

- **오븐 온도** : 160℃
- **굽는 시간** : 25분
- **열량** : 1개 266~333kcal

1 미리 준비하기

오븐 팬에 페이퍼 타월을 깐다.

 페이퍼 타월을 까는 것은 그릇이 움직이지 않도록 안정시키고, 뜨거운 물을 흡수하며, 구워진 케이크를 꺼낼 때 엎거나 넘치는 것을 막기 위해서입니다.

2 반죽 만들기

❶ 225쪽을 참고해 가나슈를 만든다.

 커버추어? 판 초콜릿? 어느 것으로 만들까요?

 첫 번째는 판 초콜릿, 두 번째는 커버추어로 만들고 비교해보면 어떨까요? 공부가 될 거예요.

❷ 다른 볼에 달걀노른자와 그래뉴당을 넣어 거품기로 하얗게 될 때까지 섞는다.

❸ 우유를 끓어오를 때까지 데운 다음 **❶**의 가나슈에 넣어 녹여 퍼지게 한다.

❹ **❸**의 가나슈를 **❷**의 달걀노른자+그래뉴당에 넣어 섞는다.

❺ 체에 걸러 한쪽에 주둥이가 있는 볼이나 계량컵 등에 넣는다.

 그릇에 따라 넣기 좋도록 주둥이가 붙은 용기를 사용합니다.

3 틀에 흘려 굽기

❶ 내열성 그릇을 오븐 팬에 간격을 두어 올리고, 반죽을 따라 넣는다.

 여기에서는 내열성 데미타스 컵을 사용했습니다. 그릇에 따라 반죽을 넣은 다음 오븐 팬에 올려도 상관없습니다.

❷ 160℃로 예열해 둔 오븐에 넣고, 오븐 팬에 뜨거운 물을 60~70% 정도까지 따른 다음 중탕 상태로 25분 굽는다.

 뜨거운 물은 따랐을 때 온도가 80℃ 이상이 되어야 합니다.

4 식히기

다 구워진 케이크를 식히고 완전히 식으면 냉장고에 넣어 식힌다.

차갑게 식혀 먹으면 크리미하고 리치한 식감이 느껴집니다.

초콜릿 무스

재료 6인분

- **우유** … 60ml
- **그래뉴당** … 20g
- **달걀노른자** … 40g
- **스위트 초콜릿** … 80g
- **생크림**(유지방분 35~38%)
  … 100ml
- **초콜릿 링**(기호에 따라) … 6개

- **열량** : 1인분 176kcal

1 미리 준비하기

219쪽을 참고해 초콜릿을 다져 전
자레인지로 녹이고, 사용할 때까지
식지 않도록 해 둔다.

2 반죽 만들기

❶ 레인지용 볼에 우유를 넣고 그래
뉴당을 더해 700W의 전자레인지로
45초 가열하여 끓어오르지 않을 정
도로 데운다.

전자레인지의 와트 수와 가열
시간에 대해서는 218쪽을 참
조해 주세요.

❷ 다른 레인지용 볼에 달걀노른자
를 넣고 ❶을 섞어 합친다.

❸ 700W의 전자레인지로 20초 가열하여 꺼내고 잘 휘저어 섞은 다음 다시 20초 가열하여 걸쭉하게 한다.

80℃까지 데워지면 달걀노른자에 적당히 열이 가해져 점도가 생깁니다.

❹ 핸드믹서로 거품 내기 시작한다.

❺ 전체가 조금 하얗게 되고 소량을 떠 올렸을 때 천천히 흘러 떨어져 자국이 남을 정도까지 거품을 냈다면 실내 온도가 될 때까지 계속 거품을 낸다.

만졌을 때 따듯하다고 느껴지지 않는 온도면 됩니다.

❻ 녹인 초콜릿을 넣고 섞어 합친다.

❼ 생크림은 제대로 뿔이 설 때까지 거품 내고(생크림 거품 내는 법은 31쪽 참조), 절반씩 반죽 볼에 넣고 고무주걱으로 그때마다 거품이 뭉개지지 않도록 주의하며 섞어 합친다.

식혀 굳히기

작은 볼 혹은 보존용기에 넣어 랩을
씌우고 냉장고에 넣어 식힌다.

4 담기

❶ 아이스크림 디셔(스쿠프)를 60℃
정도의 물에 담가 데우고 물기를 잘
닦아 낸다.

아이스크림 디셔(스쿠프)

아이스크림이나 셔벗을 담을 때 둥
글게 파내기 위해 사용하는 전용 도
구. 없는 경우는 테이블 스푼 2개로
대신합니다.

❷ 디셔로 둥글게 파내 유리컵 등에
담고 취향에 따라 초콜릿 링을 장식
한다.

 초콜릿 링은 244쪽을 참고하
여 템퍼링한 초콜릿을 얇은 판
상태로 만들고, 크고 작은 두
개의 원형을 사용해 링 상태로 파내어
코코아파우더를 뿌립니다.

초콜릿으로 장식하기

장식은 시판용 얇은 판 초콜릿을 이
용해도 좋습니다.

장식을 위해 초콜릿 링을 만들 여유
는 없다고 생각된다면 얇은 한 입 크
기의 초콜릿 2~3개를 잘라 나눈 다
음 무스에 끼우거나 올려 장식해도
좋아요. 물론 아무것도 장식하지 않
고 무스만을 심플하게 올려도 멋져
요!

CHAPTER 2

초콜릿을 템퍼링한
초콜릿 봉봉

초콜릿 봉봉은 한입 크기의 초콜릿 과자의 총칭입니다.
여기서 소개하는 초콜릿 봉봉들은 초콜릿을 한 번 녹인 다음 짜내서
모양을 만들거나 필링을 덮거나 하여 만듭니다.
그러기 위해 재료로 사용하는 초콜릿은 시판용 판 초콜릿이 아닌
카카오 성분이 많이 함유된 커버추어(제과용 초콜릿)여 합합니다.
아름다운 윤기나 매끄러운 식감을 만들어내려면 '템퍼링'이라는
전문적인 작업을 하지 않으면 안 되는데,
가정에서도 적은 분량으로 가볍게 할 수 있는 방법을 스개하므로
완성도 높은 초콜릿 봉봉을 만들어 볼 수 있습니다.

오랑제트^{orangette}는 커피나 홍
차, 술 모두와 어울립니다.

오랑제트

오렌지 필은 반 건조의
부드러운 타입입니다.

2/3 정도를 초콜릿으로
코팅하였습니다.

- **스위트 초콜릿**
  … 200g(커버추어)
- **오렌지 필**
  … 1~2조각(한 조각이 약 1/4개
  분인 것, 부드러운 타입)

1 오렌지 필 준비하기

오렌지 필은 한입 크기의 막대 모양
으로 썰고, 식힘망 등의 위에 하룻
밤 두어 말린다. (혹은 오렌지 필 스틱
형을 준비)

2 코팅하기

❶ 244쪽을 참고해 초콜릿을 템퍼
링하고 깊은 볼에 넣는다.

❷ 오렌지 필을 1조각씩 들고 초콜
릿 속에 절반에서 2/3 정도 담근다.

❸ 바트를 뒤집어 얇고 투명한 필름
으로 덮은 다음 그 위(혹은 오븐페이
퍼를 펼친 위)에 올리고 실온에 두어
초콜릿을 굳힌다.

초콜릿 템퍼링(조온調溫)

'초콜릿 템퍼링'이란 초콜릿의 온도를 조절해 균일한 결정으로 만드는 것을 말합니다.

커버추어는 한 번 녹인 다음 다른 모양으로 만들어 다시 굳혀 사용하는데, 그냥 녹이기만 했다가 굳히면 윤기를 잃고 식감도 나빠집니다. 그 이유는 (조금 전문적입니다만) 초콜릿의 지방분인 카카오 버터가 결정형이 다른 지방을 함유하고 있어 단순히 녹이는 것만으로는 균일하게 재결정하지 못하기 때문입니다. 그래서 온도를 45℃로 높였다가 다시 32℃로 낮추는 과정을 통해 균일하게 결정할 수 있게 하는 것입니다.

템퍼링을 하면 매끄럽고 윤기가 나며 식감도 좋습니다. 또, 굳는 속도도 빨라집니다.

초콜릿 템퍼링하기

재료

- **스위트 초콜릿**
  ··· 300g(커버추어)

※ 위 분량은 1회분으로 최소한의 양입니다. 이 이하로는 템퍼링 한 다음에 온도가 바로 내려가버려 덩어리가 생기거나 굳기 쉬워집니다.

1 초콜릿 준비하기

초콜릿 200g을 219쪽을 참고해 잘게 다지고 레인지용 볼에 넣는다. 초콜릿 100g은 3개로 잘라 나눈다.

2 템퍼링하기

❶ 다진 초콜릿을 전자레인지로 가열하고 바닥 쪽이 녹은 단계에서 꺼내 섞어 합친다.

❷ '10초 정도씩 가열하여 섞는다'를 반복하여 초콜릿을 녹이고 매끄러운 상태가 될 때까지 섞어 합친다.

❸ 제과용 온도계로 재서 45°C가 되면 덩어리 상태의 초콜릿을 넣고 잔열로 녹여 섞으면서 초콜릿 온도를 낮춘다.

❹ 31~32°C까지 내려가면 녹지 않고 남은 초콜릿 덩어리를 꺼낸다.

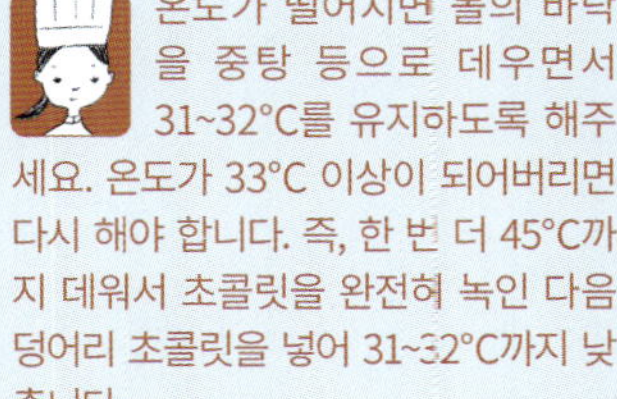

❺ 31~32°C의 상태를 유지하면서 흘려 굳히거나 코팅에 사용한다.

온도가 떨어지면 볼의 바닥을 중탕 등으로 데우면서 31~32°C를 유지하도록 해주세요. 온도가 33°C 이상이 되어버리면 다시 해야 합니다. 즉, 한 번 더 45°C까지 데워서 초콜릿을 완전히 녹인 다음 덩어리 초콜릿을 넣어 31~32°C까지 낮춥니다.

초콜릿 템퍼링의 성공과 실패

A   B   C

A. 제대로 템퍼링 된 경우

깔끔한 윤기가 있으며 제대로 굳어 있기 때문에 틀에서 뺄 때도 쉽게 뺄 수 있습니다.

B. 템퍼링을 하지 않은 경우

녹인 초콜릿을 템퍼링하지 않고 그대로 틀에 흘린 경우입니다. 좀처럼 굳지 않고, 굳었다 해도 윤기가 없고 색도 좋지 않습니다. 아래 사진의 오른쪽과 같이 손가락으로 표면을 문지르면 바로 녹아버립니다.

C. 제대로 템퍼링 되지 않은 경우

카카오 버터가 표면에 떠서 하얗게 굳은 것으로, 이런 현상을 '블룸(bloom)' 현상이라고 합니다. 템퍼링이 제대로 되지 않으면 이렇게 되는 경우가 있는데, 몸에 해롭지는 않지만 풍미도 식감도 좋지 않습니다.

망디앙

 지름 5cm의 것 20개분

- **초콜릿**(기호에 따라)
  ··· 200g(커버추어)
- **홀 아몬드** ··· 20알
- **호두** ··· 5조각
- **피스타치오** ··· 20알
- **말린 살구** ··· 5~7개
- **건포도** ··· 20알

 망디앙이란 무슨 의미인가요?

 망디앙mendiant은 유럽에 있는 네 개의 탁발 수도회(오르드르 망디앙ordres mendiants, 청빈과 엄격한 규율을 신앙이념으로 삼았던 수도회)풍이라는 의미입니다. 이 초콜릿 봉봉은 원래 이 네 개의 수도회에서 입는 수도복 색과 연관된 네 가지 재료를 배합합니다. 도미니코회의 흰색에 아몬드, 프란체스코회의 회색에 무화과, 카르멜회의 다갈색에 헤이즐넛, 아우구스티노회의 진한 보라색에 건포도를 매치한 것이 그것입니다.

1 미리 준비하기

❶ 아몬드와 호두는 각각 170℃로 예열한 오븐에서 약 6~7분, 피스타치오는 약 4분 가볍게 굽는다. 호두는 4등분하고, 말린 살구는 나열했을 때 견과류와 밸런스가 좋도록 잘라 나눈다.

 말린 살구는 약 20조각이 만들어집니다.

❷ 바트에 오븐페이퍼를 깐다.

2 짜서 장식하기

❶ 244쪽을 참고해 초콜릿을 템퍼링하고 짤주머니에 넣은 다음, 짤주머니 끝을 조리용 가위로 조금만 잘라낸다.

 짤주머니는 일회용 비닐 타입을 사용했습니다.

❷ 오븐페이퍼 위에 초콜릿을 지름 3cm의 원형으로 간격을 두어 짠다.

한 번에 많이 짜면 견과류 등으로 장식하기 전에 굳어버리기 때문에 한 번에 5개 정도씩 짜도록 합니다.

❸ 양손으로 바트를 들어 올렸다가 가볍게 작업대에 내리치거나 바트 뒷면을 손으로 두드려 초콜릿을 조금 평평한 원형으로 펼친다.

❹ 초콜릿이 굳기 전에 견과류나 말린 살구, 건포도를 장식한다.

❺ 실온에 두어 제대로 굳힌다.

트뤼프

트뤼프^{truffes}는 트뤼프 버섯 (서양 송로)을 본뜬 초콜릿 봉봉입니다.

기호에 따라 코코아파우더 혹은 가루설탕을 버무려 완성했습니다.

 20개분

- **가나슈**
  - 스위트 초콜릿 … 100g
  - 생크림(유지방분 35~38%) … 85ml
- **스위트 초콜릿**(커버추어) … 200g
- **코코아파우더** … 100g
- **가루설탕** … 적당량

1 가나슈 만들기

225쪽을 참고해 가나슈를 만들고, 바트에 흘려 서늘한 곳에서 식혀 굳힌 다음, 지름 15mm의 원 깍지를 끼운 짤주머니에 채운다. (짤주머니 사용법은 41쪽 참조)

2 짜기

❶ 오븐페이퍼를 펼쳐 깔고 그 위에 가나슈를 지름 1.5~2cm의 반구 모양으로 짠다.

❷ 냉장고에 넣거나 서늘한 곳에 두어 식혀 굳힌다.

3 둥글리기

❶ 굳은 표면 전체에 가루설탕을 듬뿍 뿌린다.

❷ 팔레트 나이프를 이용해 종이에서 떼어낸다.

❸ 손바닥에 가루설탕을 듬뿍 묻힌 다음 빠르게 둥글린다.

❹ 바트 등에 올려 냉장고어 넣거나 서늘한 곳에 두어 식혀 굳힌다.

4 초콜릿으로 코팅하기

❶ 244쪽을 참고해 초콜릿 200g을 템퍼링한다.

❷ 손바닥에 초콜릿을 소량 묻힌 다음 둥글린 가나슈를 굴려 전체에 얇게 버무린다.

이것은 초콜릿 밑칠로, 다음에 버무릴 초콜릿이 깔끔하게 잘 붙도록 하기 위한 것입니다.

❸ 바트 등에 올리고 실온에 두어 굳힌다.

❹ 1개씩 초콜릿 속에 넣고 초콜릿용 포크로 꺼내 코팅한다.

Note

초콜릿용 포크

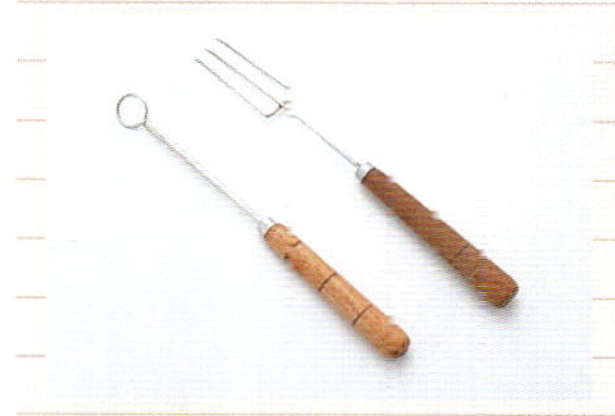

초콜릿 봉봉 전용 꼬치로, 포크 형태나 고리 모양의 것 등이 있으며 용도에 맞춰 나눠 사용합니다. 구할 수 없는 경우는 포크로 대용합니다.

❺ 바트에 코코아파우더나 가루설탕을 펼쳐 뿌려놓고 초콜릿을 그 위에 올린 다음, 표면이 굳으면 초콜릿용 포크로 굴리면서 표면 전체에 뒤바른다.

아망드 쇼콜라

‘아망드amande’는 ‘아몬드’라는 뜻. 고소하게 로스트한 홀 아몬드에 캐러멜을 뿌린 다음 초콜릿으로 커버하여 고소함의 삼중주를 즐길 수 있습니다.

표면을 취향대로 코코아파우더 혹은 가루설탕으로 덮습니다.

- **홀 아몬드** … 100g
- **코팅**
  - 그래뉴당 … 30g
  - 물 … 10ml
  - 버터 … 6g
- **스위트 초콜릿**(커버추어) … 200g
- **코코아파우더 혹은 가루설탕** … 50g

1 아몬드 로스트하기

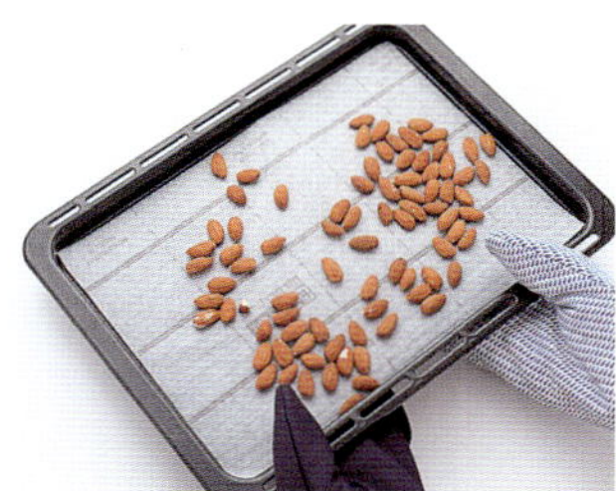

아몬드를 오븐 팬 위에 펼쳐 170℃로 예열한 오븐에서 가볍게 로스트한다.

아몬드의 크기나 함유된 수분의 양, 오븐의 화력 등에 따라 다르기 때문에 로스트하는 시간은 5~10분 정도. 옅게 색이 나고 향이 나는 것이 기준입니다. 어디까지나 초벌로 굽는 것이므로 너무 많이 굽지 않도록 주의해 주세요.

2 시럽 만들기

❶ 스테인리스 혹은 구리 냄비에 물과 그래뉴당을 넣어 중약불에 올려 졸인다.

 시럽이 냄비 옆면에 튀어 탈 것 같으면 물을 머금은 붓으로 지우면서 졸여 주세요.

---

❷ 제과용 온도계로 재서 115~117℃가 될 때까지 졸인다.

  온도계가 없는 경우는 깍지에 소량을 묻혀 입김을 불었을 때 풍선처럼 부푸는 것이 기준. 이것을 제과 전문용어로 '수플레(souffler)' 상태라고 합니다

3 아몬드에 캐러멜 버무리기

❶ 냄비를 불에서 내려 아몬드를 넣고 나무주걱으로 잘 휘저어 섞어 시럽을 하얗게 당화(재결정화)시킨다.

❷ 다시 불에 올리고 하얗게 당화한 당분을 녹이면서 다시 조려 캐러멜화시키며 아몬드에 버무리고, 동시에 아몬드에도 열을 가한다.

 아몬드 속까지 열이 가해지는 것이 포인트입니다. 한 알씩 꺼내 쪼개 보고 잘 익었는지를 확인해 주세요.

❸ 불에서 내리고 버터를 넣어 잘 섞어 합친다.

4 식히기

오븐페이퍼를 펼치고 그 위에 쏟는다. 그리고 곧바로 포크 2개를 사용해 한 알 한 알 분리해 식힌다.

5 초콜릿 코팅하기

❶ 244쪽을 참고해 초콜릿을 템퍼링한다.

❷ 완전히 식은 아몬드를 볼에 넣은 다음, 초콜릿을 적당량씩 3~4회로 나눠 넣고 그때마다 섞어 한 알 한 알에 두껍게 코팅한다.

❸ 초콜릿이 굳기 시작하면 코코아파우더 혹은 가루설탕을 뿌려 전체에 버무리고, 체에 쳐서 여분의 코코아파우더 혹은 가루설탕을 털어낸다.

쿠키 & 비스킷

COOKIE & BISCUIT

쿠키와 비스킷의 주재료는 버터와 설탕, 달걀, 가루류 네 종류이지만
달걀은 배합이 적은 경우는 생크림(유지방분 45~48%)으로 바꾸는 것도 가능합니다.
반죽 만드는 법은 버터의 상태에 따라 세 갈래로 나뉘는데,
부드러운 버터에 설탕을 먼저 섞는 크림법(크레메법),
식혀 굳힌 버터와 가루를 먼저 섞는 사블라주법,
버터를 녹이고 다른 재료와 합치는 올인법이 그것입니다.
각 반죽법에 대해서는 해당 반죽법이 처음 쓰일 때 자세히 설명합니다.

CHAPTER 1

쿠키 커터로 찍어내는 쿠키

동물이나 풀, 비행기 등 귀엽고 다양한 커터로 찍어넌 쿠키들은
먹는 것이 아까울 정도로 귀여워 인기가 있습니다.
여기서는 아이부터 어른까지 충분히 만족시킬 수 있는,
6종류의 틀 없이 굽는 쿠키를 소개합니다.
우선 플레인 쿠키 2종을 만들면서 반죽 만드는 겁, 펴는 법, 쿠키 커터로 쯔는 법,
오븐 팬에 올리는 법, 굽는 법, 식히는 법까지 를 하나하나 짚어가며 익힙시다.
그러면 나머지 쿠키들은 쉽게 완성할 수 있답니다.

플레인 쿠키 2종

국화 틀로 모양 낸 꽃모양 쿠키. 안쪽을 한 둘레 작은 원 틀로 누른 다음, 테두리를 포크로 눌러 꽃잎으로 표현하고, 중심 부분은 포크로 구멍을 뚫어 꽃술 모양으로 만들었습니다.

가루에 코코아파우더를 넣으면 초콜릿 풍미의 검은 쿠키가 됩니다.

하얀 쿠키는 가장 기본적인 재료로 만드는 소박한 맛입니다.

 지름 5cm 국화 커터 30개분

· 하얀 쿠키
- 버터 … 60g
- 가루설탕 … 50g
- 소금 … 한 꼬집
- 달걀 혹은 생크림 … 25g
- 박력분 … 125g

· 검은 쿠키
- 버터 … 60g
- 가루설탕 … 50g
- 소금 … 한 꼬집
- 달걀 혹은 생크림 … 25g
- 박력분 … 125g
- 코코아파우더 … 10g

※ 필요에 따라 덧가루 적당량
※ 달걀 25g은 중간 사이즈 1/2개분이다.

- **오븐 온도** : 170℃
- **굽는 시간** : 10~15분
- **열량** : 1개 26kcal

쿠키 반죽법1- 크림법

버터를 냉장고에서 꺼내 실온에 두고, 버터가 부드러워지면 볼에 넣어 거품기 혹은 핸드믹서로 크림 상태로 갠 다음, 우선 설탕을 넣어 비벼 섞고 (경우에 따라서는 소금), 달걀 혹은 생크림, 가루 순으로 넣어 가는 방법입니다. 이 책에서 소개하는 쿠키&비스킷 중 대부분은 크림법으로 만들었습니다.

1 미리 준비하기

❶ 버터, 달걀은 실온에 두고, 달걀은 풀어서 계량한다.

❷ 하얀 쿠키 반죽용으로 박력분을 체 치고, 검은 쿠키 반죽용으로 박력분과 코코아파우더를 섞어 합친 다음 체 친다.

2 크림법으로 반죽하기

A | 버터 개고 가루설탕과 소금 넣기

볼에 버터를 넣고 거품기로 잘 갠다. 버터가 부드러운 크림 상태가 되면 가루설탕을 넣어 비벼 섞고, 가루설탕이 균일하게 섞이면 소금을 넣어 섞어 합친다. (쿠키에 따라 소금을 넣지 않는 경우도 있다.)

버터는 부드러워질 때까지 개는 거죠?

네. 걸쭉한 크림 상태로 만들어야 다른 재료가 섞이기 쉬워서예요.

어라, 버터가 볼 측면에 달라붙어요!

버터가 볼 측면에 달라붙으면 고무주걱으로 중심으로 긁어모은 다음 계속해서 갭니다. 볼 안을 잘 보면서 거품기를 제대로 움직이세요!

B | 달걀 혹은 생크림 넣기

달걀(혹은 생크림)을 조금씩 넣어 섞어 합친다.

왜 한 번에 섞으면 안 되나요?

물(달걀이나 생크림)과 기름(버터)은 잘 섞이지 않기 때문에 한 번에 많이 넣지 않는 거예요. 하지만 너무 예민하게 생각하지는 않아도 돼요. 달걀 1개 정도는 한 번에 넣어도 괜찮습니다. 달걀노른자에는 물과 기름을 연결하는 '유화' 작용을 하는 성분이 있으니까요.

C | 가루 넣기

❶ 박력분 혹은 박력분–코코아파우더를 넣는다.

❷ 스크레이퍼로 자르듯 섞어 가루를 더우러지게 한다.

❸ 볼을 조금씩 들리면서 반죽을 섞는다. 반죽은 스크레이퍼로 반죽을 누르면서 몸 쪽으로 당겨 볼의 안쪽에 바르면서 문질러 섞는다.

왜 문질러 섞나요?

문지르듯 섞으면 모든 재료가 균일하게 섞여 매끄러운 반죽이 되고, 펴거나 둥글리거나 모양을 만들 때에 반죽에 금이 생기거나 깨지지 않게 됩니다.

❶ 낮은 바트에 랩을 펼치고 그 위에 반죽을 한 덩어리로 만들어 올린 후 랩으로 감싼다.

❷ 균일한 두께가 되도록 손바닥으로 누르고, 냉장고에 최소 1시간 넣어 굳힌다.

반죽을 평평하게 해두면 균일하게 빨리 식힐 수 있습니다. 바트와 같은 금속제의 평평한 것에 올리면 더욱 효과적이죠.

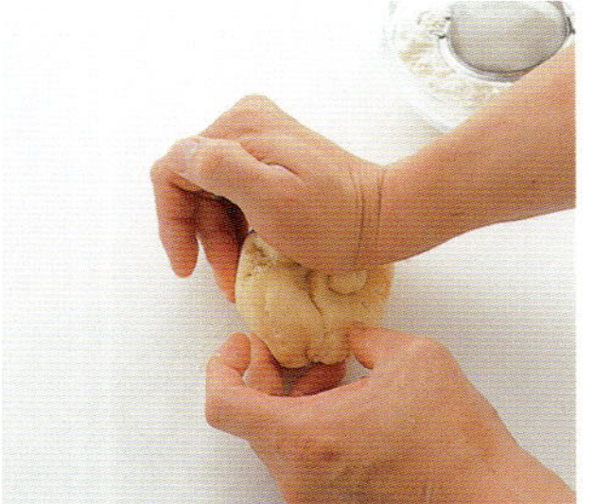

❶ 식어 굳은 반죽을 가볍게 덧가루를 뿌린 반죽대 위에 꺼내고 손으로 가볍게 반죽하여, 모양을 만들 수 있는 굳기로 만든다(단, 너무 부드럽게 하지 말 것. 버터가 녹아버리면 안 된다).

❷ 균일한 굳기가 되면 손바닥으로 굴리면서 원통 모양으로 만든다.

❸ 원통형으로 만든 반죽을 옆으로 길게 놓고, 밀대를 대고 눌러 평평한 직사각형 모양으로 만든다.

반죽 위에 밀대를 놓고 누르는 거네요.

갑자기 밀대를 굴려 펴려고 하면 모양이 찌그러지거나 두께가 일정하게 펴지지 않습니다. 우선은 전체에 밀대 자국이 날 정도로 눌러 평평하게 합니다.

❹ 원래의 2배 정도의 크기까지 폈다면 반죽을 90° 회전시킨다. 반죽의 상태를 보고 필요하면 덧가루를 가볍게 뿌리고 밀대를 굴려 정사각형으로 펼쳐 간다.

❺ 한 번에 펴는 것이 아니라 몇 번 정도 90°로 회전시키면서 서서히 펼쳐 간다.

밀대는 누르거나 굴릴 때 반죽 바로 위에서 수직으로 힘을 가해야 균등하게 펼 수 있습니다.
반죽을 90° 회전시키는 것은 세로로도 가로로도 균등하게 펴기 위해서이지만 반죽이 작업대에 들러붙는 것을 막기 위한 것도 있습니다. 필요에 따라 반죽의 표면뿐 아니라 작업대나 밀대에도 덧가루를 뿌려 주세요.

❻ 두께 2.5mm, 가로/세로 30Cm 정도의 깔끔한 정사각형이 되면 완성이므로, 여분의 가루를 붓으로 털어낸다.

여기서 중요한 것은 2.5mm의 균일한 두께로 미는 것. 깔끔한 정사각형으로 만드는 것은 틀로 누를 때 가능한 버리는 부분이 나오지 않도록 하기 위해서입니다.

❼ 바트 위에 올려 랩으로 감싼 다음 냉장고에 최소 1시간 넣어 굳힌다.

5 틀로 찍어내기

❶ 굳은 반죽 위에 쿠키 커터를 놓고 손바닥으로 눌러 1장씩 찍어낸다.

바로 굽는 경우는 찍어낸 순서대로 오븐 팬에 올려 가면 됩니다. 쿠키 커터의 가장자리에 반죽이 붙었다면 반드시 제거하여 깨끗한 상태로 다음 반죽을 찍도록 해주세요.

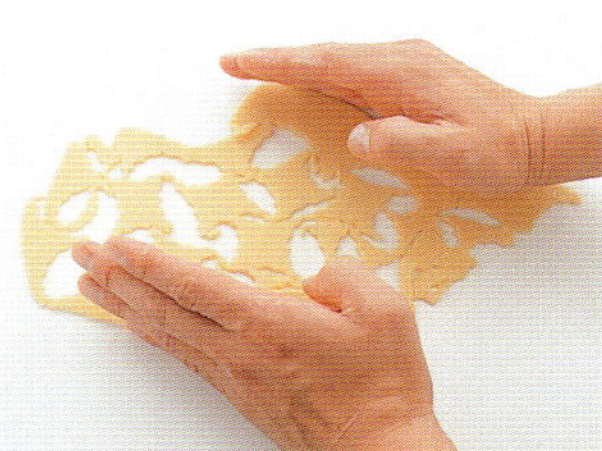

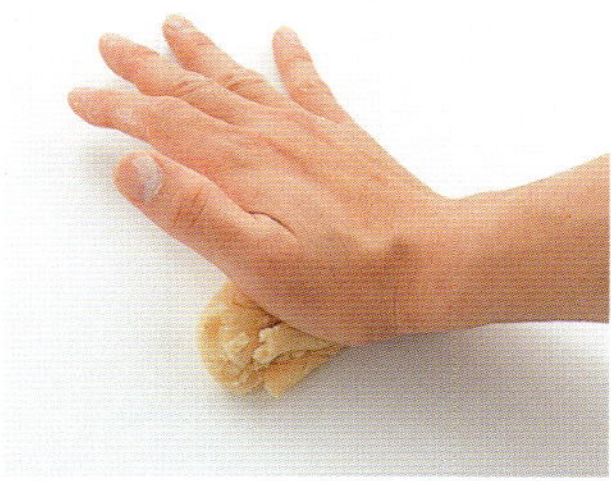

❷ 다 찍고 남은 반죽은 한 덩어리로 합쳐 다시 반죽하고(2번 반죽) 냉장고에서 굳힌 다음 다시 한 번 밀대로 펴서 같은 방법으로 모양을 찍어낸다.

Note

쿠키 커터

여기서 사용한 쿠키 커터는 국화 쿠키 커터(왼쪽)와 원형(오른쪽) 쿠키 커터입니다. 원형 쿠키 커터는 안쪽에 모양을 내는 데에 사용합니다.

6 오븐 팬에 올려 모양내기

❶ 오븐 팬에 간격을 두고 올린다.

 어느 정도 간격을 두면 되나요?

 굽는 동안 반죽이 퍼질 것을 생각해 간격을 두되, 골고루 열이 잘 닿아야 한다는 점에도 유의합니다. 이 경우는 2cm 정도 간격을 두었습니다.

❷ 지름 3cm 원형 쿠키 커터의 날이 없는 쪽을 반죽 중심에 가볍게 눌러 원 모양의 표시를 낸 다음, 테두리를 따라 포크를 눌러 꽃잎과 같은 모양을 낸다.

❸ 원의 안쪽 반죽에 포크를 찔러 꽃술과 같은 모양을 낸다.

 이 단계에서 반죽이 부드러워져 있다면 한 번 더 냉장고에서 15분 정도 굳힙니다.

7 굽기

170℃로 예열한 오븐에 10~15분 굽는다. 다 구워진 쿠키의 윗기가 가시면 팔레트 나이프를 쿠키 아래로 찔러 넣고 조심히 떠서 식힘망 위에서 완전히 식힌다.

 쿠키가 뜨거운 동안은 부드럽기 때문에 움직이면 안 돼요. 5분 정도 두어 열기가 가시면 이동시키세요.

홍차 풍미 쿠키

재료 약 7×5cm의 것 32개분

- **반죽**
  - 버터 … 60g
  - 그래뉴당 … 50g
  - 소금 … 한 꼬집
  - 달걀 혹은 생크림 … 25g
  - 박력분 … 125g
  - 홍차 잎 … 1작은술
- **토핑용 홍차 잎** … 1작은술

※ 필요에 따라 덧가루 적당량

- **오븐 온도** : 170℃
- **굽는 시간** : 10~15분
- **열량** : 1개 24kcal

쿠키 반죽법 - 크림법

크림법으로 반죽하여 만드는 과자이므로, 반죽하기부터 반죽 굳히기, 반죽 펴기에 대한 자세한 과정 설명은 255~257쪽을 참조한다.

1 미리 준비하기

❶ 버터, 달걀 혹은 생크림은 실온에 두고 달걀은 푼다.

❷ 홍차 잎을 칼이나 그라인더로 잘게 다진다. 혹은 티백을 이용해도 좋다.

❸ 다진 홍차 1작은술을 그래뉴당에 넣고, 손가락 끝으로 비벼 합쳐 그래뉴당에 향을 더한다.

2 크림법으로 반죽하기

버터를 크림 상태로 개고 그래뉴당+다진 홍차 잎을 넣어 비벼 섞고, 소금을 넣어 합친 다음 달걀 혹은 생크림을 섞어 합치고, 박력분을 넣어 섞어 반죽한다. 그리고 반죽을 식혀 굳힌다.

3 모양 찍고 장식하기

❶ 2.5mm 두께로 반죽을 펴고, 모양 틀 가장자리에 덧가루를 묻힌 다음 한 장씩 찍는다.

❷ 오븐 팬에 간격을 두고 올린 다음, 토핑용 홍차를 찻주전자 손잡이의 구멍처럼 보이도록 올린다.

4 굽기

170℃로 예열된 오븐에 10~15분 굽는다.

전립분 쿠키

재료 · 약 7×6cm의 것 28개분

- **버터** … 60g
- **그래뉴당** … 50g
- **소금** … 한 꼬집
- **달걀 혹은 생크림** … 25g
- **가루류**
  - 박력분 … 60g
  - 전립분 … 65g

※ 필요에 따라 덧가루 적당량

- **오븐 온도** : 170°C
- **굽는 시간** : 10~15분
- **열량** : 1개 28kcal

쿠키 반죽법 - 크림법

크림법으로 반죽하여 만드는 과자이므로, 반죽하기부터 반죽 굳히기, 반죽 펴기에 대한 자세한 과정 설명은 255~257쪽을 참조한다.

1 미리 준비하기

❶ 버터, 달걀 혹은 생크림은 실온에 두고 달걀은 푼다.

❷ 박력분과 전립분은 잘 섞어 합친 다음 체 친다.

Note

전립분

밀의 가루를 껍질이나 배아를 분리하지 않고 가루로 만든 것. 밀의 배유만을 가루로 만든 밀가루에 비하면 색이 검고 풍미가 있으며 영양분도 많이 함유되어 있습니다.

2 크림법으로 반죽하기

버터를 크림 상태로 개고 그래뉴당을 넣어 비벼 섞고, 소금을 넣어 합친 다음 달걀 혹은 생크림을 섞어 합치고, 박력분+전립분을 넣어 섞어 반죽한다. 그리고 반죽을 식혀 굳힌다.

3 반죽 펴고 모양 찍기

3mm 두께로 반죽을 켜그, 목마 쿠키 커터 가장자리에 덧가루를 묻힌 다음 한 장씩 찍는다.

4 굽기

오븐 팬에 간격을 드더 올리고, 170°C로 예열된 오븐어 10~15분 굽는다.

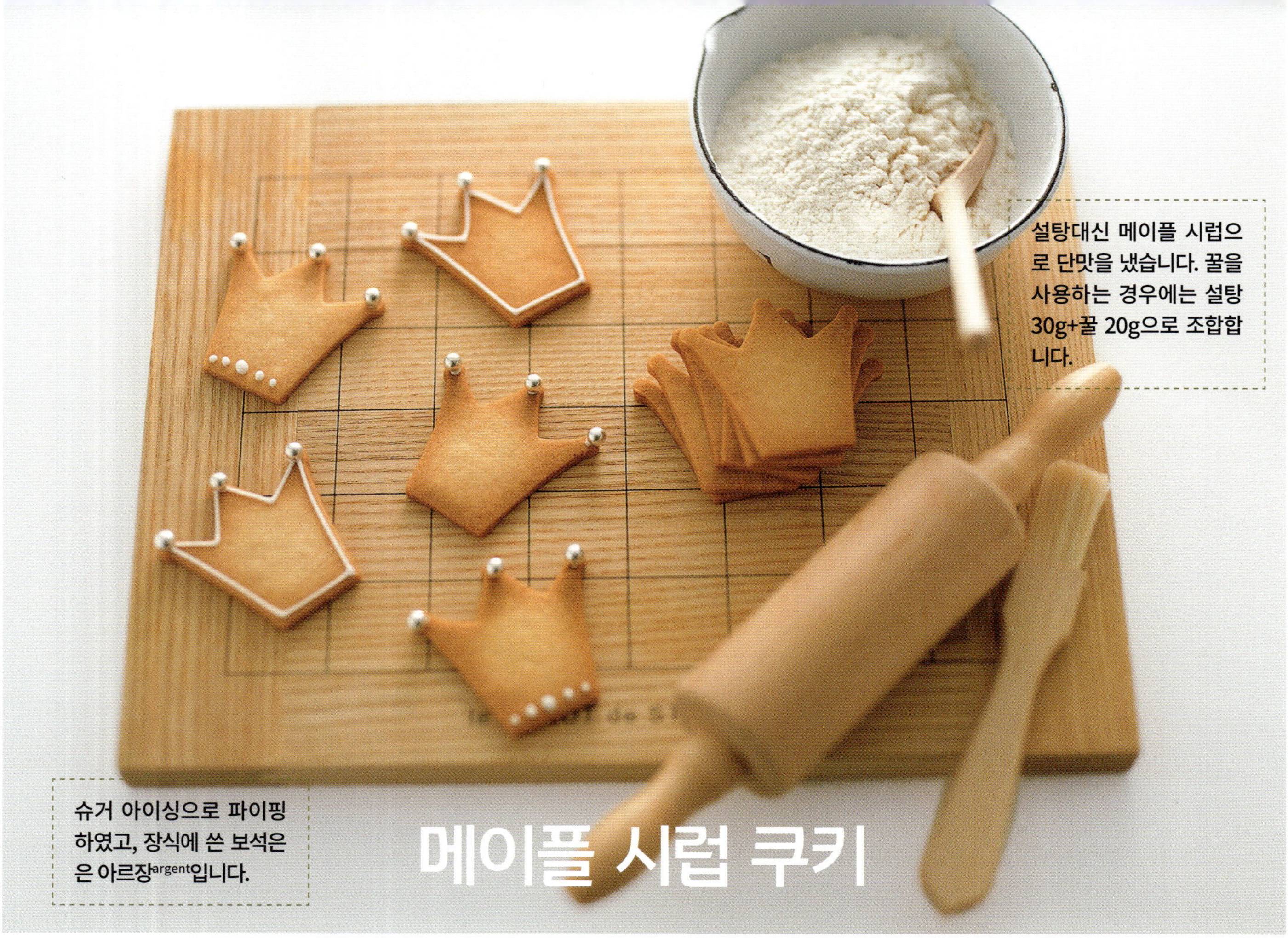

메이플 시럽 쿠키

재료 약 7×5cm의 것 32개분

- **반죽**
  - 버터 … 60g
  - 메이플 시럽 … 60g
  - 소금 … 한 꼬집
  - 달걀 혹은 생크림 … 25g
  - 박력분 … 125g
- **슈거 아이싱** … 적당량
- **은 아르장** … 소량

※ 은 아르장: 설탕으로 만든 식용 은구슬
※ 필요에 따라 덧가루 적당량

- **오븐 온도** : 170℃
- **굽는 시간** : 10~15분
- **열량** : 1개 18kcal

쿠키 반죽법 - 크림법
크림법으로 반죽하여 만드는 과자이므로, 반죽하기부터 반죽 굳히기, 반죽 펴기에 대한 자세한 과정 설명은 255~257쪽을 참조한다.

1 미리 준비하기

❶ 버터, 달걀 혹은 생크림은 실온에 두고 달걀은 푼다.

❷ 박력분은 체 친다.

2 크림법으로 반죽하기

버터를 크림 상태로 개고 메이플 시럽을 조금씩 넣으며 비벼 섞고, 소금을 넣어 합친 다음 달걀 혹은 생크림을 섞어 합치고, 박력분을 넣어 섞어 반죽한다. 그리고 반죽을 식혀 굳힌다.

메이플 시럽은 설탕단풍의 수액으로 만들어진 시럽으로 은은한 향이 특징입니다.

3 모양 찍고 굽기

❶ 3mm 두께로 반죽을 펴고, 왕관 쿠키 커터 가장자리에 덧가루를 묻힌 다음 한 장씩 찍는다.

왕관 쿠키 커터 끝부분은 좁기 때문에 틀의 테두리에 가루를 묻혀 두지 않으면 깨끗하게 찍히지 않습니다.

❷ 오븐 팬에 간격을 두며 올리고 170℃로 예열된 오븐에 10~15분 굽는다.

4 슈거 아이싱으로 장식하기

❶ 오른쪽을 참고해 슈거 아이싱을 만들고 짤주머니에 채워, 완전히 식은 쿠키 테두리를 따라 가늘게 짠다. (짤주머니 사용법은 41쪽 참조)

❷ 슈거 아이싱을 풀로 사용하여 은 아르장을 보석으로 보이도록 장식한다.

슈거 아이싱 만들기

재료 만들기 쉬운 1회분

- **슈거 아이싱**
  - 달걀흰자 ··· 40g
  - 가루설탕 ··· 180g
  - 레몬즙 ··· 1작은술
- **식용색소**(기호에 따라) ··· 각 소량

❶ 볼에 달걀흰자를 넣어 풀고 가루설탕을 소량 넣어 고무주걱으로 매끄러워질 때까지 섞는다. 나머지 가루설탕도 조금씩 넣어 매끄럽게 섞어 합친다.

❷ 레몬즙을 소량씩 넣어 섞되, 주걱으로 떴을 때 연결되며 흘러 떨어질 정도의 점도까지 섞는다.

❸ 볼의 측면에 맞대어 문지르듯 하여 윤기를 낸다.

❹ 적당량을 덜어 내고 식용색소를 꼬치 끝에 조금씩 묻혀 넣으며 색을 보고 가감한다.

> 색은 조금씩 넣어 만들어 가는 것이 요령입니다. 가루로 된 식용색소의 경우에는 물로 녹은 다음 사용해 주세요.

슈거 아이싱 비스킷

동물이나 비행기, 자동차 등 작은 모양 틀로 찍어 구운 다음 슈거 아이싱을 묻혀 완성했습니다.

컬러풀한 색은 식용색소를 조금만 넣어 연하게 하는 것이 포인트입니다.

[재료] 약 4×3cm의 것 52개분

- **반죽**
  - 버터 … 60g
  - 그래뉴당 … 50g
  - 소금 … 한 꼬집
  - 달걀 혹은 생크림 … 25g
  - 박력분 … 125g
- **슈거 아이싱** … 적당량
  (261쪽을 참고하여 준비)
- **식용색소**(기호에 따라)
  … 각 소량

※ 필요에 따라 덧가루 적당량

- **오븐 온도** : 170℃
- **굽는 시간** : 10~15분
- **열량** : 1개 15kcal

쿠키 반죽법 - 크림법

크림법으로 반죽하여 만드는 과자이므로, 반죽하기부터 반죽 굳히기, 반죽 펴기에 대한 자세한 과정 설명은 255~257쪽을 참조한다.

1 크림법으로 반죽하고 모양 찍기

❶ 버터를 크림 상태로 개고 그래뉴당을 넣어 비벼 섞고, 소금을 넣어 합친 다음 달걀 혹은 생크림을 섞어 합치고, 박력분을 넣어 섞어 반죽한다. 그리고 반죽을 식혀 굳힌다.

❷ 2.5mm 두께로 반죽을 펴고, 한 입 크기의 쿠키 커터로 찍어낸 다음 오븐 팬에 간격을 두며 올려 170℃로 예열된 오븐에 10~15분 굽는다.

2 슈거 아이싱으로 장식하기

❶ 완전히 식은 쿠키를 한 개씩 손에 들고 겉면으로 하고 싶은 쪽을 슈거 아이싱에 담갔다가 천천히 들어 올린다.

❷ 흘러내리는 부분을 손가락으로 자르고, 식힘망 위에 올린 다음 실온에서 말려 굳힌다.

비에누아

재료 지름 5cm
국화 쿠키 커터 8개분

- **반죽**
  - 버터 … 50g
  - 가루설탕 … 20g
  - 소금 … 한 꼬집
  - 달걀노른자 … 10g
  - 박력분 … 65g
- **살구, 딸기, 블루베리 등의 잼**
  … 각 적당량
- **뿌리는 용도의 가루설탕**
  … 적당량

※ 필요에 따라 덧가루 적당량
※ 달걀노른자 10g은 1/2개분입니다.

- **오븐 온도** : 170℃
- **굽는 시간** : 12~15분
- **열량** : 1개 96kcal

쿠키 반죽법 - 크림법

크림법으로 반죽하여 만드는 과자이므로, 반죽하기부터 반죽 굳히기, 반죽 펴기에 대한 자세한 과정 설명은 255~257쪽을 참조한다.

1 미리 준비하기

❶ 버터, 달걀은 실온에 둔다.

❷ 박력분은 체 친다.

2 크림법으로 반죽하기

버터를 크림 상태로 개고 가루설탕을 넣어 비벼 섞고, 소금을 넣어 합친 다음 달걀노른자를 섞어 합치고, 박력분을 넣어 섞어 반죽한다.

3 반죽 펴서 굳히기

냉장고에 반죽을 넣어 굳혔다가 반죽을 2.5mm 두께로 펴고, 냉장고에서 제대로 식혀 굳힌다.

4 모양 찍기

지름 5cm의 국화 쿠키 커터로 16장 찍어내고 그 절반(8장)의 중심을 지름 3cm의 원형 쿠키 커터로 찍는다.

원형 쿠키 커터로 찍어낸 중심 부분은 어떻게 하나요?

비에노아로는 사용하지 않습니다. 냉장고 혹은 냉동고에 넣어 두고 그대로 사용하거나 하나로 합쳐 다시 틀로 찍은 다음 구워서 먹도록 해주세요.

아, 다행이다. 덤으로 작은 쿠키를 만들어 먹어도 되겠네요.

5 굽기

오븐 팬에 간격을 두며 올리고 170°C로 예열된 오븐에서 12~15분 굽는다.

6 잼을 끼워 완성하기

❶ 과육의 모양이 남아 있지 않은 잼을 고르고 잘 섞어 매끄럽게 한다.

젤리 타입으로 씨나 껍질도 들어 있지 않은 조금 굳은 잼이 적합합니다.

❷ 쿠키가 완전히 식으면 국화 모양과 링 모양 두 장을 한 세트로 하고, 링 모양에 가루설탕을 뿌린다.

❸ 국화 모양의 쿠키 중앙에 잼을 적당량 올리고 링 모양의 쿠키를 위에 겹친다.

CHAPTER 2

손으로 둥글리는 쿠키

쿠키나 비스킷이 공장에서 만들어지거나 가게에서 판매되는 것이 아닌,
부엌에서 수제로밖에 만들 수 없던 시절이 있었습니다.
손바닥을 사용해 하나하나 만들던 시절이지요.
지금도 전해지는 손으로 둥글리는 타입의 쿠키는
그 시대를 살았던 사람들을 떠올리게 하는 소박한 모양과 맛이 매력입니다.
쿠키 만들기를 많이 해보지 않은 초보자라도, 아니 어린이라 하더라도
도전해볼 수 있는 심플한 쿠키&비스킷 만들기를 즐겨보세요.

바닐라 풍미의
초승달 쿠키
빈의 대표 쿠키입니다.
바닐라 풍미의 초승달 쿠키
는 독일어로 '바닐레킵페를
Vanillekipferl'이라고 불립니다.

 **길이 5cm의
초승달 모양 50개분**

- **반죽**
  - 버터 … 110g
    - 박력분 … 125g
    - 아몬드 파우더 … 65g
  - 바닐라 슈거
    - 그래뉴당 … 40g
    - 바닐라 빈 … 1/2개
  - 소금 … 한 꼬집
  - 달걀노른자 … 1개
- **완성용 바닐라 슈거** … 적당량

※ 필요에 따라 덧가루 적당량

- **오븐 온도** : 170℃
- **굽는 시간** : 15분
- **열량** : 1개 47kcal

쿠키 반죽법2 - 사블라주법

사블라주 sablage 는 '모래와 같은 바슬바슬한 상태'를 가리키는 말입니다. 제과용어로 '가루와 버터를 비벼 섞어 바슬바슬하게 하는 것'을 사블라주라고 하므로 이 방법을 사블라주법이라고 이름 붙였습니다.

버터를 냉장고에서 꺼내 2~3cm 크기로 깍둑썰기 합니다. 볼에 가루류를 넣은 위에 식혀 굳힌 버터를 올려 스크레이퍼로 버터를 잘게 자르면서 가루류에 섞고, 다시 손바닥으로 비비며 버터와 가루류가 균일하게 바슬바슬한 상태가 될 때까지 섞어 합친 다음, 다른 재료를 넣는 방법입니다. 푸드 프로세서를 사용하면 고운 결의 반죽을 빠르게 만들 수 있습니다.

---

1 미리 준비하기

❶ 버터는 식혀 굳힌 상태에서 2~3cm 크기로 깍둑썰기 한다.

❷ 박력분과 아몬드 파우더는 섞어 합쳐 체 치고 냉장고에 식혀 둔다.

❸ 바닐라 빈은 껍질을 세로로 가르고 씨를 긁어 그래뉴당에 넣고, 손가락으로 비벼 섞어 향을 끌어낸다. (바닐라 슈거 만드는 법은 125쪽 참조)

❹ 오븐 팬에 오븐페이퍼를 깐다.

2 사블라주법으로 반죽하기

A │ 손으로 반죽하는 경우

❶ 볼에 박력분+아몬드 파우더를 넣고 버터를 올린 다음, 스크레이퍼로 버터를 잘게 자르면서 가루류에 섞어 합친다.

 스크레이퍼를 2장 준비해 양손으로 하면 빠르게 할 수 있습니다. 물론 1장만으로도 괜찮습니다. 다만, 가능한 빠르기 진행해주세요. 혹시 버터가 녹을 것 같으면 도중에 냉장고에 넣어 일단 차갑게 해주세요.

❷ 버터가 잘아지면 작업대 위에 꺼내 버터를 보다 더 잘게 다지고 동시에 가루류와 골고루 잘라 섞는다. 이때도 스크레이퍼 두 장을 사용하면 빠르게 할 수 있다.

❸ 양손으로 적당량씩 떠서 손바닥 사이로 비벼 섞어 푼다. 전체가 노랗고 바슬바슬한 상태가 될 때까지 반복한다.

 노랗게 된다는 것은 버터와 가루류가 잘 섞였다는 뜻입니다.

❹ 바닐라 슈거와 소금을 넣고 섞어 합친다.

❺ 합친 것을 모으고 중앙을 파이게 한 다음 그곳에 달걀노른자를 놓고 가루류를 조금씩 덮어 섞어 합친다.

❻ 반죽을 한 덩어리로 만든 후, 반죽 위에 손바닥에서 손목으로 연결되는 부위를 대고 그대로 몸 바깥쪽으로 눌러 반죽을 문질러 바른다. 몇 번 반복하여 반죽 전체를 균일하게 섞고 매끄러운 반죽으로 만든다.

B | 푸드 프로세서로 반죽하는 경우

❶ 푸드 프로세서에 가루류와 버터를 넣고 안의 상태를 보면서 휘저어 섞는다.

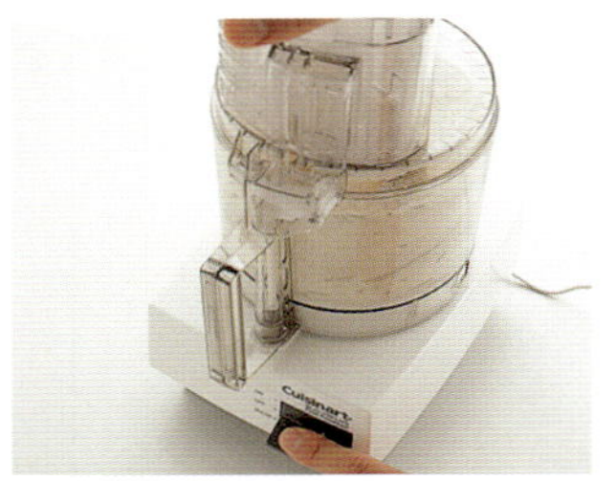

❷ 노랗고 바슬바슬한 상태가 되면 바닐라 슈거, 소금을 넣고 휘저어 섞는다.

 ❸ 달걀노른자를 넣고 한 덩어리가 될 때까지 휘저어 섞는다.

반죽 전체가 하나가 되려는 단계에서 끝냅니다. 이 이상 휘저어 섞지 말 것.

❶ 반죽을 2등분하고 필요에 따라 덧가루를 뿌리면서 각각을 원통형으로 둥글린다.

나중에 직사각형으로 펼 것이기 때문에 원통형으로 만듭니다.

❷ 랩으로 감싸고 냉장고에 넣어 굳힌다.

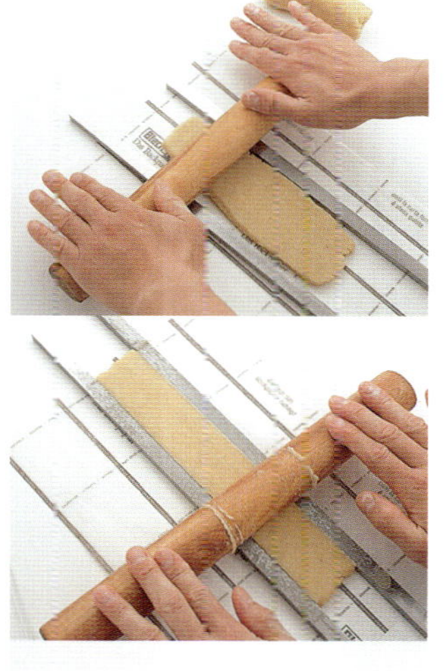

❶ 반죽대에 오븐페이퍼를 깔고 커트 룰러 2개를 5cm 간격을 두어 올린 사이에 반죽을 두고 밀대를 굴려 폭 5cm, 두께 1cm, 길이 22~25cm의 띠 모양으로 다듬는다

❷ 냉장고에 1시간 이상 넣어 굳힌다.

❶ 식어 굳은 반죽을 1cm 폭으로 잘라 나눈다.

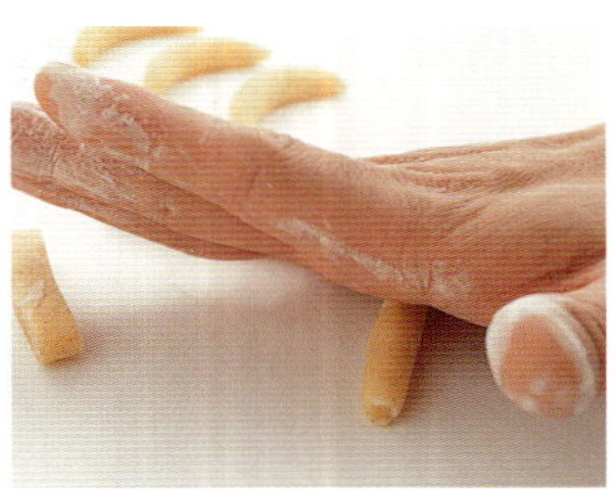

❷ 1조각씩 손바닥을 대서 굴려 막대 모양으로 만든다.

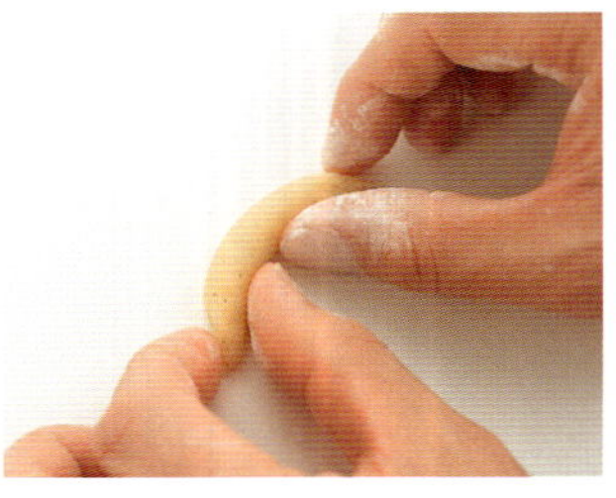

❸ 양끝을 가늘게 하고 둥글게 굽혀서 초승달 모양으로 만든다.

 손으로 모양을 만들 때 시간이 너무 걸리면 반죽이 늘어져, 구웠을 때 모양이 나쁘고 식감도 바삭바삭하지 않습니다. 반죽이 실온으로 온도가 올라가거나 손의 온도가 높아지지 않도록 조심하고, 한 번에 5~6개씩 만들어 가는 것이 요령(나머지 반죽은 사용할 때까지 냉장고에 넣어 둘 것!)입니다. 도중에 반죽이 부드러워질 것 같으면 빨리 중단하고 냉장고에 넣어 굳혀 주세요.

| 6 | 굽기 |

오븐 팬에 간격을 두며 올리고 170℃로 예열한 오븐에 약 15분 굽는다.

 30cm 크기의 오븐 팬이라면 12~13개 정도 올리고 4번에 나눠 굽습니다.

| 7 | 바닐라 슈거 버무리기 |

다 구워지면 팔레트 나이프를 이용해 뜨거울 때 1개씩 조심스럽게 들어 올려, 바로 바닐라 슈거 안에 묻고 그대로 식힌다.

마카다미아 너트 쿠키

(마카다미앙)

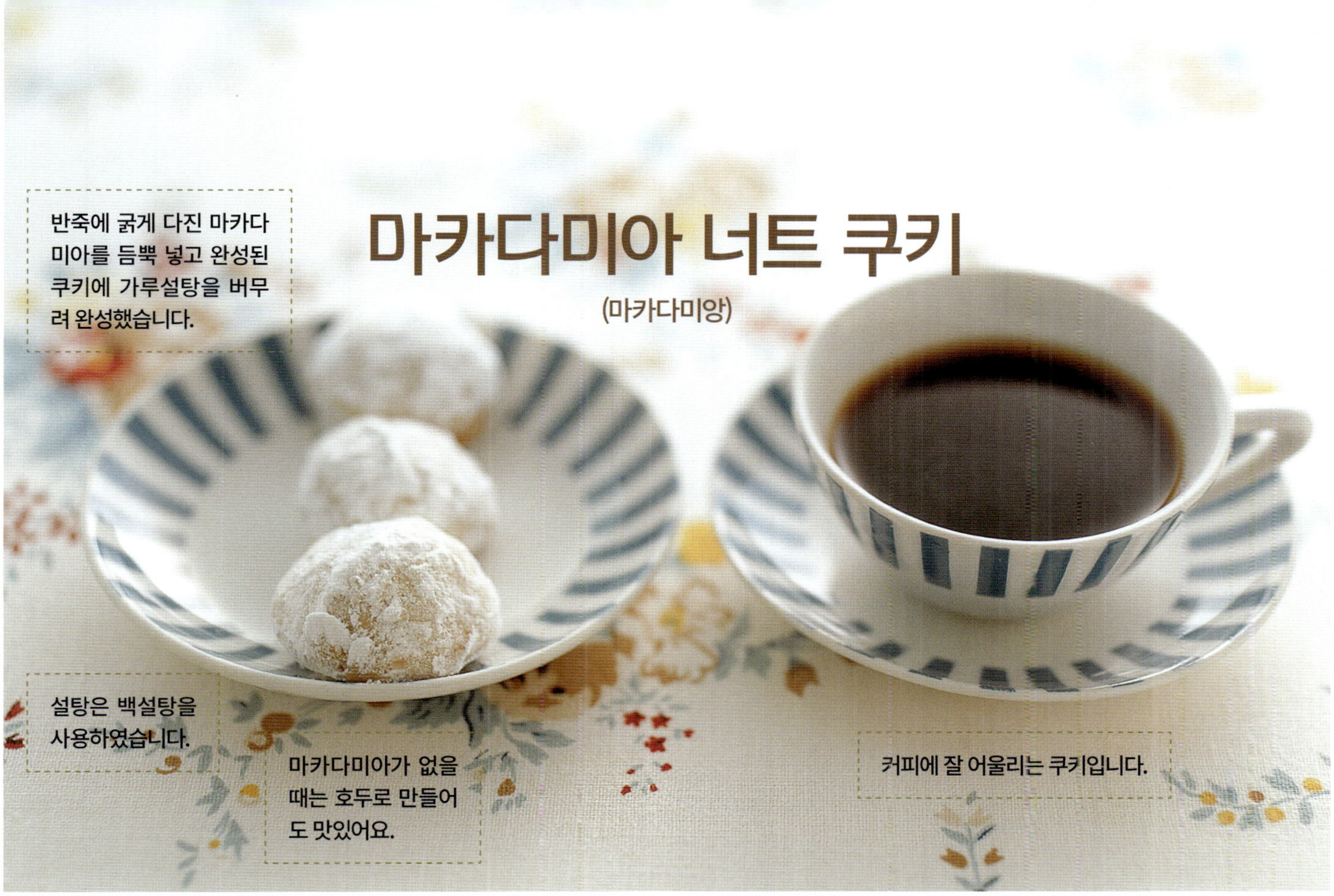

반죽에 굵게 다진 마카다미아를 듬뿍 넣고 완성된 쿠키에 가루설탕을 버무려 완성했습니다.

설탕은 백설탕을 사용하였습니다.

마카다미아가 없을 때는 호두로 만들어도 맛있어요.

커피에 잘 어울리는 쿠키입니다.

재료 지름 약 3cm의 것 13개분

- **반죽**
  - 버터 … 60g
  - 백설탕 … 20g
  - 소금 … 한 꼬집
  - 박력분 … 85g
  - 마카다미아 너트 … 30g
- **가루설탕** … 적당량

※ 필요에 따라 덧가루 적당량

- **오븐 온도** : 170°C
- **굽는 시간** : 25분
- **열량** : 1개 60kcal

쿠키 반죽법 - 크림법

반죽을 펴서 찍어내는 쿠키는 아니지만 반죽은 크림법으로 하므로, 반죽하기에 대한 자세한 과정 설명은 255쪽을 참조한다.

1 미리 준비하기

❶ 버터는 실온에 두고 박력분은 체 친다.

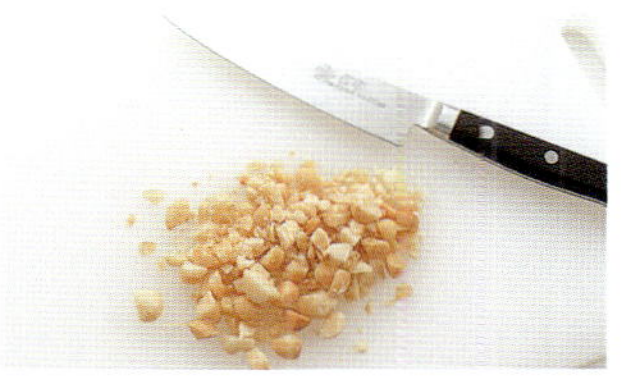

❷ 마카다미아 너트는 칼로 굵게 다진다.

Note

마카다미아 너트

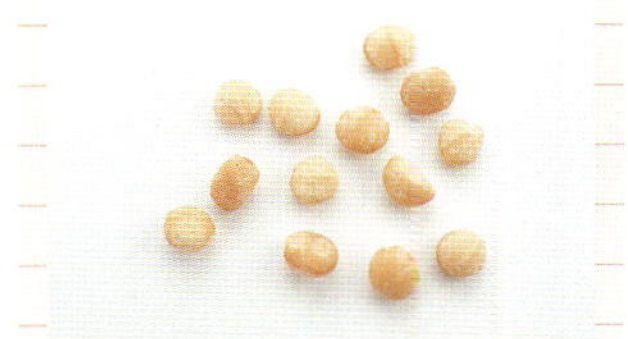

하와이 여행 선물로 익숙한 견과류로, 지름 1cm 정도의 크기지만 견과류 중에서 지방분이 특히 많이 함유되어 농후한 맛이 납니다.

❸ 오븐 팬에 오븐페이퍼를 깐다.

2 크림법으로 반죽하기

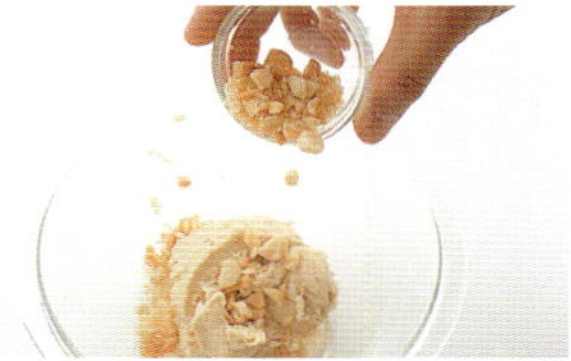

버터를 크림 상태로 개고, 백설탕을 넣어 비벼 섞은 다음 소금, 박력분 순으로 넣어 그때마다 잘 섞어 합치고, 마지막에 마카다미아를 넣어 한 덩어리로 뭉친다.

수분이 없어 덩어리로 뭉치기 어려운 반죽입니다. 완성된 쿠키는 조금 평평하게 퍼집니다.

3 둥글리기

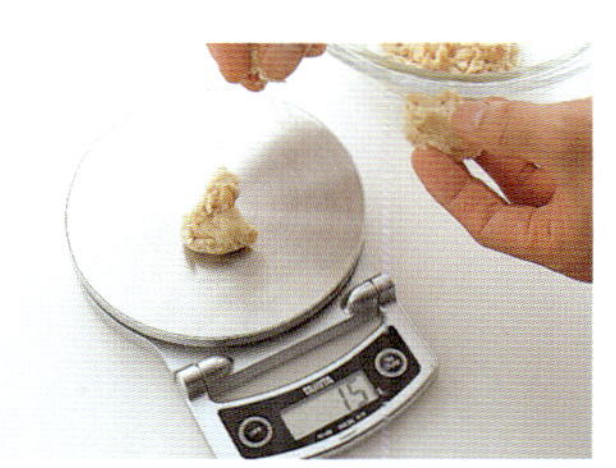

❶ 저울을 이용해 15g씩 나눈다.

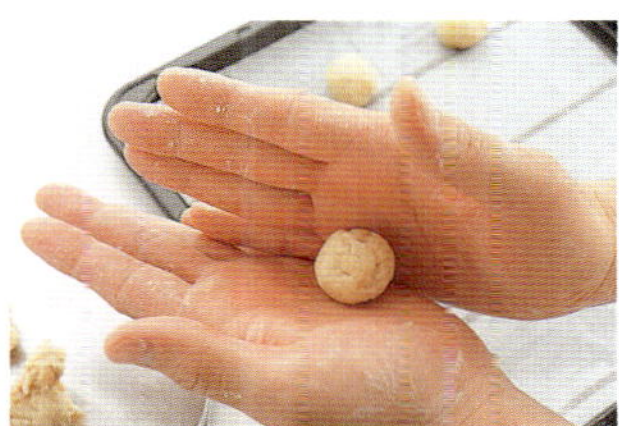

❷ 손바닥으로 한 개씩 둥글린 다음 오븐페이퍼를 깐 오븐 팬에 간격을 두며 올린다.

4 굽기

170°C로 예열된 오븐에 25분 굽고, 완전히 식으면 가루설탕 안에 넣어 굴린다.

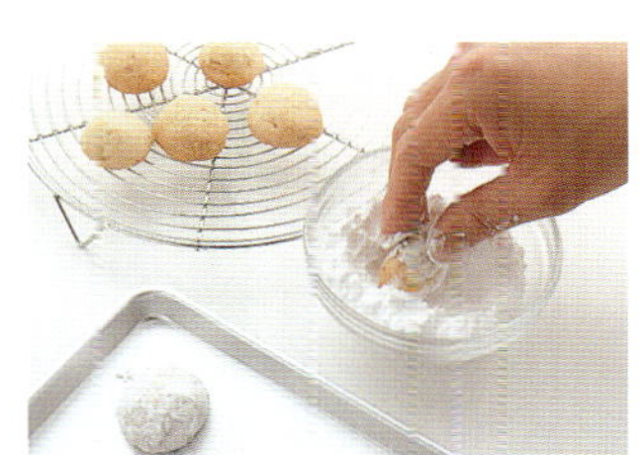

오트밀 쿠키

재료 지름 약 6cm의 것 14개분

- **버터** … 60g
- **흑설탕** … 50g
- **소금** … 2g
- **달걀노른자** … 1개
- **생강즙** … 1~2작은술
- **가루류**
  - 박력분 … 40g
  - 베이킹파우더 … 1/2작은술
  - 오트밀(퀵 타입/입자를 작게 한 것) … 60g

※ 필요에 따라 덧가루 적당량

- **오븐 온도** : 180℃
- **굽는 시간** : 15~20분
- **열량** : 1개 78kcal

쿠키 반죽법 - 크림법

반죽을 펴서 찍어내는 쿠키는 아니지만 반죽은 크림법으로 하므로, 반죽하기에 대한 자세한 과정 설명은 255쪽을 참조한다.

1 미리 준비하기

❶ 버터와 달걀은 실온에 둔다.

❷ 박력분과 베이킹파우더를 섞어 체 친 다음 오트밀을 넣어 섞는다.

Note

오트밀

오트밀은 잉글리시 브렉퍼스트(영국식 아침식사)의 하나로 알려져 있는 귀리를 우유로 조린 죽입니다. 여기에서 사용한 것은 슈퍼 등에서 팔고 있는 인스턴트 제품입니다.

❸ 생강은 갈아서 즙을 짠다.

❹ 오븐 팬에 오븐페이퍼를 깐다

2 크림법으로 반죽하기

❶ 버터를 크림 상태로 개고 흑설탕을 넣어 비벼 섞은 다음 소금, 달걀노른자, 생강즙 순으로 넣고 그때마다 잘 섞어 합친다.

❷ 마지막으로 가루류를 넣은 후 고무주걱 혹은 스크레이퍼로 비벼 섞고 한 덩어리로 만든다.

가루기가 없어질 때까지 섞습니다. 반죽이 대략 하나로 뭉쳐지면 됩니다. 반죽이 너무 부드러운 것 같으면 냉장고에 넣어 굳혔다가 다시 하는 것, 잊지 마세요.

3 반죽 둥글려 굽기

❶ 저울을 사용해 15g씩 나누고, 손바닥으로 가볍게 둥글린 다음 오븐 팬에 간격을 두어 올린다.

❷ 둥글린 반죽을 포크로 가볍게 눌러 뭉개서 지름 6cm 정도의 평평한 원형으로 만든다.

❸ 180℃로 예열된 오븐에 15~20분 굽는다.

잘라 나누는 쿠키

단면의 모양이 원형이거나 정사각형, 혹은 직사각형이 되는 방망이 모양의 반죽을
가지런히 얇게 잘라 나눠 구울 수 있는 쿠키입니다.
방망이 모양으로 한 상태에서 냉장고나 냉동고에서 쉬혀 굳혀,
그대로 보존할 수도 있다는 점에서
'아이스박스 쿠키'나 '프리저freezer 쿠키'라고도 불립니다.
맛이나 향, 씹는 식감, 또 겉보기의 효과도 생각해
반죽 속에 견과류를 숨겨 넣기도 한, 속이 단단한 어른용 쿠키입니다.

이것은 코코아파우더가 들어간
초콜릿 풍미

디아망과 디아망 쇼콜라

'디아망diamant'은 프랑스어로 '다
이아몬드'라는 의미로, 주위에 버
무린 그래뉴당이 반짝반짝 빛나
다이아몬드와 같이 보인다는 점
에서 붙은 이름입니다.

 **지름 3cm, 두께 1cm
의 것 30개분**

- **반죽**
  - 버터 … 60g
  - 가루설탕 … 35g
  - 소금 … 1/4작은술
  - 생크림 … 10ml
  - (디아망의 경우)
  - 박력분 … 85g
  - (디아망 쇼콜라의 경우)
    - 박력분 … 75g
    - 코코아파우더 … 10g
- **달걀흰자** … 적당량
- **그래뉴당** … 적당량

※ 필요에 따라 덧가루 적당량

- **오븐 온도** : 170°C
- **굽는 시간** : 20분
- **열량** : 1개 32kcal(디아망),
  32kcal(디아망 쇼콜라)

쿠키 반죽법 - 크림법

반죽을 펴서 찍어내는 쿠키는
아니지만 반죽은 크림법으로 하
므로, 반죽하기에 대한 자세한
과정 설명은 255쪽을 참조한다.

1 미리 준비하기

❶ 버터, 생크림은 실온에 둔다.

❷ 디아망의 경우는 박력분, 디아망
쇼콜라의 경우는 박력분과 코코아
파우더를 섞어 합친 다음 체 친다.

❸ 오븐 팬에 오븐페이퍼를 깐다.

2 크림법으로 반죽하기

버터를 크림 상태로 개그, 가루설탕
을 넣어 비벼 섞은 다음 소금, 생크
림순으로 넣어 섞고 박력분(디아망)
혹은 박력분+코코아파우더(디아망
쇼콜라)를 넣어 섞어 합쳐 한 덩어
리로 만든다.

3 방망이 모양으로 만들기

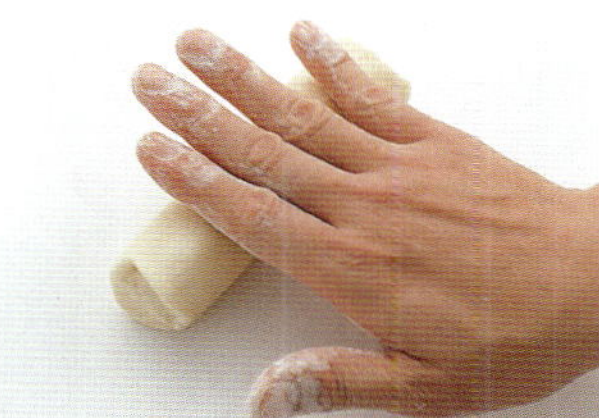

❶ 작업대에 덧가루를 뿌리고 반죽
을 올린다. 반죽을 손바닥으로 굴려
지름 3cm, 길이 30cm 정도의 방망
이 모양으로 만든다.

이때 필요하면 반죽이나 손바
닥에도 덧가루를 뿌려 주세요.

❷ 폭이 좁고 긴 판을 위에 대고 판
째로 둥글둥글 굴려 여쁜 원통형으
로 다듬는다.

좁고 긴 판은 목공방 등에
5mm ~ 1cm 두께의 튼튼한
목재판을 30×10cm 정도 크
기로 잘라달라고 하면 됩니다. 일부러
사지 않고 도마나 커팅보드 등을 이용해
도 괜찮아요.

3 랩에 감싼 후

❸ 랩에 감싼 후 바트에 올리고 냉
장고에서라면 2시간 이상, 냉동고에
서라면 1시간 반 이상 넣어 중심까
지 제대로 차갑게 굳힌다(이 모양으
로 냉동 보존 가능).

어째서 바트에 올리나
요?

반죽을 평평하게 유지
시키고 냉장그 속에서
휘어지는 것을 막기 위
해서입니다. 또 스테인리스 바
트와 같은 금속제 위에 두면 반
죽이 빨리 식는다는 이점도 있
습니다. 따라서 식어 굳은 단계
에서 빼도 돼요.

4 잘라 나눠 굽기

❶ 식어 굳은 반죽의 표면에 달걀흰
자를 풀어 붓으로 바르고, 그래뉴당
을 펼친 속에 굴려 전체에 뒤바른다.

2 자를 대고

❷ 자를 대고 1cm 두께의 표시를
한 다음 깔끔하게 잘라 나눈다.

자를 사용하네고.

익숙하지 않을 때는 자
로 표시를 한 다음 자
르는 편이 두께가 일정
해져 깔끔하게 구워집니다. 귀
찮더라도 조금의 수고를 더하면
완성도가 훨씬 좋아진다는 점
명심하세요.

❸ 오븐 팬에 간격을 두고 올린 다
음 중심 부분을 검지손가락으로 가
볍기 누른다.

왜 중심 부분을 움푹
들어가게 하나요?

오븐에서 열이 가해짐
에 따라 중심 부분이
부풀어 오르기 때문에
균일하게 구워지도록 움푹 파이
게 해두는 것입니다.

❹ 170°C로 예열된 오븐게 20분 굽
는다.

참깨 살레

'살레^{salé}'는 프랑스어로 '소금을 친'이라는 의미로, 달지 않은 타입의 쿠키입니다. 와인과 함께 즐기는 것을 추천합니다.

프랑스에서는 치즈나 허브, 향신료 등을 반죽에 넣어 풍미를 더하지만 여기에서는 볶은 깨를 사용해보았습니다.

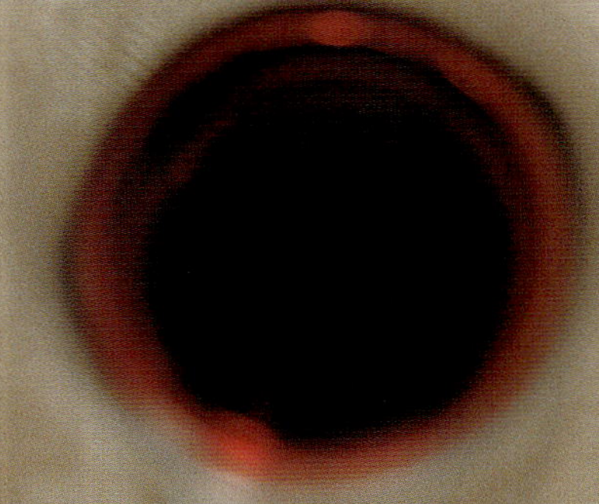

- **버터** … 60g
- **소금** … 1작은술
- **후추** … 소량
- **생크림** … 50ml
- **박력분** … 100g
- **볶은 흰깨** … 25g
- **볶은 검은깨** … 25g
- **게랑드 소금**(알갱이 상태)
  … 적당량

※ 필요에 따라 덧가루 적당량

- **오븐 온도** : 180℃
- **굽는 시간** : 20분
- **열량** : 1개 45kcal

쿠키 반죽법 - 크림법

반죽을 펴서 찍어내는 쿠키는
아니지만 반죽은 크림법으로 하
므로, 반죽하기에 대한 자세한
과정 설명은 255쪽을 참조한다.

1 미리 준비하기

❶ 버터, 생크림은 실온에 둔다.

❷ 박력분은 체 친다.

2 크림법으로 반죽하기

❶ 버터를 크림 상태로 개고 소금,
후추, 생크림, 박력분, 흰깨과 검은
깨 순서로 넣어 섞고 한 덩어리로 만
든다.

❷ 원통형으로 뭉쳐 랩으로 감싸고
손바닥으로 눌러 납작한 직육면체
로 만든 다음 냉장고에 최소 1시간
이상 넣어 굳힌다.

3 모양 다듬기

❶ 냉장고에서 굳힌 반죽을 2개의
커트 롤러 사이에 끼우고 밀대를 굴
려 두께 1.5cm, 길이 8cm로 민다.

❷ 랩으로 감싸 바트에 올리고 냉장
고 혹은 냉동고에서 2시간 이상 굳
힌다(이 모양으로 냉동 보존 가능).

4 잘라 나눠 굽기

❶ 1cm 크기로 잘라 나누고 오븐
팬에 간격을 두어 올린다.

❷ 게랑드 소금을 토핑한 다음
180℃로 예열된 오븐에서 20분 굽
는다.

Note

게랑드 소금

프랑스 브루타뉴 지방의 게랑드에
서 해수를 이용해 전통적인 제법으
로 만들고 있는 소금. 여기에서 사용
한 것은 플뢰르 드 셀 드 게랑드Fleur
de Sel de Guérande(엑스트라 핀-인 솔트)
라는 상품명으로, 염전에서 최초로
결정한 소금을 골라낸 최상듭의 굵
은 알맹이 소금입니다. 미네랄분을
많이 함유하고 였으며 풍미가 좋은
타입입니다.

헤이즐넛 쿠키와 아몬드 초콜릿 크로케

재료 윗면 3.5×5cm, 두께 1cm의 것 헤이즐넛 쿠키 15개분, 아몬드 초콜릿 크로케 12개분

- **헤이즐넛 쿠키**
  - 버터 … 75g
  - 그래뉴당 … 50g
  - 달걀노른자 … 1개
  - 박력분 … 125g
  - 헤이즐넛 … 75g
- **아몬드 초콜릿 크로케**
  - 버터 … 75g
  - 가루설탕 … 25g
  - 브라운슈거 … 25g
  - 생크림 … 25ml
  - 박력분 … 90g
  - 코코아파우더 … 10g
  - 아몬드 슬라이스 … 50g

※ 필요에 따라 덧가루 적당량

- **오븐 온도** : 170°C
- **굽는 시간** : 20분
- **열량** : 1개 120kcal(헤이즐넛 쿠키), 102kal(아몬드 초콜릿 크로케)

쿠키 반죽법 - 크림법

반죽을 펴서 찍어내는 쿠키는 아니지만 반죽은 크림법으로 하므로, 반죽하기에 대한 자세한 과정 설명은 255쪽을 참조한다.

1 미리 준비하기

❶ 버터, 달걀, 생크림은 실온에 둔다.

❷ 헤이즐넛 쿠키의 경우 박력분, 크로케의 경우는 박력분과 코코아파우더를 섞어 합친 다음 체 친다.

2 크림법으로 반죽하기

A

B

A. 헤이즐넛 쿠키는 버터를 크림 상태로 개고 그래뉴당을 넣어 비벼 섞은 다음 달걀노른자, 박력분 순으로 넣어 섞고 마지막에 헤이즐넛을 넣어 한 덩어리로 만든다.

B. 아몬드 초콜릿 크로케는 버터를 크림 상태로 개고 가루설탕과 브라운슈거를 넣어 비벼 섞은 다음 생크림, 박력분+코코아파우더를 넣어 섞고 마지막에 아몬드 슬라이스를 넣어 한 덩어리로 만든다.

3 막대 모양으로 만들기

❶ 반죽대에 덧가루를 뿌리고 그 위에 반죽을 올린 후 손으로 방망이 모양(헤이즐넛 쿠키-윗면 5×15cm/두께 3.5cm, 아몬드 초콜릿 크로케-윗면 5×12cm/두께 3.5cm)을 만든 다음, 판을 대고 제대로 각진 깔끔한 직육면체로 다듬는다.

❷ 랩으로 감싼 후 바트에 올리고 냉장고라면 2시간 이상, 냉동고라면 1시간 반 이상 넣는다(이 모양으로 냉동 보존 가능).

4 잘라 나눠 굽기

❶ 냉장고에서 굳힌 반죽을 꺼내고 필요하면 자를 대서 1cm 폭으로 표시를 한 다음 깨끗하게 잘라 나눈다.

❷ 오븐 팬에 간격을 두어 올리고 170°C로 예열된 오븐에서 20분 굽는다.

CHAPTER 4

짜서 굽는 쿠키

짤주머니나 숟가락을 이용해 작게 만들어 구운 쿠키로,
섬세하고 세련된 맛이 특징입니다.
프랑스에서는 쿠키&비스킷을 '프티 푸르 섹petit four sec(마른 한입 과자)'이라는
총칭으로 부르고, 티타임이나 식후에 즐기고 있습니다.
여기서 소개하는 6가의 쿠키 중
뒤세스, 로슈 코코, 튈 오 자망드는 달걀흰자만을 사용합니다.
과자 만들기에서는 달걀노른자만을 사용하는 경우도 많기 때문에
남기 쉬운 달걀흰자를 이용해 만들면 좋습니다.

바닐라와 초콜릿 드레세

드레세는 '프티 푸르 드레세
petits fours dressés'의 약자로 '짜
낸 쿠키'라는 의미입니다.

재료 3×3cm 정도의
하트 모양 20개분

- **바닐라 드레세**
  - 버터 … 60g
  - 가루설탕 … 30g
  - 생크림 … 50ml
  - 바닐라 에센스(천연) … 적당량
  - 박력분 … 90g
- **초콜릿 드레세**
  - 버터 … 60g
  - 가루설탕 … 30g
  - 생크림 … 50ml
  - 박력분 … 90g
  - 코코아파우더 … 8g
- **라즈베리잼** … 100g
- **기호에 따라 스위트 혹은
  화이트 초콜릿**(커버추어) … 300g

- **오븐 온도** : 180℃
- **굽는 시간** : 15분
- **열량** : 1개 94kcal(바닐라),
  95kcal(초콜릿)

쿠키 반죽법 - 크림법

반죽을 펴서 찍어내는 쿠키는
아니지만 반죽은 크림법으로 하
므로, 반죽하기에 대한 자세한
과정 설명은 255쪽을 참조한다.

1 미리 준비하기

❶ 버터와 생크림은 실온에 둔다.

❷ 바닐라 드레세의 경우 박력분을
체 친다. 초콜릿 드레세의 경우 박력
분과 코코아파우더를 섞어 합친 다
음 체 친다.

❸ 오븐 팬 바닥에 들어갈 크기의
오븐페이퍼를 4장 정도 준비한다.

❹ 지름 8mm의 별 깍지를 끼운 짤
주머니를 준비한다. (짤주머니 사용
법은 41쪽 참조)

2 크림법으로 반죽하기

크림법으로 반죽하되, 버터는 보다
걸쭉한 크림 상태로 개고, 가루설탕
을 넣어 비벼 섞은 다음 생크림, 바
닐라 에센스, 박력분 혹은 박력분+
코코아파우더순으로 넣어 거품기로
섞어 합친다. (사진은 초콜릿 반죽의
경우)

**가루도 거품기로 섞어
도 되는 거죠?**

가루의 분량이 적기
때문에 괜찮아요. 짜
낸 쿠키의 반죽은 부
드러운 것이 특징입니다. 그야
말로 '짜낼 수 있는' 굳기입니다.

3 짜서 굽기

❶ 반죽을 지름 8mm의 별 깍지를
끼운 짤주머니에 넣는다.

❷ 오븐페이퍼 위에 간격을 두며 하
트 모양으로 짜낸다.

반죽은 준비한 오븐페이퍼 4
장에 전부 짭니다. 단, 한 번에
전부 오븐에 들어가지 않으니
서늘한 곳에 두어 주세요.

❸ 오븐페이퍼째로 오븐 팬에 올리
고 180℃로 예열된 오븐에 15분 굽
는다.

4번 정도로 나누어 굽습니다.
바닐라와 초콜릿 각각 약 40개
의 쿠키가 완성됩니다.

4 잼 끼우기

❶ 라즈베리잼을 매끄럽게 갠다. 잼
이 부드러운 타입인 경우 불에 올려
다시 졸인 다음 짤주머니에 넣고, 짜
기 직전에 짤주머니 끝을 조금 자른
다.

❷ 쿠키 2장을 한 세트로 하고, 절반
은 뒤집어 중앙에 라즈베리잼을 하
트 모양으로 짜고, 나머지 절반의 쿠
키를 올려붙여 합친다.

❸ 맛을 더하고 싶을 때는 초콜릿을
토핑한다. 즉, 잼이 굳은 것을 확인
한 다음 1개씩 손에 들고 템퍼링한
스위트 초콜릿(244쪽 참조)게 아랫
부분을 댔다가 바로 들어 올린다. 오
븐페이퍼 위에 올리고 실온에서 식
혀 굳힌다.

프랑스어로 '팔레palet'는 평평한 자
갈, '레젱raisins'은 레이즌, 즉 건포도
입니다. 따라서 '팔레 오 레젱palet aux
raisins'은 건포도가 들어간 평평하고
둥근 쿠키를 말합니다.

팔레 오 레젱

다 구워진 쿠키의 표면에 '글라스 아
로(물로 만든 설탕옷)'라 불리는 아
이싱을 하였기 때문에 유리 막이 발
린 것처럼 완성되었습니다.

재료 **지름 3cm 정도의 원형 50개분**

- **반죽**
  - 버터 … 60g
  - 가루설탕 … 60g
  - 소금 … 1/4작은술
  - 바닐라 에센스(천연) … 적당량
  - 달걀 … 1개
  - 박력분 … 75g
- **건포도** … 50g
- **살구잼** … 적당량
- **글라스 아 로**(오른쪽을 참고하여 준비) … 적당량

- **오븐 온도** : 180℃
- **굽는 시간** : 15분
- **열량** : 1개 42kcal

쿠키 반죽법 - 크림법

반죽을 펴서 찍어내는 쿠키는 아니지만 반죽은 크림법으로 하므로, 반죽하기에 대한 자세한 과정 설명은 255쪽을 참조한다.

1 미리 준비하기

❶ 버터와 달걀은 실온에 두고 달걀은 풀어 두고, 박력분은 체 친다.

❷ 오븐 팬 바닥에 들어갈 크기의 오븐페이퍼를 4장 정도 준비하고, 지름 7mm의 원 깍지를 끼운 짤주머니를 준비한다. (짤주머니 사용법은 41쪽 참조)

2 크림법으로 반죽하기

버터를 크림 상태로 개고, 가루설탕을 넣어 비벼 섞은 다음 소금, 바닐라 에센스, 푼 달걀, 박력분 순으로 넣어 거품기로 섞어 합친다.

 푼 달걀은 조금씩 넣고 그때마다 잘 섞어 합쳐 주세요.

3 짜서 굽기

❶ 반죽을 짤주머니에 넣는다.

❷ 커다란 트레이나 도마 위에 오븐페이퍼 1장을 올리고 그 위에 반죽을 지름 2cm 정도의 원형으로 짠다. 5cm 정도의 간격을 둘 것.

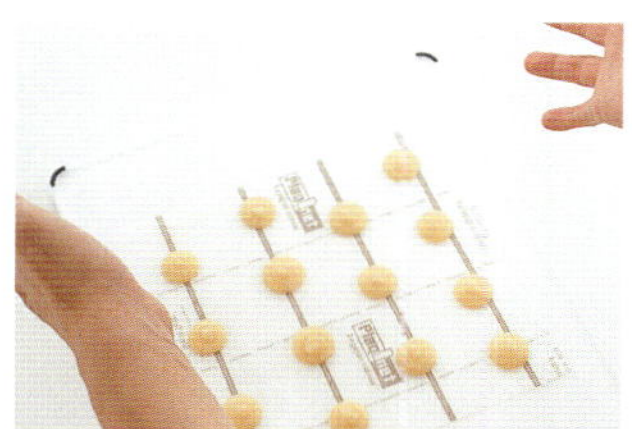

❸ 트레이째로 15cm 정도의 높이로 들어 올린 다음 곧바로 아래로 떨어뜨려 반죽을 펼친다.

  **왜 이런 것을 하나요?**

반죽을 균일하고 얇게 펼치기 위해서예요. 짤 때 5cm 정도의 간격을 벌려 두는 것도 그 이유입니다.

❹ 반죽 위에 건포도를 3알씩 올린다.

❺ 오븐페이퍼째 오븐 팬에 올리고 180℃로 예열된 오븐에서 15분 굽는다.

❻ 나머지 반죽도 같은 요령으로 3회 정도로 나눠 굽는다.

4 완성하기

❶ 살구잼에 물 소량을 넣어 다시 졸인 다음 완전히 식은 쿠키의 표면에 붓으로 바르고, 실온에서 굳힌다. (살구잼 다시 졸이기는 163쪽 참조)

❷ 글라스 아 로를 붓으로 바르고, 230℃로 예열된 오븐에 10~20초 넣어 글라스 아 로가 반투명해질 때까지 굳힌다.

❸ 글라스 아 로가 식으면 팔레트 나이프 등으로 오븐페이퍼에서 떼어낸다.

글라스 아 로 만들기

가루설탕을 물에 녹여 만든 설탕옷입니다.

재료 **만들기 쉬운 1회분**

- **가루설탕** … 100g
- **물** … 25ml

❶ 가루설탕에 물 25ml 중 1큰술을 넣고 잘 섞어 가루설탕을 녹인다.

❷ 걸쭉하게 흐르는 듯하게 될 때까지 상태를 보면서 물을 더해 섞어 합친다.

 물은 전부 다 넣을 필요 없어 상태를 보면서 넣으세요.

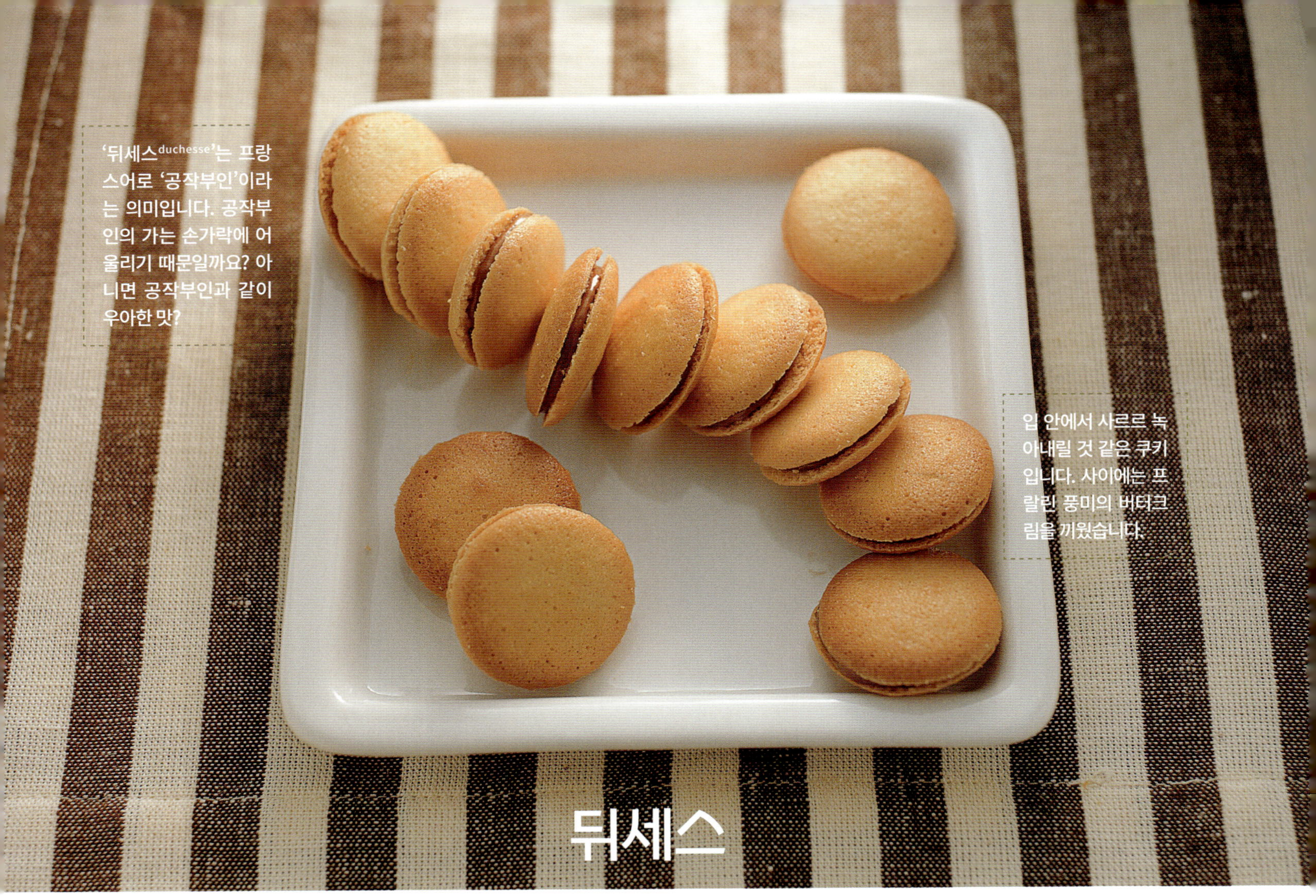

'뒤세스duchesse'는 프랑스어로 '공작부인'이라는 의미입니다. 공작부인의 가는 손가락에 어울리기 때문일까요? 아니면 공작부인과 같이 우아한 맛?

입 안에서 사르르 녹아내릴 것 같은 쿠키입니다. 사이에는 프랄린 풍미의 버터크림을 끼웠습니다.

뒤세스

재료 지름 2cm 정도의 것 25개분

- **반죽**
  - 달걀흰자 … 40g
  - 그래뉴당 … 50g
  - 아몬드 파우더 … 50g
  - 박력분 … 10g
  - 버터 … 30g
- **프랄린 풍미의 버터크림**
  - 프랄린 페이스트 … 50g
  - 버터 … 50g

- **오븐 온도** : 200°C
- **굽는 시간** : 10분
- **열량** : 1개 40kcal

쿠키 반죽법3 - 올인법

버터를 전자레인지 혹은 중탕하여 녹인 다음, 볼에 달걀을 넣어 풀고 설탕, 가루류, 녹인 버터 순으로 넣고 섞어 합칩니다. 버터를 녹이고 다른 재료와 합치는 것뿐이므로 영어로 '모두 하나로 섞는다'는 의미의 all in one을 줄여 '올인법'이라고 이름 붙였습니다.

1 미리 준비하기

❶ 아몬드 파우더와 박력분은 섞어 합친 다음 체 친다.

❷ 반죽용 버터는 녹이고 사용할 때까지 식지 않도록 해 둔다.

❸ 오븐 팬 바닥에 들어갈 크기의 오븐페이퍼를 4장 정도 준비한다.

❹ 버터크림용 버터는 실온에 둔다.

❺ 지름 6mm의 원 깍지를 끼운 짤주머니를 준비한다. (짤주머니 사용법은 41쪽 참조)

2 올인법으로 반죽하기

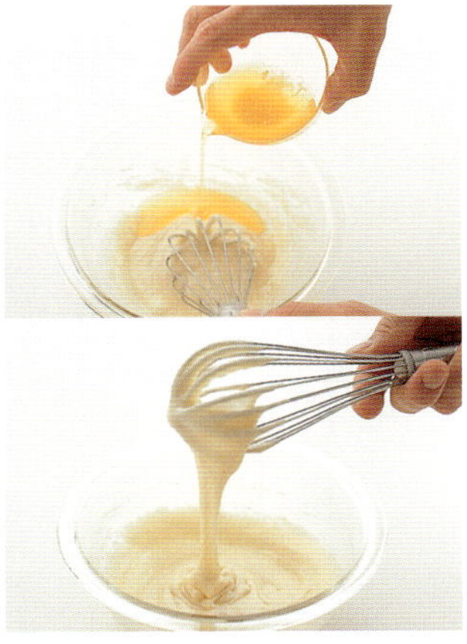

❶ 볼에 달걀흰자를 넣어 거품기로 잘 섞은 다음 그래뉴당, 아몬드 파우더+박력분순으로 넣고 섞어 합친다.

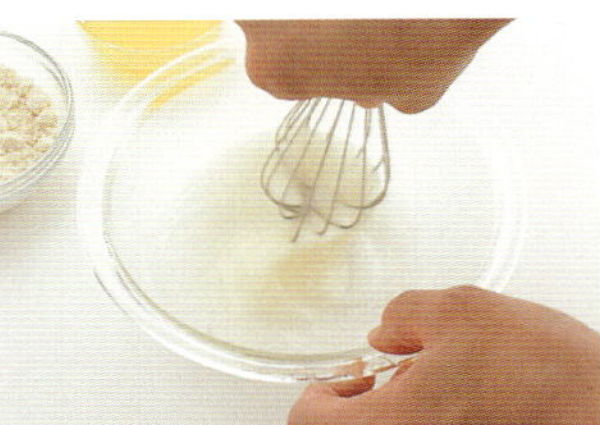

❷ 녹인 버터를 조금씩 넣어 걸쭉한 상태로 만든다.

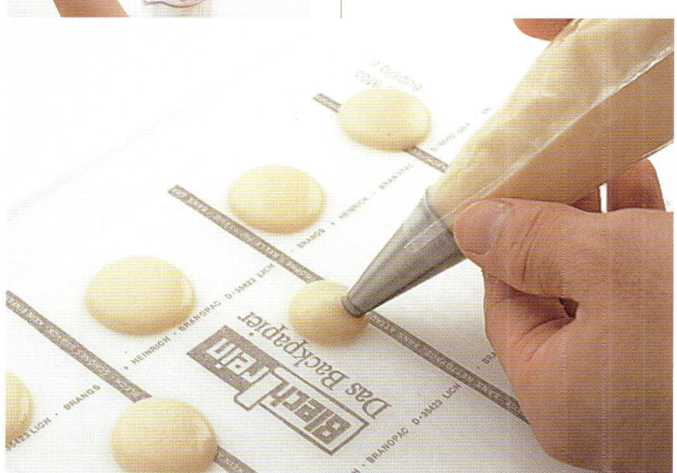

❶ 반죽을 짤주머니에 넣고 오븐페이퍼 위에 간격을 두면서 지름 약 2cm의 원형으로 짠다.

❷ 오븐 페이퍼째로 오븐 팬에 올려 200°C로 예열된 오븐에서 10분 굽는다.

❸ 나머지 반죽도 같은 방법으로 굽는다. 총 50개의 쿠키가 완성된다.

❹ 완전히 식은 다음 2장을 한 세트로 한다.

❶ 프랄린 페이스트(62쪽 참조)를 매끄럽게 갠 다음 버터를 넣어 섞어 합친다.

❷ 짤주머니에 넣은 후 짤주머니의 끝을 조금 자르고, 쿠키 절반을 뒤집어 중앙에 둥글게 짠 다음, 나머지 절반의 쿠키를 붙여 합친다.

아몬드 튈, 즉 튈 오 자망드Tuiles aux
amandes입니다. '튈'은 프랑스어로 '기
와'라는 의미로, 완성된 모양에서 유
래된 이름입니다.

튈 2종

이것은 튈 당텔Tuiles Dentelles. 튈 오 자
망드와 만드는 법은 같지만 재료와
배합의 차이로 레이스 모양처럼 완
성됩니다. '당텔'은 프랑스어로 '레
이스'라는 의미입니다.

재료 지름 7cm 정도의 것
튈 오 자망드 약 40개분,
튈 당텔 약 20개분

- **튈 오 자망드**
  - 박력분 … 30g
  - 그래뉴당 … 75g
  - 소금 … 한 꼬집
  - 달걀흰자 … 60g(2개분)
  - 바닐라 에센스(천연) … 소량
  - 버터 … 25g
  - 아몬드 슬라이스 … 75g
- **튈 당텔**
  - 박력분 … 30g
  - 그래뉴당 … 50g
  - 브라운슈거 … 25g
  - 달걀흰자 … 2작은술
  - 버터 … 35g
  - 아몬드 다이스 … 35g

- **오븐 온도** : 180℃
- **굽는 시간** : 10~15분
- **열량** : 1개 23kcal

1 미리 준비하기

❶ 박력분은 체 친다.

❷ 버터는 녹이고 사용할 때까지 식지 않도록 해 둔다.

2 올인법으로 반죽하기

❶ 볼에 박력분과 그래뉴당, 소금을 넣어 잘 섞어 합치고, 중앙을 움푹 파이게 해 달걀흰자를 넣고 거품기로 매끄러워질 때까지 잘 섞어 합친다.

❷ 바닐라 에센스, 녹인 버터순으로 넣고 섞어 합친다.

❸ 마지막으로 아몬드 슬라이스를 넣고 고무주걱으로 아몬드를 부서지지 않게 하면서 섞어 합친다.

❹ 볼에 랩을 씌우고 냉장고에 20분 정도 둔다.

3 굽기

❶ 오븐 팬에 버터(분량 외)를 얇게 바른다.

버터를 손으로 바르면 골고루 얇게 바를 수 있어요. 손바닥은 미묘하게 칠해진 상태도 알아차리는 멋진 도구 중 하나예요.

❷ 반죽을 간격을 두면서 숟가락으로 1/4큰술씩 올리고, 포크로 지름 7cm 정도의 원형이 될 대까지 펼친다.

아몬드가 겹치지 않도록 주의하며 펼쳐 주세요.

❸ 180℃로 예열된 오븐에 예쁜 색이 날 때까지 10~15분 굽고, 다 구워지면 바로(뜨거울 때) 밀대(있다면 홈이 파인 틀) 등에 올려 식혀 둥근 모양을 만든다.

얇은 반죽이기 때문에 금방 익습니다. 옅은 색이 나면 꺼내 주세요.

4 튈 당텔 만들기

❶ 볼에 박력분과 그래뉴당, 브라운 슈거를 넣어 잘 섞어 합친다.

❷ 디온수를 넣어 매끄러워질 때까지 수은 다음 녹인 버터, 아몬드다이스 순으로 넣어 섞는다.

❸ 닝장고에 20분 정도 둔다.

❹ 얇게 버터(분량 외)를 바른 오븐 팬에 반죽을 숟가락으로 1/4큰술씩 간격을 두어 올리고, 포크로 지름 약 7cm의 원형으로 펼친다.

❺ 130℃로 예열된 오븐이 약 15분 굽고 다 구워지면 바로(뜨거울 때) 밀대나 홈이 파인 틀 등에 올려 식혀 둥근 모양을 만든다.

로슈 코코

재료 지름 3cm 정도의 원뿔형 17개분

- 달걀흰자 ⋯ 40g
- 그래뉴당 ⋯ 55g
- 박력분 ⋯ 5g
- 코코넛 파인 ⋯ 60g
- 버터 ⋯ 10g

- **오븐 온도** : 170℃
- **굽는 시간** : 20분
- **열량** : 1개 43kcal

1 미리 준비하기

❶ 버터는 녹이고 사용할 때까지 식지 않도록 해 둔다.

❷ 오븐 팬에 오븐페이퍼를 깐다.

2 올인법으로 반죽하기

❶ 내열성 볼에 달걀흰자와 그래뉴당을 넣어 거품기로 잘 섞어 합치고, 전자레인지 700W로 20초 가열하여 40℃로 데운 다음 그래뉴당을 녹인다.

❷ 코코넛 파인과 박력분을 넣어 섞은 다음, 녹인 버터를 넣어 잘 섞어 합친다.

Note

코코넛 파인과 코코넛 롱

코코넛은 야자나무 열매의 배유를 건조시킨 것으로 은은한 단맛, 유지분을 많이 함유한 맛, 독특한 식감이 있습니다. 사진에서 위의 것은 코코넛 롱(가늘고 길게 채 썬 것). 아래의 것은 코코넛 파인(더욱 잘게 만든 것)입니다.

❸ 가볍게 랩을 씌운 다음 냉장고에 20분 넣어 반죽이 뭉쳐질 정도로 굳힌다.

3 모양 만들고 바로 굽기

❶ 반죽을 숟가락으로 약 10g씩 떠서 오븐페이퍼 위에 간격을 두며 올린다.

 한 번에 구울 수 없는 경우 나머지 반죽은 냉장고에 넣어 둡니다.

❷ 손가락을 물에 적셔 반죽을 원뿔형으로 다듬는다.

❸ 170℃로 예열된 오븐에 20분 굽는다. 나머지 반죽도 같은 방법으로 굽는다.

쿠키풍의 과자

‘쿠키’라고 불리지는 않지만, 프랑스나 이탈리아에서
옛날부터 사람들에게 사랑받아온 과자 3가지를 소개합니다.
여기서 소개하는 과자들은 반죽 만드는 법이 같거나,
즐기는 법이 비슷하다는 공통점이 있으며,
전통적이면서도 리치한 맛을 냅니다.

갈레트 브루통

'갈레트galette'는 프랑스어로 '둥글고 납작한 작은 과자', '브루통bretonne'은 '브루타뉴의'라는 의미입니다.

프랑스의 북서부 브루타뉴 지방의 전통적인 과자로, 그 지방의 맛있는 버터를 듬뿍 사용하여 감칠맛이 있습니다. 식감은 바삭하니 부서지기 쉬운 느낌입니다.

브루타뉴 지방은 소금의 산지이기도 해서 브루타뉴산 '뵈르 데미 셀beurre demi sel'이라고 하는 염분 5% 정도의 가염버터를 사용해 구웠습니다. 혹시 이 버터를 구할 수 있다면 재료의 소금 분량은 생략하고 구워 주세요.

• 반죽
- 버터 … 125g
- 그래뉴당 … 55g
- 소금 … 3g
- 달걀노른자 … 1개
- 박력분 … 110g
- 베이킹파우더 … 1g
- 아몬드 파우더 … 75g

• 윤 내기용 달걀노른자 … 2개

※ 필요에 따라 덧가루 적당량

- **오븐 온도** : 170℃
- **굽는 시간** : 30분
- **열량** : 1개 217kcal

쿠키 반죽법 - 크림법
크림법으로 반죽하기에 대한 자세한 과정 설명은 255쪽을 참조한다.

1 미리 준비하기

❶ 버터와 달걀은 실온에 둔다.

❷ 박력분과 베이킹파우더, 아몬드 파우더는 섞어 합친 다음 체 친다.

❸ 오븐 팬에 오븐페이퍼를 깐다.

2 크림법으로 반죽하기

❶ 버터를 크림 상태로 개고 그래뉴당을 넣어 비벼 섞은 다음 소금, 달걀노른자, 박력분+베이킹파우더+아몬드 파우더 순으로 넣어 섞어 합친다.

❷ 한 덩어리로 해서 오븐페이퍼 2장 사이에 끼우고 밀대로 두께 1cm, 가로/세로 18×24cm 정도의 직사각형으로 편 다음, 바트에 올리고 냉장고에 최소 1시간 이상 두어 굳힌다.

3 찍어내고 굽기

❶ 반죽을 지름 5cm의 원형 쿠키 커터로 찍어내고 오븐 댄에 간격을 두며 올린다.

❷ 윤 내기용 달걀노른자를 푼 다음 반죽 윗면에 붓으로 바르고 꼬치나 포크로 격자 모양을 낸다.

 갈레트 브루통에는 전통적으로 격자모양을 냅니다. 여기에서 사용한 것은 꼬치 3개로, 중앙의 1개를 짧게 한 상태로 하여 접착테이프로 고정합니다. 지름 5cm 정도의 반죽에는 이 즉석 포크가 딱 좋은 크기입니다.

❸ 지름 5cm의 세르클 안쪽에 얇게 버터(분량 외)를 바른 다음 반죽에 1개씩 끼운다.

 **세르클은 그렇게 많이 갖고 있지 않은데요.**

 이 반죽은 베이킹파우더가 들어가 있기 때문에 굽는 사이에 풀어져 퍼지는 것을 막기 위해 세르클을 끼우는 것입니다. 없는 경우는 두껍고 튼튼한 알루미늄 케이스나 머핀 컵에 꽂어 주세요.

Note

세르클

프랑스어로 원이나 고리, 원형 등의 의미로, 요리나 제과에서는 금속제의 원형 테두리를 세르클이라고 부릅니다. 스펀지케이크 등의 큰 케이크는 지름 15~18cm 정도의 세르클을 사용해 굽지만 작은 원형으로 만들고 싶은 과자나 요리를 위해 지름 5cm 정도의 세르클을 깊이가 깊은 타입과 낮은 타입을 각각 몇 개씩 갖춰두면 편리합니다.

❹ 170℃로 예열한 오븐에 넣어 30분 정도 굽는다.

❺ 바로 세르클을 빼서 식힌다.

비스코티

단맛의 와인(빈 산토^{Vin Santo})에 적시면서 먹거나 커피나 홍차에 곁들여 식후 디저트 다음에 먹거나, 간식으로 먹습니다.

정확하게는 '비스코티 디 프라토^{biscotti di prato}' 혹은 '칸투치니^{cantuccini}'라 불리는 이탈리아 토스카나 지방의 전통 과자입니다.

'비스코티'라는 이름은 영국의 비스킷과 마찬가지로 '두 번 굽는다'는 의미로 오래 보존할 수 있도록 두 번 구워 건조했다는 것에서 유래되었습니다.

- **달걀** … 75g
- **그래뉴당** … 125g
- **소금** … 한 꼬집
- **가루류**
  - 박력분 … 200g
  - 베이킹파우더 … 1/2작은술
- **홀 아몬드** … 70g
- **피스타치오** … 30g
- **헤이즐넛** … 30g
※ 필요에 따라 덧가루 적당량

- **오븐 온도와 굽는 시간** :
  170℃로 25분+150℃로 20분
- **열량** : 1개 107kcal

Note

홀 아몬드와 피스타치오

홀 아몬드는 자르거나 부수지 않은 아몬드 알 그대로의 아몬드를 말합니다.

피스타치오는 이탈리아 과자에 자주 사용되는 견과류로, 맛도 좋고 선명한 초록의 색감도 아름답기 때문에 소량 더하는 것만으로도 식욕을 돋웁니다.

1 미리 준비하기

❶ 박력분과 베이킹파우더는 섞어 합친 다음 체 친다.

❷ 달걀은 실온에 둔다.

❸ 견과류(홀 아몬드, ㅍ 스타치오, 헤이즐넛)는 각각 170℃로 예열된 오븐에서 가볍게 로스트한다.

❹ 오븐 팬에 오븐페이퍼를 깐다.

2 반죽 만들기

❶ 볼에 달걀을 넣어 풀고 그래뉴당과 소금을 넣어 섞어 합친다.

❷ 가루류를 넣어 대강 합치고 마지막에 견과류를 넣어 섞어 한 덩어리로 만든다.

3 모양 만들어 굽기

❶ 반죽을 2등분하여 각각을 폭 5cm, 두께 2cm의 방망이 모양으로 만들고, 오븐 팬에 올린 후 봉긋한 모양으로 다듬는다.

❷ 170℃로 예열된 오븐에 25분 굽는다.

4 잘라 나누고 다시 굽기

❶ 다 구워진 것을 뜨거울 때 1.5cm 폭으로 잘라 나눈다.

❷ 오븐 팬에 단면을 위로 해서 올리고 150℃로 예열된 오븐게 다시 20분 굽는다.

플로랑탱 사브레

'플로랑탱Florentin'은 프랑스어
로 '피렌체풍의'라는 의미입
니다. 아몬드 슬라이스를 캐
러멜로 굳힌 후 사브레sablé와
조합해 굽고, 작게 잘라 나눈
과자입니다.

잘라 나눈 다음 초콜릿으로 토핑하면
더욱 맛있고 리치한 분위기가 됩니다.
(295쪽 오른쪽 위 사진 참조)

[재료] **22×22cm 사각 틀 1개분**

- **사브레**
  - 버터 … 125g
  - 가루설탕 … 75g
  - 달걀노른자 … 2개
  - 박력분 … 250g
- **윗면**
  - 캐러멜
    - 생크림 … 50ml
    - 그래뉴당 … 75g
    - 물엿 … 25g
    - 벌꿀 … 25g
    - 버터 … 50g
  - 아몬드 슬라이스 … 75g
- **기호에 따라 스위트 초콜릿**
  (커버추어) … 적당량

※ 필요에 따라 덧가루 적당량

- **오븐 온도** : 180℃
- **굽는 시간** : 20분+25분
- **열량** : 16등분했을 때 1조각 238kcal

쿠키 반죽법 - 크림법

크림법으로 반죽하기에 대한 자세한 과정 설명은 255쪽을 참조한다.

---

1 미리 준비하기

❶ 버터와 달걀은 실온에 둔다.

❷ 박력분은 체 친다.

❸ 22×22cm 사각 틀에 오븐페이퍼를 깐다.

---

2 크림법으로 반죽하고 굽기

❶ 버터를 크림 상태로 개고 가루설탕을 넣어 비벼 섞은 다음 달걀노른자, 박력분순으로 넣어 섞어 합쳐 한 덩어리로 만든다. 랩으로 감산 후 평평한 사각형으로 다듬고, 냉장고에 1시간 이상 넣어 굳힌다.

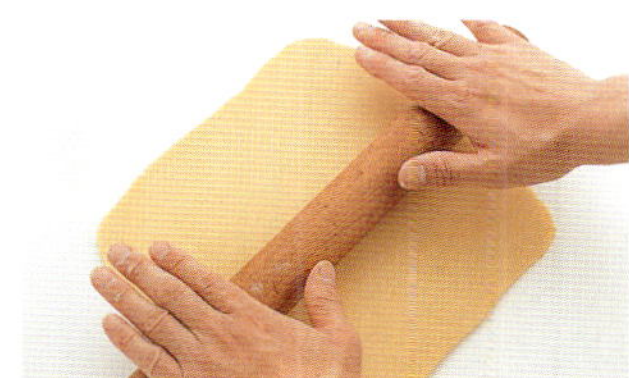

❷ 밀대로 두드려 굳기를 조절한 다음 25cm 크기의 정사각형으로 편다.

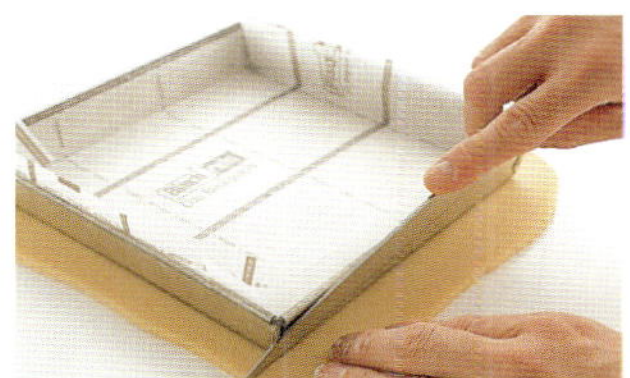

❸ 반죽 위에 사각 틀을 놓고, 틀에 칼을 대어 틀에 들어갈 크기로 자른다.

❹ 반죽을 틀에 넣고 바닥 전체에 포크로 구멍을 뚫은 다음 냉장고에서 굳힌다.

❺ 180℃로 예열된 오븐에 20분 굽고 완전히 식힌다.

---

3 아몬드 캐러멜 만들기

❶ 냄비에 생크림을 넣어 불에 올리고 그래뉴당과 물엿, 벌꿀, 버터를 넣어 섞으면서 녹여 익힌다.

❷ 115℃까지 졸이고 불을 끈 다음, 아몬드 슬라이스를 넣고 내열성 고무주걱으로 아몬드를 부수지 않도록 조심하면서 섞어 합친다.

---

4 아몬드 캐러멜 올려 다시 굽기

❶ 뜨거운 캐러멜을 식힌 사브레 위에 쏟고 균일한 두께로 펼친다.

❷ 180℃로 예열된 오븐에 25분 굽는다.

---

5 잘라 나누기

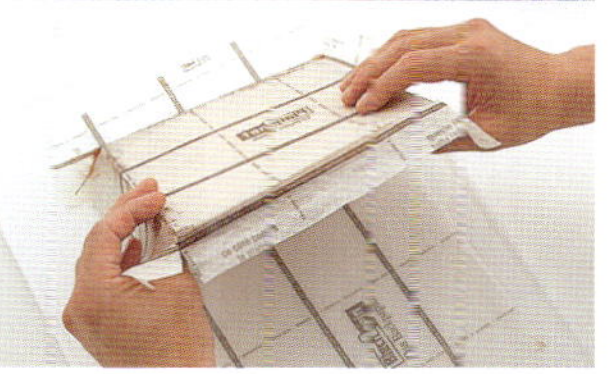

❶ 캐러멜이 부드러울 따 틀째로 뒤집어 빼내고 오븐페이퍼를 벗긴다. 만약 굳어지기 시작했다면 150℃ 정도로 예열된 오븐에 넣어 데우고 잘릴 정도로 부드럽게 만든다.

❷ 뒷면에서 양끝을 잘라내고, 2등분한다.

❸ 2등분한 조각을 옆으로 돌려놓고 끝을 자른 다음 윗변 2cm, 아랫변 3cm의 사다리꼴 모양으로 잘라 나눈다.

❹ 기호에 따라 템퍼링한 초콜릿을 양끝에 묻혀 장식해도 좋다. (초콜릿 템퍼링은 244쪽 참조)

차가운 디저트

PUDDING, FROZEN DESSERT, BAVAROIS,
MOUSSE, JELLY & ASIAN DESSERT

아이부터 어른까지 모두 좋아하는 부드럽고 달콤한 맛으로,
차가운 디저트류는 여름뿐만 아니라 겨울에도 인기가 식지 않는 것 같습니다.
차가운 디저트 파트에서는
푸딩, 아이스크림, 셔벗, 산뜻한 아이스크림, 파르페, 바바루아, 무스, 아시안 디저트의
다양한 디저트류를 소개합니다.

푸딩

달걀과 우유, 설탕을 베이스로 한 반죽을 틀에 흘려 넣어 중탕 상태로 해서 오븐으로 찌는 것입니다. 완성된 것을 냉장고에서 식힌 다음 맛보는 인기 최고의 차가운 디저트입니다. 달걀의 분량 내에서 달걀노른자의 비율을 늘리거나 우유 일부를 생크림으로 해서 감칠맛을 더할 수 있고 초콜릿이나 홍차 풍미를 더하거나 호박 퓌레 등을 넣거나 혹은 식감을 부드럽게 하는 등 여러 가지 방법으로 응용할 수 있습니다.

아이스크림

우유와 생크림, 그래뉴당에 달걀노른자를 듬뿍 사용하고 바닐라 빈의 풍미를 더해 만든 크렘 앙글레즈crème anglaise 베이스의 본격적인 아이스크림입니다. 진하고 리치한 맛에 초콜릿이나 바나나, 견과류 등을 더하면 다양한 맛을 즐길 수 있습니다.

셔벗

과즙이나 과일의 퓌레, 와인 등에 단맛을 넣고 휘저어 공기를 머금게 하면서 매끄러운 식감으로 얼린 것입니다. 아이스크림에 비하면 지방분이 적기 때문에 깔끔한 맛을 즐길 수 있습니다.

산뜻한 아이스크림

달걀(노른자)을 일절 사용하지 않고 생크림을 베이스로 하여 만드는 간단한 아이스크림으로, 산뜻한 맛이 납니다.

파르페

아이스크림의 한 종류로 생크림을 미리 거품 내서 공기를 머금게 한 다음 넣기 때문에 냉동고에서 굳히는 것만으로 완성됩니다.

바바루아

크렘 앙글레즈를 베이스로 하여 거품 낸 생크림을 넣고 젤라틴을 넣어 굳힌 것입니다. 식감은 차갑지만 생크림을 거품 내서 넣기 때문에 폭신한 매끄러움이 있습니다. 크렘 앙글레즈 특유의 진한 맛도 특징입니다. 과일 퓌레나 초콜릿, 커피, 캐러멜 소스 등을 넣는 것으로 다양한 변형이 가능합니다.

무스

무스는 프랑스어로 '거품'이라는 의미입니다. 바바루아보다 한 단계 더 부드러운 식감과 혀 위에서 녹는 듯한 가벼움은 달걀흰자나 생크림을 거품 내서 넣는 그 '거품'에서 태어납니다. 사용하는 재료에 따라 젤라틴은 넣는 경우와 넣지 않는 경우가 있습니다.

젤리

과즙, 진하게 내린 커피나 홍차, 와인 등에 단맛을 더해 젤라틴을 사용해 식혀 굳힌 것입니다. 색이 연한 과즙이나 와인을 사용한 것은 투명하고 청량감이 있으며, 안에 과일을 넣거나 하여 모습을 바꿀 수도 있습니다.

아시안 디저트

선명한 색의 과일을 효과적으로 배합하여 눈이 즐거운 디저트입니다. 깔끔한 맛으로 뒷맛도 좋으며, 거기다 건강한 맛도 있기 때문에 인기가 높아지고 있습니다.

캐러멜 커스터드 푸딩

- **캐러멜 소스**
  - 그래뉴당 … 100g
  - 미온수 … 30ml
- **푸딩 반죽**
  - 우유 … 250ml
  - 바닐라 빈 … 1/3개
  - 달걀 … 2개
  - 그래뉴당 … 50g
  - 바닐라 에센스(천연)
    … 적당량

- **오븐 온도** : 170℃
- **굽는 시간** : 약 20분
- **열량** : 1개 176kcal

1 미리 준비하기

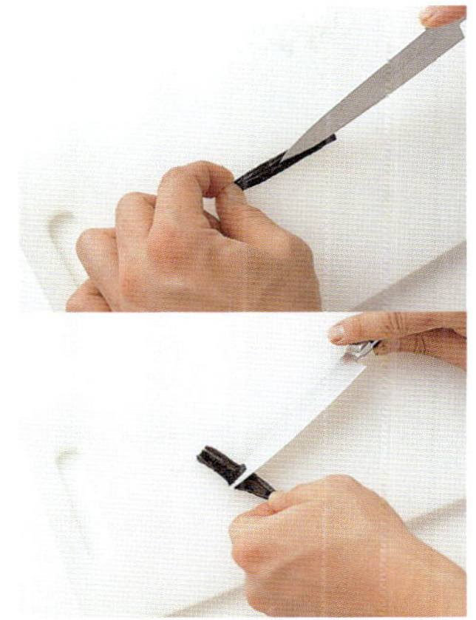

❶ 바닐라 빈은 껍질을 세로로 갈라 안의 씨를 칼로 긁어둔다.

❷ 301쪽을 참고해 캐러멜 소스를 만든다.

❸ 푸딩 틀을 여유 있게 나열할 정도로 크고 깊은 바트를 준비하고(❻-❶의 사진 참조), 바트의 바닥에 페이퍼 타월 혹은 행주를 깐다.

2 푸딩 틀에 캐러멜 소스 깔기

캐러멜 소스가 뜨거울 때 푸딩 틀 바닥에 흘려 넣고, 식혀서 굳힌다.

 넣는 양은 사진을 참고합니다. 이 틀의 경우 작은 1큰술 정도였습니다. 준비한 분량을 전부 사용하지는 않습니다.

3 반죽 만들기

❶ 냄비에 우유, 그리고 바닐라 껍질과 씨를 넣고 끓어오르기 직전까지 데운다.

 냄비의 가장자리에서 작은 거품이 생기기 시작할 정도까지 데웁니다.

❷ 볼에 달걀을 넣어 푼 다음 그래뉴당을 넣고 거품기로 섞어 합친다.

 달걀 속에 가능한 공기가 들어가지 않도록 비벼 섞는 것이 요령입니다. 공기가 들어가 버리면 다 구웠을 때 식감이 매끄럽지 않게 됩니다.

❸ ❶의 데운 우유를 조금씩 넣어 거품기로 살살 섞어 합친다.

4 반죽 거르기

❶ 다른 볼 위에 체를 올려(걸쳐)놓고 푸딩 반죽을 걸러 달걀의 알끈이나 바닐라 껍질을 제거한다.

 주둥이가 있는 볼이나 그릇에 걸러 넣어 두면 나중에 그릇으로 흘려 넣을 때 쉽습니다.

❷ 바닐라 에센스를 넣어 섞어 풍미를 더한다.

❸ 거품이 떠 있는 것 같으면 숟가락 혹은 거품 제거용 종이나 페이퍼 타월 등으로 제거한다.

❶ 틀에 흘려 둔 캐러멜 소스가 굳었는지를 확인한 다음 푸딩 반죽을 조심스럽게 흘려 넣는다.

 여기에서는 레이들(국자)을 사용했지만 한쪽에 주둥이가 있는 그릇에 옮겨 따라도 좋습니다.

❷ 가장자리에 거품이 떠 있는 경우 작은 숟가락으로 떠낸다.

❶ 페이퍼 타월을 깔아둔 바트에 틀을 올리고, 60℃ 정도로 데운 물을 틀 높이의 절반 정도까지 따라 넣는다.

 **왜 바트의 바닥에 페이퍼 타월이나 행주를 까나요?**

 페이퍼 타월이나 행주가 쿠션이 되어 오븐 팬의 열이 직접 틀에 닿지 않기 때문에 푸딩에 기포가 생기는 것을 막을 수 있습니다.

 **중탕하는 물의 온도는 어느 정도인가요?**

 물이 미지근하면 잘 익지 않기 때문에 60℃를 기준으로 해주세요. 60℃의 물은 꽤 뜨겁습니다. 화상 입지 않도록 주의하세요. 걱정스럽다면 바트를 오븐 팬에 올린 다음 물을 따라도 괜찮아요.

❷ 170℃로 예열한 오븐에서 약 20분 찐다.

 **어느 정도가 완성된 상태인가요?**

 틀을 흔들었을 때 표면에 파도 모양이 생기지 않고, 하나가 되어 흔들리는 정도가 기준입니다. 잔열로도 계속 익어갈 것이기 때문에 이 단계에서 전혀 흔들리지 않는다면 너무 구워진 것입니다.

❸ 다 구워졌다면 실온에 두어 식히고, 열기가 가시면 랩을 씌워 냉장고에 넣어 차갑게 한다.

 **어느 정도로 차가워야 할까요?**

 먹었을 때 맛있을 정도로 차가우면 됩니다. 두었다 나중에 먹으려면 그대로 냉장고에 넣어 두면 됩니다.

❶ 푸딩 틀을 한손으로 누르고 숟가락 등으로 푸딩의 가장자리를 틀을 따라 가볍게 누르며 푸딩과 틀 사이에 공기를 넣는다.

 혹은 얇은 칼을 틀 안쪽을 따라 한 바퀴 돌려 넣어도 됩니다.

❷ 담을 접시를 거꾸로 해서 틀에 씌우고 양손으로(접시와 틀이 어긋나지 않도록) 제대로 누른 다음, 반대로 뒤집어 약간 비스듬하게 된 상태에서 앞뒤로 여러 번 흔든다.

❸ 접시를 작업대 위에 두고 틀을 조심스레 들어 올려 빼낸다.

캐러멜 소스 만들기

❶ 냄비를 약불에 올리고 따뜻해지면 그래뉴당을 조금 넣는다.

❷ 그래뉴당이 녹기 시작하면 냄비를 기울여 불이 전체에 균일하게 미치도록 한다. 투명해지기 시작할 정도로 녹으면 나머지 그래뉴당을 넣는 식으로 3~4회에 나눠 넣는다.

❸ 전체 그래뉴당이 녹을 때까지 졸이고 전체가 색이 나면서 연기가 나기 시작하고 바닥 쪽에서 잔 거품이 생기기 시작하면 불을 끈다. ⇨ 캐러멜 완성

❹ 미지근한 물을 넣는다. 냄비 바닥에서 부글부글하고 끓어오르는 것이 진정되면 냄비를 가볍게 흔들어 전체를 녹여 섞는다. 덩어리가 남을 것 같으면 한 번 더 불을 켜서 데우고 녹여 섞는다.

❺ 냄비 바닥을 물에 담그고, 숟가락이나 고무주걱으로 매끄럽고 걸쭉한 상태가 될 때까지 섞어 합친다.

바닐라 아이스크림

아이스크림에 곁들인 것
은 나선 모양으로 구운 쿠
키입니다. 장식이나 맛을
더하고 혀가 지나치게 차
가워지는 것을 완화하는
역할도 합니다.

바닐라 빈의 씨가 보였다
안 보였다 하네요.

커다란 숟가락으로 얇게
떠서 유리컵에 겹쳐 담았
습니다. 아이스크림 디셔
등으로 둥글게 떠서 심플
하게 담아도 좋아요.

그야말로 '수제'이기 때문
에 갓 완성된 맛을 흡족할
때까지 맛볼 수 있습니다.

- **크렘 앙글레즈**
  - 우유 … 400ml
  - 생크림 … 120ml
  - 바닐라 빈 … 1/2개
  - 달걀노른자 … 5개
  - 그래뉴당 … 100g
  - 바닐라 에센스(천연) … 적당량
- **기호에 따라 쿠키** … 적당량

- **열량** : 전체 1,538kcal

1 미리 준비하기

바닐라 빈은 껍질을 세로로 갈라 안의 씨를 칼로 긁어둔다. (137쪽 참조)

2 크렘 앙글레즈 만들기

❶ 냄비에 우유와 생크림, 바닐라 씨와 껍질을 넣어 불에 올린다.

❷ 볼에 달걀노른자와 그래뉴당을 넣고 거품기로 하얗게 될 때까지 비벼 섞는다.

❸ ❶이 끓어오르기 직전까지 데워지면 ❷의 볼에 조금씩 넣고 거품기로 살살 섞어 합쳐 어우러지게 한다.

❹ 전부를 섞어 합쳤다면 원래 냄비에 다시 넣는다.

❺ 한 번 더 약불에 올려 고무주걱으로 끊임없이 전체를 섞으면서 83°C까지 졸인다. 온도계가 없을 때는 반죽이 걸쭉해지면 고무주걱으로 떠 올리고 손가락 혹은 숟가락으로 쓱 선을 그어 본다. 손가락 혹은 숟가락 자국이 줄처럼 남으면 83°C까지 조려진 것이다.

왜 83°C인 건가요?

매끄러운 식감을 위해 달걀노른자에 열을 가하는데, 83°C는 딱 좋은 걸쭉함을 내는 데 좋은 온도이기 때문입니다. 또한, 달걀을 살균할 수 있는 온도도 83°C가 기준입니다. 단, 지나치게 가열하면 달걀노른자가 응고해버려 부서질 수 있으므로 주의해 주세요.

❻ 완성된 크렘 앙글레즈를 체에 걸러 볼에 넣고, 볼의 바닥을 얼음물에 대고 때때로 섞으면서 식히고, 바닐라 에센스를 넣어 섞는다.

3 크렘 앙글레즈 얼리기

크렘 앙글레즈를 아이스크림 메이커에 흘려 넣고 섞으면서 얼린다. (아이스크림 메이커의 종류에 따라 1회에 만들 수 있는 양이나 시간, 방법이 다르므로 해당 제품설명서를 참고한다.)

핸드믹서를 사용해 만드는 경우는 309쪽 딸기 우유 아이스크림의 ❸을 참조해 주세요.

Note

아이스크림 메이커

가정에서도 아이스크림을 손쉽게 만들 수 있도록 소형 아이스크림 메이커(아이스크림 제조기)가 판매되고 있습니다. 크게 냉동고를 이용하는 타입과 냉각과 교반(균일한 혼합 상태로 만드는 일)을 동시에 할 수 있는 타입 두 종류가 있습니다. 전자는 포트를 냉동고에서 얼린 다음 그곳에 섞어 합친 재료를 넣어 교반하는 방식과 섞어 합친 재료를 포트에 넣고 그것을 냉동고에서 굳힌 다음 교반(수동 혹은 전동)하는 방식으로 나뉩니다.

여기에서 사용한 것은 냉각과 교반을 동시에 하는 후자 타입(위 사진)으로, 짧은 시간에 매끄러운 식감으로 완성됩니다. 상품명은 드롱기의 692 아이스크림 메이커.

4 담기

❶ 크고 얕은 모양의 숟가락 혹은 아이스크림 디셔를 뜨거운 물로 데운 다음 바닐라 아이스크림을 뜨고 그릇에 모양 좋게 담는다.

❷ 기호에 따라 쿠키 등을 곁들인다. (곁들이는 쿠키 만드는 법은 304쪽 참조)

5 냉동고에 보관하기

완성된 아이스크림을 바로 먹지 않는 경우나 남은 경우는 법랑이나 스테인리스제 보존용기에 넣어 냉동고에서 보관한다.

아이스크림 담는 법

❶ 아이스크림 디셔 혹은 커다란 숟가락을 80℃ 정도의 물 안에 담가 데운다.

❷ 디셔 혹은 숟가락의 물기를 없앤 다음 아이스크림 속에 찔러 넣어 둥글게 떠서 그릇에 담는다.

아이스크림에 곁들이고 싶은 쿠키

나선형 쿠키, 시가레트 쿠키, 원형 쿠키는 모양이 다를 뿐 같은 시가레트 반죽으로 만듭니다. 아몬드 슬라이스를 구운 튈 오 자망드와 레이스와 같이 아름다운 튈 당텔의 만드는 법은 287쪽에서 소개하고 있으니, 여기서는 시가레트 반죽을 이용해 원형 쿠키, 나선형 쿠키, 시가레트 쿠키 만드는 법을 소개하겠습니다.

재료 · **시가레트 반죽 1회분**

- **버터** … 20g
- **가루설탕** … 20g
- **달걀흰자** … 20g
- **밀가루** … 20g
- **바닐라 에센스**(천연) … 적당량

- **열량** : 나선형 쿠키 1개 10kcal

1 반죽 만들기

❶ 버터와 달걀흰자는 실온에 두고 달걀흰자는 잘 푼다.

❷ 볼에 부드러운 버터를 넣고 가루설탕을 넣어 비벼 섞은 다음 달걀흰자를 조금씩 넣어 섞는다.

달걀흰자가 차가우면 분리되므로 주의해 주세요.

❸ 밀가루, 바닐라 에센스순으로 넣고 그때마다 섞어 합친다.

2 모양 만들기

❶ 반죽을 지름 5mm의 원 깍지를 끼운 짤주머니에 채운다.

❷ 오븐 팬에 오븐페이퍼를 깔고 각각의 모양에 맞게 짠다. 즉, 나선형 쿠키는 두께 1cm×길이 약 20cm의 막대 모양으로, 시가레트와 원형 쿠키는 지름 2cm 원형으로 간격을 두어 짠 다음 오븐 팬을 작업대에 가볍게 내리쳐 지름 3.5~4cm의 원형으로 펼친다.

3 굽기

❶ 180℃로 예열한 오븐에 넣고 가장자리에 색이 날 때까지 약 15분 굽는다.

❷ 나선형과 시가레트는 뜨거울 때 꺼내 식기 전에 지름 1cm 정도의 가는 막대 등에 감아 모양을 만들고, 식은 다음 막대를 빼낸다. 이때 나선형 쿠키는 막대에 나선형으로 감고. 시가레트 쿠키는 시가 모양으로 말아 그대로 식히면 된다. 원형 쿠키는 그대로 식힌다.

바나나와 견과류가 들어간
초콜릿 아이스크림

재료 800ml 분량

- **초콜릿 풍미의 크렘 앙글레즈**
  - 우유 … 400ml
  - 생크림 … 80ml
  - 달걀노른자 … 5개
  - 그래뉴당 … 70g
  - 스위트 초콜릿 … 30g
  - 코코아파우더 … 10g
- **바나나** … 1/2~1개
- **홀 아몬드** … 30g
- **열량** : 전체 1,658kcal

1 미리 준비하기

❶ 초콜릿은 잘게 다진다.

❷ 홀 아몬드는 180℃로 예열된 오븐에서 타지 않도록 가끔씩 섞으면서 고소한 향이 날 때까지 굽고 잘게 다진다. 바나나는 사용하기 직전에 잘게 다진다.

2 초콜릿 풍미의 크렘 앙글레즈 만들기

❶ 냄비에 우유와 생크림을 넣고 끓어오르기 직전까지 데운다.

❷ 다른 볼에 달걀노른자와 그래뉴당을 넣고 하얗게 될 때까지 비벼 섞는다.

❸ ❶을 조금씩 넣고 잘 섞어 합친다.

❹ 냄비에 다시 넣어 약불에 올리고 고무주걱으로 끊임없이 섞으면서 83℃까지 졸인다.

> 졸이는 법에 대해서는 303쪽의 크렘 앙글레즈를 참조해 주세요.

❺ 볼에 다진 초콜릿과 코코아파우더를 넣고 ❹를 따른 후 조심스레 합쳐 녹여 섞는다.

❻ 걸러서 볼에 넣고 볼 바닥을 얼음물에 댄 채 때때로 조심히 섞으면서 식힌다.

3 섞으면서 얼리기

❶ 초콜릿 풍미의 크렘 앙글레즈를 아이스크림 메이커에 넣고 휘저어 섞으면서 얼린다.

>  핸드믹서를 사용해 만드는 경우는 309쪽 딸기 우유 아이스크림의 ❸을 참조해 주세요.

❷ 아이스크림이 완성되면 아몬드와 바나나를 조금씩 넣으면서 섞어 합친다.

4 냉동고에 보관하기

완성된 아이스크림을 바로 먹지 않거나 남은 경우는 법랑이나 스테인리스제 보존용기에 넣어 냉동고에 보관한다.

파인애플 셔벗

신선한 과일(파인애플) 즙을 짜서 만들지만, 시판되는 파인애플 주스를 더하면 맛의 균형이 더 좋아집니다.

알맹이를 도려낸 후 껍질을 접시로 사용하면 화려한 디저트가 완성됩니다.

셔벗도 아이스크림과 마찬가지로 갓 만든 것이 맛있어요.

그릇에 1인분씩
싱글 혹은 더블로
담아도 좋다.

재료 **1,400ml 분량**

- **파인애플 셔벗**
  - 파인애플(1.7~1.8kg인 것) … 1개
  - 파인애플 주스(시판·과즙 100%) ‥ 약 200ml
  - 그래뉴당 … 130g
  - 물엿 … 15g
  - 레몬즙 … 1개분
- **장식용 파인애플**(통조림) … 2~3조각

- **열량** : 전체 1,402kcal

---

1 파인애플 다듬기

❶ 파인애플은 세로로 반 잘라 나누고, 껍질 안쪽 1cm 정도에 칼을 넣어 가장자리를 따라 빙글 칼집을 넣은 다음 알맹이를 도려낸다.

❷ 남은 껍질 부분은 접시용 케이스로 사용할 것이므로 알맹이를 깨끗이 긁어낸 다음 엎어 놓아 물기를 잘 빼고 랩으로 감싸 사용할 때까지 냉장고에 넣어 둔다.

2 파인애플 즙 짜기

❶ 도려낸 파인애플 알맹이를 주스나 믹서에 돌린 다음 다시 청결한 면보 등에 감싸 즙을 짠다.

1개의 파인애플이서 약 500ml의 즙이 짜질 거예요.

꼭 파인애플 하나를 통째로 사용해야 하나요?

슈퍼에서 팔고 있는 껍질과 심이 제거된 상태의 것을 사용해도 되고, 100% 파인애플 주스만으로도 만들 수 있습니다. 닷을 보고 그래뉴당과 레몬즙으로 맛을 조절해 주세요.

❷ 즙에 시판 파인애플 주스를 넣어 총 700ml를 계량한다.

3

❸ ❷에서 200ml 정도를 작은 냄비에 덜고, 그래뉴당과 물엿을 넣어 불에 올려 녹여 섞은 다음 열기를 없앤다.

왜 이렇게 하는 건가요?

그래뉴당과 물엿을 녹이기 위해서입니다. 파인애플 즙+주스 전부를 데우면 파인애플의 신선한 풍미가 손상되고 식히는 데에도 불필요한 시간이 들기 때문에 일부만을 데우는 것입니다.

❹ 남은 파인애플 즙+주스 500ml에 레몬즙과 식힌 ❸을 순서대로 넣어 섞는다.

파인애플 주스만으로 만드는 경우 맛을 본 다음 그래뉴당과 레몬즙으로 맛을 조절하도록 합니다.

3 섞으면서 얼리기

아이스크림 메이커에 넣어 휘저어 섞으면서 얼린다.

핸드믹서를 사용해 만드는 경우는 309쪽 딸기 우유 아이스크림의 ❸을 참조해 주세요.

4 담기

❶ 장식용 파인애플의 물기를 없애고 방사형으로 잘라(6~8등분) 나눈다.

❷ 아이스크림 디셔 혹은 스푼을 뜨거운 물로 데워 물기를 없앤 다음 셔벗에 찔러 넣어 둥글게 떠낸다. (240쪽 참조)

❸ 냉장고에 넣어 두었던 파인애플 케이스(껍질)에 셔벗과 장식용 파인애플을 보기 좋게 담는다.

5 냉동고에 보관하기

완성된 셔벗을 바로 먹지 않거나 남은 경우는 법랑이나 스테인리스제 보존용기에 넣어 냉동고에 보관한다.

빙과
딸기 우유 아이스크림

재료 800ml 분량

- **딸기**(새빨간 것) … 250g
- **그래뉴당** … 70g
- **생크림** … 200ml
- **연유** … 70ml

- **열량** : 전체 1,421kcal

---

1 미리 준비하기

딸기는 물에 씻으면 상처 나기 쉽기 때문에 꼭 짠 젖은 행주로 표면을 부드럽게 닦은 다음 꼭지를 딴다.

---

2 재료 섞어 합치기

푸드 프로세서에 딸기와 다른 재료 전부를 넣고 휘저어 섞는다.

 푸드 프로세서가 없을 때는 딸기를 으깨서 퓌레 상태로 만든 다음 다른 재료와 잘 섞어 합칩니다.

❶ 스테인리스 볼에 옮겨 랩을 씌우고 냉동고에 넣어 얼린다.

❷ 절반 정도 굳기 시작했다면 꺼내서 핸드믹서로 섞는다.

❸ 조금 걸쭉한 상태가 되면 냉동고에 다시 넣는다.

완성된 아이스크림을 ㅂ·로 ㄸ지 않거나 남은 경우는 법랑이나 스테인리스제 보존용기에 넣어 냉동고에 보관한다.

❹ 같은 요령으로 2~3번 더 반복하고 핸드믹서로 서서히 긍기를 머금게 하면서 얼린다.

❺ 마지막으로 한 번 더 핸드믹서로 휘저어 섞고 매끄러운 상태가 되면 완성이다.

'완성'의 기준은 무엇인가요?

'핸드믹서로 휘저어 섞어 식혀 굳힌다'를 3~4번 반복하는 동안 결이 고와지고 색도 옅은 핑크가 되어갑니다. 한 입 먹어보고 맛있는 아이스크림이 되어 있다면 완성입니다. 핸드믹서로 휘저어 섞는 대신 푸드 프로세서로 섞어 합치는 것도 가능합니다.

식혀 굳히는 데에 걸리는 시간은 어느 정도인가요?

냉동고 상태에 따라 다르지만 온·성까지 대략 6시간 정도는 걸립니다.

바닐라 파르페

은은한 바닐라 풍미를 즐길
수 있는 기본 파르페입니다.
유리컵에 1인분씩 흘려 넣어
굳힌 스타일로, 잘라 나누는
수고를 덜어줍니다.

장식은 기호에 맞게 하면 되
지만, 여기에서는 파르페 중
심에 거품 낸 생크림을 별 깍
지로 짠 다음, 신선한 라즈베
리를 세로로 두 조각 잘라 장
식해 보았습니다.

재료 **지름 6cm 코코트**
9~10개분

＊ 코코트 : 작은 내열 도자기 컵

- **바닐라 파르페**
  - 반죽 베이스
    - 달걀노른자 … 2개
    - 그래뉴당 … 60g
    - 물 … 30ml
  - 바닐라 에센스(천연)
    … 적당량
  - 생크림 … 250ml
- **장식용 생크림** … 50ml
- **라즈베리** … 9~10개

- **열량** : 1개 174~193kcal

1 반죽 베이스 만들기

❶ 내열성 볼에 달걀노른자, 물, 그래뉴당을 넣고 섞어 합친다.

❷ 전자레인지에 넣고 700W로 약 40초 가열한 후 꺼내고, 핸드믹서 저속 혹은 거품기로 휘저어 섞어 거품 낸다.

❸ 다시 '전자레인지에 넣어 20~30초 정도씩 가열해서 거품 낸다'를 몇 번 반복해서 달걀노른자에 열을 가함과 동시에 살균하고, 전체가 매끄럽고 걸쭉한 상태가 될 때까지 거품 낸다.

 전자레인지로 가열하는 시간은 모두 합쳐 2분이 기준(700W 전자레인지의 경우)입니다. 처음에는 40초 정도 가열하고, 그 이후부터는 안의 상태를 보며 20~30초씩 가열합니다. 농도가 걸쭉해지기 시작하면 꺼내서 상태를 보며 그때마다 휘저어 섞는 것이 요령입니다.

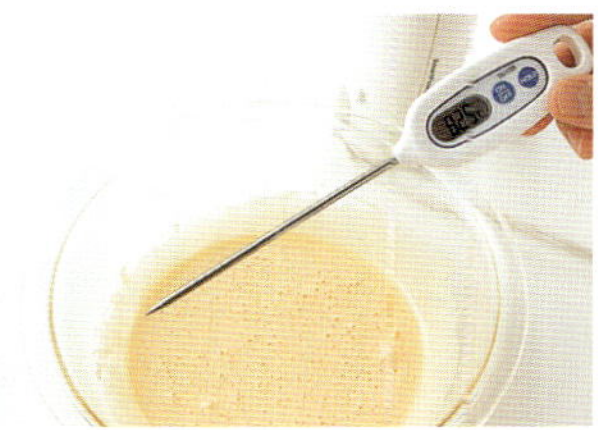

❹ 온도계로 쟀을 때 83℃까지 데워져 있다면 달걀노른자가 익은 상태이다.

 달걀노른자를 83℃까지 데우는 이유에 대해서는 303쪽을 읽어보세요.

❺ 다시 핸드믹서 고속 혹은 거품기로 하얗게 될 때까지 제대로 거품 낸다. 완전히 식어서, 떠서 올렸을 때 줄 모양으로 자국이 남으면 된다.

2 반죽 만들기

❶ 볼에 생크림을 넣고 볼 바닥을 얼음물에 댄 채 70~80% 정도로 거품 낸다.

 생크림 거품 내는 방법은 휘핑 크림의 경우와 거의 같습니다. 31쪽을 참조해 주세요.

❷ 반죽 베이스에 바닐라 에센스를 넣어 섞은 다음, ❶의 거품 낸 생크림을 넣고 고무주걱으로 자르듯이 섞어 합친다.

3 틀에 넣고 얼리기

❶ 파르페 반죽을 지름 15mm의 원 깍지를 끼운 짤주머니에 넣는다.

 짤주머니를 사용하지 않고 커다란 숟가락이나 레이들(국자)로 흘려 넣어도 좋아요.

❷ 코코트를 바트 위에 올리고 반죽을 짜 넣는다. 혹은 숟가락이나 레이들로 흘려 넣는다.

❸ 코코트를 양손으로 들어 올렸다가 작업대 위에 바닥을 통통 쳐서, 반죽을 틀의 구석구석까지 꺼뜨려 표면을 평평하게 한다.

❹ 냉동고에 넣어 얼린다.

 냉동고에는 어느 정도 넣어 두나요?

 작은 유리컵이나 코코트라면 -15℃에서 2~3시간, 큰 틀로 만든 경우는 6~12시간 두면 확실합니다. 남은 경우나 바로 먹지 않는 경우에는 그대로 냉동고에 보관합니다.

4 장식하기

❶ 장식용 생크림은 볼 바닥을 얼음물에 댄 채 70~80% 정도로 거품 내고, 지름 8mm의 별 깍지를 끼운 짤즈머니로 파르페 중순에 둥글게 짜낸다.

❷ 라즈베리를 세로로 두 개 잘라 장식한다.

바바루아
바닐라·초콜릿·딸기·삼색 바바루아
초콜릿 바바루아는 크렘 앙글
레즈에 코코아파우더를 더해
만듭니다.
딸기 바바루아는 딸기 퓌레와
딸기잼을 합쳐서 만듭니다.
기본은 크렘 앙글레즈로 만든
바닐라 바바루아입니다.

바닐라 바바루아

재료 · 지름 6cm 코코트 약 8개분

- **바닐라 바바루아**
  - 크렘 앙글레즈
    - 우유 ··· 250ml
    - 바닐라 빈 ··· 1/3개
    - 달걀노른자 ··· 3개
    - 그래뉴당 ··· 60g
    - 가루 젤라틴 ··· 6g
    - 물 ··· 18ml
  - 바닐라 에센스(천연) ··· 적당량
  - 생크림 ··· 360ml
- **장식용 휘핑크림**
  - 생크림 ··· 40ml
  - 그래뉴당 ··· 5g
- **세르피유** ··· 적당량
- ※ 세르피유 : 허브의 한 종류

- **열량** : 1개 277kcal

1 미리 준비하기

물(18ml)에 가루 젤라틴을 뿌려 넣고 불린다.

Note

가루 젤라틴 불리는 법

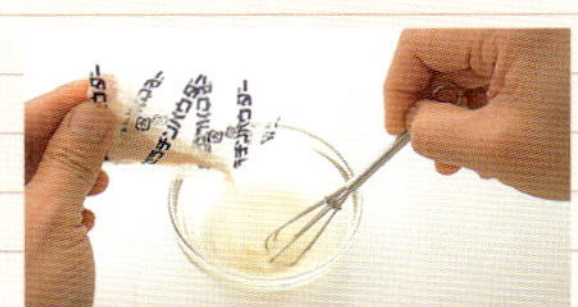

가루 젤라틴의 약 3배 양의 차가운 물에 가루 젤라틴을 뿌려 넣고 가볍게 섞으면서 가루 젤라틴 전체에 수분이 퍼지도록 한다. 물이 전부 흡수되어 부드럽게 불은 상태가 되면 된다.

2 크렘 앙글레즈 만들기

우유+바닐라 빈 껍질과 씨를 끓이고, 달걀노른자+그래뉴당과 섞어 합쳐 어우러지게 한 다음 83℃까지 졸인다. 온도계가 없다면 고무주걱으로 떠서 손가락(숟가락)으로 선을 그었을 때 자국이 줄 모양으로 또렷이 남는 농도가 될 때까지 졸인다. (바닐라 빈 손질하기는 137쪽, 크렘 앙글레즈 만들기는 303쪽 참조)

3 반죽 베이스 만들기

❶ 크렘 앙글레즈의 불을 끄면 바로 불려둔 젤라틴을 넣고 잔열로 젤라틴을 녹여 섞는다.

❷ 걸러서 볼에 넣고 볼 바닥을 얼음물에 대고 때때로 섞으면서 걸쭉해질 때까지 식힌다.

❸ 식으면 바닐라 에센스를 넣어 섞는다.

4 반죽 완성하기

다른 볼에 생크림을 넣어 볼 바닥을 얼음물에 대고 대략 60% 정도까지 거품 낸 다음, ❸의 바바루아 반죽 베이스를 넣고 섞어 합친다.

이 단계에서 반죽 베이스와 거품 낸 생크림이 같은 굳기가 되는 것이 중요합니다. 걸쭉해진 2가지를 합칠 때 같은 묽기이지 않으면 잘 섞이지 않기 때문입니다.

5 식혀 굳히기

반죽을 코코트에 흘려 넣고, 코코트를 들어 올려 작업대에 통통 하고 가볍게 내리쳐 균일하게 넣든 다음, 바트게 올리고 냉장고에 넣어 굳힌다.

냉장고에 어느 정도 넣어 두면 되나요?

2~3시간 두어 전체가 굳고 잘 식어 있으면 됩니다. 푸딩 틀 등으로 굳혀 틀에서 빼내 담는 경우도 같은 크기라면 3시간 정도로 굳습니다.

6 장식하기

장식용 휘핑크림은 생크림에 그래뉴당을 넣어 80% 정도로 거품 내고 (휘핑크림 거품 내는 법은 31쪽 참조), 숟가락으로 떠서 바바루아 중앙에 둥글게 올린다. 이어서 세르피유 잎을 올려 장식한다.

초콜릿 바바루아

재료 지름 6cm 코코트
약 8개분

- **초콜릿 바바루아**
  - 크렘 앙글레즈
    - 우유 … 250ml
    - 바닐라 빈 … 1/3개
    - 달걀노른자 … 3개
    - 그래뉴당 … 60g
    - 가루 젤라틴 … 6g
    - 물 … 18ml
    - 바닐라 에센스(천연)
      … 적당량
    - 코코아파우더 … 9g
    - 생크림 … 360ml
- **스위트 초콜릿 코포** … 적당량

※ 코포Copeaux : 대팻밥 모양의 초콜릿
  장식

- **열량** : 1개 280kcal

1 반죽 만들기

❶ 바닐라 바바루아를 참고하여 크
렘 앙글레즈를 만들고, 불린 젤라틴
을 녹여 섞어 거른 다음 코코아파우
더를 조금씩 넣어 섞어 합친다.

 바바루아에 코코아파우더를
넣어버리면 덩어리지기 쉬우
므로 주의하세요! 이런 순서는
정말 중요합니다.

❷ 볼 바닥을 얼음물에 대고 때때로
섞으면서 걸쭉해질 때까지 식힌다.
식으면 바닐라 에센스를 넣어 섞는
다. ▷ 바바루아 반죽 베이스 완성

❸ 바닐라 바바루아를 참고하여 생
크림을 60% 정도까지 거품 낸 안에
❷의 바바루아 반죽 베이스를 넣어
섞어 합친다.

2 굳히고 장식하기

❶ 코코트에 흘리고 냉장고에 넣어
식혀 굳힌다.

 식히는 시간은 바닐라 바바루
아의 경우와 같습니다. 313쪽
을 참조해 주세요.

❷ 초콜릿 코포는 초콜릿을 뒤집어
손바닥으로 비벼 따뜻하게 한 다음
계량스푼 등으로 긁듯 둥글게 깎아
바바루아에 장식한다.

딸기 바바루아

재료 지름 6cm 코코트
약 10개분

- **딸기 바바루아**
  - 크렘 앙글레즈
    - 우유 … 250ml
    - 바닐라 빈 … 1/3개
    - 달걀노른자 … 3개
    - 그래뉴당 … 60g
    - 가루 젤라틴 … 6g
    - 물 … 18ml
    - 바닐라 에센스(천연)
      … 적당량
    - 냉동 딸기 퓌레
      (10% 가당) … 200g
    - 딸기잼 … 120g
    - 생크림 … 360ml
- **장식용 휘핑크림** … 적당량
- **딸기** … 5알

- **열량** : 1개 236kcal

1 미리 준비하기

냉동 딸기 퓌레는 계량한 다음 실온
에 둔다.

2 딸기 퓌레와
딸기잼 섞기

볼에 냉동 딸기 퓌레와 딸기잼을 넣
어 섞어 합친다.

 냉동 딸기 퓌레는 전문가용 가
공품입니다. 구할 수 없는 경
우는 생딸기를 믹서 등을 이용
해 퓌레 상태로 만들어 사용해도 좋지
만, 딸기에 따라서 예쁜 핑크색으로 완
성되지 않을 수 있습니다.

3 반죽 만들기

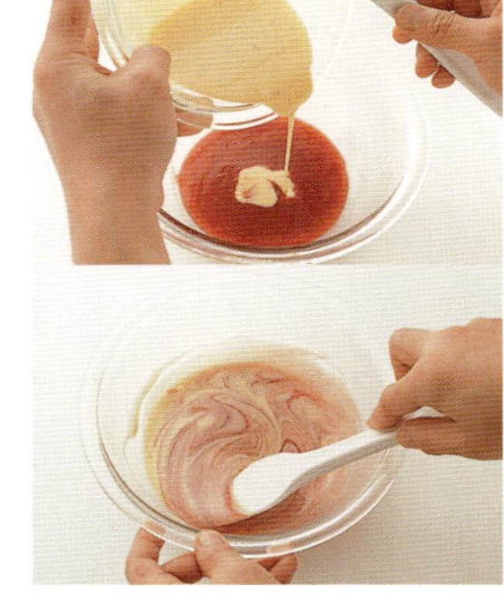

❶ 바닐라 바바루아를 참고하여 크
렘 앙글레즈를 만들고 불린 젤라틴
을 녹여 섞어 거른 다음 딸기 퓌레
를 넣어 섞어 합친다.

❷ 볼 바닥을 얼음물에 대고 때때로
섞으면서 걸쭉해질 때까지 식힌다.
식으면 바닐라 에센스를 넣어 섞는
다. ▷ 바바루아 반죽 베이스 완성

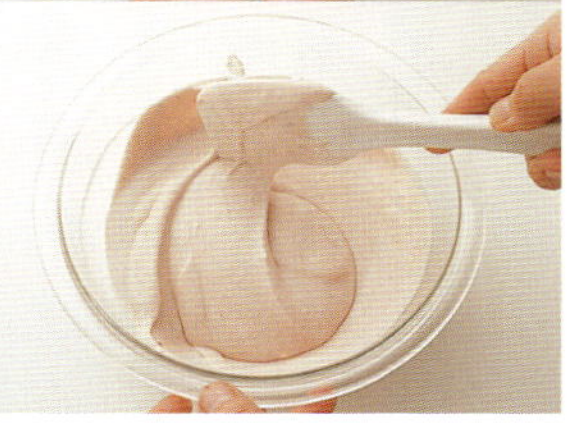

❸ 바닐라 바바루아를 참고하여 생
크림을 대략 60% 정도까지 거품 냈
다면 ❷의 바바루아 반죽 베이스를
넣어 섞어 합친다.

4 굳히고 담기

❶ 코코트에 흘려 넣고 냉장고에 넣어 식혀 굳힌다.

 식히는 시간은 바닐라 바바루아의 경우와 같습니다. 313쪽을 참조해 주세요.

❷ 장식용 휘핑크림은 생크림에 그래뉴당을 넣어 80% 정도로 거품 내고(휘핑크림 거품 내는 법은 31쪽 참조), 지름 8mm의 별 깍지를 끼운 짤주머니에 채운 다음 바바루아 중앙에 둥글게 짜고 세로로 반 자른 딸기를 장식한다.

유리컵에 초콜릿, 바닐라, 딸기 바바루아를 순서대로 층으로 겹쳤습니다.

재료 지름 5cm, 깊이 8cm 유리컵 6개분

- **바닐라 바바루아**
  - 크렘 앙글레즈
    - 우유 … 250ml
    - 바닐라 빈 … 1/3개
    - 달걀노른자 … 3개
    - 그래뉴당 … 60g
    - 가루 젤라틴 … 6g
    - 물 … 18ml
  - 바닐라 에센스(천연) … 적당량
  - 생크림 … 360ml
- **코코아 바비루아용**
  - 코코아파우더 … 3g
- **딸기 바비루아용**
  - 냉동 딸기 퓌레 … 70g
  - 딸기잼 … 40g
- **장식용 휘핑크림** … 적당량
- **장식용 딸기** … 3알

- **열량** : 1개분 378kcal

1 바닐라 바바루아 반죽 베이스 만들기

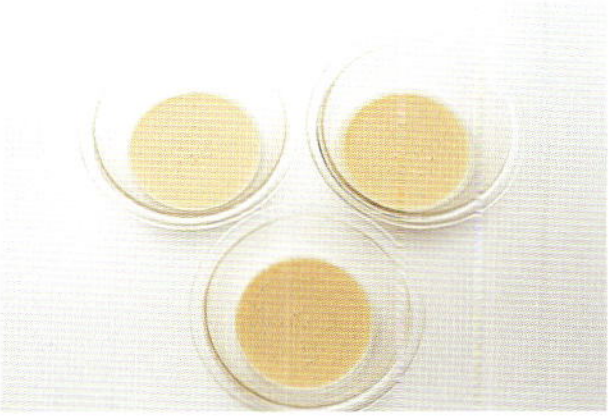

313쪽을 참고해 바닐라 바바루아 반죽 베이스를 만들고, 3개로 나눈다.

2 첫 번째 단에 초콜릿 바바루아 흘리기

❶ 3개로 나눈 바닐라 바바루아 반죽 베이스 중 하나에 코코아파우더를 조금씩 넣어 섞어 합친다.

❷ 생크림은 60% 정도(바바루아 반죽 베이스와 같은 정도의 굳기)로 거품 낸 다음 1/3 양에 ❶의 반죽 베이스를 넣어 섞어 합친다.

❸ 레이들(국자) 등으로 떠서 유리컵에 흘려 넣고 냉장고에 넣어 가볍게 식혀 굳힌다.

 유리컵에 흘려 넣는 방법을 자세히 알려주세요.

 유리컵에 흘려 넣을 때 바닥 중심에 가는 선 모양으로 떨어뜨리듯 해서 유리컵 측면을 더럽히지 않도록 주의합니다. 또, 유리컵에 반죽을 담은 채 손으로 들어 옮겨 냉장고에 넣으면 유리컵이 기울어 안쪽이 더러워질 수 있으니, 유리컵을 바트에 올린 다음 바바루아 반죽을 넣고 바트째로 옮기도록 합니다. 그러면 평평한 상태를 유지할 수 있고 동시에 유리컵 전부를 한 번에 옮길 수 있기 때문에 효율도 좋습니다.

 적당한 식는 정도를 어떻게 알 수 있나요?

 다음 단을 흘려도 섞이지 않을 정도로 식어 굳어 있으면 됩니다.

3 두 번째 단에 바닐라 바바루아 올리기

❶ 만약 나머지 비바루다 반죽 베이스가 식어 젤라틴이 굳을 것 같다면, 중탕하여 가볍게 데워 묽게 한다.

 유리컵에 한 단 넣을 때마다 식혀 굳히기 때문에 시간이 걸리므로 실내 온도에 따라 젤라틴이 굳는 일도 있습니다.

❷ 거품 낸 생크림의 나머지 중 절반에 ❶을 넣어 섞어 합치고, 가볍게 식혀 굳힌 첫 번째 단이 흘려 겹친 후 냉장고에 넣어 굳힌다.

4 세 번째 단에 딸기 바바루아 올리기

❶ 블에 딸기 퓌레와 잼을 섞어 합치고, 나머지 바닐라 바바루아 반죽 베이스에 조금씩 넣어 섞는다.

❷ 나머지 거품 낸 생크림에 ❶을 넣어 섞어 합치고 두 번째 단 위에 흘려 겹친 후 냉장고에 넣어 굳힌다.

5 장식하기

장스용 휘핑크림은 생크림에 그래뉴당을 넣어 80% 정도로 거품 내고, 지름 8mm의 별 깍지를 끼운 짤주머니에 채운 다음, 딸기 풍미의 바바루아 중앙에 둥글게 짠다. 세로로 반 자른 딸기 한 조각을 장식한다.

라즈베리 소스를 곁들인
요거트 무스

데미타스 컵(236쪽 참조)이나 유리컵에 식혀 굳히고, 라즈베리 소스를 뿌려 먹는 스타일입니다.

- **요거트 무스**
  - 플레인 요거트(달지 않은 것)
    … 400g
    - 가루 젤라틴 … 6g
    - 물 … 18ml
  - 이탈리안 머랭 … 80g
  - 생크림 … 100ml
  - 레몬즙 … 10ml
- **라즈베리 소스**
  - 발사믹 식초 … 40ml
  - 그래뉴당 … 40g
  - 냉동 라즈베리 … 120g

- **열량** : 전체 1,372kcal(소스 포함)

1 미리 준비하기

❶ 139쪽을 참고해 이탈리안 머랭을 만들되 달걀흰자 60g에 그래뉴당 10g을 합쳐 섞어 거품 내고, 시럽은 그래뉴당 100g+물 30ml로 만든다. 80g을 계량한다.

❷ 물(18ml)에 가루 젤라틴을 뿌려 넣어 불린 다음 중탕 혹은 전자레인지에 돌려 녹인다. (젤라틴 불리는 법은 313쪽 참조)

전자레인지로 녹이는 경우에는 사용하기 직전에 가열하여 녹입니다.

❸ 플레인 요거트는 실온에 둔다.

2 무스 반죽 만들기

❶ 생크림을 80% 정도(뿔이 서는 상태)로 거품 낸다. (생크림 거품 내는 법은 31쪽 참조)

❷ 이탈리안 머랭 80g에 ❶의 거품 낸 생크림을 넣어 섞어 합친다.

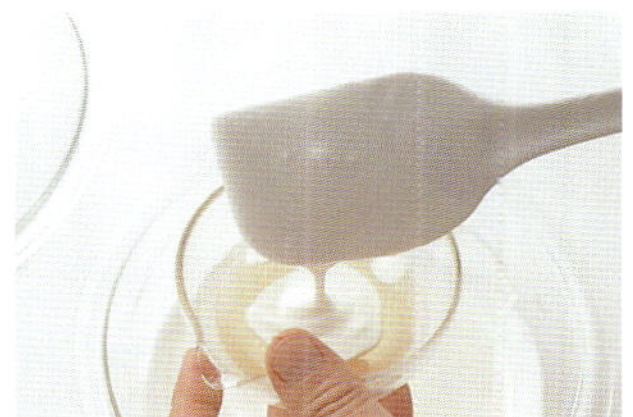

❸ 다른 볼에 요거트를 넣어 매끄럽게 한 다음 2큰술 정도를 떠서 중탕하여 녹인 젤라틴 액에 넣고 섞어 합친다. 굳을 것 같으면 다시 중탕하여 데운다.

❹ 나머지 요거트에 ❸을 다시 넣어 섞어 합친다.

❺ ❷의 생크림+이탈리안 머랭에 넣고 거품을 뭉개지 않도록 하며 섞어 합친다.

볼을 돌리면서 고무주걱을 중심부터 넣어 바닥부터 반죽을 떠 올려 섞어 합칩니다.

❻ 마지막에 레몬즙을 넣어 풍미를 더한다.

3 식혀 굳히기

반죽을 데미타스 컵이나 유리컵 등에 흘려 넣고 냉장고에 2~3시간 넣어 굳힌다.

위 사진의 데미타스 컵으로 15개 만들었습니다.

4 라즈베리 소스 만들기

❶ 냄비에 모든 재료를 넣어 불에 올리고 한 번 끓어오를 때까지 졸인다. 달맹이가 톡톡 터지는 식감을 좋아한다면 그대로 사용하고, 매끄러운 게 좋다면 고무주걱으로 으깬다.

발사믹 식초의 산미와 풍미를 강하게 느끼고 싶다면 발사믹 식초를 제외한 재료들을 먼저 끓이고, 다 끓은 다음 발사믹 식초를 넣어 주세요.

Note

발사믹 식초

이탈리아 중부 특산 포도 과즙으로 만든 식초. 갈색으로 걸쭉하고 단맛이 있으며 산미는 부드럽습니다.

❷ 라즈베리 소스를 작은 유리컵에 넣고 식혀 굳힌 다음 무스에 곁들인다.

커피·홍차·자몽 젤리

홍차 젤리는 레몬 티의 산뜻함을 즐길 수 있도록 젤리의 표면에 레몬 풍미의 시럽을 흘리고 레몬 슬라이스를 장식해 완성했습니다.

커피 젤리는 단맛을 억제한 어른스런 맛입니다. 먹기 직전에 표면에 크림을 흘리고, 커피 가루를 뿌려 향과 식감을 더했습니다.

커피 젤리

재료 90ml 유리컵 6개분

- **젤리 액**
  - 커피 액
    - 커피 콩(아이스커피용·분쇄) … 35g
    - 물 … 500ml
  - 그래뉴당 … 40g
  - 가루 젤라틴 … 5g
  - 물 … 15ml
- **위에 흘릴 크림**
  - 생크림 … 40ml
  - 우유 … 10ml
  - 커피 리큐어 … 10ml
- **위에 뿌릴 커피 콩**(분쇄)
  … 적당량
- **열량** : 1개 67kcal

1 미리 준비하기

물(15ml)에 가루 젤라틴을 뿌려 넣어 불린다. (젤라틴 불리는 법은 313쪽 참조)

2 커피 내리기

커피콩은 아이스커피용을 사용하고, 분량의 물을 끓인 다음 페이퍼 드립으로 진하게 내린다. 그중 300ml를 계량하여 사용한다.

  **커피 메이커나 시판용 아이스커피를 사용해도 되나요?**

커피 메이커를 사용한다면 취급설명서를 참고하여 아이스커피용으로 진하게 내리면 됩니다. 시판용 아이스커피도 사용 가능합니다. 단, 무설탕이 아닌 경우에는 그래뉴당을 제하거나 줄여주세요.

3 젤리 액 만들기

❶ 볼에 뜨거운 커피 액 300ml를 넣고 그래뉴당을 넣어 녹여 섞는다.

❷ 불린 젤라틴을 넣어 녹여 섞는다.

❸ 체에 걸러서 볼에 넣고, 볼 바닥을 얼음물에 대고 때때로 조심스레 섞으면서 식힌다.

4 그릇에 흘려 넣고 굳히기

❶ 젤리 액의 열이 가시면 레이들(국자) 등으로 그릇에 흘려 넣는다.

❷ 냉장고에 넣어 굳힌다.

 한나절 정도 넣어두면 확실히 굳어 젤라틴이 안정됩니다.

5 완성하기

❶ 위게 흘릴 크림은 생크림과 우유, 커피 리큐어를 섞어 합친다

Note

커피 리큐어

커피로 풍미를 더한 리큐어로, 칼루아는 브랜드명입니다.

❷ 식어 굳은 젤리 위어 ❶을 적당량 흘려 표면을 덮는다.

❸ 커피 콩 가루 소량을 차 거름망으로 걸러 뿌린다.

홍차 젤리

[재료] **120ml 유리컵 4개분**

- **젤리 액**
  - 홍차 액
    - 홍차 잎(닐기리) … 10g
    - 뜨거운 물 … 400ml
  - 그래뉴당 … 40g
    - 가루 젤라틴 … 8g
    - 물 … 24ml
- **위에 흘릴 레몬 풍미의 시럽**
  - 시럽 혹은 시판용 검 시럽 … 2큰술
    - ＊ 검 시럽gum syrup : 설탕의 결정화를 막기 위해 검(고무) 분말을 섞어 놓은 시럽
  - 레몬즙 … 2작은술
- **레몬 얇게 썬 것**(2~3mm 두께) … 4장

- **열량** : 1개 63kcal

1 미리 준비하기

물(24ml)에 가루 젤라틴을 뿌려 넣고 불린다. (젤라틴 불리는 법은 313쪽 참조)

2 홍차 진하게 내리기

홍차 포트 혹은 계량컵 등에 홍차 잎을 넣어 뜨거운 물을 따르고(계량컵의 경우는 랩을 씌우고), 3분 우린 다음 거른다. 320ml를 계량하여 사용한다.

3 젤리 액 만들기

❶ 홍차 320ml를 볼에 넣고 그래뉴당과 불린 젤라틴을 넣어 조심스레 녹여 섞는다.

❷ 다른 볼에 걸러 넣고, 볼 바닥을 얼음물에 대고 때때로 조심스럽게 섞으면서 식힌다.

4 그릇에 흘려 넣고 굳히기

❶ 젤리 액의 열기가 가시면 그릇에 흘려 넣는다.

❷ 냉장고에 넣어 식혀 굳힌다.

커피 젤리와 마찬가지로 한나절 정도 넣어 두면 확실히 굳고 젤라틴이 안정됩니다.

5 완성하기

❶ 칼을 레몬 얇게 썬 것의 껍질 아래에 넣어 1/4 정도 칼집을 넣는다.

❷ 식힌 시럽과 레몬즙을 합쳐 레몬 풍미의 시럽을 만든다.

시럽 만드는 법은 33쪽을 참조해 주세요.

❸ 식어 굳은 홍차 젤리의 표면에 레몬 풍미의 시럽을 얇게 흘리고, 레몬 얇게 썬 것을 그릇 가장자리에 걸쳐 장식한다.

자몽 젤리

[재료] **껍질 용기 4조각분**

- **젤리 액**
  - 자몽 과즙 … 200ml
  - 물 … 300ml
  - 그래뉴당 … 80g
  - 카라기난(아가) … 20g
- **장식용 자몽** … 1개
- **민트 잎** … 적당량

※ 카라기난 대신 가루 젤라틴을 사용하는 경우에는 가루 젤라틴 10g, 물 30ml로 진행한다(다른 젤리 참조).

- **열량** : 1조각 133kcal

Note

카라기난과 아가

젤라틴이 돼지껍질이나 소 뼈 등에서 얻은 콜라겐이 원료인 것에 비하여 돌가사리나 진두발 등의 해조가 원료인 응고제로, 60~100℃로 녹이면 부드러운 점도가 있는 젤리가 완성됩니다. 파인애플이나 키위 같은 젤라틴으로 굳힐 수 없는 과일도 카라기난carrageenan 혹은 아가agar를 사용하면 과일 그대로의 상태로 사용할 수 있습니다. 완성된 젤리는 실온에 두어도 녹지 않는 것이 특징이고 냉동 보존도 가능합니다.

젤리를 식혀 굳히고 그 위에 알맹이와 민트 잎을 토핑하여 완성했습니다.

1 미리 준비하기

카라기난을 그래뉴당과 섞어 합쳐 둔다.

그래뉴당과 합쳐 두면 녹일 때에 덩어리가 지지 않고 잘 녹습니다.

2 자몽 과즙 짜기

❶ 자몽의 위·아래 중앙 부분을 평평하게 잘라 낸다.

왜 이런 것을 하나요?

껍질을 용기로 사용할 때 안정되도록 바닥이 될 부분을 잘라 젤리를 넣었을 때에 비스듬해지지 않도록 해두는 겁니다.

❷ 자몽은 2개를 준비해 가로로 반 자른다. 껍질을 상처 내지 않도록 주의하면서 평평한 숟가락으로 껍질 안쪽을 따라 찔러 넣어 알맹이를 조금씩 떠낸다.

❸ 꺼낸 알맹이에서 속껍질을 벗기고 과즙을 짜서 200ml를 계량한다. 껍질 용기 4조각은 바트에 올려 랩을 씌우고, 사용할 때까지 냉장고에 넣어 둔다.

3 젤리 액 만들기

❶ 냄비에 물을 넣어 불에 올리고, 끓어오르면 불을 끄고 카라기난+그래뉴당을 넣는다. 다시 불을 붙이고 섞으면서 녹인다.

❷ ❶의 냄비를 불에서 내리고, 계량해 둔 자몽 과즙을 데워서 냄비에 넣는다.

왜 자몽 즙을 데우는 건가요?

차가운 상태로 넣으면 젤리 액이 굳어버리기 때문입니다. 단, 따뜻하다고 느낄 정도로 데우세요. 펄펄 끓이면 안 됩니다.

❶의 냄비에 함께 넣으면 안 되나요?

카라기난과 산미가 있는 과즙을 합쳐 끓이면 나중에 굳지 않는 경우가 있으므로 안 됩니다. 카라기난을 사용한 경우는 실온에서 굳기 시작하니 이 이후는 빠르게 진행해 주세요

4 용기에 흘려 넣고 굳히기

❶ 계량컵이나 한쪽에 주둥이가 있는 그릇에 옮겨 넣은 다음 껍질 용기에 흘려 넣는다.

냄비에서 직접 레이들(국자)을 사용해 흘려 넣어도 괜찮아요.

❷ 냉장고에 넣어 식혀 굳힌다.

카라기난을 사용하면 실온(15~20℃)으로도 굳지만 이 젤리는 차가운 편이 맛있기 때문에 냉장고에서 식힙니다

5 완성하기

❶ 장식용 자몽의 알맹이를 한 조각씩 꺼낸 다음, 페이퍼 타월 위에 두어 물기를 없애 둔다. (알맹이 꺼내는 법은 54쪽 참조)

❷ 젤리 위에 자몽 알맹기를 3조각씩 올리고 민트 잎으로 장식한다.

망고 푸딩

푸딩 위에 신선한 망고를 네모나게 잘라 올리고 연유를 듬뿍 뿌려 완성했습니다.

망고를 듬뿍 사용한 홍콩의 차가운 디저트입니다. 계절에 따라 냉동 망고 퓌레나 생과일 망고 중 골라서 만들 수 있습니다.

 150ml 용량 4개분

- **반죽**
  - 우유 ⋯ 50ml
  - 그래뉴당 ⋯ 50g
    - 가루 젤라틴 ⋯ 4g
    - 물 ⋯ 12ml
  - 냉동 망고 퓌레(10% 가당) ⋯ 250g
  - 사워크림 ⋯ 50g
  - 생크림 ⋯ 125ml
- **토핑**
  - 망고 ⋯ 2개
  - 연유 ⋯ 적당량
  - 민트 잎 ⋯ 적당량

※ 생망고를 사용하는 경우는 과육 무게로 250g이 필요하다.

- **열량** : 1개 305kcal

1 미리 준비하기

❶ 물(12ml)에 가루 젤라틴을 뿌려 넣고 불린다. (젤라틴 불리는 법은 313쪽 참조)

❷ 냉동 망고 퓌레는 계량하여 실온에 둔다.

냉동 망고 퓌레는 전문가용 가공품으로 당이 더해진 타입입니다.
생망고를 사용하는 경우는 알맹이 부분을 푸드 프로세서 혹은 믹서 등을 이용해 퓌레 상태로 만들고(250g 준비), 단맛이 부족하면 그래뉴당의 분량을 늘려 만듭니다.

2 반죽하기

❶ 냄비에 우유와 그래뉴당을 넣고 끓어오를 때까지 데워 그래뉴당을 녹인다.

❷ 냄비를 불에서 내리고 80~60℃로 식었을 때 불린 젤라틴을 넣어 잔열로 녹이고, 볼에 걸러 넣어 식힌다.

❸ 다른 볼에 사워크림을 넣고 망고 퓌레를 조금씩 넣어 섞어 합친다.

한 번에 넣으면 섞기 어려우므로 주의하세요.

❹ 생크림은 60~70% 정도로 거품 낸다. (생크림 거품 내는 법은 31쪽 참조)

❺ ❸에 ❷를 넣어 섞어 합치고, 다시 ❹의 거품 낸 생크림에 넣어 섞어 합친다.

3 그릇에 흘려 넣고 굳히기

레이들(국자)로 떠서 그릇에 흘려 넣고 냉장고에 넣어 식혀 굳힌다.

3시간 정도면 굳지만 제대로 굳히기 위해 한나절 정도 식힙니다.

4 완성하기

망고 푸딩 위에 망고를 너모나게 잘라 뿌리고, 연유를 선 모양으로 짜서 뿌린 다음 민트로 장식한다.

튜브에 들어 있는 연유를 사용하는 경우는 그대로 짜도 상관없습니다

Note

망고 네모 썰기

❶ 망고는 정중앙에 크고 납작한 씨가 있기 때문에 씨를 따라 양쪽의 과육을 분리한다.

❷ 알맹이 부분에 1.5cm의 격자 모양의 칼집을 껍질 부분까지 넣는다.

❸ 손에 들고 껍질을 바깥으로 접어 올리듯이 하여 알맹이를 띄우고, 칼끝으로 1조각씩 깔끔한 정사각형으로 분리한다.

안닌도후

한천을 사용해 굳힌 매끄러운 식감이 맛있는 정통 안닌도후입니다. 어른이 먹을 경우에는 시럽에 살구 리큐어를 더하면 더욱 맛이 풍성해집니다.

과일은 제철에 맞는 것으로 조합해보세요. 한 종류만을 심플하게 곁들이는 것도 시크한 분위기가 느껴져 멋집니다.

▪ 안닌도후

＊ 안닌(杏仁)은 살구 씨, 도후(豆腐)는
　두부라는 뜻

　　┌ 가루한천 … 2g
　　│ 물 … 100ml
　　│ 그래뉴당 … 20g
　　│ 우유 … 250ml
　　│ 안닌파우더 … 20g
　　└ 연유 … 10g

▪ 시럽

　　┌ 물 … 100ml
　　│ 그래뉴당 … 40g
　　└ 살구 리큐어(있는 경우)
　　　 … 1작은술

▪ 과일

　　┌ 딸기 … 약 8알
　　│ 포도 … 4알
　　│ 키위 … 1개
　　└ 망고 … 1/2개

▪ 열량 : 1접시 205kcal

1 반죽 만들기

❶ 냄비에 물과 가루한천을 넣어 불
에 올리고 거품기로 섞으면서 2~3
분 열을 가한다.

❷ 가루한천이 녹아 한천 액이 투명
해지면 그래뉴당을 넣고, 다시 섞으
면서 1분 정도 열을 가해 그래뉴당
을 녹인다.

❸ 우유와 안닌파우더, 연유를 넣고
섞으면서 끓어오르기 직전까지 열
을 가한다.

Note

안닌파우더

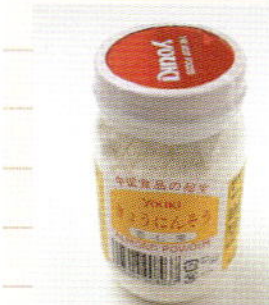

살구 씨 속에 있
는 핵을 분말상
태로 만든 것으
로, 당분이나 옥
수수전분 등을
첨가한 것. 비터
아몬드와 닮은 풍미로 안닌도후에
향과 감칠맛을 더하는 역할을 합니
다. 구하기 어려운 경우는 아몬드 에
센스로 대용할 수 있습니다.

2 걸러 식혀 굳히기

❶ ❸을 체에 거른 다음 얕은 보존
용기에 흘려 넣는다.

❷ 열기가 가시면 냉장고에 1시간
넣어 굳힌다.

한천은 실온에서도 굳지만 계
절에 따라 실온이 높아지기 쉬
울 때는 냉장고에 넣어 식히는
편이 좋습니다.

3 시럽과 과일 준비하기

❶ 냄비에 물과 그래뉴당을 넣어 불
에 올리고 끓어오르게 하여 그래뉴
당을 녹인 다음 식힌다. 식으면 냉장
고에 넣어 차게 하고 살구 리큐어(있
는 경우)를 넣는다.

Note

살구 리큐어

살구를 얼음설탕(결정이 큰 설탕)과
증류주에 담가 만든 과실주. 여기에
서 사용한 상품은 신루추라고 하는
제품입니다.

❷ 딸기는 꼭 짠 젖은 행주로 닦은
다음 꼭지를 따서 세로로 반 자른
다. 포도는 살짝 데쳐 한 알씩 껍질
을 벗긴 다음 반으로 자르고, 씨가
있으면 제거한다. 망고는 323쪽을
참고하여 네모나게 자른다. 키위는
껍질을 벗겨 세로로 네 조각으로 자
르고, 다시 길이를 반으로 자른다.

4 완성하기

❶ 굳은 안닌도후를 2.5cm 크기 정
도의 마름모꼴로 잘라 나눈다.

❷ 그릇에 안닌도후를 넣고 시럽을
따른 다음 과일을 장식한다.

부드러운 안닌도후

말린 살구로 만든 소스와 교차로 겹쳐 파르페 스타일로 담았습니다.

한천 대신 젤라틴으로 굳혔기 때문에 녹는 듯한 부드러운 식감이 매력적입니다.

- **부드러운 안닌도후**
  - 물 … 160ml
  - 그래뉴당 … 60g
  - 우유 … 350ml
  - 안닌파우더 … 40g
  - 가루 젤라틴 … 8g
  - 물 … 24ml
  - 생크림 … 200ml
- **살구 소스**
  - 말린 살구 … 10개
  - 그래뉴당 … 70g
  - 물 … 140ml

- **시럽**
  - 물 … 100ml
  - 그래뉴당 … 40g
  - 살구 리큐어(있는 경우) … 1작은술

- **열량** : 1개 359kcal

1 미리 준비하기

물(24ml)에 가루 젤라틴을 뿌려 넣고 불린다. (젤라틴 불리는 법은 313쪽 참조)

2 반죽 만들기

❶ 냄비에 물과 그래뉴당, 우유, 안닌파우더를 넣어 불에 올리고, 섞으면서 끓어오를 때까지 데워 그래뉴당과 안닌파우더를 녹인다.

❷ 불을 끄고(80~60℃가 되었을 때) 불린 젤라틴을 넣고 잔열로 녹여 섞는다.

❸ 생크림을 넣는다.

❹ 체에 걸러서 볼에 넣고, 볼 바닥을 얼음물에 대고 조심스럽게 섞으면서 열기를 없앤다.

3 그릇에 흘려 넣고 굳히기

약간 좁고 깊은 그릇에 흘려 넣고 냉장고에 12시간 정도 넣어 식혀 굳힌다.

여기에서는 숟가락으로 떠서 높이가 있는 유리컵에 담기 위해 좁고 깊은 그릇을 사용했지만 네모진 보존용기여도 상관없습니다. 숟가락으로 뜰 수 있도록 가능한 폭이 있는 사이즈를 골라 주세요.

4 살구 소스 만들기

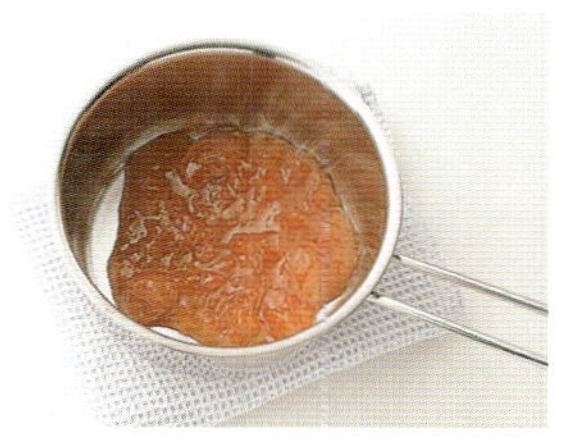

말린 살구를 다져서 물과 그래뉴당과 함께 냄비에 넣고, 살구를 가볍게 으깨면서 페이스트 상태가 될 때까지 5~8분 졸인다.

졸이면 굳어버리는 경우가 있는데, 이때는 물로 묽게 조절해 주세요.

5 담기

❶ 시럽을 만들고 식힌다. (시럽 만드는 법은 325쪽 참조)

❷ 높은 유리잔에 식힌 시럽을 넣은 다음 부드러운 안닌드후를 숟가락으로 크게 떠서 넣는다.

❸ 살구 소스와 부드러운 안닌도후를 교차로 겹쳐 넣는다.

1인분씩 유리컵 등어 식혀 굳히고, 시럽과 살구 스스를 뿌려 완성해도 좋습니다.

가와미쓰 이즈루

에콜츠지도쿄 양과자교수. 1989년 오사카 아베노·츠지조리사전문
학교를 졸업하고 그해 츠지조그룹에 입직하였다. 오사카 아베노·츠
지제과전문학교, 에콜츠지도쿄, 프랑스교(리옹)에서 학생 지도를
담당하였으며, 프랑스 제과점 연수를 하고 프랑스 이생조 국립고등
제과학교로 유학하는 등 끊임없이 실력을 연마하고 있다.

고무라 교코

1988년 오사카 아베노·츠지조리사전문학교를 졸업하고 그해 츠지
조그룹에 입직하였다. 츠지제과전문학교, 프랑스교(리옹), 에콜츠
지도쿄에서 프로를 목표로 하는 학생들을 지도하였고, 츠지조의
웹사이트에서 오랜 세월에 걸쳐 가정에서도 맛있게 만들 수 있는
과자를 알기 쉽고 재미있게 소개하며 호평을 얻는 등 폭넓은 활동
으로 커리어를 쌓고 있다.

과자 제작 스태프
오미즈 노리아키
다나카 마이코
쓰치야 레이카

과자 레시피 감수
고사카 히로미(츠지 시즈오 요리교육연구소)

열량계산
시우라 다이스케(츠지조리사전문학교)

도서 제작 스태프
촬영 | 야마모토 마사키
스타일링 | 오하타 준코
디자인 | 사토 요시타카(사토즈), 시라이 미즈키
일러스트레이션 | 스도우피우
구성·편집 | (유)쇼지 타이 편집기획사무소
편집 | 우바 치코
기획 | 나카자와 미치코

번역
송유선
대학에서 일본문학을 전공했다. 현재 출판 기획과 일본어 번역 활동을 하고 있으며, 옮긴 책으로는 「빵 만들 때
곤란해지면 읽는 책」, 「쇼트 네일 아트」, 「집안에 행복을 들이다」, 「촉촉한 파운드케이크 레시피」, 「테이스티
머핀&컵케이크」 등이 있다.

세계 3대 요리학교 츠지조그룹의 믿고 보는 과자 교과서

제과의 기본

1판 2쇄 펴냄 2021년 6월 15일

지은이 츠지조그룹 에콜츠지도쿄 제과연구소
옮긴이 송유선
펴낸이 정현순
편 집 박세란
디자인 이용희

펴낸곳 ㈜북핀
등 록 제2016-000041호(2016. 6. 3)
주 소 서울시 광진구 촌호대로 109길 59
전 화 02-6401-5510 / 팩스 02-6969-9737

ISBN 979-11-87616-38-2 13590

값 33,000원

이 책의 한국어판 저작권은 대니홍 에이전시를 통한 저작권사와의 독점 계약으로 ㈜북핀에 있습니다.
저작권법에 의해 한국 나에서 보호를 받는 저작물이므로 무단 전재와 복제를 금합니다.

파본이나 잘못 만들어진 책은 구입하신 곳에서 바꾸어 드립니다.

맞춤양복 숙련기술 · 마스터 테일러

Master Tailor

대한민국 양복명장 이정구 · 이필성 공저

한문화사

패션 스타일

1

자켓 2단추

자켓 3단추

자켓 6단추

조끼

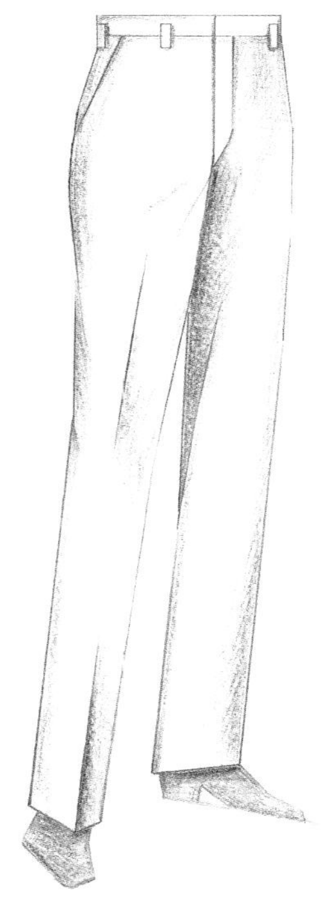

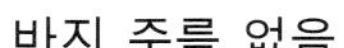

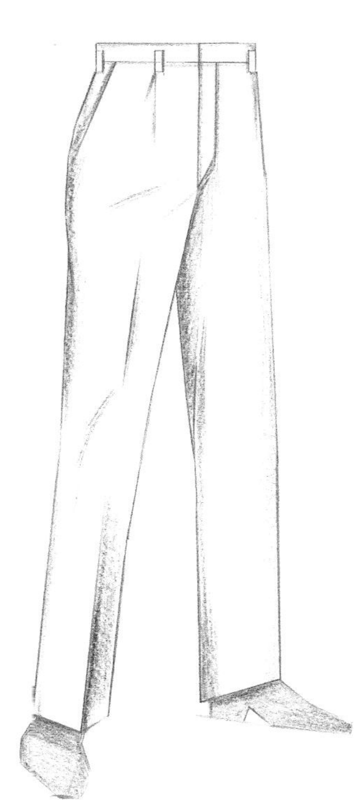

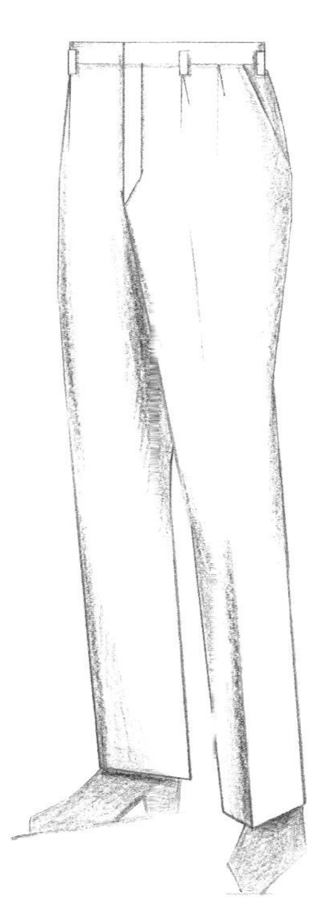

바지 주름 없음

바지 주름1

바지 주름2

패션 스타일
3

군 장교 정·예복

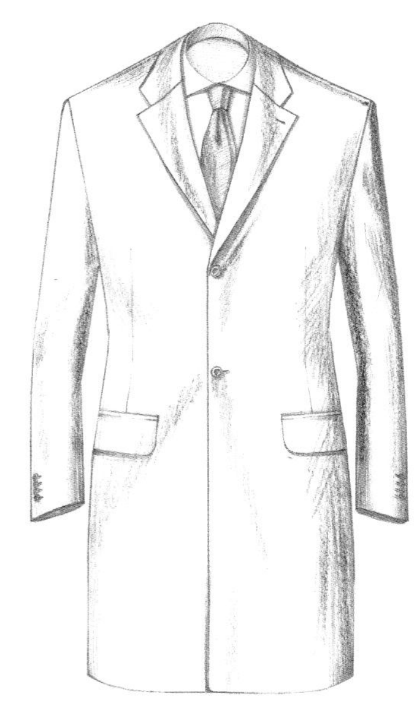

반코트 2단추

여성 정장

드레스 셔츠

코트 6단추

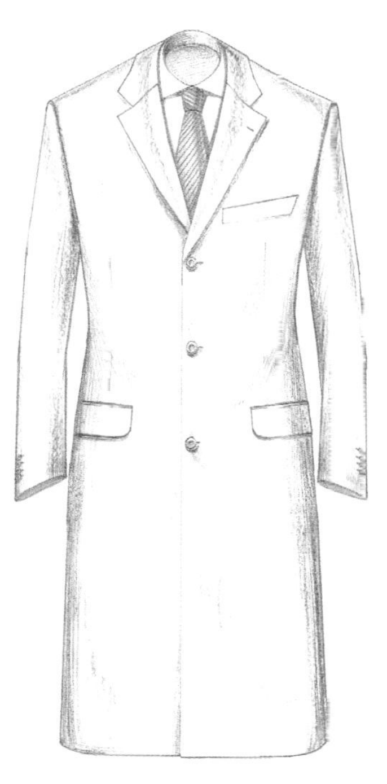

코트 3단추

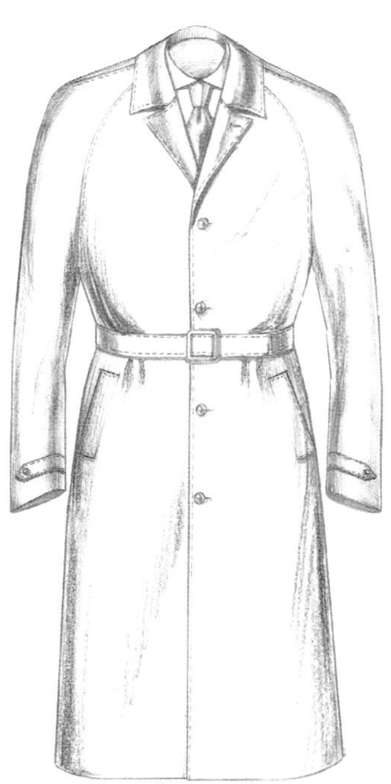

라그랑 코트

코트 5단추

5

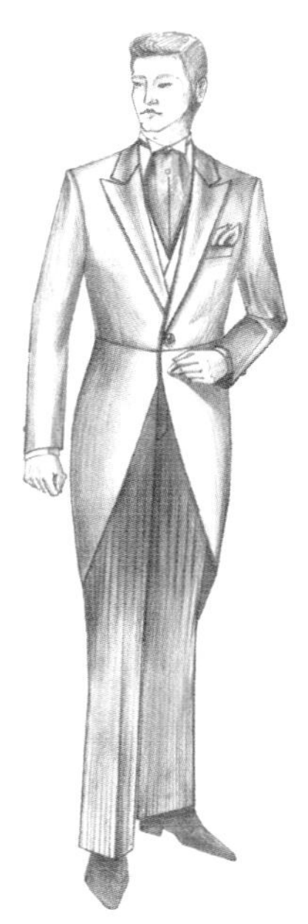

이브닝 코트   모닝 코트

1   2   3   4

1 더블브레스트 턱시도(Double Breasted Tuxedo)　　　**3** 숄칼라 턱시도(Shawl Collar Tuxedo)
2 피크라펠 턱시도(Peak Lapel Tuxedo)　　　**4** 노치라펠 턱시도(Notch Lapel Tuxedo)

T.P.O에 맞는 예복 장착법

구분	예복종류	행사내용	소재, 디자인	엑세서리
정 예 복	모닝코트	대통령, 각료 이취임 신년하례, 국경일행사(낮) 결혼식(낮)	코트: 검정 바지: 세로줄무늬 (결혼: 회색상하 가)	은회, 아이보리 조끼 검정끈 매는 무광구두 옷, 보통깃, 더블카우스셔츠 에스콧 흑백사선즐무늬 티이
		장례식, 추도식	코트: 검정 바지: 줄무늬 조끼, 타이: 검정	검정조끼, 타이 코통깃 흰 셔츠
	이브닝코트 (연미복)	결혼식(밤) 연회, 음악회(밤)	실크깃 동일색 바지, 측장	깃 있는 흰피케 조끼, 타이, 광기 있는 구두, 빳빳한 윙칼라셔츠
	검정 턱시도		실크깃, 바지 측장 실크입술 주머니	커머밴드, 보타이 가슴에 주름, 레이스, 윙, 보통깃셔츠
준 예 복	디렉터즈 수트	결혼식(낮)	보통 자켓 길이 모닝코트와 동일	므닝코트와 동일
	훽시턱시도	파티(밤)	화려한 소재, 디자인 실크깃, 주머니입술 바지측장	검정 턱시도와 동일
	검정양복	결혼식, 신년하례	정중한 갖춤	밝은색 셔츠, 차분한 타이
		장례식, 추도식	정중한 갖춤	흰색 셔츠, 검정 타이
예 식 복	진한색 양복	결혼, 신년하례 중요 모임	정중한 갖춤	밝은색 셔츠
		장례, 추도식	정중한 갖춤	밝은색 셔츠, 검정 타이

* T.P.O.란 Time(시간), Place(장소), Occasion(경우, 때)을 뜻함.

저자 이정구

저자 경력

2017 노동부장관 감사패 (2014년 스타 기술인)
2016 대한민국 산업현장 교수 (현, 노동부)
2016 특허등록 (제10-16722990호)
     의복패턴의 자동맞춤서비스시스템,
     서비스 방법 및 이를 이용한 제작 맞춤복
2015 35차 세계양복연맹 총회 기능경진대회 심사
2014 수련기술 홍보대사
2014 골드핑거 주식회사 대표 (현)
2006 SADI (삼성 아트디자인 대학) 교수
2006 숙련기술 직종별 전문위원 (한국산업인력공단)
2002~ 전국 기능경기대회 심사장 (3회)
2001 대한민국 양복명장 선정 (노동부)
2001 노동부장관 표창 (노동부)
2000 경기도지사 표창 (경기도)
1998 양복1급 기능사 (한국산업인력공단)
1995 동국대 산업기술대학원 최고경영자(2년) 졸업
1994 복장 신문사 사장
1992 법무부장관 표창 (법무부)

1987 국가기술자격 출제위원 (한국산업인력공단)
1986 한국 남성복 기술경진대회 최우수상 (양복협회)
1980 골드핑거 양복점 창업
1970 석탑산업훈장 65호 수훈 (대한민국 정부)
1970 제19회 국제기능올림픽대회 금메달 획득 (일본)
     전국, 지방 장애인 기능경기대회 출제 및 심사 다수
     (사)한국맞춤양복협회 이사, 강남·서초 지부장
     대한민국 명장협회 부회장 (8,11대)

방송 출연
     나도 금메달이다 (WOW)
     다큐공감, 시사 기획창, 청양의 해(KBS) 외 다수

저자 이필성

저자 경력

2017 현 골드핑커 양복점 프로그래머 & 마케팅 실장
     고객관리프로그램(Master Tailor, Custom manager) 제작
2007 한국맞춤복협회 기술경진대회 우수상 수상
2005 세종대학교 패션디자인학과 졸업 (학사)
1998 경기고등학교 졸업

우리나라에서 서양 옷을 만들어 입은 역사는 길지 않으나 축적된 기술과 감각은 서양복 장착문화 역사가 오래된 나라들과 어깨를 나란히 하는 수준에 와 있다고 본다. 1990년대 한국의 드라마, 가요, 영화 등 대중문화가 세계인들의 인기를 끌면서 한류 붐이 일기 시작했다. 이에 우리 패션업계도 패션산업과 문화에 이로운 줄을 찾아 그 가치를 더하고 발전시킴으로써 한류 붐에 동참하여 세계시장에서 당당히 인정받는 패션산업의 리더로써 자리 매김할 수 있어야 한다.

미래는 무한경쟁과 정보화 사회다. 컴퓨터와 통신기술이 고도로 발달하여 제조업과 정보통신기술(ICT)을 융합해 작업 경쟁력을 높이는 4차 산업혁명의 시기가 도래하고 있다. 언제 어디서나 스마트 기계에 연결만 하면 다양한 정보의 생산과 전달이 가능한 초연결, 초현실 사회로 진입하면서 이제는 누구나 실시간 자신의 취향과 개성에 맞는 즐거움을 추구할 수 있는 시대가 되고 있다. 가상(VR), 증강(AR), 융합(MR) 현실을 통해 더 실감나는 생생한 경험은 물론, 사물인터넷(IoT), 실시간 네트워크, 온·오프라인(O2O), 인공지능(AI), 빅 데이터, 3D 프린터 등 4차 산업혁명 기술들을 이용해 옷을 만드는 등 급변하는 시대에 우리 패션산업도 함께 적응하기 위해 부단히 노력해야 한다.

필자는 기존의 패턴 제작기법으로 각양각색인 남성 체형을 만족스럽게 표현하지 못해 수많은 날 고긴하그 연구와 개선을 거듭하면서, 오랜 시간 현장검증을 통해 맞춤정장에 적합한 패턴제작용 CAD를 개발하여 특허(제10-1672299)등록을 하였다. 또한, 측정한 치수, 체형의 특성을 자료화하여 자체 개발한 고객데이터관리 프로그램에 데이터를 입력하고 1:1 패턴을 플로터로 출력해 사용하며, 이의 미세한 오차도 최소화하기 위해 25년간 지속해서 업그레이드하고, 이를 바탕으로 소비자들이 좀 더 간편하게 맞춤복을 이용할 수 있는 시스템으로 그 완성도를 높여가고 있다.

50여 년이란 긴 세월 동안 남성 맞춤 양복업에 종사하면서 필자가 얻은 현장 경험치를 토대로 자료를 가다듬고 정리하여 본서에 고스란히 담아냈다. 본 기술서가 패션에 종사하는 사람이나 같은 길을 꿈꾸는 후배들에게 도움이 되고, 나아가 더욱 계승 발전하여 더 많은 결과물들을 창출하여 패션산업 발전에 밑거름이 돼 주길 희망합니다.

2017년 3월

대한민국 양복명장 이정구

CONTENTS

1장 맞춤양복의 미래

맞춤 정장에서 치수재기는 무엇보다 중요하다. 그러므로 가장 이상적이고 정확한 인체 측정을 위해 국내·외에서 끊임없이 노력하고 있으며, 계속하여 새로운 기계가 개발되고 있다. 최근에는 옷을 입은 상태의 스캔 데이터가 누드 스캔한 치수와 거의 같아 그 오차범위가 미세한 3D 바디스캐너(3D Body Scanner)가 개발되어 기대치가 한층 높아졌으나, 대중화까지는 아직 더 많은 연구와 시간이 필요하다. 머지않아 3D 프린터로 옷을 만들어 입는 때가 오면 필수적으로 갖추어야 할 장비로 맞춤 의류업계도 이에 대한 준비가 필요하다.

다음은 현재 개발되어 인체 치수 재기에 사용되고 있는 기계와 기술에 대해 알아보자.

1. 3D 바디 스캐너 (3D Body Scanner)

다음은 한국전자통신연구원(ETRI) 자료로 3D 바디스캐너 기술의 진행과정이며, 최근 더욱 실용성이 높은 H/W 와 S/W가 개발되고 있다.

1) 다른 기종의 센서를 기반으로 한 휴대용 전신 캡쳐 및 보정 기술
2) 다시점 영상을 기반으로 한 3D 형상복원 및 주요 신체부위 계측 기술
3) 인체 아바타 생성 및 모션 리타케팅 기술

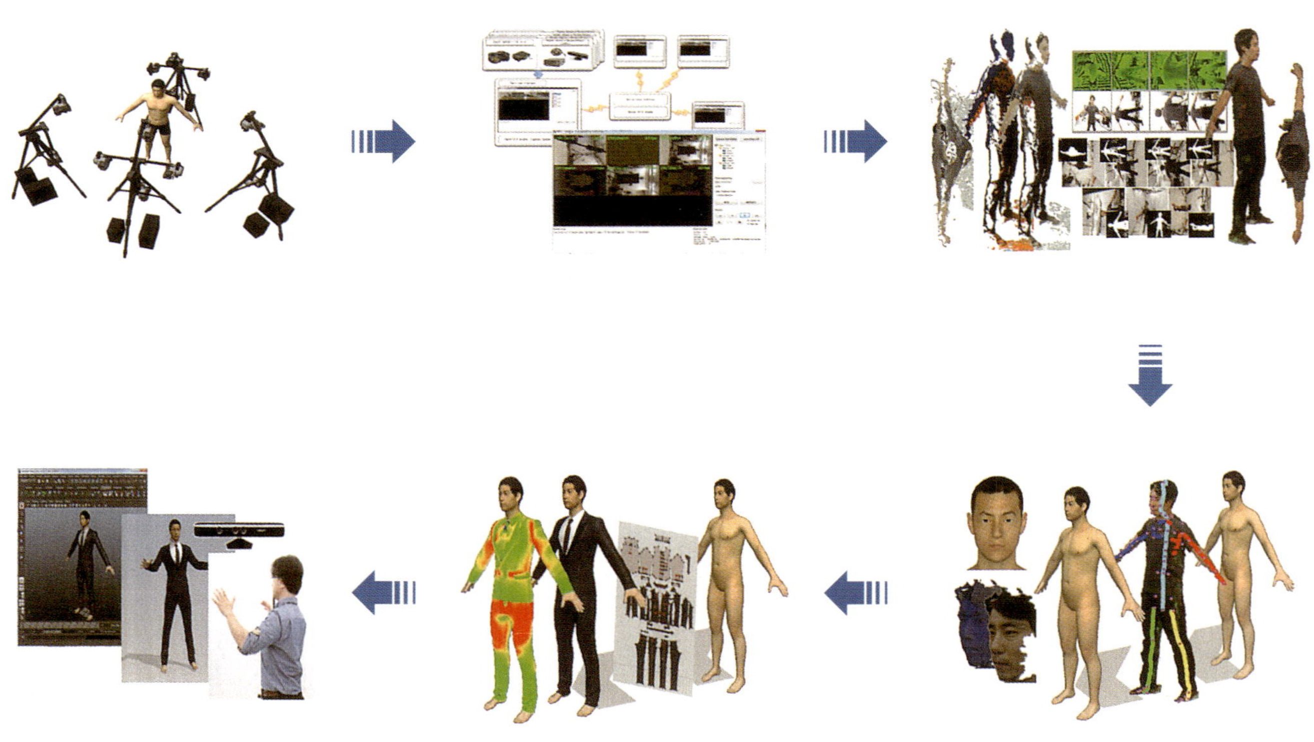

1) 모듈러 구성 포터블 전신 캡쳐 시스템

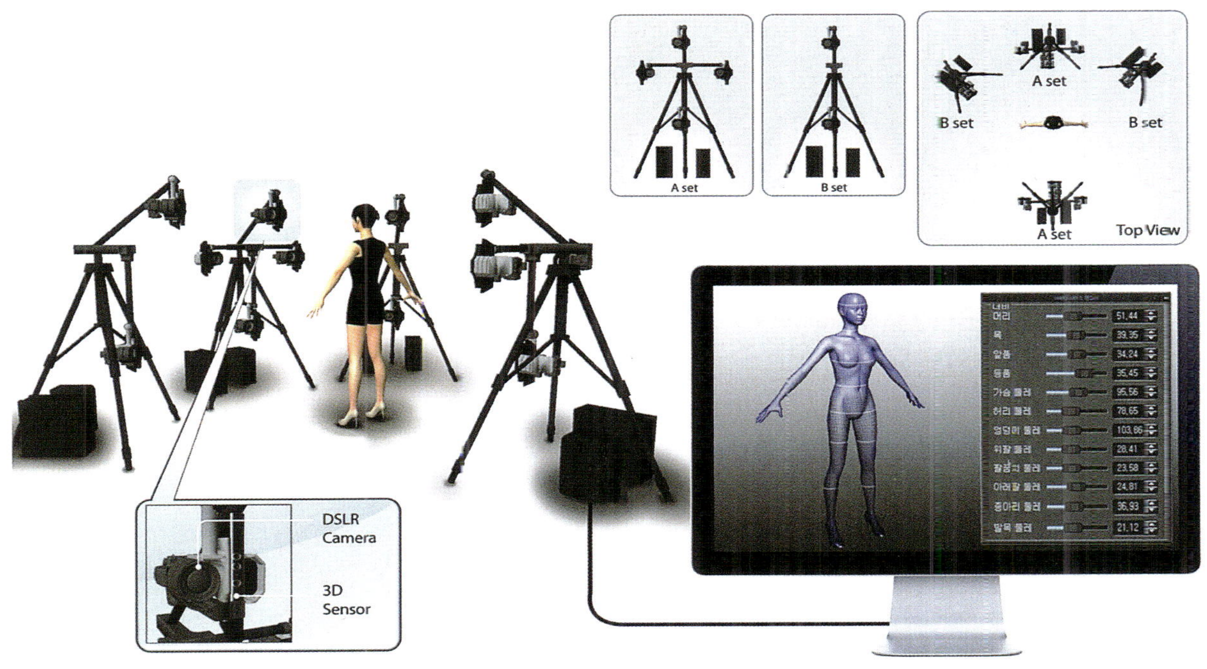

2) 리얼핏 시스템(Real-Fit System)

리얼핏 시스템은 영상센서를 이용하여 신체의 주요 부위를 계측한 후 사용자의 아바타 생성 및 사용자가 선택한 의복의 착장기능을 제공하며, 사용자의 동작에 따라 실시간 의복 시뮬레이션을 거쳐 가상의 의복 체험 서비스를 제공한다.

3) SYMCAD Tailor

맞춤복을 위해 전체 바디를 스캔하는데 0.5초 밖에 걸리지 않는 빠른 속도와 정확도를 높인 3D 바디스캐너다.

SYMCAD 테일러

맞춤복을 위한 3D 바디 스캐너

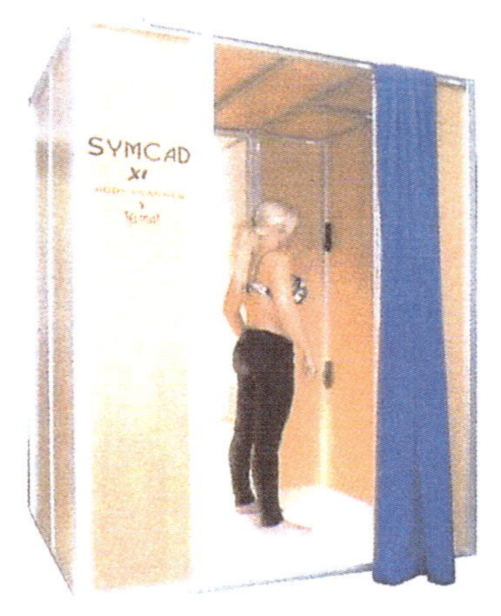
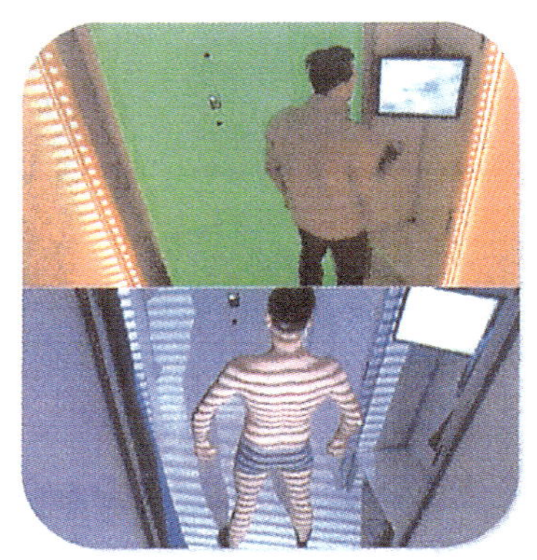

0.5초 이내의 전체 스캔으로
정확도를 높인 고속 3D 바디 스캐닝

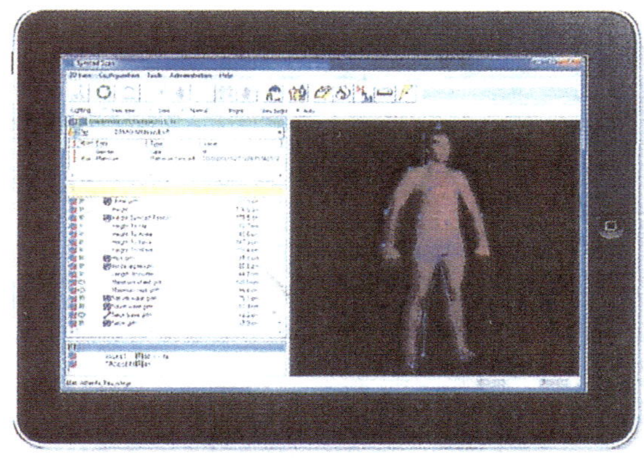

맞춤옷에 적합한 프로그램

* 측정점의 상호작용
* 자세분석
* 의류치수 자동계산

2D와 3D 패턴디자인 도구에 바로 연결하여
가상 피팅을 할 수 있다.

신사복 맞춤 과정에 디지털 기술을 접목하여 자동화한 시스템으로 고객의 3D 스캔(약 1분), 치수 자동측정(약 5분), 패턴 자동지도(약 5분)의 과정을 신속하고 정확하게 처리하여 맞춤 신사복의 품질향상과 제작시간을 빠르게 단축함으로써 고객의 만족도를 높였다.

3D 인체 스캐닝

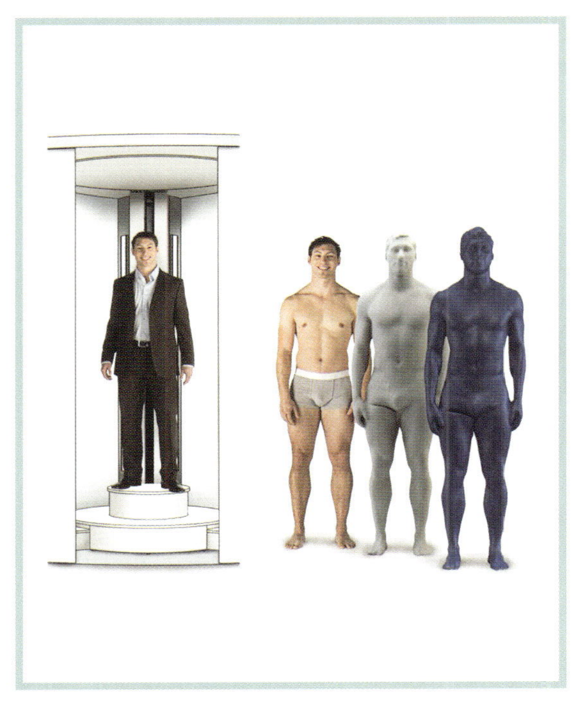

치수 자동 측정

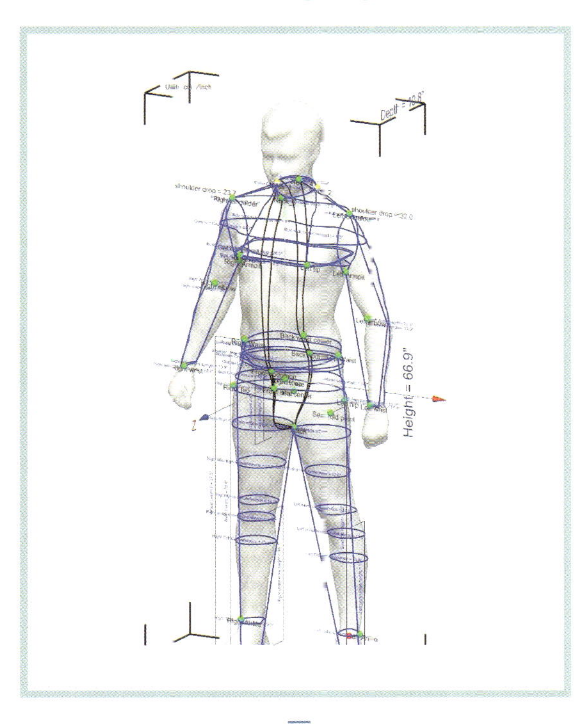

완성 작품

자동 패턴 생성

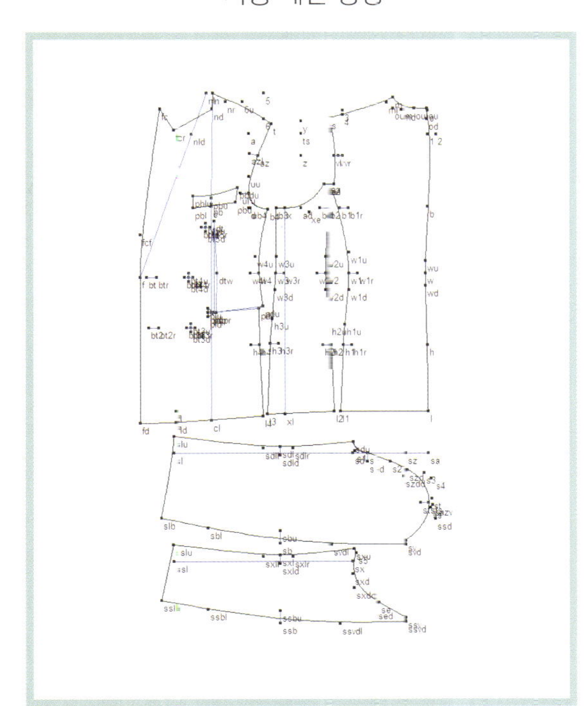

1) 후면 계측점 맞추기

어깨처짐을 측정하기 위한 계측점을 이동시킬 때는 좌우를 같은 위치에서 측정하도록 하기 위해 녹색의 보조선을 이용할 수 있다. 녹색 보조선은 목 뒷점을 기준으로 좌우로 같은 길이로 뻗어 있으므로 사진을 확대하여 왼쪽의 어깨처짐 계측점에 맞춘 후, 오른쪽 어깨처짐 점을 오른쪽의 녹색보조선 끝으로 이동한다.

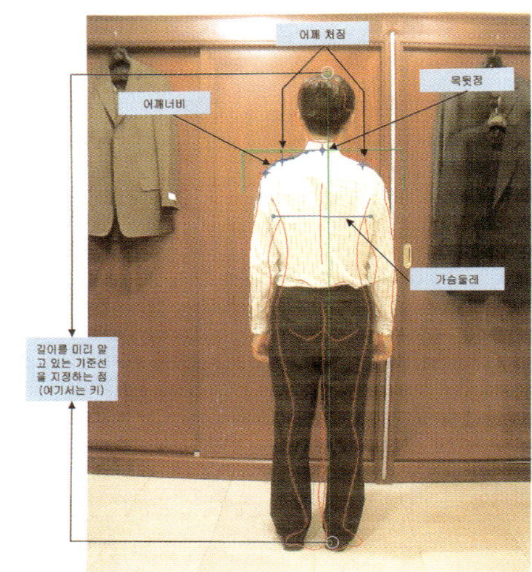

2) 옆면 계측점 맞추기

(1) 탭 키를 이용하여 측면 사진 시트로 이동한다.
(2) 빨간색의 바디 보조선을 사진의 인체와 비슷한 크기의 위치가 되도록 조정한다.
(3) 녹색 점들을 알맞은 위치로 가져가 옆면 계측점을 맞춘다.
(4) 계측점을 마우스로 드래그하여 이동한다.

목 뒷점과 가슴둘레, 배둘레, 허리둘레, 불기둘레의 오른쪽 끝 점들은 허리들이, 볼기들이, 목들이의 치수를 결정한다.

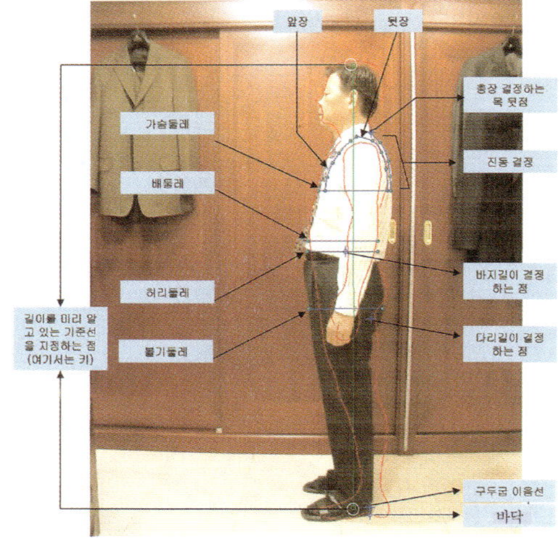

3) 정면 계측점 맞추기

(1) 빨간색의 바디 보조선을 사진의 인체와 비슷한 크기의 위치가 되도록 조정한다.
(2) 녹색 점들을 알맞은 위치로 가져가 정면 계측점을 맞춘다.
(3) 계측점을 마우스로 드래그하여 이동한다.
(4) 각 계측점들은 인체치수를 산출하는 정보가 되므로 주의 깊게 알맞은 위치로 가져간다.

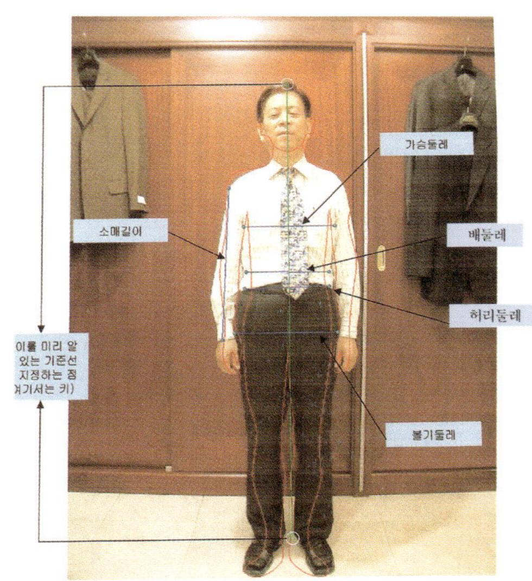

1) 치수재기 (옆면)

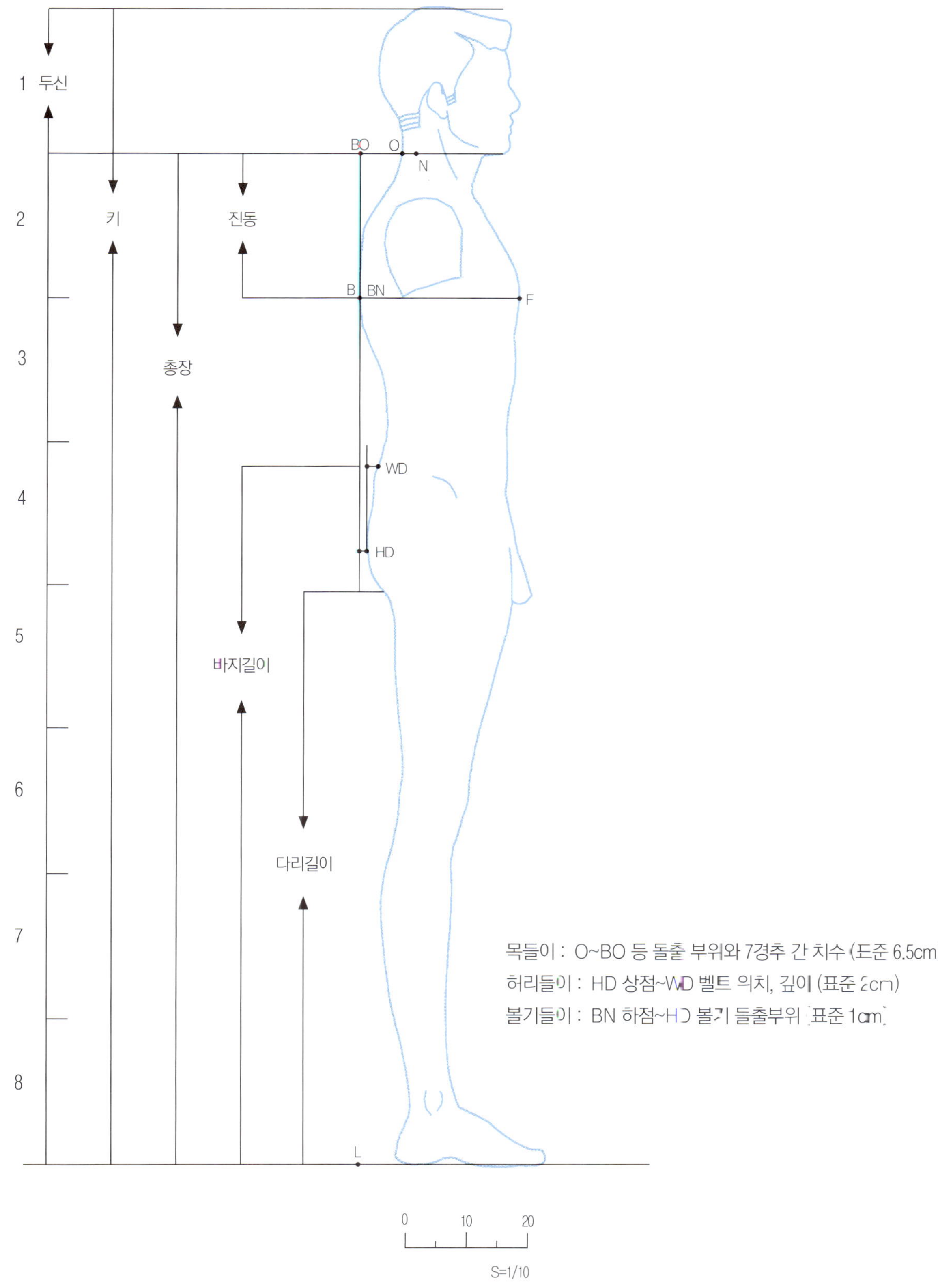

1 두신
2 키
진동
3 총장
WD
4
HD
5 바지길이
6
다리길이
7
8
BO   O
N
B   BN   F
L
목들이 : O~BO 등 돌출 부위와 7경추 간 치수 (표준 6.5cm)
허리들이 : HD 상점~WD 벨트 의치, 깊이 (표준 2cm)
볼기들이 : BN 하점~HD 볼기 들출부위 표준 1cm
0   10   20
S=1/10

2) 치수재기 (앞, 뒤)

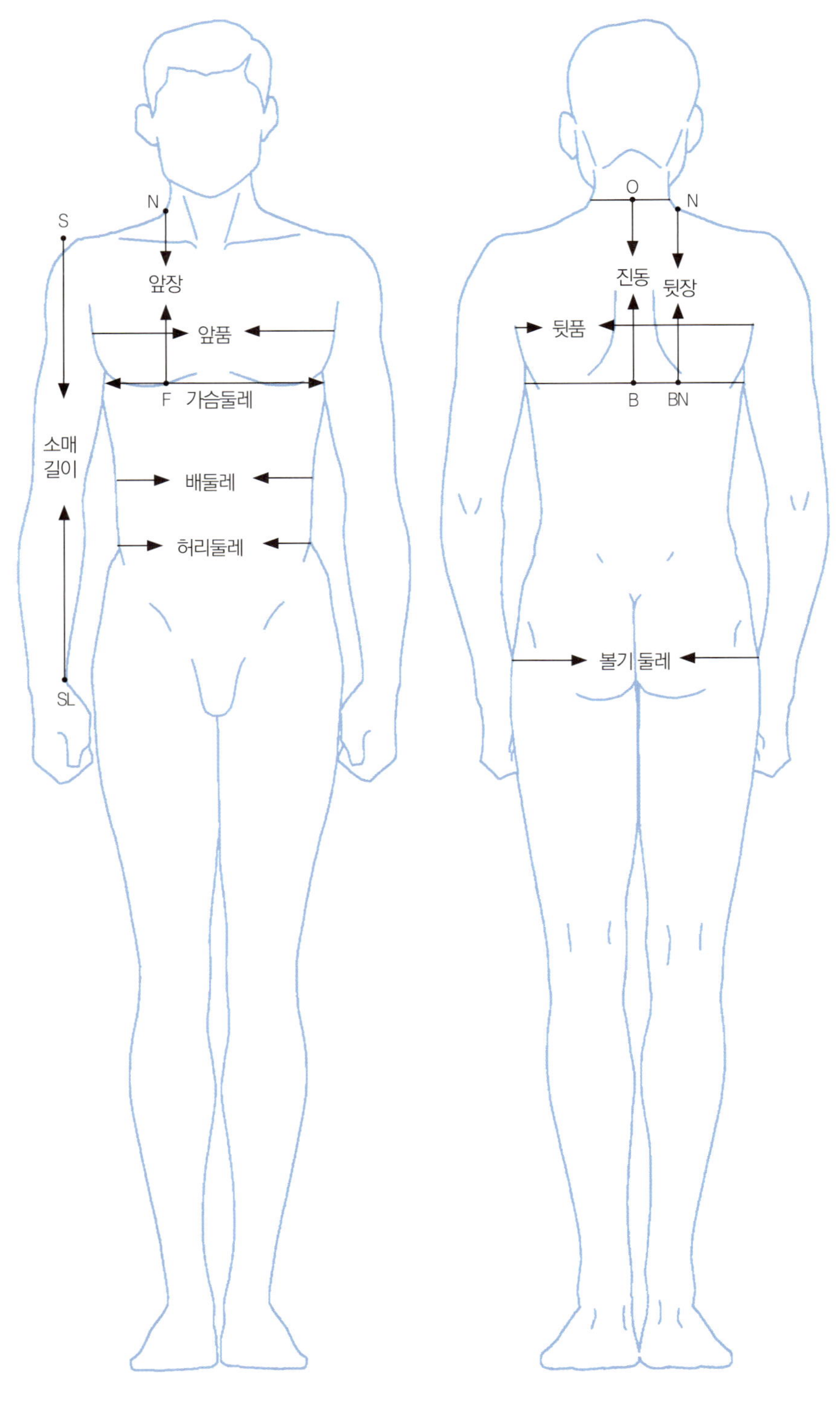

S
N
앞장
앞품
F 가슴둘레
소매
길이
배둘레
허리둘레
SL
O
N
진동
뒷장
뒷품
B BN
볼기 둘레
0 10 20cm
S=1/10

3) 어깨 높낮이

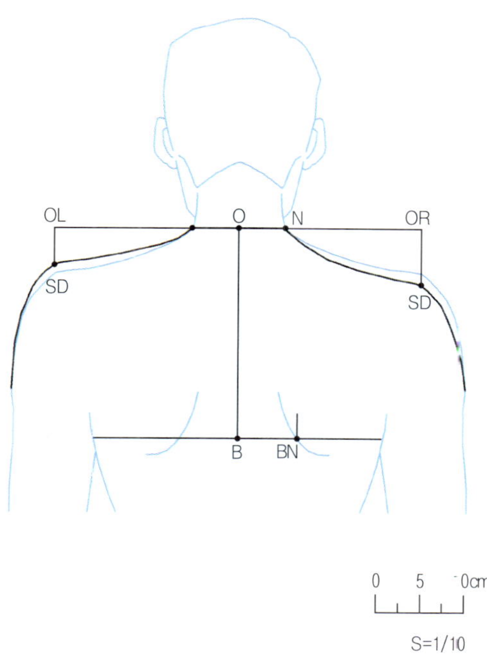

4) 치수재기

옷 입은 맵시가 가장 아름다운 체형은 8등신(두신)이다.
요즘 젊은이들의 신체조건이 8등신 체형으로 변화하고 있어 옷맵시가 많이 좋아졌다.

총장 : O~L (7경추~발바닥)
진동 : O~B
뒷장 : N~NB (B, NB, F는 수평선상)
앞장 : N~F
어깨너비 : O~S (유행, 체형에 따라 다를 수 있음)
소매길이 : S~SL+2cm (드레스셔츠 카우스 1cm 토임)
뒷품 : 등 근육이 발달한 부위를 잰다.
앞품 : 가슴 근육이 가장 발달한 부위를 잰다.
가슴둘레 : 가장 발달한 가슴을 여유 없이 잰다.
배둘레 : 가장 부른 부위를 여유 없이 잰다.
허리둘레 : 바지벨트 매는 위치에 맞게 잰다.
볼기둘레 : 가장 발달한 부위를 여유 없이 잰다.
바지길이 : 바지 벨트 아래에서 발바닥까지 (유행, 주문자 의견 존중)
다리길이 : 샅 밑에서 발바닥까지 (유행, 주문자 의견 존중)
부리 : 고객 요구치수
어깨처짐 : OL, OR~SD 표준 4.5cm (O~OL, OR: 20cm)
자켓길이 : 유행, 주문자 의견 존중
밑위길이 : 유행, 주문자 의견 존중

■ 자켓 치수표

명칭 호수	총장	진동	뒷장	앞장	어깨 너비	소매 길이	뒷품	앞품	가슴 둘레	배 둘레	볼기 둘레	어깨 쳐짐	목 들이	볼기 들이
142 – 90	142	22.5	24.5	25	21.8	57	36	36	90	77	92	4.3	6.5	1
142 – 92	142	22.5	24.5	25	22	57	36.8	36.8	92	79	94	4.3	6.5	1
142 – 94	142	22.5	24.5	25	22.2	57	37.6	37.6	94	81	96	4.3	6.5	1
146 – 96	146	23	25	25.5	22.4	58.5	38.5	38.5	96	83	98	4.5	6.5	1
146 – 98	146	23	25	25.5	22.7	58.5	39.2	39.2	98	85	100	4.5	6.5	1.5
146 – 100	146	23	25	25.5	23	58.5	40	40	100	97	102	4.5	6.5	1.5
146 – 102	146	23.5	25.5	26	23.3	58.5	40.8	40.8	102	89	104	4.5	6.5	1.5
146 – 104	146	23.5	25.5	26	23.6	58.5	41.6	41.6	104	91	105	4.5	6.5	1.5
150 – 106	150	23.5	25.5	26	23.9	60	42.4	42.4	106	93	107	4.5	6.5	1.5
150 – 108	150	24	26	27	24.2	60	43.2	43.2	108	95	109	4.5	6.5	1.5
150 – 110	150	24	26	27	24.5	60	44	44	110	97	111	4.5	6.5	2
150 – 112	150	24	26	27	24.8	60	44.8	44.8	112	99	113	4.7	6.5	2
150 – 114	150	24.5	26.5	27.5	25	60	45.6	45.6	114	102	115	4.7	6.5	2
154 – 116	154	24.5	26.5	27.5	25.2	61.5	46.4	46.4	116	104	116	4.7	6.5	2
154 – 118	154	25	27	28	25.4	61.5	47.2	47.2	118	107	118	5	6.5	2
154 – 120	154	25	27	28	25.6	61.5	48	48	120	110	120	5	6.5	2

■ 팬츠 치수표

명칭호수	허리둘레	볼기둘레	바지길이	다리길이	부리	허리들이
75	75	91	100	79	20	2.5
77	77	93	100	79	20	2.5
79	79	95	100	78.5	20.5	2.5
81	81	96	100	78.5	20.5	2.5
83	83	98	100	78	21	2
85	85	100	100	78	21	2
87	87	102	100	77.5	21.5	2
89	89	104	100	77.5	21.5	2
91	91	106	100	77	22	2
93	93	107	100	77	22	2
95	95	109	100	76.5	22.5	1.5
97	97	111	100	76.5	22.5	1.5
99	99	112	100	76	23	1.5
101	101	114	100	76	23	1.5
103	103	116	100	75.5	23.5	1.5
105	105	118	100	75.5	23.5	1.5

■ 의류제품의 규격

의류제품의 규격은 나라, 기업, 제품마다 제 각기 그 표기가 달라 소비자들이 혼란스러워 하는 부분이다. 우리나라에서는 미터(Miter)법 사용을 원칙으로 이를 법제화한지 수십 년이 지났으나, 아직도 일부에서 인치(Inch)와 병행하거나 척(尺) 자 등을 사용하는 등 잘 지켜지지 않고 있다. 하루 빨리 법제화된 규격으로 통일하여 사용이 간편하도록 개선하여야 할 점이다.

의류제품의 캐쥬얼 상의 치수규격은 S, M, L, X, XX, XXX 등으로 표기하고, 바지허리는 인치로 표기하고 있다. 또 정장 상의는 YY(마른체형), Y(역삼각체형), A(보통체형), B(굵은허리체형), BB(배나온체형) 등이며, 여성복은 44, 55, 66, 77, 88로 표기한다.

KS남성복 의류제품 치수규격 (cm)

구분	키 (신장)	구분	가슴둘레	구분	허리둘레
3	160	4	88	4	76
4	165	5	91	5	79
5	170	6	94	6	82
6	175	7	97	7	85
7	180	8	100	8	88
8	185	9	103	9	91

예) 677 은 키: 175 , 가슴둘레: 97, 허리둘레: 85 이다.

2장 # 스타일별 패턴

1
JACKET

<참고사항>

1. 모든 패턴은 디자인, 체형, 패션 흐름에 따라 포인트, 선이 변해야 한다.
   (이 패턴은 현재 젊은이들이 선호하는 슬림한 형태의 디자인이다.)
2. 각 포인트에 우측도면과 같이 표기, 설명한다.
3. 본 패턴 봉제시접은 1cm (암홀: 0.8cm)로 한다.

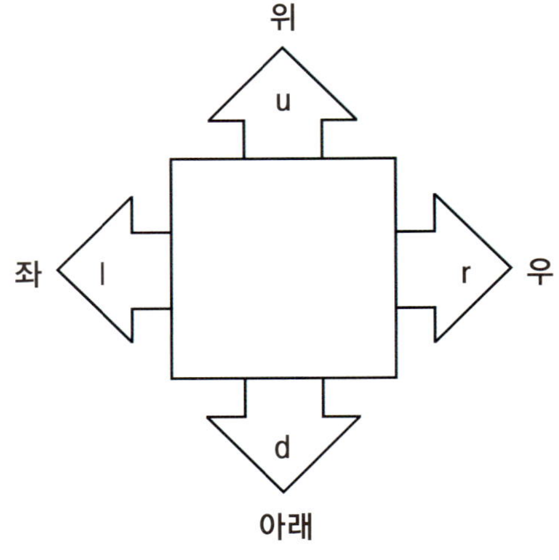

자켓 기본패턴 적용치수(㎝)

윗길이(FL) 150 / 진동 23 / 뒷장 25 / 앞장 25.5 / 어깨너비(S) 22 / 소매길이(SL) 60 / 뒷품 39 / 앞품 39 / 가슴둘레(B) 98 / 배둘레(BW) 85 / 볼기둘레(H) 99 / 어깨처짐(SD) 4.5 / 목들이(ND) 6.5 / 볼기들이(HD) 1

자켓 기본패턴 설명

o	시작점	e~e1	1시접
o~b	진동+0.3cm	b1	ad 높이, 곡선 교차점
o~①	o~b÷2	v	z 높이
①~②	0.7cm	cl	l 높이 2cm아래
o~w	윗길이×0.25+1.5cm	cw~f	(배둘레+앞품)×0.08 +1.5cm
w~h	윗길이×0.1+2.5cm	c~d	앞품×0.23
o~l	윗길이×0.5−2.5cm	d~b4	4.5cm
o~om	배둘레×0.05+3.5cm	d~u	3.5cm
b1~m	뒷장+1cm	h4	c 아래에서 볼기둘레×0.115
m~③	20cm	a	ts 높이 d 위
③~④	어깨처짐−0.5cm	az	z높이 d 위
o~s	m~④ 연결선, 완성 어깨너비+0.8cm	n~p	n~c1×0.67
h~h1	볼기둘레×0.2	n~nd	4.5cm
c	b높이 앞길시작점	n~nl	1.5cm
c~n	앞장+1.5cm, 0.5cm 우	nl~nld	10cm
n~⑤	m~③ 치수	nld~fc	깃너비
⑤~⑥	어깨처짐×1.5cm	n~pb	n~cl×0.34
n~t	n~⑥ 연장 m~s 치수	dt	가슴주머니 중앙 4cm 아래점
y	s~t 중간 높이	x	ad높이 옆길시작점
y~ad	가슴둘레×0.07+14cm	xl	x 아래 l높이+0.6cm 아래
y~ts	3.1cm	x~b2	가슴둘레×0.1+0.5cm
y~z	y~ad÷2−2cm	e2	b2 위 e1높이
e	등솔기에서 뒷품×0.56	e2~e3	1시접
	ad~z÷2+0.5cm 위	h2	x 아래 점에서 볼기둘레×0.11

자켓 기본패턴
JACKET 2 BUTTON

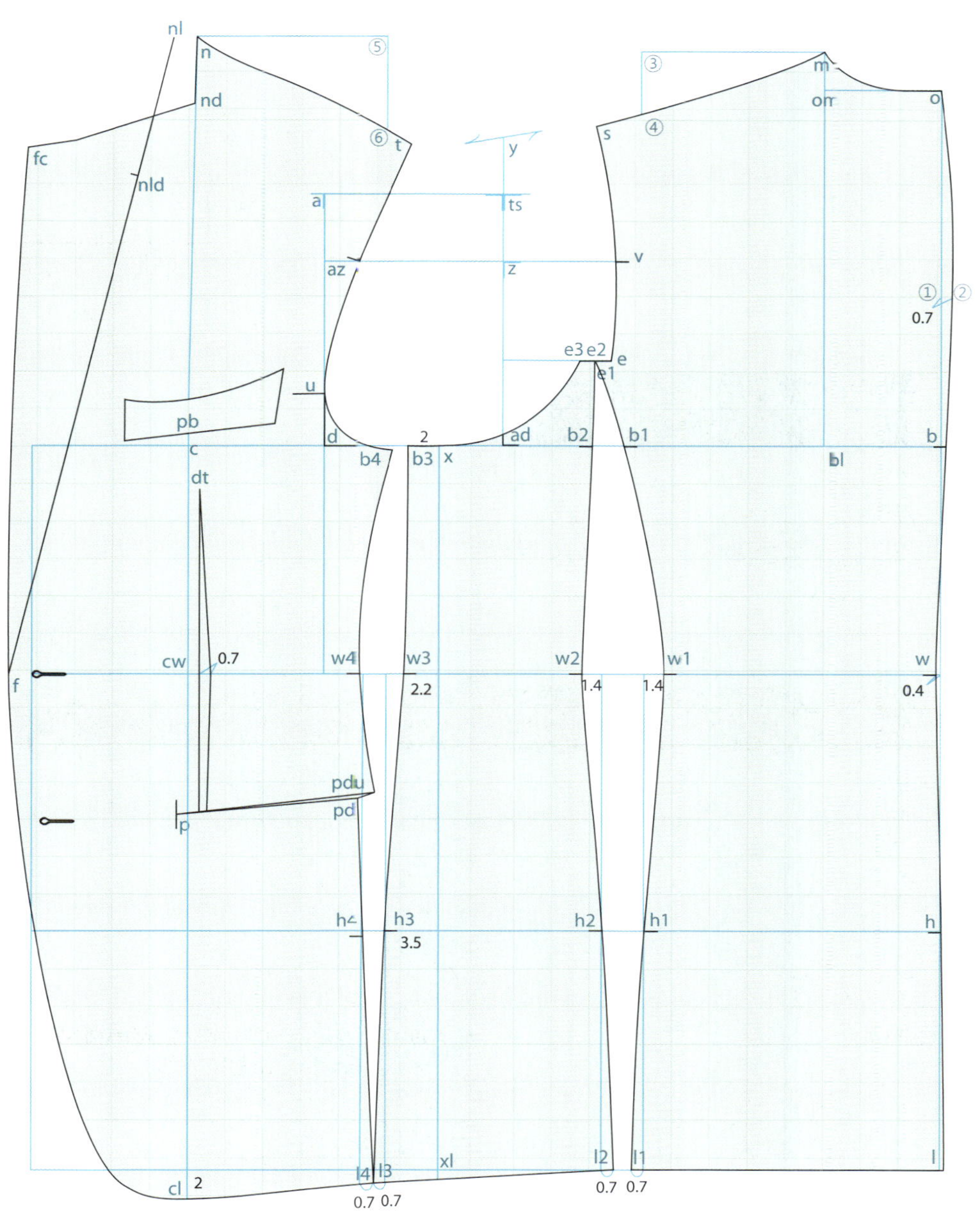

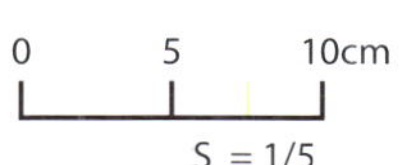

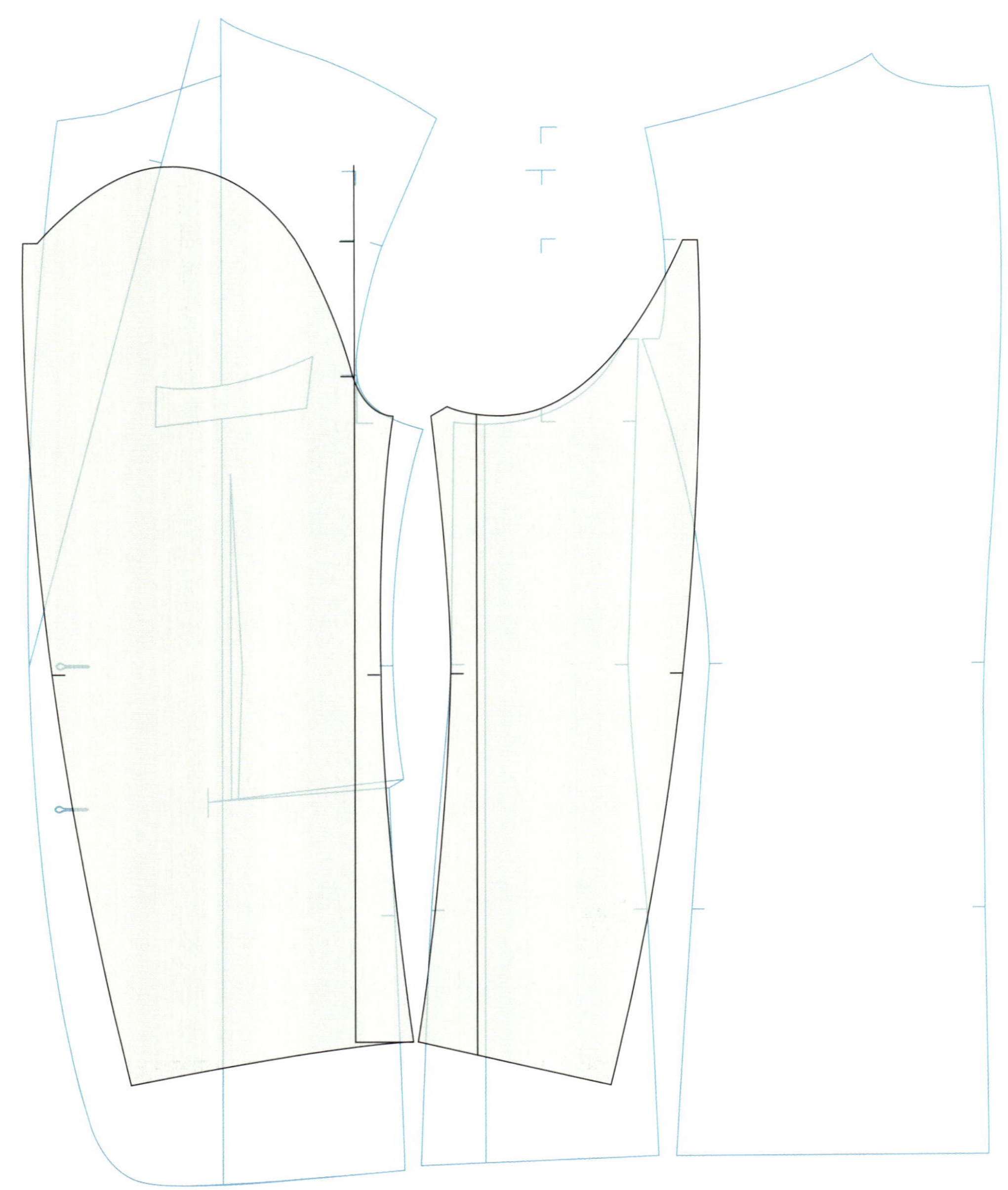

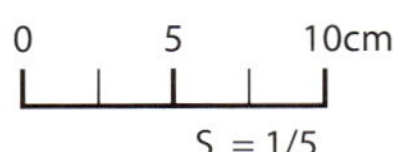
0   5   10cm
S = 1/5

자켓 기본패턴 소매

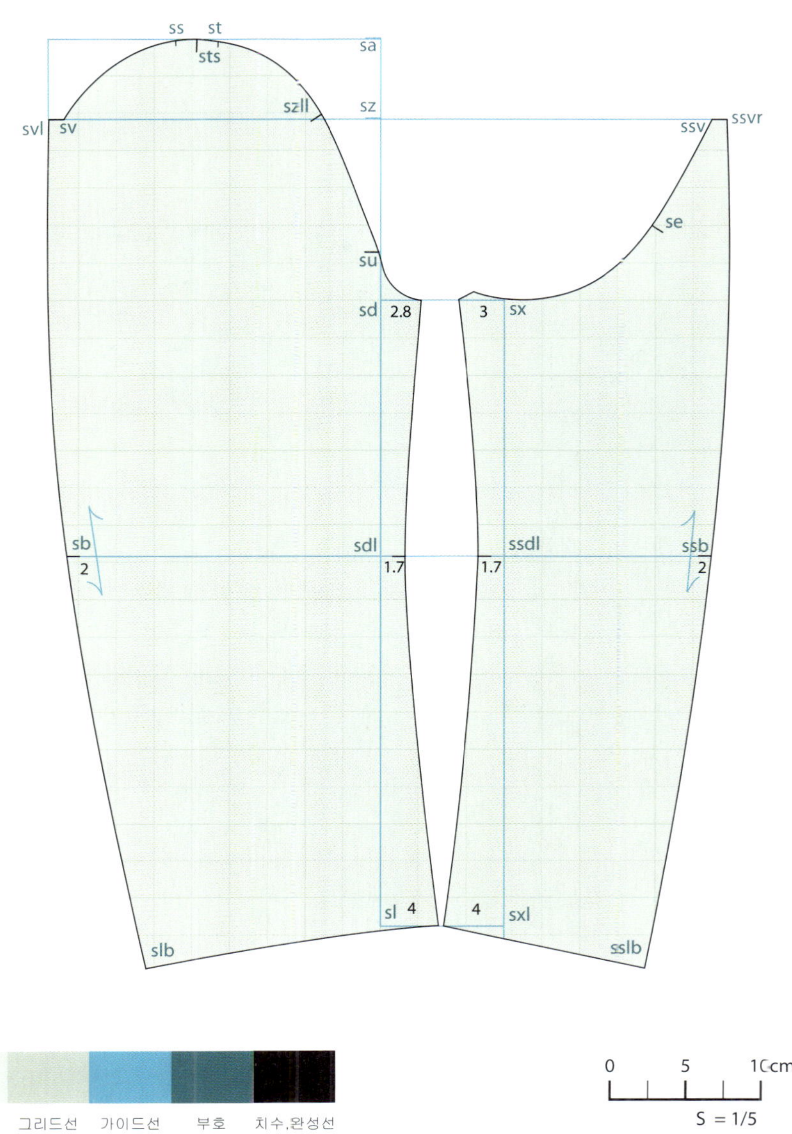

자켓 기본패턴 소매 설명

기호	설명	기호	설명
sa	윗소매 시작점	st~ss	윗소매 홈 줄임량
sa~sz	a~z 치수	sts	st~ss÷2
sa~su	a~u 치수	sl~slb	가슴둘레×0.05+ 0.5cm, sl 아래 2.9cm
su~sd	u~d 치수	sx	아래소매 시작점
sa~sl	소매길이	sxl	sl높이 sx 아래
sd~sdl	sd~sl÷2-4cm	sx~ssdl	sdl높이
sz~szll	a~t 아래 너비×0.5+1cm	su~se	u~e3 치수(b4~b3 제외), e3 높이
szll~sv	a~d-0.5cm	ssv	se 위 4cm 우
sv~svl	1시접	ssv~ssvr	1시접
su~st	u~t 치수	sxl~sslb	가슴둘레×0.05+4.5cm
sv~ss	v~s치수		

옷길이(FL) 150 / 진동 23 / 뒷장 25 / 앞장 25.5 / 어깨너비(S) 22 / 소매길이(SL) 60 / 뒷품 39 / 앞품 39 / 가슴둘레(B) 98 / 배둘레(BW) 85 / 볼기둘레(H) 99 / 어깨처짐(SD) 4.5 / 목들이(ND) 6.5 / 볼기들이(HD) 1

자켓 3단추 패턴 설명

o	시작점	b1	ad높이, 곡선 교차점
o~b	진동+0.3cm	v	z높이
o~①	o~b÷2	cl	l높이 2cm아래
①~②	0.7cm	cw~f	(배둘레+앞품)×0.08 +1.5cm
o~w	옷길이×0.25+1.5cm	c~d	앞품×0.23
w~h	옷길이×0.1+2.5cm	d~b4	4.5cm
o~l	옷길이×0.5−2.5cm	d~u	3.5cm
o~om	배둘레×0.05+3.5cm	h4	c 아래에서 볼기둘레×0.115
b1~m	뒷장+1cm	a	ts 높이 d 위
m~③	20cm	az	z높이 d 위
③~④	어깨처짐−0.5cm	n~p	n~c1×0.67
o~s	m~④ 연결선, 완성 어깨너비+0.8cm	fu	f 위 0.3cm 우
h~h1	볼기둘레×0.2	n~nd	4.5cm
c	b높이 앞길 시작점	n~nl	1.5cm
c~n	앞장+1.5cm, 0.5cm 우	nl~nld	9cm
n~⑤	m~③ 치수	nld~fc	깃너비
⑤~⑥	어깨처짐×1.5cm	n~pb	n~cl×0.34
n~t	n~⑥ 연장 m~s 치수	dt	가슴주머니 중앙 4cm 아래점
y	s~t 중간높이	x	ad높이 옆길 시작점
y~ad	가슴둘레×0.07+14cm	xl	x아래 l높이+0.6cm 아래
y~ts	3.1cm	x~b2	가슴둘레×0.1+0.5cm
y~z	y~ad÷2−2cm	e2	b2 위 e1높이
e	등솔기에서 뒷품×0.56	e2~e3	1시접
	ad~z÷2+0.5cm 위	h2	x아래 점에서 볼기둘레×0.11
e~e1	1시접		

* 소매 패턴은 기본 소매 패턴과 같음.

자켓 3단추
JACKET 3 BUTTON

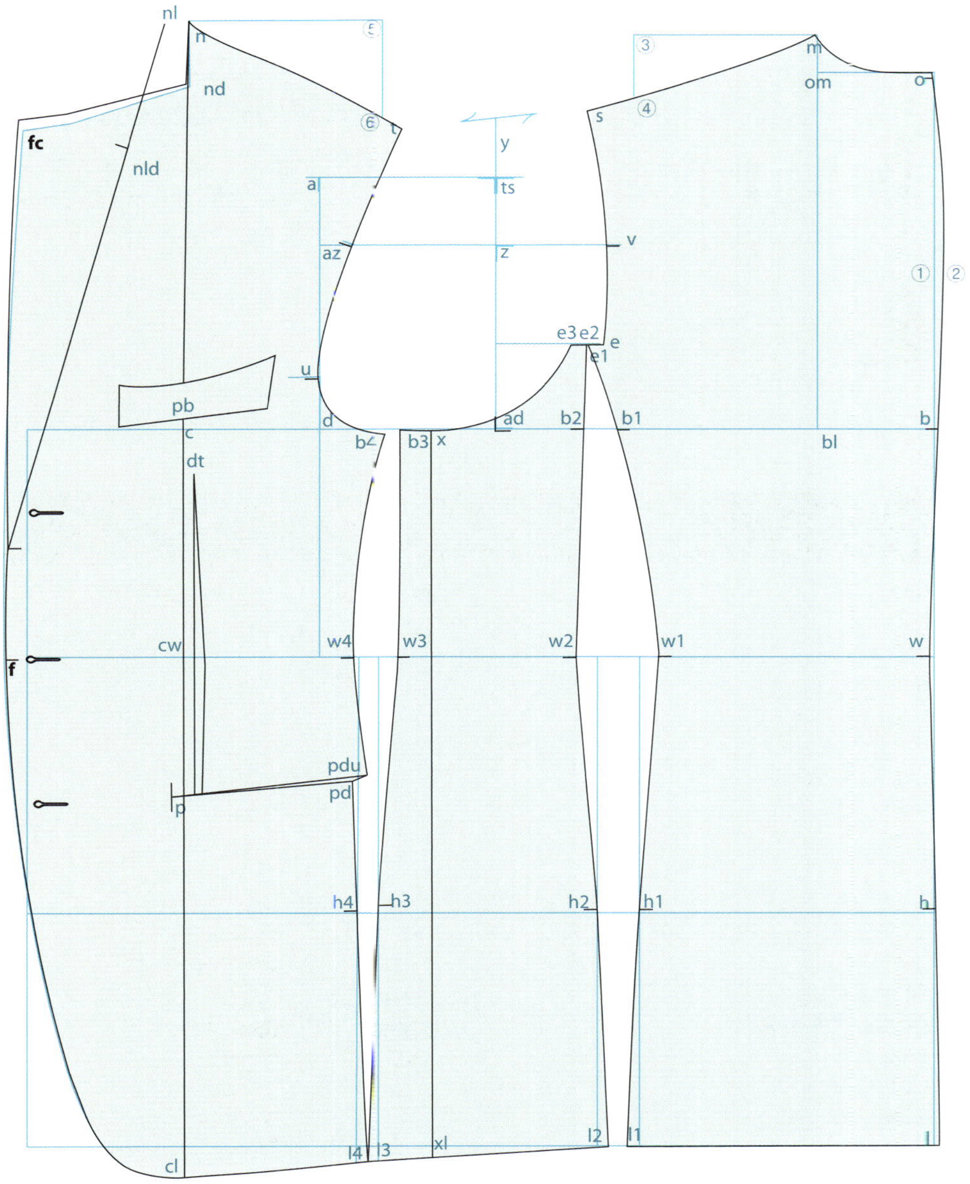

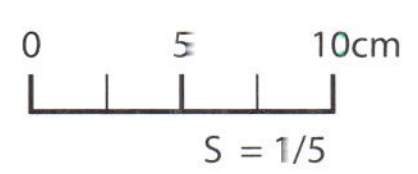

옷길이(FL) 150 / 진동 23 / 뒷장 25 / 앞장 25.5 / 어깨너비(S) 22 / 소매길이(SL) 60 / 뒷품 39 / 앞품 39 / 가슴둘레(B) 98 / 배둘레(BW) 85 / 볼기둘레(H) 99 / 어깨처짐(SD) 4.5 / 목들이(ND) 6.5 / 볼기들이(HD) 1

자켓 6단추 패턴 설명

o	시작점	b1	ad높이, 곡선 교차점
o~b	진동+0.3cm	v	z높이
o~①	o~b÷2	cl	l높이 2cm아래
①~②	0.7cm	cw~f	(배둘레+앞품)×0.08 +1.5cm
o~w	옷길이×0.25+1.5cm		**+단추와 단추사이 치수÷2**
w~h	옷길이×0.1+2.5cm	c~d	앞품×0.23
o~l	옷길이×0.5−2.5cm	d~b4	4.5cm
o~om	배둘레×0.05+3.5cm	d~u	3.5cm
b1~m	뒷장+1cm	h4	c 아래에서 볼기둘레×0.115
m~③	20cm	a	ts 높이 d 위
③~④	어깨처짐−0.5cm	az	z높이 d 위
o~s	m~④ 연결선, 완성 어깨너비+0.8cm	n~p	n~c1×0.67
h~h1	볼기둘레×0.2	n~nd	4.5cm
c	b높이 앞길시작점	n~nl	1.5cm
c~n	앞장+1.5cm, 0.5cm 우	nl~nld	**10.5cm**
n~⑤	m~③ 치수	nld~fc	깃너비
⑤~⑥	어깨처짐×1.5cm	n~pb	n~cl×0.34
n~t	n~⑥ 연장 m~s 치수	dt	가슴주머니 중앙 4cm 아래점
y	s~t 중간높이	x	ad높이 옆길시작점
y~ad	가슴둘레×0.07+14cm	xl	x아래 높이+0.6cm 아래
y~ts	3.1cm	x~b2	가슴둘레×0.1+0.5cm
y~z	y~ad÷2−2cm	e2	b2 위 e1높이
e	등솔기에서 뒷품×0.56	e2~e3	1시접
	ad~z÷2+0.5cm 위	h2	x아래 점에서 볼기둘레×0.11
e~e1	1시접		

* 소매 패턴은 기본 소매 패턴과 같음.

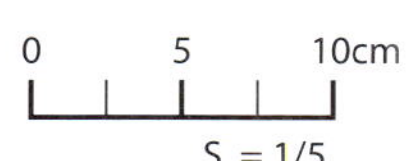

바닥
그리드선
가이드선
부호
치수,완성선
0 5 10cm
S = 1/5

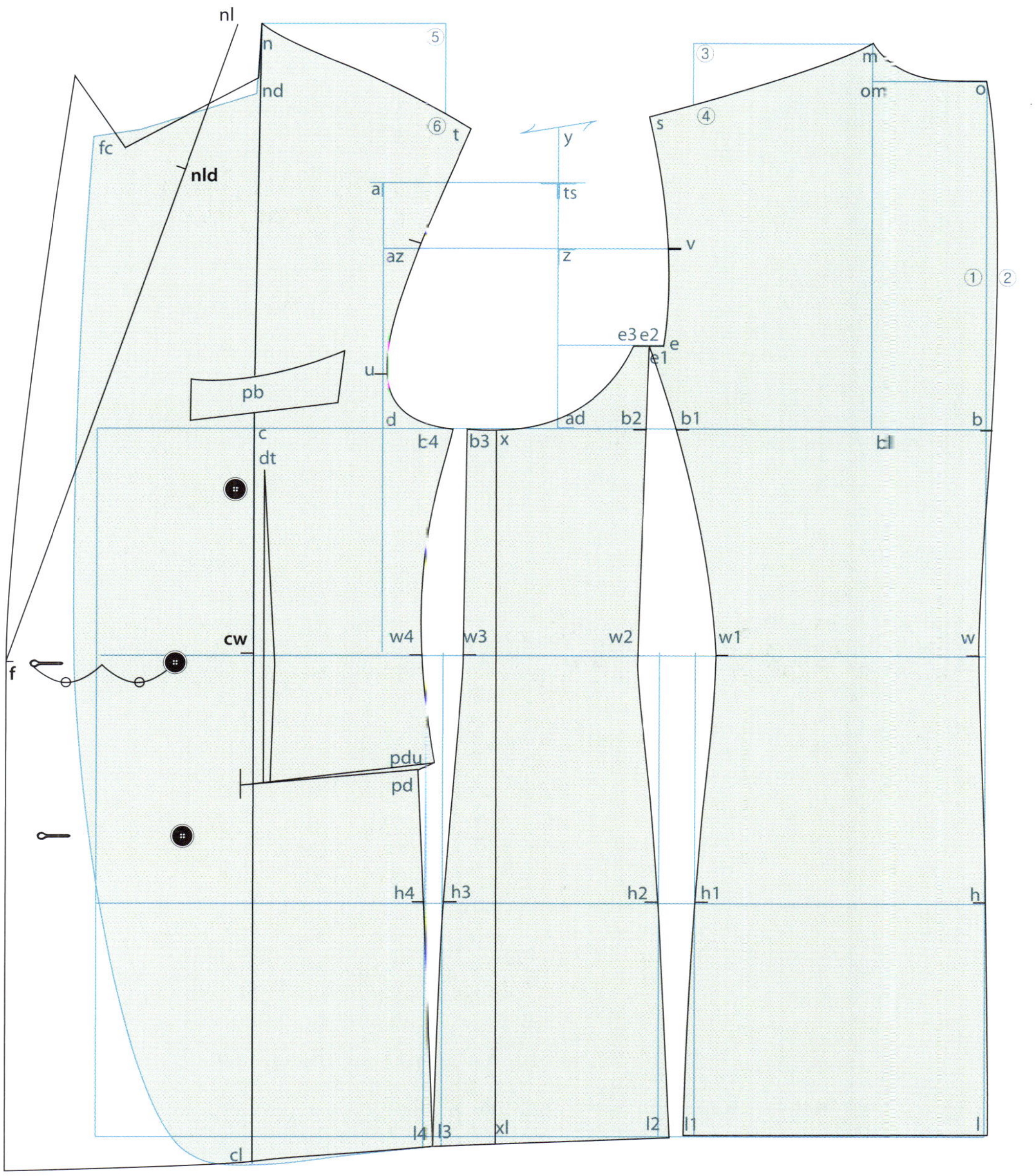

수 년 전부터 슬림한 스타일이 유행하면서 젊은 세대와 멋을 즐기는 이들은 몸에 꼭 맞는 짧은 길이의 자켓을 선호하는 반면, 중장년층 사람들은 여전히 전통을 중시하여 유행에 덜 민감한 클래식 디자인을 선호하는 경향이 있다. 본 서에 게재된 패턴은 기본적으로 슬림한 실루엣으로 설계하였으며, 이해를 돕기 위해 이를 클래식한 패턴과 비교하여 설명한다.

자켓 2단추 클래식 적용치수(cm)

왼길이(FL) 150 / 진동 23 / 뒷장 25 / 앞장 25.5 / 어깨너비(S) 22 / 소매길이(SL) 60 / 뒷품 39 / 앞품 39 / 가슴둘레(B) 98 / 배둘레(BW) 85 / 볼기둘레(H) 99 / 어깨처짐(SD) 4.5 / 목들이(ND) 6.5 / 볼기들이(HD) 1

자켓 2단추 클래식 패턴 설명

기호	설명	기호	설명
o	시작점	e~e1	1시접
o~b	진동+0.3cm	b1	ad높이, 곡선 교차점
o~①	o~b÷2	v	z높이
①~②	0.7cm	cl	l 높이 2cm아래
o~w	왼길이×0.25+1.5cm	cw~f	(배둘레+앞품)×**0.082** +1.5cm
w~h	왼길이×0.1+2.5cm	c~d	앞품×**0.24**
o~l	왼길이×0.25−**1.5cm**	d~b4	4.5cm
o~om	배둘레×0.05+3.5cm	d~u	3.5cm
b1~m	뒷장+1cm	h4	c 아래에서 볼기둘레×**0.12**
m~③	20cm	a	ts 높이 d 위
③~④	어깨처짐−0.5cm	az	z높이 d 위
o~s	m~④ 연결선, 완성 어깨너비+0.8cm	n~p	n~c1×0.67
h~h1	볼기둘레×0.2	n~nd	**5cm**
c	b높이 앞길시작점	n~nl	1.5cm
c~n	앞장+1.5cm, 0.5cm 우	nl~nld	**10.5cm**
n~⑤	m~③ 치수	nld~fc	깃너비
⑤~⑥	어깨처짐×1.5cm	n~pb	n~cl×0.34
n~t	n~⑥ 연장 m~s 치수	dt	가슴주머니 중앙 4cm 아래점
y	s~t 중간높이	x	ad높이 옆길시작점
y~ad	가슴둘레×0.07**+14.5cm**	xl	x아래 l높이+0.6cm 아래
y~ts	3.1cm	x~b2	가슴둘레×0.1**+1cm**
y~z	y~ad÷2−2cm	e2	b2 위 e1높이
e	등솔기에서 뒷품×**0.57**	e2~e3	1시접
	ad~z÷2+0.5cm 위	h2	x아래 점에서 볼기둘레×**0.115**

* 소매 패턴은 기본 소매 패턴과 같음.

기본 자켓과 클래식 패턴 비교

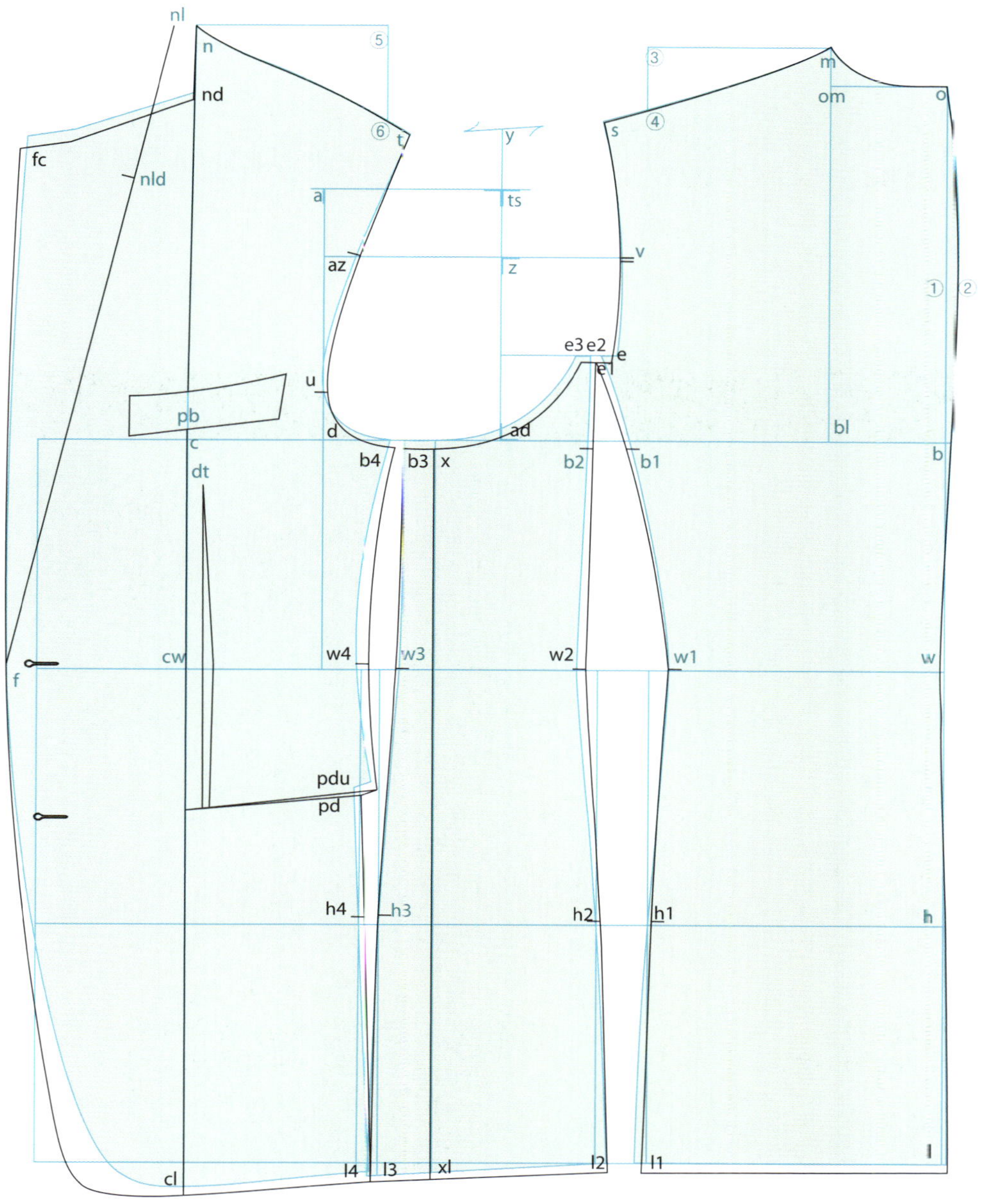

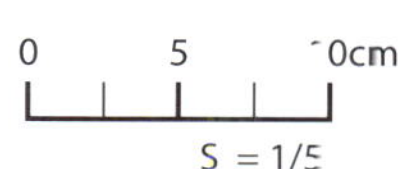

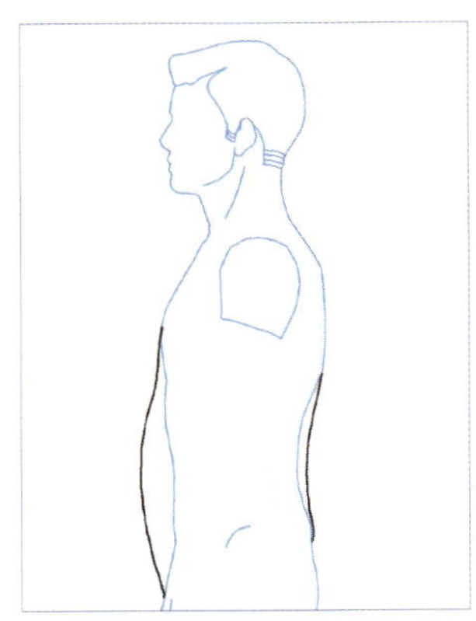

윈길이(FL) 150 / 진동 23 / 뒷장 25 / 앞장 25.5 / 어깨너비(S) 22 / 소매길이(SL) 60 / **뒷품 38** / **앞품 40** / 가슴둘레(B) 98 / **배둘레(BW) 95** / 볼기둘레(H) 99 / 어깨처짐(SD) 4.5 / 목들이(ND) 6.5 / **볼기들이(HD) 2**

배부른 체형 자켓 패턴 설명

o	시작점
o~b	진동+0.3cm
o~①	o~b÷2
①~②	0.7cm
o~w	윈길이×0.25+1.5cm
w~h	윈길이×0.1+2.5cm
o~l	윈길이×0.5**-1.5cm**
o~om	배둘레×0.05+3.5cm
b1~m	뒷장+1cm
m~③	20cm
③~④	어깨처짐-0.5cm
o~s	m~④ 연결선, 완성 어깨너비+0.8cm
h~h1	볼기둘레×0.2-(배둘레+15cm-볼기둘레)×0.1
c	b높이 앞길시작점
c~n	앞장+1.5cm, 0.5cm 우
n~⑤	m~③ 치수
⑤~⑥	어깨처짐×1.5cm
n~t	n~⑥ 연장 m~s 치수
y	s~t 중간높이
y~ad	가슴둘레×0.07**+14.5cm**
y~ts	3.1cm
y~z	y~ad÷2-2cm
e	등솔기에서 뒷품×**0.57** ad~z÷2+0.5cm 위
e~e1	1시접
b1	ad높이, 곡선 교차점

v	z높이
cl	l높이 2cm아래+(배둘레+15cm-가슴둘레)×0.08
cw~f	(배둘레+앞품)×0.082 +1.5cm +(배둘레+15cm-가슴둘레)×0.1
c~d	앞품×0.24
d~b4	4.5cm
d~u	3.5cm
h4	c 아래에서 볼기둘레×**0.12**+ (볼기둘레+15cm-볼기둘레)×0.1
a	ts 높이 d 위
az	z높이 d 위
n~p	n~c1×0.67
n~nd	**5cm**
n~nl	1.5cm
nl~nld	**10.5cm**
nld~fc	깃 너비
n~pb	n~c1×0.34
dt	가슴주머니 중앙 4cm 아래점
x	ad높이 옆길시작점
xl	x 아래 l높이+0.6cm 아래
x~b2	가슴둘레×0.1**+1cm**
e2	b2 위 e1높이
e2~e3	1시접
h2	x 아래 점에서 볼기둘레×**0.115** +(배둘레+15cm-볼기둘레)×0.05

* 소매 패턴은 기본 소매 패턴과 같음.

배부른 체형 자켓 패턴

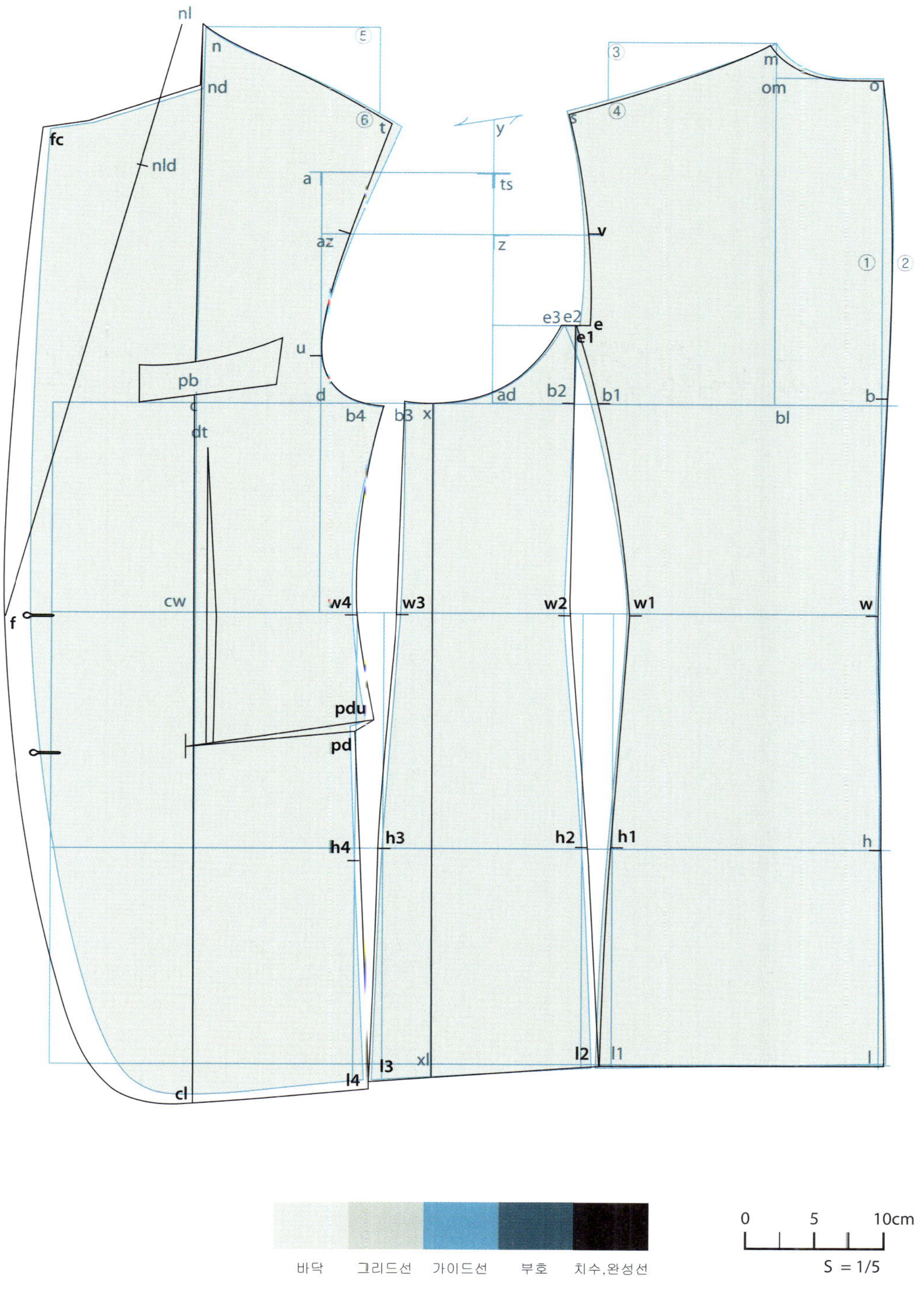
nl
n
nd
fc
nld
⑤
⑥
t
a
ts
y
az
z
v
u
pb
d
c
dt
b4
b3
x
ad
b2
e3
e2
e
e1
b1
bl
b
③
④
s
m
om
o
①
②
cw
f
w4
w3
w2
w1
w
pdu
pd
h4
h3
h2
h1
h
l3
xl
l2
l1
l
cl
l4
바닥
그리드선
가이드선
부호
치수, 완성선
0
5
10cm
S = 1/5

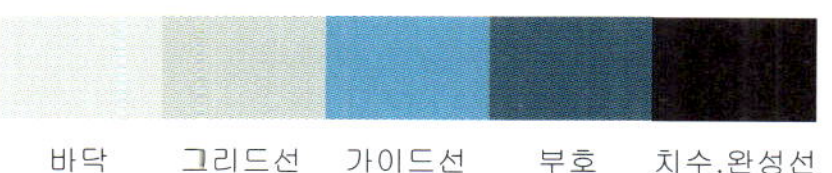

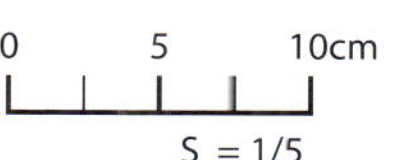

높은 어깨 자켓 패턴

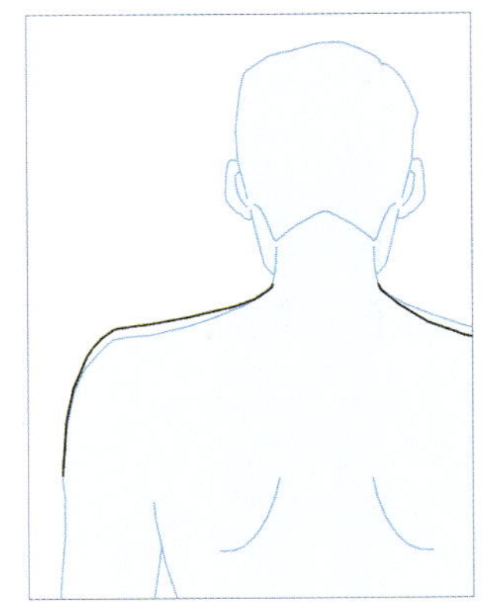

원길이(FL) 150 / 진동 23 / 뒷장 25 / 앞장 25.5 / 어깨너비(S) 22 / 소매길이(SL) 60 / 뒷품 39 / 앞품 39 / 가슴둘레(B) 98 / 배둘레(BW) 85 / 볼기둘레(H) 99 / **어깨처짐(SD) 3** / 목들이(ND) 6.5 / 볼기들이(HD) 1

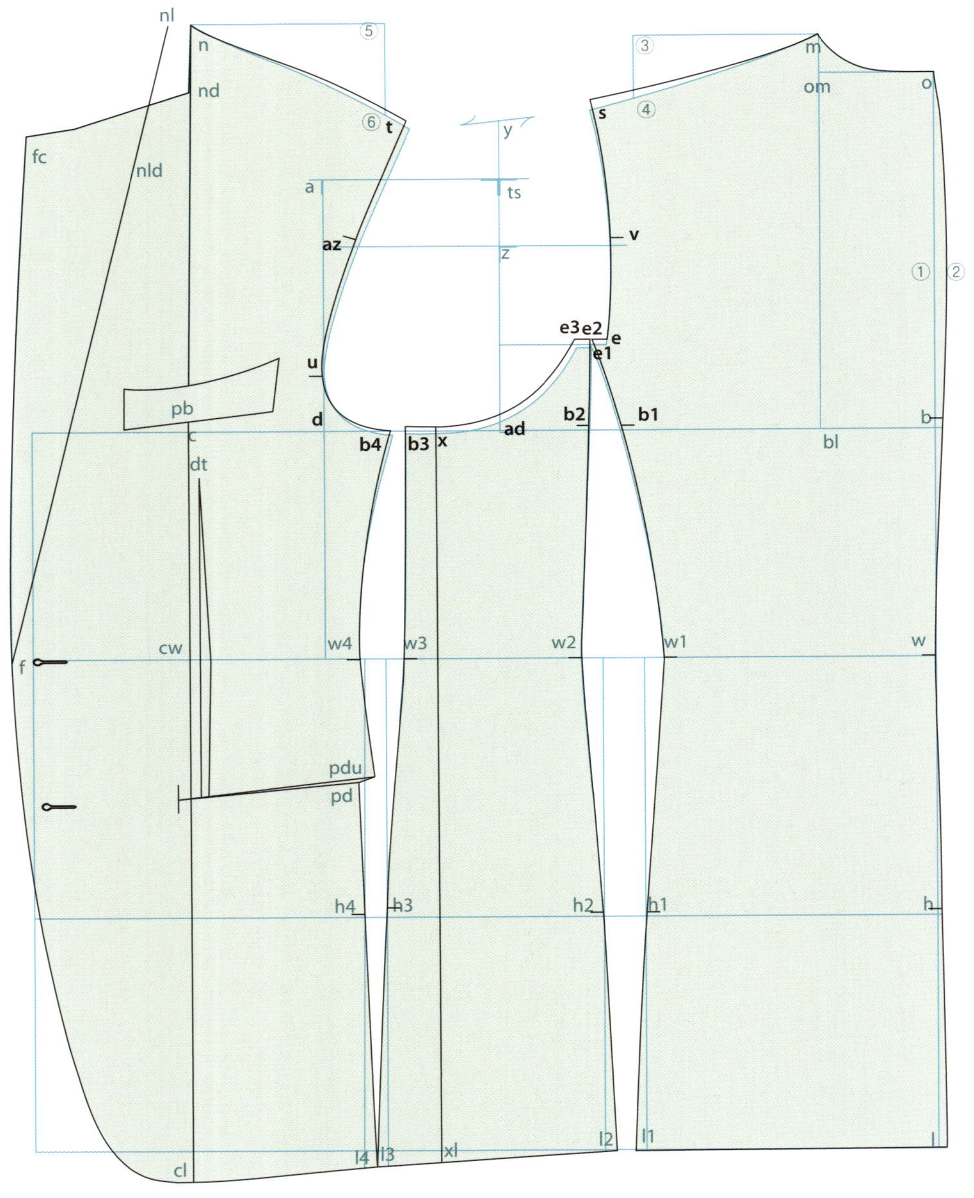

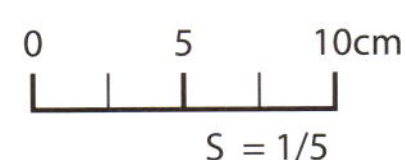

낮은 어깨 자켓 패턴

옷길이(FL) 150 / 진동 23 / 뒷장 25 / 앞장 25.5 / 어깨너비(S) 22 / 소매길이(SL) 60 / 뒷품 39 / 앞품 39 / 가슴둘레(B) 98 / 배둘레(BW) 85 / 볼기둘레(H) 99 / **어깨처짐(SD) 6** / 목둘이(ND) 6.5 / 볼기들이(HD) 1

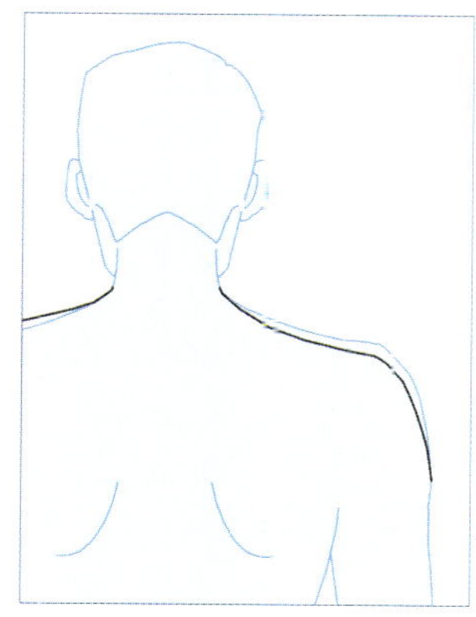

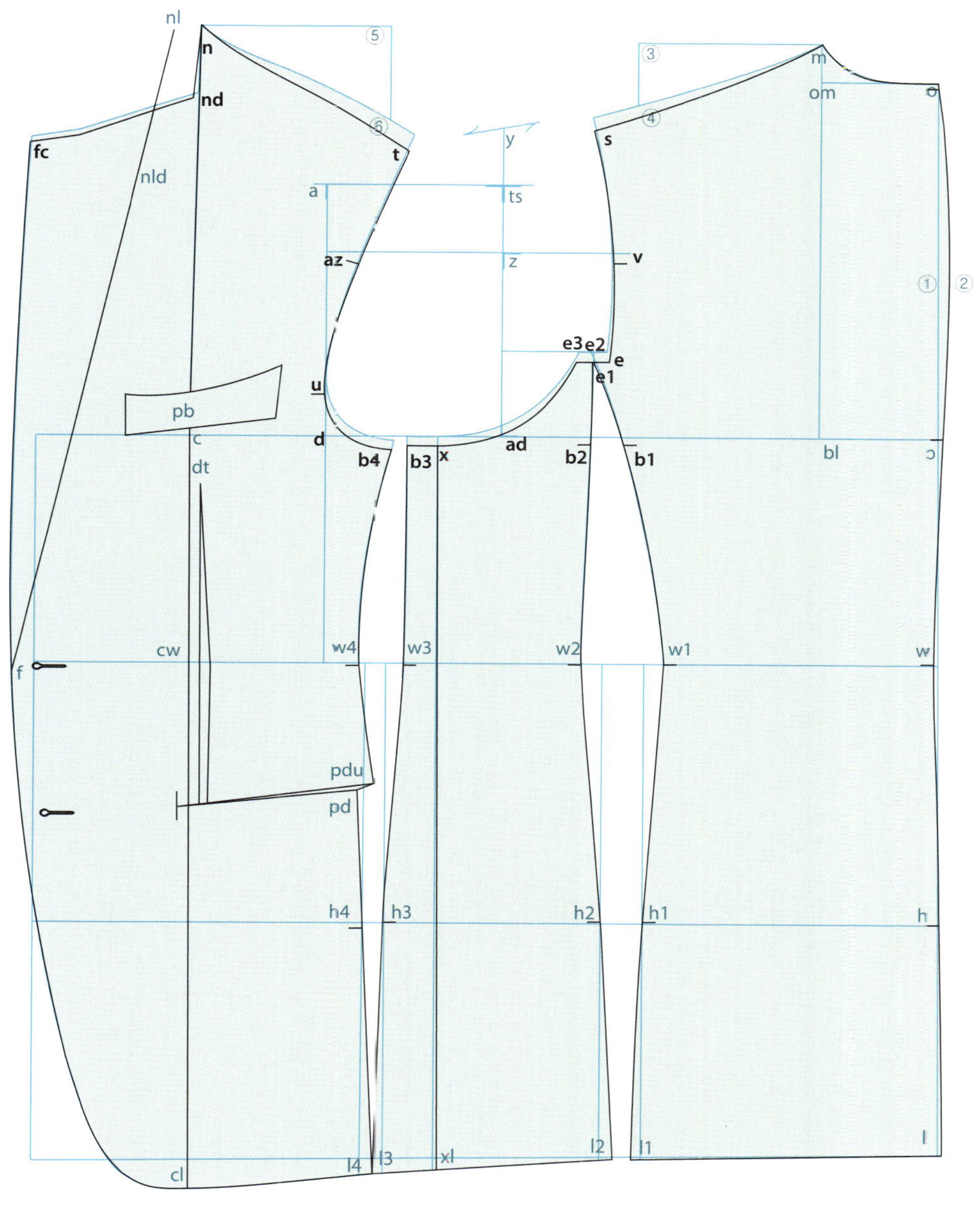

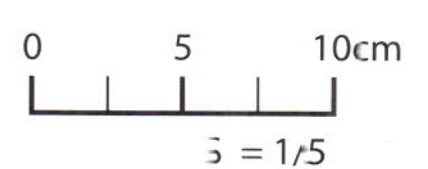

굽은 체형 자켓 패턴

원길이(FL) 150 / 진동 24 / 뒷장 26.5 / 앞장 24 / 어깨너비(S) 22 / 소매길이(SL) 60 / 뒷품 40 / 앞품 38 / 가슴둘레(B) 98 / 배둘레(BW) 85 / 볼기둘레(H) 99 / 어깨처짐(SD) 4.5 / 목들이(ND)8 / 볼기들이(HD) 1

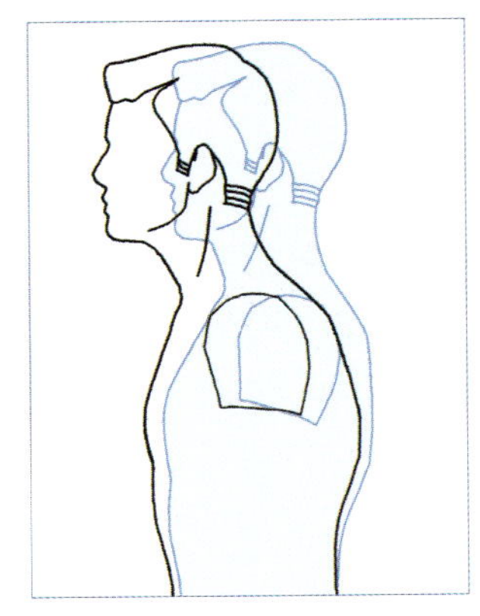

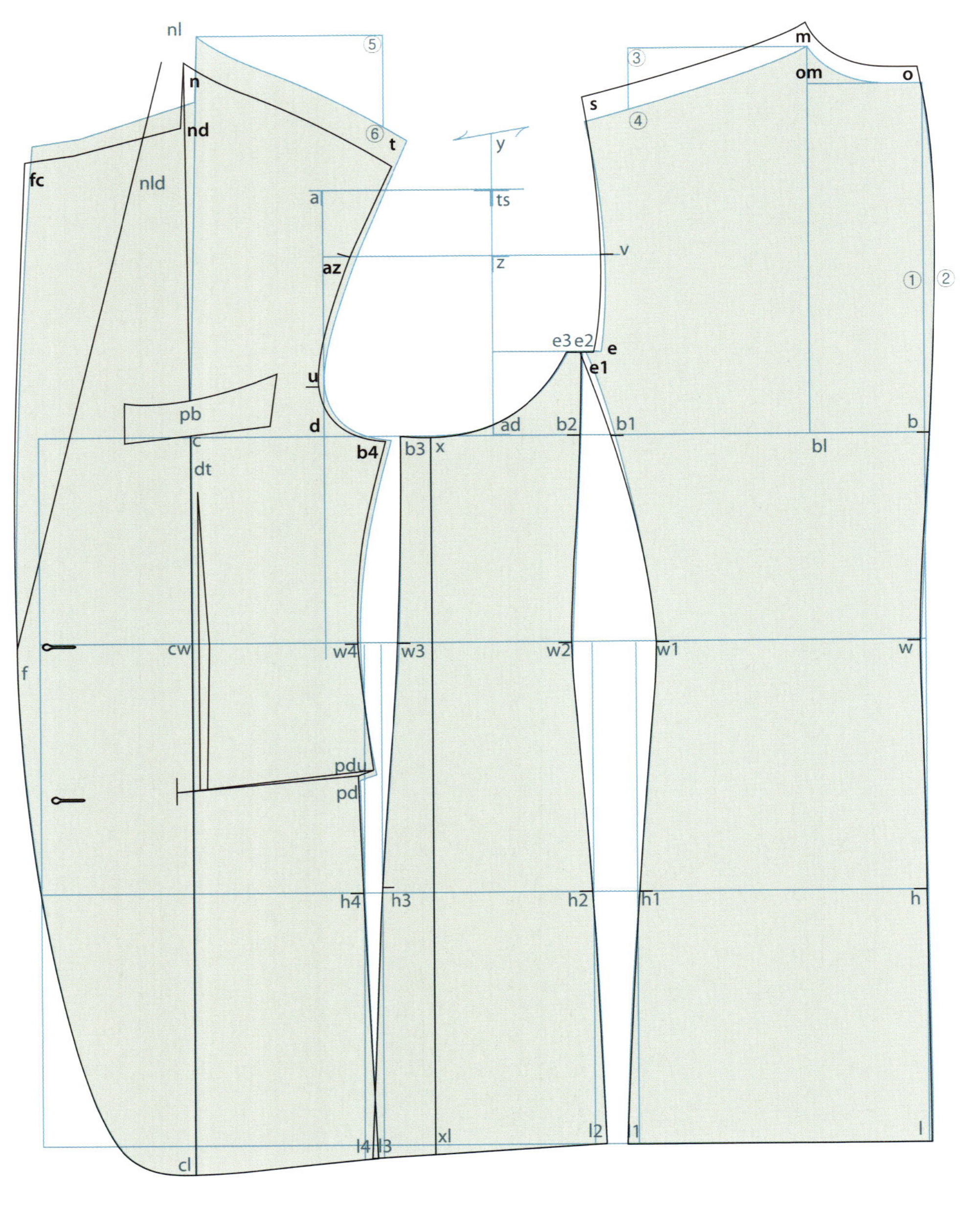

반신 체형 자켓 패턴

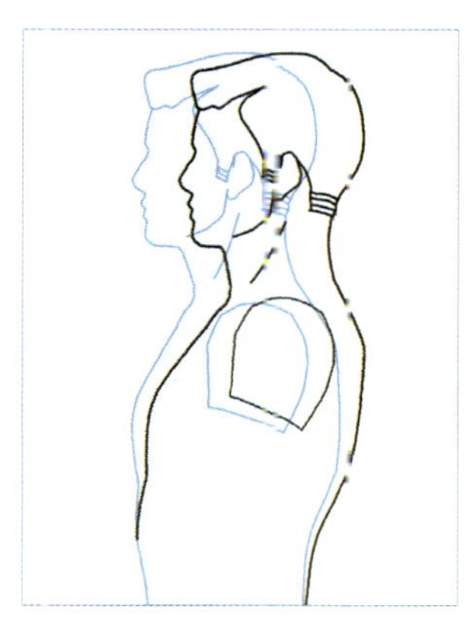

원길이(FL) 150 / **진동 22** / **뒷장 23.5** / **앞장 27** / 어깨너비(S) 22 / 소매
길이(SL) 60 / **뒷품 38** / **앞품 40** / 가슴둘레(B) 98 / 배둘레(BW) 85 /
볼기둘레(H) 99 / 어깨처짐(SD) 4.5 / **목둘이(ND) 5** / 볼기둘이(HD) 1

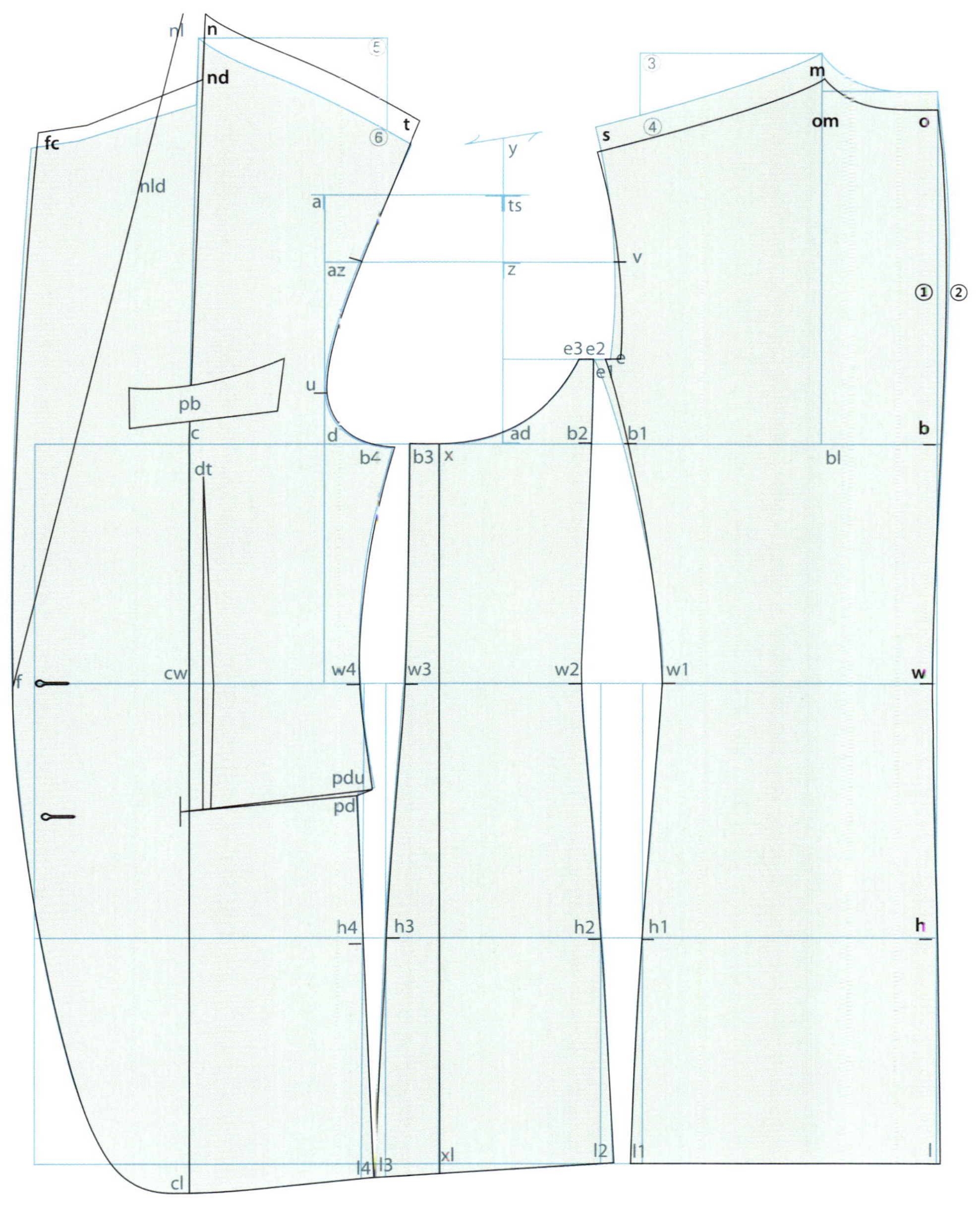

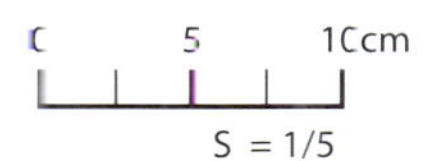

나온 가슴 자켓 패턴

나온 가슴 자켓 적용치수(㎝)

왼길이(FL) 150 / **진동 22 / 뒷장 24 / 앞장 26.5** / 어깨너비(S) 22 / 소매길이(SL) 60 / **뒷품 38 / 앞품 42** / 가슴둘레(B) 98 / 배둘레(BW) 85 / 볼기둘레(H) 99 / 어깨처짐(SD) 4.5 / 목들이(ND) 6.5 / 볼기들이(HD) 1 / **가슴 다트량 1.5cm**

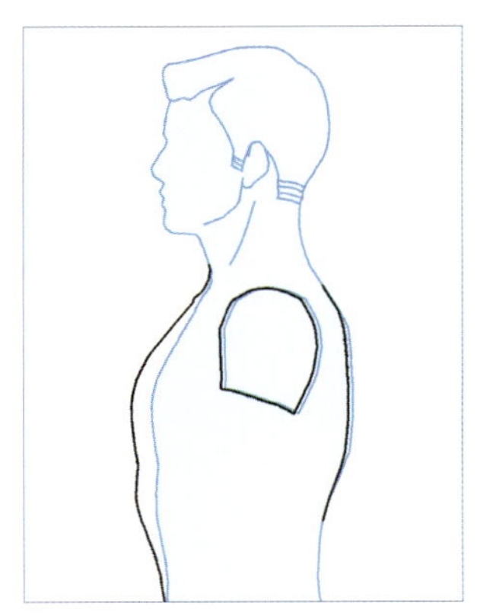

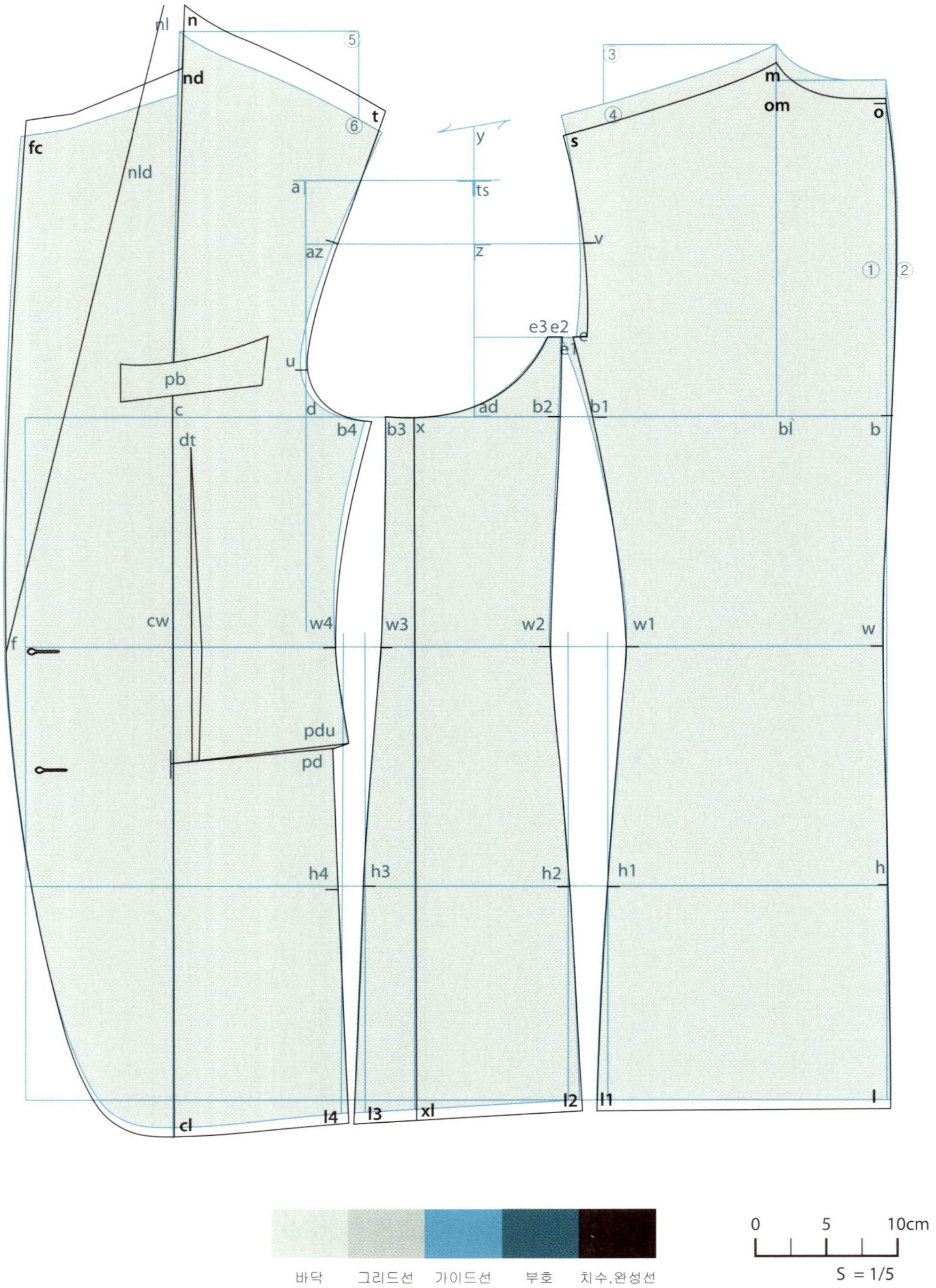

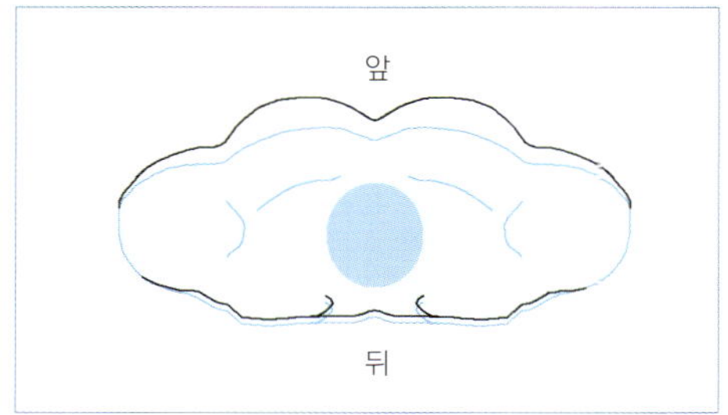

앞
뒤

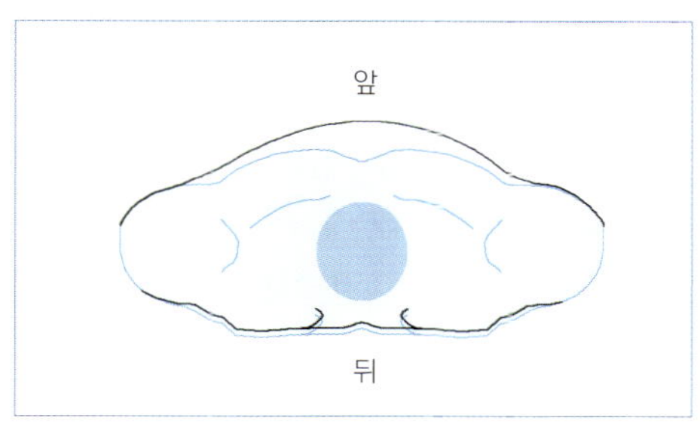

앞
뒤

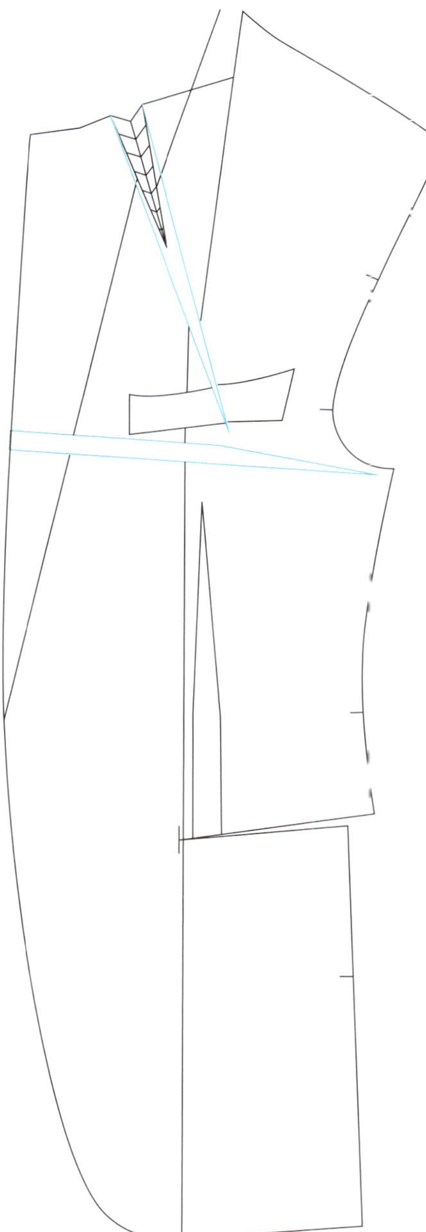

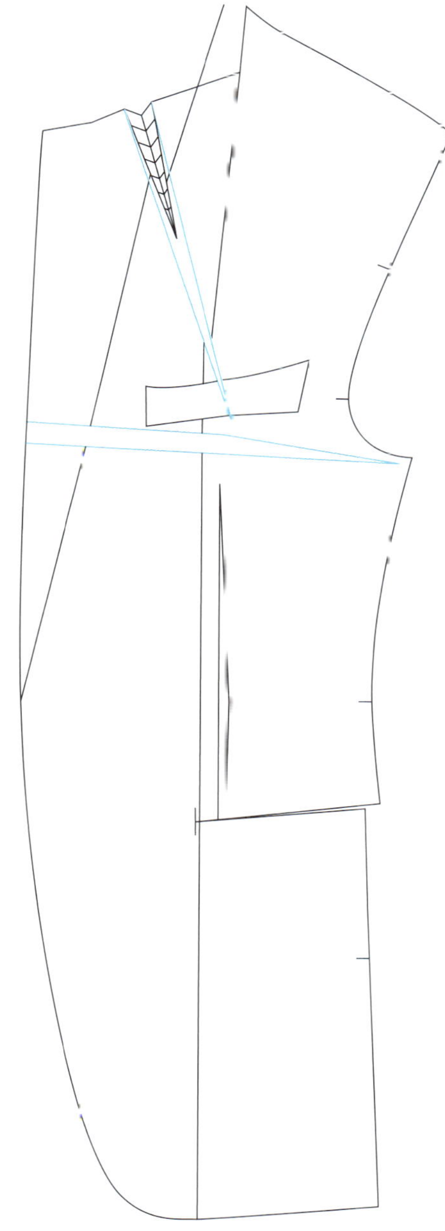

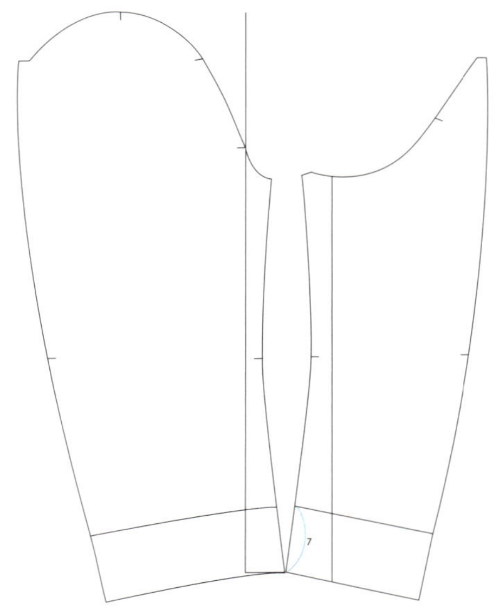

* 소매 패턴은 기본 소매 패턴과 같음.

장교 정 · 예복 자켓 패턴 설명

o	시작점	b1	ad높이, 곡선 교차점
o~b	진동+0.3cm	v	z높이
o~①	o~b÷2	cl	l높이 2cm아래
①~②	0.7cm	cw~f	(배둘레+앞품)×0.085 +1.5cm
o~w	왼길이×0.25+1.5cm	c~d	앞품×0.24
w~h	왼길이×0.1+2.5cm	d~b4	4.5cm
o~l	왼길이×0.5-2.5cm	d~u	3.5cm
o~om	배둘레×0.05+3.5cm	h4	c 아래에서 볼기둘레×0.12
b1~m	뒷장+1cm	a	ts 높이 d 위
m~③	20cm	az	z높이 d 위
③~④	어깨처짐-0.5cm	n~p	n~c1×0.65
o~s	m~④ 연결선, 완성 어깨너비+0.8cm	n~nd	4.5cm
h~h1	볼기둘레×0.2	n~nl	1.5cm
c	b높이 앞길시작점	nl~nld	9cm
c~n	앞장+1.5cm, 0.5cm 우	nld~fc	깃너비
n~⑤	m~③ 치수	n~pb	n~cl×0.29
⑤~⑥	어깨처짐×1.5cm	Pb~dt	가슴주머니 중앙 6cm 아래점
n~t	n~⑥ 연장 m~s 치수	fu	pb 아래 4.5cm, f 직상선 0.3cm 우
y	s~t 중간높이	x	ad높이 옆길시작점
y~ad	가슴둘레×0.07+14cm	xl	x아래 l높이+0.6cm 아래
y~ts	3.1cm	x~b2	가슴둘레×0.1+0.5cm
y~z	y~ad÷2-2cm	e2	b2 위 e1높이
e	등솔기에서 뒷품×0.56 ad~z÷2+0.5cm 위	e2~e3	1시접
e~e1	1시접	h2	x아래 점에서 볼기둘레×0.11

장교 정·예복 자켓

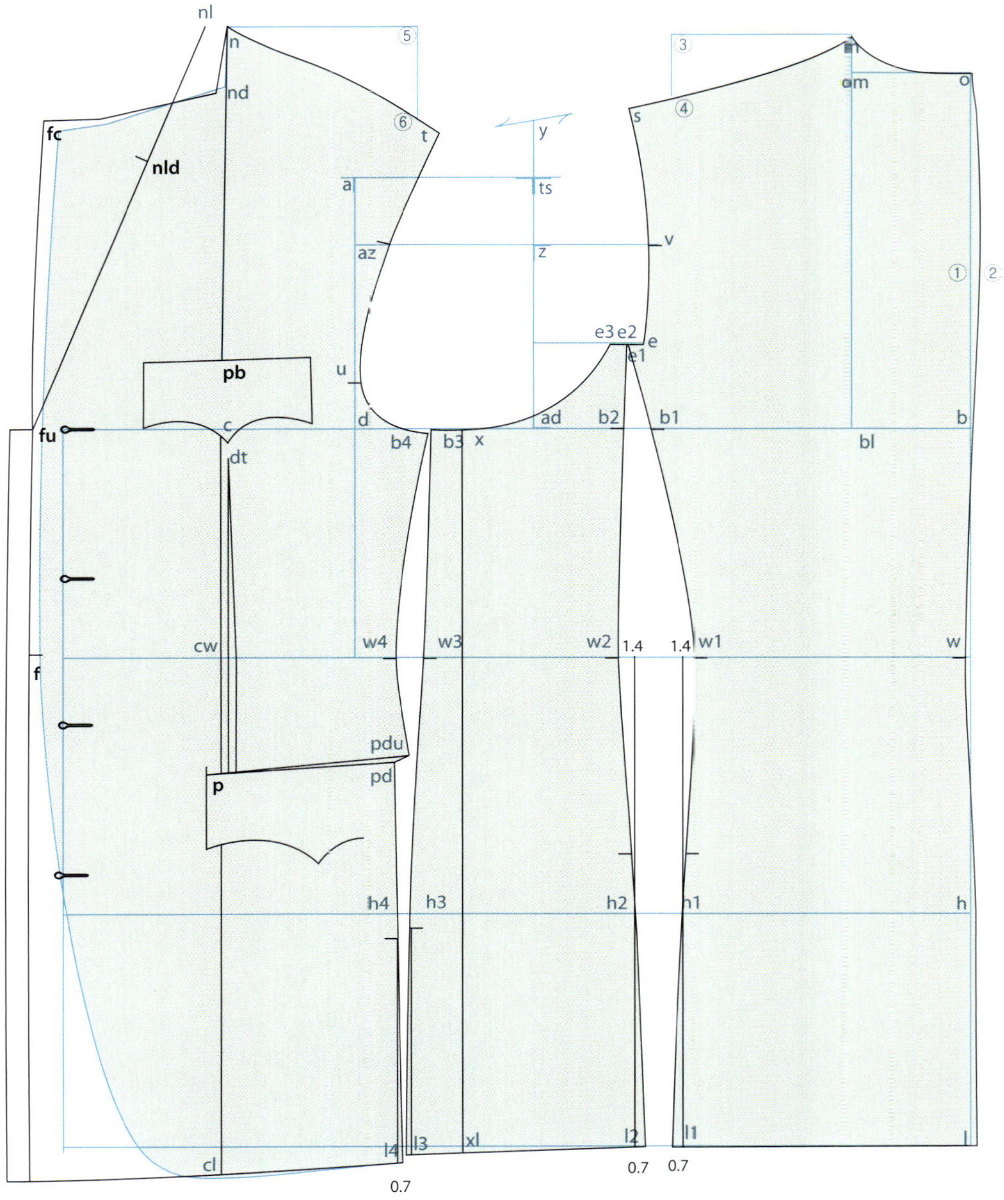

nl
n
5
nd
fc
6
t
nld
y
3
m
om
o
s
4
a
ts
az
z
v
1
2
e3 e2
e
e1
pb
u
c
d
ad
b2
b1
b
fu
b4
b3
x
bl
dt
cw
w4
w3
w2
1.4
1.4
w1
w
f
pdu
pd
p
h4
h3
h2
h1
h
l4
l3
xl
l2
l1
l
cl
0.7
0.7
0.7

바닥
그리드선
가이드선
부호
치수, 완성선
0
5
10cm
S = 1/5

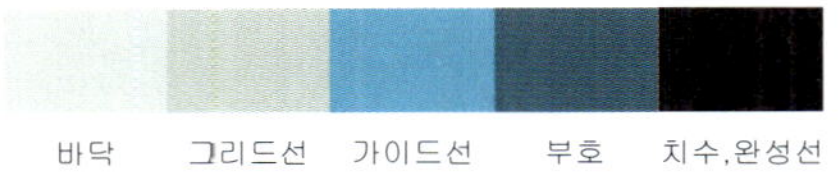

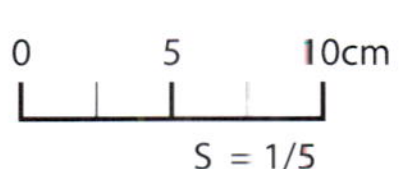

2
VEST

원길이(FL) 150 / 진동 23 / 뒷장 25 / 앞장 25.5 / 뒷품 39 / 앞품 39 /
가슴둘레(B) 98 / 배둘레(BW) 85 / 조끼길이 54 / 어깨처짐(SD) 4.5 /
목들이(ND) 6.5 / 허리들이(WD) 2 / 볼기들이(HD) 1

베스트 기본패턴 설명

o	뒷길 시작점
o~b	진동 + 0.3cm
o~①	o~b÷2
①~②	0.7cm
o~w	원길이×0.3
	(볼기들이+허리들이)×0.15 좌
w~l	9.5cm
l	w 아래 0.5cm 우
o~om	배둘레×0.05+3.4cm
b1~m	뒷장+0.8cm
o~③	20cm
③~④	어깨처짐−0.3cm
o~s	m~④ 연결선 0.3cm 아래
b~b1	가슴둘레×0.285+1cm, 2cm 아래
w~w1	배둘레×0.25+5.5cm
l1	w1아래 0.7cm 좌, l 아래 1cm
bdt	등솔기~b1 중앙

c	앞길 시작점
c~n	앞장, 0.5cm 우
cl	l 높이 c아래+4.5cm
n~⑤	m~③치수
⑤~⑥	어깨처짐+1.7cm
n~t	m~s치수, n~⑥연장선 0.2cm 아래
cw~f	(배둘레+앞품)×0.078+1.2cm
fl	f 아래 0.2cm 우, l 높이
fl~l3	fl 우 7cm, 7cm 아래
cf	c 아래에서 앞품×0.25+1.2cm
d	c 아래 앞품×0.23 우
d~b2	5cm
cw~w2	배둘레×0.14+1cm
l2	w2 아래, 0.7cm 우
p	f 우, 배둘레×0.1, f 아래 4.5cm
p~p2	원길이×0.13
dt	윗주머니 중앙, 4cm 아래

베스트 기본패턴
VEST 5 BUTTON

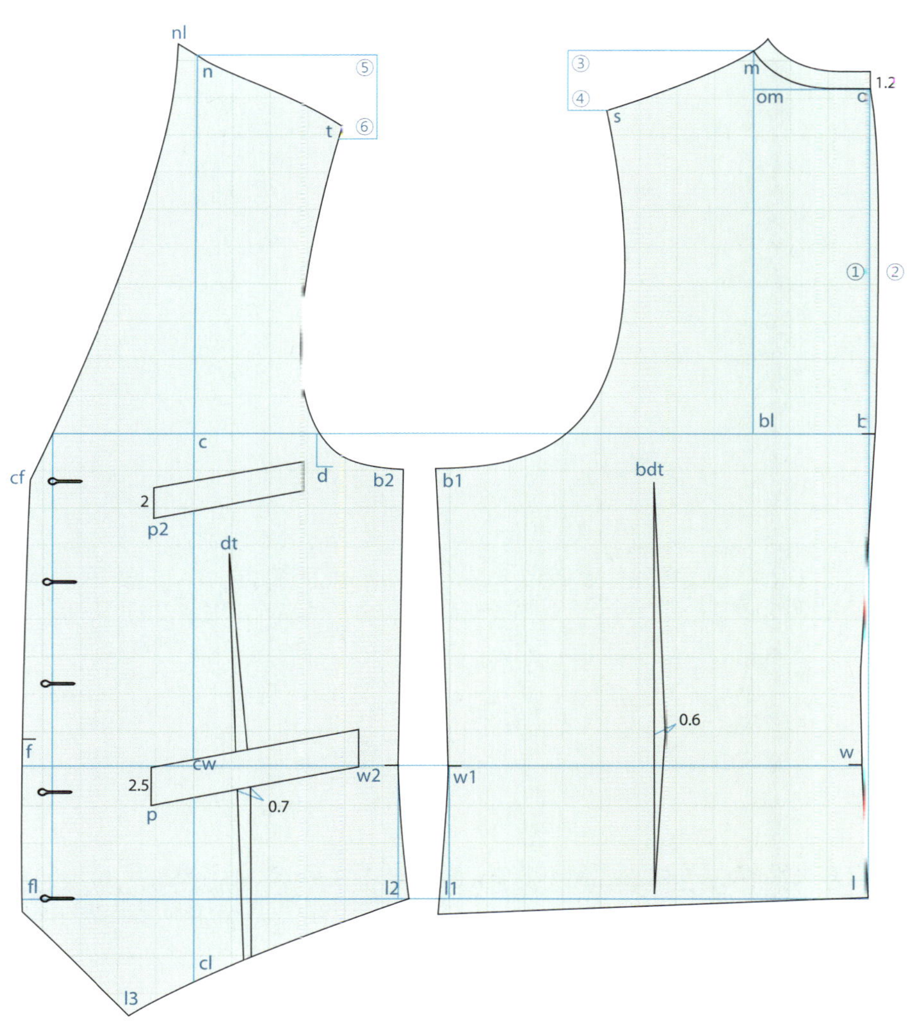

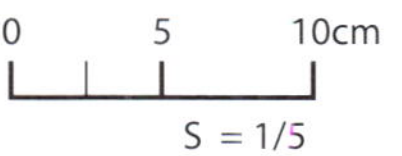

베스트 기본, 클래식 패턴 비교

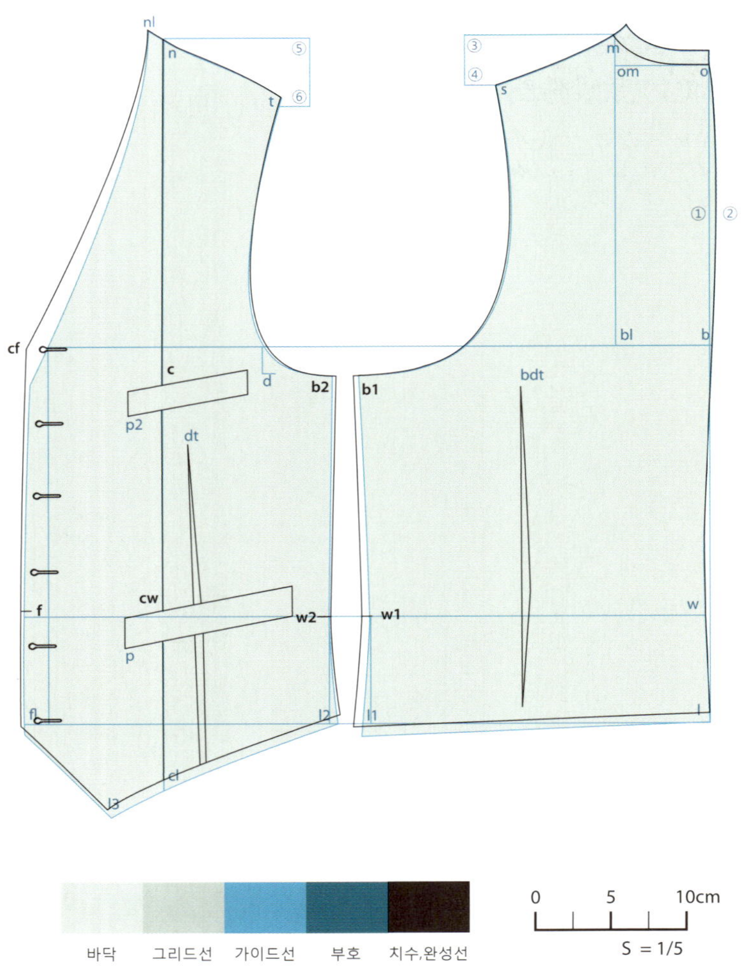

베스트 기본과 클래식 패턴 비교 설명

o	뒷길 시작점	c	앞길시작점
o~b	진동 + 0.3cm	c~n	앞장, 0.5cm 우
o~①	o~b÷2	cl	높이 c아래+4.5cm
①~②	0.7cm	n~⑤	m~③치수
o~w	왼길이×0.3	⑤~⑥	어깨처짐×1.7cm
	(볼기들이+허리들이)×0.15 좌	n~t	m~s치수, n~⑥연장선 0.2cm 아래
w~l	9.5cm	cw~f	(배둘레+앞품)×0.08+1.2cm
l	w아래 0.5cm 우	fl	f 아래 0.2cm 우, 높이
o~om	배둘레×0.05+3.4cm	fl~l3	fl 우 7cm, 7cm 아래
b1~m	뒷장+0.8cm	cf	c아래에서 앞품×0.25+1.2cm
o~③	20cm	d	c아래 앞품×0.24
③~④	어깨처짐-0.3cm	d~b2	5cm
o~s	m~④ 연결선 0.3cm 아래	cw~w2	배둘레×0.14+1.3cm
b~b1	가슴둘레×0.285+1.3cm, 2cm 아래	l2	w2 아래, 0.7cm 우
w~w1	배둘레×0.25+6cm	p	f 우, 배둘레×0.1, f 아래 4.5cm
l1	w1아래 0.7cm 좌, l아래 1cm	p~p2	왼길이×0.13
bdt	등솔기~b1 중앙	dt	윗주머니 중앙, 4cm 아래

낮은 어깨 반신 체형 베스트

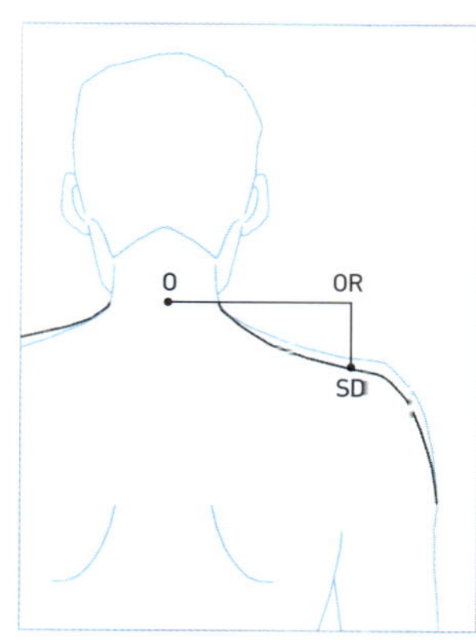

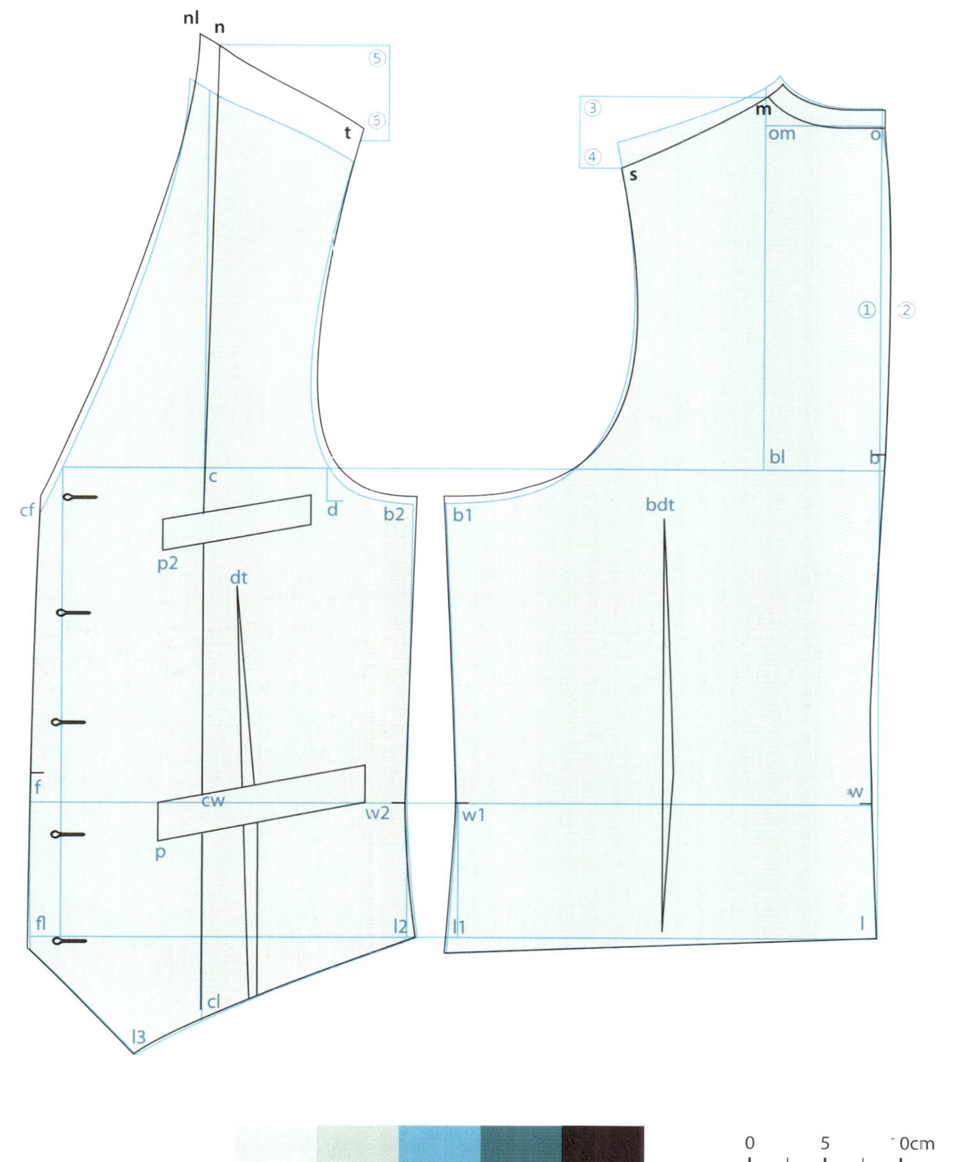

높은 어깨 굽은 체형 베스트

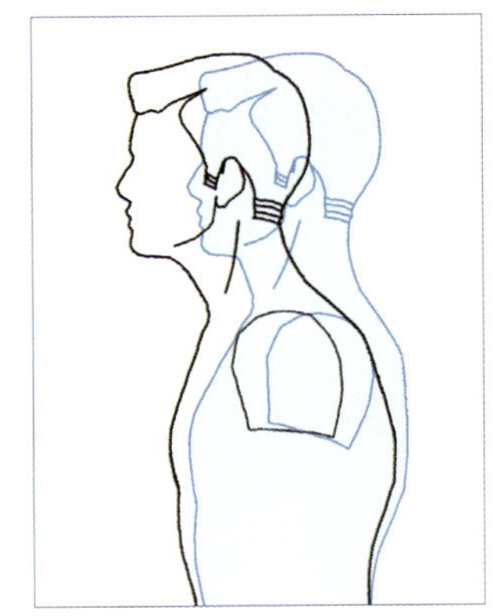

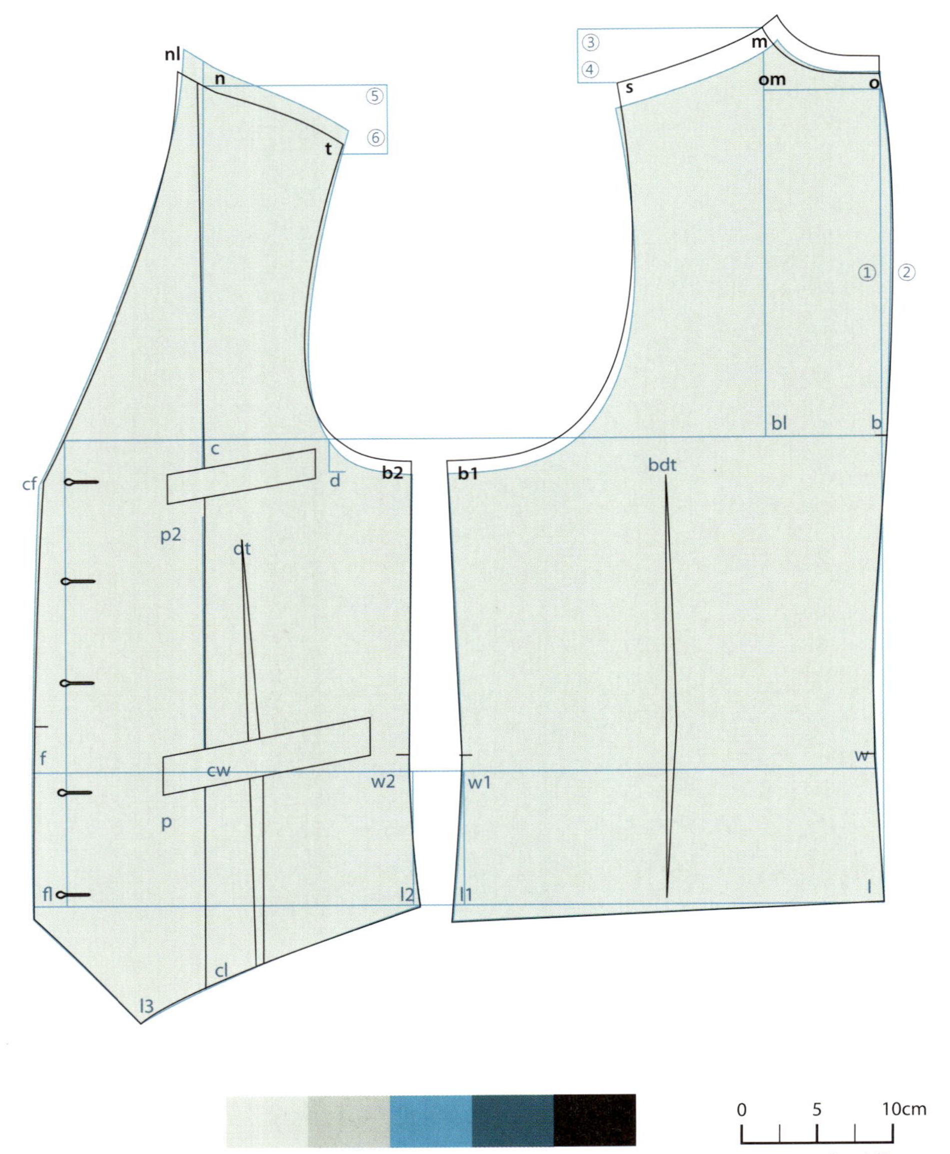

배부른 체형 베스트

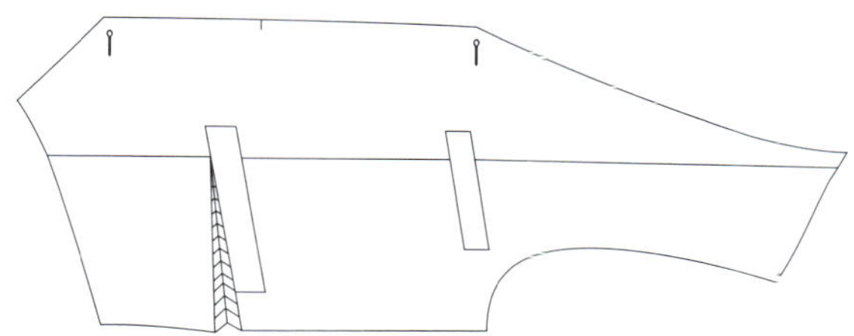

원길이(FL) 150 / 진동 23 / 뒷장 25 / 앞장 25.5 / **뒷품 38 / 앞품 40** / 가슴둘레(B) 98 / **배둘레(BW) 93** / 조끼길이 54 / 어깨처짐 (SD) 4.5 / 목둘이(ND) 6.5 / 허리들이(WD) 2 / 볼기들이(HD) 1

* 앞길 세로 다트 대신 배 다트로 처리하며 앞길 폭을 줄여준다.

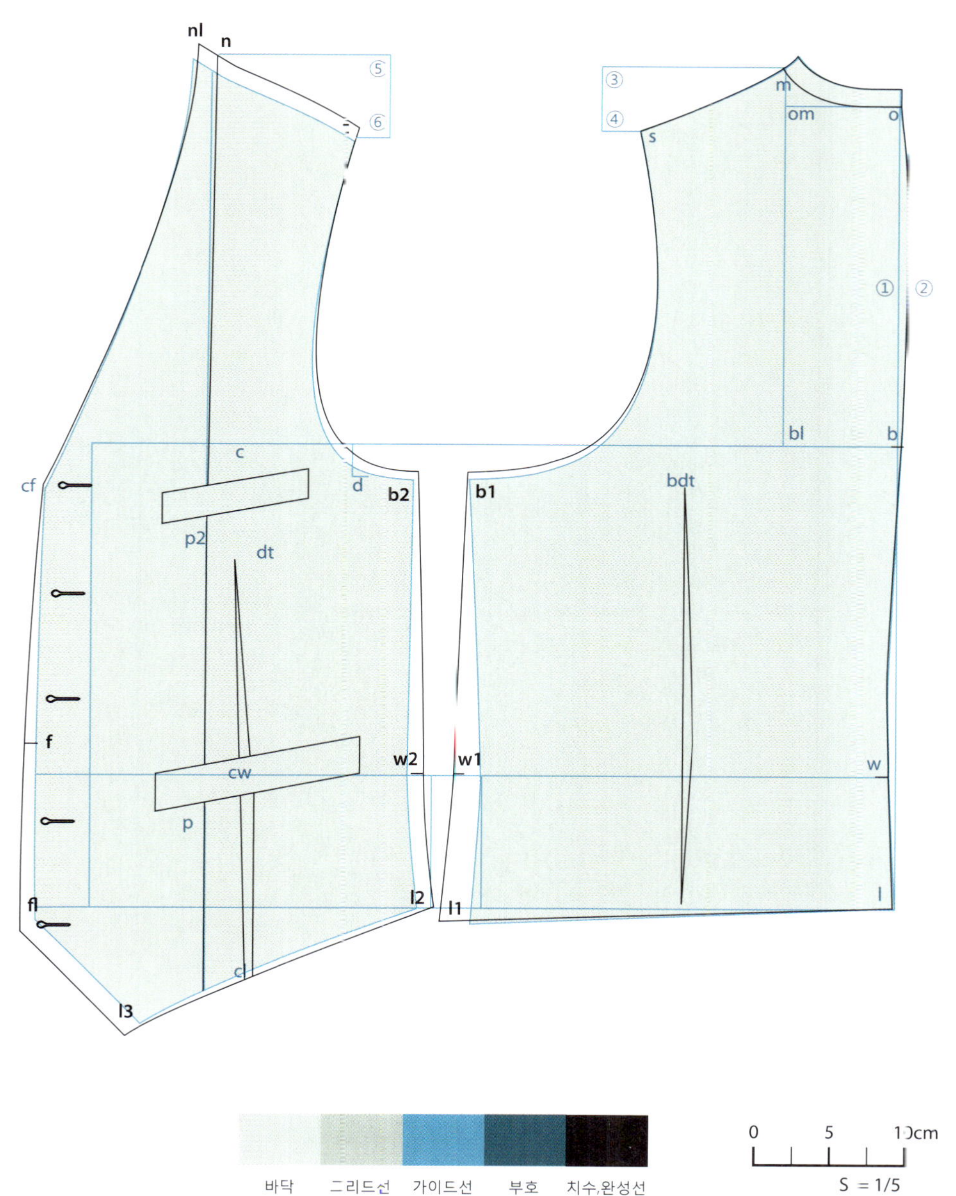

가슴 발달 체형 베스트

왼길이(FL) 150 / 진동 22 / 뒷장 24 / 앞장 26.5 / 뒷품 38 / 앞품 42 / 가슴둘레(B) 98 / 배둘레(BW) 85 / 조끼길이 54 / 어깨처짐(SD) 3 / 목들이(ND) 5 / 허리들이(WD) 2 / 볼기들이(HD) 1 / 가슴 다트 1.5

* 가슴 돌출에 맞게 앞길 가슴 볼륨을 만들어준다.

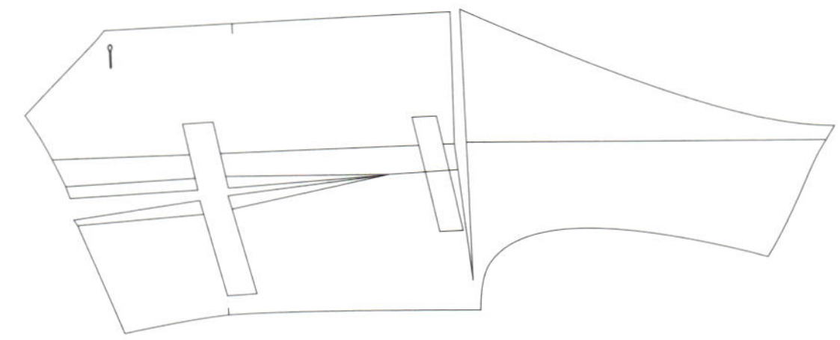

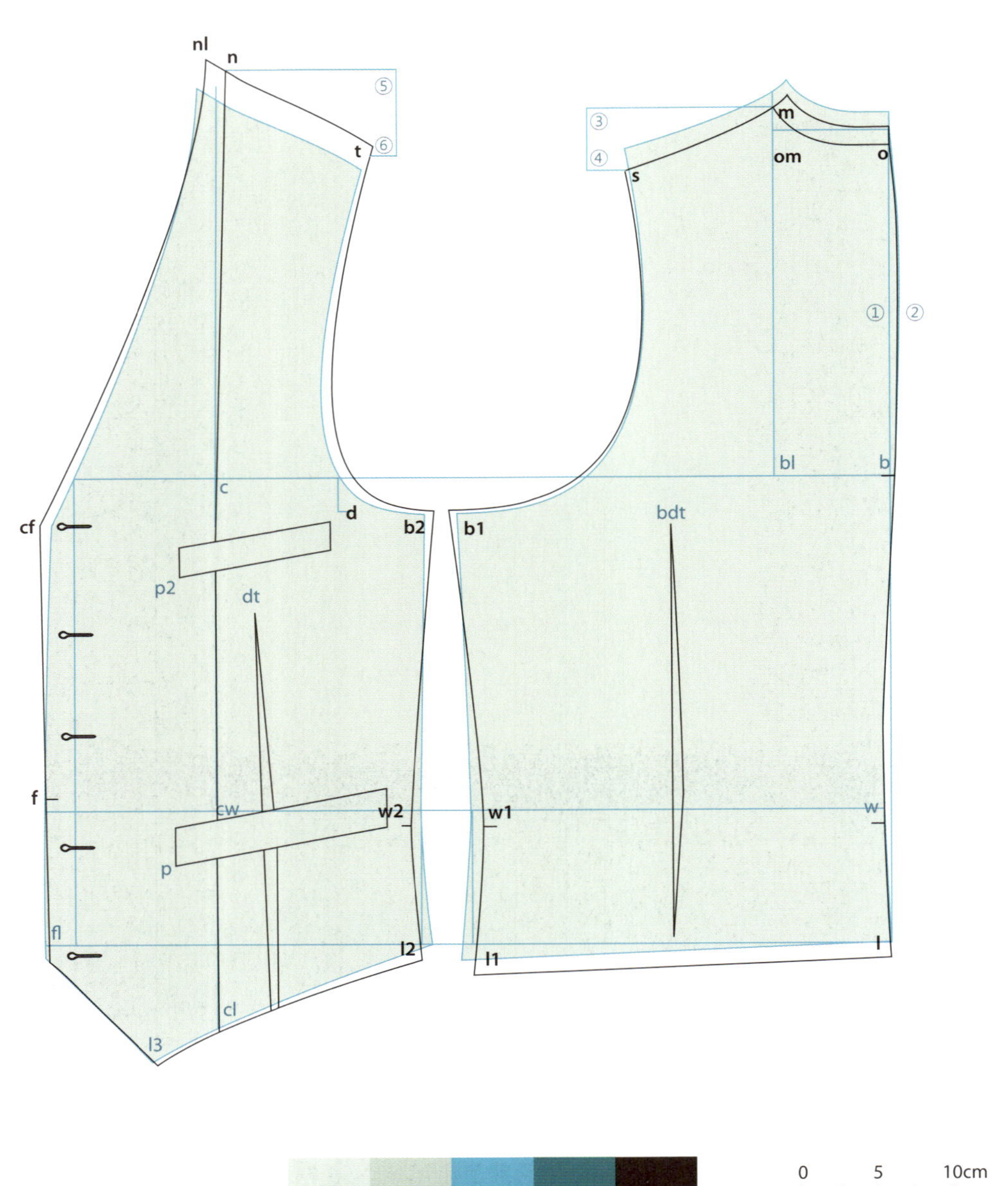

3
PANTS

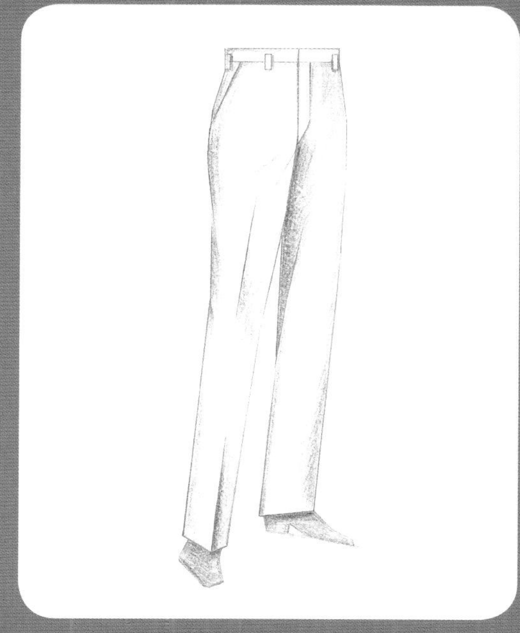

허리둘레(W) 84 / 볼기둘레(H) 99 / 바지길이(L) 97 / 다리길이(1L) 75 /
부리 22 / 허리들이(WD) 2

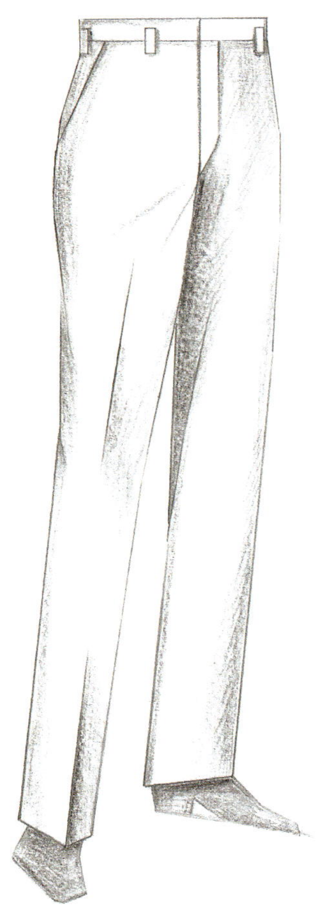

팬츠 기본패턴 설명

s	앞길 시작점
s~l	바지길이+0.8cm
l~c	다리길이
c~hc	볼기둘레×0.05+3cm
c~cl	허리둘레×0.1+1.4cm
f	s높이 1cm 아래
f~w	허리둘레×0.25+2.5cm
hc~h	(볼기둘레+허리둘레)×0.077+2cm
l~lr	부리×0.5
l~ll	l~lr 치수
c~k	다리길이×0.5-10cm
k~kr	볼기둘레×0.117
k~kl	k~kr 치수
cl~x	(볼기둘레+허리둘레)×0.035
bs	뒷길 시작점, s높이
bc	c 높이
bk	k 높이
bl	l 높이
bhc	hc높이
bhc~hb	볼기둘레 ×0.068
bs~bsu	허리들이×2+1cm
bsu~wb	허리들이×0.5+2.5cm, 0.5cm 위
wb~bw	허리둘레×0.25+다트1+다트2 +0.7cm, 0.7cm 아래
hb~bh	(허리둘레+볼기둘레)×0.148+1cm
bl~blr	부리×0.5+2cm
bl~bll	bl~blr 치수
bk~bkr	k~kr+2cm
bk~bkl	bk~bkr치수
bc~bx	(볼기둘레+허리둘레)×0.117

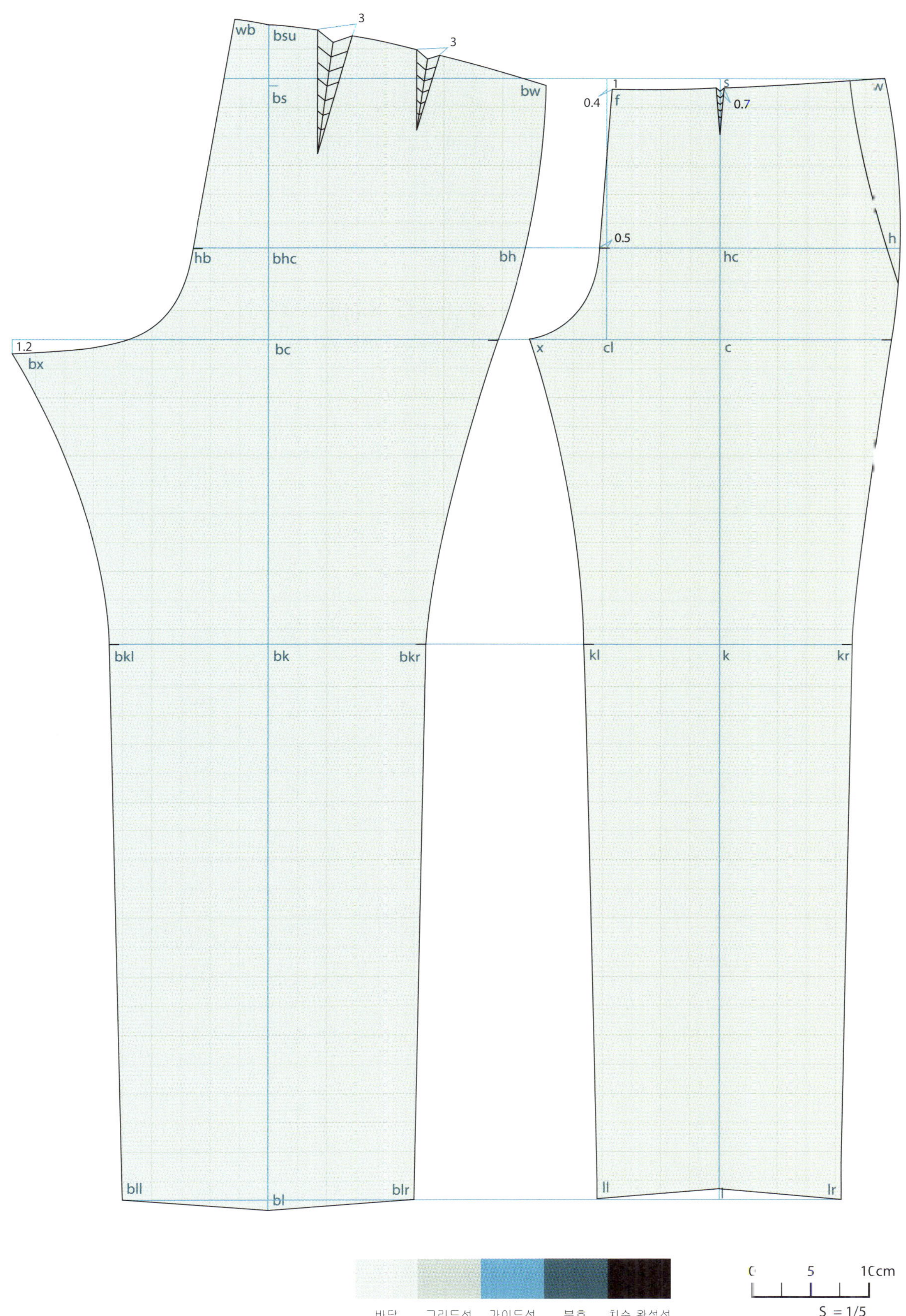

팬츠 기본패턴

NO PLEASTS

허리둘레(W) 84 / 볼기둘레(H) 99 / 바지길이(L) 97 / 다리길이(1L) 75 /
부리 22 / 허리들이(WD) 2 / **주름1 : 4**

팬츠 주름1 패턴 설명

s	앞길 시작점
s~l	바지길이+0.8cm
l~c	다리길이
c~hc	볼기둘레×0.05+3cm
c~cl	허리둘레×0.1+1.4cm**+주름1×0.1**
f	s높이 1cm 아래
f~w	허리둘레×0.25+2cm**+주름1**
hc~h	(볼기둘레+허리둘레)×0.077+2cm **+주름1×0.4**
S~P	**주름1 너비**
l~lr	부리×0.5
l~ll	l~lr 치수
c~k	다리길이×0.5−10cm
k~kr	볼기둘레×**0.12**
k~kl	k~kr 치수
cl~x	(볼기둘레+허리둘레)×0.035
bs	뒷길시작점, s높이
bc	c 높이
bk	k 높이
bl	l 높이
bhc	hc높이
bhc~hb	볼기둘레 ×0.068
bs~bsu	허리들이×2+1cm
bsu~wb	허리들이×0.5+2.5cm, 0.5cm 위
wb~bw	허리둘레×0.25+다트1+다트2 +0.7cm, 0.7cm 아래
hb~bh	(허리둘레+볼기둘레)×0.148+1cm
bl~blr	부리×0.5+2cm
bl~bll	bl~blr 치수
bk~bkr	k~kr+2cm
bk~bkl	bk~bkr 치수
bc~bx	(볼기둘레+허리둘레)×**0.12**

팬츠 주름1 패턴

1 PLEATS

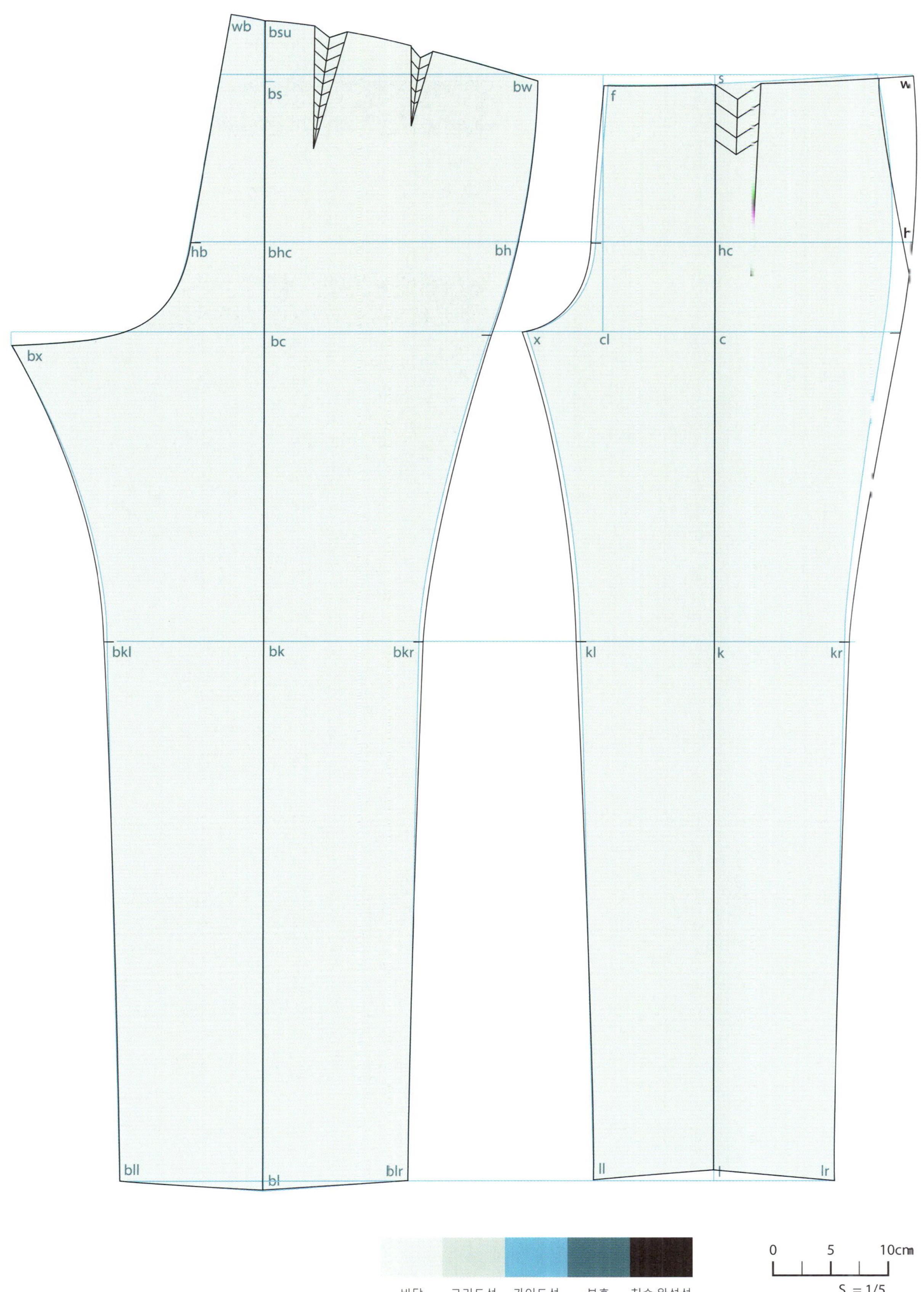

허리둘레(W) 84 / 볼기둘레(H) 99 / 바지길이(L) 97 / 다리길이(1L) 75 /
부리 22 / 허리들이(WD) 2 / **주름1 : 4 / 주름2 : 2**

팬츠 주름2 패턴 설명

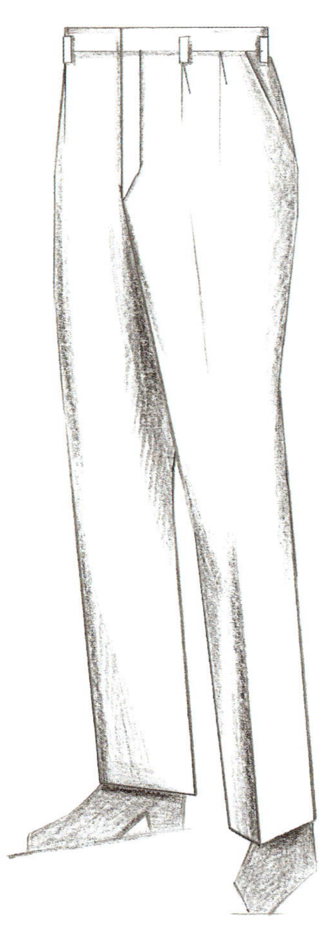

s	앞길 시작점
s~l	바지길이+0.8cm
l~c	다리길이
c~hc	볼기둘레×0.05+3cm
c~cl	허리둘레×0.1+1.4cm**+(주름1+주름2)×0.1**
f	s높이 1cm 아래
f~w	허리둘레×0.25+2cm**+주름1+주름2**
hc~h	(볼기둘레+허리둘레)×0.077+2cm**+(주름1+주름2)×0.4**
S~P	**주름1 너비**
P~p1	**허리둘레×0.05**
P1~p2	**주름2 너비**
l~lr	부리×0.5
l~ll	l~lr 치수
c~k	다리길이×0.5-10cm
k~kr	볼기둘레×0.123
k~kl	k~kr 치수
cl~x	(볼기둘레+허리둘레)×0.035
bs	뒷길시작점, s높이
bc	c 높이
bk	k 높이
bl	l 높이
bhc	hc높이
bhc~hb	볼기둘레 ×0.068
bs~bsu	허리들이×2+1cm
bsu~wb	허리들이×0.5+2.5cm, 0.5cm 위
wb~bw	허리둘레×0.25+다트1+다트2 +0.7cm, 0.7cm 아래
hb~bh	(허리둘레+볼기둘레)×0.148+1cm
bl~blr	부리×0.5+2cm
bl~bll	bl~blr 치수
bk~bkr	k~kr+2cm
bk~bkl	bk~bkr 치수
bc~bx	(볼기둘레+허리둘레)×0.123

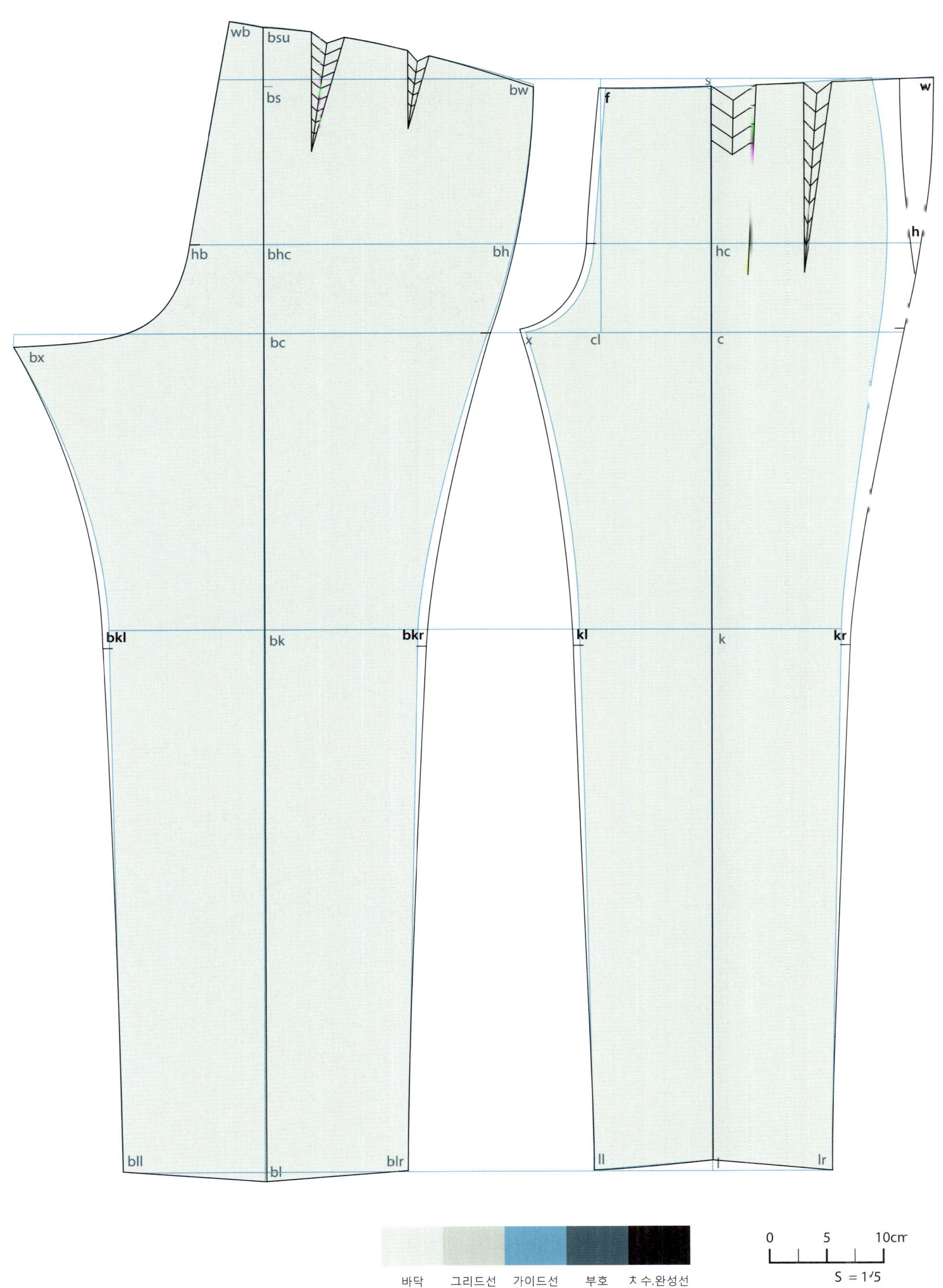

팬츠 주름2 패턴
2 PLEATS
wb
bsu
bs
bw
hb
bhc
bh
bx
bc
bkl
bk
bkr
bll
bl
blr
f
s
w
hc
h
x
cl
c
kl
k
kr
ll
lr
바닥
그리드선
가이드선
부호
치수.완성선
0
5
10cm
S = 1′5

허리둘레(W) 84 / 볼기둘레(H) 99 / 바지길이(L) 97 / 다리길이(1L) 75 /
부리 22 / 허리들이(WD) 2 / **주름1 : 4**

팬츠 주름1 클래식 패턴 설명

s	앞길 시작점
s~l	바지길이+0.8cm
l~c	다리길이
c~hc	볼기둘레×0.05+3cm
c~cl	허리둘레×0.1+1.4cm**+주름×0.1**
f	s높이
f~w	허리둘레×0.25+2cm**+주름1**
hc~h	**(볼기둘레+허리둘레)×0.077+2cm+주름1×0.4**
S~P	**주름1 너비**
l~lr	부리×0.5
l~ll	l~lr 치수
c~k	다리길이×0.5−10cm
k~kr	볼기둘레×0.123
k~kl	k~kr 치수
cl~x	(볼기둘레+허리둘레)×0.035
bs	뒷길시작점, s높이
bc	c 높이
bk	k 높이
bl	l 높이
bhc	hc높이
bhc~hb	볼기둘레 ×0.068
bs~bsu	허리들이×2+1cm
bsu~wb	허리들이×0.5+2cm, 0.5cm 위
wb~bw	허리둘레×0.25+다트1+다트2 +0.7cm, 0.7cm 아래
hb~bh	(허리둘레+볼기둘레)×0.15+1cm
bl~blr	부리×0.5+2cm
bl~bll	bl~blr 치수
bk~bkr	k~kr+2cm
bk~bkl	bk~bkr 치수
bc~bx	(볼기둘레+허리둘레)×0.123

팬츠 주름1 클래식 패턴

CLASSIC 1 PLEATS

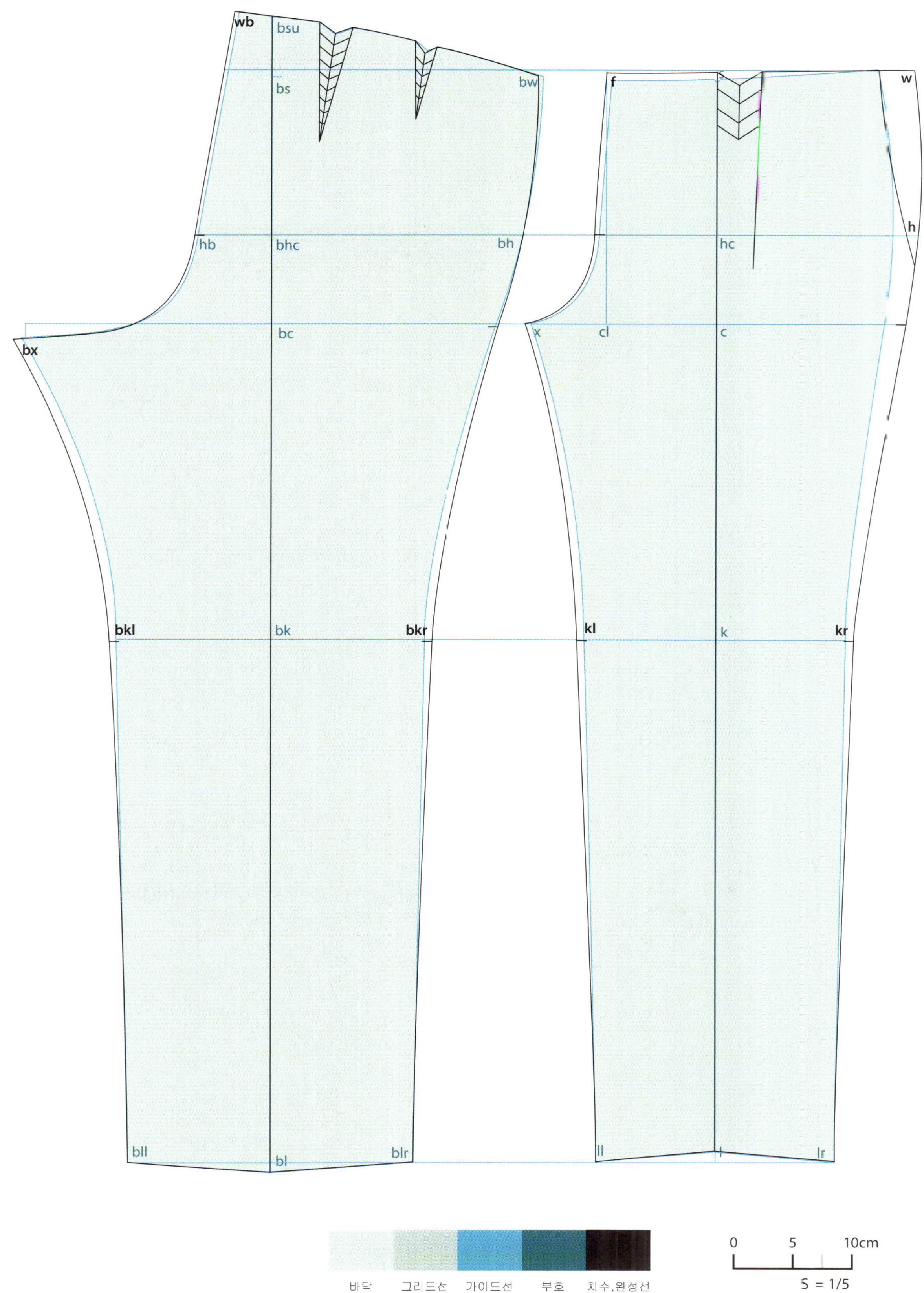

팬츠 주름1 큰 볼기둘레

BIG HIP 1 PLEATS

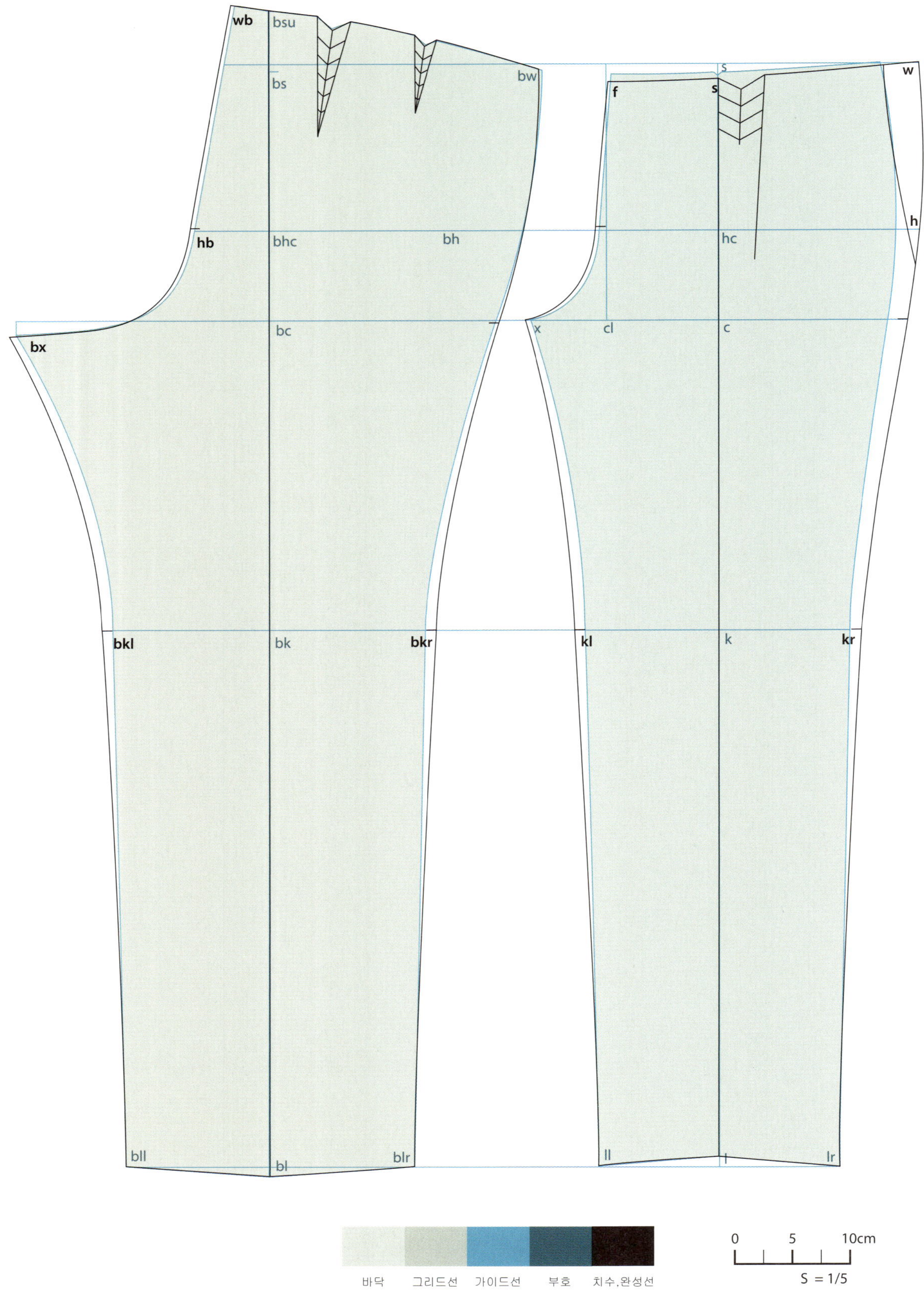

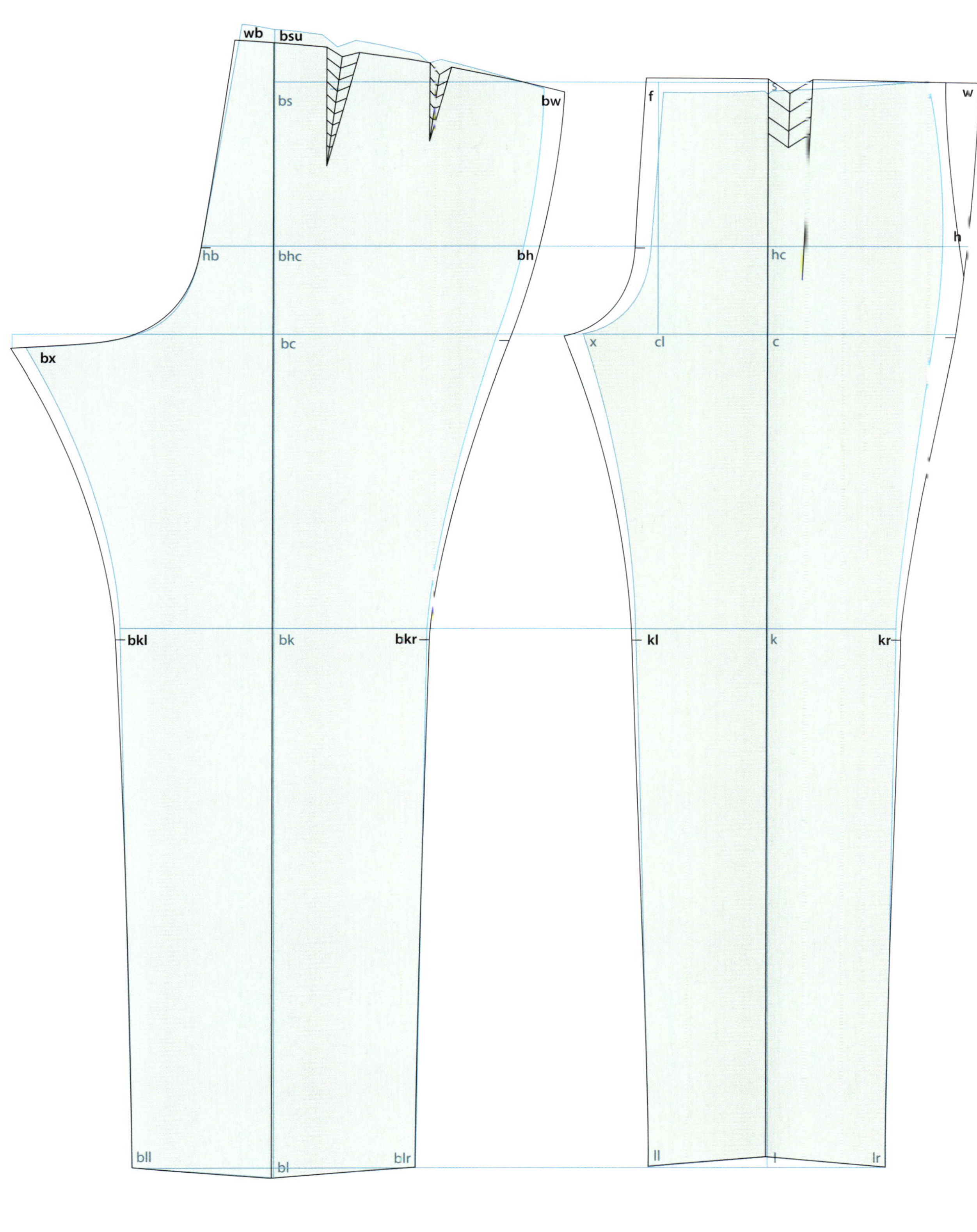

wb
bsu
bs
bw
hb
bhc
bh
bx
bc
bkl
bk
bkr
bll
bl
blr
f
s
w
hc
h
x
cl
c
kl
k
kr
ll
t
lr

바닥   그리드선   가이드선   부호   치수.완성선
0   5   10cm
S = 1/5

팬츠 얕은 허리들이 패턴

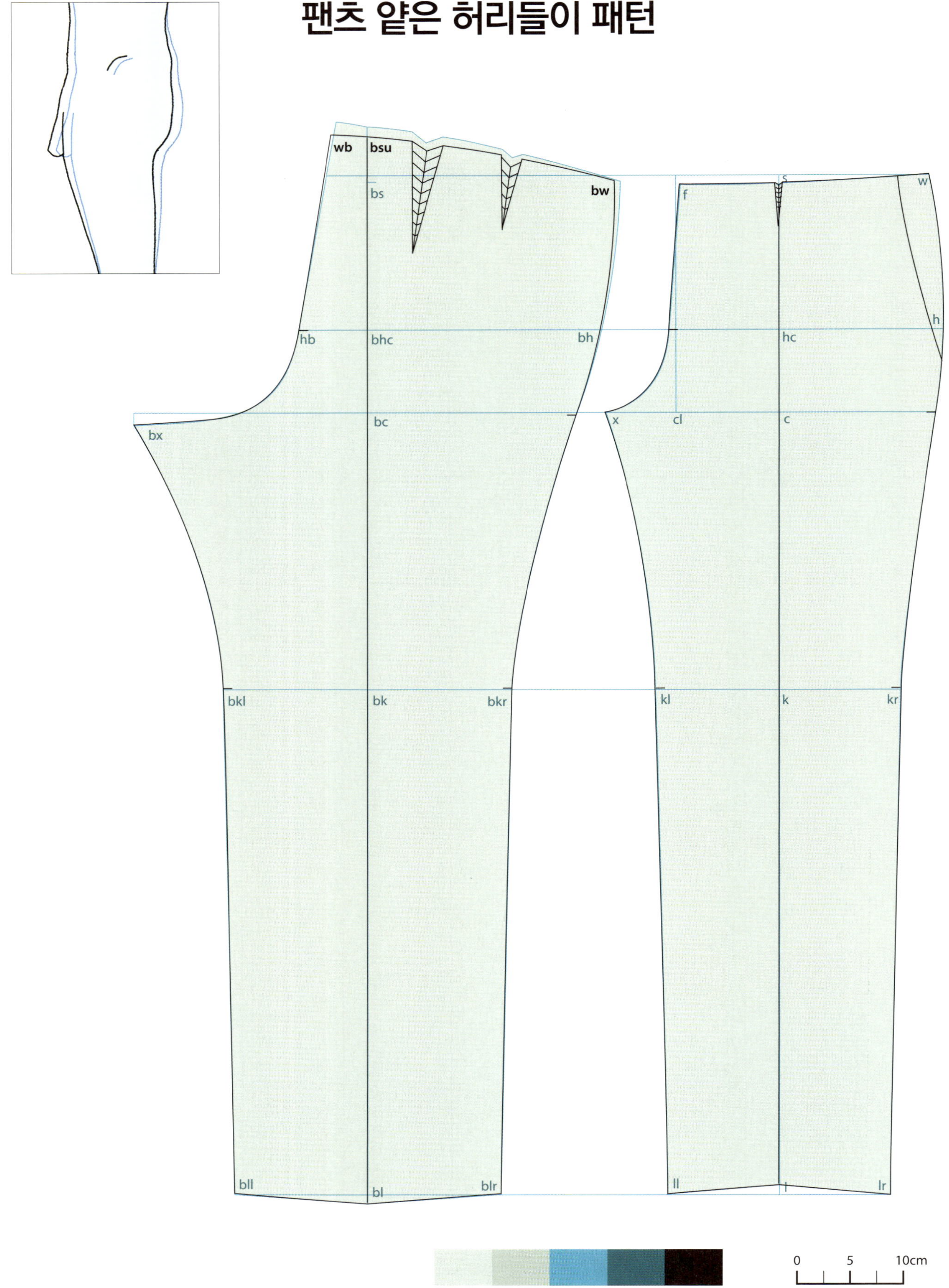

팬츠 깊은 허리들이 패턴

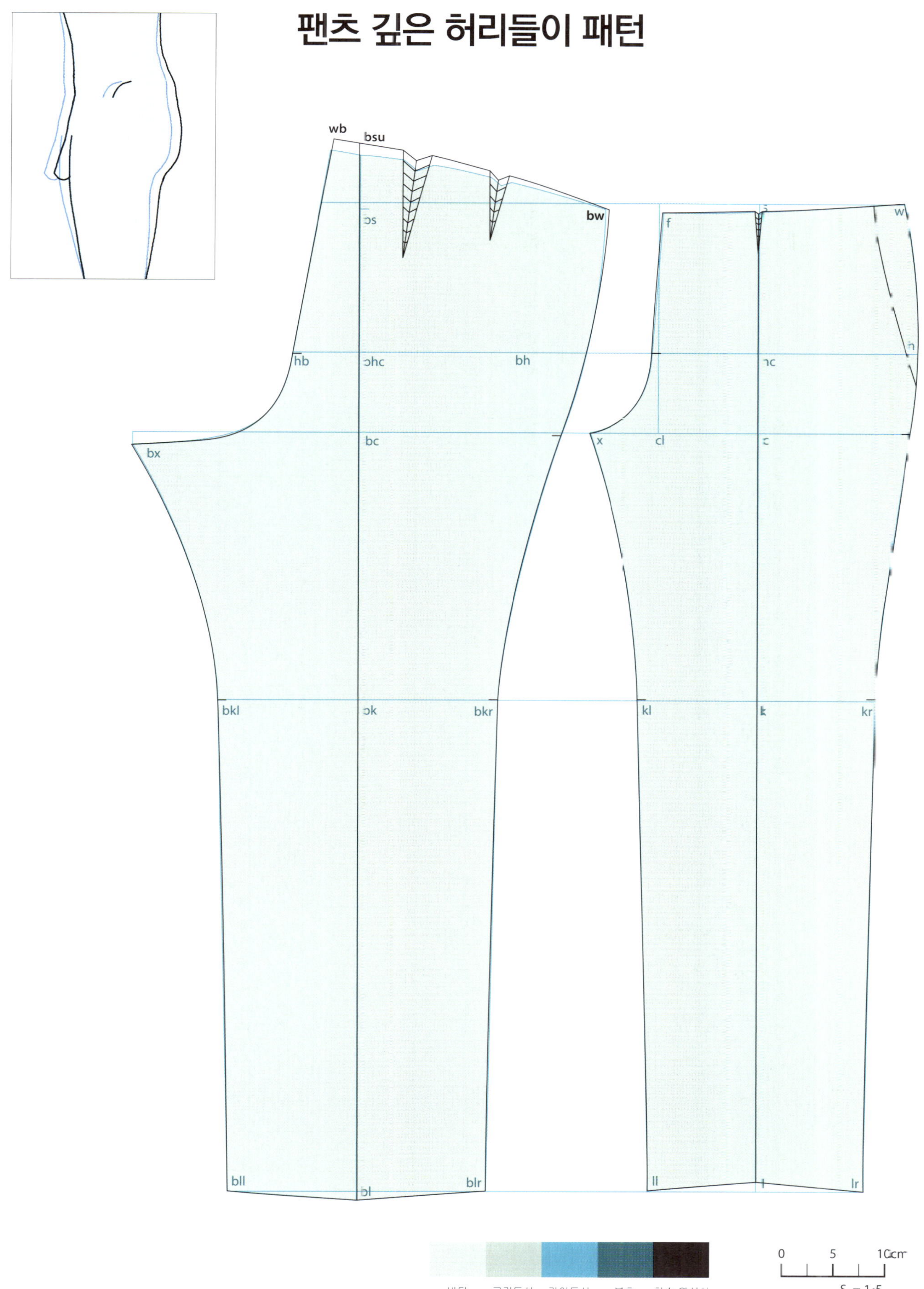

팬츠 기본 생산용 패턴

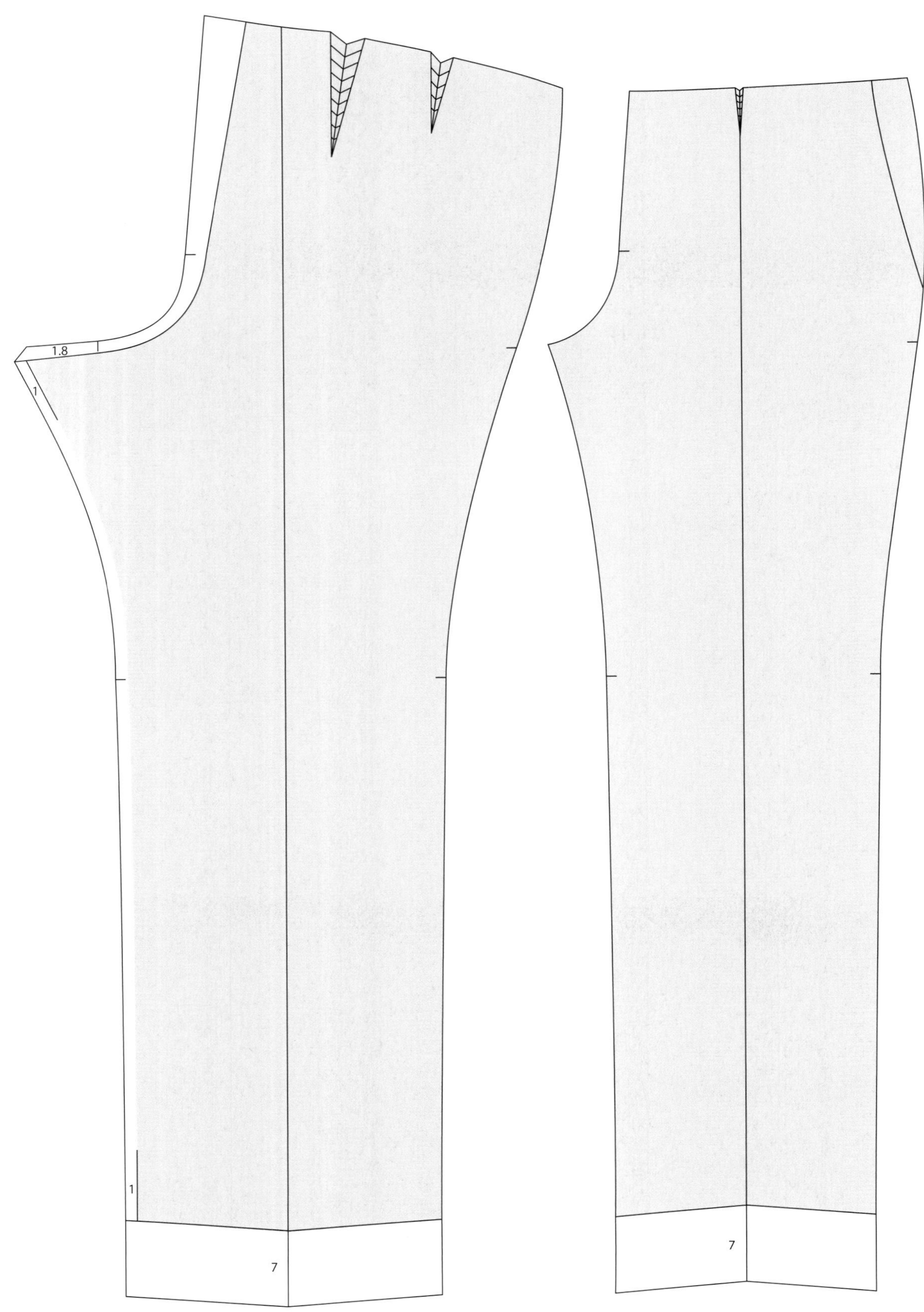

4
COAT

원길이(FL) 150 / 진동 23 / 뒷장 25 / 앞장 25.5 / 어깨너비(S) 22 / 소매길이(SL) 60 / 뒷품 39 / 앞품 39 / 가슴둘레(B) 98 / 배둘레(BW) 85 / 볼기둘레(H) 99 / 어깨처짐(SD) 4.5 / 목둘이(ND) 6.5 / 볼기들이 (HD) 1 / **코트길이(cl) 95 (유행, 주문치수)**

코트 기본패턴 설명

o	시작점
o~b	진동+0.3cm
o~①	o~b÷2
①~②	0.7cm
o~w	원길이×0.25**+4cm**
w~h	원길이×0.1+2.5cm
o~l	원길이×0.5-2.5cm
o~lc	**코트길이**
o~om	배둘레×0.05+3.7cm
bl~m	뒷장+1cm
o~③	20cm
③~④	어깨처짐**-0.7cm**
o~s	m~④ 연결선, 완성어깨너비+0.8cm
h~h1	(볼기둘레**+5cm**)×0.2
c	b높이 앞길시작점
c~n	앞장+1.5cm, 0.5cm 우
n~⑤	m~③치수
⑤~⑥	어깨처짐**+1.3cm**
n~t	n~⑥ 연장 m~s 치수
y	s~t 중간높이
y~ad	가슴둘레×0.07+14cm**+1.7cm**
y~ts	3.1cm
y~z	y~ad÷2-2cm
e	등솔기에서 뒷품×0.56**+0.5cm**
	ad~z÷2+0.5cm 위

e~e1	1시접
b1	ad높이, 곡선 교차점
v	z높이
cl	**lc높이** 2cm 아래
cw~f	(배둘레+5cm+앞품)×0.008**+3.5cm**
fl	**cl 아래 0.5cm**
c~d	앞품×0.24
d~b4	4.5cm
d~u	3.5cm
h4	c아래(볼기둘레**+5cm**)×0.115
a	ts 높이 d 위
az	z높이 d 위
a~p	소매길이**-13cm**
n~nd	**5cm**
n~n1	2.3cm
nl~nld	10cm
nld~fc	깃너비
n~pb	**원길이×0.19**
dt	가슴주머니 중앙 4cm 아래점
x	ad높이 옆길시작점
xl	x아래 lc높이+0.6cm 아래
x~b2	(가슴둘레**+5cm**)×0.1+0.5cm
e2	b2 위 e1높이
e2~e3	1시접
h2	x아래 점에서(볼기둘레**+5cm**)×0.11

코트 기본패턴
COAT 3 BUTTON

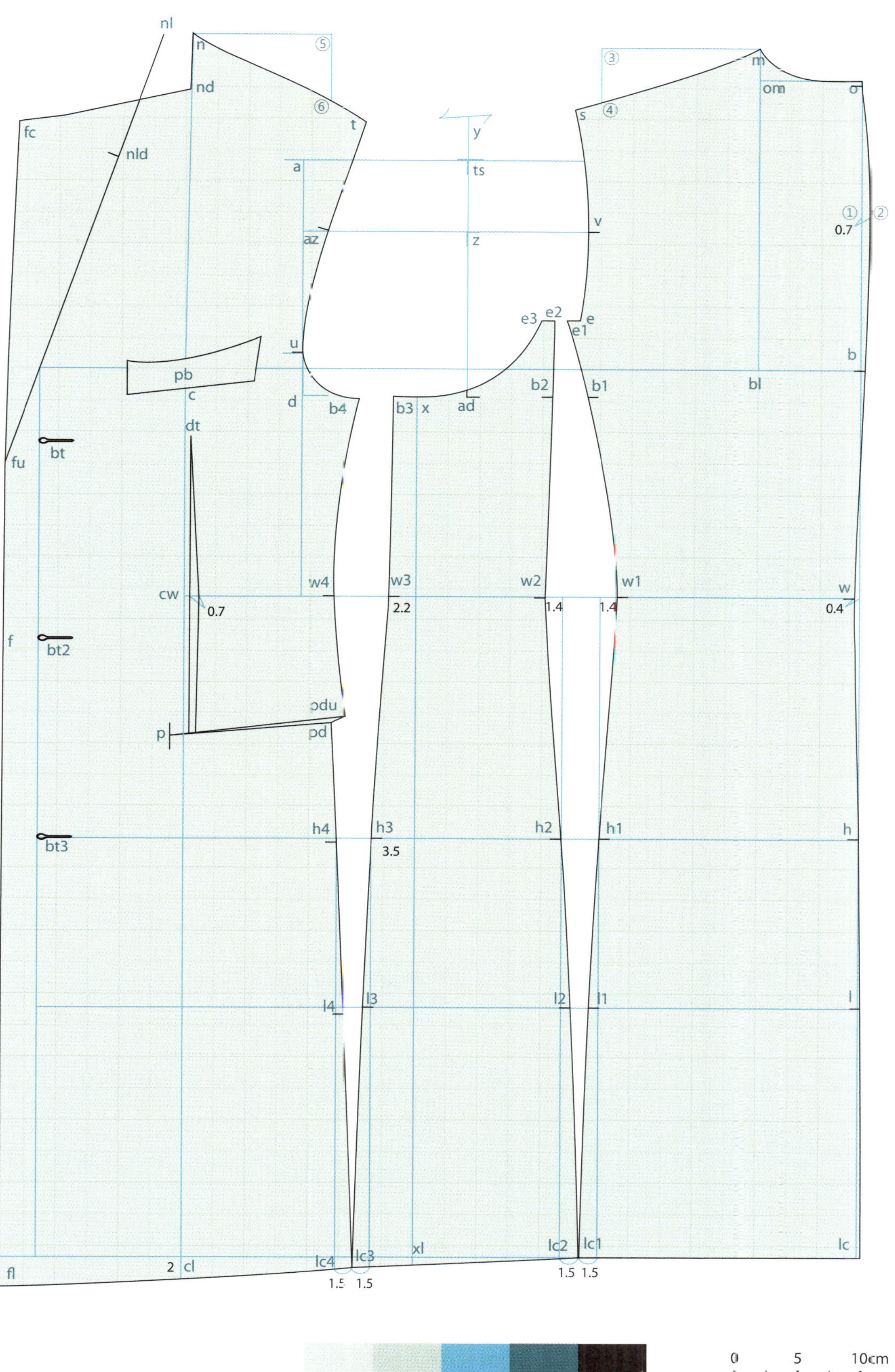

기본 자켓과 기본 코트 비교

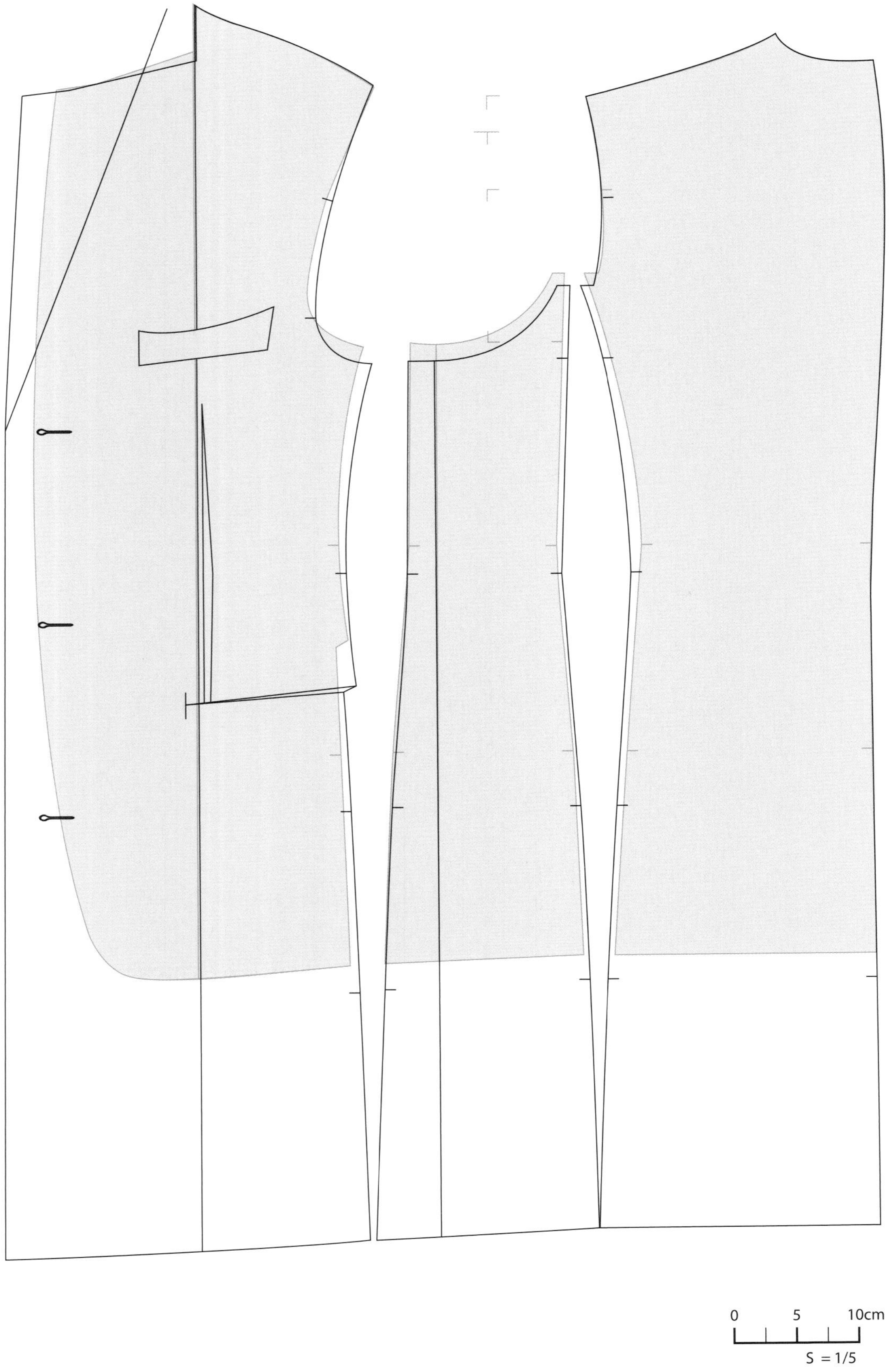

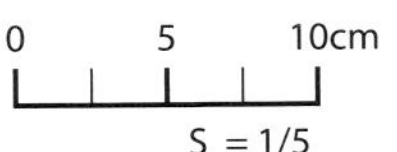

코트 기본패턴 소매

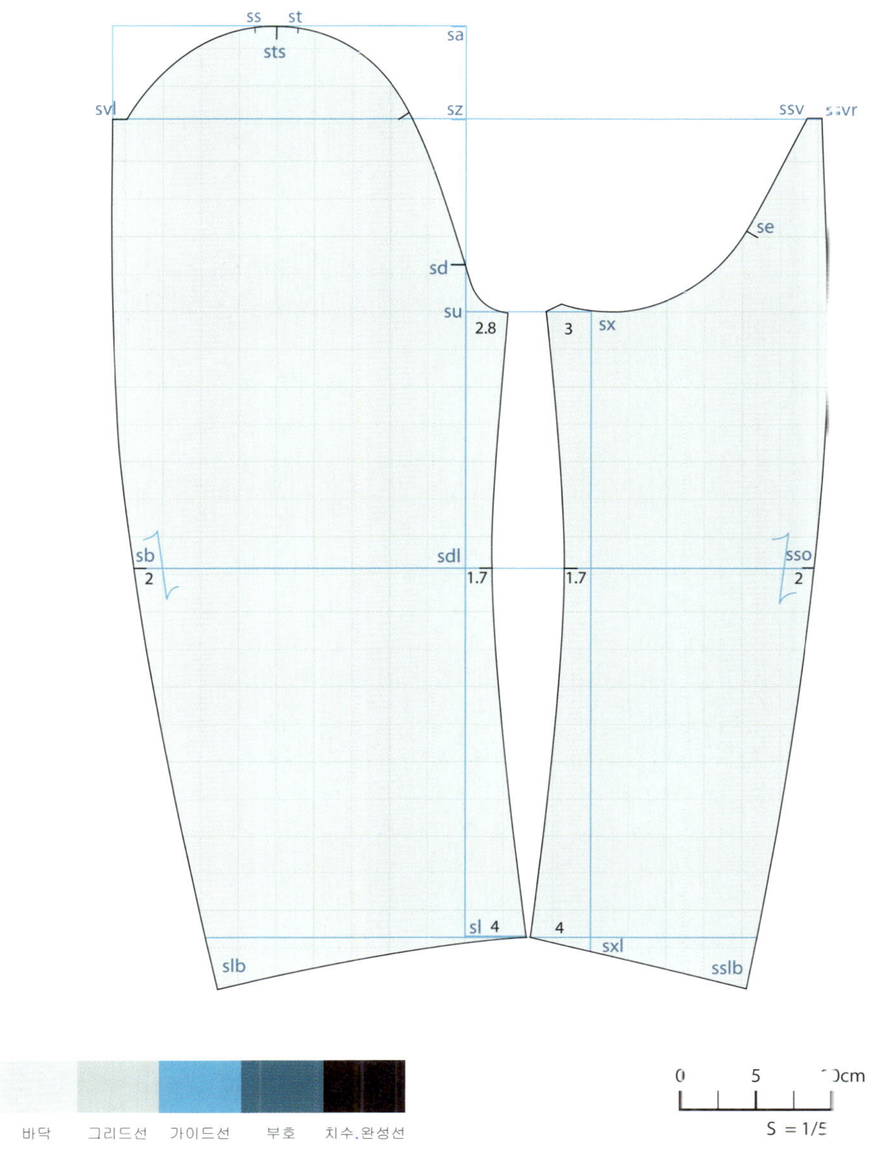

코트 기본패턴 소매 설명

sa	윗소매 시작점	st~ss	윗소매 홈줄임량
sa~sz	a~z 치수	sts	st~ss÷2
sa~su	a~u 치수	sl~slb	가슴둘레×0.05+11.5cm, sl 아래 3.1cm
su~sd	u~d 치수	sx	아래소매 시작점
sa~sl	소매길이+1.5cm	sxl	sl높이 sx아래
sd~sdl	sd~sl÷2-4cm	sx~ssdl	sdl높이
sz~szll	a~t 너비×0.5+1.5cm	su~se	u~e3 치수, e3 높이
szll~sv	a~d-0.5cm	ssv	se 위 4cm 우
sv~svl	1시접	ssv~ssvr	1시접
su~st	u~t 치수	sxl~sslb	가슴둘레×0.05+5.5cm
sv~ss	v~s 치수		

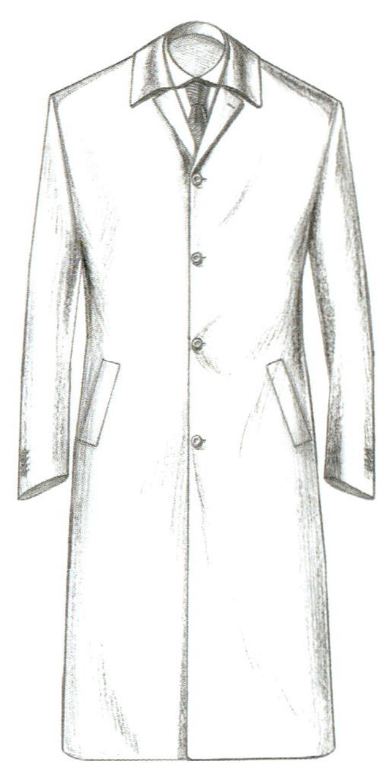

윈길이(FL) 150 / 진동 23 / 뒷장 25 / 앞장 25.5 / 어깨너비(S) 22 / 소매길이(SL) 60 / 뒷품 39 / 앞품 39 / 가슴둘레(B) 98 / 배둘레(BW) 85 / 볼기둘레(H) 99 / 어깨처짐(SD) 4.5 / 목들이(ND) 6.5 / 볼기들이(HD) 1 / **코트길이(cl) 95 (유행, 주문치수)**

코트 5단추 패턴 설명

o	시작점		b1	ad높이, 곡선 교차점
o~b	진동+0.3cm		v	z높이
o~①	o~b÷2		cl	lc높이 2cm 아래
①~②	0.7cm		cw~f	(배둘레+5cm+앞품)×0.08+3.5cm
o~w	윈길이×0.25+4cm		fl	cl 아래 0.5cm
w~h	윈길이×0.1+2.5cm		c~d	앞품×0.24
o~l	윈길이×0.5-2.5cm		d~b4	4.5cm
o~lc	코트길이		d~u	3.5cm
o~om	배둘레×0.05+3.7cm		h4	c아래(볼기둘레+5cm)×0.115
bl~m	뒷장+1cm		a	ts 높이 d 위
o~③	20cm		az	z높이 d 위
③~④	어깨처짐-0.7cm		a~p	소매길이-13cm
o~s	m~④ 연결선, 완성어깨너비+0.8cm		n~nd	**가슴둘레×0.065, 0.4cm 좌**
h~h1	(볼기둘레+5cm)×0.2		n~n1	2.3cm
c	b높이 앞길시작점		Nc	**n아래에서 o~om+2cm**
c~n	앞장+1.5cm, 0.5cm 우			**n높이에서 o~om+2cm**
n~⑤	m~③치수		nc~fc	**3.5cm (앞여밈량÷2)**
⑤~⑥	어깨처짐+1.3cm		n~pb	윈길이×0.19
n~t	n~⑥ 연장 m~s 치수		dt	가슴주머니 중앙 4cm 아래점
y	s~t 중간높이		x	ad높이 옆길시작점
y~ad	가슴둘레×0.07+14cm+1.7cm		xl	x아래 lc높이+0.6cm 아래
y~ts	3.1cm		x~b2	(가슴둘레+5cm)×0.1+0.5cm
y~z	y~ad÷2-2cm		e2	b2 위 e1높이
e	등솔기에서 뒷품×0.56+0.5cm		e2~e3	1시접
	ad~z÷2+0.5cm 위		h2	x아래 점에서(볼기둘레+5cm)×0.11
e~e1	1시접			

* 소매 패턴은 코트 기본패턴과 같음.

코트 5 단추 패턴
COAT 5 BUTTON

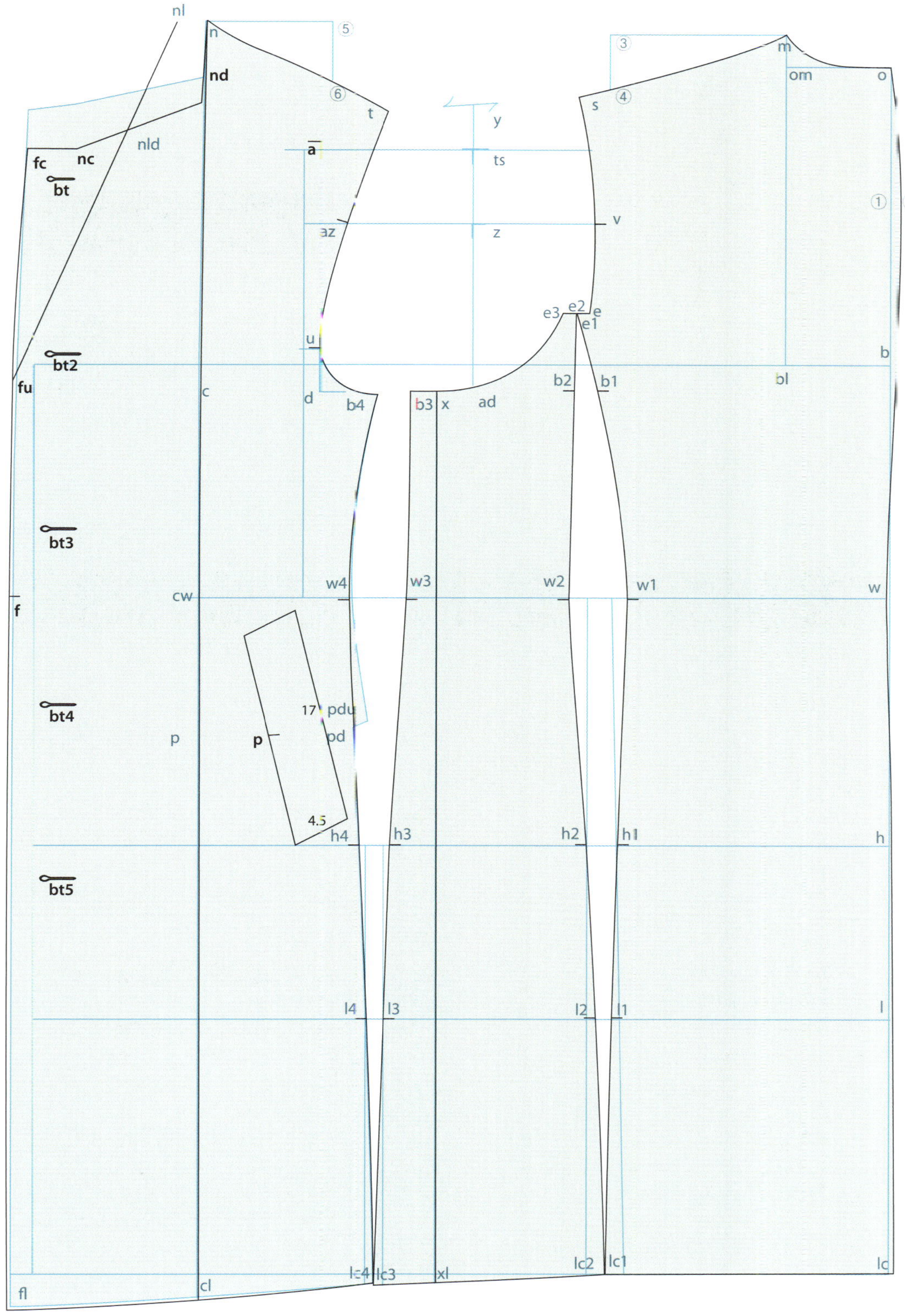

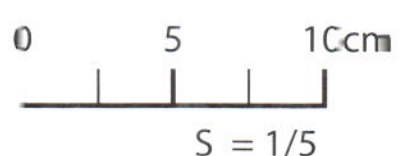

윈길이(FL) 150 / 진동 23 / 뒷장 25 / 앞장 25.5 / 어깨너비(S) 22 / 소매길이(SL) 60 / 뒷품 39 / 앞품 39 / 가슴둘레(B) 98 / 배둘레(BW) 85 / 볼기둘레(H) 99 / 어깨처짐(SD) 4.5 / 목둘이(ND) 6.5 / 볼기들이 (HD) 1 / **코트길이(cl) 95 (유행, 주문치수)**

코트 6단추 패턴 설명

o	시작점
o~b	진동+0.3cm
o~①	o~b÷2
①~②	0.7cm
o~w	윈길이×0.25+4cm
w~h	윈길이×0.1+2.5cm
o~l	윈길이×0.5−2.5cm
o~lc	코트길이
o~om	배둘레×0.05+3.7cm
bl~m	뒷장+1cm
o~③	20cm
③~④	어깨처짐−0.7cm
o~s	m~④ 연결선, 완성어깨너비+0.8cm
h~h1	(볼기둘레+5cm)×0.2
c	b높이 앞길시작점
c~n	앞장+1.5cm, 0.5cm 우
n~⑤	m~③치수
⑤~⑥	어깨처짐+1.3cm
n~t	n~⑥ 연장 m~s 치수
y	s~t 중간높이
y~ad	가슴둘레×0.07+14cm+1.7cm
y~ts	3.1cm
y~z	y~ad÷2−2cm
e	등솔기에서 뒷품×0.56+0.5cm
	ad~z÷2+0.5cm 위
e~e1	1시접

b1	ad높이, 곡선 교차점
v	z높이
cl	lc높이 2cm 아래
cw~f	(배둘레+5cm+앞품)×0.08**+2.5cm**
	+단추 간격 치수÷2
fl	cl 아래 0.5cm
c~d	앞품×0.24
d~b4	4.5cm
d~u	3.5cm
h4	c아래(볼기둘레+5cm)×0.115
a	ts 높이 d 위
az	z높이 d 위
a~p	소매길이−13cm
n~nd	5cm
n~n1	2.3cm
n~nld	**11cm**
nld~fc	깃너비
n~pb	윈길이×0.19
dt	가슴주머니 중앙 4cm 아래점
x	ad높이 옆길시작점
xl	x아래 lc높이+0.6cm 아래
x~b2	(가슴둘레+5cm)×0.1+0.5cm
e2	b2 위 e1높이
e2~e3	1시접
h2	x아래 점에서(볼기둘레+5cm)×0.11

* 소매 패턴은 코트 기본패턴과 같음.

코트 6 단추 패턴
COAT 6 BUTTON

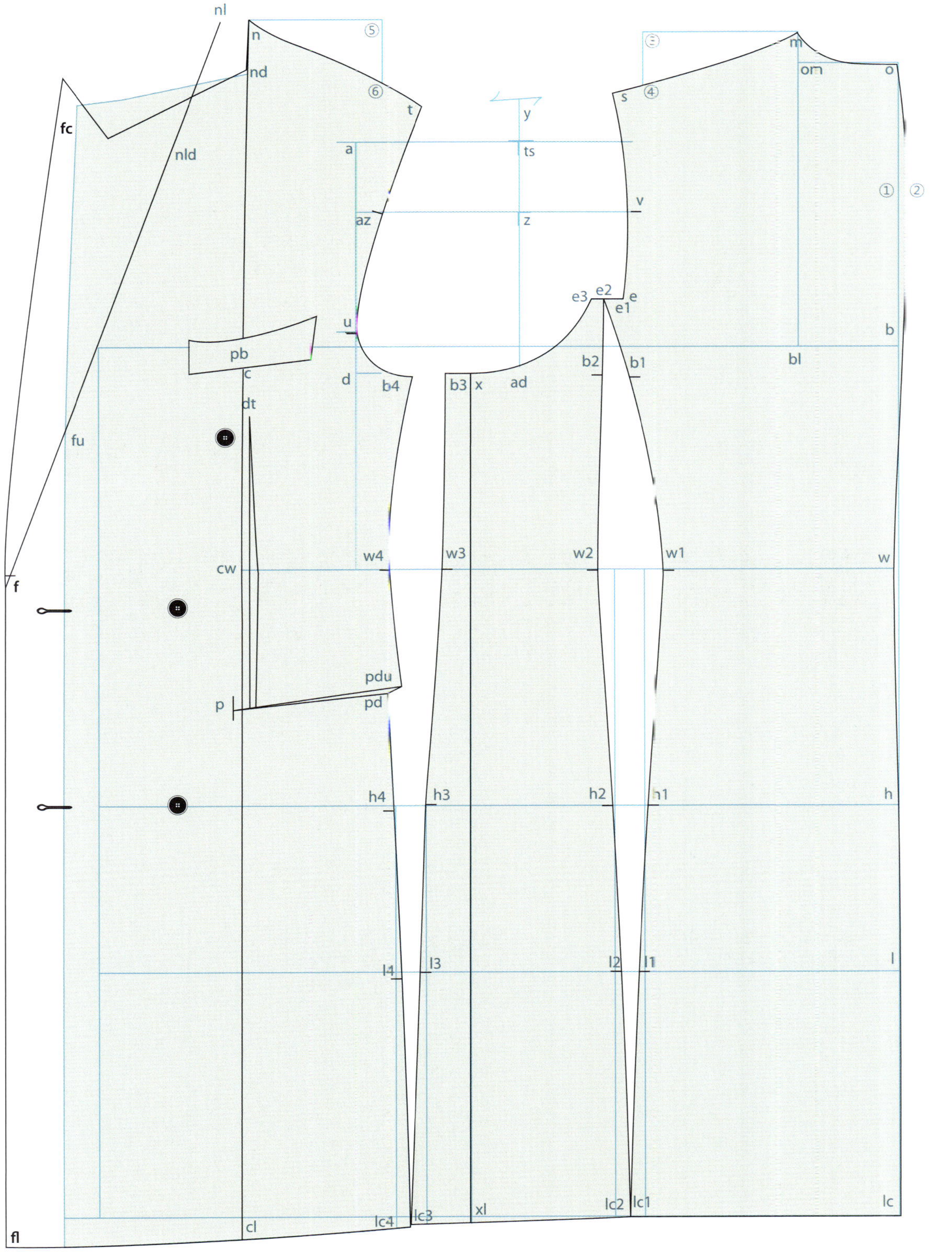

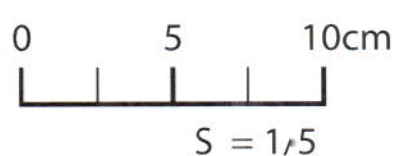

윈길이(FL) 150 / 진동 23 / 뒷장 25 / 앞장 25.5 / 어깨너비(S) 22 / 소매길이(SL) 60 / 뒷품 39 / 앞품 39 / 가슴둘레(B) 98 / 배둘레(BW) 85 / 볼기둘레(H) 99 / 어깨처짐(SD) 4.5 / 목둘이(ND) 6.5 / 볼기들이(HD) 1 / **코트길이(cl) 95 (유행, 주문치수)**

코트 6단추 클래식 패턴 설명

o	시작점	b1	ad높이, 곡선 교차점
o~b	진동+0.3cm	v	z높이
o~①	o~b÷2	cl	lc높이 2cm 아래
①~②	0.7cm	cw~f	(배둘레+5cm+앞품)×**0.082**+2.5cm
o~w	윈길이×0.25+4cm		**+단추간격 치수÷2**
w~h	윈길이×0.1+2.5cm	fl	cl 아래 0.5cm
o~l	윈길이×0.5-2.5cm	c~d	앞품×**0.25**
o~lc	코트길이	d~b4	4.5cm
o~om	배둘레×0.05+3.7cm	d~u	3.5cm
bl~m	뒷장+1cm	h4	c아래(볼기둘레+5cm)×0.115
o~③	20cm	a	ts 높이 d 위
③~④	어깨처짐-0.7cm	az	z높이 d 위
o~s	m~④ 연결선, 완성어깨너비+0.8cm	a~p	소매길이-13cm
h~h1	(볼기둘레+5cm)×0.2	n~nd	5cm
c	b높이 앞길시작점	n~n1	2.3cm
c~n	앞장+1.5cm, 0.5cm 우	nl~nld	**11cm**
n~⑤	m~③치수	nld~fc	깃너비
⑤~⑥	어깨처짐+1.3cm	n~pb	윈길이×0.19
n~t	n~⑥ 연장 m~s 치수	dt	가슴주머니 중앙 4cm 아래점
y	s~t 중간높이	x	ad높이 옆길시작점
y~ad	가슴둘레×0.07**+14.5cm**+1.7cm	xl	x아래 lc높이+0.6cm 아래
y~ts	3.1cm	x~b2	(가슴둘레+5cm)×0.1**+1cm**
y~z	y~ad÷2-2cm	e2	b2 위 e1높이
e	등솔기에서 뒷품×**0.57**+0.5cm	e2~e3	1시접
	ad~z÷2+0.5cm 위	h2	x아래 점에서(볼기둘레+5cm)×**0.115**
e~e1	1시접		

* 소매 패턴은 코트 기본패턴과 같음.

코트 6 단추 기본과 클래식 패턴 비교

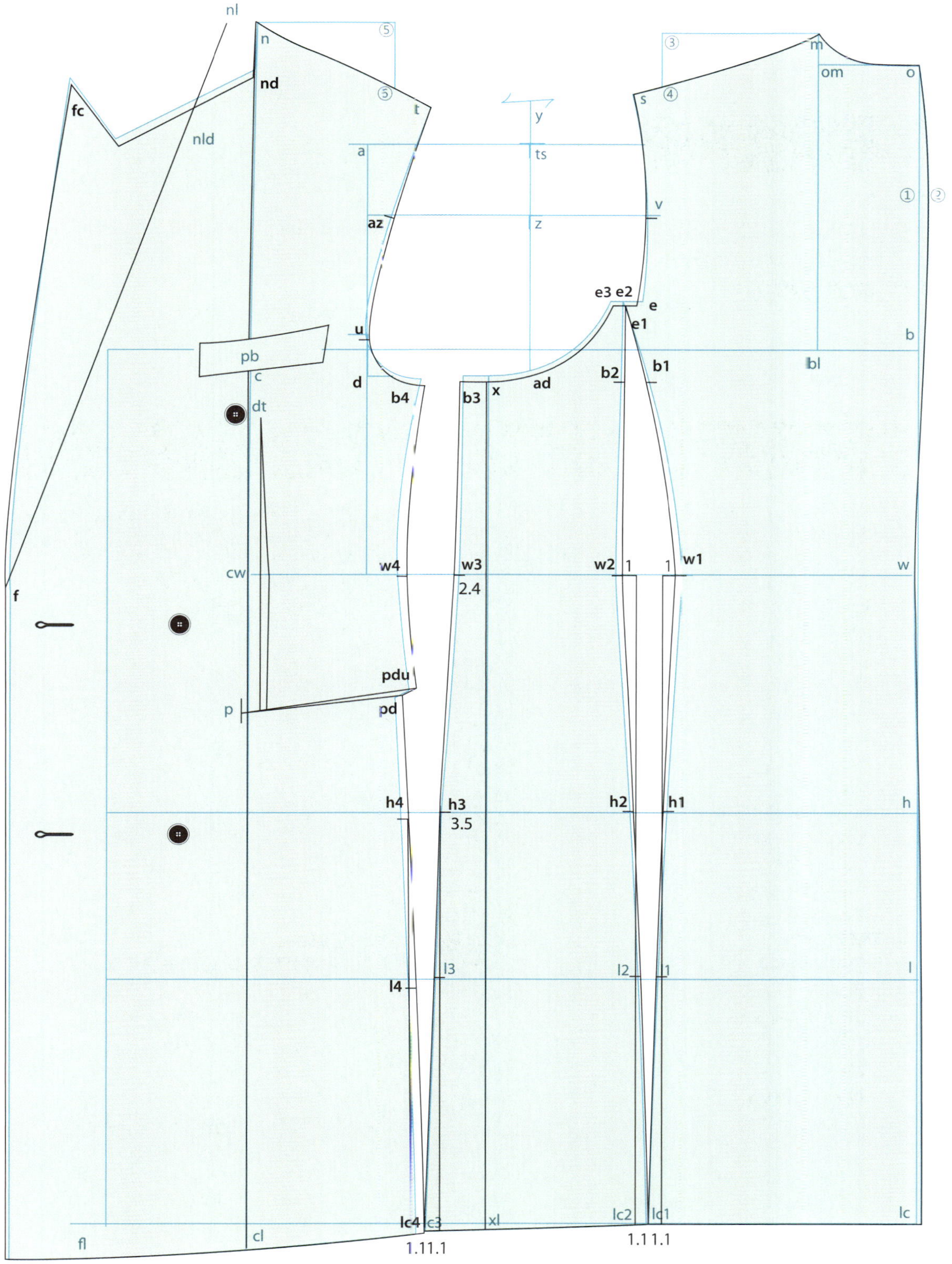

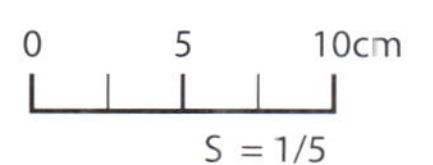

옷길이(FL) 150 / 진동 23 / 뒷장 25 / 앞장 25.5 / 어깨너비(S) 22 / 소매길이(SL) 60 / 뒷품 39 / 앞품 39 / 가슴둘레(B) 98 / 배둘레(BW) 85 / 볼기둘레(H) 99 / 어깨처짐(SD) 4.5 / 목들이(ND) 6.5 / 볼기들이 (HD) 1 / **반코트 길이(cl) 85 (유행, 주문치수)**

* 자켓 대용으로 입는 반코트

반코트 2단추 패턴 설명

o	시작점
o~b	진동+0.3cm
o~①	o~b÷2
①~②	0.7cm
o~w	옷길이×0.25**+3cm**
w~h	옷길이×0.1**+4cm**
o~l	옷길이×0.5−2.5cm
o~lc	반코트길이
o~om	배둘레×0.05+3.7cm
bl~m	뒷장+1cm
o~③	20cm
③~④	어깨처짐−0.7cm
o~s	m~④ 연결선, 완성어깨너비+0.8cm
h~h1	(볼기둘레+5cm)×0.2
c	b높이 앞길시작점
c~n	앞장+1.5cm, 0.5cm 우
n~⑤	m~③치수
⑤~⑥	어깨처짐+1.3cm
n~t	n~⑥ 연장 m~s 치수
y	s~t 중간높이
y~ad	가슴둘레×0.07**+14.5cm**+(0.5~1.7cm)
y~ts	3.1cm
y~z	y~ad÷2−2cm
e	등솔기에서 뒷품×**0.57**+0.5cm
	ad~z÷2+0.5cm 위

e~e1	1시접
b1	ad높이, 곡선 교차점
v	z높이
cl	lc높이 2cm 아래
cw~f	(배둘레+앞품)×0.08**+2.5cm**
fl	cl 아래 0.5cm
c~d	앞품×0.24
d~b4	4.5cm
d~u	3.5cm
h4	c아래에서 볼기둘레×0.115
a	ts 높이 d 위
az	z높이 d 위
a~p	소매길이**−15cm**
n~nd	5cm
n~n1	**2cm**
nl~nld	**10cm**
nld~fc	깃너비
n~pb	옷길이×0.19
dt	가슴주머니 중앙 4cm 아래점
x	ad높이 옆길시작점
xl	x아래 lc높이+0.6cm 아래
x~b2	가슴둘레×0.1**+0.8cm**
e2	b2 위 e1높이
e2~e3	1시접
h2	x아래 점에서 **볼기둘레×0.115**

* 소매 패턴은 자켓 기본패턴과 같음.

반코트 2단추 패턴
COAT 2 BUTTON

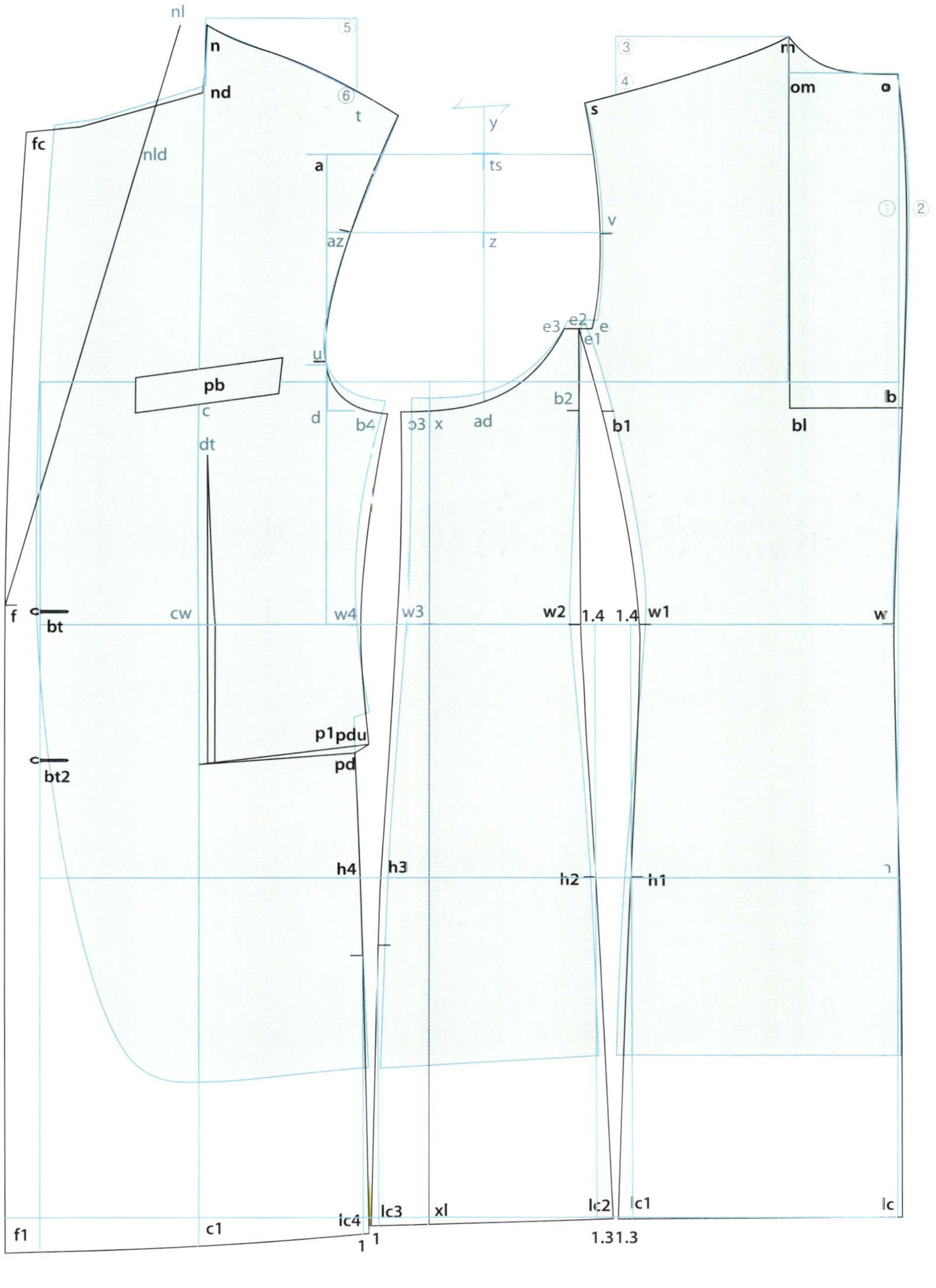

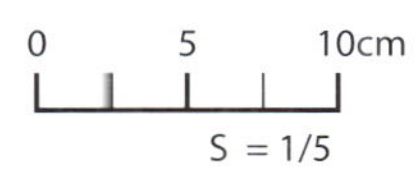

윈길이(FL) 150 / 진동 23 / 뒷장 25 / 앞장 25.5 / 어깨너비(S) 22 /
소매길이(SL) 60 / 뒷품 39 / 앞품 39 / 가슴둘레(B) 98 / 배둘레(BW)
85 / 볼기둘레(H) 99 / 어깨처짐(SD) 4.5 / 목들이(ND) 6.5 / 볼기들이
(HD) 1 / **코트길이(cl) 92 (유행, 주문치수)**

레인 코트 패턴 설명

o	시작점	y~ze	y~ad÷2−2cm
o~b	진동+0.3cm	e	등솔기에서 뒷품×0.56**+1.3cm**
o~①	o~b÷2		ad~z 높이÷2+0.5cm 위
①~②	0.7cm	b1	**뒷길 중심선에서 (가슴둘레+5cm)×0.3**
o~w	윈길이×0.25+4cm	v	z높이
o~lc	코트길이	cl	lc높이 2cm 아래
o~om	배둘레×0.05+3.7cm	cw~f	(배둘레+5cm+앞품)×0.082**+4cm** (앞 여밈량÷2)
bl~m	뒷장+1cm	fl	cl 아래 0.5cm
o~③	20cm	c~d	앞품×0.24
③~④	어깨처짐−0.7cm	d~b4	9cm
o~s	m~④ 연결선, 완성어깨너비+0.8cm	d~u	3.5cm
c	b높이 앞길 시작점	a	ts 높이 d 위
c~n	앞장+1.5cm, 0.5cm 우	az	z높이 d 위
n~⑤	m~③치수	a~p	소매길이−13cm
⑤~⑥	어깨처짐+1.3cm	n~nd	**가슴둘레×0.065, 0.4cm 좌**
n~t	n~⑥ 연장 m~s 치수	n~n1	2.3cm
y	s~t 중간높이	nc	n 좌 o~om+2cm
y~ad	가슴둘레×0.07+14cm+1.7cm		n 높이에서 o~om+2cm
y~ts	3.1cm	nc~fc	**4cm (앞 여밈량÷2)**

* 소매 패턴은 코트 기본패턴과 같음.

레인 코트 패턴

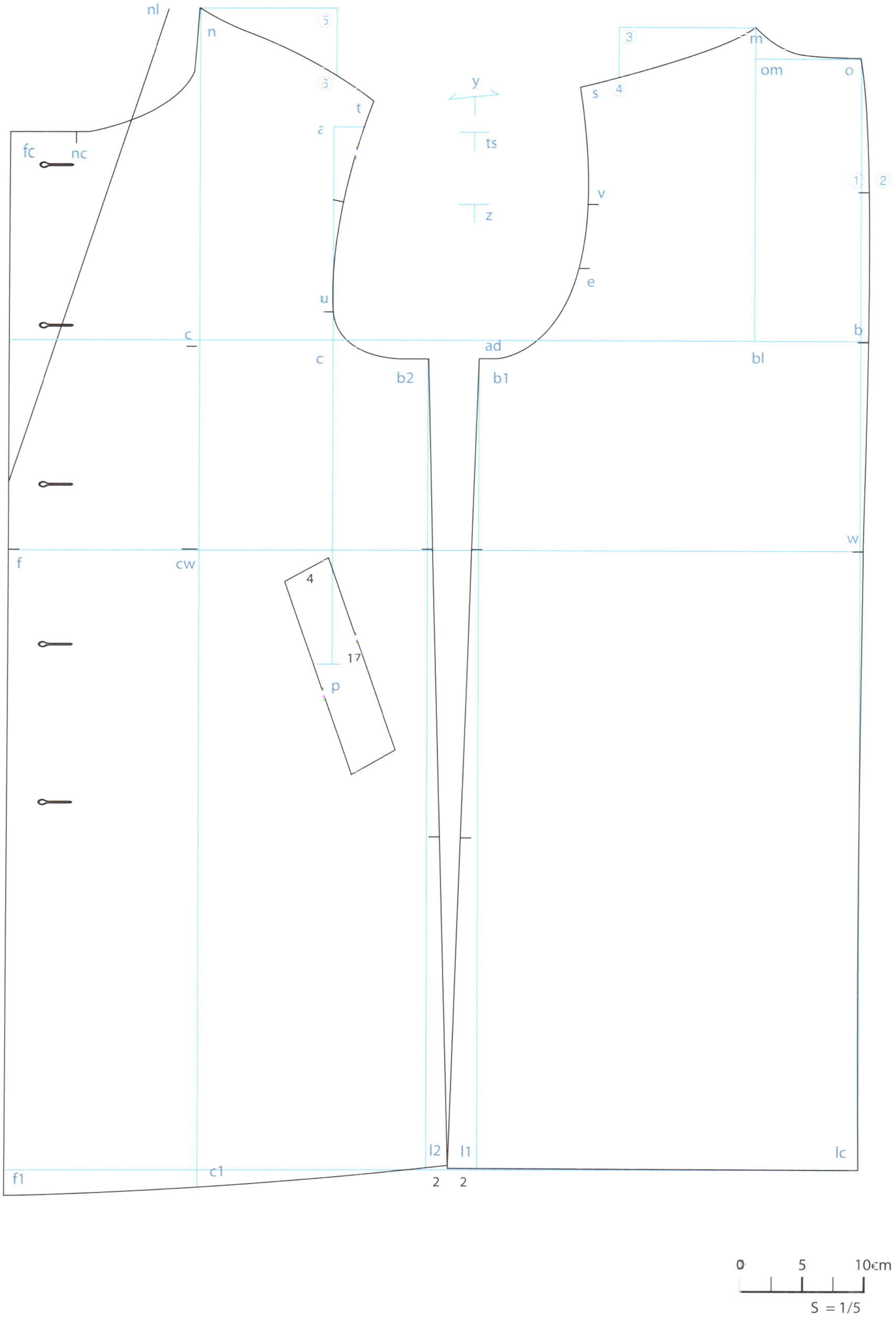

nl
n
fc
nc
t
y
ts
z
s
m
om
o
v
e
u
c
ad
bl
b
b2
b1
f
cw
w
4
17
p
l2
l1
lc
f1
c1
2
2
0
5
10cm
S = 1/5

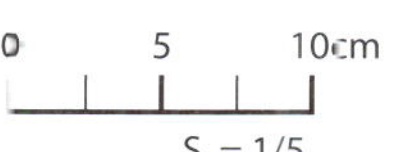

래글런 코트 패턴 설명

o	시작점	y~ts	3.1cm
o~b	진동+0.3cm	y~z	y~ad÷2−2cm
o~①	o~b÷2	e	등솔기에서 뒷품×0.56+1cm
①~②	0.7cm		ad~z÷2+0.5cm 위
o~w	왼길이×0.25+4cm	b1	뒷길 중심선에서 (가슴둘레+5cm)×0.31
o~lc	코트길이	v	z높이
o~om	배둘레×0.05+3.7cm	cl	lc높이 2cm 아래
bl~m	뒷장+2cm	cw~f	(배둘레+5cm+앞품)×0.082+4cm (앞 여밈량÷2)
m~md	2.5cm	fl	cl 아래 0.5cm
o~③	20cm	c~d	앞품×0.24
③~④	어깨처짐−0.5cm	d~b4	9cm
o~s	m~④ 연결선, 완성어깨너비+0.8cm	d~u	3.5cm
h~h1	(볼기둘레+5cm)×0.2	a	ts 높이 d 위
c	b높이 앞길시작점	az	z높이 d 위
c~n	앞장+0.5cm, 0.5cm 우	a~p	소매길이−13cm
n~⑤	m~③치수	n~nd	2.5cm, 0.4cm 좌
⑤~⑥	어깨처짐+1.5cm	n~n1	2.3cm
n~t	n~⑥ 연장 m~s 치수	nc	n 좌 o~om+2cm
y	s~t 중간높이		n 높이에서 o~om+2cm
y~ad	가슴둘레×0.07+14.5cm+2.5cm	nc~fc	4cm (앞 여밈량÷2)

래글런 코트 패턴

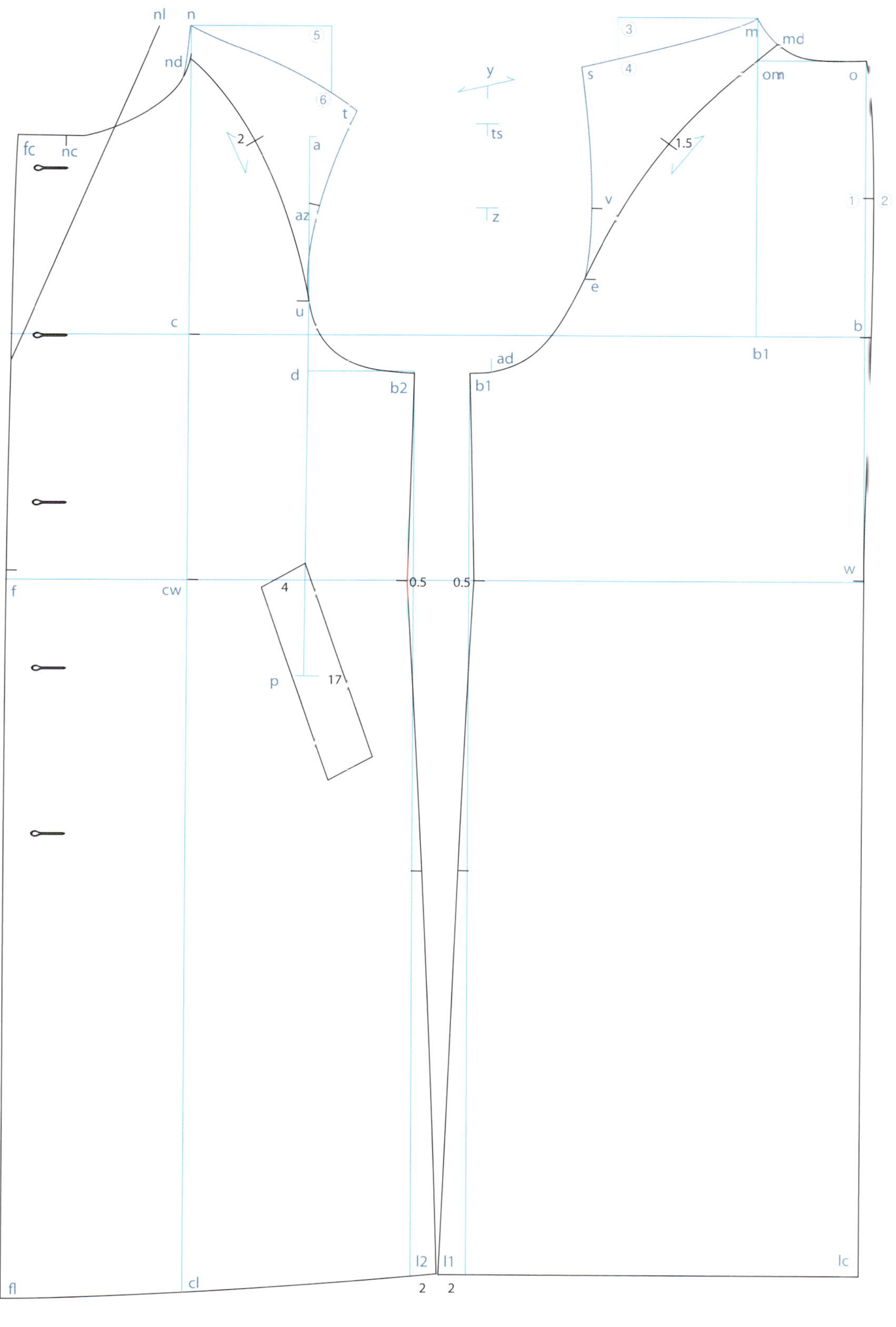

래글런 코트 소매 패턴

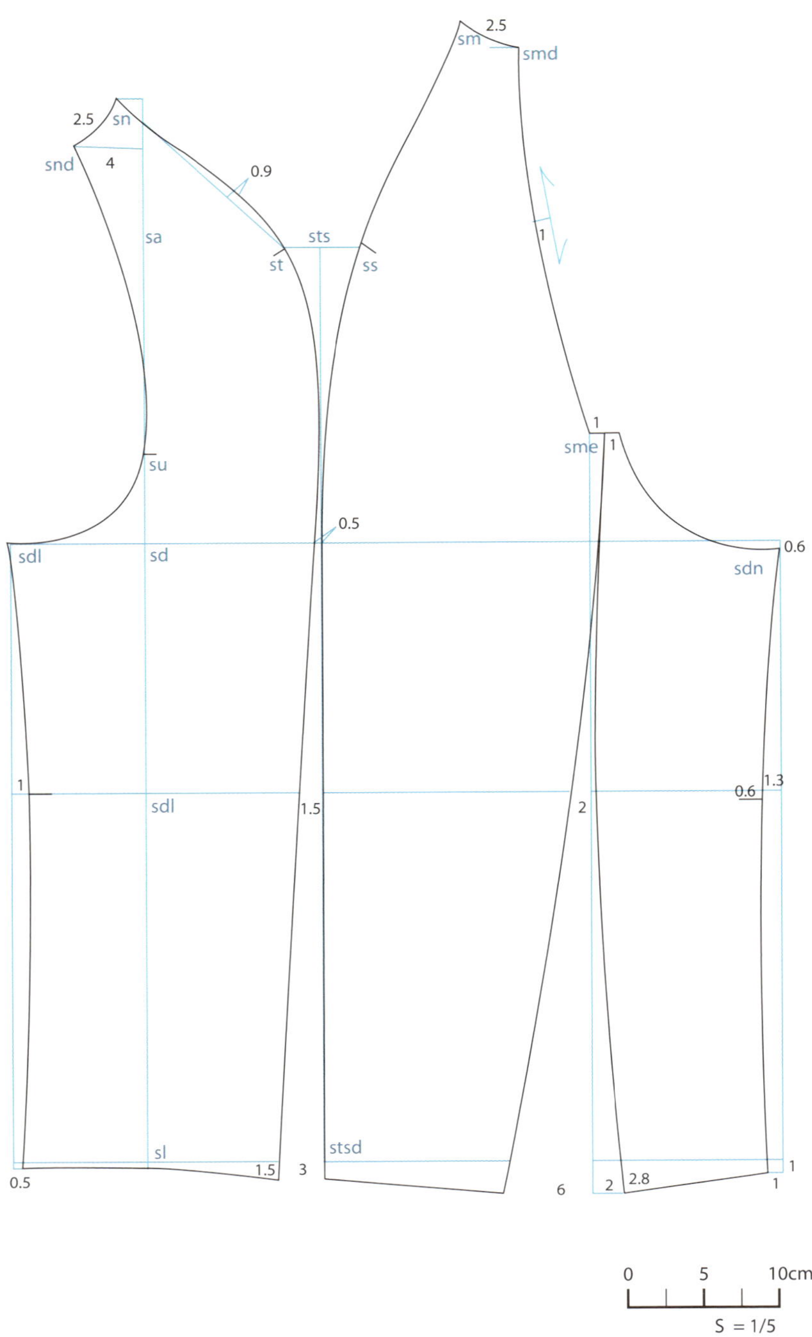

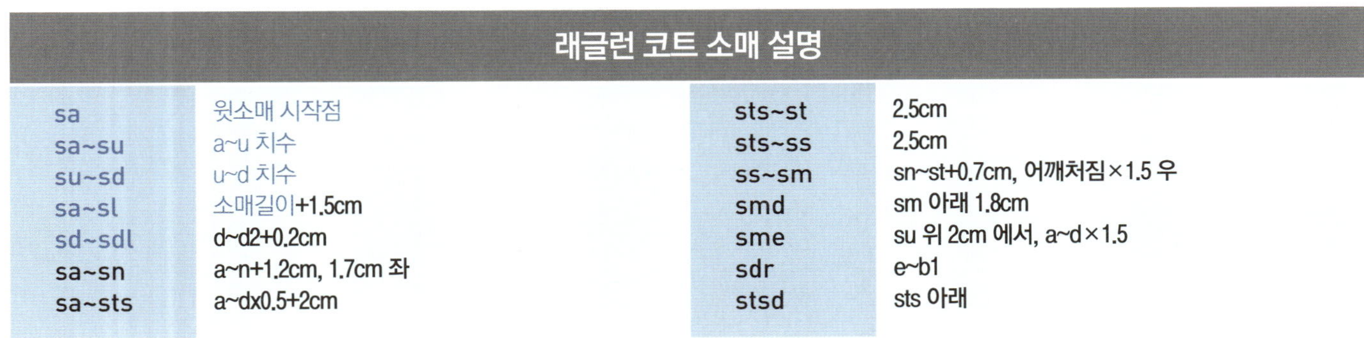

래글런 코트 소매 설명

sa	윗소매 시작점	sts~st	2.5cm
sa~su	a~u 치수	sts~ss	2.5cm
su~sd	u~d 치수	ss~sm	sn~st+0.7cm, 어깨처짐×1.5 우
sa~sl	소매길이+1.5cm	smd	sm 아래 1.8cm
sd~sdl	d~d2+0.2cm	sme	su 위 2cm 에서, a~d×1.5
sa~sn	a~n+1.2cm, 1.7cm 좌	sdr	e~b1
sa~sts	a~dx0.5+2cm	stsd	sts 아래

코트 생산용 패턴

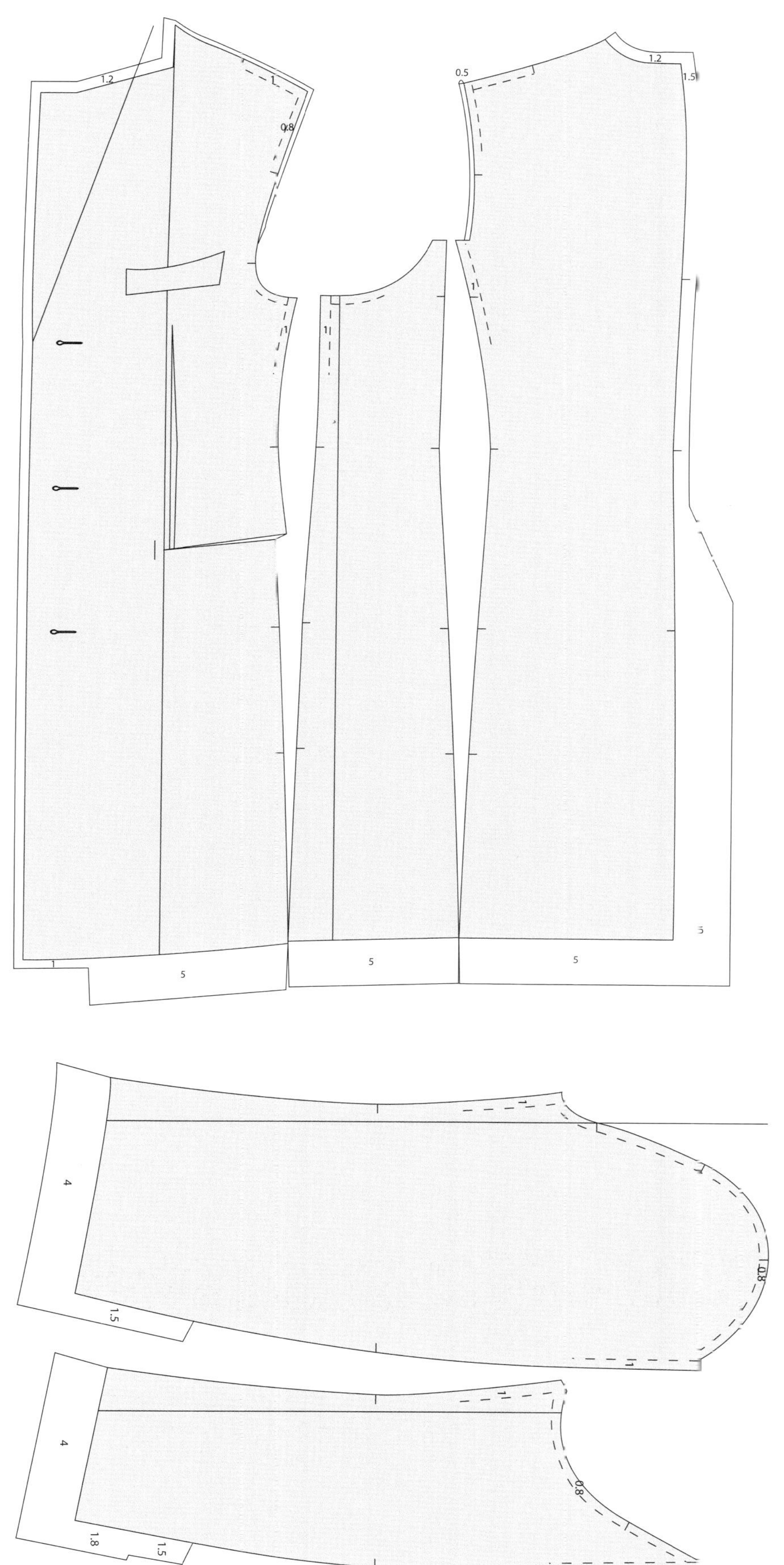

5
FORMAL

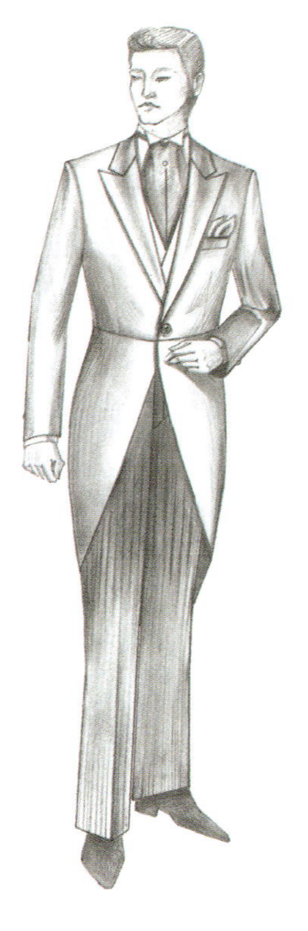

윈길이(FL) 150 / 진동 23 / 뒷장 25 / 앞장 25.5 / 어깨너비(S) 22 / 소매길이(SL) 60 / 뒷품 39 / 앞품 39 / 가슴둘레(B) 98 / 배둘레(BW) 85 / 볼기둘레(H) 99 / 어깨처짐(SD) 4.5 / 목둘이(ND) 6.5 볼기들이(HD) 1 / **모닝코트 길이102(윈길이×0.68)**

모닝 코트 패턴 설명

o	시작점	cl1	h1 아래 0.5cm 좌
o~b	진동+0.3cm	w2~w3	배둘레×0.115
o~①	o~b÷2	cw~f	(배둘레+5cm+앞품)×0.082+1.5cm
①~②	0.7cm	fl	f 아래 7cm, 1.5cm 우
o~w	윈길이×0.28+1cm	c~d	앞품×0.24
w~h	윈길이×0.1	d~b4	4.5cm
o~lc	모닝코트 길이 (윈길이×0.68)	d~u	3.5cm
o~om	배둘레×0.05+3.5cm	a	ts 높이 d 위
bl~m	뒷장+1cm	az	z높이 d 위
m~③	20cm	w5	cw 아래에서 배둘레×0.15
③~④	어깨처짐-0.5cm	n~nd	4cm
o~s	m~④ 연결선, 완성어깨너비+0.8cm	n~n1	1.5cm
h~h1	볼기둘레×0.075	nl~nld	10cm
c	b높이 앞길 시작점	nld~fc	깃너비
c~n	앞장+1.5cm, 0.5cm 우	n~p	윈길이×0.18
n~⑤	m~③치수	dt	가슴주머니 중앙 4cm 아래점
⑤~⑥	어깨처짐+1.5cm	x	ad높이 옆길 시작점
n~t	n~⑥ 연장 m~s 치수	wx	x 아래
y	s~t 중간높이	x~b2	가슴둘레×0.1+0.5cm
y~ad	가슴둘레×0.07+14.5cm	e2	b2 위 e1높이
y~ts	3.1cm	e2~e3	1시접
y~z	y~ad÷2-2cm	wx~w4	배둘레×0.11
e	등솔기에서 뒷품×0.56	w4~w2d	w2~w3 치수-1cm, 1cm 아래
	ad~z÷2+0.5cm 위	w3d	w4 아래 1cm
e~e1	1시접	cl2	w2d 아래에서 3cm, cl 아래 1cm
bl	ad높이, 곡선 교차점	w4d~fld	w4~fl 완성치수
v	z높이		

모닝 코트 패턴
MORNING COAT

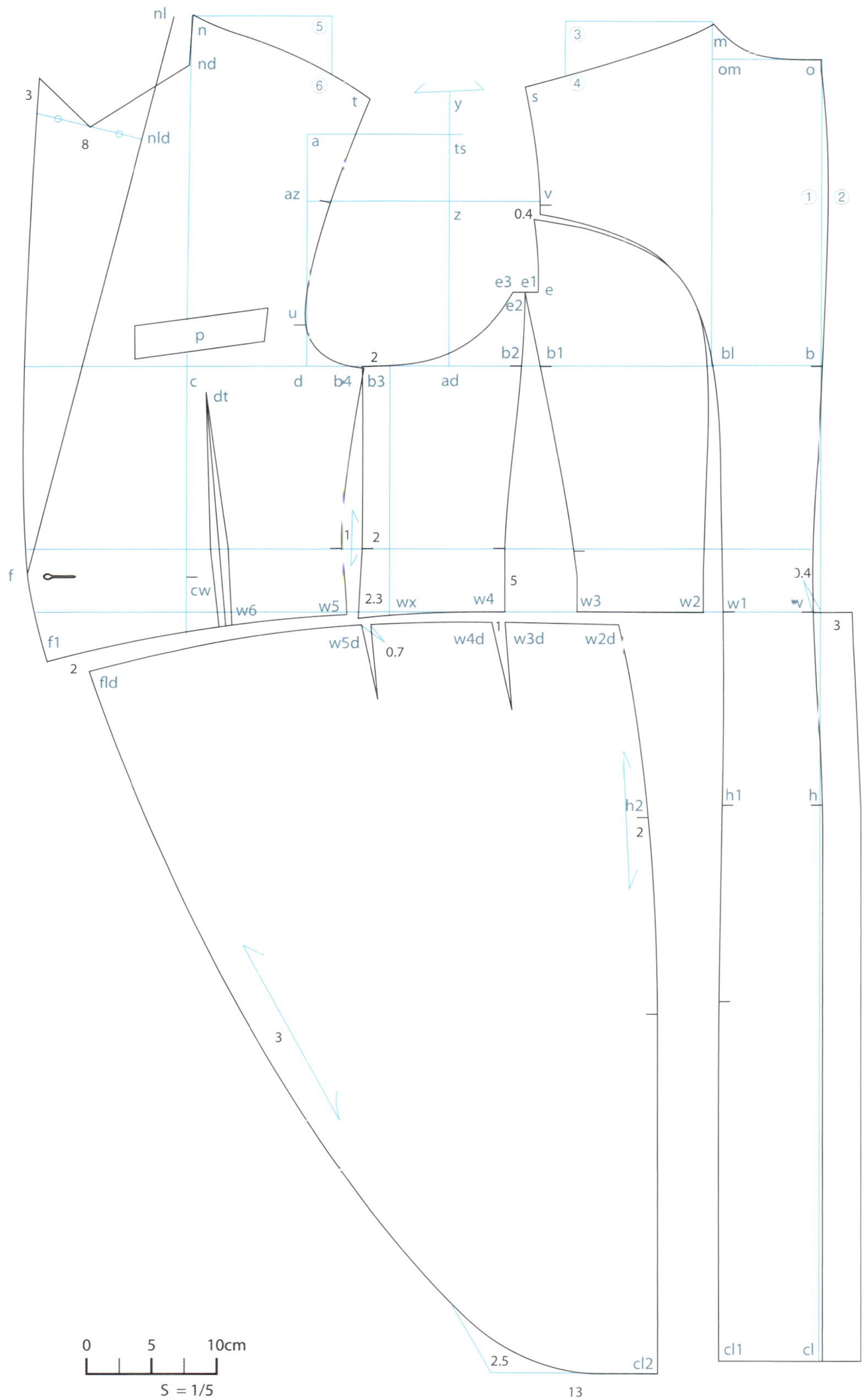

왼길이(FL) 150 / 진동 23 / 뒷장 25 / 앞장 25.5 / 뒷품 39 / 앞품 39 /
가슴둘레(B) 98 / 배둘레(BW) 85 / **조끼길이 49** / 어깨처짐(SD) 4.5 /
목들이(ND) 6.5 / 허리들이(WD) 2 / 볼기들이(HD) 1

모닝 베스트 패턴 설명

o	뒷길 시작점	c	앞길 시작점
o~b	진동 + 0.3cm	c~n	앞장, 0.5cm 위
o~①	o~b÷2	cl	높이 c아래+4.5cm 아래
①~②	0.7cm	n~⑤	m~③치수
o~w	왼길이×0.27+1cm	⑤~⑥	어깨처짐+1.7cm
	(볼기들이+허리들이)×0.15 좌	n~t	m~s치수, n~⑥연장선 0.2cm 아래
w~l	7.5cm, w아래 0.5cm 우	cw~f	(배둘레+앞품)×0.08+1.2cm
o~om	배둘레×0.05+3.4cm	fl	f 아래 0.2cm 우, 높이
b1~m	뒷장+0.8cm	fl~l3	fl 우 7cm, 7cm 아래
o~③	20cm	cf	c아래에서 앞품×0.25+1.2cm
③~④	어깨처짐−0.3cm	d	c아래 우 앞품×0.23
o~s	m~④ 연결선 0.3cm 아래	d~b2	5cm
b~b1	가슴둘레×0.285+1cm, 2cm 아래	cw~w2	배둘레×0.14+1cm
w~w1	배둘레×0.25+5.5cm	l2	w2 아래, 우 0.7cm
l1	w1아래 0.7cm 좌, l 아래 1cm	p	f 우, 배둘레×0.1, f 아래 4.5cm
bdt	등솔기~b1 중앙		

* 모닝조끼 길이는 바지 허리가 높아 짧아진다.

모닝 베스트 패턴

MORNING VEST

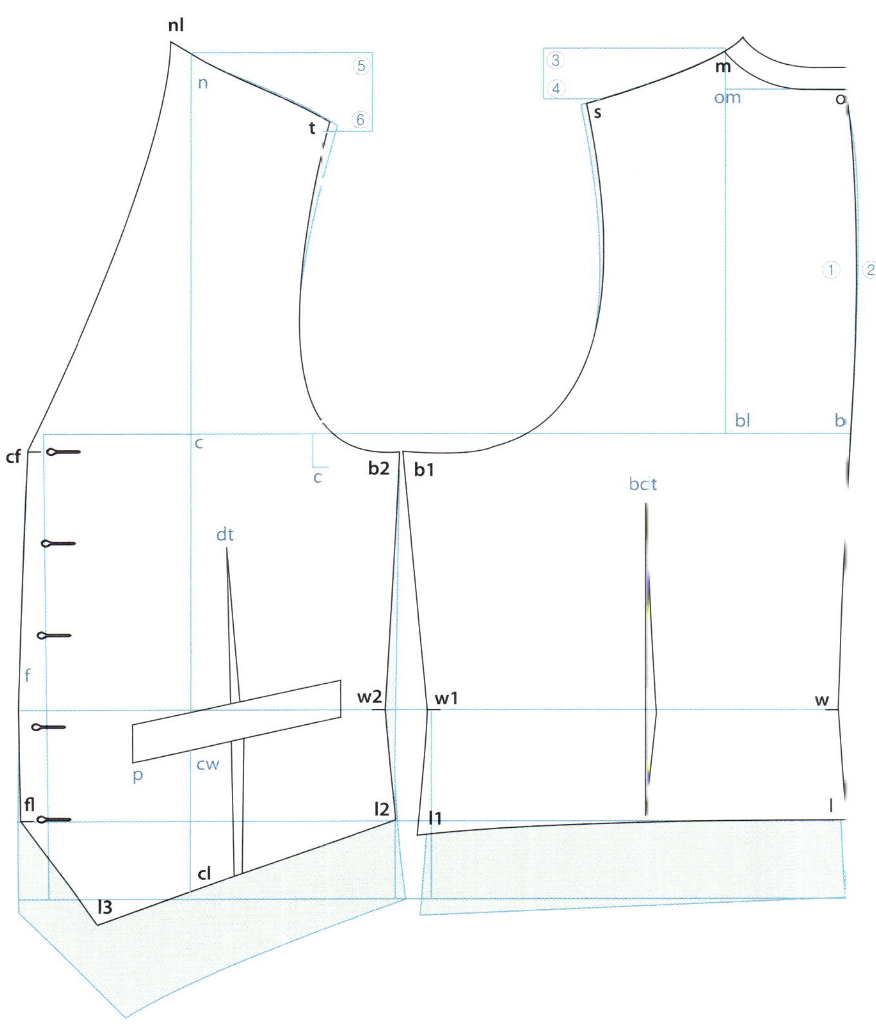

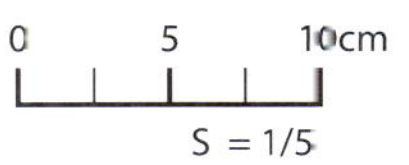

허리둘레(W) 84 / 볼기둘레(H) 99 / 바지길이(L) 97 다리길이(1L) 75 /
부리 22 / 허리들이(WD) 2 / **주름1 : 4**

모닝 팬츠 주름1 패턴 설명

s	앞길 시작점	bl	l 높이
s~l	바지길이+0.8cm	bhc	hc높이
l~c	다리길이	bhc~hb	볼기둘레 ×0.068
c~hc	볼기둘레×0.05+3cm	bs~bsu	허리들이×1.5+1cm
c~cl	허리둘레×0.1+1.4cm+주름1×0.1	bsu~wb	허리들이×0.5+2.5cm, 0.5cm 위
f	s높이 1cm 아래	wb~bw	허리둘레×0.25+다트1+다트2+0.7cm, 0.7cm 아래
f~w	허리둘레×0.25+2cm+주름1	hb~bh	(허리둘레+볼기둘레)×0.148+1cm
hc~h	(볼기둘레+허리둘레)×0.077+2cm+	bl~blr	부리×0.5+2cm
	주름1×0.4	bl~bll	bl~blr 치수
s~p	주름1 너비	bk~bkr	k~kr+2cm
l~lr	부리×0.5	bk~bkl	bk~bkr치수
l~ll	l~lr 치수	bc~bx	(볼기둘레+허리둘레)×0.12
c~k	다리길이×0.5-10cm	f~fu	8cm, 0.2cm 우
k~kr	볼기둘레×0.12	s~su	8cm
k~kl	k~kr 치수	p~pu	8cm
cl~x	(볼기둘레+허리둘레)×0.035	w~wu	8cm
bs	뒷길 시작점, s높이	bw~bwu	8cm, 0.5cm 우
bc	c 높이	bs~bsu	8cm
bk	k 높이	wb~wbu	8cm, 0.5cm 우

* 모닝바지 허리는 모닝코트 허리선에 맞춰 높인다.

모닝 팬츠 패턴
MORNING PANTS

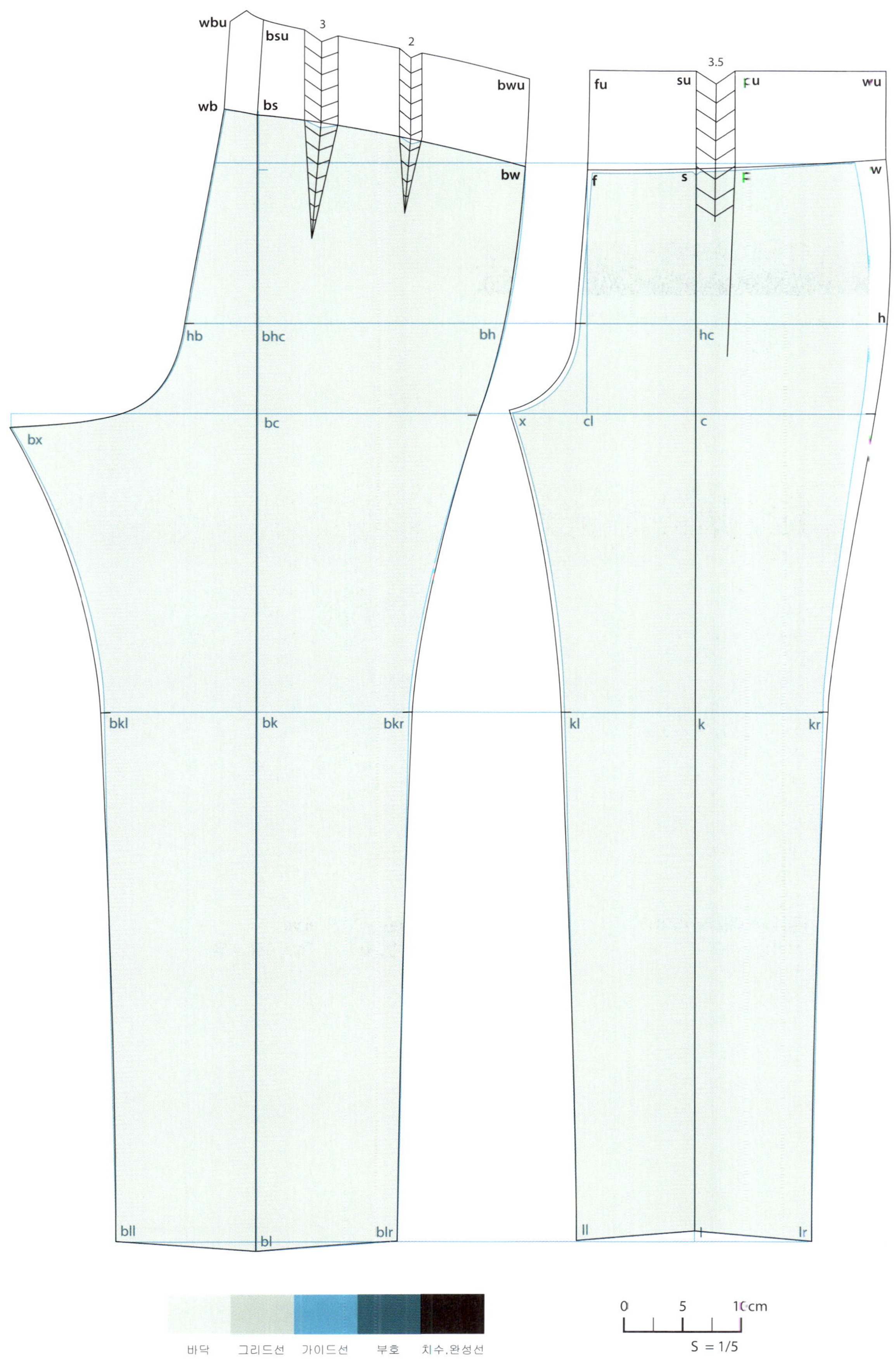

옷길이(FL) 150 / 진동 23 / 뒷장 25 / 앞장 25.5 / 어깨너비(S) 22 / 소매길이(SL) 60 / 뒷품 39 / 앞품 39 / 가슴둘레(B) 98 / 배둘레(BW) 85 / 볼기둘레(H) 99 / 어깨처짐(SD) 4.5 / 목둘이(ND) 6.5 볼기들이 (HD) 1 / **이브닝코트 길이 102 (옷길이×0.68)**

이브닝코트 패턴 설명

o	시작점
o~b	진동+0.3cm
o~①	o~b÷2
①~②	0.7cm
o~w	옷길이×0.28+1cm
w~h	옷길이×0.1
o~cl	이브닝코트 길이(옷길이×0.68)
o~om	배둘레×0.05+3.5cm
bl~m	뒷장+1cm
m~③	20cm
③~④	어깨처짐−0.5cm
o~s	m~④ 연결선, 완성 어깨너비+0.8cm
h~h1	볼기둘레×0.075
c	b높이 앞길 시작점
c~n	앞장+1.5cm, 0.5cm 우
n~⑤	m~③치수
⑤~⑥	어깨처짐+1.5cm
n~t	n~⑥ 연장 m~s 치수
y	s~t 중간높이
y~ad	가슴둘레×0.07**+14cm**
y~ts	3.1cm
y~z	y~ad÷2−2cm
e	등솔기에서 뒷품×0.56
	ad~z÷2+0.5cm 위
e~e1	1시접
b1	ad높이, 곡선 교차점
v	z높이

cl1	h1높이 0.5cm 좌
w2~w3	배둘레×0.115
cw~f	(배둘레+앞품)×0.082
fl	f 아래 **10cm, 4cm 우**
c~d	앞품×0.23
d~b4	4.5cm
d~u	3.5cm
a	ts 높이 d 위
az	z높이 d 위
w5	cw 아래에서 배둘레×0.15
n~nd	4cm
n~nl	1.5cm
nl~nld	10cm
nld~fc	깃너비
n~p	옷길이×0.18
dt	가슴주머니 중앙 4cm 아래점
x	ad높이 옆길 시작점
wx	x 아래
x~b2	가슴둘레×0.1+0.5cm
e2	b2 위 e1높이
e2~e3	1시접
wx~w4	배둘레×0.11
w4~w2d	w2~w3 치수−1cm, 1cm 아래
w3d	w4 아래 1cm
cl2	w2d 아래에서 3cm, cl 아래 1cm
w4d~w6d	**w4~w6 완성치수**

이브닝 코트 패턴
EVENING COAT

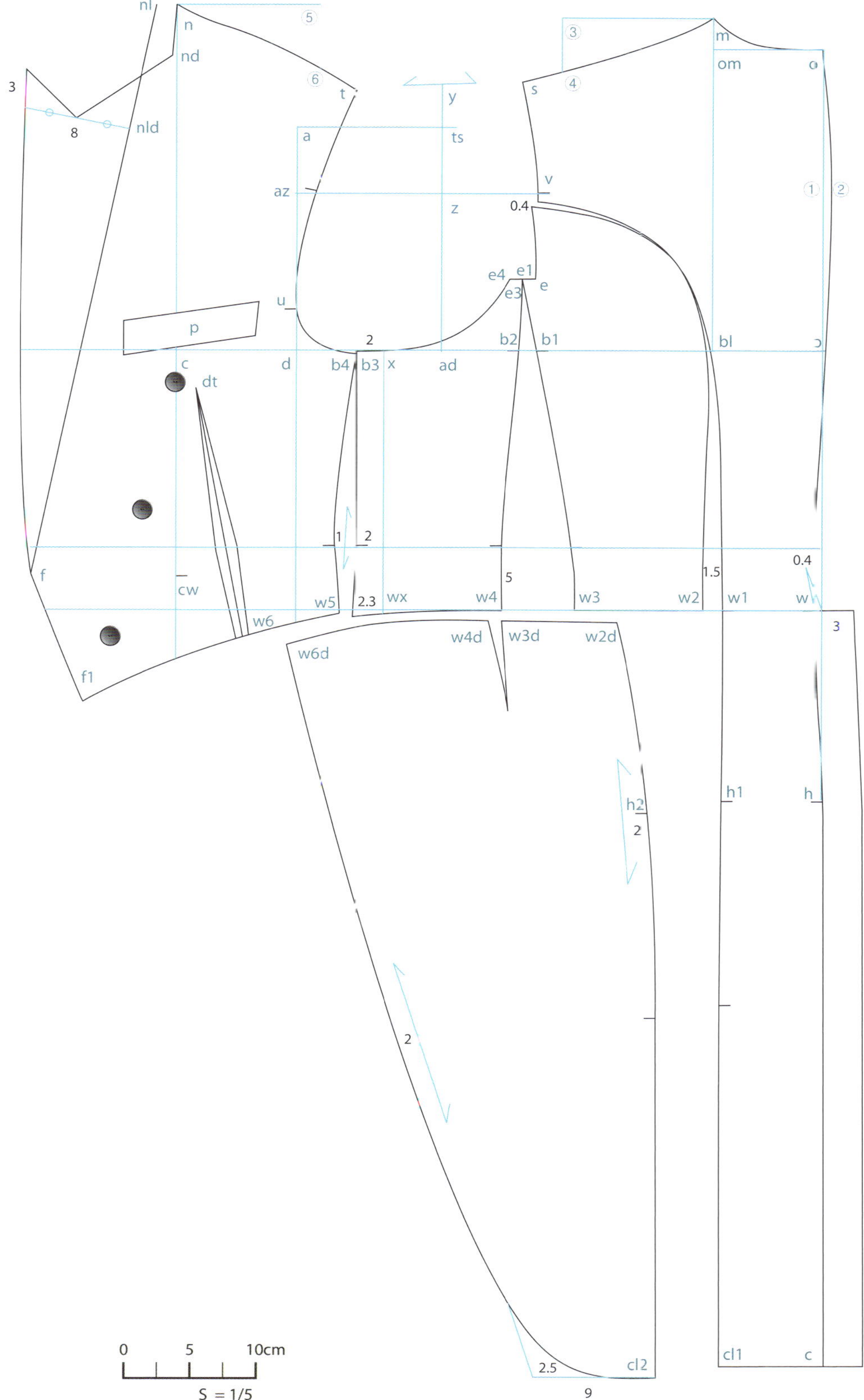

윗길이(FL) 150 / 진동 23 / 뒷장 25 / 앞장 25.5 / 뒷품 39 / 앞품 39 /
가슴둘레(B) 98 / 배둘레(BW) 85 / **조끼길이 48** / 어깨처짐(SD) 4.5 /
목들이(ND) 6.5 / 허리들이(WD) 2 / 볼기들이(HD) 1

이브닝베스트 패턴 설명

o	뒷길 시작점		c	앞길 시작점
o~b	진동 + 0.3cm		c~n	앞장, 0.5cm 우
o~①	o~b÷2		cl	높이 c아래+4.5cm 아래
①~②	0.7cm		n~⑤	m~③치수
o~w	윗길이×0.27		⑤~⑥	어깨처짐+1.7cm
	(볼기들이+허리들이)×0.15 좌		n~t	m~s치수, n~⑥연장선 0.2cm 아래
w~l	6.5cm, w아래 0.5cm 우		cw~f	(배둘레+앞품)×0.08+1.2cm
o~om	배둘레×0.05+3.4cm		fl	f 아래 0.2cm 우, 높이
b1~m	뒷장+0.8cm		fl~l3	fl 우 7cm, 7cm 아래
o~③	20cm		cf	c아래에서 앞품×0.25+1.2cm
③~④	어깨처짐−0.3cm		d	c아래 우 앞품×0.23
o~s	m~④ 연결선 0.3cm 아래		d~b2	5cm
b~b1	가슴둘레×0.285+1cm, 2cm 아래		cw~w2	배둘레×0.14+1cm
w~w1	배둘레×0.25+5.5cm		l2	w2 아래 우 0.7cm
l1	w1아래 0.7cm 좌, l 아래 1cm		p	f 우, 배둘레×0.1, f 아래 4.5cm
bdt	등솔기~b1 중앙			

* 이브닝조끼 길이는 바지 허리가 높아 짧아진다.

이브닝 베스트 패턴
EVENING VEST

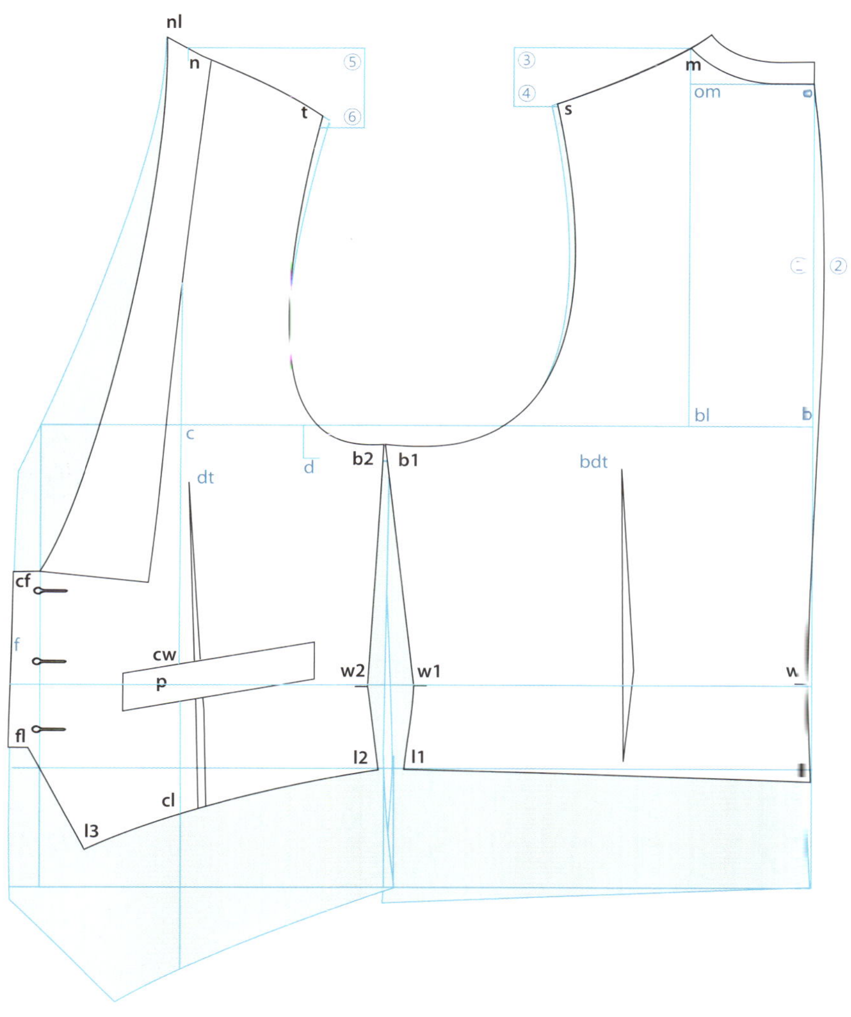

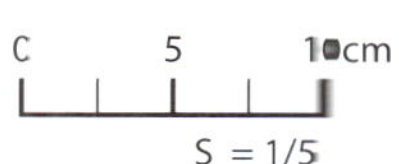

허리둘레(W) 84 / 볼기둘레(H) 99 / 바지길이(L) 97 다리길이(1L) 75 /
부리 22 / 허리들이(WD) 2

이브닝팬츠 패턴 설명

s	앞길 시작점
s~l	바지길이+0.8cm
l~c	다리길이
c~hc	볼기둘레×0.05+3cm
c~cl	허리둘레×0.1+1.4cm
f	s높이 1cm 아래
f~w	허리둘레×0.25+2.5cm
hc~h	(볼기둘레+허리둘레)×0.077+2cm
l~lr	부리×0.5
l~ll	l~lr 치수
c~k	다리길이×0.5-10cm
k~kr	볼기둘레×0.117
k~kl	k~kr 치수
cl~x	(볼기둘레+허리둘레)×0.035
bs	뒷길 시작점, s높이
bc	c 높이
bk	k 높이
bl	l 높이

bhc	hc높이
bhc~hb	볼기둘레 ×0.068
bs~bsu	허리들이×1.5+1cm
bsu~wb	허리들이×0.5+2.5cm, 0.5cm 위
wb~bw	허리둘레×0.25+다트1+다트2 +0.7cm, 0.7cm 아래
hb~bh	(허리둘레+볼기둘레)×0.148+1cm
bl~blr	부리×0.5+2cm
bl~bll	bl~blr 치수
bk~bkr	k~kr+2cm
bk~bkl	bk~bkr치수
bc~bx	(볼기둘레+허리둘레)×0.12
f~fu	11cm, 0.2cm 우
s~su	10cm
w~wu	10cm
bw~bwu	10cm, 0.5cm 우
bs~bsu	10cm
wb~wbu	10cm, 0.5cm 우

* 이브닝바지 허리는 이브닝코트 허리선에 맞춰 높인다.

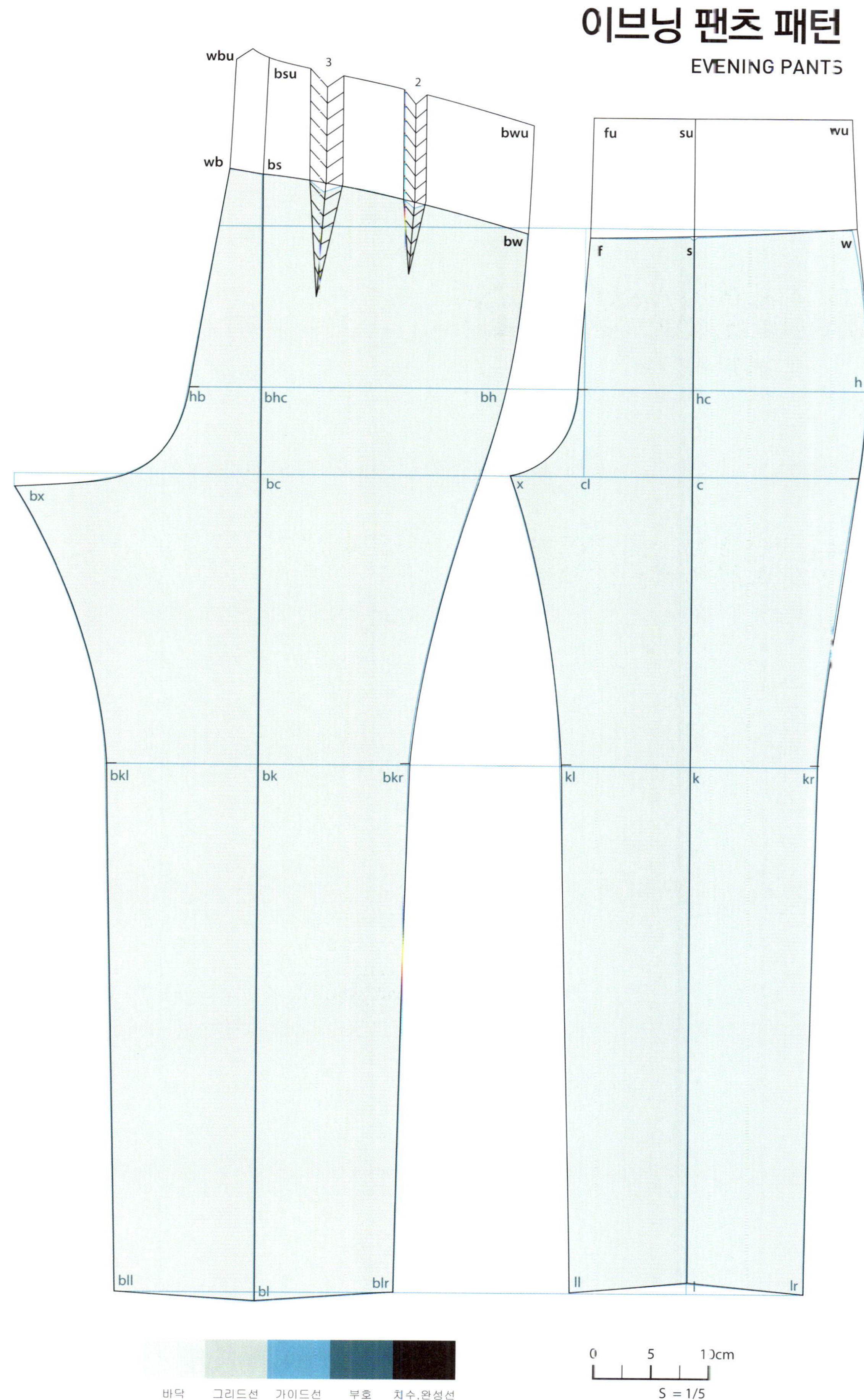
wbu
bsu
3
2
bwu
wb
bs
bw
fu
su
wu
f
s
w
hb
bhc
bh
h
hc
bc
x
cl
c
bx
bkl
bk
bkr
kl
k
kr
bll
bl
blr
ll
l
lr
0   5   10cm
S = 1/5
바닥   그리드선   가이드선   부호   치수,완성선

6
기타

드레스 셔츠 소매 기본패턴

DRESS SHIRTS

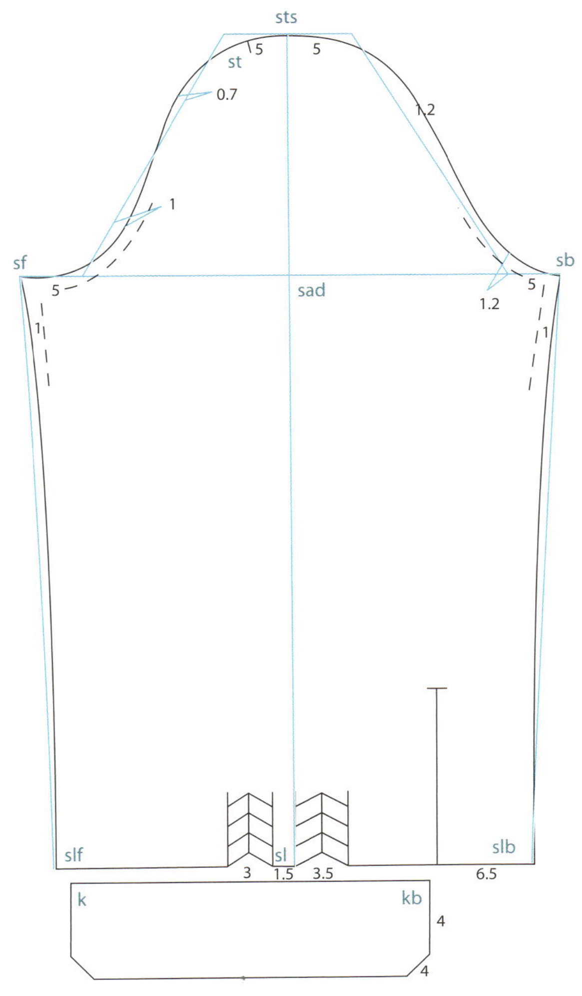

드레스셔츠 적용치수(㎝)

왼길이(FL) 150 / 진동 23 / 뒷장 25 / 앞장 25.5 / 어깨너비 (S) 22 / 소매길이(SL) 60 / 가슴둘레(B) 98 / 배둘레(BW) 85 / 볼기둘레(H) 99 / 어깨처짐(SD) 4.5 / **목둘레 40**

소매 패턴 설명

sts	소매 시작점
sts~sad	ts~ad+0.5cm
sad~sf	가슴둘레×0.173+1cm
sad~sb	sad~sf 치수
sts~sl	소매길이-4cm
sl~slf	가슴둘레×0.05+13.5cm
slf~slb	가슴둘레×0.1+17cm+주름량
sts~st	2cm
k~kb	가슴둘레×0.1+15cm
	카우스 너비 6.5cm

드레스 셔츠 패턴 설명

o	시작점	t	n~2 연장 m~s-0.6cm
o~b	진동	f~d	가슴둘레×0.26
o~w	왼길이×0.28	y~ts	5.5 cm
w~h	왼길이×0.12	b~b1	가슴둘레×0.25+ 품여유분×0.25
o~l	왼길이×0.51		ts에서 가슴둘레×0.07+9 cm
o~ou	3cm	b1~b2	0.5cm 위
o~oum	목둘레×0.18	w~w1	배둘레×0.25+품여유분×0.25+1cm
oum~m	4.5cm	h~h1	볼기둘레×0.25+품여유분×0.25+1cm
m~l	20cm 좌, m 높이에서 어깨처짐-0.5cm	l1	h1 아래 5cm
ou~s	m~1 연장선, 어깨너비+1cm	w2	f 아래에서 배둘레×0.25+품여유분×0.25
ob~ou	왼길이×0.07	h2	f 아래에서 볼기둘레×0.25+품여유분×0.25+1cm
b~f	가슴둘레 0.5+품여유분×0.5+2cm	l2	l1 높이
n	f 높이에서 앞장-bm~m+5cm	cn~cb	목둘레×0.5+1.5cm
nf	n 높이에서 목둘레×0.16	p	f 위에서 가슴둘레×0.07
fl	l 높이에서 5cm 위		n 아래 왼길이×0.15
n~2	뒷길 m~1 n 높이에서 어깨처짐+1.5cm		

드레스 셔츠 기본패턴
DRESS SHIRTS

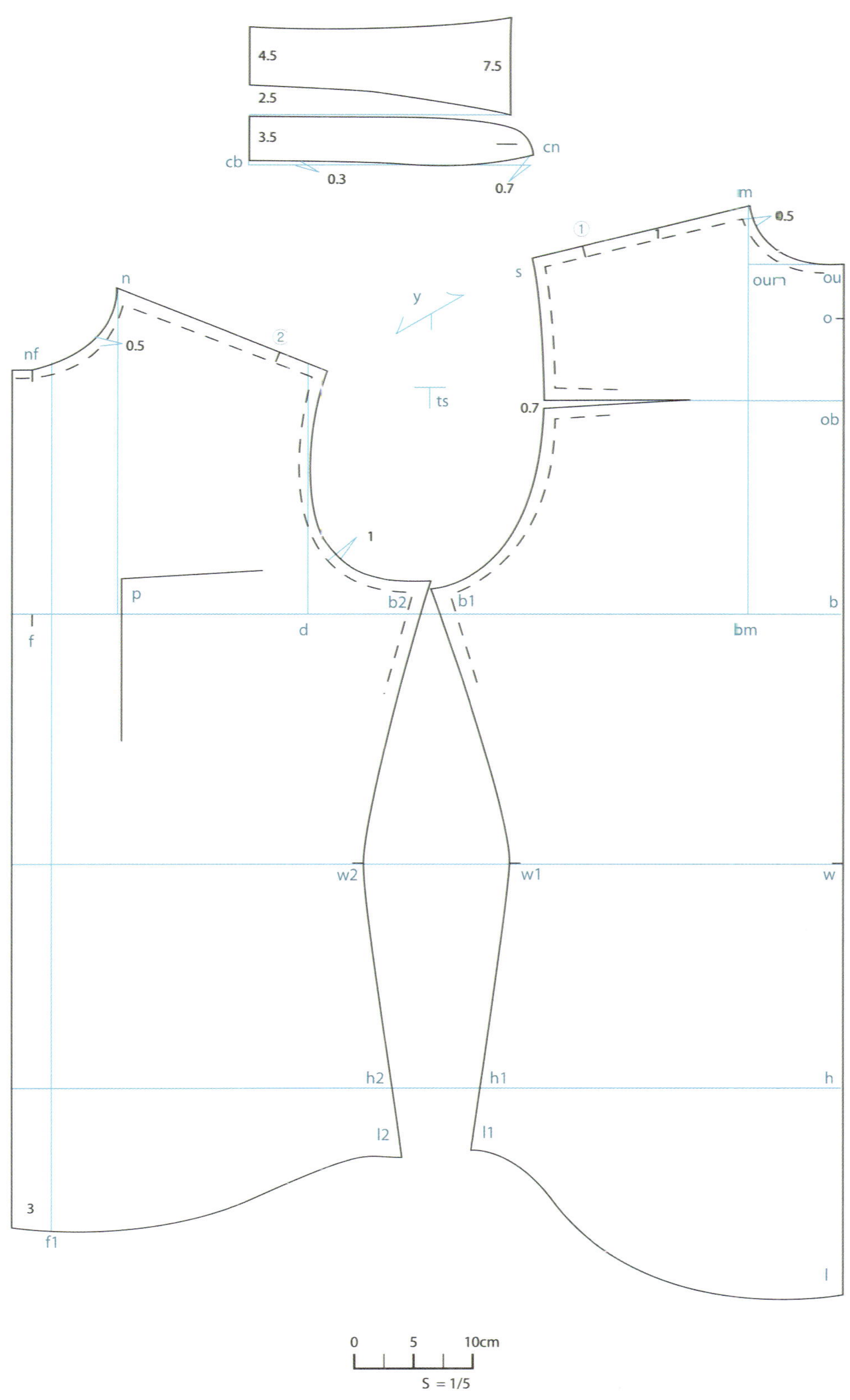

여성 정장 자켓 패턴 적용치수(cm)

왼길이(FL) 140 / 진동 18 / 뒷장 20 / 앞장 21 / 어깨너비(S) 18 / 소매길이(SL) 56 / 뒷품 33.5 / 앞품 35 / 가슴둘레(B) 84 / 배둘레(BW) 67 / 볼기둘레(H) 90 / 어깨처짐(SD) 3.5 / 목들이(ND) 5 / 볼기들이(HD) 2 / 가슴다트 2 / 유장 24 / 유폭 17

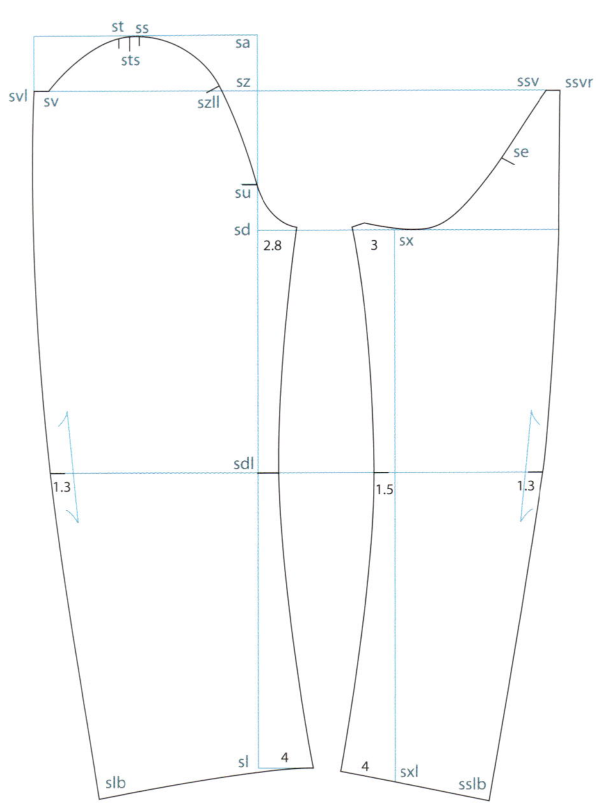

여성 정장 자켓 소매 패턴 설명

sa	윗소매 시작점
sa~sz	a~z 치수
sa~su	a~u 치수
su~sd	u~d 치수
sa~sl	소매길이
sd~sdl	sd~sl÷2-4cm
sz~szll	a~t 너비×0.5
szll~sv	a~d-1.3cm
sv~svl	1시접
su~st	u~t 치수
sv~ss	v~s치수
st~ss	윗소매 홈 줄임량
sts	st~ss÷2
sl~slb	가슴둘레×0.05+8.5cm, sl 아래 2.5cm
sx	아래 소매 시작점
sxl	sl 높이 sx 아래
su~se	u~e3 치수(b4~b3 제외), e3 높이
ssv	se 위 4cm 우
ssv~ssvr	1시접
sxl~sslb	가슴둘레×0.05+3cm

여성 정장 자켓 패턴 설명

o	시작점		v	z높이
o~b	진동+0.3cm		cl	l높이 2cm 아래+가슴다트량
o~①	o~b÷2		cw~f	(배둘레+앞품)×0.078 +1.5cm
①~②	0.5cm		c~d	앞품×0.23
o~w	왼길이×0.25+1.5cm		d~b4	4.5cm
w~h	왼길이×0.1+2.5cm		d~u	3.5cm
o~l	왼길이×0.5-7cm		h4	c 아래에서 볼기둘레×0.115, h3에서 가슴다트량 아래
o~om	배둘레×0.05+3.5cm		a	ts 높이 d 위
bl~m	뒷장+1cm		az	z높이 d 위
m~③	18cm		n~p	n~c1×0.7
③~④	어깨처짐-0.5cm		n~nd	4.5cm
o~s	m~④ 연결선, 완성 어깨너비+0.8cm		n~nl	1.5cm
h~h1	볼기둘레×0.2		nl~nld	10cm
c	b높이 앞길 시작점		nld~fc	깃 너비
c~n	앞장+1.5cm, 0.5cm 우+가슴다트×0.5		n~pb	n~cl×0.36
n~⑤	m~③ 치수		n~bp	유장+1cm, f 위에서 유폭÷2-1.5cm
⑤~⑥	어깨처짐+1.5cm+가슴다트량×0.3		b4~bp1	1cm
n~t	n~⑥ 연장 m~s 치수		bp1~pb2	가슴다트량
y	s~t 중간 높이		x	ad높이 옆길 시작점
y~ad	가슴둘레×0.07+12cm		xl	x 아래 l높이+0.6cm 아래
y~ts	3.1cm		x~b2	가슴둘레×0.1
y~z	y~ad÷2-2cm		e2	b2 위 e1높이
e	등솔기에서 뒷품×0.54, ad~z÷2+0.5cm 위		e2~e3	1시접
e~e1	1시접		h2	x 아래 점에서 볼기둘레×0.11
b1	ad높이, 곡선 교차점			

여성 정장 자켓 3단추 패턴
WOMENS JACKET 3 BUTTON

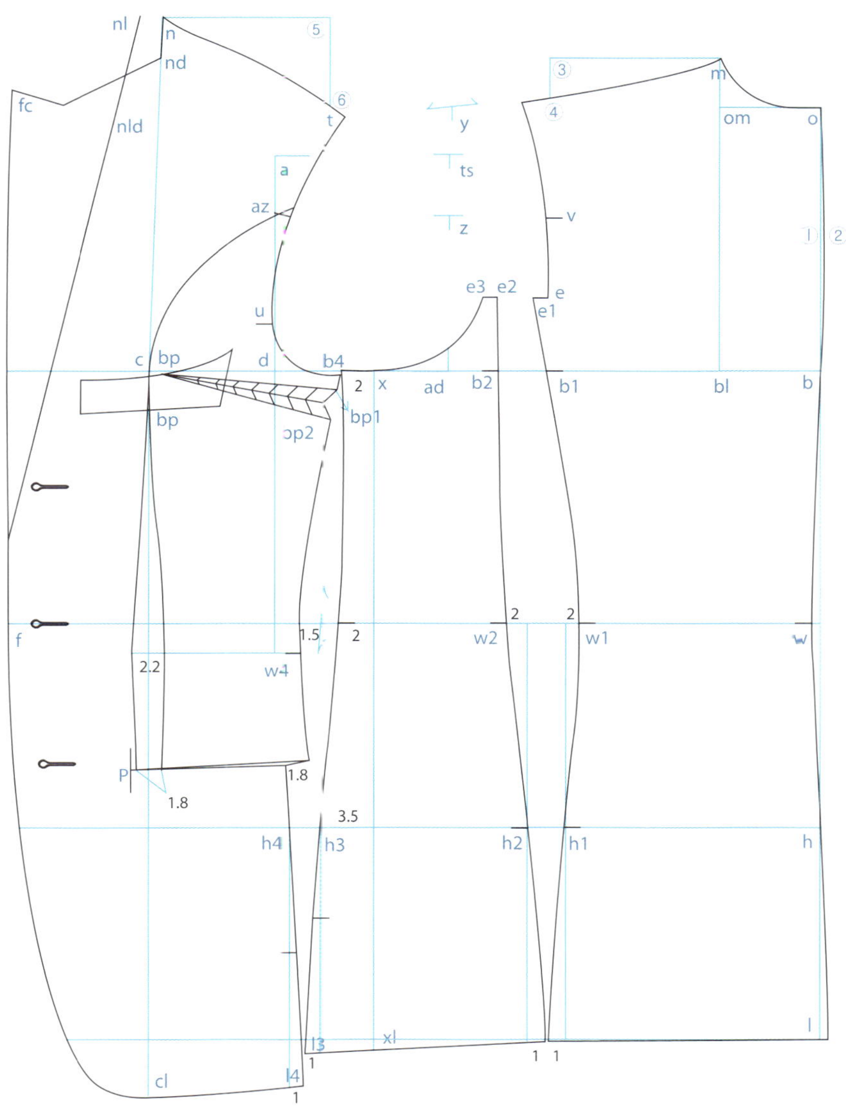

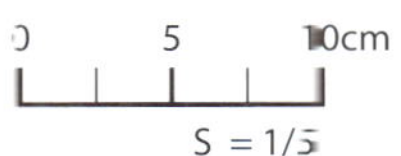

허리둘레(W) 66 / 볼기둘레(H) 90 / 바지길이(L) 91 / 다리길이(1L)
70 / 부리 18 / 허리들이(WD) 2

여성 정장 팬츠 패턴 설명

s	앞길 시작점	bc	c 높이
s~l	바지길이+0.8cm	bk	k 높이
l~c	다리길이	bl	l 높이
c~hc	볼기둘레×0.05+3cm	bhc	hc높이
c~cl	허리둘레×0.1+1cm	bhc~hb	볼기둘레 ×0.065
f	s높이 1cm 아래	bs~bsu	허리들이×1.5+1cm
f~w	허리둘레×0.25+2.5cm	bsu~wb	허리들이×0.5+2.5cm, 0.5cm 위
hc~h	(볼기둘레+허리둘레)×0.077+2cm	wb~bw	허리둘레×0.25+다트1+다트2 +0.7cm, 0.7cm 아래
l~lr	부리×0.5	hb~bh	(허리둘레+볼기둘레)×0.142+1cm
l~ll	l~lr 치수	bl~blr	부리×0.5+2cm
c~k	다리길이×0.5-10cm	bl~bll	bl~blr 치수
k~kr	볼기둘레×0.115	bk~bkr	k~kr+2cm
k~kl	k~kr 치수	bk~bkl	bk~bkr치수
cl~x	(볼기둘레+허리둘레)×0.033	bc~bx	(볼기둘레+허리둘레)×0.115
bs	뒷길 시작점, s높이		

여성 정장 바지 기본패턴
WOMENS FORMAL PANTS

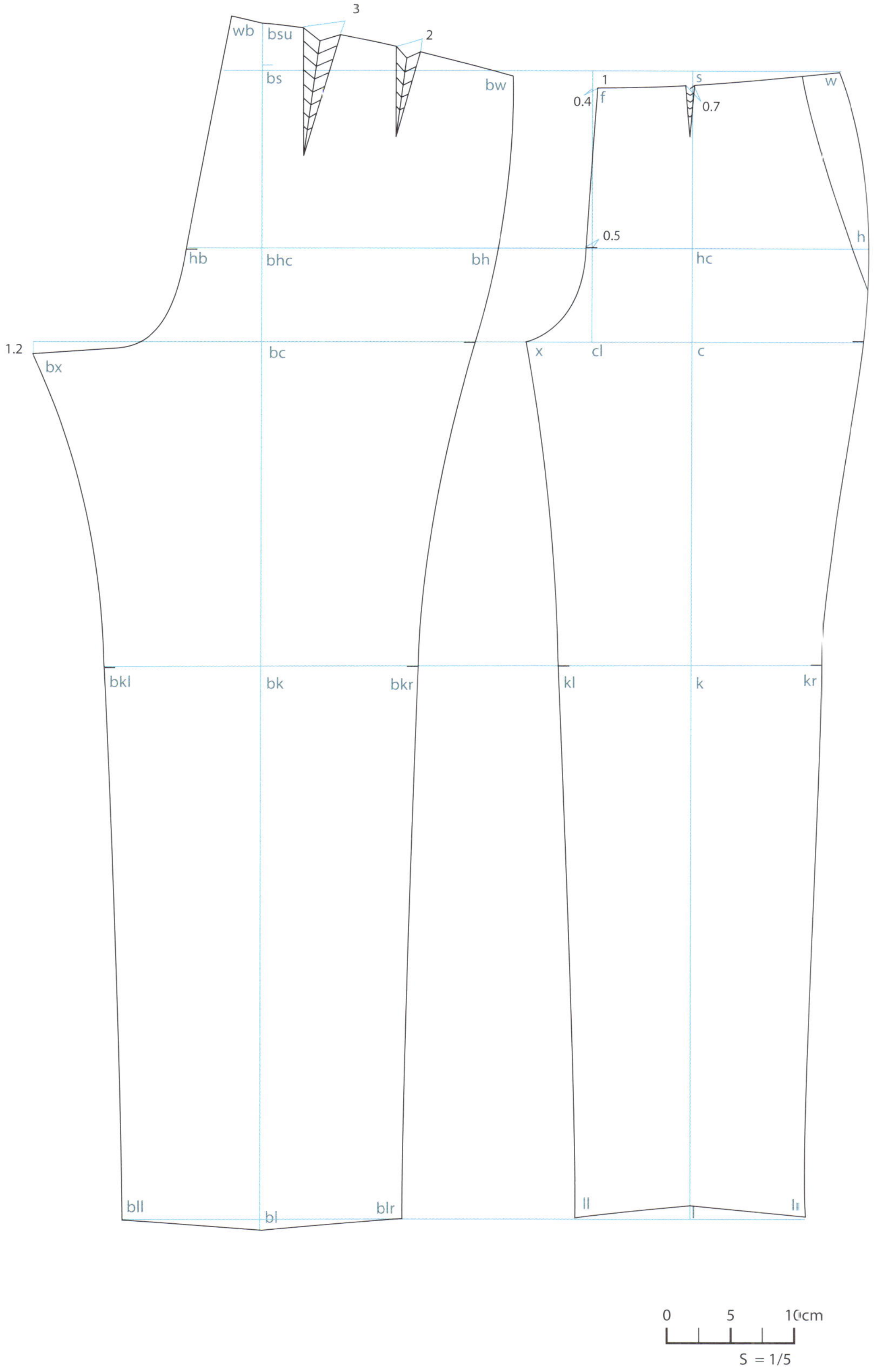

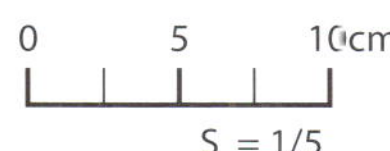

허리둘레(W) 66 / 볼기둘레(H) 90 / 허리들이(WD) 2 / 스커트길이 52

여성 정장 스커트 패턴 설명

a	시작점
a~ h	20cm
a~ l	스커트 길이
a~ s	허리둘레×0.25+앞 다트양
h~ hs	볼기둘레×0.25
ls~	hs 아래+후레야양
a~ t	허리둘레×0.15
a~ad	1cm
ad~bs	허리둘레×0.25+뒤길 다트양
h~ hb	볼기둘레×0.25+여유양
lb	hb 아래+후레야양
ad~ d	허리둘레×0.15

* 앞, 뒷길 다트량과 길이는 체형에 맞게 한다.

여성 정장 스커트 기본패턴
WOMENS FORMAL SKIRT

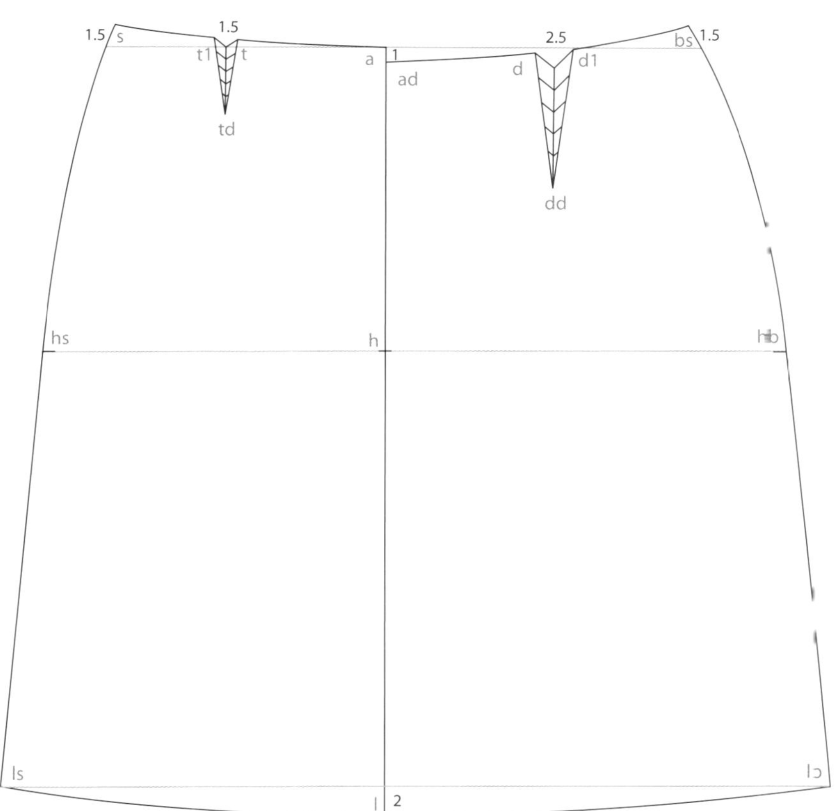

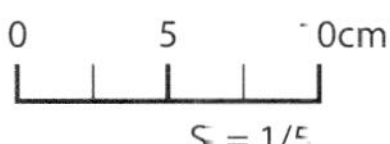

기술서를 내면서

종심(從心)의 나이가 넘은 필자가 이 세상과 만나 전문직업인으로 성장하고 오랜 세월 한결같은 마음으로 외길 인생을 당당하게 걸어 올 수 있었던 힘은, 이미 작고하신 부모님의 헌신적인 가르침과 보살핌은 말할 나위도 없거니와, 부모님 외에도 많은 분의 지도와 편달, 보살핌과 격려가 있었기에 가능했습니다. 언제나 마음속 깊이 간직하며 평생토록 잊지 못할 그분들에게 이 지면을 빌어 진심으로 고마움과 감사의 마음을 전하고 싶습니다.

고향의 대영양복점 이원구 사장님과 양복기술 기초를 지도해주셨던 윤지영 선생님 정말 고맙고 감사합니다. 그리고 필자의 상경을 돕기 위해 서울대한복장학원 서상국 원장님께 친필로 편지를 써주셨던 윤정구 선배님, 꿈만 품고 무작정 단독 상경한 풋내기 시골 청년에게 제1회 전국기능올림픽대회에 출전할 수 있도록 학원에 잠자리까지 마련해 주시며 물심양면 힘과 용기를 심어주고, 후일 취직 알선에 10여 년 후 결혼식 주례까지 맡아주시며 끊임없는 지도와 격려, 나눔과 배려를 아끼지 않으셨던 인자하신 서상국 원장님, 따뜻한 그 마음 잊을 수가 없습니다.

또한, 늘 친근감 있게 친구처럼 대해줬던 원장 조카 윤석현 고맙습니다. 기능올림픽 준비를 위해 훌륭한 기술을 보유하신 선생님의 사사가 필요할 때 주저 없이 서신용 선생님을 소개해 주었던 황 선배님, 그리고 서 선생님, 참 마음으로 감사드립니다. 수많은 날을 함께 동거동락하며 내일처럼 도와주고 국제기능올림픽 출전 때 행운을 기원한다며 여러 장의 네 잎 클로버를 손에 쥐어 주고, 일본에서 금메달 획득 소식이 알려지자 마치 자신의 금메달인 양 마냥 기쁘고 즐거워했던 친형제보다 더 친근감 있고 다정했던 이홍범씨, 너무 고맙고 생각할 때마다 마음 한 편 따스함이 번져옴을 느낍니다.

기능올림픽 금메달 획득으로 성공의 기반을 마련하고자 고민 중, 양치상 선배님의 조언에 따라 이용화 선생님 댁을 방문하게 되었고, 그때 선생님의 뜻에 따라 조일현 선생님의 기술을 사사 받을 수 있었습니다. 한동안 남산 이용화 선생님 댁 2층에서 연습 중이던 필자를 불러 큰 가방 3개에서 묵직한 제도 원고를 꺼내 보이시며, 재단집을 내려고 준비 중이나 마음에 안 든다는 푸념 섞인 말씀이 아직도 또렷이 기억납니다. 1969년 가을 필자가 전국기능올림픽대회에서 금메달을 획득하자 마치 자신의 일처럼 그렇게 좋아 하셨는데, 선생님은 그렇게 고대하시던 국제기능올림픽의 금메달을 보지 못하시고 그만 병고로 이듬해 봄 작고하시고 말았습니다. 결국, 1970년 11월 그 해 필자가 획득한 국제기능올림픽 금메달은 마음속에 흐르는 눈물과 함께 영전에 놓아야만 했던 일, 그 금메달은 주인 없는 이용화양복점 윈도우에서 명동을 오가는 사람들의 눈길만 즐겁게 했습니다.

국제대회에 참가하기 전 이성우양복점 2층에서 이성우 선생님의 지도를 받고 국제대회에 참가할 수 있도록 많은 배려와 격려를 아끼지 않으셨던 이성우 선생님께도 깊은 감사의 마음을 전하며, 리가스제도 재단집을 번역 발간하여 코급해주신 고경호 회장님, (사)한국맞춤양복협회 회장님과 임직원에게도 감사의 마음을 담아 전합니다. 이 외에도 서일화 선생님, 홍근삼 선배님, 김광수 사장님, 이홍균 회장님, 김진식 미리내 사장님과 많은 선배, 동로 한 분 한 분께도 모드 진심어린 마음으로 감사를 표합니다.

본인만을 믿고 시집온 지 어느덧 40년, 평생 전문즈업인으로 한 길만을 걸어오면서 재미, 멋, 부, 배려도 넉넉지 않은 사람과 오랜 세월 인내하며 원만한 가정 꾸려주고, 흐로애락을 함께해온 늘 공기와 같은 소중한 존재 아내 김영지, 지금까지 탈 없이 건강하고 올바르게 잘 장성해준 아들 삼형저 필립, 필성, 필민, 그리고 가족 모두에게 고맙다는 말 전하고 싶습니다. 특히, 본인의 뜻을 접고 가업의 대물림에 기꺼이 호응하여 본 기술서의 집필에 동참해준 둘째 필성에게 더 고마움을 표한다.

끝으로 그동안 본 기술서의 출간을 위해 자료를 모으고 편집하며 애써주신 출판관계자 여러분께도 심심한 감사의 마음을 전합니다.

2017년 3월

대한민국 양복명장 이정구

3장 복장별 스타일

드레스셔츠 칼라

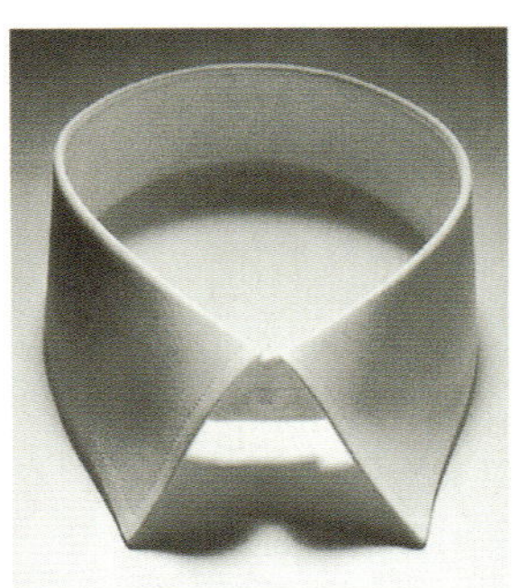

롱포인트

세미와이드

와이드

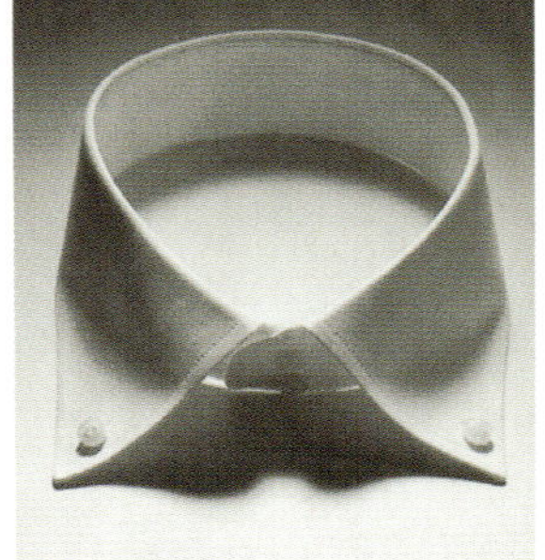

버튼 다운

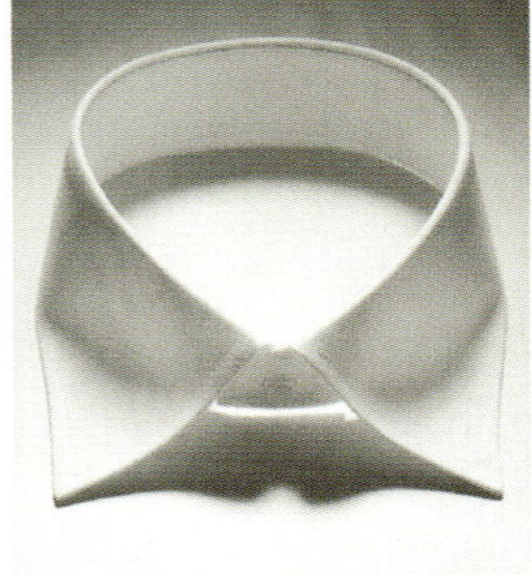

언더 히든 스냅

빅 와이드

컵스(카우스)

2버튼 라운드

2버튼 육각

라운드

독일식

육각

직각

자 켓

3단추(아웃포켓)

3단추(아웃포켓)

3단추(아웃포켓)

6단추(아웃포켓)

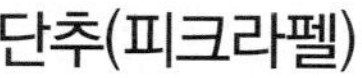

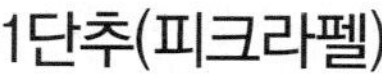

6단추(더블브레스트)

3단츠

턱시도(1단추, 피크라펠)

턱시도(1단추, 숄칼라)

디너자켓

턱시도(6단추, 숄칼라)

6단추
(더블코트)

3단추 래글런코트
(노치라펠)

반래글런코트
(3단추)

더블코트
(4단추)

래글런코트
(반스텐칼라)

코트

더블코트(6단추, 아웃포켓)

5단추 스텐칼라

3단추 (노치라펠)

인버튼 코트

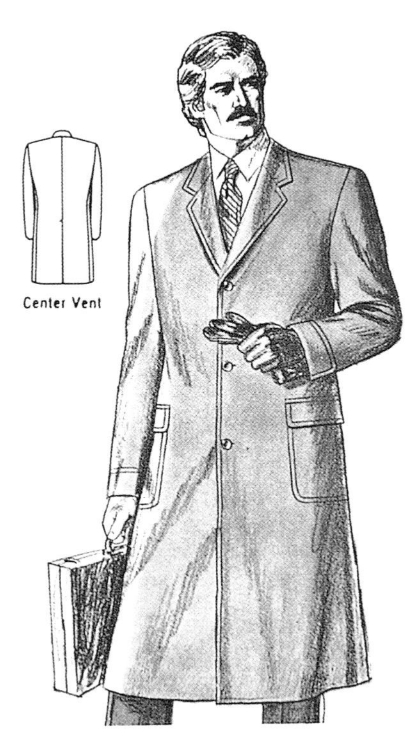

3단추 코트(아웃 포켓)

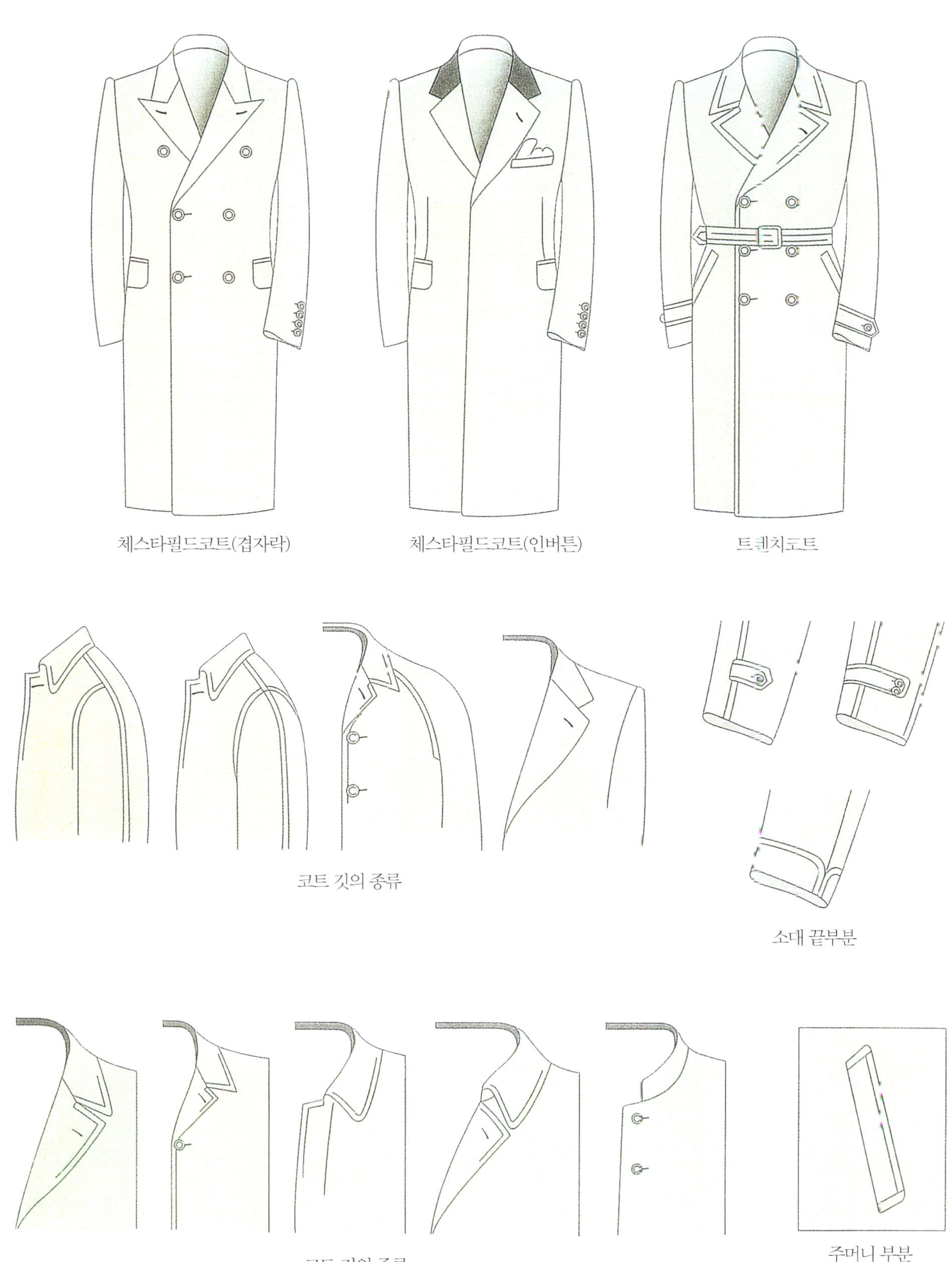

체스타필드코트(겹자락)
체스타필드코트(인버튼)
트렌치코트
코트 깃의 종류
소매 끝부분
코트 깃의 종류
주머니 부분

예 복

이브닝코트
(연미복)

모닝코트
(클래식 컷어웨이)

숄칼라 턱시도
(낮은 플랩 포켓)

이브닝 자켓

이브닝 드레스 코트

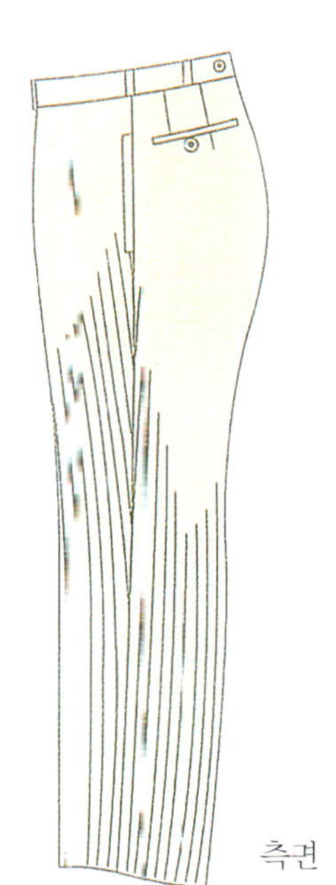

모닝 코트

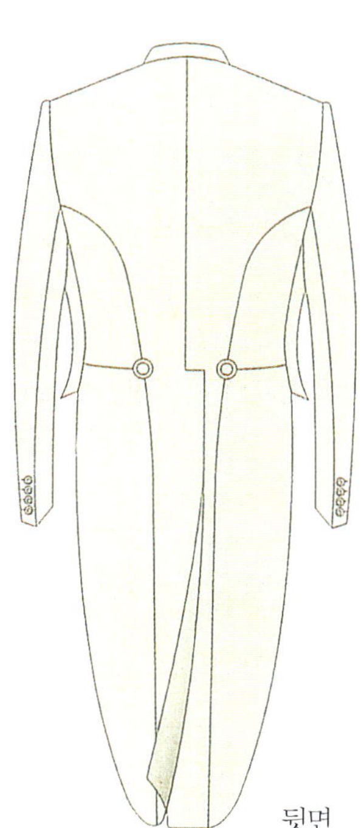
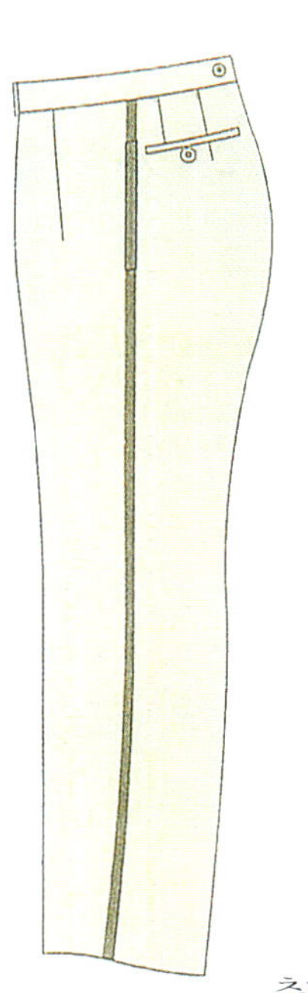

팬츠 기본 스타일

바지 종류

바지 주머니 종류

바지 주머니 종류

바지 종류

벤트 스타일

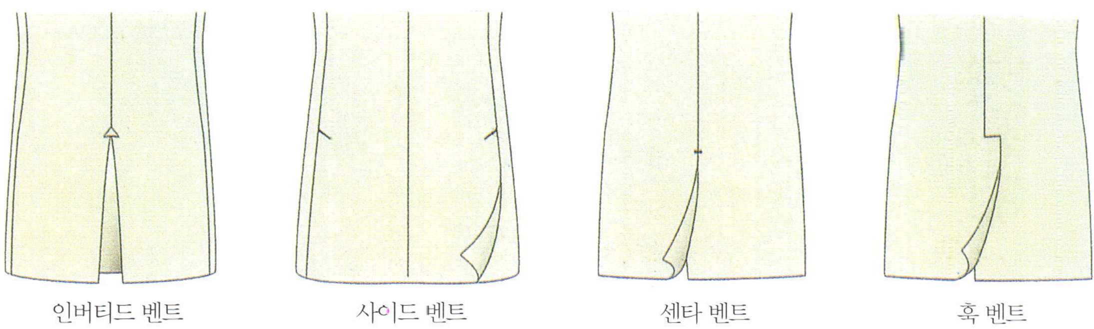

소매단추와 주머니 스타일

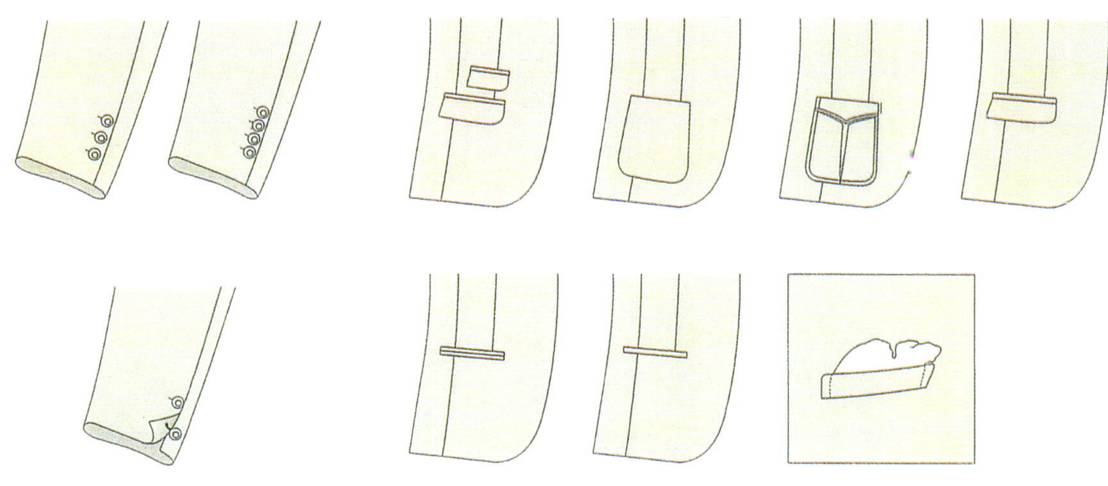

조끼 스타일

수트 스타일

어깨선 스타일

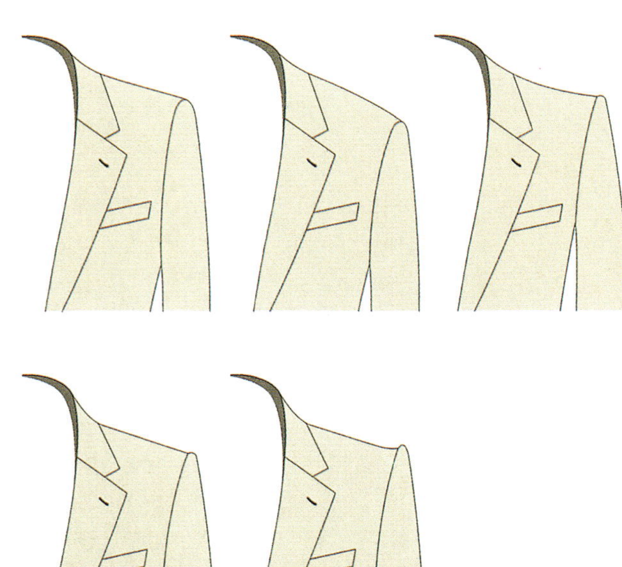

수트 스타일

라펠 스타일

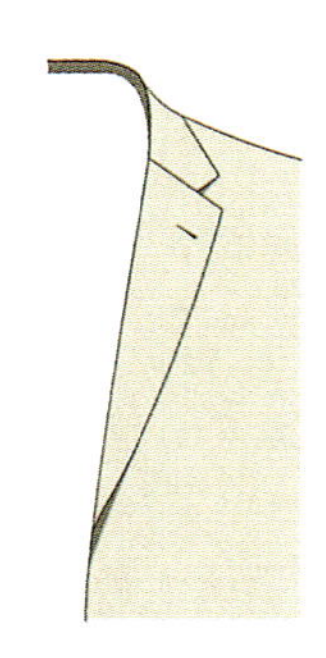
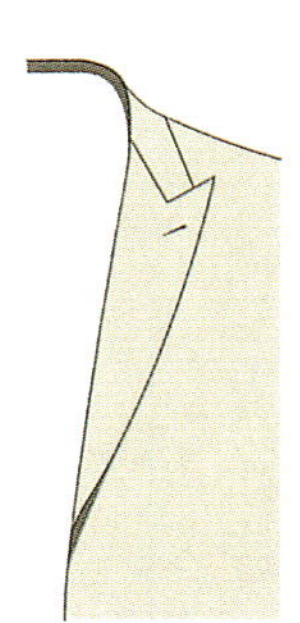
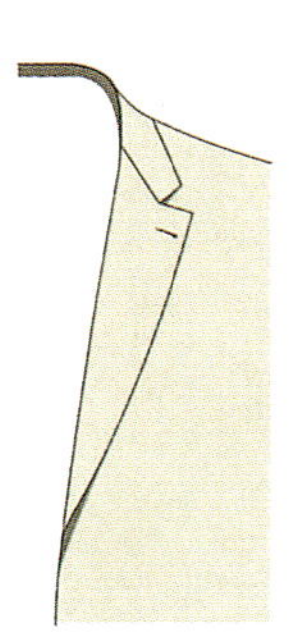

노치라펠   피크라펠   세미피크라펠

수트 스타일

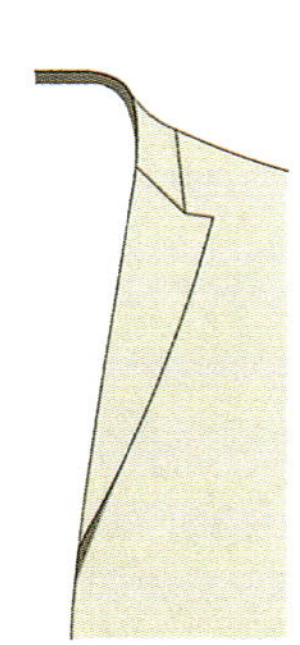
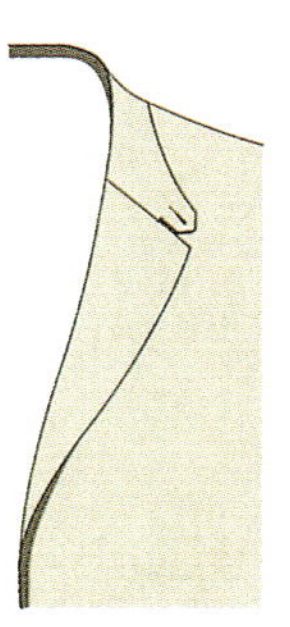
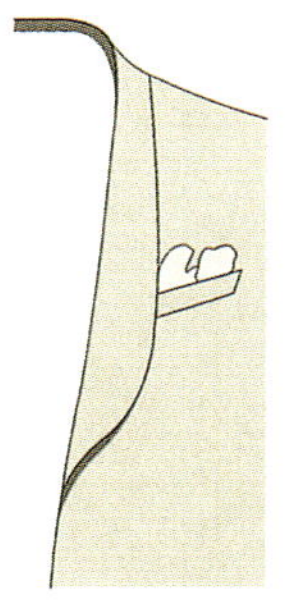

세이프라펠   홀드라펠   숄칼라

남성정장 기본 스타일

이탈리안 스타일

아메리칸 스타일

브리티쉬 스타일

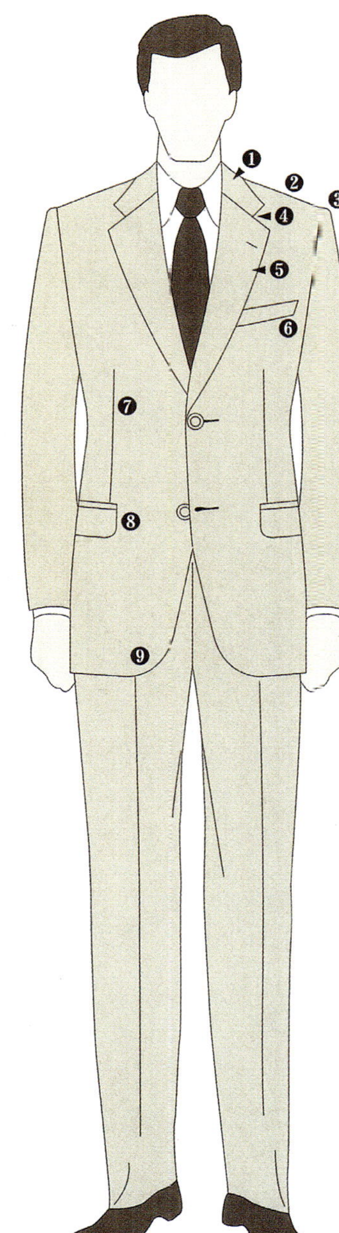

❶ 윗깃

❷ 어깨선

❸ 소매산

❹ 깃 이음선

❺ 몸깃

❻ 가슴주머니

❼ 앞다트

❽ 앞주머니

❾ 앞도련선

참고 문헌

이성우 재단선집 / 이성우

금위수의 남성복 패턴 / 금위수 대한민국 양복명장

남성복 테일러링 / 백운현, 곽연신, 김지영

뮬러 시스템 재단 모음집

리가스 제도 전집 (번역 출간) / 고경호

남성복 패턴 메이킹 / 남윤자, 이형숙

양복 교재 / (사)한국 복장기술협회 부설 인정직업 훈련원

테일러피아 / (사)한국 맞춤양복 협회

복장 월보 / 김광수

함연모 재단집 / 함연모

한국 양복 100년사 / 김진식 미리내 대표

한국 산업인력공단 발행 양복 관련서적

ETRI 미국 디자인 스타일화 발췌 수록

스카발 스타일화 발췌 수록

맞춤양복 숙련기술·마스터 테일러

Master Tailor

초판 인쇄 | 2017년 03월 10일
초판 발행 | 2017년 03월 20일

저   자 | 이정구·이필성

발행인 | 이인구
편집인 | 손정미
디자인 | 나정숙
인체삽화 | 김수주
스타일화 | 김진수
패턴 일러스트 | 권소현

출   력 | (주)삼보프로세스
종   이 | 영은페이퍼(주)
인   쇄 | 영프린팅
제   본 | 신안제책사

펴낸곳 | 한문화사
주   소 | 경기도 고양시 일산서구 강선로 9, 1906-2502
전   화 | 070-8269-0860
팩   스 | 031-913-0867
전자우편 | hanok21@naver.com
출판등록번호 | 제410-2010-000002호

ISBN | 978-89-94997-36-0 13590

가격 | 30,000원

기술관련 문의 : (02)556-1144